Die Regelung von Dampfanlagen

Die Regelung von Dampfanlagen

Von

Dr. Paul Profos
o. Professor
an der Eidgenössischen Technischen Hochschule
Zürich

Mit 320 Abbildungen und Tabellen

Springer-Verlag
Berlin/Göttingen/Heidelberg
1962

ISBN 978-3-642-50977-3   ISBN 978-3-642-50976-6 (eBook)
DOI 10.1007/978-3-642-50976-6

Alle Rechte, insbesondere das der Übersetzung in fremde Sprachen, vorbehalten
Ohne ausdrückliche Genehmigung des Verlages ist es auch nicht gestattet,
dieses Buch oder Teile daraus auf photomechanischem Wege
(Photokopie, Mikrokopie) oder auf andere Art zu vervielfältigen
© by Springer-Verlag OHG., Berlin/Göttingen/Heidelberg 1962
Softcover reprint of the hardcover 1st edition 1962
Library of Congress Catalog Card Number: 62—13390

Die Wiedergabe von Gebrauchsnamen, Handelsnamen, Warenbezeichnungen usw. in
diesem Buche berechtigt auch ohne besondere Kennzeichnung nicht zu der Annahme,
daß solche Namen im Sinne der Warenzeichen- und Markenschutz-Gesetzgebung
als frei zu betrachten wären und daher von jedermann benutzt werden dürften

Meiner Frau gewidmet

Vorwort

Mit dem 1926 erschienenen Buch von T. STEIN: „Regelung und Ausgleich in Dampfanlagen" wurde wohl erstmalig der Versuch unternommen, die komplexen Regelprobleme in Dampfzentralen von den physikalischen Grundlagen her zu betrachten und darzustellen. STEIN hat die damaligen Kenntnisse über diese Fragen in heute noch weitgehend gültiger Form zusammengefaßt.

Seither hat die Dampftechnik eine gewaltige Entwicklung erfahren, die insbesondere durch den Übergang auf immer höhere Einheitsleistungen, die Steigerung der Drücke und Temperaturen und die Anwendung der Zwischenüberhitzung zum Ausdruck kommt. Aber auch die Regelungstechnik hat sich in dieser Zeitspanne sehr stark entwickelt, und heute stehen neben einer verfeinerten Technik der klassischen Regelmethoden und -geräte vor allem auch die durch die Elektronik gegebenen umfangreichen Mittel zur Verfügung, durch die zum Teil völlig neue Möglichkeiten geschaffen worden sind. Bedeutsam ist auch die Entwicklung der Regelungstheorie: Die klassische Behandlung auf der Grundlage der Differentialgleichungen wurde durch die Frequenzgangmethodik ergänzt, was sich als außerordentlich fruchtbar erwies und die Bearbeitung vieler Probleme erst praktisch möglich machte.

Wo stehen wir nun heute? Keineswegs am Abschluß der Bemühungen um die Probleme der Regelung von Dampfanlagen. Dafür sorgt schon die weiter vorwärtsdrängende Technik. Aber auch das heute Erreichte stellt noch manche Aufgaben. Immer noch gründet sich manches in der Praxis auf ungenügend gesicherte Empirie, auf gewagte Extrapolation bestehender Lösungen. Immer noch sind bei in Betrieb gehenden Anlagen erhebliche Änderungen an der Regelung nicht selten, und es ist symptomatisch dafür, daß es als besondere Tugend einer Reglerbauart angesprochen wird, wenn sie solche Modifikationen leicht vorzunehmen erlaubt.

Zu einem guten Teil ist diese noch nicht befriedigende Sachlage darauf zurückzuführen, daß dem Regelfachmann bei der Planung nur ungenügende Angaben über die künftigen Betriebsbedingungen, insbesondere über die dynamischen Eigenschaften der Regelstrecken, gemacht werden. In vielen Fällen begnügt man sich damit, diese Eigenschaften beim Inbetriebgehen zu messen bzw. durch Probieren zu einem annehmbaren Regelverhalten zu kommen. Dabei gibt man sich nicht immer genügend Rechenschaft darüber, wie kostspielig im Grunde genommen dieses Verfahren ist und daß es mit wachsender Größe und Perfektion der Anlage immer kostspieliger und riskanter wird.

Unser Ziel muß daher zweifellos sein, die für die Planung der Regelung einer Dampfanlage notwendigen regeldynamischen Angaben auf Grund der Konstruktionsdaten mit hinreichender Genauigkeit — die im allgemeinen nicht groß zu sein braucht — *vorauszuberechnen*. Nur dann ist es auch möglich, noch rechtzeitig die Konstruktion der Anlageteile nach regeltechnischen Gesichtspunkten zu beeinflussen, während spätere Änderungen der meist sehr erheblichen Kosten halber kaum mehr in Betracht gezogen werden können. Und nur dann können in sehr vielen Fällen Gewährleistungsangaben auf eine zuverlässigere Grundlage als bloße Schätzung gestellt werden.

Vorausberechnung bedeutet hier vor allem die rechnerische Ermittlung der Übertragungseigenschaften der Regelstrecken. Wenn auch noch keineswegs behauptet werden kann, daß diese schwierige Aufgabe heute vollständig gelöst ist, so sind doch seit dem Erscheinen des Buches von STEIN auch in dieser Hinsicht wesentliche Fortschritte erzielt worden. Die heute verfügbaren Rechenverfahren erlauben jedenfalls, für alle wichtigen Vorgänge qualitative Angaben über das Übertragungsverhalten zu machen und mindestens die richtige Größenordnung der zahlenmäßigen Aussagen sicherzustellen. In sehr vielen Fällen sind auch wesentlich genauere Voraussagen möglich. Die technische und wirtschaftliche Bedeutung solcher Angaben, selbst wenn sie mit einer gewissen Unsicherheit behaftet sind, ist schon heute unbestritten und steigt ohne Zweifel im Zuge der allgemeinen Weiterentwicklung der Dampftechnik.

Der Verfasser hat sich die Aufgabe gestellt, im Sinne eines Brückenschlages zwischen Dampftechnik und Regelungstechnik die wichtigsten Überlegungen darzustellen, die zu einer von den physikalischen Grundlagen ausgehenden Vorstellung über das dynamische Geschehen in den Elementen der Dampfanlage — namentlich auch im Kessel — führen, und darauf aufbauend Methoden zur zahlenmäßigen Berechnung der wichtigsten Regelvorgänge abzuleiten. Dabei ist bewußt besonderes Gewicht auf die ausführliche Herleitung dieser Methoden gelegt und andererseits auf die Wiedergabe aller rein empirisch begründeten Regeln, Faustformeln und Rezepte verzichtet worden. Das Buch will nicht Beschreibungen von ausgeführten Anlagen, Reglern usw. geben. Soweit solche Beschreibungen in den Text eingeflochten wurden, sind sie immer nur als illustrierende Beispiele gedacht, wobei die Auswahl selbstverständlich kein Werturteil bedeutet.

Dem Bestreben, das Grundsätzliche in den Vordergrund zu stellen, entsprang auch der Aufbau des Buches: Im ersten Teil werden, nach physikalischen Gesichtspunkten gegliedert, die wichtigsten Regelstrecken weitgehend losgelöst von der jeweiligen Ausführungsform der Anlage und ihrer Komponenten behandelt. Der zweite Teil hingegen hat die Anwendung dieser Grundlagen auf die den wichtigsten Regelaufgaben entsprechenden Regelungen in Dampfanlagen, einzeln und im Verbande arbeitend, zum Gegenstand.

Das Buch wendet sich in erster Linie an den Ingenieur in der Praxis, der Regelfragen in Dampfanlagen zu bearbeiten hat. Die Art der Behandlung des Stoffes ermöglicht es indessen, die Gedankengänge auch auf andere Gebiete, wie die Heizungs- und Lüftungstechnik, die Kernenergietechnik, die Verfahrenstechnik u. a., ohne weiteres zu übertragen. Die Kenntnis der Grundlagen der Regelungstechnik — speziell auch der Theorie — sowie der Dampftechnik wird hierbei vorausgesetzt.

Bei der gewählten Zielsetzung war der eher ausführliche Gebrauch mathematischer Hilfsmittel, namentlich im ersten Buchteil, nicht zu umgehen. Doch wurden diese so einfach wie möglich gehalten, gelegentlich auch unter Verzicht auf elegantere Methoden. So wurde z. B. von der LAPLACE-Transformation nur dort Gebrauch gemacht, wo andere Lösungswege nicht gangbar oder mit sehr viel größerem Rechenaufwand verbunden sind. Auch ist mit Absicht im allgemeinen auf dimensionslose Schreibweise verzichtet worden, wiewohl sich diese vielfach aufdrängt — dies, um die Verbindung mit dem technischen Geschehen, das sich dem Ingenieur in Form benannter Größen präsentiert, möglichst eng zu halten. Für den geübten Rechner ist es daneben ein leichtes, auf die zweifellos elegantere dimensionslose Darstellung überzugehen.

Bezüglich des Maßsystems hat der Verfasser dem MKSA-System den Vorzug gegeben, weniger deshalb, weil es hier besondere Vorteile böte, als um der damit verbundenen saubereren Denkweise willen. Andererseits scheint sich das Rechnen mit MKSA-Einheiten doch mehr und mehr auch in der Praxis einzuführen. Immerhin wurden die Diagramm-Maßstäbe sowohl für technisches wie für MKSA-System angegeben.

Bei den mathematischen Symbolen sind soweit tunlich die internationalen Normen (CEI) respektiert worden; doch ließen sich, um Verwechslungen zu vermeiden, gewisse Abweichungen davon nicht umgehen. Die benutzten Symbole sind nachstehend zusammengestellt. Die regelungstechnischen Begriffe und Bezeichnungen entsprechen weitgehend den einschlägigen deutschen und schweizerischen Normen. Dies gilt auch für die verwendeten Schemasymbole, wobei hier noch die neuen IFAC-Normvorschläge berücksichtigt wurden.

Die am Ende jedes Kapitels beigefügten Literaturhinweise sollen, soweit sie nicht Quellennachweis sind, der Ergänzung des gebotenen Stoffes dienen. Diese Absicht hat weitgehend die Auswahl bestimmt.

Im übrigen erheben diese Literaturangaben nicht Anspruch auf Vollständigkeit.

Bei der Vorbereitung der Niederschrift bedeuteten die mir von vielen Firmen bereitwillig überlassenen Unterlagen eine wertvolle Hilfe. Dafür möchte ich auch an dieser Stelle meinen besten Dank aussprechen. Besondere Anerkennung schulde ich ferner meinen Mitarbeitern, insbesondere Frl. A. SCHNEIDER und Herrn Dipl.-Ing. U. BACHMANN, aber auch allen anderen Helfern. Schließlich möchte ich auch dem Springer-Verlag für die stets sehr angenehme Zusammenarbeit und das meinen Wünschen entgegengebrachte Verständnis bestens danken.

Zürich, im Februar 1962

P. Profos

Inhaltsverzeichnis

	Seite
Zusammenstellung öfter benützter Formelzeichen	XVI

I. Das Übertragungsverhalten der Elemente der Regelungen 1
  1. Übersicht über die Regelaufgaben in Dampfanlagen 1
  2. Das Übertragungsverhalten der Regelstrecke bei der Regelung von Schüttgutströmen 10
    2.1 Übertragungsverhalten von Zumeßeinrichtungen 11
      2.1.1 Regelung durch Veränderung der Transportgeschwindigkeit 12
      2.1.2 Regelung durch Veränderung der Füllung 13
    2.2 Übertragungsverhalten von Transporteinrichtungen 15
      2.2.1 Transport mit konstanter Geschwindigkeit 15
      2.2.2 Transport mit veränderlicher Geschwindigkeit 16
    Literatur zu Kap. 2 20
  3. Das Übertragungsverhalten der Regelstrecke bei der Regelung von Flüssigkeits- und Gasströmen 20
    3.1 Inkompressible Strömungsmittel 21
      3.1.1 Herleitung der Gleichungen der Elemente der Regelstrecke 22
      3.1.2 Durchflußregelung 27
      3.1.3 Druckregelung 29
    3.2 Kompressible Strömungsmittel 31
      3.2.1 Herleitung der Gleichungen der Elemente der Regelstrecke 33
      3.2.2 Beispiele 44
    Literatur zu Kap. 3 48
  4. Das Übertragungsverhalten der Regelstrecke bei Flüssigkeitsstandregelung 48
    4.1 Flüssigkeitsstandregelung bei homogener Füllung 49
    4.2 Flüssigkeitsstandregelung bei inhomogener Füllung 51
      4.2.1 Herleitung der Grundgleichungen 51
      4.2.2 Beispiele 60
    Literatur zu Kap. 4 63
  5. Das Übertragungsverhalten der Regelstrecke bei Konzentrationsregelung 63
    5.1 Herleitung der Grundgleichungen 65
    5.2 Übertragungsverhalten von Systemen mit reinem Transportcharakter bzw. vollständiger Durchmischung 68
      5.2.1 Systeme mit reinem Transportcharakter 68
      5.2.2 Systeme mit vollständiger Durchmischung 70
    5.3 Übertragungsverhalten zusammengesetzter Systeme 73
    5.4 Beispiele 76
    Literatur zu Kap. 5 82

Inhaltsverzeichnis

	Seite
6. Das Übertragungsverhalten der Feuerungseinrichtungen	82
6.1 Grundlagen der Beeinflussung der Feuerungsleistung	82
6.2 Luftstromregelung	85
6.3 Brennerfeuerungen	86
6.3.1 Gasfeuerung	86
6.3.2 Ölfeuerung	88
6.3.3 Staubfeuerung	89
a) Staubfeuerungen mit Regeleingriff auf den Staubzuteiler	90
b) Staubfeuerungen mit Regeleingriff auf den Rohkohlezuteiler	91
6.4 Rostfeuerungen	99
6.4.1 Statisches Verhalten von Wanderrosten	99
6.4.2 Dynamisches Verhalten von Wanderrosten	101
Literatur zu Kap. 6	110
7. Das Übertragungsverhalten der Wärmeübertragungssysteme des Dampferzeugers	111
7.1 Dynamik der Wärmeübertragung an die Heizflächen	112
7.1.1 Grundgleichungen bei Berücksichtigung der Rückwirkung der Heizflächentemperaturen	113
7.1.2 Berechnung der Wärmeübertragung unter Vernachlässigung der Rückwirkung der Heizflächentemperaturen	115
7.1.3 Der Einfluß des lastabhängigen Energieinhaltes des Dampferzeugers	121
7.2 Dynamisches Verhalten von Verdampfersystemen	124
7.2.1 Herleitung der Grundgleichungen — Behandlung des stationären Falles	125
7.2.2 Graphisch-rechnerische Behandlung nichtstationärer Fälle — Übergangsfunktionen	132
a) Verhalten bei Schrittstörung des Wasserzustromes	132
b) Verhalten bei Schrittstörung der Beheizung	136
c) Verhalten bei schrittweiser Verlagerung des Punktes des Verdampfungsbeginnes	138
7.2.3 Analytische Bestimmung der Übergangsfunktionen	142
a) Wandernder Verdampfungsendpunkt	146
b) Fester Verdampferheizflächenendpunkt	147
Zusammenstellung der Gebrauchsformeln	149
7.2.4 Näherungsbeziehungen für das Übertragungsverhalten von Durchlaufverdampfern	152
7.3 Dynamisches Verhalten von Vorwärmer- und Überhitzersystemen	152
7.3.1 Herleitung der Differentialgleichungen	155
7.3.2 Berechnung des Frequenzganges	160
7.3.3 Bestimmung der Übergangsfunktionen	166
7.3.4 Anwendung auf praktische Systeme	169
7.4 Dynamisches Verhalten der Heizflächensysteme bei Lastschwankungen	171
7.4.1 Berechnung der virtuellen Dampferzeugung	173
a) Trommelkessel	173
b) Zwangsdurchlaufkessel	175
7.4.2 Bestimmung des Speicherverhaltens	176
7.4.3 Der Einfluß des inneren Druckabfalles des Kessels	180
Literatur zu Kap. 7	182

Inhaltsverzeichnis

	Seite
8. Das Übertragungsverhalten der Kraftmaschinen im Verband mit der Anlage	183
8.1 Grundgleichungen der Maschinenregelung	183
8.2 Das Übertragungsverhalten von Kondensationsmaschinen ohne Zwischenüberhitzung	189
8.3 Das Übertragungsverhalten von Maschinengruppen mit Zwischenüberhitzung	192
8.4 Gegendruck- und Entnahmemaschinengruppen	196
Literatur zu Kap. 8	198
9. Das Übertragungsverhalten der Regeleinrichtungen in Dampfanlagen	198
9.1 Meßorgane	199
9.1.1 Meßorgane für Druck, Druckdifferenz und Flüssigkeitsstand	199
9.1.2 Meßorgane für Temperatur	202
9.1.3 Meßorgane für Konzentration	204
9.2 Regler und Stellmotoren	205
9.3 Stellorgane	209
Literatur zu Kap. 9	216
II. Schaltung und Dynamik der Regelungen in Dampfanlagen	**217**
10. Regelung des Arbeitsmittelinhaltes von Kesseln und wärmetechnischen Apparaten	219
10.1 Regelung des Arbeitsmittelinhaltes mit dem Flüssigkeitsstand als Regelgröße	219
10.1.1 Systeme mit homogener Füllung	219
10.1.2 Systeme mit inhomogener Füllung	222
10.2 Regelung des Arbeitsmittelinhaltes mit anderen Regelgrößen als dem Flüssigkeitsstand	229
10.2.1 Dampfnässe als Regelgröße	230
10.2.2 Andere Regelgrößen	235
Literatur zu Kap. 10	237
11. Regelung der Arbeitsmitteltemperatur	237
11.1 Mittel zur Beeinflussung der Temperatur	238
11.1.1 Beimischung	239
11.1.2 Oberflächenkühlung	246
11.1.3 Beeinflussung der Wärmeaufnahme	247
11.2 Schaltung und Dynamik von Temperaturregelungen	249
11.2.1 Temperaturregelung unbeheizter Systeme	250
a) Temperaturregelung in Gaskanälen	250
b) Temperaturregelung in Warmwassernetzen	251
c) Temperaturregelung in Dampfnetzen	251
11.2.2 Temperaturregelung beheizter Systeme — Überhitzertemperaturregelung	252
a) Einspritzregelung	253
b) Überhitzertemperaturregelung mit Oberflächenkühlern	262
c) Überhitzertemperaturregelung unter Beeinflussung der Wärmeaufnahme	263
d) Temperaturregelung von Zwischenüberhitzern	265
Literatur zu Kap. 11	267

XIV Inhaltsverzeichnis

Seite

12. Regelung des Arbeitsmitteldruckes im Zusammenhang mit dem Arbeitsmittelstrom 268
    12.1 Regelung des Arbeitsmitteldruckes durch direkte Beeinflussung des Arbeitsmittelstromes 269
        12.1.1 Druck- und Durchflußregelung von Luft, Brenn- und Rauchgas 269
            a) Regelung des Verbrennungsluftstromes 269
            b) Regelung des Brennkammerdruckes bzw. des Rauchgasstromes 271
            c) Regelung des Brenngasstromes 272
        12.1.2 Druck- und Durchflußregelung von Wasser und flüssigen Brennstoffen 272
            a) Druck- und Durchflußregelung von Wasser 272
            b) Druck- und Durchflußregelung von Brennöl 273
        12.1.3 Druck- und Durchflußregelung von Dampf 274
            a) Druckregelung von Dampfnetzen 274
            b) Druckhalteregelung an Dampferzeugern — Vordruckregelung 279
            c) Druckregelung in Speichern und Mischvorwärmern .. 281
        12.1.4 Druckminderung durch Drosselung 284
    12.2 Regelung des Dampfdruckes durch Beeinflussung der Beheizung . 285
        12.2.1 Grundsätzliche Arbeitsweise 285
        12.2.2 Einfluß der Feuerungseigenschaften 288
            a) Verstellen des Luft- und Rauchgasstromes 290
            b) Verstellen des Brennstoffstromes 291
        12.2.3 Einfluß des veränderlichen Energieinhaltes des Kessels . . 291
            a) Lastabhängige Speicherung 292
            b) Druckabhängige Speicherung 293
        12.2.4 Blockschema der Regelstrecke, Regelschaltungen 294
        12.2.5 Regelschaltungen bei Anlagen mit Speichern 297
    Literatur zu Kap. 12 299

13. Regelung der Verbrennung 299
    13.1 Kriterien der Verbrennungsgüte 299
        13.1.1 Indirekte Kontrolle der Verbrennung 301
        13.1.2 Direkte Kontrolle der Verbrennung 303
    13.2 Grundschaltungen der Verbrennungsregelung 304
        13.2.1 Regelschaltungen mit indirekter Verbrennungskontrolle . . 304
            a) Regelung auf konstantes Brennstoff-Luft-Verhältnis . 304
            b) Regelung auf konstantes Dampf-Luft-Verhältnis 305
            c) Regelung auf konstantes Wärmestrom-Luftstrom-Verhältnis 306
        13.2.2 Regelschaltungen mit direkter Verbrennungskontrolle. . . 306
    13.3 Auswahl der Regelschaltung im Zusammenhang mit der Feuerungsart 308
        13.3.1 Gas- und Ölfeuerungen 309
        13.3.2 Kohlenstaubfeuerungen mit Staubbunker 309
        13.3.3 Kohlenstaubfeuerungen mit Einblasemühlen 310
        13.3.4 Zyklonfeuerungen 311
        13.3.5 Rostfeuerungen 312
    13.4 Dynamik der Verbrennungsregelung 312
    Literatur zu Kap. 13 315

Inhaltsverzeichnis XV
Seite

14. Regelung der Leistung 316
   14.1 Regelaufgabe 316
   14.2 Grundschaltungen der Leistungsregelung 319
      14.2.1 Möglichkeiten der primären Leistungsregelung 320
      14.2.2 Grundschaltungen bei gesteuerter oder primär geregelter Dampferzeugerleistung 321
      14.2.3 Grundschaltungen bei primär geregeltem Energiestrom durch das Zwischenglied 323
      14.2.4 Primäre Regelung der Anlageleistung 329
   14.3 Gesichtspunkte bei der Wahl der Regelschaltung 329
      14.3.1 Zusammenhang zwischen Regelschaltung und Regeleigenschaften 329
      14.3.2 Einfluß der dynamischen Eigenschaften der Regelstrecke . 331
      14.3.3 Einfluß besonderer Speicher 333
      14.3.4 Zusammenhang zwischen Regelschaltung und Betriebsart . 334
   Literatur zu Kap. 14 335

15. Die Regelung ganzer Dampfanlagen 336
   15.1 Grundsätzliches zum Aufbau der Gesamtregelschaltung 337
   15.2 Beispiele von Gesamtregelschaltungen 342
   Literatur zu Kap. 15 349

16. Allgemeine Gesichtspunkte bei der Planung der Regelung von Dampfanlagen 350
   16.1 Der menschliche Faktor 350
   16.2 Technische und wirtschaftliche Faktoren 351
   16.3 Die Bestimmung der wirtschaftlichsten Regelung 355
   16.4 Grenzen der Regelgüte — Gewährleistungen 357
   16.5 Ausblick 359
   Literatur zu Kap. 16 360

Sachverzeichnis 361

Zusammenstellung öfter benützter Formelzeichen

Bezeichnung	Bedeutung	Dimension	Bezeichnung	Bedeutung	Dimension
a	Schallgeschwindigkeit	m/s	r, R	Radius	m
A	Fläche, Querschnitt	m²	r	Verdampfungswärme	J/kg
b	Breite	m	R	Gaskonstante	J/kg °C
c	Konzentration	kg/kg, kg/m³	s	komplexe Bildvariable	—
c, c_p, c_v	spezifische Wärme	J/kg °C			
d, D	Durchmesser	m	t	Zeit	s
E	Energie, Arbeit	J	T	Zeitkonstante	s
f	Frequenz	s⁻¹		absolute Temperatur	°K
F	Kraft	N	T_0	Periode	s
g	Erdbeschleunigung	m/s²	U	Umfang	m
$G[s]$	Übertragungsfunktion	—	v	spezifisches Volumen	m³/kg
$G[i\,\omega]$	Frequenzgang	—	v', v''	spezifisches Volumen von siedendem Wasser bzw. Sattdampf	m³/kg
h	Höhe, Hub	m			
H	Heizwert	J/kg			
i	Enthalpie	J/kg	V	Volumen	m³
i'	Enthalpie von siedendem Wasser	J/kg	w	Geschwindigkeit	m/s
i''	Enthalpie von Sattdampf	J/kg	x	spezifischer Dampfgehalt	—
			α	Wärmeübergangszahl	W/m² °C
J	Wärmeeinhalt	J	β	Belastungsfaktor	—
k, K	Konstante, Koeffizient, Übertragungsfaktor	—	δ	Dämpfungsfaktor	s⁻¹
			ϑ, Θ	Temperatur	°C
			ϑ'	Sattdampftemperatur	°C
l, L	Länge, Weg	m	λ	Wärmeleitzahl	W/m °C
m	Masse	kg	μ	bezogene Masse	kg/m, kg/kg, kg/m³
M	Massenstrom	kg/s			
n	Drehzahl	s⁻¹	ϱ	Dichte	kg/m³
N	Leistung	W	τ	Zeit, bezogene Zeit	s, —
p	Druck	bar, N/m²	φ	Phasenwinkel	—
q	Wärmestromdichte	W/m²	ω	Kreisfrequenz	s⁻¹
Q	Wärmestrom	W			

Häufig benützte Indizes und andere Bezeichnungen

- e Eingang
- a Ausgang
- m Mittelwert
- o Anfangswert
- $\vec{x}$ Vektor
- $\bar{x}$ Beharrungswert
- $\hat{x}$ Scheitelwert

I. Das Übertragungsverhalten der Elemente der Regelungen

1. Übersicht über die Regelaufgaben in Dampfanlagen

In jeder Dampfanlage ist, ungeachtet ihrer besonderen Art, die fundamentale Regelaufgabe zu lösen, die durch die Bedingung gestellt ist, daß *Energieerzeugung* und *Energieverbrauch* im Betrieb aufeinander abzustimmen sind. Dabei ist unerheblich, ob die verbrauchte Energie in Form von elektrischer Energie von einem Netz übernommen oder als kalorische Energie z. B. in einem Fabrikationsprozeß konsumiert wird. In jedem Fall gilt über längere Zeitspannen die fundamentale Beziehung

$$E_B = E_N + E_V, \qquad (1.1)$$

wenn:

E_B Erzeugungsenergie (Brennstoffenergie)
E_N Verbrauchsenergie (Nutzenergie)
E_V Verluste

Betrachtet man die Energieverhältnisse über kurze Zeitabschnitte, so sind zweckmäßigerweise anstelle der Energiemengen E Energieströme N (Leistungen) zu setzen. Die Gl. (1.1) entsprechende Beziehung lautet dann

$$\overline{N}_B = \overline{N}_N + \overline{N}_V. \qquad (1.2)$$

Sie gilt in dieser Form allerdings nur für Beharrungszustand[1] (vgl. Abb. 1.1).

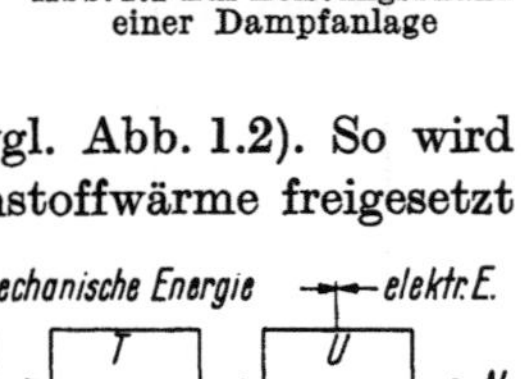

Der sich in der Dampfanlage vollziehende Vorgang der Energieerzeugung zerfällt bei näherer Betrachtung in eine Anzahl von Energieumformungs- und Energietransportvorgängen (vgl. Abb. 1.2). So wird zunächst bei der Verbrennung die latente Brennstoffwärme freigesetzt

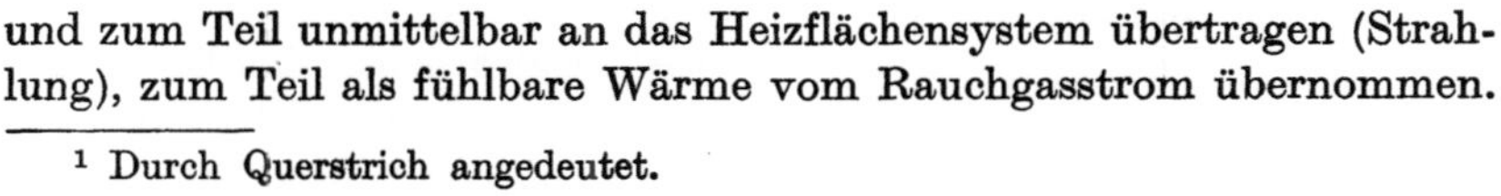

Abb. 1.1 Zur Leistungsbilanz einer Dampfanlage

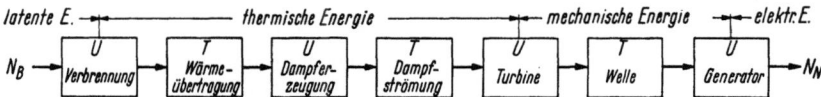

Abb. 1.2 Energieumformungs- und Energietransportvorgänge in einem Dampfkraftwerk

und zum Teil unmittelbar an das Heizflächensystem übertragen (Strahlung), zum Teil als fühlbare Wärme vom Rauchgasstrom übernommen.

---
[1] Durch Querstrich angedeutet.

1. Übersicht über die Regelaufgaben in Dampfanlagen

In der Folge wird, abgesehen von den Verlusten, dann auch diese Wärmemenge an die Heizflächen abgegeben. — Durch die Wandungen der Heizflächenelemente wird die Wärme durch Leitung an das Arbeitsmittel weitertransportiert, um dort zur Vorwärmung, Verdampfung oder Überhitzung zu dienen. Die dem Dampf so mitgeteilte Energie wird nun durch das Arbeitsmittel selbst als Vehikel etwa bei Heizwerken unmittelbar zur Verbrauchsstelle befördert, bei Kraftwerken zur Turbine geleitet. In der Kraftmaschine erfolgt eine weitere Umformung in mechanische und — nach Übertragung durch die Welle auf den Generator — schließlich die Umwandlung in elektrische Energie, die dann an das als Verbraucher zu betrachtende Netz abgegeben wird. Es fließt also ein *Energiestrom* durch die Elemente der Dampfanlage, der sich infolge der unvermeidlichen Verluste, vom Erzeugungsenergiestrom N_B ausgehend, allmählich bis auf die Nutzleistung N_N herab vermindert (vgl. Abb. 1.3).

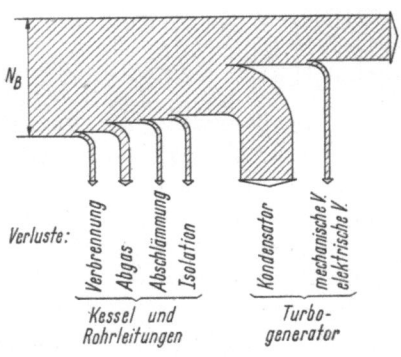

Abb. 1.3 Schema des Energieflusses in einem Dampfkraftwerk

Oft ist es zweckmäßig, die Energiebilanz, die mit Gl. (1.2) für die gesamte Anlage berechnet worden ist, für Dampferzeuger (Kessel) und Dampfverbraucher (Turbine, Prozeß- oder Raumheizsystem usw.) getrennt aufzustellen. Man erhält dann mit Abb. 1.4

$$\bar{N}_B = \bar{N}_D + \bar{N}_{VK} \quad \text{(Dampferzeuger),} \tag{1.3}$$

$$\bar{N}_D = \bar{N}_N + \bar{N}_{VN} \quad \text{(Dampfverbraucher).} \tag{1.4}$$

Für den Fall des reinen Kraftwerkes geht die Bedeutung der Verluste N_{VK} im Kessel bzw. N_{VN} in der Turbogeneratorgruppe aus Abb. 1.3 hervor. Wird der Dampf im Verbraucher zu Heizzwecken benutzt, umfaßt N_{VN} die Isolationsverluste.

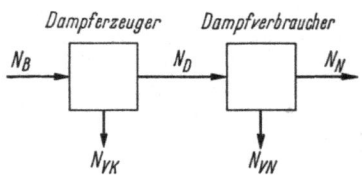

Abb. 1.4 Zur Leistungsbilanz für Dampferzeuger und Dampfverbraucher

Nun sind aber sowohl einzelne der Energieumformungs- als auch gewisse der erwähnten Energietransportvorgänge an damit in Zusammenhang stehende Stoffmengen gebunden. Es fließen also neben den bereits genannten Energieströmen auch *Stoffströme* durch die Elemente der Dampfanlage, wie Abb. 1.5 schematisch zeigt. Einer dieser Ströme ist durch den aus Brennstoff- und Luftzufluß resultierenden Rauchgas-

1. Übersicht über die Regelaufgaben in Dampfanlagen

strom gegeben, ein weiterer durch den Speisewasser-Dampf-Strom. Der neben dem Stofffluß stattfindende Energiefluß ist in der Abbildung durch gestrichelte Pfeile versinnbildet.

Für diese Stoffströme gelten für lange Zeitabschnitte bzw. für Beharrungsverhältnisse den Gln. (1.2) bis (1.4) analoge Beziehungen zwischen Zustrom, Abstrom und „Verlusten". Für den Brennstoff-Luft-Rauchgasfluß gilt insbesondere (vgl. Abb. 1.5)

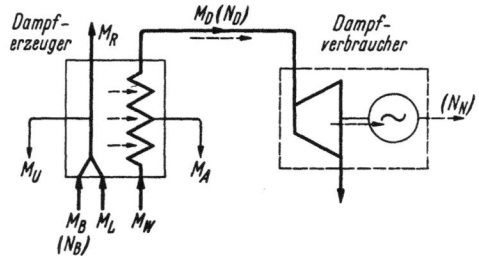

$$\overline{M}_B + \overline{M}_L = \overline{M}_R + \overline{M}_U, \quad (1.5)$$

worin:

M_B Brennstoffzustrom
M_L Verbrennungsluftstrom
M_R Rauchgasstrom
M_U Strom des Unverbrannten und Unverbrennlichen

Abb. 1.5 Schematische Darstellung der Energie- und Stoffströme in einem Dampfkraftwerk

Andererseits kann für den Arbeitsmittelstrom gesetzt werden:

$$\overline{M}_W = \overline{M}_D + \overline{M}_A, \quad (1.6)$$

worin:

M_W Speisewasserstrom
M_D Dampfstrom
M_A Abschlämmung usw.

Beide Gln. (1.5) und (1.6) gelten, wie durch den Querstrich über den Symbolen M angedeutet, wiederum nur für Beharrungszustand.

Für transitorische Verhältnisse, also bei schwankender Belastung und den damit verbundenen Veränderungen in allen Systemgrößen der Anlage, erfolgen jedoch die Energie- und Stoffflüsse im allgemeinen nicht, ohne daß an einzelnen Stellen Zerrungen oder Stauungen eintreten, d. h. daß Energie bzw. Stoff aus- bzw. eingespeichert wird. Eine genauere Betrachtung der Vorgänge, die deren zeitlichen Ablauf zu ermitteln zum Ziele hat, kann daher auf die Berücksichtigung dieser *Speichervorgänge* nicht verzichten. Andererseits sind die Speichermöglichkeiten immer beschränkt, so daß, über längere Zeitintervalle betrachtet, deren Einflüsse verschwinden und die reinen Energie- bzw. Stoffbilanzen zwischen Zu- und Abstrom erfüllt sein müssen. Diese Anforderungen werden durch folgende Schreibweise zum Ausdruck gebracht:

$$\int_{t_1}^{t_2} (S_{zu} - S_{ab}) \, dt \to 0. \quad (1.7)$$

Darin bedeuten S_{zu}, S_{ab} den Zu- bzw. Abstrom von Energie oder Stoff, t_1, t_2 die Grenzen des Zeitintervalls der Beobachtung. Die

Beziehung (1.7) wird zur strengen Gleichung mit gegen ∞ wachsendem Beobachtungsintervall.

Neben diesen fundamentalen Bedingungen, gegeben durch die praktische Konstanz der ins Spiel gebrachten Energie- und Stoffmengen, sind nun in jeder Dampfanlage noch zwei weitere Forderungen zu berücksichtigen:

Zunächst verlangen die Gesetze der Verbrennung, daß zwischen dem zugeführten Brennstoff und der Verbrennungsluft ein bestimmtes *Mengenverhältnis* eingehalten werden muß. Brennstoff- und Luftstrom sind also nicht unabhängig voneinander, sondern durch die Forderung nach optimalen Verbrennungsbedingungen einander zugeordnet.

Andererseits wird fast immer verlangt, daß der vom Kessel abgegebene Dampf einen bestimmten thermodynamischen Zustand aufweise. Bei Abgabe von Sattdampf genügt dazu, den *Druck* auf dem gewünschten Wert zu halten. In größeren Anlagen wird jedoch ausnahmslos überhitzter Dampf erzeugt, und es tritt daher hier noch die Forderung des Einhaltens der vorgeschriebenen *Überhitzungstemperatur* hinzu. Das bedeutet, daß der in der Feuerung des Kessels freigesetzte Wärmestrom im richtigen Verhältnis auf die Teilvorgänge der Wasservorwärmung und Verdampfung einerseits und auf die Überhitzung andererseits aufgeteilt werden muß.

Der Betrieb jeder Dampfanlage ist also an das Einhalten von sechs fundamentalen Bedingungen, den Energie- und Stoffhaushalt betreffend, gebunden, die sich durch die folgenden Beziehungen ausdrücken lassen:

$$\int_{t_1}^{t_2} (N_D - N_{VN} - N_N)\,dt = \int_{t_1}^{t_2} (k_1 N_D - N_N)\,dt \to 0 \qquad (1.8)$$

(Energiestrom im Dampfverbraucher),

$$\int_{t_1}^{t_2} (N_B - N_{VK} - N_D)\,dt = \int_{t_1}^{t_2} (k_2 N_B - N_D)\,dt \to 0 \qquad (1.9)$$

(Energiestrom im Dampferzeuger),

$$\int_{t_1}^{t_2} (M_W - M_A - M_D)\,dt = \int_{t_1}^{t_2} (k_3 M_W - M_D)\,dt \to 0 \qquad (1.10)$$

(Wasser-Dampf-Stoff-Strom),

$$\int_{t_1}^{t_2} (M_B + M_L - M_U - M_R)\,dt = \int_{t_1}^{t_2} (k_4 M_B + M_L - M_R)\,dt \to 0 \qquad (1.11)$$

(Brennstoff-Luft-Rauchgasstrom),

$$k_5 M_B = M_L \quad \text{(Verbrennungsgüte)}, \qquad (1.12)$$

$$k_6 Q_{EV} = Q_U \quad \text{(Frischdampfzustand)}, \qquad (1.13)$$

(Q_{EV} Wärmestrom zur Vorwärmung und Verdampfung,
Q_U Wärmestrom zur Überhitzung).

1. Übersicht über die Regelaufgaben in Dampfanlagen

Diese Beziehungen gelten allgemein, also auch für transitorisches Regime, im Sinne von Forderungen, die es zur Erzielung eines sicheren und wirtschaftlichen Betriebes in jedem Falle möglichst gut zu erfüllen gilt. Sie bestehen unabhängig davon, ob die Lösung der dadurch gestellten Aufgaben einer automatischen Regelung überbunden wird oder durch das Betriebspersonal erfolgt.

Im einzelnen sagen die Gln. (1.8) bis (1.13) folgendes aus:

Gl. (1.8) bringt zum Ausdruck, daß bei primär vorgegebener Nutzleistung N_N der dem Dampfverbraucher zuzuführende Dampfstrom jederzeit so anzupassen ist, daß der Klammerausdruck $(k_1 N_D - N_N)$ möglichst klein gehalten wird, die im Dampf zugeführte Leistung mithin der Nutzleistung so genau als möglich entspricht. Ist umgekehrt der Dampfstrom die primär gegebene Größe, was unter gewissen Bedingungen der Fall sein kann, so muß die Nutzleistung laufend so eingestellt werden, daß wiederum der Gl. (1.8) möglichst Genüge getan wird.

Praktisch sind natürlich vorübergehende Differenzen zwischen Nutzleistung und entsprechender Dampfzufuhr — d. h. Abweichungen des erwähnten Klammerausdruckes von 0 — nicht zu vermeiden. Bei einer Kraftmaschine als Dampfverbraucher würde sich das als Drehzahländerung Δn manifestieren, bei einem Heizsystem wären Druckänderungen Δp auf der Heizdampfseite die Folge. Die Größe dieser Abweichungen Δn bzw. Δp ist dem Wert des Zeitintegrals

$$\int (k_1 N_D - N_N)\, dt$$

direkt zugeordnet und damit ein Maß für die jeweils ein- oder ausgespeicherte Energie.

Die durch Gl. (1.8) formulierte Regelaufgabe entspricht somit etwa bei einem an der Frequenzhaltung beteiligten Kraftwerk derjenigen der *Drehzahl-Leistungsregelung* der Turbogeneratorgruppe, bei einer Anlage mit von der Netzfrequenz unabhängiger Leistungsabgabe der Aufgabe der *Vordruckregelung* (Admissionsdruckregelung) an der Kraftmaschine.

Gl. (1.9) besagt, daß bei primär vorgegebener Dampfleistung N_D die dem Dampferzeuger zuzuführende Brennstoffmenge jederzeit so einzustellen ist, daß der Ausdruck $(k_2 N_B - N_D)$ so klein als möglich bleibt. Ist umgekehrt der Brennstoffstrom die primär gegebene Größe, so muß diesem der dem Kessel entnommene Dampfstrom entsprechend Gl. (1.9) angepaßt werden.

Auch hier können vorübergehende Abweichungen in der Praxis nicht vermieden werden. Sie äußern sich immer als Druckänderungen[1] im Kessel, die wiederum in Zusammenhang mit dem Wert des Zeitintegrals

$$\int (k_2 N_B - N_D)\, dt$$

---

[1] Oft begleitet von Temperaturänderungen.

stehen und somit als ein Maß für die im Kessel stattfindenden Energiespeichervorgänge gelten können.

Die durch Gl. (1.9) umschriebene Regelaufgabe entspricht derjenigen der *Leistungsregelung des Kessels*, unabhängig davon, ob die der Größe N_B entsprechende Feuerleistung oder die Dampfleistung N_D als primär die Kesselleistung bestimmende Größe auftritt.

Gl. (1.10) betrifft den Wasser-Dampf-Strom durch den Kessel. Sie drückt die Tatsache aus, daß der Arbeitsmittelinhalt des Dampferzeugers im Betrieb praktisch konstant gehalten werden muß, indem das Zeitintegral

$$\int (k_3 M_W - M_D)\, dt$$

ein direktes Maß für Abweichungen von diesem Inhalt darstellt. Solche Abweichungen werden beispielsweise bei Trommelkesseln als Wasserstandsänderungen erfaßt. Die praktische Einhaltung dieser Bedingung läuft auf die dauernde Abstimmung zwischen Dampfentnahme und Speisewasserzufuhr hinaus. — Gl. (1.10) definiert mithin die Aufgabe der *Speiseregelung*.

Gl. (1.11) bezieht sich auf den Brennstoff-Luft-Rauchgas-Strom durch den Dampferzeuger und sagt aus, daß auch die feuerseitig im Kessel enthaltene Stoffmenge (praktisch Luft- und Rauchgasinhalt) im Betrieb, verglichen mit dem über größere Zeitabschnitte erzielten Stoffdurchsatz durch den Kessel, praktisch unveränderlich ist. Dementsprechend muß wiederum ein Rauchgasstrom gleich dem durch den Umsatz des Brennstoffstromes $k_4 M_B$ mit dem Luftstrom M_L entstehenden praktisch gleichzeitig aus dem Kessel abgeführt werden, wenn Druckschwankungen vermieden werden sollen. Abweichungen des Gasdruckes etwa in der Brennkammer sind ein Maß für den Wert des Zeitintegrals

$$\int (k_4 M_B + M_L - M_R)\, dt\,.$$

Gl. (1.11) formuliert somit die Aufgabe der *Rauchgasstrom-* oder *Saugzugregelung*.

Es wurde bereits auf die Zuordnung zwischen Brennstoffstrom und Luftstrom durch die Forderung nach optimalen Verbrennungsbedingungen hingewiesen. Dieser Sachverhalt ist in Gl. (1.12) zum Ausdruck gebracht, welche die Aufgabe der *Verbrennungsregelung* in einfachster Form umschreibt.

Gl. (1.13) schließlich bezieht sich auf die *Regelung der Temperatur* des den Kessel verlassenden Dampfstromes (Überhitzer- bzw. Zwischenüberhitzer-Temperaturregelung) und formuliert die Bedingung, daß der an die Heizflächen übergehende Wärmestrom im richtigen Verhältnis für die Dampfbildung bzw. die Überhitzung zur Wirkung gebracht werden muß.

1. Übersicht über die Regelaufgaben in Dampfanlagen

Durch die Gln. (1.8) bis (1.13) sind somit die *sechs grundlegenden Regelaufgaben* in einer Dampfanlage umschrieben. Ihnen entsprechen *sechs Regelfunktionen*, die die fortlaufende Erfüllung dieser Aufgaben von Hand oder automatisch bewirken. Abb. 1.6 zeigt als Beispiel das

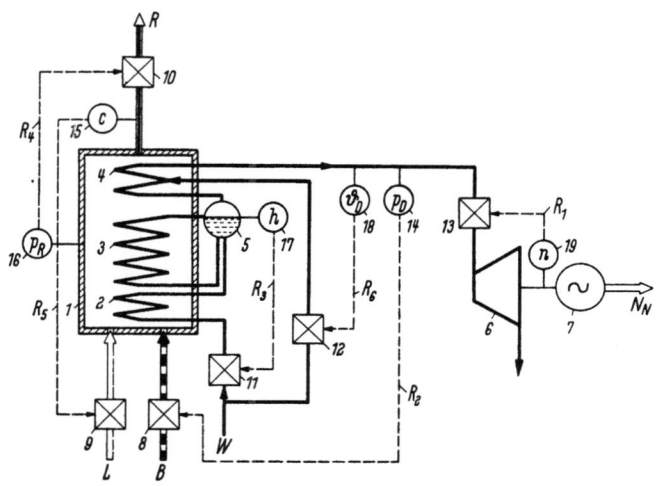

Abb. 1.6 Beispiel der Grund-Regelschaltung einer Dampfanlage (Trommelkessel, Turbine mit Drehzahl-Leistungsregelung)
1 Kessel; *2* Wasservorwärmer; *3* Verdampfer; *4* Überhitzer; *5* Trommel; *6* Turbine; *7* Generator; *8* Brennstoff-Zumeßeinrichtung; *9* Luft-Zumeßeinrichtung; *10* Rauchgasstrom-Einstellvorrichtung; *11* Speisewasser-Regelventil; *12* Einspritzwasser-Regelventil; *13* Turbinen-Einlaßventil; *14* Dampfdruck-Meßorgan; *15* Luftüberschuß-Meßorgan; *16* Rauchgasdruck-Meßorgan; *17* Wasserstands-Meßorgan; *18* Dampftemperatur-Meßorgan; *19* Drehzahl-Meßorgan; *L* Luft; *B* Brennstoff; *R* Rauchgas; N_N Nutzleistung

Schema einer automatischen Anlageregelung. Es ist hierbei der Fall eines Trommelkessels betrachtet und Beteiligung an der Frequenzhaltung angenommen.

Aus diesem Schema sind unschwer die sechs verschiedenen Regelkreise zu erkennen, die in diesem Falle den folgenden Regelungen entsprechen:

R_1 Drehzahl-Leistungsregelung der Turbogeneratorgruppe mit der Drehzahl als Regelgröße und Regelwirkung auf das Turbineneinlaßventil 13.

R_2 Druck-Leistungsregelung des Kessels mit dem Frischdampfdruck als Regelgröße und Einwirkung auf die Brennstoffaufgabevorrichtung,

R_3 (Wasserstand-) Speiseregelung mit dem Wasserstand in der Trommel als Regelgröße und Einwirkung auf das Speisewasserventil 11,

R_4 (Brennkammerdruck-) Rauchgasstrom-Regelung mit dem Gasdruck in der Brennkammer als Regelgröße und Regelwirkung auf den Rauchgasventilator 10,

R_5 Verbrennungsregelung mit dem O_2-Gehalt im Rauchgas als Regelgröße und Einwirkung auf den Frischluftventilator 9,

R_6 Überhitzer-Temperaturregelung mit der Frischdampftemperatur als Regelgröße und Regelwirkung auf das Einspritzventil 12.

1. Übersicht über die Regelaufgaben in Dampfanlagen

Es ist bereits darauf hingewiesen worden, daß die Regelschaltung nach Abb. 1.6 nur als Beispiel zu werten ist. Tatsächlich sind neben der angegebenen viele weitere Grundschaltungen möglich und sinnvoll. Sie entstehen durch Vertauschen der Regelsignale untereinander. (Nach den Regeln der Kombinatorik errechnet sich die Zahl der unter dieser Voraussetzung konstruierbaren Regelschaltungen zu 6! = 720. Die Anzahl der praktisch verwendbaren Varianten ist jedoch wesentlich geringer mit Rücksicht darauf, daß die entstehenden Lösungen regeltechnisch nicht gleichwertig und zum Teil überhaupt unbrauchbar sind.) Der Grund dafür ist im Prinzip leicht ersichtlich. Die physikalische Voraussetzung, die die Möglichkeit des Vertauschens der Regelsignale schafft,

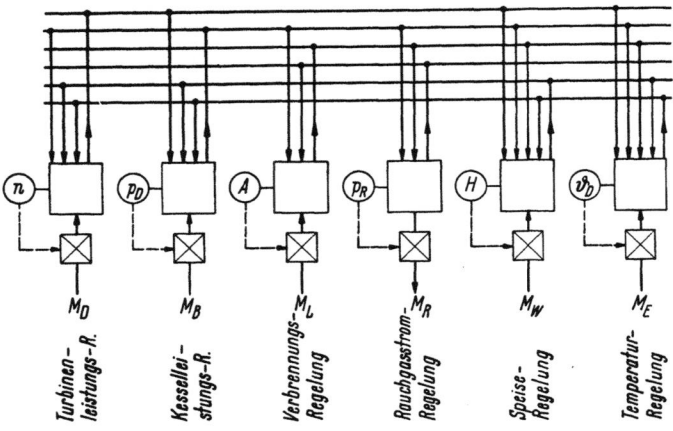

Abb. 1.7 Schema der 6 Grund-Regelkreise einer Dampfanlage, mit den wichtigsten regelstreckenseitigen Kopplungsverbindungen (gültig für das Beispiel entsprechend Abb. 1.6)

besteht ja in der Tatsache der gegenseitigen Beeinflussung der Regelstrecken der genannten sechs fundamentalen Regelsysteme. In der Tat kann kaum ein Eingriff auf eine dieser Regelstrecken vorgenommen werden ohne Auswirkungen auf alle übrigen. Nur ist die Verkoppelung der verschiedenen Regelstrecken keineswegs gleichartig oder gleichwertig.

Ein Beispiel mag diese Zusammenhänge noch etwas näher erläutern. Es werde hierzu unmittelbar an den Abb. 1.6 entsprechenden Fall angeknüpft. In Abb. 1.7 sind die sechs Regelkreise nochmals sehr vereinfacht dargestellt. Die Regelstrecken sind durch Quadrate symbolisiert. Die darüber gezeichneten Wirkungsverbindungen entsprechen den wichtigsten regelstreckenseitigen Kopplungen. — Ein Eingriff auf die verschiedenen Stellorgane wirkt sich nun etwa wie folgt aus:

Ein Verstellen des Turbineneinlaßventils bewirkt nicht allein eine Drehzahl- oder Leistungsänderung an der Maschinengruppe, sondern

1. Übersicht über die Regelaufgaben in Dampfanlagen

wirkt sich über die damit verbundene Änderung des Dampfstromes M_D auch auf den Kessel aus. Zunächst geht eine Störwirkung auf den Regelkreis der Kesselleistungsregelung; daneben werden aber auch die Regelkreise der Speise- und Temperaturregelung beeinflußt. — Wird der Brennstoffzustrom M_B verstellt, so wirkt sich das zunächst auf die Verbrennungsregelung aus, indem ein Anpassen des Frischluftstromes M_L nötig wird. Gleichzeitig wird sich entweder eine Änderung des Dampfdruckes oder des Dampfstromes einstellen, was einem Regeleingriff an der Turbine ruft. Je nach den Kennlinien des Kessels werden außerdem noch auf die Speise- und Temperaturregelung Störungen übertragen. — Das primäre Verstellen des Frischluftstromes M_L ruft unmittelbar einer Anpassung des Rauchgasstromes M_R, daneben sind aber oft auch wieder Störungswirkungen auf Speise- und Temperaturregelung vorhanden, infolge Verlagerung der Wärmeaufnahmeverteilung im Kessel. — Die von der Rauchgasstromregelung auf die übrigen Regelkreise ausgehenden direkten Störwirkungen sind hingegen so gering, daß sie meist vernachlässigt werden können; höchstens ist eine Rückwirkung auf den Luftstrom merklich. — Änderungen des Speisewasserstromes wirken sich bei den meisten Kesselbauarten auf die Dampferzeugung und damit auf den Regelkreis der Kesselleistungsregelung aus. Bei gewissen Kesseln ist auch eine direkte Beeinflussung der Temperaturregelung deutlich festzustellen.

Neben diese wichtigsten direkten Kopplungen der Regelstrecken tritt noch die mittelbare Beeinflussung, indem eben jede auf eine Regelstrecke übertragene Störung von dort ausgehend neue, sekundäre Störwirkungen auf dritte Regelstrecken ausübt usw. Daneben bestehen in manchen Anlagen noch Kopplungen durch Regelsignalverbindungen zwischen den einzelnen Regelungen (reglerseitige Vermaschung).

Natürlich können anstelle der im Beispiel Abb. 1.6 gewählten Regelgrößen auch andere, gleichwertige benutzt werden. So kann etwa anstatt des Sauerstoffgehaltes im Rauchgas als Maß für den Luftfaktor die CO_2-Konzentration oder das Verhältnis Dampfstrom:Luftstrom als Regelsignal dienen. Ferner ist es besonders bei der Kesselleistungsregelung und der Speiseregelung zweckmäßig, nicht nur Druck bzw. Wasserstand als Regelsignal zu benutzen, die grundsätzlich die Auswirkung von Störungen erst als deren zeitlichen Integraleffekt erfassen, sondern die Störungen unmittelbar aufzuschalten. Von der Störgrößenaufschaltung wird übrigens auch bei anderen Regelungen oft mit Vorteil Gebrauch gemacht. Auch andere Möglichkeiten der Verbesserung werden gerne benutzt.

Neben diesen fundamentalen Regelaufgaben können in einer Dampfanlage noch zahlreiche weitere Bedingungen gestellt sein, die als Aufgabestellung für eine entsprechende Regelung aufzufassen sind. Einzelne dieser sekundären Regelaufgaben werden auch in Großanlagen meist durch das Bedienungspersonal gelöst (Handregelung), so z. B. die Regelung der Chemikalien- bzw. Salzkonzentration im Kesselwasser von Trommelkesseln. Für andere werden dagegen auch in kleinen Anlagen Regler eingesetzt, wie etwa bei der Temperaturregelung an Dampfkühlern, der Druckregelung in Entgasern oder der Wasserstandsregelung in Behältern. Diese sekundären Regelaufgaben brauchen natürlich hinsichtlich ihrer betrieblichen Bedeutung derjenigen der fundamentalen Aufgaben nicht nachzustehen.

Aus all diesen Überlegungen geht hervor, daß die Regelung einer Dampfanlage zwar nur an die Erfüllung einiger weniger grundsätzlicher Regelaufgaben gebunden ist, daß jedoch für die Realisierung im einzelnen eine *unübersehbar große Zahl an sich brauchbarer Lösungsmöglichkeiten* besteht, die es erlaubt, praktisch für jeden Einzelfall die ihm besonders gemäße Konzeption zu wählen. Andererseits wäre es völlig abwegig, auch nur die wichtigsten in der Praxis vorkommenden Gesamtregelschaltungen hier zu beschreiben und zu analysieren. Es drängt sich vielmehr auf, eine Übersicht über die Vielfalt der Probleme und deren mögliche Lösungen dadurch zu gewinnen, daß zunächst aus tunlichst allgemeiner Sicht das Verhalten der *Elemente* der in Dampfanlagen vorliegenden Regelungen untersucht wird. Dabei ergibt sich die Möglichkeit einer zusammenfassenden Behandlung physikalisch gleichartiger Vorgänge aus an sich sehr verschiedenartigen Anwendungsbereichen. Auf der Grundlage der Kenntnis des Verhaltens der Elemente lassen sich dann die Vorgänge in einzelnen Regelungen und schließlich auch im Komplex des Anlagesystems leichter überblicken. — Diese Überlegungen waren bei der Auswahl und Gliederung des in diesem Buche behandelten Stoffes richtunggebend.

2. Das Übertragungsverhalten der Regelstrecke bei der Regelung von Schüttgutströmen

In Dampfanlagen sind Einrichtungen für die Zumessung und den Transport von stückigem, körnigem oder staubförmigem Gut in mannigfacher Form in Gebrauch. Vor allem werden sie in Bekohlungs-, Feuerungs- und Entaschungsanlagen verwendet, ferner auch für die Dosierung und den Transport fester Chemikalien bei Wasseraufbereitungsanlagen. Von diesen Einrichtungen interessieren uns hier nur diejenigen, bei welchen die Funktionen des *Zumessens* und des *Transportes* zugleich mit der Aufgabe der *Regelung* des beförderten Schüttgutstromes verknüpft sind. Derartige Einrichtungen sind im Zusammenhang mit der Regelung der Feuerleistung von Kesseln (Brennstoffstrom) sowie der Regelung von Chemikalienkonzentrationen in Dampfanlagen oft verwirklicht. Im ersteren Fall ist das Transportgut Förderkohle, Nußkohle, Kohlengrieß oder Kohlenstaub, im zweiten stückige oder pulverige Chemikalien (wie Ätzkalk, Kalkhydrat oder ähnliches). Auch für die Regelung von pulverigen Zusätzen zum Brennstoff werden gelegentlich solche Einrichtungen gebraucht.

Oft läßt sich bei derartigen Einrichtungen zwischen der *Zumeß-* oder *Dosiervorrichtung* einerseits und der reinen *Transportvorrichtung* andererseits unterscheiden. Als Zumeßeinrichtungen sind Zellenräder, Schieber sowie Förderbänder, Redler und Förderschnecken in Gebrauch. Als reine Transporteinrichtungen ohne Zumeßfunktion werden Bänder, Redler und Förderschnecken gebraucht, ferner auch ein Trägergasstrom bei pneumatischer Förderung.

2.1 Übertragungsverhalten von Zumeßeinrichtungen

Der Stoffstrom, das heißt die sekundlich beförderte Masse des Schüttgutes, ist bei Zumeßvorrichtungen einerseits durch das zeitliche Transportvolumen der Zumeßvorrichtung gegeben, andererseits durch die pro Einheit des Transportvolumens beförderte Masse. Da das Transportvolumen bei einzelnen Zumeßvorrichtungen nicht eindeutig definiert ist, erhält man im allgemeinen sinnfälligere Beziehungen, wenn statt des zeitlichen Fördervolumens eine dazu proportionale charakteristische Fördergeschwindigkeit gewählt wird. Bezeichnet man nun die pro Einheit des Transportweges beförderte Masse als *Füllung*, so ergibt sich zwischen Stoffstrom M, Transportgeschwindigkeit w und Füllung μ die folgende Beziehung:

$$M = \mu w. \tag{2.1}$$

Aus Gl. (2.1) geht hervor, daß der Stoffstrom durch zwei Größen beeinflußt werden kann: durch die *Transportgeschwindigkeit* w und durch die *Füllung* μ. Daraus ergeben sich zwei grundsätzliche Arten des Regeleingriffes, deren dynamische Auswirkungen getrennt betrachtet werden sollen.

Es ist noch zu beachten, daß die Transportgeschwindigkeit w des Schüttgutes von der — dem zeitlichen Transportvolumen der Zumeßvorrichtung entsprechenden — Geschwindigkeit des Trägersystems w_t abweichen kann. Die durch diese Abweichung gegebene Relativgeschwindigkeit $w_r = w_t - w$ (Schlupf) hängt vor allem von der Bauart der Zumeßvorrichtung ab. Zellenräder und horizontal oder mit geringer Steigung laufende Förderbänder weisen in der Regel vernachlässigbaren Schlupf auf; merkliche Relativgeschwindigkeiten zeigen Redler und Förderschnecken, speziell stark geneigt oder vertikal laufende.

2. Das Übertragungsverhalten bei Regelung von Schüttgutströmen

2.1.1 Regelung durch Veränderung der Transportgeschwindigkeit

In den Abb. 2.1a bis d sind einige typische Anwendungsfälle schematisch dargestellt, in welchen eine Regelung des Stoffstromes durch Verstellen der Transportgeschwindigkeit erzielt wird. Abb. 2.1a zeigt einen Zellenradzuteiler, Abb. 2.1b ein Förderband mit unveränderlicher Schichthöhe, die Abb. 2.1c und d Redler- bzw. Schneckenzuteiler mit konstanter Füllung des Troges. Eingangsgröße ist die jeweilige charak-

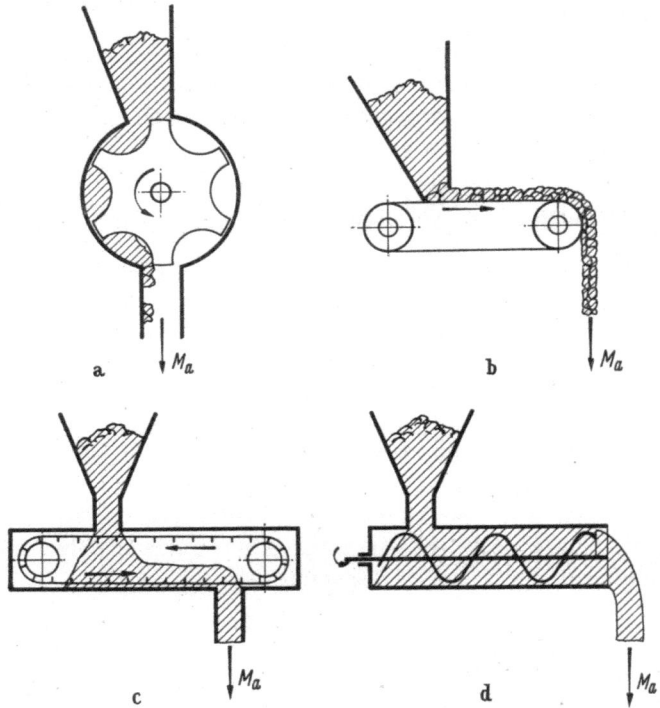

Abb. 2.1 a—d Schematische Darstellung einiger mit variabler Transportgeschwindigkeit arbeitender Zuteilvorrichtungen
a) Zellenrad; b) Förderband; c) Redler; d) Schnecke

teristische Transportgeschwindigkeit $w = w[t]$,[1] Ausgangsgröße ist der Stoffstrom $M_a = M_a[t]$. Da die Füllung $\mu = \bar{\mu} = k$ voraussetzungsgemäß konstant ist, ist der Massenstrom nach Grundgleichung (2.1) gegeben durch:
$$M_a = \bar{\mu} w.\text{[2]} \tag{2.2}$$

---

[1] Die Schreibweise $w[t]$ bedeutet hier wie im folgenden, daß w eine Funktion der Größe t ist. Der Unterschied dieser Schreibweise gegenüber der Darstellung eines Produktes ist durch die konsequente Anwendung der eckigen Klammer gemacht, während für Produkte runde Klammern verwendet werden.

[2] Die Indizes e bzw. a bedeuten allgemein „Eintritt" bzw. „Austritt".

2.1 Übertragungsverhalten von Zumeßeinrichtungen

Weil bei Regelaufgaben im allgemeinen Schwankungen um einen Durchschnittswert auftreten, wobei regeldynamisch nur die ersteren von Interesse sind, wird das dynamische Verhalten durch die folgende Beziehung regiert, die durch Derivation der Gl. (2.2) sofort gefunden wird:

$$\Delta M_a = \bar{\mu}\,\Delta w. \qquad (2.3)$$

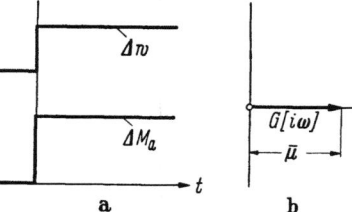

Die Gl. (2.3) zeigt demnach, daß eine Zumeßvorrichtung mit konstanter Füllung praktisch verzögerungsfrei arbeitet. Die Übergangsfunktion ist durch einen Verlauf nach Abb. 2.2a gegeben; die Übertragungsfunktion[1] findet sich unmittelbar zu:

Abb. 2.2a u. b Übertragungsverhalten einer Zuteilvorrichtung mit konstanter Füllung (Eingangsgröße Δw, Ausgangsgröße ΔM_a)
a) Übergangsfunktion; b) Frequenzgang

$$G[s]_{\Delta w \to \Delta M_a} = \frac{\vec{M_a}}{\vec{\Delta w}} = \bar{\mu} = k, \qquad (2.4)$$

wobei sich für den Frequenzgang in der GAUSSschen Zahlenebene eine Darstellung nach Abb. 2.2b ergibt.

2.1.2 Regelung durch Veränderung der Füllung

Diese Art der Regelung wird namentlich unter Zuhilfenahme von Schichtschiebern durchgeführt (vgl. Abb. 2.3). Die Transportgeschwindigkeit w ist hierbei konstant vorausgesetzt. Die Füllung μ_e am Eintrittsquerschnitt ist dabei eine Funktion der Zeit, gegeben durch die Bewegung des Schichtschiebers, demnach

$$\mu_e = \mu_e[t]. \qquad (2.5)$$

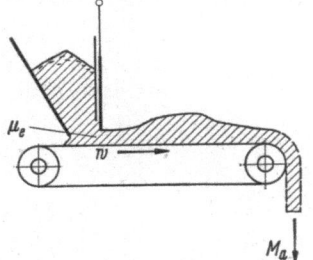

Unter der Voraussetzung, daß das Fördergut keine Relativbewegungen bezüglich des Förderbandes ausführt, übertragen sich die Änderungen der Füllung getreu über den Transportweg auf den Ausgang; sie er-

Abb. 2.3 Zuteilvorrichtung, mit veränderlicher Füllung arbeitend

scheinen dort nach Ablauf der konstanten Transportzeit T_t. Demgemäß gilt an der Abwurfstelle

$$\mu_a = \mu_e[t - T_t]. \qquad (2.6)$$

---

[1] Aus der allgemeinen Übertragungsfunktion findet man bekanntlich den Frequenzgang sofort dadurch, daß in der komplexen Kreisfrequenz $s = \alpha + i\omega$ der Dämpfungsfaktor $\alpha = 0$ gesetzt wird.

14   2. Das Übertragungsverhalten bei Regelung von Schüttgutströmen

Damit lautet die Beziehung für den Stoffstrom am Ausgang der Zuteilvorrichtung

$$M_a = \overline{w}\mu_a = w\mu_e[t - T_t]. \qquad (2.7)$$

Für die hier wieder besonders interessierenden Schwankungen um einen Mittelwert gilt die Beziehung

$$\Delta M_a = \overline{w}\Delta\mu_e[t - T_t]. \qquad (2.8)$$

Gl. (2.8) gibt damit den zeitlichen Verlauf der Ausgangsgröße ΔM_a an, wenn der zeitliche Verlauf der Eingangsgröße gegeben ist durch die Beziehung (2.9), die direkt aus (2.5) folgt:

$$\Delta\mu_e = \Delta\mu_e[t]. \qquad (2.9)$$

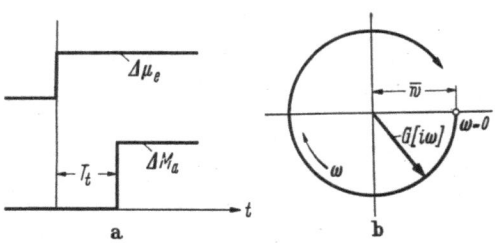

Abb. 2.4a u. b Übertragungsverhalten einer Zuteilvorrichtung mit konstanter Transportgeschwindigkeit (Eingangsgröße $\Delta\mu_e$, Ausgangsgröße ΔM_a)
a) Übergangsfunktion; b) Frequenzgang

Aus den beiden letzteren Gleichungen ergibt sich unmittelbar der Verlauf der Übergangsfunktion, die durch das Auftreten einer Totzeit (Transportzeit) gekennzeichnet ist (Abbildung 2.4a.).

Die Übertragungsfunktion findet sich leicht, indem der Eingangsgröße ein sinusförmiger Verlauf gegeben wird:

$$\overrightarrow{\Delta\mu_e} = \Delta\hat{\mu}_e e^{st}. \qquad (2.10)$$

Dann ist mit Rücksicht auf Gl. (2.8)

$$\overrightarrow{\Delta M_a} = \overline{w}\Delta\hat{\mu}_e e^{s(t-T_t)}, \qquad (2.11)$$

und die Übertragungsfunktion wird demnach

$$\underset{\Delta\mu_e \to \Delta M_a}{G[s]} = \overline{w}e^{-sT_t}. \qquad (2.12)$$

Der skalare Wert des Frequenzgangvektors ist entsprechend $v = \overline{w} = k$ und der Phasenwinkel $\varphi = \omega T_t$.

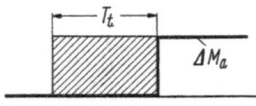

Abb. 2.5 Übergangsfunktion und Speichereffekt bei Zuteilvorrichtungen mit veränderlicher Füllung

Der Verlauf der Gangkurve in der komplexen Zahlenebene geht aus Abb. 2.4b hervor.

Es ist klar, daß mit dieser Art der Regelung Speichereffekte auftreten. Etwa für den Fall der sprunghaften Änderung der Eintrittsgröße (Füllung) wird die ein- oder ausgespeicherte Stoffmenge $m_s = \overline{w}\Delta\mu_e T_t = \Delta M_a T_t$ (vgl. Abb. 2.5).

In besonderen Fällen wird die Beeinflussung des Massenstromes durch Änderungen der Transportgeschwindigkeit und Verstellen der

Füllung zugleich bewirkt (Rostfeuerung). Das Übertragungsverhalten einer solchen Einrichtung wird alsdann durch Superposition der beiden eben behandelten Einzelfälle gefunden.

2.2 Übertragungsverhalten von Transporteinrichtungen

Im Gegensatz zu den Zumeßvorrichtungen ist bei den reinen Transportvorrichtungen die *Ein-* und *Ausgangsgröße* ein *Stoffstrom*. Das Wirkungsprinzip kann also in ganz schematisierter Darstellung durch Abb. 2.6 veranschaulicht werden. Der Transport kann hierbei, wie erwähnt, durch mechanische Mittel (Bänder, Redler, Schnecken usw.) oder auch auf pneumatischem Wege erfolgen. Für die Ableitung der dynamischen Eigenschaften solcher Transportsysteme wird die Annahme getroffen, daß in einem beliebigen Zeitpunkt die Transportgeschwindigkeit w über den ganzen Transportweg dieselbe sei, wobei w im übrigen zeitlichen Schwankungen unterliegen kann. Diese Voraussetzung darf, auch bei pneumatischen

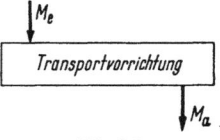

Abb. 2.6
Zum Wirkungsprinzip der Transportvorrichtung

Fördereinrichtungen, als mit brauchbarer Näherung erfüllt gelten. Abgestuften Rohrleitungsquerschnitten ist hierbei sinngemäß Rechnung zu tragen.

Grundsätzlich gilt auch für Transportsysteme die für Zumeßvorrichtungen aufgestellte Beziehung Gl. (2.1), worin w wiederum die tatsächliche Geschwindigkeit des Schüttgutstromes bedeutet, die von der Geschwindigkeit w_t des Trägersystems infolge des Schlupfes abweichen kann. Besondere Berücksichtigung verlangt diese Tatsache bei pneumatischem Transport, da dort u. U. ziemlich beträchtliche Relativgeschwindigkeiten auftreten können. Leider sind über diese Zusammenhänge noch relativ wenig zahlenmäßige Angaben verfügbar [*1—4* und *6*].[1, 2]

2.2.1 Transport mit konstanter Geschwindigkeit

Im allgemeinen erfolgt bei derartigen Transporteinrichtungen die Fortbewegung mit zeitlich unveränderter Transportgeschwindigkeit. Demnach durchläuft jedes von der Transporteinrichtung erfaßte Stoffteilchen den Transportweg l_t in der konstanten Transportzeit $T_t = \dfrac{l_t}{w}$. Eingangsgröße ist der Massenstrom

$$M_e = M_e[t], \qquad (2.13)$$

---

[1] Die Zahlen in eckigen Klammern verweisen auf das Literaturverzeichnis jeweils am Kapitelende.
[2] Siehe auch Abschn. 6.3.3.

16 2. Das Übertragungsverhalten bei Regelung von Schüttgutströmen

Ausgangsgröße ist der Massenstrom M_a, der auf Grund der im Abschnitt 2.1.2 gemachten Überlegungen mit dem Eingangsstrom über die Beziehung zusammenhängt:

$$M_a = M_e[t - T_t]. \qquad (2.14)$$

Für Schwankungen um einen Mittelwert gilt demnach

$$\Delta M_e = \Delta M_e[t] \qquad (2.15)$$

und

$$\Delta M_a = \Delta M_e[t - T_t]. \qquad (2.16)$$

Aus den letzten beiden Beziehungen ist unmittelbar das Übertragungsverhalten in der Form der Übergangsfunktion zu entnehmen,

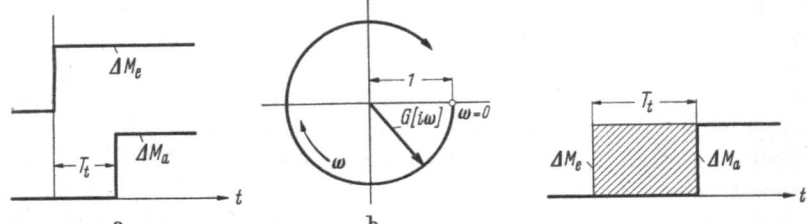

Abb. 2.7a u. b Übertragungsverhalten einer Transportvorrichtung mit konstanter Transportgeschwindigkeit (Eingangsgröße ΔM_e, Ausgangsgröße ΔM_a) a) Übergangsfunktion; b) Frequenzgang

Abb. 2.8 Übergangsfunktion und Speichereffekt bei Transportvorrichtungen mit veränderlicher Füllung

die durch das Auftreten einer Totzeit (Transportzeit T_t) gekennzeichnet ist (vgl. Abb. 2.7a). — Die Übertragungsfunktion ergibt sich analog Abschn. 2.1.2 zu

$$G[s] \underset{\Delta M_e \rightarrow \Delta M_a}{} = e^{-sT_t}. \qquad (2.17)$$

Der skalare Wert des Frequenzgangvektors ist $v = 1$, der Phasenwinkel $\varphi = \omega T_t$. Die Darstellung der Gangkurve in der GAUSSschen Zahlenebene zeigt Abb. 2.7b.

Wie bei Dosiereinrichtungen mit veränderlicher Füllung treten infolge der endlichen Transportzeit auch hier Speicherwirkungen auf, wobei etwa für eine sprunghafte Änderung des Zustromes ΔM_e die Menge

$$m_s = \Delta M_e T_t \qquad (2.18)$$

ein- bzw. ausgespeichert wird (vgl. auch Abb. 2.8).

2.2.2 Transport mit veränderlicher Geschwindigkeit

Das Verhalten einer Transporteinrichtung für den Fall, daß sowohl der Zustrom M_e wie auch die Transportgeschwindigkeit w zeitlich unabhängig voneinander sich ändern können, wird zweckmäßigerweise

2.2 Übertragungsverhalten von Transporteinrichtungen

durch Überlagerung des in Abschn. 2.2.1 behandelten Falles ($M_e = M_e[t]$; $w = k$) und des Falles konstanten Zustromes ($M_e = k$), jedoch variabler Transportgeschwindigkeit ($w = w[t]$) gefunden. Es wird also zunächst dieser letztere Fall untersucht.

Schwankungen der Transportgeschwindigkeit bei konstantem Massenzustrom bewirken Änderungen der Füllung nach der Beziehung

$$\mu_e = \frac{\overline{M_e}}{w} = \mu_e[t]. \tag{2.19}$$

Jedes Element des Fördermittels liefert seine mitgetragene Stoffmenge nach Durchlaufen des konstanten Transportweges l_t am Ausgang ab. Die hierzu nötige Transportzeit T_t ist jedoch nicht mehr konstant, vielmehr bestimmt sie sich nach der Beziehung

$$\int_0^{T_t} w\, dt = l_t. \tag{2.20}$$

Die gesuchte Lösung dieser Gleichung, in der die Unbekannte als Integrationsgrenze T_t auftritt, kann graphisch gefunden werden, wie in Abb. 2.9 veranschaulicht. Über der Zeit t ist zunächst der Verlauf der Geschwindigkeit $w[t]$ aufgetragen, darunter die durch Integration gefundene Kurve des durchlaufenen Weges $l = \int_0^t w\, dt$.

Die Transportzeit T_t kann nun aus der Linie $l = l[t]$ dadurch gefunden werden, daß Ordinatenabschnitte von der Länge des Transportweges l_t zu verschiedenen Zeitpunkten t herausgeschnitten werden, wobei die korrespondierenden Abszissenabschnitte die zugehörige Transportzeit T_t ergeben.

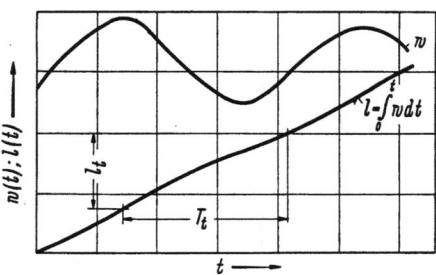

Abb. 2.9 Zur graphischen Lösung der Gl. (2.20)

Unter Benutzung der so ermittelten Transportzeit T_t kann jetzt der Füllungsgrad am Austritt der Fördereinrichtung in Abhängigkeit von demjenigen am Eintritt angegeben werden:

$$\mu_a[t] = \mu_e[t - T_t]. \tag{2.21}$$

Damit ist auch der zeitliche Verlauf der abströmenden Menge berechenbar, da

$$M_a = \mu_a[t]\, w[t] = \mu_e[t - T_t]\, w[t]. \tag{2.22}$$

Der Umstand, daß die Transportzeit T_t in komplizierter Weise variabel ist, macht die Anwendung der Gl. (2.22) in geschlossener Form schwierig. Unter der Voraussetzung jedoch, daß die beim Regelvorgang

2. Das Übertragungsverhalten bei Regelung von Schüttgutströmen

auftretenden Änderungen der Transportgeschwindigkeit klein gegenüber der mittleren Transportgeschwindigkeit bleiben, ist eine wesentliche Vereinfachung möglich. Es läßt sich nämlich dann schreiben:

$$\mu_e = \frac{\bar{M}_e}{\bar{w} + \Delta w} = \frac{\bar{M}_e (\bar{w} - \Delta w)}{(\bar{w} + \Delta w)(\bar{w} - \Delta w)}$$

$$= \bar{M}_e \frac{\bar{w} - \Delta w}{\bar{w}^2 - \Delta w^2} \approx \frac{\bar{M}_e}{\bar{w}} \left(1 - \frac{\Delta w}{\bar{w}}\right) \qquad (2.23)$$

oder schließlich

$$\mu_e[t] = \frac{\bar{M}_e}{\bar{w}} \left(1 - \frac{1}{\bar{w}} \Delta w[t]\right). \qquad (2.24)$$

Da unter der getroffenen Voraussetzung relativ kleiner Änderungen der Transportgeschwindigkeit die Transportzeit T_t als konstant angesetzt werden kann, wird für die Füllung am Austritt

$$\mu_a[t] = \mu_e[t - T_t] = \frac{\bar{M}_e}{\bar{w}} \left(1 - \frac{1}{\bar{w}} \Delta w[t - T_t]\right). \qquad (2.25)$$

Damit ist der Austrittsstrom nach Gl. (2.22)

$$M_a = \frac{\bar{M}_e}{\bar{w}} \left(1 - \frac{1}{\bar{w}} \Delta w[t - T_t]\right)(\bar{w} + \Delta w[t]), \qquad (2.26)$$

woraus unter Vernachlässigung des Produktes $\Delta w[t] \Delta w[t - T_t]$ gefunden wird

$$M_a \approx \bar{M}_e + \frac{\bar{M}_e}{\bar{w}} (\Delta w[t] - \Delta w[t - T_t]). \qquad (2.27)$$

Da hier wiederum nur die Schwankungen an sich interessieren, läßt sich mit Rücksicht auf $M_a = \bar{M}_a + \Delta M_a = \bar{M}_e + \Delta M_a$ schreiben:

$$\underline{\Delta M_a = \frac{\bar{M}_e}{\bar{w}} (\Delta w[t] - \Delta w[t - T_t]).} \qquad (2.28)$$

Aus dieser Beziehung kann das Verhalten der Transportvorrichtung nach einer sprunghaften Änderung von w entnommen werden (Übergangsfunktion). Die Verhältnisse sind in Abb. 2.10a für eine plötzliche Vergrößerung von w dargestellt. Zugleich mit w ändert sich auch die Füllung am Eintritt μ_e. Die Änderung der Füllung überträgt sich in der Folge über den Transportweg bis zum Ausgang. Sie wird damit dort erst nach Ablauf der Transportzeit T_t fühlbar. Die Geschwindigkeitsänderung jedoch macht sich am Ausgang sofort bemerkbar, womit zunächst während eines Zeitabschnittes von der Dauer der Transportzeit T_t eine vergrößerte Menge ausgeworfen wird. Nach Ablauf von T_t sinkt der Abstrom wieder auf den konstanten Wert des Zustromes zurück. Die bei diesem Vorgang *ausgespeicherte Stoffmenge* berechnet sich aus der Beziehung

$$m_s = \bar{\mu} \Delta w\, T_t = \Delta \mu\, \bar{w}\, T_t. \qquad (2.29)$$

2.2 Übertragungsverhalten von Transporteinrichtungen

Bei plötzlicher Geschwindigkeitsverminderung wird ein entsprechender Betrag in der Transportvorrichtung eingespeichert.

Die Darstellung des Übertragungsverhaltens in Form der Übertragungsfunktion kann, wieder unter der Voraussetzung kleiner Schwingungsweite, wie folgt gefunden werden.

Die Eingangsgröße ist gegeben durch:

$$\overrightarrow{\Delta w} = \widehat{\Delta w}\, e^{st}, \tag{2.30}$$

die Ausgangsgröße durch Gl. (2.28), wobei durch Einsetzen der entsprechenden Zeitfunktion für Δw wird:

$$\overrightarrow{\Delta M_a} = \frac{\bar{M}_e}{\bar{w}} \widehat{\Delta w}\left(e^{st} - e^{s(t-T_t)}\right). \tag{2.31}$$

Daraus folgt unmittelbar

$$G[s]_{\Delta w \to \Delta M_a} = \frac{\bar{M}_e}{\bar{w}}\left(1 - e^{-sT_t}\right) = \bar{\mu}\left(1 - e^{-sT_t}\right). \tag{2.32}$$

Die Darstellung dieses Zusammenhanges in der GAUSSschen Zahlenebene ergibt für die Gangkurve einen Kreis, ausgehend vom Ursprung und mit dem Mittelpunkt auf der positiven reellen Achse im Abstand $\bar{\mu}$ vom Ursprung (s. Abb. 2.10 b). Auf Grund einfacher geometrischer Zusammenhänge findet man für den skalaren Wert des Frequenzganges

$$v = 2\bar{\mu} \sin\frac{\omega T_t}{2},$$

für den Phasenwinkel

$$\varphi = \frac{\pi}{2} - \frac{\omega T_t}{2}.$$

Abb. 2.10 a u. b Übertragungsverhalten einer Transportvorrichtung mit konstantem Zustrom und veränderlicher Transportgeschwindigkeit
a) Übergangsfunktion; b) Frequenzgang

Aus dem Verlauf der Gangkurve ist zu entnehmen, daß je nach der Frequenz eine mit variabler Transportgeschwindigkeit und konstanter Einspeisung arbeitende Transportvorrichtung *sowohl beschleunigende als auch verzögernde Effekte* hervorrufen kann. Für den Fall $\omega T_t = \pi$ sind Geschwindigkeits- und Massenaustragverlauf in Phase, jedoch treten Schwankungen des Austrages um den Mittelwert mit der Amplitude $2\bar{\mu}\widehat{\Delta w}$ auf, die also dem doppelten Betrag der bei konstanter Füllung und variabler Geschwindigkeit entstehenden Schwankung des Austrittsstromes entsprechen.

Wie zu Eingang dieses Abschnittes erwähnt, wird nun das Übertragungsverhalten für den Fall, daß sowohl der Zustrom M_e wie die Transportgeschwindigkeit w zeitlich veränderlich sind, durch Überlagerung der in Abschn. 2.3.1 bzw. in diesem Abschnitt untersuchten Fälle gefunden. Praktisch interessant ist hierbei folgender Spezialfall: Gleichzeitige und gleichsinnige Variation von w und M_e derart, daß $\mu_e = k$. Es ist also:

$$\mu_e = \frac{M_e}{w} = \bar{\mu}_e \tag{2.33}$$

oder auch

$$M_e[t] = \bar{\mu}_e w[t]. \tag{2.34}$$

Da voraussetzungsgemäß die Füllung konstant ist, liegt der gleiche Transportfall, wie unter 2.2.1 behandelt, vor, so daß alle *Speichereffekte verschwinden*. Es wird deshalb auch

$$M_a[t] = \bar{\mu}_e w[t] = M_e[t], \tag{2.35}$$

und die Übertragung erfolgt *verzögerungsfrei*. Der schädliche Einfluß der Transportzeit auf das Übertragungsverhalten wird also durch diese Maßnahme aufgehoben.

Literatur zu Kapitel 2

[1] WAGON, H.: Zur Bestimmung der Schwebegeschwindigkeit von Schüttgütern in pneumatischen Förderanlagen. Z. VDI 92 (1950) Nr. 21, S. 577—580.

[2] BRÖTZ, W.: Grundlagen der Wirbelschichtverfahren. Chemie-Ingenieur-Technik 24 (1952) Nr. 2, S. 60—81.

[3] ECK, B.: Technische Strömungslehre, 6. Aufl. Berlin/Göttingen/Heidelberg: Springer 1961.

[4] RAUSCH, W.: Widerstände von feinverteilten Stäuben und Mehlen im Luftstrom. BWK 9 (1957) Nr. 9, S. 437.

[5] CAMPBELL, D. P.: Process Dynamics. New York: Wiley & Sons 1958.

[6] SCHNEIDER, A.: Das regeldynamische Verhalten von Kohlenstaubfeuerungen. Diss. TH Stuttgart 1959.

3. Das Übertragungsverhalten der Regelstrecke bei der Regelung von Flüssigkeits- und Gasströmen

In Dampfanlagen und insbesondere an Dampferzeugern stellt sich in verschiedenen Formen die Aufgabe, die zeitliche Durchflußmenge oder den Druck in einem von einer Flüssigkeit, von Gas oder Dampf durchströmten System zu regeln. So ist oft eine Wasserstromregelung als Hilfsregelkreis in der Speiseregelung eines Kessels enthalten. Ähnliche Durchflußregelungen sind im Zusammenhang mit der Feuerleistungsregelung ölgefeuerter Kessel anzutreffen. Auch Druckregelungen, die etwa den Heizöldruck vor Brenner konstant halten, kommen oft vor. Durchfluß- und Druckregelungen von Gasströmen treten ebenfalls im

Zusammenhang mit der Regelung der Feuerleistung auf. Ein typisches Beispiel einer Gasdruckregelung ist etwa dasjenige der automatischen Einhaltung des Brennkammerdruckes. Durchfluß- und Druckregelungen finden sich schließlich auch bei dampfdurchströmten Systemen, wie etwa bei der Druckhalteregelung von Kesseln durch Bypass- oder Begrenzungsventile, der Vordruckregelung an Turbinen oder der Druck- und Durchflußregelung in Dampfnetzen.

Die hydrodynamischen Grundgesetze, die das Übertragungsverhalten der Regelstrecke solcher Systeme regieren, sind für tropfbare Flüssigkeiten, Gase und Dämpfe weitgehend dieselben. Bei den in Dampfanlagen vorliegenden Anwendungsfällen liegen jedoch die Verhältnisse fast immer so, daß etwa für flüssigkeitsdurchströmte Systeme gewisse Vereinfachungen getroffen werden können, die für gasdurchströmte Systeme unzulässig sind und umgekehrt. So kann für wasserdurchströmte Systeme beispielsweise fast immer die Kompressibilität des Strömungsmediums vernachlässigt werden, dagegen ist der Trägheit der bewegten Massen Rechnung zu tragen (instationäre Beschleunigung). Bei gas- oder dampfdurchströmten Systemen darf umgekehrt die Kompressibilität mindestens hinsichtlich ihres Einflusses auf Änderungen des Speicherinhaltes des Systems fast nie vernachlässigt werden, wogegen die Trägheitseffekte der bewegten Masse nur in besonderen Fällen von Bedeutung sind. Es ist deshalb wohl zweckmäßig, das Übertragungsverhalten von tropfbaren, inkompressiblen Flüssigkeiten durchströmter Systeme getrennt von der Dynamik dampf- oder gasdurchströmter Systeme zu behandeln.

3.1 Inkompressible Strömungsmittel

In Abb. 3.1 ist eine Übersicht über die praktisch wichtigsten Fälle der Durchfluß- bzw. Druckregelung von inkompressiblen Flüssigkeiten durchströmter Systeme gegeben. Die Schemata a bis d gelten hierbei für Durchflußregelung, die Schemata e bis h für Druckregelung. In allen Fällen strömt die Flüssigkeit aus einem Behälter *1* durch die Rohrleitung zu einem Behälter *2*. An einer an sich beliebigen Stelle der Rohrleitung befindet sich ein Ventil *5*, das von außen her, also nicht unter dem Einfluß der jeweiligen Regelung, betätigt werden kann, zum Beispiel von Hand. Weiter ist in der Rohrleitung das Regelorgan eingesetzt, das als Drossel- oder Bypassventil (*4, 6*) wirken kann oder schließlich auch als drehzahlgeregelte Pumpe *3*. Bei den Beispielen a und e fehlt eine Pumpe, und die Flüssigkeit strömt nur unter der Wirkung der Differenz der Drücke in den Behältern *1* und *2*. Bei den übrigen Beispielen kommt zur Differenz der Behälterdrücke noch die Förderhöhe der Pumpe *3* hinzu. Bei den Fällen a und b bzw. e und f erfolgt

22   3. Übertragungsverhalten bei Regelung von Flüssigkeits- und Gasströmen

der Regeleingriff durch Drosselung des Hauptstromes in einem Regelventil, bei den Beispielen c und g durch Verstellen der Pumpendrehzahl. Bei den Beispielen d und h schließlich liegt Bypassregelung vor, indem das geregelte Überströmventil *6* die von der Pumpe zuviel geförderte Flüssigkeitsmenge aus dem System abfließen läßt.

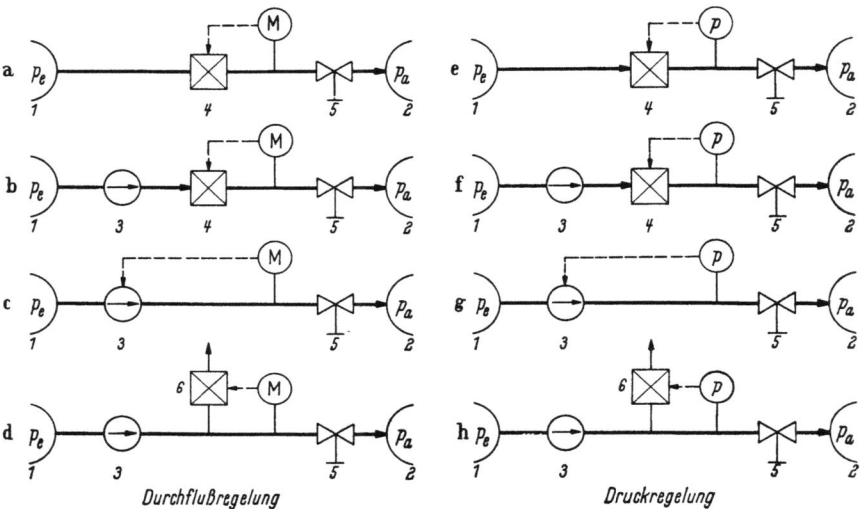

Abb. 3.1 a—h Schemata einiger typischer Regelstrecken bei der Durchfluß- bzw. Druckregelung für inkompressibles Strömungsmittel
a)—d) Beispiele für Durchflußregelung; e)—h) Beispiele für Druckregelung

Natürlich kann die Reihenfolge der verschiedenen Elemente anders, als in Abb. 3.1 gezeigt, sein. Auch der Meßort kann anders liegen, was besonders bei Druckregelung von Bedeutung ist.

3.1.1 Herleitung der Gleichungen der Elemente der Regelstrecke

Bei der Ableitung der Beziehungen, die das dynamische Verhalten eines solchen Systems regieren, ist davon auszugehen, daß sich im Beharrungszustand der Durchfluß immer derart einstellt, daß Gleichgewicht zwischen den die Strömung antreibenden Kräften und den Widerständen herrscht. Eine Störung im Sinne einer Veränderung entweder der antreibenden Kräfte oder der Widerstände hat dabei immer die Korrektur des Durchflusses im Sinne einer Wiederherstellung dieses Gleichgewichtes zur Folge. Daneben gilt natürlich die Kontinuitätsbedingung, die etwa für ein System, bei dem die Regelwirkung auf den Gesamtdurchfluß ausgeübt wird, verlangt, daß zu einem beliebigen Zeitpunkt der Durchfluß an allen Stellen des Systems derselbe ist (inkompressible Flüssigkeit).

3.1 Inkompressible Strömungsmittel

Die im folgenden gegebene Ableitung bezieht sich auf diesen Fall des Regeleingriffes auf den Gesamtstrom. Der Fall der Durchfluß- oder Druckregelung durch Bypasswirkung wird hier nicht besonders behandelt. Die dafür gültigen Beziehungen lassen sich leicht durch sinngemäße Anwendung der nachfolgenden Darlegungen finden.

Die antreibenden Kräfte ergeben sich für Beharrungsverhältnisse einerseits aus der Differenz der Drücke am Ein- und Austritt des Systems unter Berücksichtigung allfälliger Höhenunterschiede sowie andererseits aus der Förderhöhe der Pumpe. Die Widerstände setzen sich aus den Druckverlusten im Rohrleitungssystem, im Einstellventil und im Regelventil zusammen. Es gilt also für Beharrung:

$$\overline{p_e} - \overline{p_a} + \overline{\Delta p_P} = \overline{\Delta p_L} + \overline{\Delta p_V} + \overline{\Delta p_R}. \tag{3.1}$$

Es bedeuten darin:

$p_e - p_a$ äußere Druckdifferenz, gegeben durch die auf eine bestimmte geodätische Höhe bezogenen statischen Drücke p_e bzw. p_a in den Behältern 1 und 2

$\Delta p_P = p_{Pe} - p_{Pa}$ von der Pumpe erzeugte Druckdifferenz (Förderhöhe)

Δp_L Druckabfall durch Rohrreibung in der Leitung

Δp_V Druckabfall im Einstellventil 5

Δp_R Druckabfall im Regelventil

(vgl. auch Abb. 3.1).

Im transitorischen Zustand, d. h. wenn der Flüssigkeitsstrom während des Überganges auf einen neuen Beharrungszustand entweder beschleunigt oder verzögert wird, tritt noch ein Beschleunigungsdruckabfall Δp_B auf, der je nach Fall antreibend oder hemmend auf den Flüssigkeitsstrom einwirkt. Es gilt daher allgemeiner

$$p_e - p_a + \Delta p_P = \Delta p_L + \Delta p_V + \Delta p_R + \Delta p_B. \tag{3.2}$$

Abgesehen von der äußeren Druckdifferenz $p_e - p_a$, die oft als konstant oder jedenfalls als unabhängig vom Durchfluß angesehen werden kann, sind alle übrigen Druckdifferenzen vom Flüssigkeitsstrom abhängig.

Für die Pumpe geht diese Abhängigkeit aus der Schar der Pumpenkennlinien hervor (vgl. Abb. 3.2). Da diese Kennlinien je nach Pumpenbauart ziemlich verschieden verlaufen

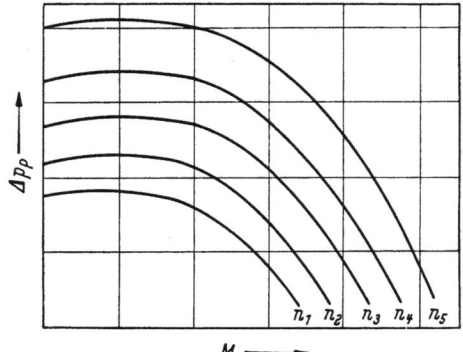

Abb. 3.2 Förderdruck-Durchfluß-Kennlinien einer Zentrifugalpumpe

können, sei auf eine explizite Formulierung des Zusammenhanges zwischen Förderhöhe, Durchfluß M und Pumpendrehzahl n verzichtet. Es genügt,

24 3. Übertragungsverhalten bei Regelung von Flüssigkeits- und Gasströmen

hier zunächst festzuhalten, daß die eben erwähnten drei Größen im Sinne der Gl. (3.3) miteinander verknüpft sind:

$$\Delta p_P = \Delta p_P [M, n].\tag{3.3}$$

Für den Druckabfall in der Rohrleitung soll die vereinfachte Beziehung benutzt werden (vgl. auch Abb. 3.3):

$$\Delta p_L = k_L M^m,\tag{3.4}$$

wobei meist für den Exponenten $m = 2$ gesetzt werden kann.

Für das Einstellventil kann unter der Annahme eines konstanten Durchflußkoeffizienten die Beziehung zwischen Druckabfall Δp_V, Durch-

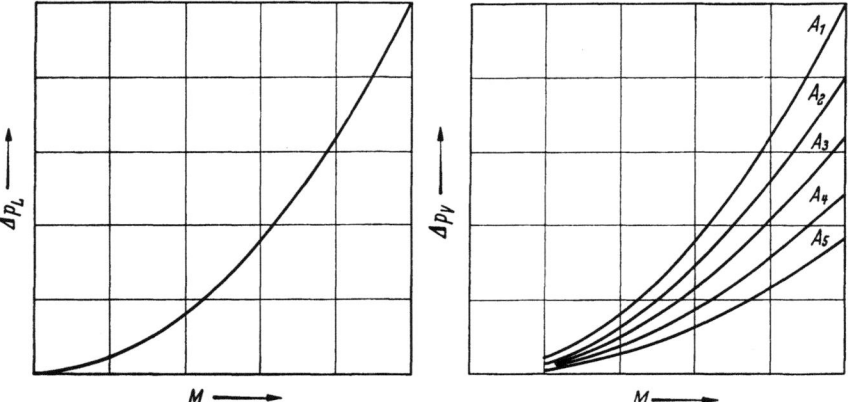

Abb. 3.3 Druckabfall-Kennlinie einer durchströmten Rohrleitung

Abb. 3.4 Druckabfall-Durchfluß-Kennlinien eines Einstellventils

fluß M und hydraulisch wirksamem Ventilquerschnitt A_V in die Form eingekleidet werden:

$$\Delta p_V = k_V \left(\frac{M}{A_V}\right)^2.\tag{3.5}$$

Mit A_V als Parameter ergibt sich daraus die bekannte Schar der Kennlinien, wie in Abb. 3.4 dargestellt.

Eine ganz analoge Beziehung läßt sich für das Regelventil anschreiben:

$$\Delta p_R = k_R \left(\frac{M}{A_R}\right)^2,\tag{3.6}$$

wobei hier wiederum A_R den Drosselquerschnitt des Regelventils bedeutet.

Der bei Beschleunigung bzw. Verzögerung der strömenden Flüssigkeit auftretende Beschleunigungsdruckabfall findet sich am einfachsten mit Hilfe des Impulssatzes zu[1]

$$\Delta p_B = a_B \frac{dM}{dt}.\tag{3.7}$$

---

[1] Es ist zu beachten, daß M als Massenstrom definiert ist (kg/s).

3.1 Inkompressible Strömungsmittel

Darin ist a_B gegeben durch Gl. (3.8) (unter der Voraussetzung über die Rohrlänge unveränderlichen Querschnittes, sonst absatzweise Berechnung):

$$a_B = \frac{l}{A_L}, \qquad (3.8)$$

wobei:
l Länge der Rohrleitung,
A_L Rohrleitungsquerschnitt.

Die Gln. (3.3) bis (3.6) charakterisieren zusammen mit (3.1) das Beharrungsverhalten des Systems. Es lassen sich daraus für jeden Fall der Durchfluß M und die jeweiligen Durchflußverhältnisse errechnen.

Die Gln. (3.2) bis (3.8) beschreiben das Verhalten des Systems unter transitorischen Verhältnissen. Dieses Differentialgleichungssystem ist nichtlinear und daher für eine geschlossene analytische Weiterbehandlung im allgemeinen ungeeignet. Beschränkt man sich jedoch auf kleine Ausschläge, so ist eine Linearisierung möglich. Unter dieser Voraussetzung läßt sich nämlich Gl. (3.2) auch in der Form schreiben

$$\overline{p}_e + \Delta p_e - (\overline{p}_a + \Delta p_a) + \overline{\Delta p_P} + \Delta\Delta p_P$$
$$= \overline{\Delta p_L} + \Delta\Delta p_L + \overline{\Delta p_V} + \Delta\Delta p_V + \overline{\Delta p_R} + \Delta\Delta p_R + \Delta p_B. \qquad (3.9)$$

Die mit Querstrich versehenen Größen entsprechen dem Beharrungszustand und können daher mit Rücksicht auf (3.1) weggelassen werden. Dann geht (3.9) über in

$$\Delta p_e - \Delta p_a + \Delta\Delta p_P = \Delta\Delta p_L + \Delta\Delta p_V + \Delta\Delta p_R + \Delta p_B. \qquad (3.10)$$

Die einzelnen Glieder dieser Gleichung sind nun unter der erwähnten Voraussetzung kleiner Schwingungsweite aus den Gln. (3.3) bis (3.6) auszurechnen, wie nachfolgend gezeigt.

Bezüglich der äußeren Druckdifferenz haben wir die Annahme getroffen, daß diese vom Durchfluß M unabhängig sei. Die Abweichungen $\Delta p_e, \Delta p_a$ sind demnach als Störgrößen zu betrachten, und es ist darüber deshalb zunächst nichts weiter auszusagen.

Die Größe $\Delta\Delta p_P$ ergibt sich durch Ableitung der Gl. (3.3), wobei man findet:

$$\Delta\Delta p_P = \Delta p_{P_e} - \Delta p_{P_a} = \frac{\partial \Delta p_P}{\partial M} \Delta M + \frac{\partial \Delta p_P}{\partial n} \Delta n. \qquad (3.11)$$

Die partiellen Differentialquotienten können graphisch aus dem Feld der Pumpenkennlinien entnommen werden, wie aus Abb. 3.5 hervorgeht. Für eine bestimmte Abweichung $n_1 - n_0$ bzw. $M_1 - M_0$ von den Beharrungswerten im Punkt P_0 lassen sich nämlich aus dem Kennlinienfeld sofort die korrespondierenden Änderungen der Förderhöhe ablesen. Im praktischen Betriebsgebiet von Zentrifugalpumpen ist hierbei immer $\frac{\partial \Delta p_P}{\partial M} < 0$, d. h. mit einem Anwachsen des Durchflusses tritt

26 3. Übertragungsverhalten bei Regelung von Flüssigkeits- und Gasströmen

eine Verminderung der Förderhöhe ein. Damit kann Gl. (3.11) in die vereinfachte Form gebracht werden:

$$\Delta \Delta p_P = -a_P \Delta M + b_P \Delta n. \qquad (3.12)$$

Für die Änderung des Reibungsverlustes in der Rohrleitung findet man durch Ableitung der Gl. (3.4) (mit $m = 2$)

$$\Delta \Delta p_L = \frac{\partial \Delta p_L}{\partial M} \Delta M = 2 k_L M \Delta M. \qquad (3.13)$$

Hierin darf M konstant angenommen werden (Beharrungswert), so daß mit $a_L = 2 k_L \overline{M}$ abgekürzt wird:

$$\Delta \Delta p_L = a_L \Delta M. \qquad (3.14)$$

Beim Handventil bzw. beim Regelventil kann eine Änderung des Druckabfalles sowohl die Folge einer veränderten Durchflußmenge als

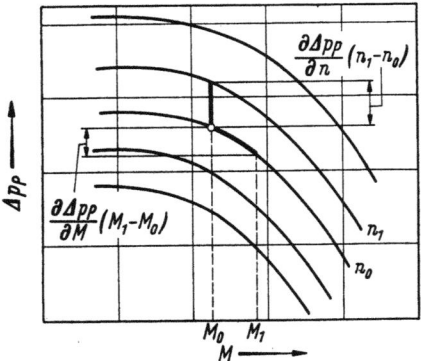
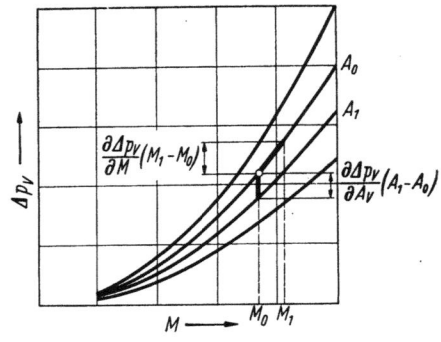

Abb. 3.5 Zur Bestimmung der Größen $\partial \Delta p_P/\partial M$ bzw. $\partial \Delta p_P/\partial n$ aus den Pumpen-Kennlinien

Abb. 3.6 Zur graphischen Bestimmung der Größen $\partial \Delta p_v/\partial M$ bzw. $\partial \Delta p_v/\partial A_v$ aus den Kennlinien des Ventils

auch einer Verstellung des Ventils sein. Demnach findet man durch Differenzierung der Gl. (3.5):

$$\Delta \Delta p_V = \frac{\partial \Delta p_V}{\partial M} \Delta M + \frac{\partial \Delta p_V}{\partial A_V} \Delta A_V = \frac{2 k_V M}{A_V^2} \Delta M - \frac{2 k_V M^2}{A_V^3} \Delta A_V \qquad (3.15)$$

oder abgekürzt: $\left(a_V = \frac{2 k_V \overline{M}}{\overline{A}_V^2}; \quad b_V = \frac{2 k_V \overline{M}^2}{\overline{A}_V^3} \right)$

$$\Delta \Delta p_V = a_V \Delta M - b_V \Delta A_V \qquad (3.16)$$

und analog für das Regelventil:

$$\Delta \Delta p_R = a_R \Delta M - b_R \Delta A_R. \qquad (3.17)$$

Ähnlich wie für die Pumpe besprochen, ist es natürlich auch möglich, die partiellen Differentialquotienten aus dem Kennlinienfeld des Ventils zu entnehmen, wie in Abb. 3.6 angedeutet.

3.1 Inkompressible Strömungsmittel

Setzt man die gefundenen Beziehungen in Gl. (3.10) ein, so findet man

$$\underline{\Delta p_e - \Delta p_a + b_P \Delta n + b_V \Delta A_V + b_R \Delta A_R} \\ = (a_P + a_L + a_V + a_R) \Delta M + a_B \Delta M'. \qquad (3.18)$$

Diese Differentialgleichung I. Ordnung charakterisiert in allgemeiner Form das Übertragungsverhalten eines von einer Flüssigkeit durchströmten Systems, bei dem der Regeleingriff sich auf den Gesamtstrom auswirkt. Im praktischen Einzelfall können einzelne Glieder dieser Gleichung verschwinden. So kann beispielsweise die äußere Druckdifferenz konstant und damit $\Delta p_e - \Delta p_a = 0$ sein, oder es kann die Pumpe mit konstanter Drehzahl betrieben werden ($b_P \Delta n = 0$) oder überhaupt fehlen ($a_P = 0$, $b_P \Delta n = 0$).

3.1.2 Durchflußregelung

Bei Durchflußregelung ist der Flüssigkeitsstrom M bzw. die Abweichung ΔM vom Beharrungswert die Regelgröße. Als Eingangsgrößen der Regelwirkung kommen bei Regelung durch ein Drosselorgan die Querschnittsabweichungen ΔA_R, bei Eingriff auf die Pumpe

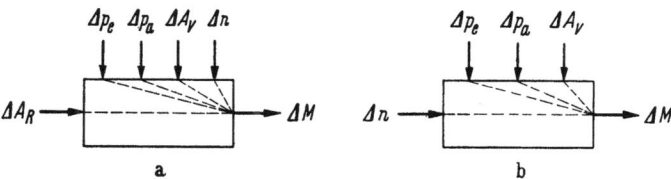

Abb. 3.7a u. b Stell-, Stör- und Regelgrößen an der Regelstrecke bei Durchflußregelung
a) Regeleingriff durch Drosselung; b) Regeleingriff durch Drehzahländerung an der Pumpe

die Drehzahlabweichung Δn in Frage. Δp_e, Δp_a und ΔA_V können als Störgrößen auf die Regelstrecke einwirken. Unter besonderen Umständen kann Δn bei Drosselregelung ebenfalls als Störgröße auftreten (vgl. Abb. 3.7a und b).

a) Durchflußregelung durch Drosselung. Bei Drosselregelung lautet die Differentialgleichung des Übertragungsverhaltens der Regelstrecke mit ΔA_R als Eingangsgröße und ΔM als Ausgangsgröße:

$$b_R \Delta A_R = (a_P + a_L + a_V + a_R) \Delta M + a_B \Delta M'. \qquad (3.19)$$

Diese Beziehung ergibt sich unmittelbar aus Gl. (3.18), wenn darin die Störgrößen $\Delta \Delta p_A$, Δn und ΔA_V Null gesetzt werden. Dividiert man die Gleichung durch den Klammerausdruck auf der rechten Seite, so erhält man die Form

$$\underline{C_R \Delta A_R = \Delta M + T_B \Delta M'}, \qquad (3.20)$$

worin

$$C_R = \frac{b_R}{a_P + a_L + a_V + a_R}, \quad T_B = \frac{a_B}{a_P + a_L + a_V + a_R}. \qquad (3.21)$$

Der Verlauf der Übergangsfunktion ist entsprechend dem Charakter der Gl. (3.20) eine Exponentialkurve mit der Zeitkonstante T_B (vgl. Abb. 3.8).

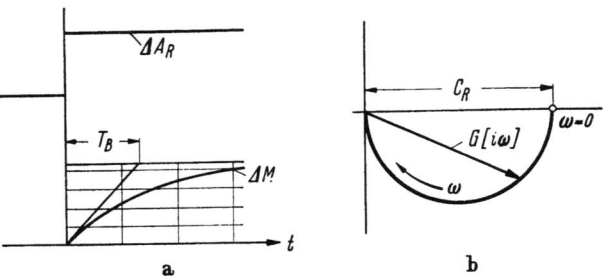

Abb. 3.8a u. b Übertragungsverhalten der Regelstrecke bei Durchflußregelung durch Drosselung
(Eingangsgröße ΔA_R, Ausgangsgröße ΔM)
a) Übergangsfunktion; b) Frequenzgang

Aus Gl. (3.20) folgt auch unmittelbar die Anschrift für die Übergangsfunktion:

$$G[s]_{\Delta A_R \to \Delta M} = \frac{C_R}{1 + s\,T_B}. \tag{3.22}$$

Die Gangkurve hat hierbei den bekannten halbkreisförmigen Verlauf (s. Abb. 3.8b). Phasenwinkel und Amplitudenverhältnis sind durch die Gleichungen gegeben:

$$\tan\varphi = \omega\,T_B, \quad v = \frac{C_R}{\sqrt{1 + \omega^2\,T_B^2}}. \tag{3.23}$$

Das Übertragungsverhalten der Regelstrecke bei Störung durch Δp_e, Δp_a, ΔA_V oder Δn weist grundsätzlich den gleichen Charakter auf wie für die Regelgröße als Eingangssignal. Die das transitorische Verhalten charakterisierende Zeitkonstante T_B ist dieselbe, wie in Gl. (3.21) definiert.

b) Durchflußregelung durch Beeinflussung der Pumpendrehzahl. Bei Drehzahlregelung wird im allgemeinen das Regelventil fehlen, so daß in Gl. (3.18) die Faktoren a_R und b_R Null zu setzen sind. Für die Drehzahlabweichung Δn als Eingangsgröße ergibt sich alsdann für das Übertragungsverhalten der Regelstrecke folgende Differentialgleichung:

$$b_P \Delta n = (a_P + a_L + a_V) \Delta M + a_B \Delta M'. \tag{3.24}$$

Dividiert man wiederum durch den Klammerausdruck rechts, so entsteht die Gl.

$$C_P \Delta n = \Delta M + T_B \Delta M', \tag{3.25}$$

in welcher bedeuten:

$$C_P = \frac{b_P}{a_P + a_L + a_V}, \quad T_B = \frac{a_B}{a_P + a_L + a_V}. \tag{3.26}$$

3.1 Inkompressible Strömungsmittel

Die Übergangsfunktion weist damit denselben Charakter wie bei Drosselregelung auf, was natürlich auch für die Übertragungsfunktion, die durch Gl. (3.27) definiert ist, gilt.

$$G[s]_{\Delta n \to \Delta M} = \frac{C_P}{1 + sT_B}. \tag{3.27}$$

Phasenwinkel und Amplitudenverhältnis sind durch die Beziehungen entsprechend Gl. (3.23) gegeben. Hinsichtlich des Übertragungsverhaltens bei Störung, d. h., wenn Δp_e, Δp_a oder ΔA_V als Eingangsgrößen wirken, gilt das bereits in Abschn. 3.1.2a Gesagte.

Die Regelstrecke verhält sich demnach bei Durchflußregelung immer als Schwinger I. Ordnung. Die charakteristischen Größen C_R, C_P und T_B (s. Gln. (3.21) und (3.26)) sind dabei im allgemeinen vom Belastungsgrad abhängig. Meistens nimmt hierbei die Zeitkonstante mit zurückgehendem Belastungsgrad ab. Nur in besonderen Fällen, wo der Gesamtdruckabfall des Systems sich mit kleiner werdendem Belastungsgrad stark verringert, wächst T_B an.

3.1.3 Druckregelung

Im Falle der Druckregelung kann zunächst von den gleichen Überlegungen ausgegangen werden wie im vorangegangenen Abschnitt. Es gelten deshalb wiederum die in Abschn. 3.1.1 hergeleiteten Beziehungen, insbesondere für kleine Ausschläge

$$\Delta p_e - \Delta p_a + b_P \Delta n + b_V \Delta A_V + b_R \Delta A_R$$
$$= (a_P + a_L + a_V + a_R) \Delta M + a_B \Delta M' \tag{3.18}$$

Regelgröße ist hier indes nicht mehr ΔM, sondern der am Punkte P_x des Systems gemessene Druck p_x. Er berechnet sich etwa für den Fall der Druckmessung nach Abb. 3.1f wie folgt:

$$p_x = p_e + \Delta p_P - \Delta p_R - \alpha \Delta p_L - \beta \Delta p_B. \tag{3.28}$$

Darin bedeuten $\alpha \Delta p_L$ den Druckabfall im Rohrleitungsstück vom Behälter *1* bis zur Meßstelle, $\beta \Delta p_B$ den Beschleunigungsdruckabfall entsprechend diesem Leitungsteil. Für kleine Ausschläge läßt sich nun Gl. (3.28) nach Abschn. 3.1.1 schreiben:

$$\bar{p}_x + \Delta p_x = \bar{p}_e + \Delta p_e + \overline{\Delta p_P} - a_P \Delta M + b_P \Delta n - \alpha \overline{\Delta p_L} -$$
$$- \alpha a_L \Delta M - \overline{\Delta p_R} - a_R \Delta M + b_R \Delta A_R - \beta a_B \Delta M'. \tag{3.29}$$

Die algebraische Summe der mit Querstrich versehenen Beharrungswerte auf der rechten Seite der Gleichung ergibt den Beharrungswert des Druckes $\bar{p}_x$, womit sich die Gleichung vereinfacht zu

$$\Delta p_x = \Delta p_e + b_P \Delta n + b_R \Delta A_R - (a_P + \alpha a_L + a_R) \Delta M - \beta a_B \Delta M'. \tag{3.30}$$

3. Übertragungsverhalten bei Regelung von Flüssigkeits- und Gasströmen

Aus den beiden Gln. (3.18) und (3.30) kann nun ΔM und seine Ableitung eliminiert und dadurch die gesuchte Differentialgleichung gefunden werden, die das Verhalten von Δp_x in Abhängigkeit der Regelwirkung (ΔA_R für Drosselregelung, Δn für Drehzahlregelung) sowie die Störwirkungen beschreibt. Auf die Wiedergabe der Rechnung in dieser allgemeinen Form soll jedoch verzichtet werden, da sie ziemlich umständlich ist. Vielmehr mögen an einem einfachen Beispiel der Rechengang und die kennzeichnenden Eigenschaften gezeigt werden.

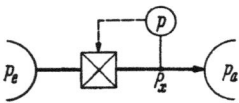

Abb. 3.9 Schema einer einfachen Druckregelung (inkompressibles Strömungsmittel)

Es wird der Fall betrachtet, wo die Flüssigkeit aus einem Behälter *1* über ein Regelventil zum Behälter *2* strömt (vgl. Abb. 3.9). p_e und p_a seien konstant. Pumpe und Einstellventil fehlen. Es gilt dann mit Gl. (3.18)

$$b_R \Delta A_R = (a_L + a_R) \Delta M + a_B \Delta M'. \tag{3.31}$$

Ferner findet man aus (3.30) für unser Beispiel

$$b_R \Delta A_R - \Delta p_x = (\alpha a_L + a_R) \Delta M + \beta a_B \Delta M'. \tag{3.32}$$

Durch Multiplikation von Gl. (3.31) mit β und Subtraktion von (3.32) folgt:

$$(1 - \beta) b_R \Delta A_R - \Delta p_x = \{(\alpha - \beta) a_L + (1 - \beta) a_R\} \Delta M. \tag{3.33}$$

Bei der nachfolgenden Differentiation ist zu beachten, daß Δp_x und ΔM von ΔA_R abhängig sind. Mithin gilt:

$$(1 - \beta) b_R \Delta A'_x - \Delta p'_x = \{(\alpha - \beta) a_L + (1 - \beta) a_R\} \Delta M'. \tag{3.34}$$

Setzt man die aus (3.33) und (3.34) zu ermittelnden Ausdrücke für ΔM bzw. $\Delta M'$ z. B. in Gl. (3.32) ein, so resultiert nach einigen Zwischenrechnungen:

$$(1 - \alpha) b_R \frac{a_L}{a_L + a_R} \Delta A_R + (1 - \beta) b_R \frac{a_B}{a_L + a_R} \Delta A'_R$$
$$= \Delta p_x + \frac{a_B}{a_L + a_R} \Delta p'_x. \tag{3.35}$$

Hierin hat der Ausdruck $\dfrac{a_B}{a_L + a_R}$ den Charakter einer Zeitkonstanten (vgl. (3.21)). Mit

$$\frac{a_B}{a_L + a_R} = T_B, \quad (1 - \alpha) \frac{a_L}{a_L + a_R} = D \tag{3.36}$$

wird vereinfachend

$$b_R D \Delta A_R + b_R (1 - \beta) T_B \Delta A'_R = \Delta p_x + T_B \Delta p'_x. \tag{3.37}$$

Diese Differentialgleichung zeigt, daß das Übertragungsverhalten bei Druckregelung einen anderen, regeltechnisch grundsätzlich *günstigeren Charakter* hat als bei Durchflußregelung, indem hier neben der Stellgröße auch deren Ableitung in Gl. (3.37) erscheint.

Aus (3.37) kann unmittelbar die Übertragungsfunktion angeschrieben werden zu

$$G[s]_{\Delta A_R \to \Delta p_x} = b_R \frac{D + (1-\beta) s T_B}{1 + s T_B}. \quad (3.38)$$

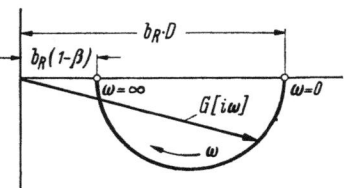

Abb. 3.10 Frequenzgang der Regelstrecke nach Abb. 3.9 (Eingangsgröße ΔA_R, Ausgangsgröße Δp_x)

Die Gangkurve verläuft, in der GAUSSschen Zahlenebene dargestellt, nach Abbildung 3.10. Es läßt sich leicht zeigen, daß für den Fall $D = (1 - \beta)$ die Gangkurve in einen Punkt auf der reellen Achse degeneriert, womit ein verzögerungsfreies Übertragungsverhalten entsteht.

3.2 Kompressible Strömungsmittel

In Dampfanlagen ist die Aufgabe häufig gestellt, Durchfluß oder Druck in einem von Gas oder Dampf durchströmten System zu regeln.

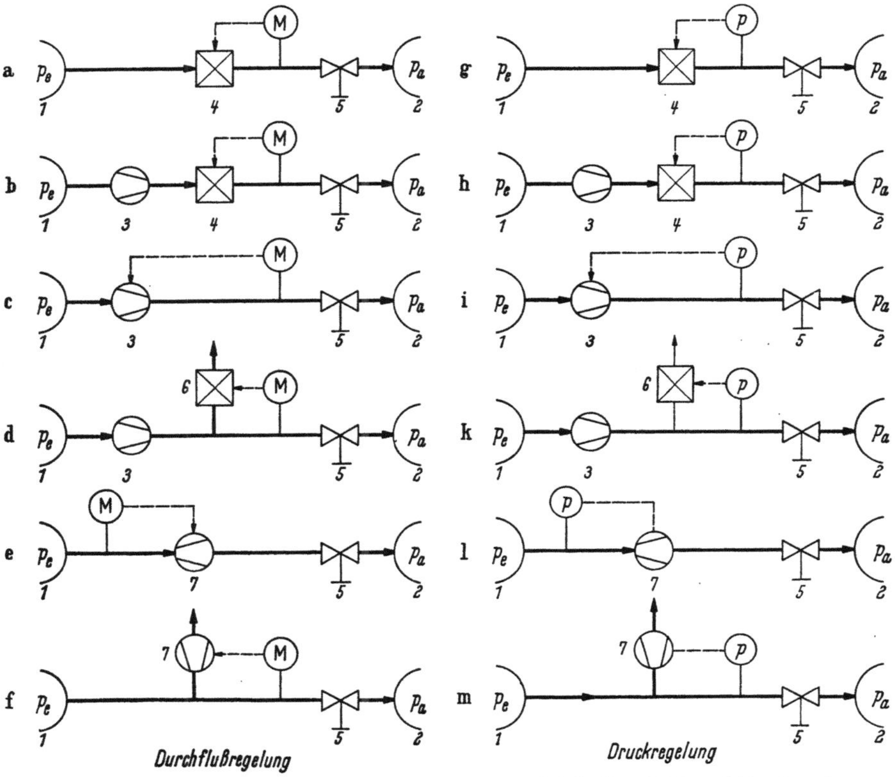

Abb. 3.11 a—m Schemata einiger typischer Regelstrecken bei der Durchfluß- und Druckregelung für kompressibles Strömungsmittel
a)—f) Beispiele für Durchflußregelung; g)—m) Beispiele für Druckregelung

In Abb. 3.11 sind einige praktisch wichtige Fälle schematisch dargestellt. Auf der linken Seite sind Schemata von Durchflußregelungen, auf der rechten solche von Druckregelungen wiedergegeben. Die Abb. a, e, f, g, l und m beziehen sich auf den Fall, wo das Strömungsmittel aus einer Quelle höheren Druckes zu einem Verbraucher niedrigeren Druckes strömt, ohne daß dabei die Strömung durch ein Gebläse unterstützt würde. Für alle übrigen Fälle ist ein Gebläse (Ventilator, Kompressor) angenommen. Der Regeleingriff erfolgt bei den Fällen a, b, g und h durch Drosselung im Hauptstrom, bei d und k durch Drosseln eines Zweigstromes. In den Fällen entsprechend c und i erfolgt der Regeleingriff durch Einwirkung auf den Verdichter, beispielsweise durch Verstellung der Drehzahl oder der Leitschaufelung. Die Abb. e, f, l und m zeigen schließlich Beispiele des Regeleingriffes über Entspannungsmaschinen (Turbinen, Dampfmaschinen), wobei in den Fällen e und l der Hauptstrom, bei f und m ein Teilstrom durch die Maschine geht.

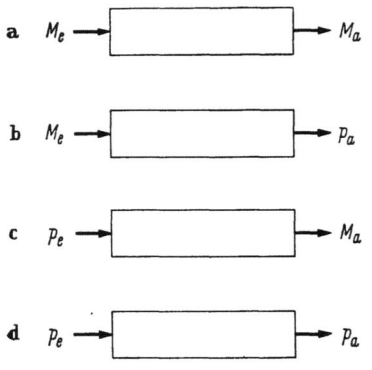

Abb. 3.12 a—d Schematische Darstellung der 4 möglichen Fälle für die der Regelstrecke von außen aufgeprägten Randbedingungen (Zu- bzw. Abstrom, Eintritts- bzw. Austrittsdruck)

In allen diesen in Abb. 3.11 gezeigten Fällen können außerdem noch die *Grenzbedingungen* verschieden liegen. Am Ein- und Austritt des geregelten Systems kann nämlich grundsätzlich jeweils entweder der *Druck* oder der *Strom* des Durchflußmittels eine von außen *aufgeprägte Größe* sein, beispielsweise eine Konstante. Die sich daraus ergebenden vier Möglichkeiten sind in Abb. 3.12 zusammengestellt. In den Fällen a, b und c, wo entweder am Eintritt oder am Austritt des Systems oder an beiden Stellen zugleich der Fluß des Strömungsmittels von außen her festgelegt ist, ist eine Durchflußregelung nur beschränkt möglich (Bypaßregelung). Eine ähnliche Einschränkung gilt auch hinsichtlich Druckregelung für den Fall a.

Schon aus dem bisher Gesagten geht hervor, daß die Zahl der möglichen verschiedenen Regelstrecken von Durchfluß- und Druckregelungen sehr groß ist. Sie wird noch dadurch vergrößert, daß die Reihenfolge der einzelnen Elemente des geregelten Systems verschieden sein kann, und insbesondere bei Druckregelungen auch der Meßort der Regelgröße. Es muß deshalb hier darauf verzichtet werden, formelmäßige Angaben über das Übertragungsverhalten der verschiedenen in der Praxis wichtigen Regelstrecken zu geben. Es sollen vielmehr wiederum wie im vorangehenden Abschn. 3.1 die allgemeinen Beziehungen hergeleitet werden,

3.2 Kompressible Strömungsmittel

die das Übertragungsverhalten der einzelnen Elemente charakterisieren. Diese Gleichungen können dann für jeden konkreten Fall leicht zusammengestellt und mit verhältnismäßig geringem Aufwand das Übertragungsverhalten des Systems daraus ermittelt werden.

3.2.1 Herleitung der Gleichungen der Elemente der Regelstrecke

Für eine exakte Beschreibung der Vorgänge, die sich in einem von einem kompressiblen Medium durchströmten System abspielen, müßten die Differentialgleichungen der Gasdynamik herangezogen werden. Dies führt jedoch auch in relativ einfachen Fällen zu mathematisch schwer zu handhabenden Gleichungssystemen. Für die in Dampfanlagen vorkommenden Fälle läßt sich jedoch fast immer mit brauchbarer Genauigkeit mit Näherungsverfahren arbeiten, die in ihrer Anwendung sehr viel einfacher sind. Es wird daher nachfolgend insbesondere auf diese Verfahren näher eingegangen.

Bei der näherungsweisen Behandlung der Vorgänge wird davon ausgegangen, daß die wesentlichen Druckänderungen durch Rohrreibung, Drosselung in Einstell- und Regelventilen sowie durch Verdichtung oder Entspannung in Strömungsmaschinen hervorgerufen werden. Ferner wird berücksichtigt, daß Druckänderungen immer mit merklichen Dichteänderungen verbunden sind, wodurch der Inhalt des Systems oder eines Teiles desselben sich ändert. Die Rechnung zeigt hierbei, daß nicht nur die so hervorgerufenen Speichereffekte von größeren Behältern von Bedeutung sind, sondern daß im allgemeinen auch der Inhalt der Rohrleitungen nicht vernachlässigt werden darf. — Die erwähnten Druck- und Dichteänderungen sind natürlich miteinander durch die thermodynamischen Zustandsgleichungen des Strömungsmittels verknüpft. Auch dieser Zusammenhang muß demgemäß in der Rechnung berücksichtigt werden. Die nachfolgende Herleitung vereinfachter Beziehungen für das Übertragungsverhalten geht also von einer *Bilanz* der *Mengen*, der *Drücke* sowie von den *thermodynamischen Zustandsgleichungen* aus.

Arbeitsmittelbilanz. Zwischen Zustrom M_e, Abstrom M_a sowie dem Inhalt m_s eines Teiles des geregelten Systems oder des ganzen gilt die folgende Gleichung:

$$M_e - M_a = \frac{dm_s}{dt}. \tag{3.39}$$

Diese Gleichung sagt aus, daß die Differenz zwischen Zu- und Abstrom im System gespeichert wird. Dabei ist die pro Zeiteinheit ein- oder ausgespeicherte Menge gleich der zeitlichen Veränderung des Inhaltes des Systems. Da für Beharrungszustand $\overline{M}_e = \overline{M}_a$, läßt sich auch schreiben

$$\Delta M_e - \Delta M_a = \frac{dm_s}{dt}. \tag{3.40}$$

3. Übertragungsverhalten bei Regelung von Flüssigkeits- und Gasströmen

Zustandsverlauf. Änderungen des thermodynamischen Zustandes des Strömungsmittels werden vor allem durch Druckänderungen eingeleitet. Wie die Zustandsänderung dabei verläuft, hängt im übrigen davon ab, inwieweit ein Wärmeaustausch zwischen Strömungsmittel und Umgebung erfolgt. Bei sehr gutem Wärmeaustausch ergeben sich in erster Näherung isotherme Zustandsänderungen, bei völlig verhindertem Wärmeaustausch adiabatische. Praktisch liegt der erstere Fall bei langsam erfolgenden Zustandsänderungen vor, der zweite bei schnellen Vorgängen. In vielen Fällen wird sich der tatsächliche Vorgang zwischen diesen beiden Grenzfällen vollziehen, so daß mit einer polytropischen Zustandsänderung zu rechnen ist.

Für den Grenzfall der *isothermen Zustandsänderung* gilt:

$$p v = k. \tag{3.41}$$

Daraus folgt für die Dichte:

$$\varrho = \frac{1}{v} = \frac{p}{k}.$$

Damit wird für den Strömungsmittelinhalt:

$$m_s = V_s \varrho = \frac{V_s p}{k}, \tag{3.42}$$

wenn V_s das Volumen des Systems bedeutet.

Damit ist der Inhalt des Systems m_s in Beziehung zum Druck p gebracht. Für die aus Druckänderungen resultierenden Änderungen des Inhaltes (Ein- oder Ausspeicherung) findet man nun durch Ableitung von Gl. (3.42)

$$\frac{dm_s}{dt} = \frac{\partial m_s}{\partial p} \frac{dp}{dt} = \frac{V_s}{k} \frac{dp}{dt} = \frac{m_s}{p} \frac{dp}{dt}, \tag{3.43}$$

Für kleine Druckänderungen kann hierin m_s/p als praktisch konstant betrachtet werden, wobei noch zu setzen ist

$$\frac{m_s}{p} = \frac{m_s}{\overline{M}} \frac{\overline{M}}{\overline{p}} = T_{is} \frac{\overline{M}}{\overline{p}}. \tag{3.44}$$

T_{is} hat die Dimension Zeit und kann als Zeitkonstante des Systems für isotherme Zustandsänderungen bezeichnet werden; $\overline{M}$ ist eine frei wählbare Bezugsgröße, für die zweckmäßigerweise der Durchfluß durch das System im Beharrungszustand angenommen wird. Damit lautet die Differentialbeziehung, die die Speicherung in einem gegebenen System in Zusammenhang mit dem zeitlichen Druckverlauf bringt:

$$\frac{dm_s}{dt} = \frac{\overline{M}}{\overline{p}} T_{is} \frac{dp}{dt}. \tag{3.45}$$

Bei *adiabatischem Zustandsverlauf* gilt zunächst die Zustandsgleichung

$$p v^{\varkappa} = k. \tag{3.46}$$

3.2 Kompressible Strömungsmittel

In ähnlicher Weise wie vorher findet man für die Dichte ϱ

$$\varrho = \frac{1}{v} = \left(\frac{p}{k}\right)^{1/\varkappa}$$

und für den Inhalt des Systems

$$m_s = V_s \varrho = V_s \left(\frac{p}{k}\right)^{1/\varkappa}. \tag{3.47}$$

Die Ableitung der Gl. (3.47) liefert

$$\frac{dm_s}{dt} = \frac{V_s}{k^{1/\varkappa}} \frac{p^{\frac{1-\varkappa}{\varkappa}}}{\varkappa} \frac{dp}{dt} = \frac{V_s}{\varkappa} \left(\frac{p}{k}\right)^{1/\varkappa} \frac{1}{p} \frac{dp}{dt} = \frac{m_s}{\varkappa p} \frac{dp}{dt}, \tag{3.48}$$

wobei wiederum für kleine Änderungen für m_s bzw. p die Werte im Beharrungszustand eingesetzt werden können. Mit

$$\frac{m_s}{\varkappa p} = \frac{m_s}{\varkappa \overline{M}} \frac{\overline{M}}{\overline{p}} = T_{ad} \frac{\overline{M}}{\overline{p}} \tag{3.49}$$

wird aus (3.48)

$$\frac{dm_s}{dt} = \frac{\overline{M}}{\overline{p}} T_{ad} \frac{dp}{dt}. \tag{3.50}$$

Hierin ist T_{ad} die Zeitkonstante für adiabatischen Zustandsverlauf, $\overline{M}$ wiederum die wählbare Bezugsgröße.

Aus einem Vergleich der Gln. (3.44) und (3.49) folgt:

$$T_{ad} = \frac{T_{is}}{\varkappa}, \tag{3.51}$$

d. h. die beiden Zeitkonstanten für die in Frage stehenden Zustandsverläufe unterscheiden sich nur durch den Faktor $\varkappa$. Für die bei Dampfanlagen in Frage stehenden Strömungsmedien beträgt $\varkappa$:

    für Gase   etwa 1,4
    für überhitzten Wasserdampf   etwa 1,3
    für Sattdampf oder leicht feuchten Naßdampf etwa 1,14

Wir erwähnten schon früher, daß in Wirklichkeit der Zustandsverlauf in den meisten Fällen zwischen der isothermen und der isentropen Änderung verlaufen wird. Für die praktische Rechnung ist es daher meist zweckmäßig, mit einem Mittelwert zwischen T_{is} und T_{ad} zu rechnen, so daß für die Zeitkonstante sich die Formel ergibt

$$T = \frac{T_{is} + T_{ad}}{2} = \frac{1+\varkappa}{2\varkappa} \frac{m_s}{\overline{M}} = \alpha \frac{m_s}{\overline{M}}. \tag{3.52}$$

Dabei ist α mit den oben gegebenen $\varkappa$-Werten:

    für Gase   etwa 0,85
    für überhitzten Wasserdampf   etwa 0,9
    für Satt- oder Naßdampf   etwa 0,95

Damit wird schließlich

$$\frac{dm_i}{dt} = \frac{\bar{M}}{\bar{p}} T \frac{dp}{dt}.$$ (3.53)

Mechanische Energiebilanz. Unter den weiter oben getroffenen vereinfachenden Annahmen wird die Wirkung der konvektiven sowie der instationären Beschleunigung vernachlässigt. Die mechanische Energiebilanz kann damit auf eine Druckbilanz folgender Form reduziert werden:

$$p_e - p_a + \Delta p_P = \Delta p_L + \Delta p_V + \Delta p_R.$$ (3.54)

Die Bedeutung der einzelnen Größen, sofern sie nicht schon aus Abschn. 3.1 bekannt ist, geht aus den folgenden Erläuterungen hervor. In Gl. (3.54) können die Drücke p_e bzw. p_a am Eintritt des Strömungsmittels ins System bzw. am Austritt aus demselben vom Zustand im System abhängig oder unabhängig sein. Eine Abhängigkeit ist in der Regel dann vorhanden, wenn der Zu- bzw. Abstrom unabhängig vom Zustand im System ist. — Die Förderhöhe des Gebläses

$$\Delta p_P = p_{Pa} - p_{Pe} = \Delta p_P[M, n]$$ (3.55)

ist durch die Kennlinien des Gebläses gegeben. Fehlt ein solches, so fällt natürlich auch das entsprechende Glied aus Gl. (3.54) fort. (Genauer besehen, hängt die Förderhöhe des Gebläses natürlich auch vom thermodynamischen Zustand des Strömungsmittels im Gebläse ab, mithin auch von Druck und Temperatur. Im Rahmen der vorliegenden Betrachtungen sind jedoch die durch die Zustandsschwankungen bedingten Einflüsse gegenüber den übrigen meist vernachlässigbar klein.)

Der Strömungsdruckabfall Δp_L durch Reibung und stationäre Beschleunigung kann vereinfachend formuliert werden:

$$\Delta p_L = k_L M^m,$$ (3.56)

wobei wie in Abschn. 3.1 in erster Näherung $m = 2$ gesetzt werden kann. In dieser Anschrift ist der Einfluß der REYNOLDSschen Zahl sowie derjenige von Änderungen des thermodynamischen Zustandes des Strömungsmittels wiederum vernachlässigt.

Für den Druckabfall im Einstellventil läßt sich setzen:[1]

$$\Delta p_V = p_{Ve} - p_{Va} = k_V \left(\frac{M}{A_V}\right)^2.$$ (3.57)

Mit den gleichen vereinfachenden Annahmen wie oben und unter der Voraussetzung unveränderlicher Durchflußzahlen kann $k_V =$ konstant gesetzt werden. Gl. (3.57) ist natürlich nur gültig, solange unterkritisches Druckgefälle am Einstellventil herrscht. Für überkritisches

---

[1] Bezüglich Einzelheiten sei auf Fachbücher der Thermodynamik verwiesen, z. B. [5].

3.2 Kompressible Strömungsmittel

Druckgefälle verliert bekanntlich der Gegendruck seinen Einfluß auf die durchströmende Menge, und es wird

$$p_{Ve} = k_V \frac{M}{A_V}. \qquad (3.58)$$

In ganz analoger Weise können für das Regelventil entsprechende Beziehungen gefunden werden; also für unterkritisches Druckgefälle

$$\Delta p_R = p_{Re} - p_{Ra} = k_R \left(\frac{M}{A_R}\right)^2, \qquad (3.59)$$

für überkritisches Gefälle

$$p_{Re} = k_R \frac{M}{A_R}. \qquad (3.60)$$

Wird anstelle eines Drosselventils eine Entspannungsmaschine als Regelorgan benützt, können für eine solche als oft brauchbare Näherung den Gln. (3.59) bzw. (3.60) entsprechende Beziehungen angesetzt werden. Für eine genauere Behandlung muß allerdings in vielen Fällen die Dynamik der Maschinenregelung mitberücksichtigt werden (vgl. Kap. 9).

Setzt man die eben erhaltenen Beziehungen in Gl. (3.54) ein, so erhält man eine Gleichung, aus der der Druckverlauf im System sowie die Durchflußmenge für jeden Beharrungszustand ermittelt werden können. Wenn kein Gebläse vorhanden ist, kann diese Aufgabe leicht rechnerisch gelöst werden; bei Vorhandensein eines solchen greift man im allgemeinen besser zu einem graphisch-rechnerischen Verfahren. Auf Einzelheiten soll hier nicht näher eingegangen werden.

Für Regelungsuntersuchungen ist das Verhalten des durchströmten Systems unter *transitorischen* Bedingungen von Interesse. Geht man wieder von der Voraussetzung kleiner Schwingungsweiten aus, so lassen sich aus den vorstehend entwickelten Beziehungen folgende, das dynamische Verhalten kennzeichnende Gleichungen herleiten.

Zunächst läßt sich ähnlich wie in Abschn. 3.1 die Druckbilanz nach Gl. (3.54) in der Form schreiben, in der nur noch die Abweichungen von den Beharrungswerten erscheinen:

$$\Delta p_e - \Delta p_a + \Delta\Delta p_P = \Delta\Delta p_L + \Delta\Delta p_V + \Delta\Delta p_R. \qquad (3.61)$$

Die einzelnen Terme berechnen sich wie folgt.

Die Abweichungen des Eintritts- bzw. Austrittsdruckes von den respektiven Beharrungswerten sind für den Fall, daß sie vom Zustand im System unabhängig sind, als vorgegebene Funktionen der Zeit zu betrachten, mithin

$$\left.\begin{array}{l} \Delta p_e = \Delta p_e[t], \\ \Delta p_a = \Delta p_a[t]. \end{array}\right\} \qquad (3.62)$$

Für den Fall $p_e = $ const, $p_a = $ const werden die entsprechenden Abweichungen Δp_e bzw. Δp_a zu Null.

3. Übertragungsverhalten bei Regelung von Flüssigkeits- und Gasströmen

Für die Abweichung der Förderhöhe des Gebläses $\Delta\Delta p_P$ vom Beharrungswert in Abhängigkeit von Durchfluß bzw. Drehzahl erhält man durch Differentiation von Gl. (3.55)

$$\Delta\Delta p_P = \Delta p_{Pa} - \Delta p_{Pe} = \frac{\partial \Delta p_P}{\partial M}\Delta M + \frac{\partial \Delta p_P}{\partial n}\Delta n$$
$$= -a_P \Delta M + b_P \Delta n. \qquad (3.63)$$

Die Koeffizienten a_P bzw. b_P finden sich dabei aus den Tangenten an die entsprechenden Gebläse-Kennlinien im jeweiligen Betriebspunkt (vgl. auch Abschn. 3.1.1).

Für die Abweichung des Strömungsdruckabfalles in Abhängigkeit von Änderungen des Durchflusses findet man durch Derivation von Gl. (3.56)

$$\Delta\Delta p_L = \Delta p_{Le} - \Delta p_{La} = 2k_L M \Delta M = a_L \Delta M. \qquad (3.64)$$

Für M kann hierin wieder der Beharrungswert des Durchflusses im Betriebspunkt eingesetzt werden.

Für das Einstellventil leitet sich durch Differentiation von Gl. (3.57) (unterkritisches Druckgefälle) die Beziehung her:

$$\Delta\Delta p_V = \Delta p_{Ve} - \Delta p_{Va} = \frac{\partial \Delta p_V}{\partial M}\Delta M + \frac{\partial \Delta p_V}{\partial A_V}\Delta A_V$$
$$= \frac{2k_V M}{A_V^2}\Delta M - \frac{2k_V M^2}{A_V^3}\Delta A_V \qquad (3.65)$$

oder mit $\quad a_V = \dfrac{2k_V \overline{M}}{\overline{A}_V^2}, \quad b_V = \dfrac{2k_V \overline{M}^2}{\overline{A}_V^3}:$

$$\Delta\Delta p_V = a_V \Delta M - b_V \Delta A_V. \qquad (3.66)$$

Bei der Berechnung der Koeffizienten a_V und b_V sind wiederum für M bzw. A_V die jeweiligen Beharrungswerte im Betriebspunkt einzusetzen. — Für überkritisches Gefälle wird aus Gl. (3.58) gefunden:

$$\Delta\Delta p_V = \Delta p_{Ve} = \frac{\partial \Delta p_V}{\partial M}\Delta M + \frac{\partial \Delta p_V}{\partial A_V}\Delta A_V$$
$$= \frac{k_V}{A_V}\Delta M - \frac{k_V M}{A_V^2}\Delta A_V \qquad (3.67)$$

oder mit $\quad a_V = \dfrac{k_V}{\overline{A}_V}, \quad b_V = \dfrac{k_V \overline{M}}{\overline{A}_V^2}:$

$$\Delta\Delta p_V = a_V \Delta M - b_V \Delta A_V. \qquad (3.68)$$

In ganz analoger Weise lassen sich für unter- bzw. überkritisches Druckgefälle die für das Regelventil geltenden Gleichungen finden:

$$\Delta\Delta p_R = \Delta p_{Re} - \Delta p_{Ra} = \frac{2k_R \overline{M}}{\overline{A}_R^2}\Delta M - \frac{2k_R \overline{M}^2}{\overline{A}_R^3}\Delta A_R \qquad (3.69)$$

3.2 Kompressible Strömungsmittel

oder
$$\Delta\Delta p_R = a_R \Delta M - b_R \Delta A_R \tag{3.70}$$
(unterkritisches Druckgefälle)

und
$$\Delta\Delta p_R = \Delta p_{Re} = \frac{k_R}{\bar{A}_R}\Delta M - \frac{k_R \bar{M}}{\bar{A}_R^2}\Delta A_R \tag{3.71}$$

oder
$$\Delta\Delta p_R = a_R \Delta M - b_R \Delta A_R \tag{3.72}$$
(überkritisches Druckgefälle).

Besonders im Zusammenhang mit dem Regelventil ist noch der Sonderfall interessant, daß dasselbe mit konstantem Eintrittsdruck arbeitet. Δp_{Re} wird demnach zu Null. Für überkritisches Druckgefälle geht Gl. (3.71) damit über in

$$\Delta M = \frac{\bar{M}}{\bar{A}_R}\Delta A_R \tag{3.73}$$

und mit Rücksicht auf (3.60) in

$$\Delta M = \frac{\bar{p}_{Re}}{k_R}\Delta A_R. \tag{3.74}$$

Es ist zu beachten, daß hierin $\bar{p}_{Re}$ konstant ist.

Bei der Berechnung der Änderung des Druckabfalles $\Delta\Delta p_L$ in Abhängigkeit von Schwankungen des Durchflusses (Gl. (3.64)) wurde bisher nicht berücksichtigt, daß im Zusammenhang damit auch der Inhalt des durchströmten Elementes variiert, also *Speichereffekte* entstehen. Nun wurde bereits darauf hingewiesen, daß diese Speichereffekte im allgemeinen nicht vernachlässigt werden dürfen. Gl. (3.64) ist also zunächst nur auf solche Fälle anwendbar, wo Speichereffekte sehr klein sind, also auf konzentrierte Drosselstellen, wie Armaturen, Blenden usw. In Rohrleitungen sind jedoch Druckabfall und Speichereffekte kontinuierlich über die ganze Rohrlänge verteilt. Die exakte mathematische Formulierung dieses Sachverhaltes führt auf die folgenden partiellen Differentialbeziehungen:[1]

Stoffbilanz (Kontinuität):
$$\frac{\partial \varrho}{\partial t} + w\frac{\partial \varrho}{\partial x} + \varrho\frac{\partial w}{\partial x} = 0. \tag{3.75}$$

Zustandsverlauf:
$$\left.\begin{aligned}\frac{dp}{d\varrho} &= a^2 \quad \text{(adiabatisch)},\\ \frac{dp}{d\varrho} &= \frac{a^2}{\varkappa} \quad \text{(isotherm)}.\end{aligned}\right\} \tag{3.76}$$

---

[1] Für deren Herleitung wird auf die einschlägige Literatur verwiesen.

40   3. Übertragungsverhalten bei Regelung von Flüssigkeits- und Gasströmen

Mechanische Energiebilanz:

$$-\frac{1}{\varrho}\frac{\partial p}{\partial x} = w\frac{\partial w}{\partial x} + \frac{\partial w}{\partial t} + dE_R. \qquad (3.77)$$

Darin bedeuten x die Rohrlängenkoordinate, w die örtliche Strömungsgeschwindigkeit, a die örtliche Schallgeschwindigkeit, ϱ die Dichte und E_R die Reibungsarbeit.

Dieses Gleichungssystem ist jedoch nicht allgemein geschlossen integrierbar, auch nicht für einfachste Randbedingungen.[1] Jede geschlossene rechnerische Behandlung ist nur durchführbar, wenn verein-

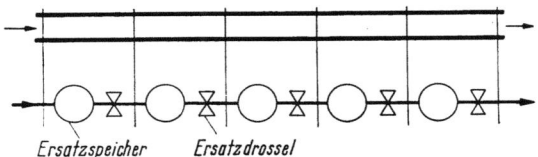

Abb. 3.13 Approximierung eines durchströmten Rohrsystems (Kontinuum) durch eine Folge von Speicher- und Drosselelementen

fachende Annahmen getroffen werden. Eine solche kann darin bestehen, daß das Rohrsystem in eine Anzahl kurzer Teilstücke zerlegt gedacht wird, deren jedes durch ein den gleichen Druckabfall aufweisendes, *speicherfreies Drosselelement* und ein *druckabfallfreies Speicherelement* gleichwertiger Speicherwirkung ersetzt werden kann. Die Annäherung an die Wirklichkeit wird dabei um so besser, je feiner die Unterteilung (vgl. Abb. 3.3).

Eine erste Annäherung erhält man dadurch, daß das Rohrsystem durch *ein* Speicherelement und *ein* Drosselelement ersetzt wird. Der Behälterinhalt soll hierbei demjenigen der Rohrleitung, der Druckabfall der Drossel dem Druckabfall durch Reibung und stationäre Beschleunigung in dieser Leitung entsprechen (s. Abb. 3.14a). Zur Berechnung des Übertragungsverhaltens eines solchen Ersatzsystems können wir die bisher abgeleiteten Beziehungen benutzen, nämlich

für die Stoffbilanz:
$$\Delta M_e - \Delta M_a = \frac{dm_s}{dt}, \qquad (3.78)$$

(s. Gl. (3.40))

für den Zustandsverlauf:
$$\frac{dm_s}{dt} = \frac{\overline{M}}{\overline{p}_e} T \Delta p'_e \qquad (3.79)$$

(s. Gln. (3.52) und (3.53))

---

[1] Im Einzelfall ist es natürlich immer grundsätzlich möglich, das Gleichungssystem im Differenzenverfahren zu lösen, was jedoch praktisch die Benutzung einer digitalen Rechenmaschine notwendig macht. Oft lassen sich auch mit Vorteil spezielle Rechenmethoden der Gasdynamik, insbesondere das von DE HALLER [4] angegebene Verfahren, anwenden.

3.2 Kompressible Strömungsmittel

und schließlich für die Druckbilanz:

$$\Delta p_e - \Delta p_a = a_L \Delta M_a \qquad (3.80)$$

(s. Gln. (3.61) und (3.64)).

Da für die Beschreibung des Übertragungsverhaltens der zeitliche Verlauf der Schwankungen des Inhaltes des Rohrsystems m_s nicht interessiert, kann diese Größe aus den Gln. (3.78) und (3.79) eliminiert werden. Man erhält dann das Gleichungspaar

$$\Delta M_e - \Delta M_a = \frac{\overline{M}}{\overline{p}_e} T \Delta p'_e, \qquad (3.81)$$

$$\Delta p_e - \Delta p_a = a_L \Delta M_a, \qquad (3.82)$$

wobei die erste Beziehung den Speichereffekt, die zweite den Drosseleffekt des vereinfachten Leitungssystems zum Ausdruck bringt.

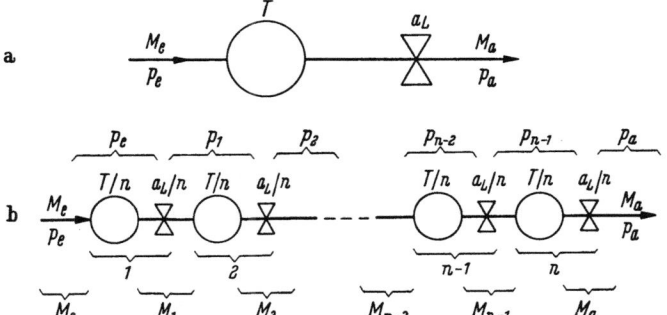

Abb. 3.14a u. b Ersatzsysteme für ein durchströmtes Rohrsystem
a) Ersatzelement (Speicher + Drossel) und seine charakteristischen Größen; b) aus mehreren Elementen zusammengesetztes Ersatzsystem

Dieselbe Aussage wie die Gln. (3.81) und (3.82) macht auch das daraus ohne weiteres ableitbare System

$$\Delta M_e = \frac{\Delta p_e}{a_L} + \frac{\overline{M}}{\overline{p}_e} T \Delta p'_e - \frac{\Delta p_a}{a_L}, \qquad (3.83)$$

$$\Delta M_e = \Delta M_a + a_L T \frac{\overline{M}}{\overline{p}_e} \Delta M'_a + \frac{\overline{M}}{\overline{p}_e} T \Delta p'_a. \qquad (3.84)$$

Eine bessere Annäherung an das tatsächliche Verhalten erhält man durch ein Ersatzsystem aus mehreren Speichern und Drosselstellen (vgl. Abb. 3.14b). Wählt man bei einem n-gliedrigen Ersatzsystem die Zeitkonstante eines Teilpuffers zu $T_n = \dfrac{T}{n}$ und den Widerstandsfaktor einer Teildrossel zu $a_n = \dfrac{a_L}{n}$, so ergibt sich folgendes Gleichungssystem:

$$\left.\begin{aligned}
\text{1. Glied} &\begin{cases} \Delta M_e = \dfrac{\Delta p_e}{a_n} + \dfrac{\overline{M}}{\overline{p}_e} T_n \Delta p'_e - \dfrac{\Delta p_1}{a_n}, \\[4pt] \Delta M_e = \Delta M_1 + a_n T_n \dfrac{\overline{M}}{\overline{p}_e} \Delta M'_1 + \dfrac{\overline{M}}{\overline{p}_e} T_n \Delta p'_1, \end{cases}\\[6pt]
\text{2. Glied} &\begin{cases} \Delta M_1 = \dfrac{\Delta p_1}{a_n} + \dfrac{\overline{M}}{\overline{p}_1} T_n \Delta p'_1 - \dfrac{\Delta p_2}{a_n}, \\[4pt] \Delta M_1 = \Delta M_2 + a_n T_n \dfrac{\overline{M}}{\overline{p}_1} \Delta M'_2 + \dfrac{\overline{M}}{\overline{p}_1} T_n \Delta p'_2, \end{cases}\\[4pt]
&\cdots\cdots\cdots\cdots\cdots\cdots\cdots\cdots\cdots\cdots\cdots\cdots\cdots\cdots\\[4pt]
(n{-}1)\text{tes Glied} &\begin{cases} \Delta M_{n-2} = \dfrac{\Delta p_{n-2}}{a_n} + \dfrac{\overline{M}}{\overline{p}_{n-2}} T_n \Delta p'_{n-2} - \dfrac{\Delta p_{n-1}}{a_n}, \\[4pt] \Delta M_{n-2} = \Delta M_{n-1} + a_n T_n \dfrac{\overline{M}}{\overline{p}_{n-2}} \Delta M'_{n-1} - \dfrac{\overline{M}}{\overline{p}_{n-2}} T_n \Delta p'_{n-1}, \end{cases}\\[6pt]
n\text{-tes Glied} &\begin{cases} \Delta M_{n-1} = \dfrac{\Delta p_{n-1}}{a_n} + \dfrac{\overline{M}}{\overline{p}_{n-1}} T_n \Delta p'_{n-1} - \dfrac{\Delta p_a}{a_n}, \\[4pt] \Delta M_{n-1} = \Delta M_a + a_n T_n \dfrac{\overline{M}}{\overline{p}_{n-1}} \Delta M'_a + \dfrac{\overline{M}}{\overline{p}_{n-1}} \Delta p'_a. \end{cases}
\end{aligned}\right\} \quad (3.85)$$

Für nicht zu großen relativen Gesamtdruckverlust können dabei die Bezugsdrücke $\overline{p}_e, \overline{p}_1, \ldots, \overline{p}_{n-2}, \overline{p}_{n-1}$ gleich einem mittleren Druck $\overline{p} = \dfrac{\overline{p}_e + \overline{p}_a}{2}$ gesetzt werden, wodurch alle entsprechenden Koeffizienten in diesen Beziehungen gleich werden. Durch Elimination der veränderlichen Zwischengrößen $\Delta M_1, \Delta M_2 \ldots$ und $\Delta p_1, \Delta p_2 \ldots$ kann das Gleichungssystem (3.85) wieder auf zwei simultane Differentialbeziehungen entsprechend den Gln. (3.83) und (3.84) reduziert werden, wobei nun natürlich zu den in den letzteren enthaltenen Termen noch solche höherer Ordnung hinzukommen. Leider werden diese Gleichungen schnell kompliziert und unhandlich, wie schon aus dem Beispiel für $n = 2$ hervorgeht:

$$\Delta M_e + \frac{a_L}{8} \frac{\overline{M}}{\overline{p}} T \Delta M'_e = \frac{\Delta p_e}{a_L} + \frac{3}{4} \frac{\overline{M}}{\overline{p}} T \Delta p'_e + \\ + \frac{a_L}{16} \left(\frac{\overline{M}}{\overline{p}} T\right)^2 \Delta p''_e - \frac{\Delta p_a}{a_L}, \qquad (3.86)$$

$$\Delta M_e = M_a + \frac{3 a_L}{4} \frac{\overline{M}}{\overline{p}} T \Delta M'_a + \frac{a_L^2}{16} \left(\frac{\overline{M}}{\overline{p}} T\right)^2 \Delta M''_a + \\ + \frac{\overline{M}}{\overline{p}} T \Delta p'_a + \frac{a_L}{8} \left(\frac{\overline{M}}{\overline{p}} T\right)^2 \Delta p''_a. \qquad (3.87)$$

Der Vergleich zeigt, daß die Koeffizienten der im System (3.83) bis (3.84) enthaltenen Glieder bis auf diejenigen von $\Delta p'_e$ und $\Delta M'_a$ sich

3.2 Kompressible Strömungsmittel

unverändert im System (3.86)—(3.87) wiederfinden, also durch die Unterteilung nicht beeinflußt werden. Diese Feststellung macht man auch bei beliebig weitergehender Aufteilung. Andererseits läßt sich zeigen, daß die Koeffizienten von $\Delta p'_e$ und $\Delta M'_a$ abhängig von n die Werte annehmen:

$$\frac{\sum\limits_1^n x}{n^2}\frac{\overline{M}}{\overline{p}}T \quad \text{bzw.} \quad \frac{\sum\limits_1^n x}{n^2} a_L \frac{\overline{M}}{\overline{p}} T.$$

Für sehr weitgehende Unterteilung wird

$$\lim_{n\to\infty}\frac{\sum\limits_1^n x}{n^2} = \lim_{n\to\infty}\frac{n(n-1)}{2n^2} = \frac{1}{2}, \tag{3.88}$$

d. h. die Faktoren von $\Delta p'_e$ und $\Delta M'_a$ streben den Grenzwerten

$$\frac{1}{2}\frac{\overline{M}}{\overline{p}}T \quad \text{bzw.} \quad \frac{a_L}{2}\frac{\overline{M}}{\overline{p}}T$$

zu.

Vernachlässigt man nun die durch die Unterteilung hinzugekommenen Glieder der höheren Ableitungen, so entstehen für sehr großes n die Näherungsgleichungen

$$\Delta M_e = \frac{\Delta p_e}{a_L} + \frac{\overline{M}}{2\overline{p}} T \Delta p'_e - \frac{\Delta p_a}{a_L}, \tag{3.89}$$

$$\Delta M_e = \Delta M_a + a_L \frac{\overline{M}}{2\overline{p}} T \Delta M'_a + \frac{\overline{M}}{\overline{p}} T \Delta p'_a, \tag{3.90}$$

die im Prinzip gleich gebaut sind wie die für ein System aus einem Speicher und einer Drosselstelle (Gln. (3.83)—(3.84)), jedoch eine wesentlich bessere Approximation an das wirkliche Verhalten der Rohrleitung ergeben.

Ein Zahlenbeispiel möge dies verdeutlichen. Es sei das Übertragungsverhalten (Frequenzgang) einer Dampfleitung untersucht für den Fall konstanten Gegendruckes p_a. Eingangsgröße sei ΔM_e, Ausgangsgröße Δp_e. Für die Leitung sollen folgende Daten gelten:

Rohrlänge	100 m
Lichter Durchmesser	200 mm
Mittlere Strömungsgeschwindigkeit	20 m/s
Mittlerer Druck	100 bar
Mittlere Temperatur	500 °C

Zum Vergleich sind für diese Daten folgende Fälle durchgerechnet worden:

a) Ersatzsystem $n = 1$ (Gl. (3.83)) c) Ersatzsytem $n = 3$
b) Ersatzsystem $n = 2$ (Gl. (3.86)) d) Ersatzsytem $n = \infty$ (Gl. (3.89))

44 3. Übertragungsverhalten bei Regelung von Flüssigkeits- und Gasströmen

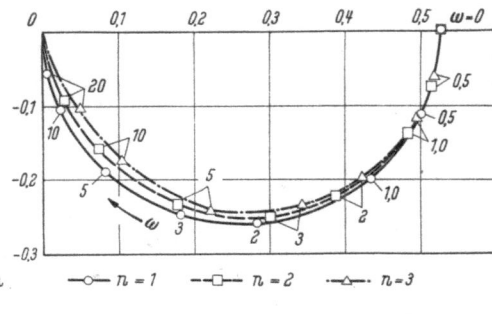

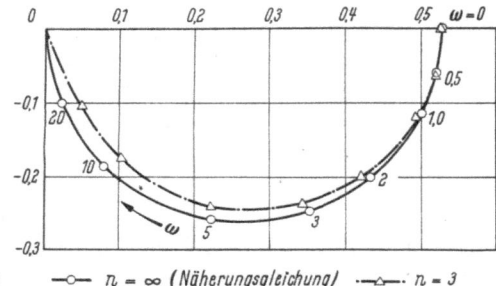

Abb. 3.15a u. b Vergleich der Gangkurven von Ersatzsystemen verschiedener Elementzahl unter sich und mit dem Frequenzgang eines verbesserten eingliedrigen Ersatzsystems (Koeffizienten entsprechend $n = \infty$)
a) Gangkurven für 1-, 2- und 3-gliedriges System;
b) Gangkurven des 3-gliedrigen sowie des verbesserten eingliedrigen Systems

Das Ergebnis ist in den Abb. 3.15a und b gezeigt. In Abb. 3.15a sind zunächst die für die Fälle a, b, c erhaltenen Gangkurven verglichen. Es zeigt sich, daß für $n = 1$ wohl die Form der Gangkurve wenig von der für $n = 3$ abweicht, mindestens im unteren Frequenzbereich, daß jedoch die Frequenzkotierung sehr erheblich differiert. Es entstehen so bei niedrigen Frequenzen große Phasenfehler, bei höheren Frequenzen beträchtliche Amplitudenfehler.

Der Vergleich der Kurven für die Fälle c und d in Abb. 3.15b zeigt andererseits, daß die Näherungsgleichung für $n = \infty$ eine der Kurve $n = 3$ sehr gut entsprechende Frequenzkotierung bringt. Damit werden im praktisch wichtigen Bereich niedriger Frequenz sowohl Phasen- als auch Amplitudenfehler gering und dürften meist vernachlässigbar sein.

3.2.2 Beispiele

Aus den vorstehenden Abschnitten geht hervor, daß eine allgemeine formelmäßige Anschrift für das Übertragungsverhalten eines von einem kompressiblen Medium durchströmten Systems nicht gegeben werden kann. Es sind vielmehr in jedem konkreten Fall die einzelnen Gleichungen der verschiedenen Elemente gemäß Abschn. 3.2.1 anzuschreiben und aus dem so entstandenen Simultansystem die nicht interessierenden Zwischengrößen zu eliminieren. An zwei einfachen Beispielen soll gezeigt werden, wie dabei vorgegangen werden kann.

a) Beispiel einer Durchflußregelung. Es sei der Fall der Regelung des Gasstromes behandelt, wie er beispielsweise bei gasgefeuerten Dampferzeugern vorliegt. Der Gasdurchfluß wird hierbei an einer geeigneten Stelle des Rohrsystems gemessen und mit dem von der Leistungsregelung her verlangten Solldurchfluß verglichen. Das aus diesem Vergleich abgeleitete Regelsignal wirkt auf ein Drosselorgan *4* (vgl. Abb. 3.16a). Das Gas werde einem Behälter *1* (Gasometer), in dem der konstante Druck p_1 herrscht, entnommen, über das Regelorgan *4*, die Rohrleitung *8* und schließlich den Brenner mit seinem Einstellventil *5* einem zweiten Behälter (Brennkammer *2*) mit dem ebenfalls konstanten Druck p_2 zugeleitet. Um die Rechnung nicht zu kompliziert zu gestalten, werde hier angenommen, daß das Regelorgan in unmittelbarer Nähe des Behälters *1*, das Einstellventil direkt am Brenner angebracht sei, die in der Rechnung zu berücksichtigende Rohrleitung sich also nur zwischen Regelorgan und Einstellventil erstrecke. Als Grundlage für die Rechnung kann demnach ein vereinfachtes System nach Abb. 3.16b angenommen werden. Für die einzelnen Elemente dieses Systems können unter sinngemäßer Benutzung der früher abgeleiteten Gleichungen die das Übertragungsverhalten wiedergebenden Beziehungen sofort angeschrieben werden (s. a. Abb. 3.16c). Es gilt für das Regelorgan (unterkritisches Druckverhältnis):

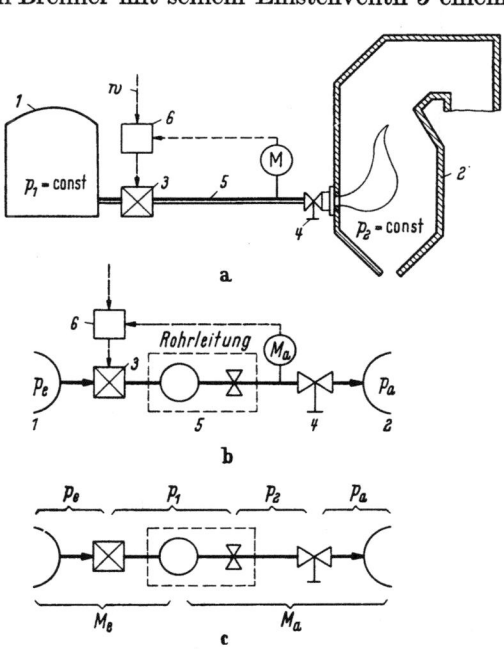

Abb. 3.16a—c Brenngas-Durchflußregelung an einem gasgefeuerten Kessel

a) schematische Darstellung der Anlage; b) Ersatzsystem als Grundlage der Rechnung; c) kennzeichnende Größen des Ersatzsystems

1 Gasometer; *2* Brennkammer des Kessels; *3* Regelventil; *4* Einstellventil und Brenner; *5* Leitung; *6* Regler

$$\Delta p_e - \Delta p_1 = a_R \Delta M_e - b_R \Delta A_R, \quad \text{wobei} \quad \Delta p_e = 0 \qquad (3.91)$$

(s. Gl. (3.70)),

für die Rohrleitung:

$$\Delta M_e = \frac{\Delta p_1}{a_L} + \frac{\overline{M}}{2\overline{p}} T \Delta p_1' - \frac{\Delta p_2}{a_L} \qquad (3.92)$$

und

$$\Delta M_e = \Delta M_a + a_L \frac{\overline{M}}{2\overline{p}} T \Delta M_a' + \frac{\overline{M}}{\overline{p}} T \Delta p_2' \qquad (3.93)$$

(s. Gln. (3.89) und (3.90))

3. Übertragungsverhalten bei Regelung von Flüssigkeits- und Gasströmen

und schließlich für das Einstellventil (unterkritisches Druckverhältnis):

$$\Delta p_2 - \Delta p_a = a_V \Delta M_a - b_V \Delta A_V, \quad \text{wobei} \quad \Delta p_a = 0 \qquad (3.94)$$

(s. Gl. (3.66)).

In diesem Simultansystem von vier gewöhnlichen Differentialgleichungen ist ΔA_R Eingangsgröße der Regelwirkung, ΔM_a Ausgangsgröße (Regelgröße) und ΔA_V Störgröße. ΔM_e, Δp_1 und Δp_2 sind Systemgrößen, deren Verlauf im Zusammenhang mit der Aufgabe der Durchflußregelung nicht interessiert. Sie werden zweckmäßigerweise aus dem Gleichungssystem eliminiert.

Diese Elimination, die zugleich zur Zusammenfassung der vier Gleichungen in eine einzige führt, ist eine elementare, aber verhältnismäßig umständliche Rechnung, auf deren Wiedergabe hier verzichtet wird. Man findet:

$$b_R \Delta A_R + b_R a_L \frac{\overline{M}}{2\overline{p}} T \Delta A_R' + b_V \Delta A_V + 2 b_V (a_R + a_L) \frac{\overline{M}}{2\overline{p}} T \Delta A_V' +$$

$$+ 2 b_V a_R a_L \left(\frac{\overline{M}}{2\overline{p}} T\right)^2 \Delta A_V'' = (a_R + a_L + a_V) \Delta M_a +$$

$$+ (2 a_R a_L + 2 a_R a_V + 2 a_L a_V + a_L^2) \frac{\overline{M}}{2\overline{p}} T \Delta M_a' +$$

$$+ a_R a_L (a_L + 2 a_V) \left(\frac{\overline{M}}{2\overline{p}} T\right)^2 \Delta M_a'' \qquad (3.95)$$

oder in vereinfachter Darstellung:

$$e_0 \Delta A_R + e_1 \Delta A_R' + z_0 \Delta A_V + z_1 \Delta A_V' + z_2 \Delta A_V''$$
$$= a_0 \Delta M_a + a_1 \Delta M_a' + a_2 \Delta M_a''. \qquad (3.96)$$

Daraus ergibt sich die Übertragungsfunktion der Regelstrecke mit der Regelwirkung ΔA_R als Eingangsgröße und ΔM_a als Ausgangsgröße:

$$G[s]_{\Delta A_R \to \Delta M_a} = \frac{e_0 + e_1 s}{a_0 + a_1 s + a_2 s^2}, \qquad (3.97)$$

während für Störwirkung mit ΔA_V als Eingangsgröße (Eingriff am Einstellventil) und ΔM_a als Ausgangsgröße gefunden wird:

$$G[s]_{\Delta A_V \to \Delta M_a} = \frac{z_0 + z_1 s + z_2 s^2}{a_0 + a_1 s + a_2 s^2}. \qquad (3.98)$$

b) Beispiel einer Druckregelung. Anhand dieses Beispieles wird der in der Dampferzeugung oft vorliegende Fall untersucht, wo der Zustrom zur Regelstrecke von außen her festgelegt wird und der Druck an einer bestimmten Stelle des Systems durch Anpassen des Abstromes zu halten ist. Ein typisches Beispiel dieser Art ist die Brennkammer-Druckregelung an Dampfkesseln. Der Gasstrom wird durch den Brenner in die Brennkammer eingeführt und alsdann durch den die Berührungsheizflächen enthaltenden Zug zum Saugzuggebläse und schließlich ins Freie geleitet (vgl. Abb. 3.17a).

Zur Vereinfachung sei wiederum die Rohrleitung nach dem Gebläse als sehr kurz angenommen, andererseits die Rückwirkung des Brennkammerdruckes auf den Gaszustrom M_e als vernachlässigbar betrachtet. Der speichernde Inhalt der Brennkammer und der Kanäle wird in einem einzigen Raum zusammengefaßt gedacht, ebenso wird die Drosselwirkung von Kanälen und Heizflächen konzentriert angenommen. Der Regeleingriff erfolge durch Drehzahlverstellung des Saugzugventilators. Damit kann die Regelstrecke durch ein vereinfachtes System nach Abb. 3.17b wiedergegeben werden.

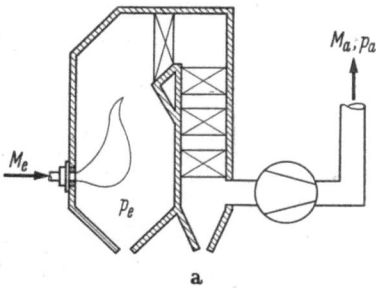

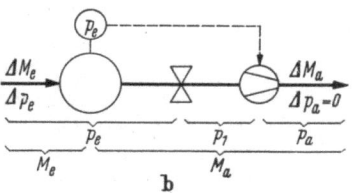

Abb. 3.17a u. b
Rauchgasstrom- bzw. Brennkammerdruck-Regelung an einem Dampferzeuger
a) schematische Darstellung der Anlage;
b) Ersatzsystem und Systemgrößen

Regelgröße ist der Brennkammerdruck bzw. dessen Abweichung Δp_e vom Sollwert, Eingangsgröße der Regelwirkung ist die Drehzahl des Gebläses bzw. die Abweichung Δn. Der von außen aufgezwungene Gaszustrom M_e (bzw. ΔM_e) ist als Störgröße zu betrachten.

Nun findet man die das dynamische Verhalten beschreibenden Beziehungen der Elemente des Ersatzsystems wieder unter sinngemäßer Benützung der unter 3.2.1 abgeleiteten Gleichungen. So gilt zunächst für den Speicherraum mit (3.81)

$$\Delta M_e - \Delta M_a = \frac{\bar{M}}{\bar{p}_e} T \Delta p'_e \qquad (3.99)$$

und für die Drosselstelle (unterkritisches Gefälle) mit (3.82)

$$\Delta p_e - \Delta p_1 = a_L \Delta M_a. \qquad (3.100)$$

Für das Gebläse findet man mit (3.63)

$$\Delta \Delta p_P = \Delta p_a - \Delta p_1 = -a_P \Delta M_a + b_P \Delta n, \qquad (3.101)$$

wobei Δp_a wegen der Konstanz des Austrittsdruckes (Atmosphäre) verschwindet.

Eliminiert man die nicht interessierenden Größen Δp_1 und ΔM_a, so findet man

$$-b_P \Delta n + (a_P + a_L) \Delta M_e = \Delta p_e + (a_P + a_L) \frac{\bar{M}}{\bar{p}_e} T \Delta p'_e \qquad (3.102)$$

als Differentialgleichung für das Übertragungsverhalten der Regelstrecke. Sie hat die Eigenschaften eines Schwingers erster Ordnung. Die Übertragungsverhalten der Regelwirkung bzw. der Störwirkung lassen sich daraus unmittelbar entnehmen. Es ist für die Regelwirkung

$$G[s]_{\Delta n \to \Delta p_e} = \frac{-b_P}{1 + (a_P + a_L)\dfrac{\overline{M}}{\overline{p}_e} T\, s} \qquad (1.103)$$

und für die Störwirkung

$$G[s]_{\Delta M_e \to \Delta p_e} = \frac{a_P + a_L}{1 + (a_P + a_L)\dfrac{\overline{M}}{\overline{p}_e} T\, s}. \qquad (3.104)$$

Es liegt das Übertragungsverhalten eines statischen Schwingers erster Ordnung vor. Die Zeitkonstante läßt sich unmittelbar aus Gl. (3.102) als Koeffizient von $\Delta p'_e$ entnehmen.

Literatur zu Kapitel 3

[1] STEIN, TH.: Regelung und Ausgleich in Dampfanlagen, Berlin: Springer 1926.
[2] WÜNSCH, G.: Regler für Druck und Menge, München: Oldenbourg 1930.
[3] PROFOS, P.: Das dynamische Verhalten der Regelstrecke von Druckregulierungen. Schweizer Archiv für angew. Wiss. u. Technik. 17 (1951) Nr. 4, S. 114 bis 119.
[4] DE HALLER, P.: Über eine graphische Methode in der Gasdynamik. Techn. Rundschau Sulzer 1945, Nr. 1, S. 6—24.
[5] SCHMIDT, E.: Einführung in die technische Thermodynamik, 8. Aufl., Berlin/Göttingen/Heidelberg: Springer 1960.

4. Das Übertragungsverhalten der Regelstrecke bei Flüssigkeitsstandregelung

In Dampfanlagen sind Flüssigkeitsstandregelungen verschiedener Art anzutreffen. Der Pegelstand von Wasser, von flüssigen Chemikalien, Brennöl usw. in offenen oder geschlossenen Behältern wird der Regelung unterworfen. In manchen Fällen sind die Verhältnisse insofern einfach, als die Flüssigkeitsfüllung des Behälters als homogen betrachtet werden kann, d. h. keine ihr Volumen stark ändernden Einschlüsse, wie Dampf- oder Luftblasen, enthält. Gerade in Dampfanlagen ist indes auch der andere Fall häufig, daß die Füllung ganz oder teilweise aus einem solchen inhomogenen Gemisch besteht. Ein typisches Beispiel dieser Art liegt bei der Wasserstandsregelung von Trommelkesseln vor. — Zunächst soll der einfachere Fall der Flüssigkeitsstandregelung bei homogener Füllung betrachtet werden.

4.1 Flüssigkeitsstandregelung bei homogener Füllung

Bei der Flüssigkeitsstandregelung besteht immer die Aufgabe, die einem Behälter zu- und aus diesem abströmenden Flüssigkeitsmengen so aufeinander abzustimmen, daß der gewünschte Pegelstand in diesem Behälter eingehalten wird (Abb. 4.1). Nun besteht zwischen Zu- und Abstrom (M_e, M_a) und der zeitlichen Änderung dm_F/dt der Behälterfüllung die allgemeine Beziehung:

$$M_e - M_a = \frac{dm_F}{dt}. \qquad (4.1)$$

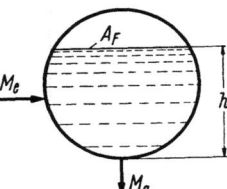

Abb. 4.1 Behälter mit geregeltem Flüssigkeitsstand h (schematisch) Bedeutung der Symbole siehe Text

Da für Beharrung $\overline{M}_e = \overline{M}_a$, läßt sich auch schreiben

$$\overline{M}_e + \Delta M_e - \overline{M}_a - \Delta M_a = \Delta M_e - \Delta M_a = \frac{dm_F}{dt}. \qquad (4.2)$$

Die Umrechnung der Änderungen dm_F der Masse der Füllung auf Volumenänderungen dV_F geschieht mit Hilfe der Dichte ϱ:

$$\frac{dm_F}{dt} = \varrho \frac{dV_F}{dt}. \qquad (4.3)$$

Andererseits ist das Volumen der Füllung aus der Behälterform zu berechnen, wobei die Spiegelfläche A_F bei nichtprismatischen Behältern eine Funktion der Höhe h sein kann; daher ist allgemein

$$V_F = \int_0^h A_F \, dh \qquad (4.4)$$

und bei konstantem A_F

$$V_F = A_F h. \qquad (4.5)$$

Für kleine Pegeländerungen Δh ist daher die entsprechende Füllungsänderung

$$dm_F = \varrho \, dV_F \approx \varrho \, A_F \Delta h, \qquad (4.6)$$

womit durch Zusammenfassung der Beziehungen (4.2), (4.3) und (4.6)

$$\Delta M_e - \Delta M_a = \varrho \, A_F \frac{dh}{dt} = \varrho \, A_F \Delta h'. \qquad (4.7)$$

Man kann durch Erweitern mit den frei wählbaren Bezugsgrößen h_0 und M_0 noch setzen:

$$\varrho \, A_F = \left(\frac{\varrho \, A_F h_0}{M_0}\right) \frac{M_0}{h_0} = \frac{M_0}{h_0} T,$$

wobei der Klammerausdruck die Dimension Zeit annimmt. Damit wird schließlich

$$\Delta M_e - \Delta M_a = \frac{M_0}{h_0} T \Delta h'. \qquad (4.8)$$

4. Übertragungsverhalten bei Flüssigkeitsstandregelung

Die Anschrift der Übertragungsfunktionen ist daraus ohne weiteres zu entnehmen:

$$\underset{\Delta M_e \to \Delta h}{G[s]} = \frac{h_0}{M_0} \frac{1}{sT} \quad \text{und} \quad \underset{\Delta M_a \to \Delta h}{G[s]} = -\frac{h_0}{M_0} \frac{1}{sT}. \tag{4.9}$$

Es ist oft zweckmäßig, für M_0 bzw. h_0 die zum untersuchten Betriebszustand gehörigen Beharrungswerte $\overline{M}_e = \overline{M}_a = \overline{M}$ bzw. $\overline{h}$ einzusetzen. Bei prismatischer Behälterform wird T dann zur „Füllzeit":

$$T_F = \frac{\varrho A_F \overline{h}}{\overline{M}}. \tag{4.10}$$

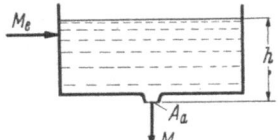

Abb. 4.2 Behälter mit vom Flüssigkeitsstand h abhängigem Abstrom M_a

Gl. (4.8) zeigt, daß ein in der betrachteten Art durchströmter Behälter hinsichtlich des Verhaltens des Flüssigkeitsstandes *reinen Integralcharakter* hat (astatischer Schwinger erster Ordnung). Dies ist jedoch nicht mehr der Fall, wenn der Zufluß oder, was häufiger vorkommt, der Abfluß vom Pegelstand abhängig ist (vgl. Abb. 4.2).

Zunächst gilt auch hier wieder:

$$\Delta M_e - \Delta M_a = \varrho A_F \Delta h'. \tag{4.7}$$

Für den Abfluß ist nun aber:

$$M_a = \varrho A_a \sqrt{2gh}, \text{[1]} \tag{4.11}$$

wobei hieraus für kleine Änderungen wird:

$$\Delta M_a = \varrho A_a \sqrt{\frac{g}{2h}} \Delta h = k \Delta h. \tag{4.12}$$

Setzt man dies in (4.7) ein, so folgt

$$\frac{1}{k} \Delta M_e = \Delta h + \frac{\varrho A_F}{k} \Delta h'. \tag{4.13}$$

Darin hat die Größe

$$\frac{\varrho A_F}{k} = \frac{\varrho A_F}{\varrho A_a} \sqrt{\frac{2h}{g}} = \frac{A_F}{A_a} \sqrt{\frac{2h}{g}} = T \tag{4.14}$$

die Dimension Zeit, so daß (4.13) vereinfacht wird

$$\frac{1}{k} \Delta M_e = \Delta h + T \Delta h'. \tag{4.15}$$

Die entsprechende Übergangsfunktion lautet

$$\underset{\Delta M_e \to \Delta h}{G[s]} = \frac{1}{k(1 + sT)}. \tag{4.16}$$

---

[1] Während die Auftriebswirkung der Atmosphäre beim Einsetzen von ϱ praktisch immer vernachlässigt wird, kann dies z. B. im Innern von Hochdrucktrommeln zu merklichen Fehlern führen. Es ist also dort zu setzen: $\varrho = \varrho' - \varrho''$.

4.2 Flüssigkeitsstandregelung bei inhomogener Füllung

Die Niveaubewegung folgt damit Zustromänderungen in aperiodischem Verlauf nach, wobei für Beharrungsverhältnisse die Zuordnung gilt (kleine Ausschläge)

$$\frac{1}{k}\overline{\Delta M_e} = \overline{\Delta h}.$$

Das Verhalten dieser Anordnung ist also *statisch*.

Oft interessiert der zeitliche Verlauf des Abstromes eher als die Niveaubewegung. Für diesen Fall entnehmen wir aus (4.12)

$$\Delta h = \frac{\Delta M_a}{k}, \quad \text{woraus} \quad \Delta h' = \frac{\Delta M_a'}{k}.$$

In Gl. (4.15) eingesetzt, wird mit

$$\Delta M_e = \Delta M_a + T \Delta M_a' \qquad (4.17)$$

die gesuchte Beziehung erhalten. — Die Übertragungsfunktion lautet entsprechend

$$G[s]_{\Delta M_e \to \Delta M_a} = \frac{1}{1 + sT}. \qquad (4.18)$$

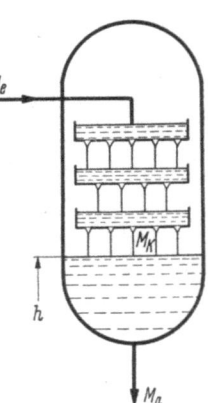

Abb. 4.3
Rieselentgaser mit geregeltem Flüssigkeitsstand h (schematisch)

Mit diesen Unterlagen kann nun auch der Fall behandelt werden, der beispielsweise bei bestimmten Entgaserbauarten oder bei Kaskadenvorwärmern vorkommt. Dort wird das zuströmende Wasser über eine Kaskade von Lochblecheinsätzen dem eigentlichen Behälter im Unterteil des Apparates zugeleitet. Die einzelnen Einsätze verhalten sich entsprechend (4.17) bzw. (4.18), während für das Niveauverhalten abhängig vom Zustrom M_K aus der Kaskade und vom Abstrom M_a die Beziehungen (4.15) bzw. (4.16) sinngemäß heranzuziehen sind (vgl. Abb. 4.3).

4.2 Flüssigkeitsstandregelung bei inhomogener Füllung

4.2.1 Herleitung der Grundgleichungen

Die nachfolgenden Erörterungen beziehen sich auf den Fall der Wasserstandsregelung an einem Trommelkessel. Sie sind gleichermaßen gültig für natürlichen wie für Zwangsumlauf. In Dampfanlagen kommen allerdings gelegentlich auch noch andere Anwendungen der Flüssigkeitsstandregelung vor, bei denen die Füllung nicht eine homogene Flüssigkeit ist, zum Beispiel in Gefällespeichern sowie bei gewissen Entgaserbauarten. Auf eine besondere Behandlung dieser Fälle wird indes verzichtet, da die für die Wasserstandsregelung angestellten Überlegungen in sinngemäßer Abwandlung auch hierauf übertragen werden können.

4. Übertragungsverhalten bei Flüssigkeitsstandregelung

Unsere Betrachtungen sollen sich hier nur auf die Trommel und die daran angeschlossene Umlaufverdampferheizfläche beziehen. Das Übertragungsverhalten des damit in Wirkungsverbindung stehenden Wasservorwärmers ist in Kap. 7 behandelt. Es soll das Verhalten des *Wasserstandes*, gekennzeichnet durch die Höhe h, in Abhängigkeit von der mittelbaren Wirkung des Regeleingriffes — d. h. vom *Zustrom vom Ekonomiser* in die Trommel — sowie von den verschiedenen Störeinflüssen untersucht werden.

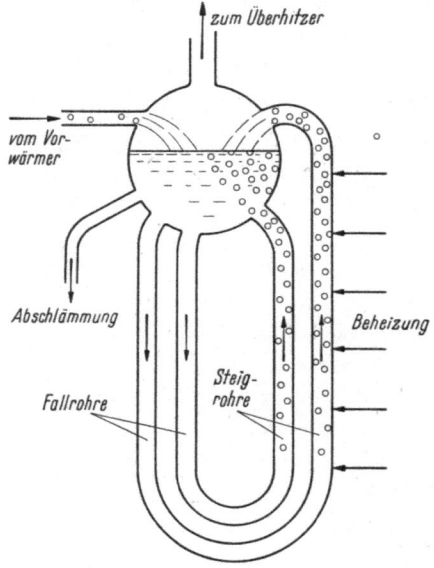

Abb. 4.4 Trommel und Verdampfersystem eines Naturumlaufkessels (schematisch)

Zum besseren Verständnis der folgenden Ableitungen sollen einige Bemerkungen zur Auswirkung dieser Störeinflüsse vorausgeschickt werden.

Im normalen Betriebszustand besteht die Füllung des Systems Trommel + Verdampfer aus Wasser von Siedetemperatur, insbesondere in den Heizrohren und der Trommel durchsetzt von Dampfblasen (vgl. Abb. 4.4). Der Gewichtsanteil des in der Füllung enthaltenen Dampfes ist, verglichen mit dem der flüssigen Komponente, verschwindend gering, nicht jedoch sein Volumenanteil. Daher ist die durchschnittliche Wichte der Füllung (und damit das Volumen, das sie einnimmt, und damit der Wasserstand in der Trommel) in starkem Maße vom Dampfgehalt in der Füllung abhängig.

Nun hängt dieser Dampfgehalt seinerseits von verschiedenen Faktoren ab. Zunächst wird er maßgeblich von der Beheizung, d. h. vom Belastungsgrad des Kessels, beeinflußt. Daneben üben aber auch Druckänderungen in der Kesseltrommel sowie — bei unterkühlt in die Trommel eintretendem Speisewasser — Änderungen der Temperatur oder des Stromes desselben eine wesentliche Wirkung darauf aus. Bei Druckanstieg in der Trommel zum Beispiel muß ein Teil der in der Verdampferheizfläche aufgenommenen Wärme dazu dienen, den Wärmeinhalt des Wasseranteils der Füllung entsprechend zu erhöhen, also eine zusätzliche Wasservorwärmung vorzunehmen. Die Dampfentwicklung im Siederohr beginnt später und ist geringer, dementsprechend auch der Dampfinhalt in Verdampfersystem und Trommel. Das führt zu einem Absinken des Wasserstandes, ohne daß die Füllung abgenommen hätte.

4.2 Flüssigkeitsstandregelung bei inhomogener Füllung

Ähnliches geschieht, wenn zum Beispiel plötzlich vermehrt unterkühltes Speisewasser in die Trommel eintritt, wobei unter Umständen noch Sekundärwirkungen über den Druck in Erscheinung treten. So kommt es zu dem bekannten Paradoxon, daß trotz Vergrößerung der Speisewasserzufuhr der Wasserstand zunächst fällt.

Zur rechnerischen Erfassung dieser ziemlich komplexen Vorgänge wird zunächst wiederum der Stofffluß durch unser System betrachtet. Eine allfällige Differenz zwischen Zu- und Abstrom muß zu einer Änderung der Füllung m_F führen, was durch die folgende Beziehung ausgedrückt wird:

$$M_{We} + M_{De} - M_{Wa} - M_{Da} = \frac{dm_F}{dt}. \quad (4.19)$$

Es bedeuten hierin:

M_{We} Wasserzustrom aus Vorwärmer,
M_{De} Dampfzustrom aus Vorwärmer (für den Fall des Verdampfungsvorwärmers),
M_{Wa} Abschlämmung,
M_{Da} Dampfstrom zum Überhitzer.

Da im Beharrungszustande keine Füllungsänderung eintreten soll, ist

$$\bar{M}_{We} + \bar{M}_{De} - \bar{M}_{Wa} - \bar{M}_{Da} = 0 \quad (4.20)$$

und damit

$$(M_{We} = \bar{M}_{We} + \Delta M_{We}, \quad \text{usw.})$$

$$\Delta M_{We} + \Delta M_{De} - \Delta M_{Wa} - \Delta M_{Da} = \frac{dm_F}{dt}. \quad (4.21)$$

Wenn keine Teilverdampfung im Ekonomiser stattfindet, ist natürlich $\Delta M_{De} = 0$.

Die Verknüpfung des Geschehens in der Trommel mit den thermodynamischen Vorgängen der Vorwärmung, Verdampfung und Wärmespeicherung verlangt, daß neben dem *Stofffluß* hier auch der *Energiefluß* in die Betrachtung einbezogen wird. Dieser wird durch die folgende Beziehung erfaßt

$$Q_{DV} + Q_{We} + Q_{De} - Q_{Wa} - Q_{Da} = \frac{dE}{dt}. \quad (4.22)$$

Q bedeutet hierin allgemein Wärmestrom, die Indizes haben dieselbe Bedeutung wie für Gl. (4.19). Q_{DV} ist die zeitliche Wärmeaufnahme der Verdampferheizfläche, E der Wärmeinhalt der Füllung.

Da wiederum für Beharrung zu setzen ist

$$\bar{Q}_{DV} + \bar{Q}_{We} + \bar{Q}_{De} - \bar{Q}_{Wa} - \bar{Q}_{Da} = 0$$

kann analog zu (4.21) Beziehung (4.22) auch geschrieben werden

$$\Delta Q_{DV} + \Delta Q_{We} + \Delta Q_{De} - \Delta Q_{Wa} - \Delta Q_{Da} = \frac{dE}{dt}. \quad (4.23)$$

4. Übertragungsverhalten bei Flüssigkeitsstandregelung

Andererseits ist der an den Stofftransport gebundene Wärmestrom wie folgt auszudrücken:

$$Q_{We} = M_{We} i_W = (\overline{M}_{We} + \Delta M_{We})(\bar{i}_W + \Delta i_W)$$
$$\approx \overline{M}_{We} \bar{i}_W + \overline{M}_{We} \Delta i_W + \Delta M_{We} \bar{i}_W$$

oder

$$\Delta Q_{We} = \Delta M_{We} \bar{i}_W + \Delta i_W \overline{M}_{We},$$

ferner[1]:

$$Q_{De} = M_{De}\, i'', \quad \Delta Q_{De} = \Delta M_{De}\, i'',$$
$$Q_{Wa} = M_{Wa}\, i', \quad \Delta Q_{Wa} = \Delta M_{Wa}\, i',$$
$$Q_{Da} = M_{Da}\, i'', \quad \Delta Q_{Da} = \Delta M_{Da}\, i''.$$

Es bedeuten darin:

i_W Enthalpie des Wassers aus Vorwärmer, Eintritt Trommel (für den Fall des Verdampfungsvorwärmers $i_W = i'$),
i' Enthalpie des siedenden Wassers,
i'' Enthalpie des Sattdampfes.

Damit geht (4.23) über in

$$\Delta Q_{DV} + \Delta M_{We} \bar{i}_W + \Delta i_W \overline{M}_{We} + \Delta M_{De} i'' -$$
$$- \Delta M_{Wa} i' - \Delta M_{Da} i'' = \frac{dE}{dt}. \tag{4.24}$$

Diese Gleichung gilt allgemein, d. h. sowohl für den Fall unterkühlter Einspeisung in die Trommel wie für Teilverdampfung im Ekonomiser. Es ist darin zu setzen:

für unterkühlte Einspeisung: $\Delta M_{De} i'' = 0$,

für Teilverdampfung im Eko: $\Delta i_W \overline{M}_{We} = 0$; $\quad i_W = i'$.

Zu Gl. (4.24) ist noch der Wärmeinhalt E der Füllung näher zu umschreiben. Da, wie erwähnt, der Dampfanteil massenmäßig verschwindend klein ist, darf auch dessen Wärmeanteil vernachlässigt werden. Damit kann man setzen

$$E \approx m_F i', \tag{4.25}$$

wenn zudem unterstellt wird, daß jederzeit die Füllung ausreichend durchmischt sei, um im thermodynamischen Gleichgewicht mit dem darüberstehenden Sattdampf zu sein.[2]

---

[1] Bei Vernachlässigung des Druckeinflusses auf die Enthalpie des zu- und abströmenden Arbeitsmittels von Sattdampftemperatur.

[2] Diese Voraussetzung ist natürlich insbesondere im transitorischen Regime nicht vollkommen erfüllt, vor allem wegen der endlichen Umlaufgeschwindigkeit. Die Umwälzzeit liegt meist in der Größenordnung von 20 s. Immerhin ist für nicht zu große Regelausschläge der Ausgleich weitgehend realisiert, da sprunghafte Druckänderungen unter praktischen Bedingungen überhaupt nicht auftreten und die Druckgradienten schon mit Rücksicht auf Störungen des Umlaufes nur relativ geringe Werte annehmen.

4.2 Flüssigkeitsstandregelung bei inhomogener Füllung

Änderungen des Wärmeinhaltes der Füllung können damit durch Veränderung der Füllung sowie ihrer spezifischen Enthalpie bedingt sein, nach der Beziehung

$$\frac{dE}{dt} = \frac{\partial m_F}{\partial t} i' + \frac{\partial i'}{\partial t} m_F. \qquad (4.26)$$

Da thermodynamisches Gleichgewicht vorausgesetzt ist, darf man die Schwankungen der Enthalpie in Beziehung zu Druckänderungen bringen, indem man schreibt

$$\frac{dE}{dt} = \frac{dm_F}{dt} i' + \frac{dp}{dt} \left(\frac{\partial i'}{\partial p}\right) m_F. \qquad (4.27)$$

Der Wert von $(\partial i'/\partial p)$ ist eine reine Funktion des Druckes und kann aus der Wasserdampftafel oder aus Diagramm Abb. 4.5 entnommen werden.

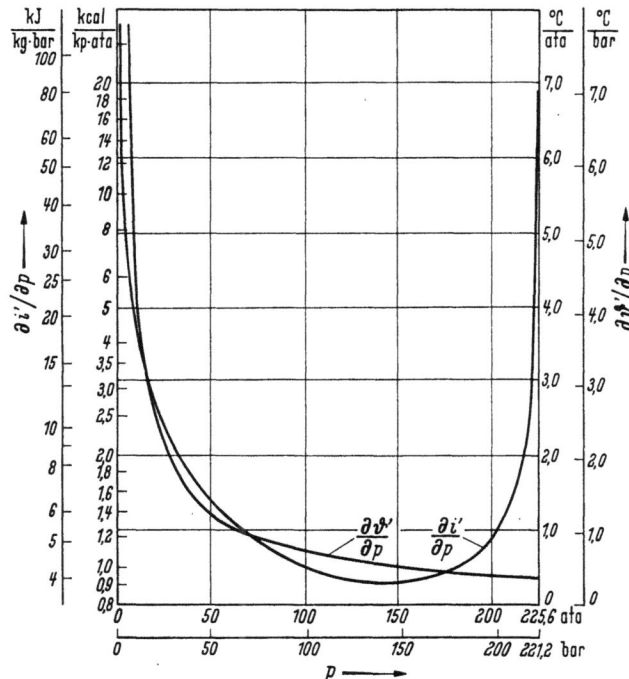

Abb. 4.5 Abhängigkeit der Größen $\partial i'/\partial p$ und $\partial \vartheta'/\partial p$ vom Druck

Für die Füllung gilt mit ϱ_m als mittlerer Dichte und V_F als Volumen

$$V_F = \frac{m_F}{\varrho_m}, \qquad (4.28)$$

womit sich Volumenänderungen berechnen nach

$$\Delta V_F = \frac{\partial V_F}{\partial m_F} \Delta m_F + \frac{\partial V_F}{\partial \varrho_m} \Delta \varrho_m = \frac{\Delta m_F}{\varrho_m} - \Delta \varrho_m \frac{m_F}{\varrho_m^2}. \qquad (4.29)$$

4. Übertragungsverhalten bei Flüssigkeitsstandregelung

Volumenänderungen der Füllung drücken sich als Wasserstandsschwankungen aus nach der Gleichung

$$\Delta h = \frac{\Delta V_F}{A_F} \qquad (4.30)$$

(A_F = Spiegelfläche),

womit Gl. (4.29) übergeht in

$$\Delta h = \Delta m_F \frac{1}{A_F \varrho_m} - \Delta \varrho_m \frac{m_F}{A_F \varrho_m^2}. \qquad (4.31)$$

In den bis jetzt abgeleiteten Beziehungen ist noch keine Aussage darüber enthalten, in welcher Weise die mittlere Dichte von den sie wesentlich beeinflussenden Faktoren — Druckänderungen sowie Änderungen der Einspeisung unterkühlten Wassers in die Trommel — beeinflußt wird.

Es werde zunächst der Einfluß von *Druckänderungen* untersucht. Schon früher wurde darauf hingewiesen, daß sprunghafte Druckänderungen in der Trommel nie vorkommen können. Der Grund dafür liegt darin, daß in der Druckbewegung alle Störeinflüsse nur im zeitlichen Integraleffekt erscheinen. Es brauchen also nur Druckgradienten endlicher Größe in Betracht gezogen zu werden, praktisch Werte unter

$$\frac{d(\Delta p/\bar p)}{dt} = 0{,}1\% \text{ s}^{-1}.$$

Solche relativ langsame Druckänderungen wirken sich nun auf den Verdampfungsvorgang im Sinne einer Verlagerung des Verdampfungsbeginnes in den Siederohren aus. Denn während der Zeit, da ein anfänglich auf Siedetemperatur befindliches Wasserteilchen seinen Weg aus der Trommel durch Fallrohre und einen Teil der Verdampferheizfläche bis zum ursprünglichen Ort beginnender Dampfbildung durchläuft, hat sich der Druck im System geändert. Die Verschiebung des Verdampfungsanfangspunktes erfolgt bei Druckanstieg im Sinne eines späteren, bei Druckabfall im Sinne eines früheren Einsetzens der Blasenbildung (vgl. Abb. 4.6). Gleichzeitig stellt sich auch eine andere zeitliche Dampferzeugung in den Siederohren ein als bei konstantem Druck, da ja beispielsweise bei Druckanstieg ein Teil der zugeführten Wärme Q_B zur Erhöhung der Temperatur der Füllung

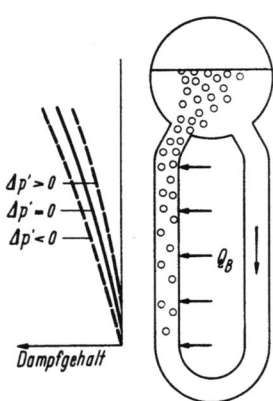

Abb. 4.6 Zur Verlagerung des Punktes des Verdampfungsbeginns in der Verdampferheizfläche bei Druckänderungen

entsprechend der Druckbewegung aufgebracht wird. Durch beide Effekte wird in gleicher Richtung der Dampfgehalt der Füllung beeinflußt und damit deren *mittlere Dichte* ϱ_m. — Über die zahlenmäßige

4.2 Flüssigkeitsstandregelung bei inhomogener Füllung

Größe dieses Einflusses lassen sich keine allgemeinen Angaben machen; diese hängt weitgehend von der Kesselbauart und für einen gegebenen Kessel vom Belastungsgrad ab. Im Einzelfall ist die Abhängigkeit von ϱ_m von Δp durch Messungen oder durch eine Wasserumlaufrechnung zu bestimmen. Man erhält dann grundsätzlich einen Zusammenhang, wie in Abb. 4.7 dargestellt. Daraus geht hervor, daß die mittlere Dichte der Füllung bei Schwachlast nur wenig, bei hoher Last stärker auf Druckänderungen anspricht. Dies gilt vor allem für positive Druckgradienten.

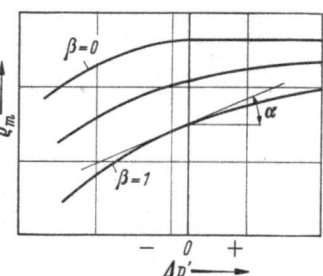

Abb. 4.7 Abhängigkeit der mittleren Dichte der Füllung des Verdampfers vom Druckgradienten $\Delta p'$ und vom Belastungsgrad β des Kessels (grundsätzlicher Verlauf)

Für kleine $\Delta p'$ können die Kurven des Diagramms durch Tangenten durch die Punkte $\Delta p' = 0$ approximiert werden, und es ist dann die Änderung der mittleren Dichte zu berechnen nach

$$\Delta \varrho_m = \frac{\partial \varrho_m}{\partial (\Delta p')} \Delta p', \tag{4.32}$$

wobei $\frac{\partial \varrho_m}{\partial (\Delta p')}$ die Tangente des Neigungswinkels α (vgl. Diagramm 4.7) bedeutet.

Der Einfluß der *Unterkühlung* des Speisewassers am Trommeleintritt kann sich auf verschiedene Art auswirken, je nachdem wie das Wasser in die Trommel eingeführt wird. Geschieht dies in der Weise, daß es *über eine Kaskade* oder *über Rieselkörper* in den Dampfraum eingeleitet und dadurch vor der Vermischung mit der Füllung auf Siedetemperatur gebracht wird (vgl. Abb. 4.8), ist nur eine indirekte Auswirkung auf ϱ_m vorhanden. Durch eine Änderung des Speisewasserstromes M_{We} oder dessen Enthalpie (i_W) wird nämlich eine andere Dampfmenge in der Kaskade kondensieren, wodurch der Dampfdruck sich ändert, wenn alle übrigen Bedingungen konstant bleiben. Diese zeitliche Druckänderung $\frac{dp}{dt} = \Delta p'$ kann aus den Gln. (4.21), (4.24) und (4.27) berechnet werden wie folgt:

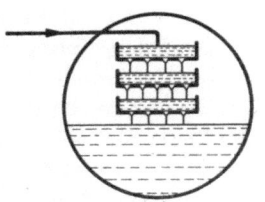

Abb. 4.8 Einspeisung unterkühlten Wassers in die Trommel über einen Rieseleinsatz im Dampfraum (schematisch)

aus (4.21): $\quad \Delta M_{We} = \dfrac{dm_F}{dt},$

aus (4.24): $\quad \Delta M_{We} \bar{i}_W + \Delta i_W \overline{M}_{We} = \dfrac{dE}{dt},$

(4.27): $\quad \dfrac{dE}{dt} = \dfrac{dm_F}{dt} i' + \dfrac{dp}{dt} \left(\dfrac{\partial i'}{\partial p} \right) m_F.$

4. Übertragungsverhalten bei Flüssigkeitsstandregelung

Daraus findet sich

$$\Delta M_{We}\, \bar{i}_W + \Delta i_W\, \overline{M}_{We} = \Delta M_{We}\, i' + \frac{dp}{dt}\left(\frac{\partial i'}{\partial p}\right) m_F$$

oder

$$\Delta p' = \frac{dp}{dt} = -\frac{1}{\left(\dfrac{\partial i'}{\partial p}\right) m_F}\{-\Delta i_W\, \overline{M}_{We} + \Delta M_{We}(i' - \bar{i}_W)\}. \qquad (4.33)$$

Es ist zu beachten, daß bei Zunahme der Unterkühlung Δi_W negativ einzusetzen ist ($-\Delta i_W$ für diesen Fall also positiv wird).

Normalerweise ist es natürlich nicht notwendig, diese Druckschwankungen gesondert auszurechnen — sie sind in den gesamthaften Druckänderungen, die aus den auf den jeweiligen Fall angewandten Gln. (4.21), (4.24) und (4.27) bestimmt werden können, automatisch mit enthalten.

Damit ist dieser Fall, sofern eine solche Druckabweichung überhaupt zustande kommt und nicht zum Beispiel durch eine Druckhalteregelung oder durch selbsttätige Anpassung der Dampfabgabe verhindert oder vermindert wird, auf den vorher behandelten Fall der Druckänderung zurückgeführt.

Etwas anders sind die Vorgänge, wenn das unterkühlte Speisewasser unmittelbar *der Füllung beigemischt* wird. Damit gelangt unterkühltes Wasser in die Fallrohre, was wiederum eine Verschiebung des Ortes des Verdampfungsbeginnes zur Folge hat. Vermehrte Unterkühlung wird die Verdampfungszone verkürzen und umgekehrt. Außerdem wird bei beispielsweise vermehrter Unterkühlung weniger Dampf erzeugt, da ein Teil der aufgenommenen Wärme ja dazu dienen muß, die verstärkte Unterkühlung zu kompensieren. Unter sonst konstanten Bedingungen wird also ein Abfallen des Druckes mit der bereits bekannten Auswirkung auf ϱ_m die Folge sein. Es laufen also zwei Vorgänge nebeneinander mit entgegengesetzten Wirkungen auf die Dichte der Füllung und damit auf den Wasserstand.

Um den Einfluß der Verdampfungspunktverschiebung quantitativ zu erfassen, wird wie folgt überlegt:

Die ausgelöste Verschiebung kann man sich auch gleichwertig dadurch hervorgerufen denken, daß der Druck sich mit einer passend gewählten Geschwindigkeit ändern möge. Einer bestimmten Verminderung der Speisetemperatur zum Beispiel würde damit ein äquivalenter positiver Druckgradient $\Delta^* p'$ entsprechen. Die Größe von $\Delta^* p'$ ist dadurch gegeben, daß durch die mit der gedachten Druckänderung verbundene Speicherwirkung gerade ein Wärmestrom entsprechend demjenigen absorbiert würde, der der angenommenen Verminderung der Speisetemperatur entspricht.

4.2 Flüssigkeitsstandregelung bei inhomogener Füllung

Die rechnerische Formulierung dieses Gedankenganges führt auf dieselbe Ableitung wie für den Fall der Einspeisung über Wasser, nur daß hier für die „gedachte" Druckänderungsgeschwindigkeit das umgekehrte Vorzeichen zu wählen ist:

$$\Delta^* p' = \frac{dp}{dt} = \frac{+1}{\left(\frac{\partial i'}{\partial p}\right) m_F} \{-\Delta i_W \overline{M}_{We} + \Delta M_{We}(i' - \bar{i}_W)\}. \quad (4.34)$$

Die Bewertung ihres Einflusses auf ϱ_m geschieht in derselben Weise, wie für die Wirkung des Druckes erörtert, also über die Beziehung (4.33), wobei $\Delta^* p'$ zu den effektiven Druckänderungen algebraisch zu addieren ist.

Es bleibt nun noch die Wirkung des zweiten der beiden parallellaufenden Vorgänge zu betrachten. Veränderungen der unterkühlten Speisung rufen auch im Fall der direkten Einführung des Wassers in die Füllung unter sonst konstanten Bedingungen einer zeitlichen Druckänderung, die sich gleich berechnet wie im Fall der Einführung des Wassers in den Dampfraum (Gl. (4.33)). Der so erzeugte Druckgradient $\Delta p'$ ist also demjenigen der „gedachten" Druckänderung $\Delta^* p'$ gerade entgegengesetzt gleich. Das bedeutet, daß sich unter der Voraussetzung thermodynamischen Gleichgewichtes und unveränderlicher äußerer Bedingungen die beiden parallellaufenden Vorgänge in ihrer Wirkung auf den Wasserstand gerade kompensieren. Praktisch fällt jedoch fast immer der ausgleichende Einfluß der effektiven Druckänderung ganz oder mindestens teilweise dahin, da sich meist die abgegebene Dampfmenge trommelseitigen Druckänderungen sofort weitgehend anpaßt, mithin $M_{Da} \neq 0$ ist.

Nachstehend seien die in diesem Abschnitt hergeleiteten Grundgleichungen nochmals zusammengestellt:

$$\frac{dm_F}{dt} = \Delta M_{We} + \Delta M_{De} - \Delta M_{Wa} - \Delta M_{Da}, \quad (4.21)$$

$$\frac{dE}{dt} = \Delta Q_{DV} + \Delta M_{We}\bar{i}_W + \Delta i_W \overline{M}_{We} + \Delta M_{De}i'' - \Delta M_{Wa}i' - \Delta M_{Da}i'', \quad (4.24)$$

$$\frac{dE}{dt} = \frac{dm_F}{dt}i' + \frac{dp}{dt}\left(\frac{\partial i'}{\partial p}\right)m_F, \quad (4.27)$$

$$\Delta \varrho_m = \frac{\partial \varrho_m}{\partial (\Delta p')}\Delta p', \quad (4.32)$$

$$\Delta^* p' = \frac{+1}{\left(\frac{\partial i'}{\partial p}\right) m_F} \{-\Delta i_W \overline{M}_{We} + \Delta M_{We}(i' - \bar{i}_W)\}, \quad (4.34)$$

$$\Delta h = \Delta m_F \frac{1}{A_F \varrho_m} - \Delta \varrho_m \frac{m_F}{A_F \varrho_m^2}. \quad (4.31)$$

4.2.2 Beispiele

An drei einfachen Beispielen soll die Anwendung der in Abschn. 4.2.1 angestellten Überlegungen illustriert werden.

Beispiel 1: Wasserstandsregelung eines Trommelkessels mit unterkühlter Einspeisung in die Trommel (Einspeisung unter Wasser, Speisetemperatur konstant, Trommeldruck konstant, Beheizung und Abschlämmung konstant).

Gesucht: Wasserstandsbewegung abhängig von Schwankungen des Speisewasserstromes.

Aus den in Abschn. 4.2.1 hergeleiteten allgemeinen Beziehungen wird für unseren Fall gefunden:

aus (4.21):
$$\Delta M_{We} - \Delta M_{Da} = \frac{dm_F}{dt}, \qquad (4.35)$$

aus (4.24):
$$\Delta M_{We} i_W - \Delta M_{Da} i'' = \frac{dE}{dt}, \qquad (4.36)$$

aus (4.27):
$$\frac{dE}{dt} = \frac{dm_F}{dt} i', \quad \left(\frac{dp}{dt} = 0\right), \qquad (4.37)$$

$$\Delta h = \frac{\Delta m_F}{A_F \varrho_m} - \Delta \varrho_m \frac{m_F}{A_F \varrho_m^2}, \qquad (4.31)$$

$$\Delta \varrho_m = \frac{\partial \varrho_m}{\partial (\Delta p')} \Delta p', \quad (\Delta p' = \Delta^* p') \qquad (4.32)$$

$$\Delta^* p' = \frac{1}{\left(\frac{\partial i'}{\partial p}\right)_{m_F}} \Delta M_{We}(i' - i_W). \qquad (4.34)$$

Da der Druck als konstant vorausgesetzt wurde, ist also die tatsächliche Druckänderung $= 0$; damit ist in Gl. (4.32) $\Delta p' = \Delta^* p'$ (gleich der „gedachten" Druckänderung) zu setzen.

Aus den ersten drei Gleichungen findet man durch Elimination der nicht interessierenden Größen dE/dt und M_{Da}

$$\frac{dm_F}{dt} = \Delta M_{We} \frac{i'' - i_W}{i'' - i'} = \Delta M_{We} k_1 \quad (k_1 > 1). \qquad (4.38)$$

Diese Beziehung sagt aus, daß der zeitliche Zuwachs der Füllung unter den vorliegenden Bedingungen ($p = k$) etwas größer ist als die Vergrößerung der Einspeisung M_{We}, da ja zur Erhaltung des Druckes eine etwas verminderte Dampfmenge abgegeben werden muß.

Aus (4.38) findet man durch Integration:

$$m_F = k_1 \int \Delta M_{We}\, dt. \qquad (4.39)$$

Mit $\dfrac{i' - i_w}{(\partial i'/\partial p)\, m_F} = k_2$ wird aus (4.34) $\Delta^* p' = k_2 \Delta M_{We}$ und damit (mit (4.32)):

$$\Delta \varrho_m = \frac{\partial \varrho_m}{\partial (\Delta p')} \Delta^* p' = k_3 \Delta^* p' = k_2 k_3 \Delta M_{We}. \qquad (4.40)$$

4.2 Flüssigkeitsstandregelung bei inhomogener Füllung

Setzt man (4.39) und (4.40) in (4.31) ein, so wird mit

$$\Delta h = \frac{k_1}{A_F \varrho_m} \int \Delta M_{We} dt - \frac{m_F}{A_F \varrho_m^2} k_2 k_3 \Delta M_{We} \qquad (4.41)$$

die gesuchte Differentialgleichung der Niveaubewegung gefunden. Mit

$$A = \frac{k_1}{A_F \varrho_m}; \qquad B = \frac{m_F}{A_F \varrho_m^2} k_2 k_3$$

lautet sie vereinfacht:

$$\Delta h' = A \Delta M_{We} - B \Delta M'_{We}. \qquad (4.42)$$

Die Übertragungsfunktion wird entsprechend

$$\underset{\Delta M_{We} \to \Delta h}{G_R[s]} = \frac{A - Bs}{s}. \qquad (4.43)$$

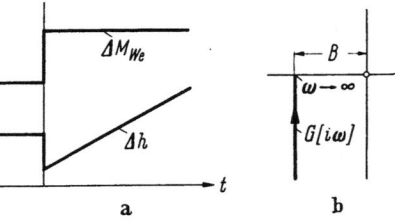

Abb. 4.9a u. b Wasserstandsbewegung bei einem Trommelkessel bei unterkühltem Speisewasser, abhängig von Schwankungen des Speisewasserstromes
a) Übergangsfunktion; b) Frequenzgang

Der grundsätzliche Verlauf von Übergangsfunktion und Gangkurve ist aus Abb. 4.9a und b zu ersehen.

Beispiel 2. Wasserstandsregelung eines Trommelkessels mit Verdampfungsekonomiser (Beheizung, Dampfzustrom aus Eko, Dampfabgabe, Abschlämmung konstant).

Gesucht: Wasserstandsbewegung abhängig vom Wasserzustrom M_{We}.

Die für diesen Fall gültigen Beziehungen ergeben sich, wieder unter Benützung der allgemeinen Gleichungen aus Abschn. 4.2.1:

aus (4.21):
$$\Delta M_{We} = \frac{dm_F}{dt}, \qquad (4.44)$$

aus (4.24):
$$\Delta M_{We}\, i' = \frac{dE}{dt}, \qquad (4.45)$$

$$\frac{dE}{dt} = \frac{dm_F}{dt} i' + \Delta p' \left(\frac{\partial i'}{\partial p}\right) m_F, \qquad (4.27)$$

$$\Delta h = \frac{\Delta m_F}{A_F \varrho_m} - \Delta \varrho_m \frac{m_F}{A_F \varrho_m^2}, \qquad (4.31)$$

$$\Delta \varrho_m = \frac{\partial \varrho_m}{\partial (\Delta p')} \Delta p'. \qquad (4.32)$$

Aus den ersten drei Gleichungen sind zunächst die Druckänderungen zu berechnen, die sich als Folge der Schwankungen ΔM_{We} ergeben. Wie zu erwarten, wird hierfür $\Delta p' = 0$ erhalten. Demnach wird auch mit Gl. (4.32) $\Delta \varrho_m = 0$, und Gl. (4.31) vereinfacht sich zu

$$\Delta h = \frac{\Delta m_F}{A_F \varrho_m}. \qquad (4.46)$$

Für Δm_F findet man durch Integration von (4.44)

$$\Delta m_F = \int \Delta M_{We} \, dt, \qquad (4.47)$$

womit

$$\Delta h = \frac{1}{A_F \varrho_m} \int \Delta M_{We} \, dt \qquad (4.48)$$

oder vereinfacht

$$\underline{\Delta h' = A \, \Delta M_{We}}; \quad A = \frac{1}{A_F \varrho_m}. \qquad (4.49)$$

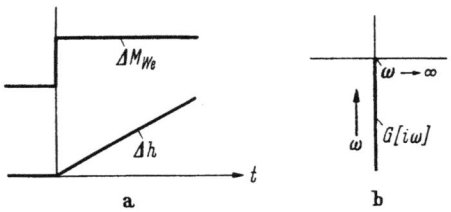

Entsprechend lautet die Übertragungsfunktion

$$\underline{G[s] \atop \Delta M_{We} \to \Delta h} = \frac{A}{s}. \qquad (4.50)$$

Abb. 4.10a u. b Wasserstandsbewegung in einem Trommelkessel bei schwankender Einspeisung von Wasser bei Siedezustand
a) Übergangsfunktion; b) Frequenzgang

Übergangsfunktion bzw. Gangkurve weisen in diesem Fall die einfachen Formen nach Abb. 4.10a und b auf.

Beispiel 3. Wasserstandsregelung wie unter Beispiel 2. Es soll der Einfluß schwankender Dampfentnahme auf den Wasserstand untersucht werden. (Die Wasserstandsregelung soll hierbei nicht korrigierend eingreifen.)

Eingangsgröße ist hier die Störgröße ΔM_{Da}, während voraussetzungsgemäß $\Delta M_{We} = 0$ zu setzen ist. Unsere Gleichungen werden damit:

aus (4.21):
$$-\Delta M_{Da} = \frac{dm_F}{dt}, \qquad (4.51)$$

aus (4.24):
$$-\Delta M_{Da}\, i'' = \frac{dE}{dt}, \qquad (4.52)$$

$$\frac{dE}{dt} = \frac{dm_F}{dt} i' + \Delta p' \left(\frac{\partial i'}{\partial p}\right) m_F, \qquad (4.27)$$

$$\Delta \varrho_m = \frac{\partial \varrho_m}{\partial (\Delta p')} \Delta p', \qquad (4.32)$$

$$\Delta h = \frac{\Delta m_F}{A_F \varrho_m} - \Delta \varrho_m \frac{m_F}{A_F \varrho_m^2}. \qquad (4.31)$$

Aus den ersten drei Gleichungen findet man durch Elimination von dE/dt und dm_F/dt:

$$\Delta p' = -\frac{i'' - i'}{\left(\dfrac{\partial i'}{\partial p}\right) m_F} \Delta M_{Da}. \qquad (4.53)$$

4.2 Flüssigkeitsstandregelung bei inhomogener Füllung

Damit wird (mit (4.31))

$$\Delta \varrho_m = -\left(\frac{\partial \varrho_m}{\partial(\Delta p')}\right) \frac{i'' - i'}{\left(\frac{\partial i'}{\partial p}\right) m_F} \Delta M_{Da} = -k_1 \Delta M_{Da}. \qquad (4.54)$$

Andererseits ist aus (4.51)

$$\Delta m_F = -\int \Delta M_{Da}\, dt. \qquad (4.55)$$

Setzt man diese Ausdrücke in (4.31) ein, so wird für die Wasserstandsbewegung gefunden:

$$\Delta h = -\frac{1}{A_F \varrho_m}\int \Delta M_{Da}\, dt + \frac{m_F}{A_F \varrho_m^2} k_1 \Delta M_{Da}. \qquad (4.56)$$

In vereinfachter Form lautet die Differentialgleichung der Wirkung der Störung ΔM_{Da} auf den Wasserstand dann:

$$\Delta h' = -A\, \Delta M_{Da} + B\, \Delta M'_{Da};\quad A = \frac{1}{A_F \varrho_m},\quad B = \frac{m_F}{A_F \varrho_m^2} k_1. \qquad (4.57)$$

Die Übertragungsfunktion lautet entsprechend:

$$G[s]_{\Delta M_{Da} \to \Delta h} = \frac{-A + Bs}{s}. \qquad (4.58)$$

Der grundsätzliche Verlauf von Übergangsfunktion und Gangkurve ist in Abb. 4.11a und b wiedergegeben.

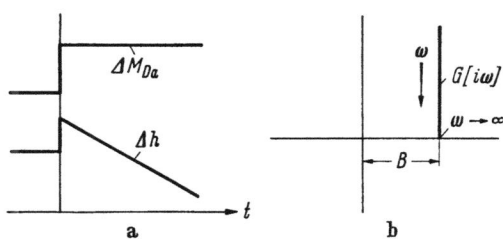

Abb. 4.11a u. b Wasserstandsbewegung in einem Trommelkessel, hervorgerufen durch veränderte Dampfentnahme
a) Übergangsfunktion; b) Frequenzgang

Literatur zu Kapitel 4

[1] DÜMMLER, F.: Wasserstandsregelung beim Aufwallen des Wasserinhaltes. BWK 5 (1953) S. 208.
[2] SCHUNCK, M.: Zum Übergangsverhalten der Wasserstandsregelstrecke in Dampfkesseln. Diss. TH Stuttgart 1958.

5. Das Übertragungsverhalten der Regelstrecke bei Konzentrationsregelung

In Dampfanlagen sind Konzentrationsregelungen verschiedener Art vertreten. Sie unterscheiden sich zunächst schon nach dem Trägermedium des Stoffes, der Gegenstand der Konzentrationsregelung ist, indem einerseits Gase, andererseits Flüssigkeiten, insbesondere Wasser, als Trägermedium vorkommen. Konzentrationsregelungen mit gasförmigem Trägermittel sind namentlich im Zusammenhang mit der Regelung der Verbrennungsgüte zu finden. Beispiele der Konzentrations-

5. Übertragungsverhalten bei Konzentrationsregelung

regelung mit flüssigem Trägermedium liegen im Gebiet der Wasseraufbereitung häufig vor. Wenn man von der Wasseraufbereitungsanlage im engeren Sinne absieht, sind Konzentrationsregelungen für die Konditionierung des Speisewassers sowie des Kesselinhaltes besonders wichtig.

Allen im folgenden betrachteten Systemen von Konzentrationsregelungen ist gemeinsam, daß die Regelstrecke dauernd von dem Trägermedium durchströmt wird. Die Beeinflussung der Konzentration geschieht hierbei auf zwei grundsätzlich verschiedene Arten: entweder durch Vermischen mit einem Zusatzstrom oder durch Abtrennen eines Zweigstromes (Abb. 5.1a und b). Die zur ersteren Gruppe

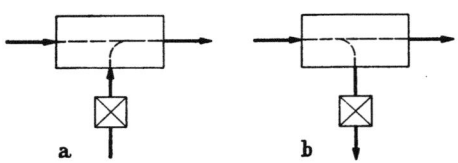

Abb. 5.1a u. b Haupttypen von Regelstrecken bei der Konzentrationsregelung
a) Regelstrecke bei Beimischregelung;
b) Regelstrecke bei Trennungsregelung (schematisch)

gehörigen Regelungen sollen im folgenden als *Beimischregelungen*, die zweite Gruppe als *Trennungsregelungen* bezeichnet werden.

Bei den Beimischregelungen kann der zugemischte Strom den Stoff, dessen Konzentration zu regeln ist (im folgenden immer als ,,geregelter Stoff" bezeichnet), entweder stark angereichert enthalten — die Konzentration im Hauptstrom wird dann durch diesen Zusatz erhöht — oder er kann ihn nur sehr verdünnt oder gar nicht enthalten — die Konzentration im Hauptstrom wird dann durch den Zusatz vermindert.

Bei den in Dampfanlagen vorkommenden Fällen der Trennungsregelung erfolgt in der Regelstrecke eine Aufteilung in zwei Komponenten, deren eine praktisch nur noch aus dem reinen Trägermittel besteht, während die andere den geregelten Stoff in relativ hochkonzentrierter Form enthält.

In allen Fällen ist also neben einem *Transportvorgang* ein *Misch- oder Trennvorgang* vorhanden. Oft handelt es sich, besonders bei den Mischvorgängen, allerdings nicht nur um ein reines Vermischen, sondern es treten zugleich chemische Umsetzungen auf. Der geregelte Stoff kann hierbei gegebenenfalls überhaupt erst entstehen, wie beispielsweise bei der Regelung der Güte der Verbrennung (CO, CO_2). In solchen Fällen müßte daher neben der Betrachtung der Transport- und Mischvorgänge auch noch eine solche der Dynamik der chemischen Reaktionen erfolgen. Meist spielen sich jedoch diese chemischen Umsetzungen in den uns interessierenden Fällen wesentlich schneller ab als die Misch- und insbesondere die Transportvorgänge, so daß mit brauchbarer Näherung die reaktionskinetischen Gleichungen durch die chemischen Gleichgewichtsbeziehungen ersetzt werden dürfen. Es wird deshalb im folgenden auf die Berücksichtigung der Dynamik der chemischen Umsetzungen verzichtet. Für besondere Fälle sei auf die einschlägige Literatur verwiesen, z. B. [*1, 2, 4*].

Im übrigen sind die sich in der Regelstrecke vollziehenden Vorgänge, insbesondere bei der Beimischregelung, sehr vielgestaltig. Es ist deshalb kaum möglich, das Verhalten der verschiedenen Regelstrecken in einfacher Weise allgemeingültig zu beschreiben. Im folgenden werden deshalb vor allem die grundsätzlichen Überlegungen dargestellt, die bei der Behandlung derartiger Probleme durchgeführt werden müssen, und anschließend deren Anwendung auf einige konkrete Beispiele gezeigt.

5.1 Herleitung der Grundgleichungen

Zur Erfassung der sich in der Regelstrecke abspielenden Vorgänge ist zunächst zweckmäßigerweise von einer *Stoffbilanz* auszugehen (vgl. Abb. 5.2). Durch die zuströmenden Flüssigkeits- oder Gasmengen M_{e1}, M_{e2} usw., die den geregelten Stoff in den Konzentrationen c_{e1}, c_{e2} usw. enthalten, wird pro Zeiteinheit eine gewisse Stoffmenge in das System — in Abb. 5.2 durch ein Rechteck symbolisiert — eingetragen. Die austretenden Ströme M_{a1}, M_{a2} usw. mit den Konzentrationen c_{a1}, c_{a2} usw.

Abb. 5.2 Stoffzu- und Abstrom bei Regelstrecken der Konzentrationsregelung

entnehmen gleichzeitig dem System eine gewisse Stoffmenge. Differenzen zwischen Zu- und Abfluß des geregelten Stoffes werden sich im System speichern, wobei eine Änderung der mittleren Konzentration c_m des Inhaltes m des Systems bewirkt wird. Unabhängig davon, ob es sich um eine Beimisch- oder Trennungsregelung handelt, gilt damit die allgemeine Gleichung

$$M_{e1} c_{e1} + M_{e2} c_{e2} + \cdots - M_{a1} c_{a1} - M_{a2} c_{a2} - \cdots = \frac{d(m\,c_m)}{dt}. \tag{5.1}$$

Fast immer kann der Inhalt m des Systems an Trägermittel als unverändert vorausgesetzt werden, womit Gl. (5.1) übergeht in

$$M_{e1} c_{e1} + M_{e2} c_{e2} + \cdots - M_{a1} c_{a1} - M_{a2} c_{a2} - \cdots = m \frac{dc_m}{dt}, \tag{5.2}$$

und es gilt zugleich die Kontinuitätsbedingung

$$M_{e1} + M_{e2} + \cdots - M_{a1} - M_{a2} - \cdots = 0. \tag{5.3}$$

Für Beharrungsverhältnisse ist der Zustrom an geregeltem Stoff gleich dem Abstrom, und die mittlere Konzentration c_m des Systeminhaltes bleibt konstant. Demnach verschwindet der Differentialquotient dc_m/dt, und es gilt die Beharrungsbeziehung

$$\overline{M}_{e1} \bar{c}_{e1} + \overline{M}_{e2} \bar{c}_{e2} + \cdots - \overline{M}_{a1} \bar{c}_{a1} - \overline{M}_{a2} \bar{c}_{a2} - \cdots = 0. \tag{5.4}$$

Da nach Gl. (5.3) jederzeit der Gesamtzufluß an Trägermittel mit $M = M_{e1} + M_{e2} + \cdots$ gleich dem Gesamtabfluß $M = M_{a1} + M_{a2} + \cdots$ ist, so kann eine durchschnittliche Zufluß- bzw. Abflußkonzentration c_e bzw. c_a wie folgt definiert werden:

$$c_e = \frac{M_{e1} c_{e1} + M_{e2} c_{e2} + \cdots}{M} \; ; \quad c_a = \frac{M_{a1} c_{a1} + M_{a2} c_{a2} + \cdots}{M}. \quad (5.5)$$

Insbesondere für den Beharrungsfall läßt sich damit schreiben

$$\overline{M} \, \bar{c}_e - \overline{M} \, \bar{c}_a = 0 \quad (5.6)$$

oder auch, da dann völliger Konzentrationsausgleich im System eingetreten sein muß:

$$\bar{c}_e = \bar{c}_a. \quad (5.7)$$

Andererseits ist die im System enthaltene Menge des geregelten Stoffes $m_r = m \, c_m$ einem bestimmten Beharrungszustand eindeutig zugeordnet, und damit auch deren Änderung Δm_r beim Übergang von einem Beharrungszustand (1) in den anderen (2) nach der Beziehung

$$\Delta m_r = m(\bar{c}_{m2} - \bar{c}_{m1}). \quad (5.8)$$

Da die Änderung Δm_r des Systeminhaltes gleich der Differenz zwischen Zu- und Abfluß von geregeltem Stoff beim Übergang von einem Beharrungszustand auf den anderen sein muß, gilt ferner

$$\Delta m_r = \int_{t_{B1}}^{t_{B2}} M \, c_e \, dt - \int_{t_{B1}}^{t_{B2}} M \, c_a \, dt = \int_{t_{B1}}^{t_{B2}} M(c_e - c_a) \, dt, \quad (5.9)$$

wenn t_{B1} bzw. t_{B2} die Zeitpunkte von zwei Beharrungszuständen bedeuten. Durch die Gln. (5.8)

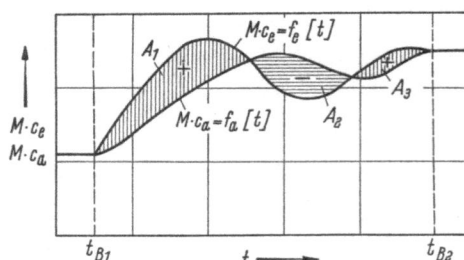

Abb. 5.3 Zum Zusammenhang zwischen Zustrom, Abstrom und Speicherung des geregelten Stoffes in der Regelstrecke

und (5.9) wird zum Ausdruck gebracht, daß beim Übergang vom einen Beharrungszustand (1) auf den anderen (2) zwischen dem zeitlichen Verlauf des Zustromes an geregeltem Stoff und dem Verlauf des Abstromes der Zusammenhang besteht, wonach die algebraische Differenz der von den beiden Kurven $M \, c_e = f_e[t]$ und $M \, c_a = f_a[t]$ gebildeten Flächen konstant ist, unabhängig vom Kurvenverlauf (vgl. Abb. 5.3). Es gilt also Gleichung

$$\sum A = K_{1,2} = \Delta m_{r\,1,2}. \quad (5.10)$$

Die bisher abgeleiteten Beziehungen gelten (mit der Einschränkung entsprechend Gl. (5.2)) allgemein, d. h. sowohl für den Fall der Bei-

5.1 Herleitung der Grundgleichungen

mischung als auch für Trennung. Für die einzelnen Fälle lassen sich daraus spezielle Gleichungen herleiten, wobei hier nur der Fall der

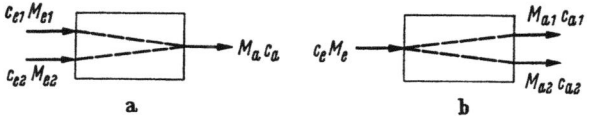

Abb. 5.4a u. b Stoffzu- und Abstrom bei Systemen mit nur zwei Komponenten
a) Beimischregelung; b) Trennungsregelung

Vermischung von zwei Komponenten bzw. der *Trennung in zwei Komponenten* betrachtet werden soll (vgl. Abb. 5.4a und b). Es gelten dann für Beimischung die Beziehungen:

$$M_{e1} c_{e1} + M_{e2} c_{e2} - M_{a1} c_{a1} = m \frac{dc_m}{dt}, \qquad (5.11)$$

$$M_{e1} + M_{e2} - M_{a1} = 0, \qquad (5.12)$$

$$\overline{M}_{e1} \bar{c}_{e1} + \overline{M}_{e2} \bar{c}_{e2} - \overline{M}_{a1} \bar{c}_{a1} = 0. \qquad (5.13)$$

Für den Fall der Trennung gelten:

$$M_{e1} c_{e1} - M_{a1} c_{a1} - M_{a2} c_{a2} = m \frac{dc_m}{dt}. \qquad (5.14)$$

$$M_{e1} - M_{a1} - M_{a2} = 0, \qquad (5.15)$$

$$\overline{M}_{e1} \bar{c}_{e1} - \overline{M}_{a1} \bar{c}_{a1} - \overline{M}_{a2} \bar{c}_{a2} = 0. \qquad (5.16)$$

In diesen Gleichungen wird nichts über die Vorgänge im Innern des Systems ausgesagt, d. h., der Zusammenhang zwischen den Konzentrationen in den einzelnen Strömen und der mittleren Konzentration des Inhaltes des Systems c_m ist zunächst noch offen. In jedem Fall findet ja ein Transport der eingetretenen Mengen durch das System zum Austritt hin statt. Mit diesem Transport kann durch Diffusion, durch Turbulenz oder Umwälzung eine Vermischung mit dem schon vorhandenen Inhalt einhergehen. Man kann dabei zwischen Vermischung quer zur Hauptströmungsrichtung und längs dazu unterscheiden. Bei Systemen mit annähernd gleicher Längs- und Querausdehnung, beispielsweise Behältern, sind Längs- und Quermischung etwa von gleicher Größe und Auswirkung. Bei sehr guter Durchmischung in beiden Richtungen liegt alsdann der Grenzfall *„vollständiger Durchmischung"* vor (Abb. 5.5a). Bei langgestreckten Systemen, wie Gaskanälen oder Rohrsystemen von Kesseln, kann oft die Quermischung als praktisch vollkommen, die Längsmischung jedoch nur als teilweise angenommen werden. Im Grenzfall ist die Längsmischung gegenüber der allgemeinen Transportbewegung vernachlässigbar, es liegt dann der Fall des *„reinen Transportvorganges"* vor (vgl. Abb. 5.5b).

Die erwähnten Mischvorgänge sind der Rechnung nur beschränkt zugänglich. Nur dort, wo ein genau determinierter Vorgang sich abspielt, bzw. wenn der Vermischungsprozeß statistischer Natur ist, ist eine geschlossene analytische Behandlung möglich und sinnvoll. Die mathematische Erfassung der Vorgänge führt dann meist auf partielle Differentialgleichungssysteme, wie etwa für den Fall der unvollständigen

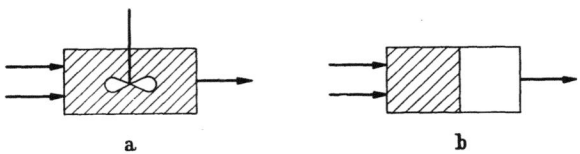

Abb. 5.5a u. b Zur Abhängigkeit des Übertragungsverhaltens vom Grad der Durchmischung in der Regelstrecke
a) vollständige Durchmischung; b) fehlende Durchmischung

Längsvermischung, wo man zwischen der Konzentration c an der Stelle x des Systems, der mittleren Strömungsgeschwindigkeit w und der Zeit t die folgende Beziehung findet [1]:

$$\frac{\partial^2 c}{\partial x^2} - \frac{w}{D}\frac{\partial c}{\partial x} - \frac{1}{D}\frac{\partial c}{\partial t} = 0. \tag{5.17}$$

In dieser Gleichung ist der Vermischungsfaktor D eine Größe, die für einen gegebenen Fall experimentell bestimmt werden muß, da Unterlagen zu deren Berechnung aus Zustandsgrößen und der Geometrie des Systems fehlen. Die Gleichung ist zwar integrierbar für die in Frage kommenden Randbedingungen, doch ist die praktische Anwendbarkeit mit Rücksicht auf die Einschränkung, die im Zusammenhang mit dem Vermischungsfaktor D gegeben ist, stark limitiert. Ähnliches gilt auch für eine genauere mathematische Behandlung von Systemen mit unvollkommener Längs- und Querströmung. Es wird deshalb auf diese Methoden hier nicht näher eingegangen.

Dagegen ist es möglich, ohne die eben erwähnte Einschränkung die beiden früher erwähnten Grenzfälle nach Abb. 5.5a und b rechnerisch zu erfassen. Man kann dann viele praktische Fälle mit unvollständiger Durchmischung durch ein System, aufgebaut aus Elementen entsprechend reinem Transport bzw. vollständiger Durchmischung, mit brauchbarer Genauigkeit annähern. Ein solches Vorgehen hat gegenüber dem rein analytischen den Vorzug einfacherer Rechnung und größerer Anschaulichkeit.

5.2 Übertragungsverhalten von Systemen mit reinem Transportcharakter bzw. vollständiger Durchmischung

5.2.1 Systeme mit reinem Transportcharakter

Für diesen Grenzfall wurde schon weiter oben vorausgesetzt, daß die Vermischung quer zur Hauptströmungsrichtung vollständig, längs dieser Richtung jedoch Null sei. Änderungen in der mittleren Eintritts-

5.2 Übertragungsverhalten von Systemen mit reinem Transportcharakter

konzentration c_e übertragen sich in einem solchen System getreu auf den Ausgang, jedoch mit einer endlichen zeitlichen Verzögerung, die gleich der Durchlaufzeit T_t ist. Da praktisch derartige Systeme nur bei Beimischungsregelung vorliegen, beschränken sich die folgenden Überlegungen auf ein System nach Abb. 5.4a. Die Durchlaufzeit wird alsdann

$$T_t = \frac{m}{M_{e1} + M_{e2}} = \frac{m}{M_a}. \tag{5.18}$$

Sie kann für kleine Änderungen des Gesamtdurchflusses und unter der bereits früher gemachten Voraussetzung $m = k$ als praktisch konstant behandelt werden. Bei großen Mengenausschlägen ist allerdings der Einfluß auf die Durchlaufzeit nicht mehr vernachlässigbar.

Für das Weitere wird von der Vorstellung ausgegangen, daß sich die beiden eintretenden Ströme unmittelbar nach Eintritt ins System sofort vermischen, wobei definitionsgemäß die mittlere Konzentration c_e auftritt. Setzt man diese in Beziehung mit der Austrittskonzentration c_a, so erhält man besonders übersichtliche Zusammenhänge. — Mit Gl. (5.5) findet man für den Fall von zwei Eintrittsströmen

$$c_e = \frac{M_{e1} c_{e1} + M_{e2} c_{e2}}{M_{e1} + M_{e2}} = c_e[t]. \tag{5.19}$$

Da die Ausgangskonzentration c_a den gleichen zeitlichen Verlauf, lediglich um die Transportzeit T_t verspätet, aufweist, wird

$$c_a = c_e[t - T_t]. \tag{5.20}$$

Die Gln. (5.18) bis (5.20) beschreiben zusammen das Übertragungsverhalten dieses Systems. — Diese Beziehungen sind zumindest für größere relative Durchflußänderungen nichtlinear. Es sind dann ähnliche Überlegungen anzuwenden, wie sie bereits früher benutzt wurden. — Für kleine Ausschläge kann, wie gesagt, T_t als Konstante angenommen und Gl. (5.19) linearisiert werden. Setzt man nämlich

$$M_{e1} = \overline{M}_{e1} + \Delta M_{e1}, \qquad c_{e1} = \bar{c}_{e1} + \Delta c_{e1},$$
$$M_{e2} = \overline{M}_{e2} + \Delta M_{e2}, \qquad c_{e2} = \bar{c}_{e2} + \Delta c_{e2},$$
$$c_e = \bar{c}_e + \Delta c_e,$$

so findet man durch Einsetzen in Gl. (5.19) unter Vernachlässigung der kleinen Glieder höherer Ordnung

$$\Delta c_e = \Delta M_{e1} \frac{\bar{c}_{e1} - \bar{c}_e}{\overline{M}_{e1} + \overline{M}_{e2}} + \Delta M_{e2} \frac{\bar{c}_{e2} - \bar{c}_e}{\overline{M}_{e1} + \overline{M}_{e2}} +$$
$$+ \Delta c_{e1} \frac{\overline{M}_{e1}}{\overline{M}_{e1} + \overline{M}_{e2}} + \Delta c_{e2} \frac{\overline{M}_{e2}}{\overline{M}_{e1} + \overline{M}_{e2}} \tag{5.21}$$

oder abgekürzt

$$\underline{\Delta c_e = \Delta M_{e1} a_1 + \Delta M_{e2} a_2 + \Delta c_{e1} b_1 + \Delta c_{e2} b_2.} \tag{5.22}$$

ΔM_{e1}, ΔM_{e2}, Δc_{e1} und Δc_{e2} sind im Prinzip variable Eingangsgrößen, von denen z. B. ΔM_{e1} durch die Regelwirkung beeinflußt sei, die übrigen infolge äußerer Störungen sich ändern können. Die Gl. (5.20) geht unter der Voraussetzung kleiner Ausschläge dann über in die Form

$$\Delta c_a = \Delta c_e [t - T_t]. \tag{5.23}$$

Die Übertragungsfunktion wird zweckmäßigerweise zwischen den Größen c_e und c_a definiert; sie lautet für kleine Ausschläge

$$\underset{\Delta c_e \to \Delta c_a}{G[s]} = e^{-sT_t}. \tag{5.24}$$

Für die einzelnen Eingangsgrößen kann die Übertragungsfunktion sofort mit Hilfe von Gl. (5.22) präzisiert werden. So ist beispielsweise für ΔM_{e1} als Eingangsgröße

$$\Delta c_e = \Delta M_{e1} a_1 \tag{5.25}$$

und die Übertragungsfunktion

$$\underset{\Delta M_{e1} \to \Delta c_{a1}}{G[s]} = a_1 e^{-sT_t}. \tag{5.26}$$

Bei der Anwendung dieser Gleichungen ist zu beachten, daß jeweils einer der Faktoren a_1 oder a_2 negativ ist, da immer eine der beiden Eintrittskonzentrationen unter der durchschnittlichen Konzentration $\bar{c}_e$ liegt. Dies bedeutet, daß bei Vergrößerung des Zustromes dieser Komponente eine negative Konzentrationsänderung Δc_e bewirkt wird.

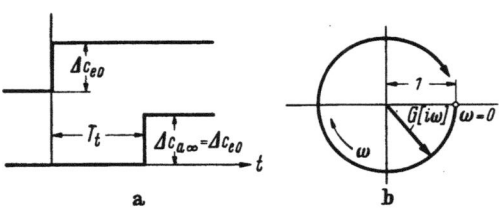

Abb. 5.6a u. b Übertragungsverhalten eines Systems mit fehlender Durchmischung (Eingangsgröße Δc_e, Ausgangsgröße Δc_{a1})

a) Übergangsfunktion; b) Frequenzgang

Aus diesen Beziehungen geht hervor, daß die Übergangsfunktion nach Gl. (5.23) durch das Auftreten einer *reinen Transportzeit* charakterisiert ist, also den Verlauf nach Abb. 5.6a aufweist. Entsprechend ist die Gangkurve, definiert nach Gl. (5.24), ein Kreis mit dem Ursprung als Zentrum (vgl. Abb. 5.6b).

5.2.2 Systeme mit vollständiger Durchmischung

Für diesen Fall wurde bereits früher vorausgesetzt, daß sowohl in Längs- wie in Querrichtung die Durchmischung eine vollständige sei. Damit ist in jedem Augenblick an einer beliebigen Stelle innerhalb des Systems die Konzentration gleich der mittleren Konzentration c_m.

5.2 Übertragungsverhalten von Systemen mit vollständiger Durchmischung

Dies gilt im Falle der *Beimischung* auch für die Stelle des Austrittes, so daß gesetzt werden kann:
$$c_a = c_m$$
(vgl. Abb. 5.4a). Damit geht Gl. (5.11) über in

$$M_{e1} c_{e1} + M_{e2} c_{e2} = M_a c_a + m \frac{dc_a}{dt} \qquad (5.27)$$

oder durch Division mit $M_a = M_{e1} + M_{e2}$

$$c_{e1} \frac{M_{e1}}{M_{e1} + M_{e2}} + c_{e2} \frac{M_{e2}}{M_{e1} + M_{e2}} = c_a + T c_a'. \qquad (5.28)$$

Darin bedeutet
$$T = \frac{m}{M_{e1} + M_{e2}} \qquad (5.29)$$

eine Zeitkonstante, die die gleiche Größe wie die im vorigen Abschnitt definierte Transportzeit T_t aufweist (Durchlaufzeit). Auch dieses Gleichungssystem (5.28/5.29) ist für größere Durchflußmengenausschläge nichtlinear, und T kann dann nicht mehr als Konstante betrachtet werden. Für kleine Ausschläge ist jedoch eine Linearisierung möglich, wobei wiederum mit Vorteil die mittlere Eintrittskonzentration c_e in Beziehung mit c_a gebracht wird. Man erhält wie im vorigen Abschnitt (Gln. (5.21) und (5.22)) für

$$\Delta c_e = \Delta M_{e1} a_1 + \Delta M_{e2} a_2 + \Delta c_{e1} b_1 + \Delta c_{e2} b_2. \qquad (5.30)$$

Damit läßt sich Gl. (5.28) auf die Form bringen:

$$\underline{\Delta c_e = \Delta c_a + T \Delta c_a'} \qquad (5.31)$$

und wird mithin eine lineare Differentialgleichung erster Ordnung. Die Übergangsfunktion ist immer durch einen Exponentialverlauf ent-

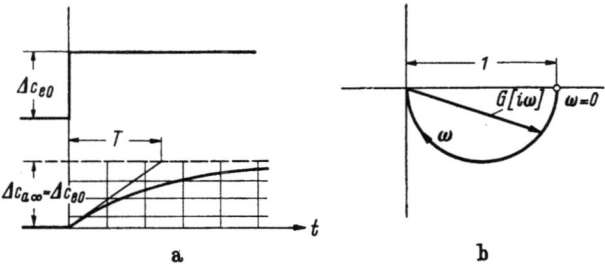

Abb. 5.7a u. b Übertragungsverhalten eines Systems mit vollständiger Durchmischung (Eingangsgröße Δc_e, Ausgangsgröße Δc_a)
a) Übergangsfunktion; b) Frequenzgang

sprechend Abb. 5.7a charakterisiert. Die Übertragungsfunktion lautet, entsprechend Gl. (5.31):

$$\underline{G[s] \atop \Delta c_e \to \Delta c_a} = \frac{1}{1 + sT}. \qquad (5.32)$$

Der Frequenzgang hat damit die Form eines Halbkreises nach Abb. 5.7b.

5. Übertragungsverhalten bei Konzentrationsregelung

Gl. (5.30) zeigt, daß Änderungen der mittleren Eintrittskonzentration durch Verändern einer oder mehrerer der vier Größen ΔM_{e1}, ΔM_{e2}, Δc_{e1}, Δc_{e2} herbeigeführt werden können. Mindestens eine dieser Größen unterliegt jeweils dem Regeleinfluß (z. B. ΔM_{e1}), während die übrigen wiederum als Störgrößen auftreten können.

Auch für *Trennung* spielt der Grenzfall vollständiger Durchmischung des Systeminhaltes eine Rolle. Wichtig ist dabei der Sonderfall, wo *eine* Austrittskomponente den geregelten Stoff nicht enthält ($c_{a2} = 0$; Konzentrationsregelung des Kesselinhaltes von Umlaufkesseln). Die Konzentration des Systeminhaltes c_m wird dann gleich der Konzentration in der *anderen* Austrittskomponente c_{a1}, womit Gl. (5.14) die Form annimmt

$$M_{e1} c_{e1} = M_{a1} c_{a1} + m \frac{dc_{a1}}{dt} \tag{5.33}$$

oder

$$c_{e1} \frac{M_{e1}}{M_{a1}} = c_{a1} + T \frac{dc_{a1}}{dt}. \tag{5.34}$$

Es ist zu beachten, daß hier die Zeitkonstante $T = \frac{m}{M_{a1}}$ nicht mehr als Durchflußzeit für den Gesamtstrom, sondern für die Komponente M_{a1} zu berechnen ist, was die aus der Praxis bekannte extrem langsame Reaktion solcher Regelstrecken erklärt.

Gl. (5.34) ist zunächst wiederum nichtlinear für größere Durchflußänderungen. Für kleine Ausschläge kann sie wie folgt linearisiert werden. Aus (5.33) folgt

$$(\overline{M}_{e1} + \Delta M_{e1})(c_{e1} + \Delta c_{e1}) = (\overline{M}_{a1} + \Delta M_{a1})(c_{a1} + \Delta c_{a1}) + m \frac{d\Delta c_{a1}}{dt},$$

woraus durch Ausmultiplizieren

$$\overline{M}_{e1} \bar{c}_{e1} + \Delta M_{e1} \bar{c}_{e1} + \Delta c_{e1} \overline{M}_{e1} = \overline{M}_{a1} \bar{c}_{a1} + \Delta M_{a1} \bar{c}_{a1} + \Delta c_{a1} \overline{M}_{a1} + \\ + m \Delta c'_{a1}.$$

Mit Rücksicht auf die Beharrungsbedingung (5.16) ist dann

$$\Delta M_{e1} \bar{c}_{e1} + \Delta c_{e2} \overline{M}_{e1} - \Delta M_{a1} \bar{c}_{a1} = \Delta c_{a1} \overline{M}_{a1} + m \Delta c'_{a1}$$

oder

$$\Delta M_{e1} \frac{\bar{c}_{e1}}{\overline{M}_{a1}} - \Delta M_{a1} \frac{\bar{c}_{a1}}{\overline{M}_{a1}} + \Delta c_{e1} \frac{\overline{M}_{e1}}{\overline{M}_{a1}} = \Delta c_{a1} + T \Delta c'_{a1}. \tag{5.35}$$

Die linke Seite von Gl. (5.35) kann in Analogie zu Gl. (5.21) als Änderung einer fiktiven Eintrittskonzentration Δc_e^* interpretiert werden, womit (5.35) in die einfache Beziehung übergeht:

$$\underline{\Delta c_e^* = \Delta c_{a1} + T \Delta c'_{a1},} \tag{5.36}$$

$$\Delta c_e^* = \Delta M_{e1} a_1 + \Delta M_{a1} a_2 + \Delta c_{e1} b_1. \tag{5.37}$$

5.3 Übertragungsverhalten zusammengesetzter Systeme

Das Übertragungsverhalten ist demnach auch in diesem Falle das eines statischen Schwingers erster Ordnung. Die Übertragungsfunktion lautet für Δc_e^* als Eingangsgröße

$$\underline{G[s]}_{\Delta c_e^* \to \Delta c_{a\,1}} = \frac{1}{1+sT}. \tag{5.38}$$

5.3 Übertragungsverhalten zusammengesetzter Systeme

Nur in seltenen Fällen weisen die Regelstrecken praktisch das Verhalten der im Abschn. 5.2 behandelten Grenzfälle auf. Fast immer läßt sich indes ein aus reinen Transportelementen und solchen mit vollständiger Durchmischung aufgebautes Ersatzsystem finden, das die dynamischen Eigenschaften der Regelstrecke hinreichend genau wiedergibt. Das gilt natürlich insbesondere auch für Fälle, wo die Originalregelstrecke selbst schon ein zusammengesetztes System darstellt. Nachstehend werden einige praktisch wichtige Fälle kurz behandelt.

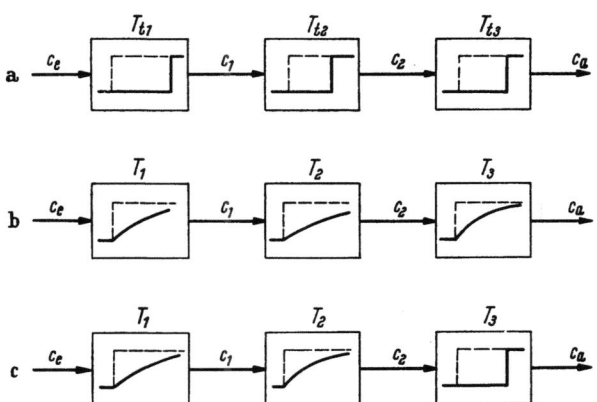

Abb. 5.8a—c Beispiele seriegeschalteter Systeme bei Konzentrationsregelung
a) Serieschaltung von Elementen ohne Durchmischung; b) Serieschaltung von Elementen mit vollständiger Durchmischung; c) gemischte Schaltung

Seriegeschaltete Systeme. Abb. 5.8 zeigt einige Beispiele seriegeschalteter Systeme. Kennzeichnend ist, daß die Ausgangskonzentration jedes Elementes zugleich die Eingangskonzentration des nächstfolgenden darstellt.

Die rechnerische Behandlung solcher Systeme ist besonders einfach mit der Übertragungsfunktion. Sind

$$G_1 = \frac{\overrightarrow{\Delta c_1}}{\overrightarrow{\Delta c_e}}, \quad G_2 = \frac{\overrightarrow{\Delta c_2}}{\overrightarrow{\Delta c_1}}, \quad \ldots, \quad G_n = \frac{\overrightarrow{\Delta c_a}}{\overrightarrow{\Delta c_{n-1}}},$$

die Übertragungsfunktionen der einzelnen Elemente, so ist für das ganze System offensichtlich

$$\underset{\Delta c_e \to \Delta c_a}{G[s]} = G_1 G_2 \cdots G_n. \qquad (5.39)$$

Für den trivialen Fall nach Abb. 5.8a der *Hintereinanderschaltung reiner Transportelemente* ist mit Gl. (5.24)

$$G[s] = e^{-sT_{t1}} e^{-sT_{t2}} \cdots e^{-sT_{tn}} = e^{-s \sum_{\nu=1}^{n} T_{t\nu}}, \qquad (5.40)$$

d. h., das System verhält sich wie ein *einziges Transportelement* mit der Transportzeit $T_t = T_{t1} + T_{t2} + \cdots T_{tn}$.

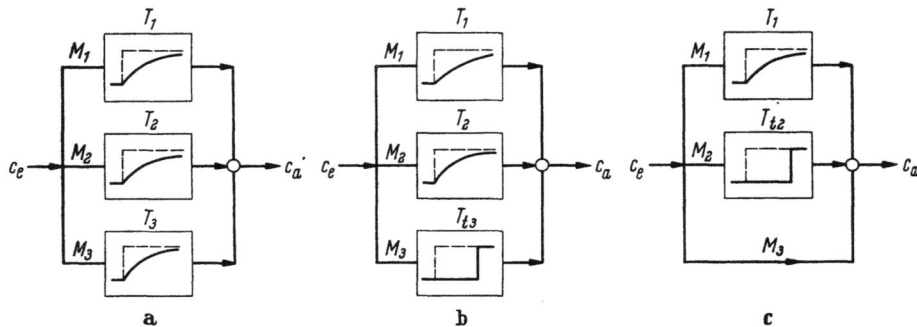

Abb. 5.9a—c Beispiele parallelgeschalteter Systeme bei Konzentrationsregelung
a) Parallelschaltung von Elementen mit vollständiger Durchmischung; b) gemischte Schaltung; c) parallelgeschaltetes System mit Umführungsleitung

Für den Fall nach Abb. 5.8b der *Serieschaltung von Elementen mit vollständiger Durchmischung* findet man mit Gl. (5.32)

$$G[s] = \frac{1}{1+sT_1} \frac{1}{1+sT_2} \cdots \frac{1}{1+sT_n}. \qquad (5.41)$$

Für $T_1 = T_2 = \cdots T_n$ ist dabei

$$G[s] = \frac{1}{(1+sT_n)^n}. \qquad (5.42)$$

Häufig liegt der Fall gemischter Elemente nach Abb. 5.8c vor. Die Übertragungsfunktion hat dann den Aufbau

$$G[s] = \frac{e^{-s \sum_{\nu=1}^{n} T_{t\nu}}}{(1+sT_1)(1+sT_2)\cdots}. \qquad (5.43)$$

Parallelgeschaltete Systeme. Abb. 5.9 zeigt einige typische Beispiele parallelgeschalteter Systeme. Allen diesen Anordnungen ist gemeinsam, daß die Ausgangskonzentration c_a der gewogene Mittelwert der Einzelausgangskonzentrationen c_{a1}, c_{a2} usw. ist, nach der Formel

$$c_a = \frac{M_1 c_{a1} + M_2 c_{a2} + \cdots}{M_1 + M_2 + \cdots}. \qquad (5.44)$$

5.3 Übertragungsverhalten zusammengesetzter Systeme

Nimmt man an, das Verhältnis der Einzeldurchflußmengen untereinander bleibe auch bei Schwankungen des Gesamtdurchflusses unverändert, so kann man auch schreiben:

$$c_a = a_1 c_{a1} + a_2 c_{a2} + \cdots \tag{5.45}$$

worin die Konstanten

$$a_1 = \frac{M_1}{\sum\limits_{\nu=1}^{n} M_\nu}, \quad a_2 = \frac{M_2}{\sum\limits_{\nu=1}^{n} M_\nu}, \quad \ldots \quad \text{und} \quad \sum_{\nu=1}^{n} a_\nu = 1.$$

Damit wird für kleine Konzentrationsänderungen

$$\Delta c_a = a_1 \Delta c_{a1} + a_2 \Delta c_{a2} + \cdots. \tag{5.46}$$

Nun gilt aber

$$\vec{\Delta c_{a1}} = \vec{\Delta c_e} G_1, \quad \vec{\Delta c_{a2}} = \vec{\Delta c_e} G_2 \quad \text{usw.,}$$

womit (5.46) übergeht in

$$\vec{\Delta c_a} = \vec{\Delta c_e} a_1 G_1 + \vec{\Delta c_e} a_2 G_2 + \cdots. \tag{5.47}$$

Daraus findet sich unmittelbar die gesuchte Übertragungsfunktion für das ganze System:

$$G[s]_{\Delta c_e \to \Delta c_a} = a_1 G_1 + a_2 G_2 + \cdots. \tag{5.48}$$

Wendet man Gl. (5.48) auf die einzelnen Beispiele nach Abb. 5.9 an, so findet man leicht

für Fall a):

$$G[s] = \frac{a_1}{1 + s T_1} + \frac{a_2}{1 + s T_2} + \frac{a_3}{1 + s T_3}, \tag{5.49}$$

für Fall b):

$$G[s] = \frac{a_1}{1 + s T_1} + \frac{a_2}{1 + s T_2} + a_3 e^{-s T_{t3}}, \tag{5.50}$$

für Fall c), da $G_3 = 1$:

$$G[s] = \frac{a_1}{1 + s T_1} + a_2 e^{-s T_{t2}} + a_3. \tag{5.51}$$

Kreislaufsysteme. Sowohl auf der Feuerungsseite als auch im Wasser- und Dampfsystem von Dampfanlagen finden sich öfters Kreislaufsysteme der in Abb. 5.10 a und b schematisch dargestellten Art.

Der Zustrom an Trägermittel sei M_e, der, da keine Trägermittelspeicherung eintreten soll, auch gleich dem Abstrom M_a ist. Durch das Element V fließe der Strom M_V, durch den das Element R enthaltenden Rücklaufzweig der Strom M_R. Es gilt dann

$$M_V = M_e + M_R \tag{5.52}$$

und

$$M_V c_V = M_e c_e + M_R c_R, \tag{5.53}$$

woraus

$$c_V = \frac{M_e}{M_V} c_e + \frac{M_R}{M_V} c_R = a_e c_e + a_R c_R. \tag{5.54}$$

76   5. Übertragungsverhalten bei Konzentrationsregelung

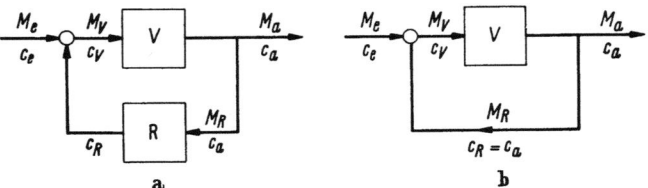

Abb. 5.10a u. b Kreislaufsysteme bei Konzentrationsregelung
a) Kreislaufsystem mit Verzögerungsglied im Rücklaufzweig; b) Kreislaufsystem mit verzögerungsfreiem Rücklaufzweig

Für den Fall, daß a_e (Zulaufverhältnis) und a_R (Rücklaufverhältnis) sich nicht ändern, findet man mit

$$G_V = \frac{\vec{c_a}}{\vec{c_V}}, \quad G_R = \frac{\vec{c_R}}{\vec{c_a}} \tag{5.55}$$

durch einfache Zwischenrechnung die gesuchte Übertragungsfunktion

$$G[s]_{\vec{c_e} \to \vec{c_a}} = \frac{a_e G_V}{1 - a_R G_V G_R}. \tag{5.56}$$

Für den Fall einer verzögerungsfreien Rücklaufbeimischung, wie in Abb. 5.10b dargestellt, kann $G_R = 1$ gesetzt werden, womit Gl. (5.56) übergeht in

$$G[s] = \frac{a_e}{\frac{1}{G_V} - a_R}. \tag{5.57}$$

Man überzeugt sich leicht, daß für den Grenzfall $a_R = 0$ (verschwindender Rücklauf) $a_e = 1$ und die Übertragungsfunktion G mit G_V identisch wird.

5.4 Beispiele

Im folgenden werden drei für den Dampfkraftwerksbetrieb besonders wichtige Fälle herausgegriffen und eingehender betrachtet und damit zugleich die Anwendung der gefundenen Beziehungen noch weiter gezeigt.

Beispiel 1. *Regelung des Luftüberschusses bei einer Kesselfeuerung.* Es sei angenommen, der aufrechtzuerhaltende Luftüberschuß sei ausreichend groß, um vollkommene Verbrennung zu erzielen, d. h. von brennbaren Anteilen (CO, H_2) freies Abgas. Unter dieser Voraussetzung gilt bekanntlich

$$\frac{c_{O_2}}{21} + \frac{c_{OO_2}}{K} = 1, \tag{5.58}$$

wenn

c_{O_2} Sauerstoffkonzentration im trockenen Rauchgas in Volumen-%,
c_{CO_2} Kohlensäurekonzentration im trockenen Rauchgas in Volumen-%,
K maximale theoretisch erreichbare CO_2-Konzentration für den gegebenen Brennstoff.

5.4 Beispiele

Ferner läßt sich der Luftfaktor λ berechnen aus

$$\lambda = \frac{M_L}{M_{L_{\text{theor.}}}} = \frac{K}{c_{O_2}}. \qquad (5.59)$$

Aus diesen beiden Gleichungen findet man nun sofort:

$$\lambda = \frac{1}{1 - \frac{c_{O_2}}{21}} = \frac{21}{21 - c_{O_2}}, \qquad (5.60)$$

d. h., der nicht unmittelbar meßbare Luftfaktor kann unter den obengenannten Bedingungen durch den Sauerstoffgehalt im Rauchgas auf einfache Weise erfaßt werden, praktisch unabhängig von den Brennstoffeigenschaften (vgl. Abbildung 5.11).

In der praktischen Feuerungsanlage wird nun der Luftfaktor durch Luftstrom M_L und Brennstoffstrom M_B bestimmt, indem

$$M_{L_{\text{theor}}} = K_L M_B, \qquad (5.61)$$

worin K_L = spezifischer theoretischer Luftverbrauch ($\lambda = 1$). Mit (5.59) und (5.60) wird daher

$$\frac{1}{\lambda} = 1 - \frac{c_{O_2}}{21} = K_L \frac{M_B}{M_L}, \qquad (5.62)$$

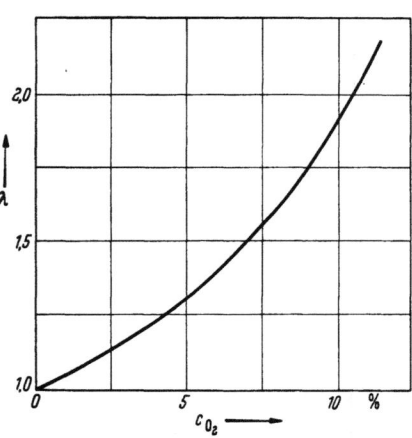

Abb. 5.11 Zusammenhang zwischen Luftfaktor λ und Sauerstoffgehalt c_{O_2} im Rauchgas für vollkommene Verbrennung (gültig für die meisten industriellen Brennstoffe)

womit die gesuchte Beziehung zwischen der Sauerstoffkonzentration im Abgas und den diesen Gehalt beeinflussenden Größen M_L und M_B gefunden ist. Sie ist nichtlinear, läßt sich jedoch für kleine Schwankungen wie folgt linearisieren. Setzt man

$$c_{O_2} = \bar{c}_{O_2} + \Delta c_{O_2}, \quad M_L = \bar{M}_L + \Delta M_L, \quad M_B = \bar{M}_B + \Delta M_B,$$

so geht Gl. (5.62) über in

$$1 - \frac{\bar{c}_{O_2}}{21} - \frac{\Delta c_{O_2}}{21} = K_L \frac{\bar{M}_B + \Delta M_B}{\bar{M}_L + \Delta M_L}$$

$$= K_L \frac{(\bar{M}_B + \Delta M_B)(\bar{M}_L - \Delta M_L)}{(\bar{M}_L + \Delta M_L)(\bar{M}_L - \Delta M_L)}, \qquad (5.63)$$

woraus unter Berücksichtigung der Beharrungsform von Gl. (5.62), nämlich:

$$\frac{1}{\lambda} = 1 - \frac{\bar{c}_{O_2}}{21} = K_L \frac{\bar{M}_B}{\bar{M}_L} \qquad (5.64)$$

5. Übertragungsverhalten bei Konzentrationsregelung

und unter Vernachlässigung der kleinen Glieder höherer Ordnung gefunden wird

$$\Delta c_{O_2} = \Delta M_L \frac{21}{\overline{M_L \lambda}} - \Delta M_B \frac{21}{\overline{M_B \lambda}}. \tag{5.65}$$

Nun kann im praktischen Kesselbetrieb Δc_{O_2} nicht unmittelbar nach beendeter Verbrennung gemessen werden. Meist liegt die Sonde für die Entnahme der Gasprobe irgendwo im Berührungsteil des Kessels. Die Gase erfahren erstmalig eine kräftige Durchmischung in der Brennzone, strömen alsdann im wesentlichen im reinen Transportvorgang durch die Strahlungsräume und mit mäßiger Durchmischung

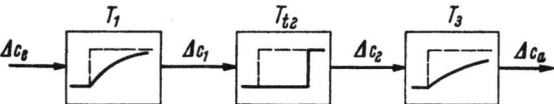

Abb. 5.12 Ersatzsystem für die Regelstrecke der Luftüberschußregelung an einem Kessel

durch die Berührungsheizfläche. Eine kräftige Mischwirkung hat erst wieder das Rauchgasgebläse, insbesondere wenn es als Radialgebläse (Ventilator) arbeitet. — Man kann nun oft dieses genaugenommen sehr komplizierte System durch ein Ersatzsystem nach Abb. 5.12 approximieren, das das Übertragungsverhalten mit brauchbarer Näherung wiedergibt.

Die Änderung der mittleren Eintrittskonzentration Δc_e entspricht Δc_{O_2} und ist nach Gl. (5.65) zu berechnen. Das Übertragungsverhalten

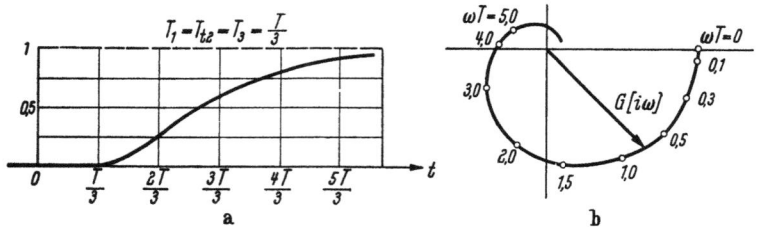

Abb. 5.13 a u. b Übertragungsverhalten der Regelstrecke einer Luftüberschußregelung
a) Übergangsfunktion; b) Frequenzgang

ist durch die folgende Beziehung bestimmt (siehe Abschn. 5.3: Seriegeschaltete Systeme):

$$G[s] \atop \Delta c_e \to \Delta c_a = \frac{\overrightarrow{\Delta c_{O_2 a}}}{\overrightarrow{\Delta c_{O_2 e}}} = \frac{e^{-s T_{t2}}}{(1 + s T_1)(1 + s T_3)}. \tag{5.66}$$

Die Summe der Zeitkonstanten $T = T_1 + T_2 + T_{t3}$ ist gleich der mittleren Durchlaufzeit des Rauchgasstromes durch das System von

5.4 Beispiele

der Feuerung bis zur Meßsonde und damit leicht berechenbar. Für viele Fälle liefert dann die Wahl

$$T_1 = T_{t2} = T_3 = \frac{T}{3}$$

eine gute Näherung. Die entsprechenden Kurven der Übergangsfunktion bzw. des Frequenzganges zeigt Abb. 5.13.

Beispiel 2. *Regelung des p_H-Wertes im Speisewasser durch Zusatz eines Alkalisierungsmittels.* In den meisten Dampfanlagen wird die Reaktion des Speisewassers im schwach alkalischen Bereich gehalten. Dazu ist in vielen Fällen der Zusatz eines Alkalisierungsmittels, z. B. Ammoniak (NH_3) oder Hydrazin (N_2H_4), erforderlich. Dies gilt auch

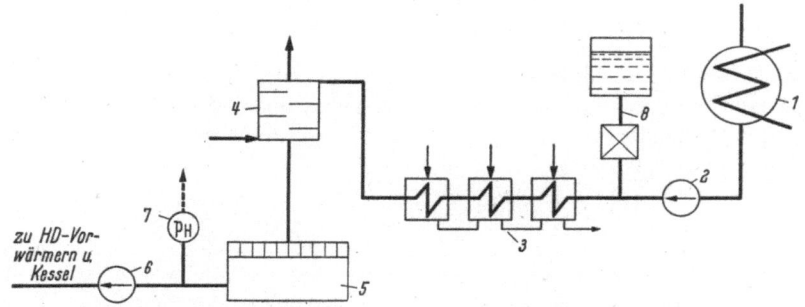

Abb. 5.14 Regelung des p_H-Wertes im Speisewasser. Schaltschema der Anlage
1 Kondensator; *2* Kondensatpumpe; *3* Anzapfdampfvorwärmer; *4* Entgaser; *5* Speisewassergefäß; *6* Speisepumpe; *7* p_H-Meßorgan; *8* Hydrazin-Dosierorgan

im Kraftwerksbetrieb, wo praktisch immer ein geschlossener Kreislauf des Arbeitsmittels vorliegt. Wird beispielsweise Hydrazin zugesetzt, so ist infolge der sauerstoffbindenden Wirkung dieses Stoffes eine Beigabe unmittelbar nach dem Kondensator vorteilhaft, wie dies im Schaltschema nach Abb. 5.14 angedeutet ist. Eine solche Anordnung sei der folgenden Untersuchung zugrunde gelegt.

Das zugesetzte Hydrazin wird mit dem Kondensatstrom vermischt und durch die Anzapfdampfvorwärmer in Entgaser und Speisewassergefäß getragen. Hier erfolgt eine Durchmischung mit dem Inhalt dieses Gefäßes vor dem Abgang zur Speisepumpe. Auf dem Weg von der Zusatzstelle zum Speisewassergefäß ist die Längsmischung nur geringfügig im Vergleich zur Fortbewegung, so daß hier ein reiner Transportvorgang angenommen werden kann. Andererseits kann je nach Konstruktion die Durchmischung im Speisewassergefäß ziemlich gut sein, so daß hier eine vollständige Durchmischung vorausgesetzt werden soll. Als Ersatzsystem sei deshalb eine Serieschaltung gemäß Abb. 5.15 gewählt.

5. Übertragungsverhalten bei Konzentrationsregelung

Zur Berechnung der durchschnittlichen Konzentration im Speisewasserstrom nach erfolgtem Chemikalienzusatz sei hier der Einfach-

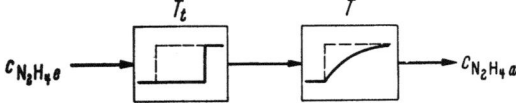

Abb. 5.15 Ersatzsystem für die Regelstrecke der p_H-Regelung im Speisewasser

heit halber angenommen, daß der Hydrazingehalt im Kondensat vernachlässigbar klein sei. Dann gilt, da $M_{e1} \ll M_{e2}$:

$$M_{e1} c_{e1} = (M_{e1} + M_{e2}) c_e \approx M_{e2} c_e, \tag{5.67}$$

woraus für mittlere Eintrittskonzentration folgt

$$c_e = c_{e1} \frac{M_{e1}}{M_{e2}}. \tag{5.68}$$

Wird weiter ein konstanter Hydrazingehalt c_{e1} in der zugesetzten Lösung angenommen, so kann für kleine Ausschläge die Änderung der Eintrittskonzentration Δc_e wie folgt angeschrieben werden (durch Ableiten von Gl. (5.68))

$$\Delta c_e = \Delta M_{e1} \frac{c_{e1}}{M_{e2}} - \Delta M_{e2} \frac{c_{e1} \overline{M_{e1}}}{M_{e2}^2}. \tag{5.69}$$

Das Übertragungsverhalten des Ersatzsystems läßt sich auf Grund der früheren Überlegungen unmittelbar anschreiben. Es gilt für die Übertragungsfunktion

$$G[s] \bigg|_{\Delta c_e \to \Delta c_a} = \frac{\overrightarrow{\Delta c_{(N_2H_4),a}}}{\overrightarrow{\Delta c_{(N_2H_4),e}}} = \frac{e^{-sT_t}}{1 + sT}, \tag{5.70}$$

wobei T die Zeitkonstante des Speisewassergefäßes (vollständige Durchmischung), T_t die mittlere Transportzeit des Arbeitsmittels von der Dosierstelle bis zum Anfahrgefäß bedeuten.

Als eigentliche Regelgröße ist nun nicht der Hydrazingehalt des Speisewassers, sondern dessen p_H-Wert festgesetzt worden. Demnach ist noch der Zusammenhang zwischen Hydrazinzusatz und p_H-Wert in unsere Betrachtung einzubeziehen. Abgesehen davon, daß ein gewisser Betrag des zugesetzten Hydrazins für das Ab-

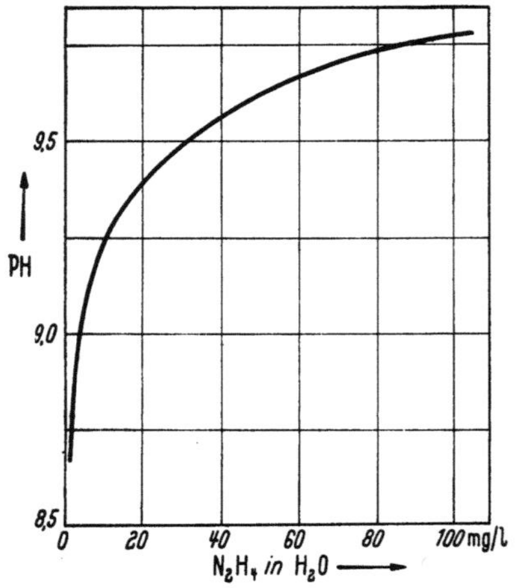

Abb. 5.16 Abhängigkeit des p_H-Wertes reinen Wassers vom Hydrazingehalt (nach HÖMIG [5])

binden des Restsauerstoffes verbraucht wird, ist die Abhängigkeit $p_H = f[c_{N_2H_4}]$ durch Kurven, wie in Abb. 5.16 dargestellt, gekennzeichnet. Im Betriebsgebiet kann die Kurve durch deren Tangente angenähert werden, womit gilt

$$\Delta p_H = \Delta c_{N_2H_4} \frac{\partial \Delta p_H}{\partial c_{N_2H_4}}. \qquad (5.71)$$

Damit ist das gesamte Übertragungsverhalten durch die Gln. (5.69), (5.70) und (5.71) bestimmt und leicht berechenbar.

Beispiel 3. *Regelung der Salzkonzentration des Kesselwassers eines Umlaufkessels.* Bekanntlich sind der Anreicherung der Salze im Kesselinhalt Grenzen gesetzt, die insbesondere von der Salzart, dem Kesseldruck und der Kesselbauart abhängen. Für einen bestimmten Dampferzeuger ist zum Beispiel die zulässige größte Gesamtsalzkonzentration oder der zulässige Kieselsäuregehalt eine gegebene Größe. Als Mittel, um im Betrieb diese Konzentration innerhalb gewünschter Grenzen zu halten, kommt praktisch nur die Absalzung in Frage. Es liegt hierbei der Fall der Trennungsregelung vor, wie er auf S. 72 besprochen wurde (vollständige Durchmischung des Systeminhaltes, Dampf enthalte kein Salz; vgl. auch Abb. 5.17).

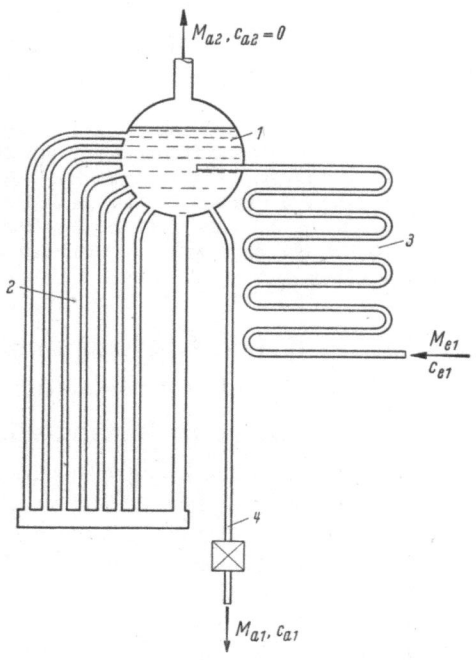

Abb. 5.17 Heizflächensystem eines Naturumlaufkessels als Regelstrecke der Salzkonzentrationsregelung im Kesselwasser (schematisch)
1 Trommel; *2* Verdampfer; *3* Wasservorwärmer; *4* Abschlämmung

Es gelten dann Gl. (5.34) und für kleine Ausschläge (5.35), (5.36), (5.37) und (5.38), wobei für die Zeitkonstante T, wie früher bemerkt, zu setzen ist:

$$T = \frac{m}{\overline{M}_{a1}}$$

(m bedeutet hier den Wasserinhalt des Verdampfersystems).

Für die Regelwirkung (Verstellen der Absalzmenge M_{a1}) lautet damit die Übertragungsfunktion:

$$G[s]_{\Delta M_{a1} \to \Delta c_{a1}} = - \frac{\bar{c}_{a1}}{\overline{M}_{a1}} \frac{1}{1+sT}, \qquad (5.72)$$

82   6. Das Übertragungsverhalten der Feuerungseinrichtungen

für eine Störwirkung in Form einer Laständerung (Änderung von M_{e1}):

$$\underset{\Delta M_{e1} \to \Delta c_{a1}}{G[s]} = \frac{\bar{c}_{e1}}{\bar{M}_{a1}} \frac{1}{1+sT}, \qquad (5.73)$$

für eine Störwirkung infolge Änderung des Salzgehaltes im Speisewasser:

$$\underset{\Delta c_{e1} \to \Delta c_{a1}}{G[s]} = \frac{\bar{M}_{e1}}{\bar{M}_{a1}} \frac{1}{1+sT}. \qquad (5.74)$$

Literatur zu Kapitel 5

[1] DANCKWERTS, P. V.: Continuous Flow Systems. Chem. Engng. Sci. 2 (1953) Nr. 1, S. 1—13.
[2] KRAMERS, H., u. G. ALBERDA: Frequency Response Analysis of Continuous Flow Systems. Chem. Engng. Sci. 2 (1953) S. 173—181.
[3] CAMPBELL, D. P.: Process Dynamics, New York: Wiley & Sons 1958.
[4] WILLIAMS, T. J.: Chemical Kinetics and the Dynamics of Chemical Reactors. Contr. Engng. 5 (1958) Nr. 7, S. 100—108.
[5] HÖMIG, H. E.: Physikalische Grundlagen der Speisewasserchemie, Essen: Vulkan 1959.

6. Das Übertragungsverhalten der Feuerungseinrichtungen

6.1 Grundlagen der Beeinflussung der Feuerungsleistung

Die Feuerungseinrichtung eines Dampferzeugers hat die Aufgabe, die möglichst vollständige Verbrennung des aufgegebenen Brennstoffes herbeizuführen und damit die latente Brennstoffenergie in Wärme umzusetzen. Entsprechend den sehr vielfältigen Feuerungsbauarten geschieht dies im einzelnen auf verschiedene Art. Trotzdem sind einige grundlegende Zusammenhänge für alle Feuerungen gültig. Von diesen sei ausgegangen.

Für unsere Überlegungen ist wesentlich, daß *gleichzeitig* ein *Stoff-* und ein *Energiestrom* durch die Brennkammer fließen, zwischen denen gewisse Beziehungen bestehen. In etwas vereinfachender Betrachtungsweise läßt sich dieser Sachverhalt folgendermaßen in Gleichungen fassen.

Zunächst besteht zwischen der pro Zeiteinheit der Feuerungseinrichtung im engeren Sinne (z. B. Brenner) *zugeführten* Brennstoffmenge M_B, der im gleichen Zeitintervall *verbrannten* Menge M_{Bb} und dem *Brennstoffvorrat* m_B in der Feuerung selbst die Beziehung

$$M_B = M_{Bb} + \frac{dm_B}{dt} \qquad (6.1)$$

(siehe auch Abb. 6.1).

Alle diese Brennstoffmengen beziehen sich auf die brennbare Substanz, also etwa bei Kohle auf die Reinkohle.

6.1 Grundlagen der Beeinflussung der Feuerungsleistung

Zwischen M_{Bb}, dem Luftstrom M_L und dem Rauchgasstrom M_R besteht weiter die Bilanzbeziehung

$$M_{Bb} + M_L = M_R. \tag{6.2}$$

Speichereffekte werden hier nicht in Betracht gezogen; wo sie nicht vernachlässigbar sind (z. B. bei Rostfeuerungen), werden sie zweckmäßigerweise bei der Luftstromregelung berücksichtigt (vgl. Abschn. 6.2). Für den Energiestrom gilt analog:

$$Q_{Bb} + Q_L = Q_F, \tag{6.3}$$

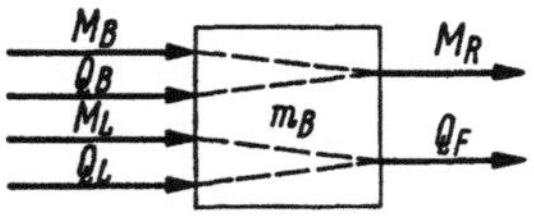

wenn Q_{Bb} die im verbrannten Brennstoff M_{Bb} zugeführte Wärme (fühlbare plus latente), Q_L

Abb. 6.1 Schema der Stoff- und Energieströme durch die Feuerungseinrichtung

die in der Verbrennungsluft zugeführte fühlbare Wärme und Q_F die durch Strahlung bzw. mit dem Rauchgasstrom M_R abgeführte Wärme pro Zeiteinheit bedeuten. Q_F soll im folgenden als *Feuerleistung* bezeichnet werden.

Für die einzelnen Wärmemengen lassen sich die Gleichungen anschreiben:

$$Q_{Bb} = M_{Bb} H + M_{Bb} c_B \Delta \vartheta_B, \tag{6.4}$$

$$Q_L = M_L c_{p_L} \Delta \vartheta_L, \tag{6.5}$$

worin bedeuten:

H unterer Heizwert,
c_B, c_{p_L} spezifische Wärme des Brennstoffes bzw. der Luft,
$\Delta \vartheta_B, \Delta \vartheta_L$ Brennstoff- bzw. Luftvorwärmung über die Umgebungstemperatur.

Meist ist für feste und flüssige Brennstoffe die fühlbare Brennstoffwärme vernachlässigbar klein.

Schließlich besteht noch zwischen Brennstoff- und Luftstrom die Zuordnung:

$$M_L = \lambda K_L M_{Bb}, \tag{6.6}$$

wobei

λ Luftfaktor,
K_L spezifischer Luftbedarf für $\lambda = 1$.

Faßt man die Gln. (6.1) bis (6.6) zusammen, so wird mit

$$Q_F = Q_{Bb} + Q_L = (M_B - m'_B)(H + c_B \Delta \vartheta_B) + M_L c_{p_L} \Delta \vartheta_L$$
$$= (M_B - m'_B)(H + c_B \Delta \vartheta_B + \lambda K_L c_{p_L} \Delta \vartheta_L) \tag{6.7}$$

eine praktisch für alle Feuerungsarten geltende Beziehung zwischen der Feuerungsleistung Q_F und den sie bestimmenden wichtigsten Einflußgrößen beschrieben. Wie bereits angedeutet, kann oft $c_B \Delta \vartheta_B$ neben H vernachlässigt werden; dann geht (6.7) über in

$$Q_F = (M_B - m'_B) H + M_L c_{p_L} \Delta \vartheta_L = (M_B - m'_B)(H + \lambda K_L c_{p_L} \Delta \vartheta_L). \tag{6.8}$$

6. Das Übertragungsverhalten der Feuerungseinrichtungen

Für alle *Brennerfeuerungen* ist $m_B = 0$, und damit wird hier

$$Q_F = M_B(H + c_B \Delta \vartheta_B) + M_L c_{p_L} \Delta \vartheta_L$$
$$= M_B(H + c_B \Delta \vartheta_B + \lambda K_L c_{p_L} \Delta \vartheta_L). \qquad (6.9)$$

Diese Gleichungen gelten alle unter der praktisch erfüllten Voraussetzung, daß die beim Verbrennungsvorgang sich abspielenden chemischen Umsetzungen in relativ sehr kurzer Zeit geschehen.

Gl. (6.7) und die daraus abgeleiteten Beziehungen (6.8) und (6.9) zeigen zunächst, welche Größen die Feuerungsleistung beeinflussen. Der Regelwirkung in jedem Fall zu unterwerfen ist der zugeführte *Brennstoffstrom* M_B. Im Prinzip ist bei konstanter, ausreichend großer Luftzufuhr dadurch allein eine Regelung der Feuerungsleistung durchführbar. Doch ist dieses Verfahren nur für sehr kleinen Schwankungsbereich der Leistung wirtschaftlich. Praktisch muß daher mit der Brennstoffmenge auch der *Luftstrom* verändert werden, wobei im Hinblick auf den Kesselwirkungsgrad jeweils der kleinste vollkommene Verbrennung erlaubende Luftüberschuß (λ) anzustreben ist.

Die übrigen Einflußgrößen, namentlich H, $\Delta \vartheta_L$ und eventuell $\Delta \vartheta_B$, sind als Störgrößen aufzufassen.

Beiläufig sei darauf hingewiesen, daß die Änderung des Luftfaktors im Bereich genügenden Luftüberschusses zwar nur geringfügigen Einfluß auf Q_F hat, dagegen die Verteilung der Wärmeaufnahme in den verschiedenen Heizflächen des Kessels sehr stark beeinflussen kann. Denn mit einer Veränderung von λ ist auch eine solche der spezifischen Rauchgasmenge und damit der Gastemperatur ϑ_R im Brennraum verbunden (vgl. Abb. 6.2), was bekanntlich starke Rückwirkungen auf die Wärmeübertragung durch Strahlung hat.[1] Entsprechende Änderungen der Wärmeaufnahme

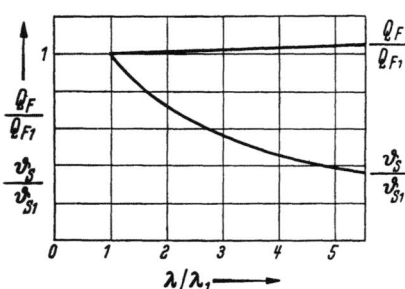

Abb. 6.2 Abhängigkeit der Feuerleistung Q_F und der theoretischen Rauchgastemperatur ϑ_s vom Luftfaktor (Werte bezogen auf Zustand bei $\lambda = 1$)

— mit umgekehrtem Vorzeichen — treten in der Folge im Berührungsteil des Kessels auf.

Die bisherigen Betrachtungen zeigen, in welcher Weise die Feuerungsleistung von den verschiedenen Einflußgrößen, insbesondere von Luft- und Brennstoffzustrom, abhängt. Diese beiden Größen sind aber nicht als Eingangsgrößen in die Feuerungseinrichtung im weiteren Sinne (Feuerungsanlage) zu betrachten, vielmehr die entsprechenden Regel-

---
[1] Siehe auch Kap. 7.

signale x_L und x_B, die auf die Luft- bzw. Brennstoffzumeßvorrichtungen einwirken (s. Abb. 6.3). Dabei treten dynamische Effekte sowohl bei Brennstoffzuteilung und -transport als auch bei der Luftzumessung auf, die das Gesamtverhalten der Feuerungsanlage wesentlich mitbeeinflussen können, in vielen Fällen sogar eigentlich bestimmen.

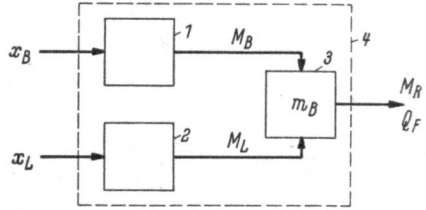

Abb. 6.3 Grundsätzliches Blockschema der gesamten Feuerungseinrichtung
1 Brennstoff-Zumeßvorrichtung; *2* Luft-Zumeßvorrichtung; *3* Feuerung im engeren Sinne; *4* gesamte Feuerungseinrichtung
x_B Brennstoff-Regelsignal; x_L Luft-Regelsignal

6.2 Luftstromregelung

Die Zufuhr und Regelung des *Verbrennungsluftstromes* erfolgt in der Praxis auf sehr verschiedene Weise. Im Prinzip sind jedoch, unabhängig von der Feuerungsart, fast immer die in Abb. 6.4 angedeuteten Elemente vorhanden: Gebläse, Luftvorwärmer, Luftkanäle und Feuerungseinrichtung im engeren Sinne (Rost, Brenner). Die Beeinflussung der Luftmenge geschieht in der Regel durch *Drosselung* (Klappen usw.), Eingriff in die *Schaufelstellung des Lüfters* oder *Drehzahlverstellung*. Das Signal x_L kann dabei direkt auf ein Stellorgan oder auch im Sinne der Sollwertverstellung einer Durchflußregelung wirken (vgl. Abb. 6.4a und b).

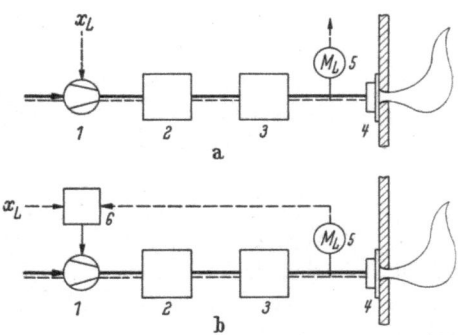

Abb. 6.4 a u. b Prinzipschema der Luftstromregelung
1 Gebläse; *2* Luftvorwärmer; *3* Luftkanäle; *4* Feuerungseinrichtung im engeren Sinne; *5* Luftstrom-Meßorgan; *6* Durchflußregler
x_L Luft-Regelsignal bzw. Luft-Führungsgröße

Die rechnerische Behandlung dynamischer Vorgänge in einem solchen System läßt sich ohne weiteres durch sinngemäße Anwendung der in Abschn. 3.2 erläuterten Methoden durchführen. Das so ermittelte Übertragungsverhalten sei etwa in der Form der Übertragungsfunktion ausgedrückt:

$$G[s]_{\Delta x_L \to \Delta M_L} = \frac{\overrightarrow{\Delta M_L}}{\overrightarrow{\Delta x_L}}, \quad (6.10)$$

wobei ΔM_L die Änderung des unmittelbar der Brennstelle zufließenden Luftstromes bedeute. Die aus einer Luftstromänderung ΔM_L resultierende Änderung der Feuerungsleistung berechnet sich unter der

Voraussetzung der Konstanz aller übrigen Einflußgrößen nach Gl. (6.7) zu

$$\Delta Q_F = \Delta M_L c_{p_L} \Delta \vartheta_L. \qquad (6.11)$$

Damit wird für das Übertragungsverhalten zwischen *Luftregelsignal* x_L und *Feuerleistung* Q_F unter obiger Bedingung gefunden:

$$G[s]\Big|_{\Delta x_L \to \Delta Q_F} = c_{p_L} \Delta \vartheta_L \; G[s]\Big|_{\Delta x_L \to \Delta M_L}. \qquad (6.12)$$

Von Interesse können auch die durch ΔM_L hervorgerufenen Schwankungen des *Luftfaktors* λ sein, da diese letzteren, wie früher angedeutet, Auswirkungen auf die Wärmeaufnahmeverteilung haben. Aus den Gln. (6.1) und (6.6) findet man:

$$\Delta \lambda = \frac{\Delta M_L}{K_L(M_B - m'_B)} \qquad (6.13)$$

und mit (6.11)

$$G[s]\Big|_{\Delta x_L \to \Delta \lambda} = \frac{1}{K_L(M_B - m'_B)} G[s]\Big|_{\Delta x_L \to \Delta M_L}. \qquad (6.14)$$

Für Brennerfeuerungen vereinfacht sich (6.14) zu

$$G[s]\Big|_{\Delta x_L \to \Delta \lambda} = \frac{1}{K_L M_B} G[s]\Big|_{\Delta x_L \to \Delta M_L}. \qquad (6.15)$$

Bei der Anwendung der Gln. (6.14) und (6.15) ist zu beachten, daß bei Rostfeuerungen allgemein, bei Brennerfeuerungen im Bereich ungenügenden Luftüberschusses die pro Zeiteinheit verbrannte Brennstoffmenge vom Luftstrom abhängig ist (s. auch Abschn. 6.4).

Die in Abschn. 6.2 angestellten Überlegungen sind, abgesehen von den jeweils gemachten Einschränkungen, für alle Feuerungsarten gültig; sie sind deshalb der Untersuchung der einzelnen Feuerungen vorangestellt worden.

6.3 Brennerfeuerungen

In Abschn. 6.1 wurde dargelegt, daß die Feuerleistung, abgesehen von der Luftzufuhr, vor allem durch den der Brennstelle zugeführten Brennstoffstrom bestimmt wird. Damit wird das dynamische Verhalten von Brennerfeuerungen weitgehend durch die Vorgänge bei der Zuteilung, Aufarbeitung und beim Transport des Brennstoffes vom Zuteiler bis zur Brennstelle festgelegt, da, wie bereits erwähnt wurde, die Dauer der eigentlichen Verbrennungsvorgänge vernachlässigbar kurz ist.

6.3.1 Gasfeuerung

Bei Gasfeuerungen wird das Brenngas in der Regel einem Gasbehälter *1* (vgl. Abb. 6.5) entnommen und durch ein Gebläse *2* durch die Kanäle *3*, den Gasvorwärmer *4* und eventuell ein Regelorgan *5* zum Brenner 7 gefördert. Natürlich kann auch hier die Regelung in anderer Weise als durch Drosselung erfolgen, und das Signal x_B kann im Sinne einer Sollwertverstellung wirken (in Abb. 6.5 ist es als unmittelbar auf das Regelorgan 6 wirkend gezeichnet).

In allen Fällen kann jedoch das dynamische Verhalten des gasdurchströmten Systems durch sinngemäße Anwendung der in Abschn. 3.2

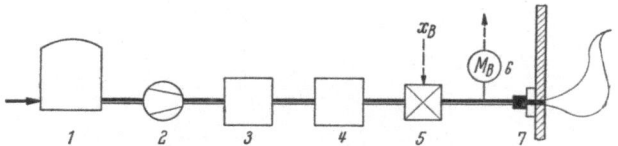

Abb. 6.5 Schema der gasseitigen Anlageteile bei Gasfeuerung
1 Gasometer; 2 Gebläse; 3 Kanäle; 4 Gasvorwärmer; 5 Regelklappe; 6 Gasstrom-Meßorgan; 7 Brenner

entwickelten Gleichungen beschrieben werden. Es wird deshalb auch hier auf eine eingehende Behandlung verzichtet.

Das Ergebnis dieser Rechnung sei wiederum in der Form der Übertragungsfunktion dargestellt:

$$G[s]_{\Delta x_B \to \Delta M_B} = \frac{\overrightarrow{\Delta M_B}}{\overrightarrow{\Delta x_B}}, \quad (6.16)$$

wobei ΔM_B die Änderung des unmittelbar der Brennstelle zufließenden Gasstromes M_B bedeuten soll. Da eine Speicherung von Gas an der Brennstelle nicht stattfindet, gilt für die Berechnung der Feuerungsleistung Gl. (6.9), aus der für konstante Einflußgrößen H, c_B, c_{p_L}, $\Delta \vartheta_B$, $\Delta \vartheta_L$ und M_L im Bereich genügenden Luftüberschusses folgt:

$$\Delta Q_F = \Delta M_B (H + c_B \Delta \vartheta_B). \quad (6.17)$$

Daraus wird mit (6.16)

$$G[s]_{\Delta x_B \to \Delta Q_F} = (H + c_B \Delta \vartheta_B) \, G[s]_{\Delta x_B \to \Delta M_B} \quad (6.18)$$

die Beziehung, die das dynamische Verhalten der *Feuerleistung* abhängig vom *Regelsignal* Δx_B beschreibt.

Änderungen der Brennstoffzufuhr bei festgehaltener Luftmenge beeinflussen im Bereich genügenden Luftüberschusses den *Luftfaktor* λ nach der Beziehung (aus Gln. (6.1) und (6.6), wobei $m_B = 0$)

$$\lambda = \frac{\overline{M}_L}{K_L M_B}, \quad (6.19)$$

aus der man mit $\lambda = \bar\lambda + \Delta\lambda$, $M_B = \overline{M}_B + \Delta M_B$ leicht findet:

$$\Delta \lambda = -\Delta M_B \frac{\overline{M}_L}{K_L \overline{M}_B^2}. \quad (6.20)$$

88   6. Das Übertragungsverhalten der Feuerungseinrichtungen

Mit Gl. (6.16) ergibt sich schließlich:

$$G[s]_{\Delta x_B \to \Delta \lambda} = -\frac{\overline{M}_L}{K_L \overline{M}_B^2} G[s]_{\Delta x_B \to \Delta M_B} \qquad (6.21)$$

6.3.2 Ölfeuerung

Bei Ölfeuerungen erfolgt die Brennstoffzufuhr im Prinzip meist nach einer der in Abb. 6.6 angegebenen Arten. Das Brennöl wird aus einem Tagestank *1* entnommen und von einer Pumpe *2* durch den Ölvorwärmer, das Regelorgan und die verbindenden Rohrleitungen zum Brenner ge-

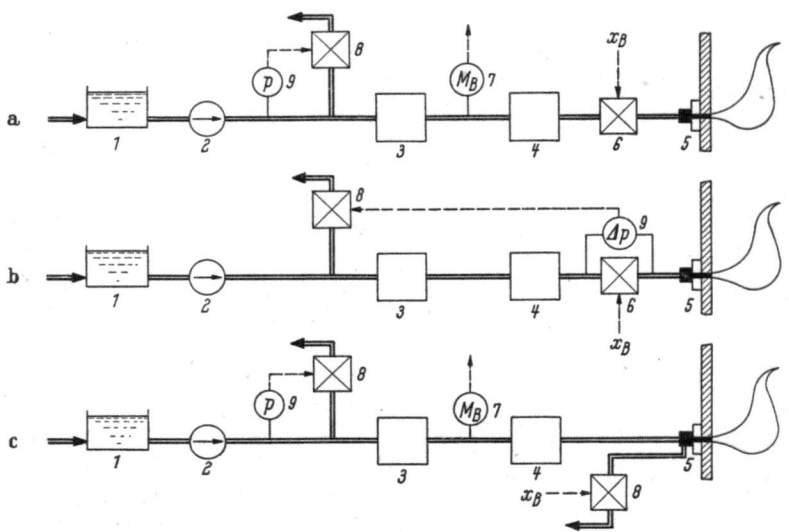

Abb. 6.6a—c Schema der brennölseitigen Anlageteile bei Ölfeuerung

1 Tagestank; *2* Pumpe; *3* Ölvorwärmer; *4* Rohrleitungen; *5* Brenner; *6* Brennöl-Regelventil; *7* Brennölstrom-Meßorgan; *8* Rücklauf-Regelorgan; *9* Brennöl-Druck- oder Druckdifferenz-Meßorgan

a) Durchflußregelung kombiniert mit Öldruckregelung; b) Durchflußregelung kombiniert mit Druckdifferenzregelung; c) Durchflußregelung kombiniert mit Rückflußregelung

fördert. Natürlich kann auch hier wieder das Signal x_B im Sinne der Sollwertverstellung einer Durchflußregelung einwirken anstatt in der gezeichneten Weise.

In jedem Fall läßt sich die Berechnung des dynamischen Verhaltens eines solchen Systems mit Hilfe der in Abschn. 3.1 hergeleiteten Beziehungen durchführen.

Das Ergebnis dieser Rechnung sei wie in den vorhergehenden Abschnitten in Form der Übertragungsfunktion angeschrieben:

$$G[s]_{\Delta x_B \to \Delta M_B} = \frac{\overrightarrow{\Delta M_B}}{\overrightarrow{\Delta x_B}}. \qquad (6.22)$$

Auch hier findet praktisch keine Speicherung des Brennstoffes im Brenner selbst statt, so daß wiederum für die Berechnung der Feuerungsleistung Gl. (6.9) herangezogen werden kann. Vernachlässigt man noch den Einfluß der Brennstoffvorwärmung, so wird unter der Voraussetzung der Konstanz der übrigen Einflußgrößen:

$$\Delta Q_F = \Delta M_B H . \tag{6.23}$$

Mit Gl. (6.22) findet man dann:

$$\underset{\Delta x_B \to \Delta Q_F}{G[s]} = H \underset{\Delta x_B \to \Delta M_B}{G[s]} , \tag{6.24}$$

womit das dynamische Verhalten der *Feuerleistung* abhängig vom Signal Δx_B beschrieben ist.

Der Einfluß von Änderungen der Brennstoffzufuhr auf den *Luftfaktor* λ (bei konstanter Luftmenge und ausreichendem Luftüberschuß) berechnet sich in gleicher Weise wie bei Gasfeuerung; Gl. (6.21) ist mithin auch für Ölfeuerung gültig.

6.3.3 Staubfeuerung

Bei der Untersuchung des Übertragungsverhaltens von Staubfeuerungen wird zweckmäßigerweise unterschieden zwischen Feuerungen mit *Staubbunkerung*, bei denen der Brennstoffzustrom zum Brenner durch Eingriff auf einen Staubzuteiler beeinflußt wird, und solchen,

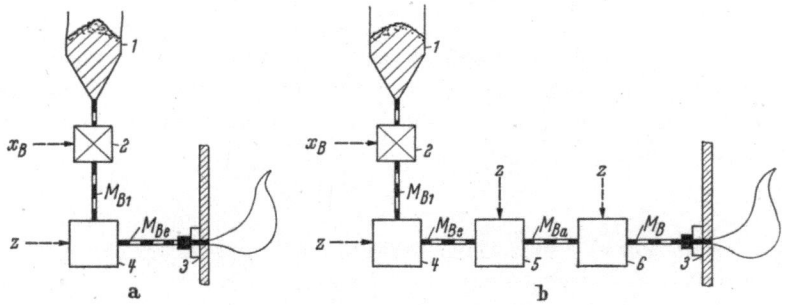

Abb. 6.7a u. b Schema der brennstoffseitigen Anlageteile bei Staubfeuerung
1 Bunker; *2* Kohlezuteiler; *3* Brenner; *4* Transporteinrichtung; *5* Mühle; *6* Sichter
a) Staubfeuerung mit Regeleingriff auf den Staubzuteiler; b) Staubfeuerung mit Regeleingriff auf den Rohkohlezuteiler

wo dieser Eingriff auf eine Kohlenzumeßvorrichtung wirkt, die *ungemahlene Kohle* fördert. Bei der ersteren Gruppe, die als „Feuerungen mit Regeleingriff auf den Staubzuteiler" bezeichnet werden sollen, sind nur die Vorgänge im Zuteiler bzw. beim Staubtransport zu betrachten (vgl. Abb. 6.7a). Andererseits müssen bei den „Feuerungen mit Regeleingriff auf den Rohkohlezuteiler" die Vorgänge in Mühlen, Sichtern usw. sinngemäß in die Betrachtung des dynamischen Verhaltens solcher Systeme einbezogen werden (vgl. Abb. 6.7b).

a) Staubfeuerungen mit Regeleingriff auf den Staubzuteiler. Da die Speicherung von Kohlenstaub in Staubbrennern stets vernachlässigbar klein ist, wird bei Staubfeuerungen mit Regeleingriff auf den Staubzuteiler das dynamische Verhalten lediglich durch die *Zuteil-* und *Transportvorgänge* bestimmt.

Die Berechnung des Übertragungsverhaltens der praktisch verwendeten *Zuteilerarten* kann mit Hilfe der in Abschn. 2.1 abgeleiteten Gleichungen geschehen. Es werde etwa ausgedrückt in der Form (vgl. auch Abb. 6.7a):

$$G[s]_{\Delta x_B \to \Delta M_{B1}} = \frac{\overrightarrow{\Delta M_{B1}}}{\overrightarrow{\Delta x_B}}. \qquad (6.25)$$

M_{B1} bedeutet hierbei den aus dem Zuteiler austretenden Brennstoffstrom.

Für die Ermittlung des Übertragungsverhaltens der Einrichtungen für den *Staubtransport* kann auf die in Abschn. 2.2 gemachten Überlegungen zurückgegriffen werden.

Meist liegt in der Praxis der Fall praktisch konstanter Trägerluftgeschwindigkeit vor, für den die Übertragungsfunktion mit Gl. (2.17) lautet (vgl. auch Abb. 6.7a):

$$G[s]_{\Delta M_{B1} \to \Delta M_B} = e^{-sT_t}. \qquad (6.26)$$

Mitunter wird jedoch zugleich mit einer Änderung der zugeteilten Staubmenge die Luftgeschwindigkeit variiert. Für die Auswirkung der Geschwindigkeitsänderung Δw allein auf den Staubaustrag gilt dann nach Gl. (2.32)

$$G[s]_{\Delta w \to \Delta M_B} = \frac{\overline{M}_{B1}}{\overline{w}} \left(1 - e^{-sT_t}\right). \qquad (6.27)$$

Die Gesamtwirkung wird sinngemäß durch Superposition erhalten.

Damit sind die Elemente zur Berechnung des Übertragungsverhaltens der Zuteil- und Transporteinrichtungen gegeben, und das dynamische Verhalten kann für jeden konkreten Fall ermittelt werden. Wird es in der Form ausgedrückt:

$$G[s]_{\Delta x_B \to \Delta M_B} = \frac{\overrightarrow{\Delta M_B}}{\overrightarrow{\Delta x_B}}, \qquad (6.28)$$

so findet man schließlich unter Vernachlässigung der Brennstoffvorwärmung — analog zur Ölfeuerung (Gl. (6.24))

$$G[s]_{\Delta x_B \to \Delta Q_F} = H \, G[s]_{\Delta x_B \to \Delta M_B}. \qquad (6.29)$$

6.3 Brennerfeuerungen

Zur Berechnung des Einflusses von Änderungen der Brennstoffzufuhr auf den *Luftfaktor* (bei konstanter Luftmenge) ist wiederum die für Gasfeuerung hergeleitete Gl. (6.21) anwendbar.

Die im Kap. 2 entwickelten Gleichungen für das Übertragungsverhalten bei der Zuteilung und insbesondere beim Staubtransport wurden unter der Voraussetzung bekannter Relativgeschwindigkeit zwischen Staub und Träger hergeleitet. Dieser Punkt soll noch etwas näher untersucht werden.

Der Kohlenstaub weist nicht eine einheitliche Korngröße auf, sondern zeigt eine Korngrößenverteilung, die annähernd einer GAUSSschen Verteilungskurve entspricht. Der mittlere Korndurchmesser liegt für viele Fälle bei 0,05 bis 0,1 mm.

Untersucht man das Verhalten einzelner kugelförmiger Teilchen dieser Größe in einem Luftstrom, so ergeben sich Schwebegeschwindigkeiten von der Größenordnung 0,1 bis 0,3 m/s [5]. Da andererseits Trägerluftgeschwindigkeiten von 20 m/s und mehr üblich sind, würden sich bei dieser Betrachtungsweise Vergrößerungen der Transportzeit von nur etwa 1% ergeben, die füglich vernachlässigt werden könnten. Nun weisen aber Untersuchungen über den pneumatischen Transport von Pulvern aus feinen Glaskugeln darauf hin [5, 8—10, 13 u. a.], daß unter den Verhältnissen, wie sie in Trägerluftleitungen vorliegen, mittlere Relativgeschwindigkeiten (Schlupf) zwischen Luft und Staub auftreten können, die wesentlich über der entsprechenden Schwebegeschwindigkeit des Einzelkornes liegen. Unter der Annahme, daß in den für eine einzelne Kugel geltenden Bewegungsgleichungen die Schwebegeschwindigkeit durch die wesentlich größere *Geschwindigkeit des mittleren Schlupfes* ersetzt werden könne, entwickelt SCHNEIDER [16] ein Verfahren zur Ermittlung der effektiven Staubtransportzeiten T_{tk} und berechnet für ein praktisches Beispiel Werte für T_{tk}, die etwa doppelt so groß wie die Durchflußzeit der Trägerluft T_t sind. Er schlägt vor, für die Berechnung des Übertragungsverhaltens des Staubtransportes um den Faktor T_{tk}/T_t vergrößerte Leitungslängen in die für Relativgeschwindigkeit 0 abgeleiteten Gleichungen einzusetzen. Leider sind die diesem Vorschlag zugrunde liegenden Annahmen und Vorstellungen noch sehr wenig durch Versuche belegt, so daß die Berechnung des dynamischen Verhaltens von Trägerluftleitungen noch mit ziemlicher Unsicherheit behaftet ist.

b) Staubfeuerungen mit Regeleingriff auf den Rohkohlezuteiler. Bei Staubfeuerungen dieser Art üben neben den Zuteil- und Transportprozessen namentlich die *Vorgänge in Mühle und Sichter* einen wesentlichen Einfluß auf das Übertragungsverhalten aus. Nun sind die praktisch verwendeten Mühlen- und Sichterbauarten sehr verschieden; sie lassen sich aber trotzdem unter der hier geltenden Voraussetzung, daß es

6. Das Übertragungsverhalten der Feuerungseinrichtungen

sich immer um *Einblasemahlanlagen* handelt, durch ein Arbeitsschema nach Abb. 6.8 und 6.9 erfassen. Abb. 6.8 zeigt, als Beispiel und stark vereinfacht, den Aufbau einer Einblasemühle mit zugehörigem Sichter

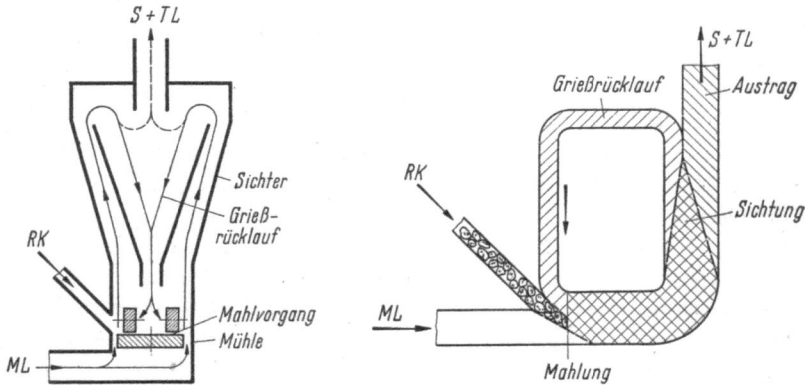

Abb. 6.8 Schema einer Einblasemühle mit Sichter

Abb. 6.9 Grundsätzliches Fließbild von Luft und Kohle in einer Einblasemühle mit Sichter
RK Rohkohlenzustrom; ML Mühlenluftzustrom; $S + TL$ Staub + Trägerluft-Abstrom

(Strom- oder Roststufensichter); Abb. 6.9 vermittelt das grundsätzliche Fließbild von Luft und Kohle in solchen Anlagen.

Vom regeltechnischen Standpunkt aus ist all diesen Anlagen gemeinsam, daß der Kohlenstaubstrom zum Brenner im wesentlichen dadurch beeinflußt wird, daß man auf die Rohkohlenzufuhr zur Mühle einwirkt. Andererseits ist der Mühlenaustrag bekanntlich auch vom Mühlenluftstrom in beschränktem Ausmaße abhängig. — Der brennfertige Staub wird durch den Trägerluftstrom aus dem Sichter abtransportiert, wobei in unserem Zusammenhang in erster Linie die pro Zeiteinheit ausgetragene Kohlenstaubmenge interessiert. Der Trägerluftstrom ist nur insofern noch von Bedeutung, als er den Luftfaktor λ mitbestimmt.

Ein solches System (Mühle plus Sichter) ist gleichzeitig von zwei Stoffströmen durchflossen, dem Mühlenluft-Trägerluft-Strom und dem Rohkohle-Staub-Strom (vgl. Abb. 6.10). Zugleich mit der Mahlung und Sichtung geht oft eine Trocknung der Kohle einher, mit einer dem Feuchteverlust im Brennstoff entsprechenden Zunahme des Trägergasstromes. Mühle und Sichter enthalten im Betrieb eine gewisse Kohlenmenge m_B, die bei Änderungen des Betriebszustandes variiert. Auch die in Mühle und Sichter enthaltene Luftmenge m_L kann sich bei Druck- oder Temperaturschwankungen verändern.

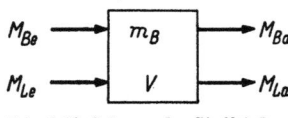

Abb. 6.10 Schema der Stoffströme durch das Mühle-Sichter-System

6.3 Brennerfeuerungen

Unter Berücksichtigung dieser Tatsachen lassen sich die Bilanzgleichungen für ein solches System folgendermaßen formulieren:

$$M_{Be} - K_{TB} M_{Ba} = \frac{dm_B}{dt} \quad \text{(Kohlebilanz)}, \quad (6.30)$$

$$M_{Le} - K_{TL} M_{La} = \frac{dm_L}{dt} \quad \text{(Luftbilanz)}. \quad (6.31)$$

In diesen Gleichungen bedeuten:
M_{Be} in die Mühle eintretender Rohkohlestrom,
M_{Ba} aus dem Sichter austretender Staubstrom (zum Brenner),
M_{Le} Mühlenluftstrom,
M_{La} Trägerluftstrom.

Die Faktoren K_{TL} bzw. K_{TB} tragen den mit der Trocknung verbundenen Vorgängen Rechnung; sie sind nicht unabhängig voneinander, da für Beharrung einerseits gilt:

$$\bar{M}_{Le} + \bar{M}_{Be} = \bar{M}_{La} + \bar{M}_{Ba}, \quad (6.32)$$

andererseits aus den Gln. (6.30) und (6.31) folgt:

$$\bar{M}_{Be} = K_{TB} \bar{M}_{Ba}, \quad (6.33)$$

$$\bar{M}_{Le} = K_{TL} \bar{M}_{La}. \quad (6.34)$$

Aus den letzten drei Gleichungen findet man mit einfachen Zwischenrechnungen:

$$K_{TL} = 1 - \frac{\bar{M}_{Ba}}{\bar{M}_{La}} (K_{TB} - 1). \quad (6.35)$$

Da bei Trocknung immer (s. Gl. (6.33))

$$K_{TB} = \frac{\bar{M}_{Be}}{\bar{M}_{Ba}} > 1,$$

wird sinnfälligerweise stets

$$K_{TL} = \frac{\bar{M}_{Le}}{\bar{M}_{La}} < 1.$$

Bei fehlender Trocknung wird $K_{TL} = K_{TB} = 1$.

In den bisher gewonnenen Bilanzgleichungen ist nichts darüber ausgesagt, in welcher Weise Kohlen- und Luftinhalt des Systems mit dem Kohlen- bzw. Luftstrom direkt verknüpft sind. Die Schwankungen des Luftinhaltes lassen sich fast immer vernachlässigen, wenn mit konstanter Mühlenluft gefahren wird. Bei Regeleingriffen in den Mühlen- bzw. Trägerluftstrom dagegen muß die Speicherwirkung berücksichtigt werden. Dies kann unter Zuhilfenahme der in Kap. 3 entwickelten Gleichungen leicht geschehen. — Um die weitere Rechnung nicht zu belasten, soll jedoch hierauf vorerst verzichtet werden. — Die Schwankungen des Kohleninhaltes sind hingegen in keinem Falle vernachlässig-

6. Das Übertragungsverhalten der Feuerungseinrichtungen

bar. Leider ist jedoch über das entsprechende Verhalten der verschiedenen Bauarten von Einblaseanlagen noch wenig bekannt.

SCHNEIDER [16] trifft die plausible Annahme, daß die *Staubkonzentration* in der austretenden Trägerluft jederzeit in einem festen Verhältnis zum *bewegten Kohleninhalt* des Mühle-Sichter-Systems stehe. Einem derartigen Sachverhalt entspricht

$$K_M \frac{M_{Ba}}{M_{La}} = \frac{m_B}{V}. \tag{6.36}$$

Darin bedeutet M_{Ba}/M_{La} die erwähnte Staubkonzentration, K_M ist für ein bestimmtes System experimentell zu bestimmen; V bedeutet den mit dem Kohleninhalt m_B korrespondierenden Rauminhalt des Mühle-Sichter-Systems.

Die Gln. (6.30), (6.31), (6.32) und (6.36) — gegebenenfalls ergänzt durch Beziehungen, die die Luftspeicherung im System zum Ausdruck bringen — beschreiben nun das Übertragungsverhalten des Systems Mühle-Sichter. Für den Fall vernachlässigter Luftspeicherung findet man $\left(\frac{dm_L}{dt} = 0\right)$:

$$m_B = K_M V \frac{M_{Ba}}{M_{La}} = K_{TL} K_M V \frac{M_{Ba}}{M_{Le}} \quad \text{(aus Gln. (6.31) u. (6.36))}.$$

Durch Differentiation und Gleichsetzen mit (6.30) wird

$$m'_B = K_{TL} K_M \frac{V}{M_{Le}^2} (M_{Le} M'_{Ba} - M_{Ba} M'_{Le}) = M_{Be} - K_{TB} M_{Ba}$$

oder

$$M_{Be} = K_{TB} M_{Ba} + K_{TL} K_M V \frac{M_{Le} M'_{Ba} - M_{Ba} M'_{Le}}{M_{Le}^2}. \tag{6.37}$$

Diese nichtlineare Differentialgleichung beschreibt das gesuchte Übertragungsverhalten. Rohkohlestrom M_{Be} und Mühlenluftstrom M_{Le} sind dabei als Eingangsgrößen, der Staubaustrag M_{Ba} als Ausgangsgröße aufzufassen.

Die erwünschte Linearisierung läßt sich wiederum durch Übergang auf kleine Ausschläge erreichen. Es seien

$$M_{Be} = \bar{M}_{Be} + \Delta M_{Be}, \qquad M_{Ba} = \bar{M}_{Ba} + \Delta M_{Ba},$$
$$M_{Le} = \bar{M}_{Le} + \Delta M_{Le}, \qquad M_{La} = \bar{M}_{La} + \Delta M_{La}.$$

Damit lassen sich die früher benutzten Gleichungen wie folgt schreiben:

(aus (6.30)):
$$\Delta M_{Be} - K_{TB} \Delta M_{Ba} = m'_B, \tag{6.38}$$

(aus (6.31)):
$$\Delta M_{Le} = K_{TL} \Delta M_{La}, \tag{6.39}$$

(aus (6.36)):
$$K_M \frac{\bar{M}_{Ba} + \Delta M_{Ba}}{\bar{M}_{La} + \Delta M_{La}} = \frac{m_B}{V}. \tag{6.40}$$

Nun wird aus (6.40) unter Vernachlässigung der kleinen Glieder höherer Ordnung:

$$m_B = K_M V \frac{(\bar{M}_{Ba} + \Delta M_{Ba})(\bar{M}_{La} - \Delta M_{La})}{(\bar{M}_{La} + \Delta M_{La})(\bar{M}_{La} - \Delta M_{La})} \approx$$

$$\approx \frac{K_M V}{\bar{M}_{La}^2} (\bar{M}_{Ba} \bar{M}_{La} + \bar{M}_{La} \Delta M_{Ba} - \bar{M}_{Ba} \Delta M_{La}).$$

Durch Differentiation wird weiter

$$m'_B = \frac{K_M V}{\bar{M}_{La}^2} (\bar{M}_{La} \Delta M'_{Ba} - \bar{M}_{Ba} \Delta M'_{La}),$$

und mit Gl. (6.39):

$$m'_B = \frac{K_{TL} K_M V}{\bar{M}_{Le}^2} (\bar{M}_{Le} \Delta M'_{Ba} - \bar{M}_{Ba} \Delta M'_{Le}).$$

Durch Gleichsetzen mit (6.38) folgt:

$$\Delta M_{Be} - K_{TB} \Delta M_{Ba} = \frac{K_{TL} K_M V}{\bar{M}_{Le}^2} (\bar{M}_{Le} \Delta M'_{Ba} - \bar{M}_{Ba} \Delta M'_{Le})$$

oder

$$\Delta M_{Be} + \frac{K_{TL} K_M V}{\bar{M}_{Le}} \frac{\bar{M}_{Ba}}{\bar{M}_{Le}} \Delta M'_{Le} = K_{TB} \Delta M_{BA} + \frac{K_{TL} K_M V}{\bar{M}_{Le}} \Delta M'_{Ba}. \tag{6.41}$$

Mit Rücksicht auf die Gln. (6.30) und (6.31) sowie (6.36), geschrieben für Beharrungszustand, findet man noch:

$$\frac{K_{TL} K_M V}{K_{TB} \bar{M}_{Le}} = \frac{\bar{M}_{Le} \bar{M}_{La} m_B V \bar{M}_{Ba}}{\bar{M}_{La} \bar{M}_{Ba} V \bar{M}_{Be} \bar{M}_{Le}} = \frac{m_B}{\bar{M}_{Be}}.$$

Der letztere Ausdruck bedeutet eine Zeitkenngröße; sie sei als die „Kohlenzeitkonstante" des Mühle–Sichter-Systems bezeichnet:

$$T_K = \frac{m_B}{\bar{M}_{Be}}. \tag{6.42}$$

Damit nimmt nun Gl. (6.41) ihre endgültige Form an:

$$\Delta M_{Be} + T_K \frac{\bar{M}_{Be}}{\bar{M}_{Le}} \Delta M'_{Le} = K_{TB} \Delta M_{Ba} + K_{TB} T_K \Delta M'_{Ba}. \tag{6.43}$$

Die den Trocknungseffekt berücksichtigende Größe K_{TB} ist dabei durch Gl. (6.33) definiert, die für die Speicherung der Kohle im System charakteristische Zeitkonstante T_K durch Gl. (6.42).

Aus Gl. (6.43) lassen sich die Übertragungsfunktionen entnehmen für den Fall einer *Änderung der Rohkohlenzufuhr* M_{Be} allein oder der *Mühlenluftzufuhr* ΔM_{Le} allein. Man erhält für den ersteren Fall:

$$G[s]_{\Delta M_{Be} \to \Delta M_{Ba}} = \frac{1}{K_{TB}} \frac{1}{1 + s T_K} = G_{M1}, \tag{6.44}$$

96   6. Das Übertragungsverhalten der Feuerungseinrichtungen

entsprechend dem Verhalten eines statischen Schwingers erster Ordnung.
Bei fehlender Mahltrocknung ist hierbei $K_{TB} = 1$.

Für den Fall *veränderlicher Mühlenluftzufuhr* wird:

$$G[s]_{\Delta M_{Le} \to \Delta M_{Ba}} = \frac{\overline{M}_{Be}}{K_{TB} \overline{M}_{Le}} \cdot \frac{s\,T_K}{1 + s\,T_K} = G_{M2}. \tag{6.45}$$

Dieses Übertragungsverhalten hat den Charakter eines *Vorhaltelementes*, unterscheidet sich also grundsätzlich von dem durch Gl. (6.44) gekenn-

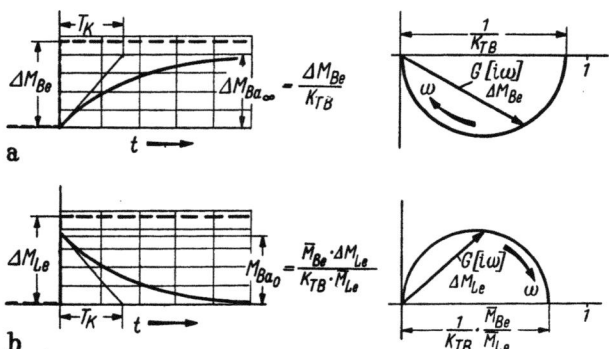

Abb. 6.11a u. b Übertragungsverhalten des Mühle-Sichter-Systems, dargestellt durch Übergangsfunktion und Gangkurve
a) Eingangsgröße Rohkohlenstrom (ΔM_{Be}); b) Eingangsgröße Mühlenluftstrom (ΔM_{Le})

zeichneten. Dies geht wohl deutlich aus Abb. 6.11 hervor, die den Verlauf der Übergangsfunktionen und Gangkurven für die beiden Fälle wiedergibt.

Der effektive Verlauf des Staubaustrages aus dem System $\Delta M_{Ba} = \Delta M_{Ba}\,[t]$ wird durch Überlagerung der beiden erwähnten Wirkungen erhalten, entsprechend Abb. 6.12. Wie früher erwähnt, wirkt in der Praxis das Regelsignal für die Feuerleistung oft nur auf ΔM_{Be} ein (also auf den Rohkohlenzuteiler); dann ist der Einfluß von ΔM_{Le} als der einer Störgröße zu betrachten. Andererseits ist die gleichzeitige, richtig abgestimmte Beeinflussung von ΔM_{Le} und ΔM_{Be} durch das Regelsignal hinsichtlich des Übertragungsverhaltens des Systems Mühle–Sichter von Vorteil [*16*], da der verzögernde Einfluß der Mühlenspeicherung durch die Vorhaltwirkung einer Änderung des Mühlenluftstromes mindestens teilweise kompensiert werden kann.

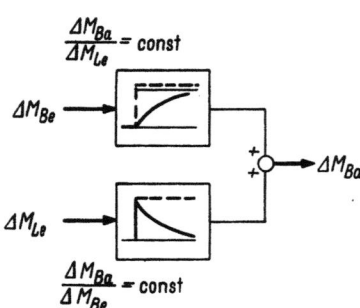

Abb. 6.12 Blockschema des dynamischen Systems Mühle + Sichter

6.3 Brennerfeuerungen

Neben den besprochenen Vorgängen in Mühle und Sichter ist natürlich bei Einblaseanlagen den dynamischen Vorgängen bei *Zumessung* und *Transport* von Rohkohle und Staub Rechnung zu tragen. Auch hier können, in ähnlicher Weise wie in Abschn. a), die Gleichungen aus Kap. 2 zur Ermittlung des Übertragungsverhaltens der Zumeß- und Transportelemente herangezogen werden.

Es gelte für den Rohkohlenzuteiler die Übertragungsfunktion:

$$\underset{\Delta x_B \to \Delta M_{B1}}{G[s]} = \frac{\overrightarrow{\Delta M_{B1}}}{\overrightarrow{\Delta x_B}} = G_Z,$$

für den Transport vom Zuteiler zur Mühle:

$$\underset{\Delta M_{L1} \to \Delta M_{Be}}{G[s]} = \frac{\overrightarrow{\Delta M_{Be}}}{\overrightarrow{\Delta M_{B1}}} = G_{T1},$$

für den Transport des Staubes vom Sichteraustritt zum Brenner schließlich

$$\underset{\Delta M_{Ba} \to \Delta M_B}{G[s]} = \frac{\overrightarrow{\Delta M_B}}{\overrightarrow{\Delta M_{Ba}}} = G_{T2}.$$

Dann ist für die gesamte Feuerungsanlage

$$\underset{\Delta x_B \to \Delta M_B}{G[s]} = G_Z G_{T1} G_{M1} G_{T2} = G_{B_K}, \tag{6.46}$$

die Übertragungsfunktion für ein *Regelsignal allein auf den Rohkohlenzuteiler* wirkend.

Ein Signal Δx_{LM} auf die *Mühlenluftmenge* löst zunächst eine Änderung des Mühlen- und praktisch zugleich des Trägerluftstromes aus. Das entsprechende Übertragungsverhalten sei durch

$$\underset{\Delta x_{LM} \to \Delta M_{Le}}{G[s]} = \frac{\overrightarrow{\Delta M_{Le}}}{\overrightarrow{\Delta x_{LM}}} = G_{L1}$$

charakterisiert.

ΔM_{Le} ruft zunächst einer Änderung des Mühlenaustrages entsprechend Gl. (6.45):

$$\underset{\Delta M_{Le} \to \Delta M_{Ba}}{G[s]} = \frac{\overrightarrow{\Delta M_{Ba}}}{\overrightarrow{\Delta M_{Le}}} = G_{M2}.$$

Der veränderte Staubstrom erscheint nach Ablauf der Transportzeit durch die Staubleitung am Brenner, wobei gilt

$$\underset{\Delta M_{Ba} \to \Delta M_{B1}}{G[s]} = \frac{\Delta M_{B1}}{\Delta M_{Ba}} = G_{T3}.$$

Die Änderung des Trägerluftstromes bewirkt aber, abgesehen von den Vorgängen in Mühle und Sichter, nach Abschn. 2.2.2 noch ein

98   6. Das Übertragungsverhalten der Feuerungseinrichtungen

Ein- oder Ausspeichern von Staub aus der Rohrleitung; es gelte

$$G[s]_{\Delta M_{La} \to \Delta M_{B2}} = \frac{\overrightarrow{\Delta M_{B2}}}{\overrightarrow{\Delta M_{La}}} = K_{TL}\frac{\overrightarrow{\Delta M_{B2}}}{\overrightarrow{\Delta M_{Le}}} = G_{T4}.$$

Für die gesamte Feuerungsanlage gilt demnach für die Wirkung eines *Signals auf die Mühlenluft*:

$$G[s]_{\Delta x_{LM} \to \Delta M_{B1}} = G_{L1}G_{M2}G_{T3} \quad \text{(Speicheränderung in der Mühle),} \quad (6.47)$$

$$G[s]_{\Delta x_{LM} \to \Delta M_{B2}} = G_{L1}\frac{1}{K_{TL}}G_{T4} \quad \text{(Speicheränderung in der Staubleitung).} \quad (6.48)$$

Nun ist die Gesamtänderung des Brennstoffstromes, hervorgerufen durch ein Signal auf den Mühlenluftstrom, gleich der Summe der beiden eben betrachteten Einzeländerungen, mithin

$$G[s]_{\Delta x_{LM} \to \Delta M_{B_{LM}}} = \frac{\overrightarrow{\Delta M_{B1}} + \overrightarrow{\Delta M_{B2}}}{\overrightarrow{\Delta x_{LM}}} = G_{L1}G_{M2}G_{T3} + \frac{1}{K_{TL}}G_{L1}G_{T4} = G_{B_{LM}}.$$

(6.49)

Schließlich überlagern sich die vom Signal Δx_B auf den Rohkohlenzuteiler und die vom Signal Δx_{LM} auf die Mühlenluft bewirkten Staubstromänderungen; diese Superposition kann sofort durchgeführt werden, wenn noch bekannt ist, in welcher Weise die beiden Signale miteinander verknüpft sind. Sei entsprechend Abb. 6.13 x_F das gemeinsame Signal zur Verstellung des Brennstoffstromes und bedeuten

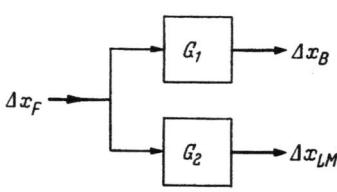

Abb. 6.13 Blockschema zur Kennzeichnung der Zuordnung der Regelsignale auf Brennstoff (Δx_B) und Mühlenluft (Δx_{LM})

$$G[s]_{\Delta x_F \to \Delta x_B} = G_1 \quad \text{bzw.} \quad G[s]_{\Delta x_F \to \Delta x_{LM}} = G_2$$

die Übertragungsfunktionen der Einrichtung zur Bildung der Einzelsignale Δx_B bzw. Δx_{LM}, so gilt für die Berechnung des Gesamtübertragungsverhaltens

$$G[s]_{\Delta x_F \to \Delta M_B} = G_1 G_{B_K} + G_2 G_{B_{LM}} = G_B. \quad (6.50)$$

Damit kann nun auch das Verhalten der *Feuerleistung* einer solchen Anlage in Abhängigkeit vom Signal x_F beschrieben werden. Es ist mit Gl. (6.9) unter Vernachlässigung der fühlbaren Brennstoffwärme

$$G[s]_{\Delta x_F \to \Delta Q_F} = \frac{\overrightarrow{\Delta Q_F}}{\overrightarrow{\Delta x_F}} = H G_B. \quad (6.51)$$

Hinsichtlich der Berechnung des Einflusses von Änderungen der Brennstoffzufuhr zum Brenner auf den Luftfaktor λ gilt das im vorigen Abschnitt Gesagte.

6.4 Rostfeuerungen

6.4.1 Statisches Verhalten von Wanderrosten

Nur wenige der vielen verschiedenen Rostbauarten eignen sich für einen Betrieb ohne Handeingriffe und erfüllen damit die Voraussetzungen für eine automatische Regelung der Feuerungsleistung. Unter diesen Rosten steht wohl heute der *Wanderrost* im Vordergrund. Unsere folgenden Untersuchungen beschränken sich deshalb auf diesen Rosttyp, wobei die Überlegungen und Ergebnisse allerdings teilweise auch auf andere automatische Roste übertragen werden können.

Über die Dynamik der Rostfeuerungen ist noch wenig bekannt. Zwar sind zahlreiche Versuche über Laständerungen mit Rosten durchgeführt und zum Teil veröffentlicht worden. Doch gestatten die Meßergebnisse leider nur in wenigen Fällen, direkte Schlüsse auf die dynamischen Vorgänge unmittelbar in der Feuerung zu ziehen.

Andererseits sind seit den Arbeiten von ROSIN und KAYSER [4] und den daran anknüpfenden Untersuchungen von MONDIEZ [12] die Zusammenhänge, die die zu verschiedenen Beharrungszuständen ein und desselben Rostes gehörenden Werte der Betriebsgrößen (Rostgeschwindigkeit, Schichthöhe, Luftmenge usw.) in Beziehung setzen, ziemlich gut bekannt. MONDIEZ hat gezeigt, daß die von ROSIN und KAYSER zunächst empirisch gefundenen Beziehungen auch auf Grund der allgemein bekannten Gesetzmäßigkeiten der Verbrennungslehre hergeleitet werden können, wenn für die Abhängigkeit der Intensität der Verbrennung von der Luftzufuhr folgende Gesetzmäßigkeit angenommen wird:

$$\frac{Q_{Bb1}}{Q_{Bb2}} = \left(\frac{M_{L1}}{M_{L2}}\right)^c. \qquad (6.52)$$

Es bedeuten in dieser Gleichung Q_{Bb} die Feuerleistung[1] und M_L den Luftzustrom zum Rost. Die Indizes 1, 2 weisen auf den jeweiligen Beharrungszustand hin. Der Exponent c wurde von ROSIN und KAYSER zu etwa 0,6 gefunden.

Gl. (6.52) entspricht ihrem Aufbau nach dem Gesetz des *Wärmeüberganges bei turbulenter Strömung* und legt daher die Vermutung nahe, daß der Verbrennungsvorgang in ähnlicher Weise wie der Wärmeübergang durch das Geschehen in der Grenzschicht im wesentlichen bestimmt wird. Diese Vermutung wird durch neuere Untersuchungen gestützt [11, 14], die zeigen, daß in der Tat im Temperaturbereich, wie

---

[1] Ohne Berücksichtigung der mit der Verbrennungsluft zugeführten Wärme; vgl. auch Gl. (6.2).

6. Das Übertragungsverhalten der Feuerungseinrichtungen

er im Rostbett gegeben ist, die Geschwindigkeit der chemischen Umsetzungen nicht durch die Reaktionstemperatur und auch nicht durch die Porendiffusion, sondern in erster Linie durch die *Diffusionsvorgänge in der Grenzschicht* kontrolliert wird. Die Annahme von Gl. (6.52) als Basis für unsere weiteren Überlegungen erscheint damit als gerechtfertigt.

In die von uns benutzte Formelsprache umgeschrieben, lauten die ROSIN-KAYSER-MONDIEZschen Gleichungen nun [12]:

$$\frac{h_2}{h_1} = \left(\frac{Q_{Bb2} H_1 l_1}{Q_{Bb1} H_2 l_2}\right)^{0,4} \left(\frac{\lambda_1}{\lambda_2}\right)^{0,6}, \tag{6.53}$$

$$\frac{M_{L2}}{M_{L1}} = \frac{Q_{Bb2} H_1 \lambda_2}{Q_{Bb1} H_2 \lambda_1}, \tag{6.54}$$

$$\frac{w_2}{w_1} = \frac{Q_{Bb2} H_1 h_1}{Q_{Bb1} H_2 h_2}. \tag{6.55}$$

Es bedeuten darin (vgl. auch Abb. 6.14):

H Heizwert der Kohle,
h Schichthöhe,
l Länge des aktiven Brennstoffbettes,
w Rostgeschwindigkeit,
λ Luftfaktor im Rauchgas.

Die Indizes 1 bzw. 2 bezeichnen wiederum entsprechende Beharrungszustände. Die Gleichungen gelten in dieser Form unter der Voraussetzung unveränderlichen Feuerungswirkungsgrades η_F.

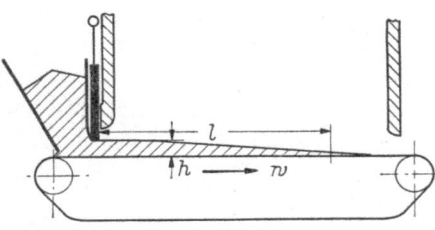

Abb. 6.14 Schematische Darstellung einer Wanderrostfeuerung

Diese Gleichungen zeigen, in welcher Weise die Feuerleistung (Q_{Bb}) und Feuerführung (Bettlänge l, Luftfaktor λ) mit den Einstellgrößen des Rostes (Schichthöhe h, Rostgeschwindigkeit w, Luftzufuhr M_L) verknüpft sind.

Als Idealzustand wäre anzustreben, bei Laständerungen die Einstellgrößen derart zu verstellen, daß die aktive Brennstoffbettlänge l und der Luftfaktor λ unverändert bleiben. Aus den Gln. (6.53) bis (6.55) sind die diesbezüglichen Anweisungen zu entnehmen. Es sei unveränderlicher Heizwert vorausgesetzt. Man findet dann:

aus (6.53):

$$\frac{h_2}{h_1} = \left(\frac{Q_{Bb2}}{Q_{Bb1}}\right)^{0,4}, \tag{6.56}$$

aus (6.54):

$$\frac{M_{L2}}{M_{L1}} = \frac{Q_{Bb2}}{Q_{Bb1}}, \tag{6.57}$$

und aus (6.55):
$$\frac{w_2}{w_1} = \frac{Q_{Bb2}}{Q_{Bb1}} \frac{h_1}{h_2} = \frac{Q_{Bb2}}{Q_{Bb1}} \left(\frac{Q_{Bb1}}{Q_{Bb2}}\right)^{0,4} = \left(\frac{Q_{Bb2}}{Q_{Bb1}}\right)^{0,6}. \tag{6.58}$$

Abb. 6.15 zeigt, abhängig vom Leistungsverhältnis Q_{Bb2}/Q_{Bb1}, die Einstellwerte für die drei fraglichen Größen.

Praktisch wird indessen oft im Interesse der Vereinfachung auf das automatische Verstellen des Schichtschiebers verzichtet. Allerdings ist dann ein Betrieb mit konstantem Luftüberschuß bei verschiedenen Lastzuständen nicht mehr möglich, wenn die Forderung bleibender

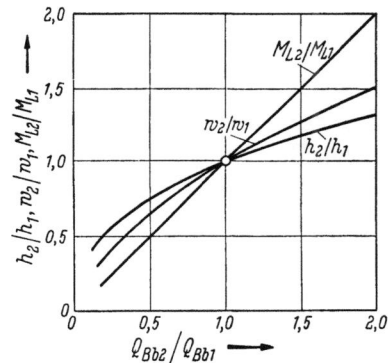

Abb. 6.15 Zuordnung der Beharrungseinstellwerte einer Wanderrostfeuerung, abhängig von der Belastung (gültig für konstanten Heizwert und festen Feuerungs-Wirkungsgrad)

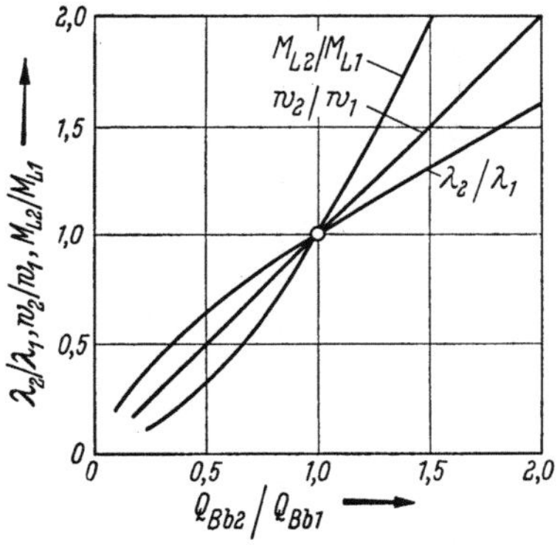

Abb. 6.16 Zuordnung der Beharrungseinstellwerte und des Luftfaktors bei einem mit konstanter Schichthöhe gefahrenen Wanderrost ($H = $ const, $\eta_F = $ const)

Länge des aktiven Brennstoffbettes aufrechterhalten wird. Mit der Vorschrift $h = k$ und $l = k$ folgt aus den Gln. (6.53) bis (6.55):

aus (6.53):
$$\left(\frac{\lambda_2}{\lambda_1}\right)^{0,6} = \left(\frac{Q_{Bb2}}{Q_{Bb1}}\right)^{0,4} \quad \text{oder} \quad \frac{\lambda_2}{\lambda_1} = \left(\frac{Q_{Bb2}}{Q_{Bb1}}\right)^{0,67}, \tag{6.59}$$

aus (6.54):
$$\frac{M_{L2}}{M_{L1}} = \frac{Q_{Bb2}}{Q_{Bb1}} \left(\frac{Q_{Bb2}}{Q_{Bb1}}\right)^{0,67} = \left(\frac{Q_{Bb2}}{Q_{Bb1}}\right)^{1,67}, \tag{6.60}$$

aus (6.55):
$$\frac{w_2}{w_1} = \frac{Q_{Bb2}}{Q_{Bb1}}. \tag{6.61}$$

Abb. 6.16 zeigt für konstante Schichthöhe die Einstellwerte in Abhängigkeit vom Leistungsverhältnis. Ferner ist auch der Einfluß von Laständerungen auf den Luftfaktor wiedergegeben.

6.4.2 Dynamisches Verhalten von Wanderrosten

Die Vorgänge, die sich auf einem Wanderrost im *transitorischen Regime* abspielen, sind außerordentlich komplex. Es erscheint beim heutigen Stand der Kenntnisse dieser Vorgänge als aussichtslos, auf

6. Das Übertragungsverhalten der Feuerungseinrichtungen

der Basis der physikalischen Grundgesetze der Verbrennung, des Stoffaustausches, der Strömungsvorgänge und der Wärmeübertragung Gleichungen für das dynamische Verhalten einer Rostfeuerung ableiten zu wollen. Es drängt sich daher eine summarischere Betrachtungsweise auf.

Für unsere nachfolgenden Untersuchungen behalten zunächst die in Abschn. 6.1 hergeleiteten Gleichungen ihre Gültigkeit. Diese Gleichungen lassen jedoch den Zusammenhang zwischen der zugeführten, der verbrannten und der auf dem Rostbett gespeicherten Brennstoffmenge noch offen. Zur Herleitung dieses Zusammenhanges soll zunächst von einer absichtlich stark vereinfachenden Vorstellung ausgegangen werden; eine differenziertere Betrachtung wird im Anschluß daran durchgeführt.

Für die Ableitung des qualitativen dynamischen Verhaltens soll angenommen werden, daß die pro Zeiteinheit verbrannte Kohlenmenge einerseits dem Brennstoffvorrat auf dem Rost proportional, andererseits auf Grund von Gl. (6.52) verhältnisgleich zu $M_L^{0,6}$ sei. Es kann damit geschrieben werden:

$$M_{Bb} = k\, m_B\, M_L^{0,6}. \tag{6.62}$$

Daneben gilt unverändert Gleichung

$$M_B = M_{Bb} + m_B'. \tag{6.1}$$

Aus (6.62) findet man sofort:

$$m_B = \frac{M_{Bb}}{k\, M_L^{0,6}}. \tag{6.63}$$

Durch Ableiten von Gl. (6.63) und Einsetzen in (6.1) erhält man eine Differentialbeziehung zwischen der zugeführten Brennstoffmenge M_B, dem zugeführten Luftstrom M_L und der verbrannten Brennstoffmenge M_{Bb}, aus der sich mit Hilfe der Gln. (6.7) oder (6.8) das dynamische Verhalten des Rostes ermitteln ließe. Es ergibt sich indes ein nichtlineares Gleichungssystem, und es soll deshalb auf seine explizite Anschrift hier verzichtet werden. Dagegen wird wiederum für die Voraussetzung kleiner Ausschläge die Linearisierung wie folgt durchgeführt. Mit

$$M_{Bb} = \overline{M}_{Bb} + \Delta M_{Bb}$$

und

$$M_L = \overline{M}_L + \Delta M_L$$

wird zunächst

$$M_L^{0,6} = (\overline{M}_L + \Delta M_L)^{0,6} = \overline{M}_L^{0,6}\left(1 + \frac{\Delta M_L}{\overline{M}_L}\right)^{0,6} \approx \overline{M}_L^{0,6}\left(1 + 0{,}6\frac{\Delta M_L}{\overline{M}_L} + \cdots\right)$$

oder

$$M_L^{0,6} = \overline{M}_L^{0,6} + 0{,}6\, \overline{M}_L^{0,6}\left(\frac{\Delta M_L}{\overline{M}_L}\right) = \overline{M}_L^{-0,4}\left(\overline{M}_L + 0{,}6\, \Delta M_L\right).$$

6.4 Rostfeuerungen

Setzt man dies in (6.63) ein, so wird

$$m_B = \frac{\overline{M}_{Bb} + \Delta M_{Bb}}{k(\overline{M}_L)^{-0,4}(\overline{M}_L + 0,6\,\Delta M_L)} = \frac{\overline{M}_L^{0,4}(\overline{M}_{Bb} + \Delta M_{Bb})(\overline{M}_L - 0,6\,\Delta M_L)}{k(\overline{M}_L + 0,6\,\Delta M_L)(\overline{M}_L - 0,6\,\Delta M_L)},$$
(6.64)

woraus man unter Vernachlässigung der kleinen Glieder höherer Ordnung findet:

$$\overline{m}_B + \Delta m_B = \frac{\overline{M}_{Bb}}{k\,\overline{M}_L^{0,6}}\left(1 + \frac{\Delta M_{Bb}}{\overline{M}_{Bb}} - 0,6\frac{\Delta M_L}{\overline{M}_L}\right).$$
(6.65)

Mit Rücksicht darauf, daß Gl. (6.63) auch für den Beharrungszustand gilt, wird

$$\Delta m_B = \frac{\overline{m}_B}{\overline{M}_{Bb}}\Delta M_{Bb} - 0,6\frac{\overline{m}_B}{\overline{M}_L}\Delta M_L.$$
(6.66)

Durch Derivation folgt

$$\Delta m_B' = \frac{\overline{m}_B}{\overline{M}_{Bb}}\Delta M_{Bb}' - 0,6\frac{\overline{m}_B}{\overline{M}_L}\Delta M_L'$$
(6.67)

und durch Einsetzen in Gl. (6.1) mit einigen kleinen Zwischenrechnungen

$$\Delta M_B + 0,6\frac{\overline{M}_{Bb}\,\overline{m}_B}{\overline{M}_L\,\overline{M}_{Bb}}\Delta M_L' = \Delta M_{Bb} + \frac{\overline{m}_B}{\overline{M}_{Bb}}\Delta M_{Bb}'.$$
(6.68)

In dieser Gleichung hat der Ausdruck

$$T = \frac{\overline{m}_B}{\overline{M}_{Bb}}$$
(6.69)

die Bedeutung einer Zeitkonstanten, womit sich Gl. (6.68) vereinfacht schreibt zu

$$\underline{\Delta M_B + 0,6\frac{\overline{M}_{Bb}}{\overline{M}_L}\,T\,\Delta M_L' = \Delta M_{Bb} + T\,\Delta M_{Bb}'.}$$
(6.70)

Diese Differentialgleichung beschreibt das Übertragungsverhalten eines Wanderrostes in der Weise, daß die Abhängigkeit der momentan verbrannten Kohlenmenge M_{Bb} von der Brennstoff- und Luftzufuhr zum Rost angegeben wird. Es ist allerdings zu beachten, daß diese Gleichung unter der Annahme vereinfachender Voraussetzungen hergeleitet worden ist und zunächst nur *qualitativen* Charakter aufweist. In unseren Voraussetzungen wurde nämlich nicht berücksichtigt, daß für die nach jeder Änderung angestrebten Beharrungzustände die ROSIN-KAYSER-MONDIEZschen Gleichungen (6.53) bis (6.55) gelten. Daraus bestimmt sich, wie nachfolgend gezeigt wird, die zahlenmäßige Größe der Zeitkonstanten T genauer.

Zur Bestimmung dieser Zeitkonstanten soll zunächst der Vorgang bei der *Verstellung der Rostgeschwindigkeit* allein betrachtet werden. Schichthöhe h und Luftzufuhr M_L werden mithin konstant gehalten.

6. Das Übertragungsverhalten der Feuerungseinrichtungen

Außerdem sei vorausgesetzt, daß der Heizwert H der Kohle sowie der Feuerungswirkungsgrad unveränderlich bleiben.

Die Verstimmung des Gleichgewichtszustandes auf dem Rost durch eine Änderung der Rostgeschwindigkeit von w_1 auf w_2 ruft einer Variation der Wärmeentbindung Q_{Bb}, des Luftfaktors λ sowie der Länge des aktiven Brennstoffbettes l. Aus den ROSIN-KAYSER-MONDIEZschen Gleichungen folgt nun:

aus (6.53): $\quad \left(\dfrac{l_2}{l_1}\right)^{0,4} = \left(\dfrac{Q_{Bb2}}{Q_{Bb1}}\right)^{0,4} \left(\dfrac{\lambda_1}{\lambda_2}\right)^{0,6},$

aus (6.54): $\quad \dfrac{\lambda_1}{\lambda_2} = \dfrac{Q_{Bb2}}{Q_{Bb1}},$

aus (6.55): $\quad \dfrac{w_2}{w_1} = \dfrac{Q_{Bb2}}{Q_{Bb1}}.$

Zunächst interessiert die Änderung der Bettlänge, die durch Variation des Rostvorschubes hervorgerufen wird. Dieser Zusammenhang wird erhalten, wenn aus den vorstehenden drei Gleichungen λ_1/λ_2 und Q_{Bb1}/Q_{Bb2} eliminiert werden. Man erhält dann

$$\dfrac{l_2}{l_1} = \left(\dfrac{w_2}{w_1}\right)^{2,5}. \qquad (6.71)$$

Unter der Voraussetzung kleiner Ausschläge kann man setzen:

$$w_2 = w_1 + \Delta w \quad \text{und} \quad l_2 = l_1 + \Delta l,$$

womit Gl. (6.71) in der Form geschrieben werden kann:

$$l_2 = l_1 + \Delta l = l_1 \left(\dfrac{w_1 + \Delta w}{w_1}\right)^{2,5} = l_1 \left(1 + \dfrac{\Delta w}{w_1}\right)^{2,5}.$$

Durch Reihenentwicklung ergibt sich

$$l_1 + \Delta l = l_1 \left(1 + 2,5 \dfrac{\Delta w}{w_1} + \cdots\right),$$

woraus die gesuchte Längenänderung folgt:

$$\Delta l = 2,5 \dfrac{l_1}{w_1} \Delta w = 2,5 Z_1 \Delta w. \qquad (6.72)$$

Der Ausdruck

$$Z_1 = \dfrac{l_1}{w_1} \qquad (6.73)$$

bedeutet die *mittlere Brennzeit* eines Kohlestückes auf dem Rost bei einem Regime entsprechend Beharrungszustand 1. Damit läßt sich nun die *Änderung des Brennstoffvorrates* $\Delta m_{B\infty}$ auf dem Rost abschätzen, die sich beim Übergang vom einen Beharrungszustand auf den anderen ergibt, wenn noch der Verlauf der Schichtdicke über der Rostlänge bekannt ist. Hierüber werde angenommen, daß die Schichtdicke über eine Länge x — etwa entsprechend der Vorwärm-, Trocknungs- und Entgasungszone — zunächst konstant sei und in der anschließenden Brennzone über die Länge y linear abnehme. Ferner sei vorausgesetzt, daß das Verhältnis der Längen $\frac{x}{l} = \alpha$ bzw. $\frac{y}{l} = \beta$ unverändert bleibe (vgl. hierzu die Abb. 6.17a und b).

Dann gilt für den Brennstoffvorrat auf dem Rost, wenn b die Rostbreite und ϱ_B die mittlere spezifische Schüttdichte des Kohlenbettes bedeuten:

$$m_B = b\,h\left(x + \frac{y}{2}\right)\varrho_B =$$
$$= b\,h\,l\left(\alpha + \frac{\beta}{2}\right)\varrho_B. \quad (6.74)$$

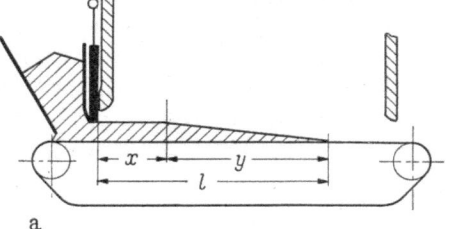
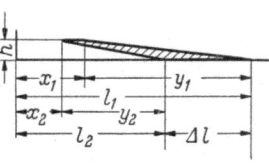

Abb. 6.17a u. b Zur Berechnung des Kohlevorrats auf dem Rost
a) Verlauf der Schichthöhe über der Länge des aktiven Brennstoffbettes; b) Änderung des Kohlevorrates beim Übergang von einem Beharrungszustand (1) in einen andern (2) (schraffierte Fläche)

Da aber offensichtlich $\alpha + \beta = 1$, kann in Gl. (6.74) der Klammerausdruck $\left(\alpha + \frac{\beta}{2}\right)$ auch geschrieben werden:

$$\alpha + \frac{\beta}{2} = 1 - \beta + \frac{\beta}{2} = 1 - \frac{\beta}{2} = k_B. \quad (6.75)$$

Der Wert des Formfaktors k_B liegt in der Regel bei etwa 0,7.

Damit findet sich für die gesuchte Änderung des Brennstoffvorrates auf dem Rost beim Übergang vom Beharrungszustand 1 auf 2 (vgl. auch Abb. 6.17b):

$$\Delta m_{B\infty} = m_{B1} - m_{B2} = b\,h\,(l_1 - l_2)\,k_B\,\varrho_B = b\,h\,\Delta l\,k_B\,\varrho_B. \quad (6.76)$$

Führt man hierin für Δl noch den durch Gl. (6.72) gegebenen Ausdruck ein, so findet man für kleine Ausschläge ($l_1 \approx l_2 \approx \bar{l}$; $w_1 \approx w_2 \approx \bar{w}$):

$$\Delta m_{B\infty} = 2{,}5\,b\,h\,\frac{\bar{l}}{\bar{w}}\,\Delta w\,k_B\,\varrho_B. \quad (6.77)$$

Andererseits berechnet sich die *Änderung der Brennstoffzufuhr* zum Rost, hervorgerufen durch die veränderte Rostgeschwindigkeit, zu

$$\Delta M_B = b\,h\,\Delta w\,\varrho_B. \quad (6.78)$$

Nun geht aus Gl. (6.70) hervor, daß bei konstanter Luftzufuhr und sprunghafter Änderung der Brennstoffzufuhr ΔM_B die Änderung der pro Zeiteinheit verbrannten Kohlenmenge ΔM_{Bb} exponentiell dem

106 6. Das Übertragungsverhalten der Feuerungseinrichtungen

neuen Beharrungswert zustrebt (vgl. auch Abb. 6.18). Bei Erreichen des neuen Beharrungszustandes (theoretisch nach unendlich langer Zeit) wird $\Delta M_{Bb\infty} = \Delta M_B$. Die während der Übergangszeit auf dem Rost eingetretene Änderung der gespeicherten Menge $\Delta M_{B\infty}$ läßt sich nun aus dem Zeitintegral der Differenz von zugeführter und verbrannter Kohlenmenge errechnen, entspricht also der schraffierten Fläche zwischen den beiden Kurven ΔM_B und ΔM_{Bb}. Die Größe dieser Fläche berechnet sich unter den vorliegenden Voraussetzungen bekanntlich nach (vgl. Abb. 6.18):

$$\Delta m_B = T_R \Delta M_B, \qquad (6.79)$$

woraus sich mit Hilfe der Gln. (6.77) und (6.78) die Zeitkenngröße T_R berechnet zu

$$T_R = \frac{\Delta m_{B\infty}}{\Delta M_B} = \frac{2{,}5\, b\, h\, \bar{l}\, \Delta w\, k_B\, \varrho_B}{b\, h\, \bar{w}\, \Delta w\, \varrho_B}$$

oder

$$T_R = 2{,}5\, k_B \frac{\bar{l}}{\bar{w}} = 2{,}5\, k_B Z. \qquad (6.80)$$

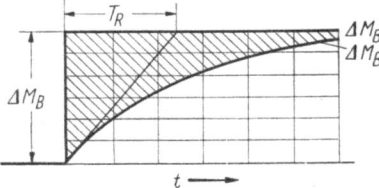

Abb. 6.18 Verlauf der pro Zeiteinheit verbrannten Kohlemenge ΔM_{Bb} nach einer sprunghaften Erhöhung des Brennstoffzustromes ΔM_B, bei konstanter Luftzufuhr (nach Gl. 6.70). Die schraffierte Fläche entspricht der dabei eintretenden Änderung des Brennstoffvorrates auf dem Rost.

Es ist zu beachten, daß die Brennzeit Z und damit auch die Zeitkenngröße T_R im allgemeinen vom Belastungsgrad des Rostes abhängig sind.

Eine analoge Betrachtung kann nun auch für den Fall veränderter Luftzufuhr angestellt werden. Auch hier findet man als Zeitkonstante für den Ausgleichsvorgang einen Ausdruck gemäß Gl. (6.80).

Damit erhält nun die Differentialgleichung (6.70) quantitativen Charakter und lautet

$$\Delta M_B + 0{,}6 \frac{\overline{M}_{Bb}}{M_L} T_R \Delta M'_L = \Delta M_{Bb} + T_R \Delta M'_{Bb}. \qquad (6.81)$$

Zur Kennzeichnung des Übertragungsverhaltens ist auch beim Rost wieder die Abhängigkeit der *Feuerleistung* von den Einstellgrößen von Interesse. Diese Abhängigkeit ist nach Gl. (6.7) durch den Ausdruck gegeben:

$$Q_F = (M_B - m'_B)(H + c_B \Delta \vartheta_B) + M_L c_{p_L} \Delta \vartheta_L,$$

woraus mit (6.1):

$$Q_F = M_{Bb}(H + c_B \Delta \vartheta_B) + M_L c_{p_L} \Delta \vartheta_L. \qquad (6.82)$$

Praktisch kann darin $c_B \Delta \vartheta_B$ neben H vernachlässigt werden. Da ferner nur die *Änderung* der Feuerleistung interessiert, ergibt sich

$$\Delta Q_F = \Delta M_{Bb} H + \Delta M_L c_{p_L} \Delta \vartheta_L. \qquad (6.83)$$

6.4 Rostfeuerungen

Daraus berechnet sich

$$\Delta M_{Bb} = \frac{\Delta Q_F}{H} - \frac{c_{p_L}\Delta \vartheta_L}{H}\Delta M_L$$

und abgeleitet

$$\Delta M'_{Bb} = \frac{1}{H}\Delta Q'_F - \frac{c_{p_L}\Delta \vartheta_L}{H}\Delta M'_L.$$

Setzt man diese Ausdrücke in (6.81) ein, so folgt mit

$$H\Delta M_B + c_{p_L}\Delta \vartheta_L \Delta M_L + \left(0{,}6\frac{\overline{M}_{Bb}}{\overline{M}_L}H + c_{p_L}\Delta \vartheta_L\right)T_R\Delta M'_L$$
$$= \Delta Q_F + T_R\Delta Q'_F \qquad (6.84)$$

die gesuchte Differentialgleichung für das Übertragungsverhalten eines Wanderrostes. — Die zugeführte Brennstoffmenge ist unter der Voraussetzung konstanter Schichthöhe nur von der Rostgeschwindigkeit abhängig, so daß noch gesetzt werden kann:

$$\Delta M_{Bb} = b\,h\,\varrho_B\Delta w. \qquad (6.85)$$

Entsprechend schreibt sich dann Gl. (6.84) in der endgültigen Form

$$b\,h\,\varrho_B H\Delta w + c_{p_L}\Delta \vartheta_L \Delta M_L + \left(0{,}6\frac{\overline{M}_{Bb}}{\overline{M}_L}H + c_{p_L}\Delta \vartheta_L\right)T_R\Delta M'_L$$
$$= \Delta Q_F + T_R\Delta Q'_F. \qquad (6.86)$$

Zur Darstellung dieses Sachverhaltes in der Form der Übertragungsfunktion sind die einzelnen Eingangsgrößen getrennt zu betrachten. So ergibt sich für *variable Rostgeschwindigkeit*:

$$G[s]_{\Delta w \to \Delta Q_F} = b\,h\,\varrho_B H\frac{1}{1+sT_R}. \qquad (6.87)$$

Andererseits findet sich für *variable Luftzufuhr*

$$G[s]_{\Delta M_L \to \Delta Q_F} = \frac{c_{p_L}\Delta \vartheta_L + s\left(0{,}6\frac{\overline{M}_{Bb}}{\overline{M}_L}H + c_{p_L}\Delta \vartheta_L\right)T_R}{1+sT_R}. \qquad (6.88)$$

Da in vielen Fällen die im Luftstrom der Brennkammer zugeführte Wärme neben der aus dem Brennstoff frei gemachten klein ist, gilt näherungsweise anstelle von (6.86)

$$b\,h\,\varrho_B H\Delta w + 0{,}6\frac{\overline{M}_{Bb}}{\overline{M}_L}HT_R\Delta M'_L = \Delta Q_F + T_R\Delta Q'_F. \qquad (6.89)$$

Für diesen Fall geht dann auch die Übertragungsfunktion (6.88) in die einfachere Form über:

$$G[s]_{\Delta M_L \to \Delta Q_F} = 0{,}6\frac{\overline{M}_{Bb}}{\overline{M}_L}H\frac{sT_R}{1+sT_R}. \qquad (6.90)$$

6. Das Übertragungsverhalten der Feuerungseinrichtungen

Der Verlauf der Übergangsfunktionen bzw. der Gangkurven unter der eben erwähnten vereinfachenden Annahme geht aus Abb. 6.19a und b hervor.

Es zeigt sich dabei, daß der Wanderrost gegenüber Änderungen der Rostgeschwindigkeit das Übertragungsverhalten eines *statischen*

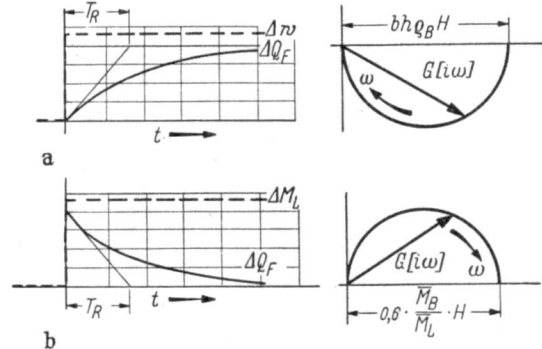

Abb. 6.19a u. b Übertragungsverhalten eines Wanderrostes, dargestellt durch Übergangsfunktion bzw. Gangkurve (vereinfacht)
a) Eingangsgröße: Rostgeschwindigkeit (Δw); b) Eingangsgröße: Luftstrom (ΔM_L)

Schwingers erster Ordnung aufweist, während sich Änderungen im Luftzustrom nach der Art eines *Verschwindsignales* auf die Feuerungsleistung auswirken. Entsprechend der Differentialgleichung (6.86) überlagern sich im praktischen Betrieb beide Wirkungen, so daß das dynamische Verhalten eines Wanderrostes demjenigen eines Systems gemäß Blockschema nach Abb. 6.20 entspricht.

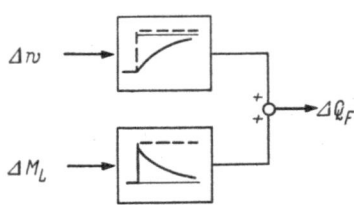

Abb. 6.20
Blockschema des das Übertragungsverhalten eines Wanderrostes kennzeichnenden dynamischen Systems
(Ausgangsgröße: Feuerleistung (ΔQ_F))

Sowohl Änderungen der Brennstoffzufuhr als auch solche des Luftzustromes ziehen Variationen des *Luftfaktors* λ im Rauchgasstrom nach sich. Sie sind grundsätzlich aus Gl. (6.6) zu errechnen, die auch auf die Form gebracht werden kann:

$$\lambda = \frac{M_L}{K_L M_{Bb}}. \tag{6.91}$$

Diese Beziehung wäre mit Gl. (6.81) zu kombinieren, womit man allerdings wiederum einen nichtlinearen Zusammenhang erhalten würde. Für kleine Ausschläge läßt sich indes Gl. (6.91) wie folgt umformen. — Mit

$$M_L = \bar{M}_L + \Delta M_L, \qquad M_{Bb} = \bar{M}_{Bb} + \Delta M_{Bb} \quad \text{und} \quad \lambda = \bar{\lambda} + \Delta \lambda$$

6.4 Rostfeuerungen

wird

$$\bar{\lambda} + \Delta\lambda = \frac{(\bar{M}_L + \Delta M_L)(\bar{M}_{Bb} - \Delta M_{Bb})}{K_L(\bar{M}_{Bb} + \Delta M_{Bb})(\bar{M}_{Bb} - \Delta M_{Bb})}$$

$$\approx \frac{1}{K_L(\bar{M}_{Bb})^2}(\bar{M}_L \bar{M}_{Bb} + \bar{M}_{Bb} \Delta M_L + \bar{M}_L \Delta M_{Bb}).$$

Mit Rücksicht darauf, daß Gl. (6.91) auch für Beharrungszustand gilt, wird weiter

$$\Delta\lambda = \frac{1}{K_L \bar{M}_{Bb}}\left(\Delta M_L - \frac{\bar{M}_L}{\bar{M}_{Bb}} \Delta M_{Bb}\right). \tag{6.92}$$

Diese Gleichung beschreibt zusammen mit Gl. (6.81) den Zusammenhang zwischen Änderungen in der Brennstoffzufuhr bzw. solchen im Luftzustrom einerseits und den dadurch verursachten Schwankungen des Luftfaktors $\Delta\lambda$. Durch Elimination der nicht unmittelbar interessierenden Größe ΔM_{Bb} lassen sich die beiden Gleichungen in eine Beziehung zusammenfassen:

Aus Gl. (6.92) folgt zunächst

$$\Delta M_{Bb} = -\frac{K_L(\bar{M}_{Bb})^2}{\bar{M}_L}\Delta\lambda + \frac{\bar{M}_{Bb}}{\bar{M}_L}\Delta M_L$$

und durch Derivation

$$\Delta M'_{Bb} = -\frac{K_L(\bar{M}_{Bb})^2}{\bar{M}_L}\Delta\lambda' + \frac{\bar{M}_{Bb}}{\bar{M}_L}\Delta M'_L.$$

Eingesetzt in Gl. (6.81) folgt mit Rücksicht auf Gl. (6.91) und mit einigen einfachen Zwischenrechnungen

$$-\frac{\bar{\lambda}}{\bar{M}_B}\Delta M_B + \frac{\bar{\lambda}}{\bar{M}_L}\Delta M_L + \frac{0{,}4\bar{\lambda}}{\bar{M}_L}T_R \Delta M'_L = \Delta\lambda + T_R \Delta\lambda'. \tag{6.93}$$

Für ΔM_B läßt sich hierin noch die Beziehung nach (6.85) einsetzen die die Änderung des Brennstoffzustromes als Funktion der Änderung der Rostgeschwindigkeit ausdrückt, und man erhält schließlich als Differentialgleichung für das gesuchte Übertragungsverhalten

$$-\frac{b h \varrho_B \bar{\lambda}}{\bar{M}_{Bb}}\Delta w + \frac{\bar{\lambda}}{\bar{M}_L}\Delta M_L + \frac{0{,}4\bar{\lambda}}{\bar{M}_L}T_R \Delta M'_L = \Delta\lambda + T_R \Delta\lambda'. \tag{6.94}$$

Aus dieser Gleichung können wieder unmittelbar die Formeln für die Darstellung des dynamischen Verhaltens durch die Übertragungsfunktion entnommen werden. Es wird für eine Änderung der Rostgeschwindigkeit als Eingangsgröße:

$$\underset{\Delta w \to \Delta\lambda}{G[s]} = -\frac{b h \varrho_B \bar{\lambda}}{\bar{M}_{Bb}} \frac{1}{1 + s T_R}. \tag{6.95}$$

110   6. Das Übertragungsverhalten der Feuerungseinrichtungen

Andererseits erhält man für den Fall einer Änderung der Luftzufuhr als Eingangsgröße

$$\frac{G[s]}{\Delta M_L \to \Delta \lambda} = \frac{\bar{\lambda}}{\bar{M}_L} \frac{1 + 0{,}4\, s\, T_R}{1 + s\, T_R}. \tag{6.96}$$

Für die beiden Fälle wird das Übertragungsverhalten durch Abb. 6.21 illustriert, wobei jeweils der prinzipielle Verlauf der Gangkurve und

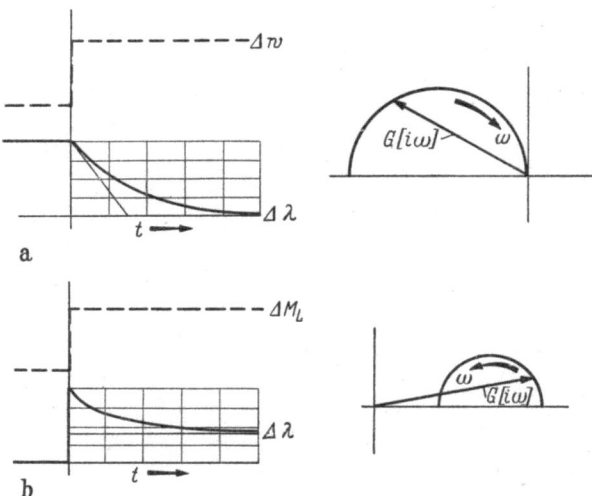

Abb. 6.21a u. b Übertragungsverhalten eines Wanderrostes bezüglich der Erzeugung von Schwankungen des Luftfaktors im Rauchgasstrom, dargestellt durch Übergangsfunktion bzw. Gangkurve. (Ausgangsgröße $\Delta\lambda$)
a) Eingangsgröße: Rostgeschwindigkeit (Δw); b) Eingangsgröße: Luftstrom (ΔM_L)

der Übergangsfunktion gezeigt wird. Auch hier überlagern sich natürlich im Betrieb die beiden Einzelvorgänge gemäß Gl. (6.86), so daß das Gesamtübertragungsverhalten demjenigen eines Systems aufgebaut nach Blockschema gemäß Abb. 6.22 entspricht.

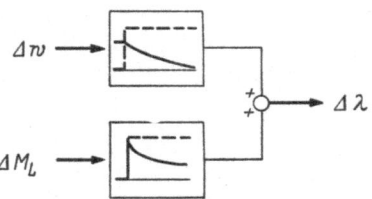

Abb. 6.22 Blockschema des das Übertragungsverhalten eines Wanderrostes kennzeichnenden dynamischen Systems (Ausgangsgröße: Luftfaktor ($\Delta\lambda$))

Literatur zu Kapitel 6

[1] ROSIN, RAMMLER u. KAUFMANN: Versuche an Braunkohlen-Rostfeuerungen. Arch. Wärmew. 11 (1930) Nr. 4, S. 123—130.
[2] ROSIN, RAMMLER u. STIMMEL: Elastizität von Braunkohlekesseln. Arch. Wärmew. 11 (1930) Nr. 12, S. 387—392.
[3] SCHULTE, F., u. H. PRESSER: Elastizität von Steinkohlenfeuerungen. Arch. Wärmew. 12 (1931) Nr. 10, S. 281—289.

[4] ROSIN, P., u. H. KAYSER: Lois dynamiques de la combustion. Chal. et Ind. (1934) S. 109.
[5] GUMZ, W.: Über die Fallgeschwindigkeit von Kugeln unter besonderer Berücksichtigung des für die Staubtechnik wichtigen Bereichs. Feuerungstechn. 26 (1938) Nr. 8, S. 253—255.
[6] ANDRITZKY, M.: Versuche mit einer elektrischen Kesselregelung an einem Dampfkessel mit 67 atü. Glückauf 85 (1949) Nr. 33/34, S. 600—604.
[7] WAGON, H.: Zur Bestimmung der Schwebegeschwindigkeit von Schüttgütern in pneumatischen Förderanlagen. Z. VDI 92 (1950) Nr. 21, S. 577—580.
[8] BRÖTZ, W.: Grundlagen der Wirbelschichtverfahren. Chemie-Ing.-Techn. 24 (1952) Nr. 2, S. 60—81.
[9] ECK, B.: Technische Strömungslehre, 6. Aufl. Berlin/Göttingen/Heidelberg: Springer 1961.
[10] BARTH, W.: Strömungstechnische Probleme der Verfahrenstechnik. Chemie-Ing.-Techn. 26 (1954) S. 29—34.
[11] WICKE, E., K. HEDDER u. M. ROSSBERG: Beiträge der reaktionskinetischen Forschung zur Technik der Vergasung und Verbrennung. BWK 8 (1956) Nr. 6, S. 264—269.
[12] MONDIEZ, A.: Les lois cinétiques de la combustion sur grille et la conduite d'un foyer à chaîne. Chal. et Ind. (Mai 1957) Nr. 382, S. 145—163.
[13] RAUSCH, W.: Widerstände in feinverteilten Stäuben und Mehlen im Luftstrom. BWK 9 (1957) Nr. 9, S. 437.
[14] SPALDING, D. B., u. A. G. SMITH: Verbrennung flüssiger und fester Brennstoffe als Grenzschichtproblem. BWK 10 (1958) Nr. 6, S. 271—273.
[15] KAYSER, H. G.: Verbrennungs- und Vergasungsvorgänge aus der Sicht des Ingenieurs. BWK 11 (1959) Nr. 6, S. 259—265.
[16] SCHNEIDER, A.: Das regeldynamische Verhalten von Kohlenstaubfeuerungen. Diss. TH Stuttgart 1959.

7. Das Übertragungsverhalten der Wärmeübertragungssysteme des Dampferzeugers

Im vorangehenden Kapitel wurde das Übertragungsverhalten der Feuerungseinrichtungen behandelt. Damit ist es möglich, in Abhängigkeit der Einstellelemente der Feuerung den zeitlichen Verlauf der in der Brennkammer entwickelten Feuerleistung und des als Energieträger wirkenden Rauchgasstromes zu ermitteln. Die frei werdende Wärme wird teils direkt durch Strahlung an die die Brenn- und Strahlungskammern auskleidenden Heizflächen übertragen, teils zunächst dem Rauchgas als fühlbare Wärme mitgeteilt und von diesem später — hauptsächlich durch Konvektion — an die Heizflächen des Berührungsteiles des Kessels abgegeben. Die sich hierbei abspielenden Vorgänge sind das Ergebnis des Zusammenwirkens thermodynamischer und strömungstechnischer Phänomene. Sie sind für einen gegebenen Kessel weitgehend durch die Einstellelemente der Feuerung beeinflußt, in geringerem Maße allerdings auch von der Temperatur der Heizflächen und damit von den Vorgängen auf der Wasser–Dampf-Seite abhängig.

7. Verhalten der Wärmeübertragungssysteme des Dampferzeugers

Die Wärmeübertragung erfolgt zunächst an die Wandungen des Heizflächensystems, durch die der Wärmestrom durch Leitung an das Arbeitsmittel übergeführt wird. Durch diesen Vorgang wird bei Schwankungen des Regimes die beträchtliche Wärmespeicherfähigkeit der Stahlmassen der Heizflächen ins Spiel gebracht. Durch den Umstand, daß die Rauchgase daneben noch mit großen, nicht unmittelbar zur Heizfläche gehörenden Massen — Mauerwerk, Isolierungen, Verschalungen, Halterungen usw. — in Berührung stehen, nehmen auch diese Teile in einem gewissen Ausmaß an solchen Schwankungen teil.

Selbstverständlich ist der dem Arbeitsmittel in den verschiedenen Heizflächenpartien mitgeteilte Wärmestrom in erster Linie maßgebend für die sich nun auf der Wasser–Dampf-Seite abspielenden Vorgänge. Diese hängen allerdings außerdem auch noch von anderen Faktoren ab, wie vom Speisewasserzufluß, von der Dampfentnahme bzw. vom Dampfdruck usw. Dabei können diese Vorgänge, wie erwähnt, gewisse Rückwirkungen auf die Wärmeaufnahme ausüben, was das Geschehen sehr kompliziert.

Um die Übersicht zu erleichtern, wird bei der Behandlung des umfangreichen Fragenkomplexes zunächst die Wärmeübertragung an die Heizflächen betrachtet, und die Vorgänge auf der Arbeitsmittelseite werden getrennt davon untersucht.

7.1 Dynamik der Wärmeübertragung an die Heizflächen

Der Dampferzeuger kann als ein Wärmeaustauschersystem aufgefaßt werden von der Art, wie es als Beispiel in Abb. 7.1 dargestellt ist. Es stellt mithin besonders bei Kesseln mittlerer und großer Leistung

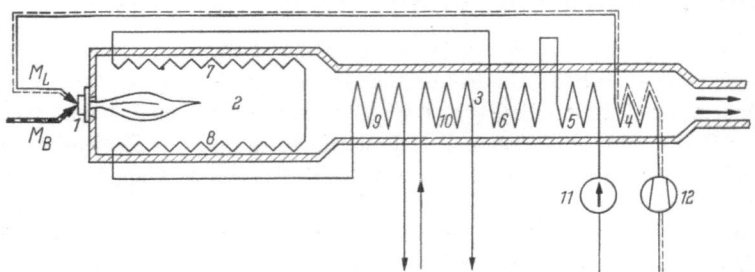

Abb. 7.1 Der Dampferzeuger als System von Strahlungs- und Berührungs-Wärmeaustauschern
1 Feuerung; *2* Brennkammer (Strahlungsteil); *3* Berührungsteil; *4* Luftvorwärmer; *5* Wasservorwärmer; *6* Berührungsverdampfer; *7* Strahlungsverdampfer; *8* Strahlungsüberhitzer; *9* Berührungsüberhitzer; *10* Zwischenüberhitzer; *11* Speisepumpe; *12* Luftgebläse

ein komplexes Austauschersystem dar. Dessen Verhalten unter nichtstationären Bedingungen etwa in einer Weise zu berechnen, wie dies der wärmetechnischen Durchrechnung für stationäre Zustände ent-

7.1 Dynamik der Wärmeübertragung an die Heizflächen

spräche, würde deshalb auch unter Einsatz moderner Rechengeräte einen sehr großen Aufwand bedeuten, der nur ausnahmsweise tragbar sein dürfte. Man ist deshalb zu Vereinfachungen gezwungen.

7.1.1 Grundgleichungen bei Berücksichtigung der Rückwirkung der Heizflächentemperaturen

Eine Möglichkeit zur Vereinfachung besteht darin, den Kessel in eine Anzahl von *Teilwärmeaustauschern* zu zerlegen, wobei innerhalb dieser Elemente bezüglich der Temperaturen *vollständige Durchmischung* sowohl rauchgas- als auch arbeitsmittelseitig angenommen wird.

Die dieser Rechenweise entsprechenden Grundgleichungen werden nachfolgend zusammengestellt. Da der mit dieser Methode verbundene Arbeitsumfang immer noch sehr erheblich ist, kommt ihre Anwendung wohl nur bei Zuhilfenahme eines leistungsfähigen Analog- oder Digitalrechners in Frage. Es wird deshalb auf Einzelheiten nicht eingegangen.

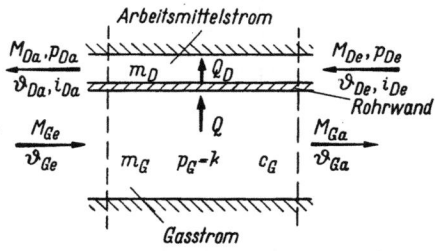

Abb. 7.2 Wärmeaustauscherelement als Abschnitt des Kesselsystems. Zur Bedeutung der verwendeten Symbole

Die Rechnung geht von der Betrachtung eines Abschnittes des Kessels aus, der schematisch in Abb. 7.2 dargestellt sei. Das Geschehen in einem solchen Teilstück des Kessels läßt sich unter den erwähnten Voraussetzungen durch die folgenden Gleichungen beschreiben.

Gasseitige Wärmebilanz:

$$\underbrace{M_{Ge} c_G \vartheta_{Ge}}_{\text{Wärmezustrom}} - \underbrace{M_{Ga} c_G \vartheta_{Ga}}_{\text{Wärmeabstrom}} = \underbrace{Q}_{\substack{\text{Wärmeabgabe} \\ \text{an Rohrsystem}}} + \underbrace{m_G c_G \frac{d\vartheta_{Gm}}{dt}}_{\substack{\text{Speicherung} \\ \text{im Gas}}} \quad (7.1)$$

(Einfluß von Schwankungen des Luftüberschusses auf c_G vernachlässigt)

Arbeitsmittelseitige Wärmebilanz:

$$\underbrace{M_{De} i_{De}}_{\substack{\text{Wärme im} \\ \text{Zustrom}}} + \underbrace{Q_D}_{\substack{\text{Wärmeaufnahme} \\ \text{vom Rohrsystem}}} = \underbrace{M_{Da} i_{Da}}_{\substack{\text{Wärme im} \\ \text{Abstrom}}} + \underbrace{\frac{d}{dt}\left(m_D u_{Dm}\right)}_{\substack{\text{Speicherung im} \\ \text{Arbeitsmittel}}} \quad (7.2)$$

Energiebilanz des Rohrsystems:

$$\underbrace{Q}_{\text{Wärmezustrom}} - \underbrace{Q_D}_{\text{Wärmeabstrom}} = \underbrace{m_R c_R \frac{d\Theta_m}{dt}}_{\substack{\text{Speicherung} \\ \text{im Rohr}}} \quad (7.3)$$

7. Verhalten der Wärmeübertragungssysteme des Dampferzeugers

Mechanische Energiebilanz des Arbeitsmittels:

$$p_{De} - p_{Da} = \underbrace{k_1 M_D^2}_{\text{Rohrreibung}} + \underbrace{k_2 \frac{d M_D}{dt}}_{\text{Beschleunigung}} \tag{7.4}$$
$\underbrace{\phantom{p_{De} - p_{Da}}}_{\text{Druckabfall}}$

Gasseitige Stoffbilanz:

$$\underset{\text{Zustrom}}{M_{Ge}} = \underset{\text{Abstrom}}{M_{Ga}} \tag{7.5}$$

(Druck- und Temperatureinfluß auf den Gasinhalt im Kessel vernachlässigt)

Arbeitsmittelseitige Stoffbilanz:

$$\underset{\text{Zustrom}}{M_{De}} - \underset{\text{Abstrom}}{M_{Da}} = \underset{\substack{\text{Speicherung} \\ \text{im Arbeitsmittel}}}{\frac{d m_D}{dt}} \tag{7.6}$$

Wärmeübergang Gas–Rohr-System:

durch Strahlung:
$$Q = k_3 (T_{Gm}^4 - T_{Rm}^4), \tag{7.7a}$$

durch Konvektion:
$$Q = k_4 M_G^{0,6} (\vartheta_m - \Theta_m) \tag{7.7b}$$

Wärmeübergang Rohrwand–Arbeitsmittel:

$$Q_D = A_H \alpha_D (\Theta_m - \vartheta_{D_m}) = k_5 M_D^{0,8} (\Theta_m - \vartheta_{D_m}). \tag{7.8}$$

Hierin bedeuten:

- A_H Heizfläche,
- M_G Gasstrom,
- m_G Gasinhalt des Abschnittes,
- M_D Arbeitsmittelstrom,
- m_D Arbeitsmittelinhalt in dem dem Abschnitt zugeordneten Heizflächenteil,
- m_R Gewicht des (leeren) Rohrsystems der Heizfläche,
- c_G spezifische Wärme des Gases,
- c_R spezifische Wärme des Heizflächenrohres,
- i_D Enthalpie des Arbeitsmittels,
- u_D innere Energie des Arbeitsmittels,
- ϑ_G Temperatur des Gases,
- ϑ_D Temperatur des Arbeitsmittels,
- Θ Temperatur der Rohrwand,
- p_D Druck des Arbeitsmittels,
- Q Wärmestrom vom Gas zum Rohr,
- Q_D Wärmestrom vom Rohr zum Arbeitsmittel,
- α_D Wärmeübergangszahl vom Rohr zum Arbeitsmittel,
- k_1 bis k_5 Konstanten.

Die mit dem Index m versehenen Größen sind über den Abschnitt genommene Mittelwerte.

Ein solches Gleichungssystem ist für jeden der Abschnitte aufzustellen.

Zu diesen Beziehungen kommen noch die Zustandsgleichungen des Arbeitsmittels sowie Randbedingungen für den Wärme- und Gaszustrom von der Feuerung und für die Dampfabgabe aus dem letzten Heizflächenteil zum Verbraucher. Schließlich ist auch die arbeitsmittelseitige Schaltung des Kessels in unserem Gleichungssystem zum Ausdruck zu bringen, für die Abb. 7.1 nur ein Beispiel ist.

7.1.2 Berechnung der Wärmeübertragung unter Vernachlässigung der Rückwirkung der Heizflächentemperaturen

Eine weitere Vereinfachung kann dadurch erreicht werden, daß die *Rückwirkung der Heizflächentemperaturen auf die Wärmeübertragung* unberücksichtigt gelassen wird. Dieser Einfluß ist bekanntlich im Bereich des reinen Strahlungs-Wärmeüberganges sehr gering, so daß der Fehler jedenfalls im Bereich der Brennkammer und der Strahlungszüge ohne weiteres toleriert werden kann. Aber auch im eigentlichen Berührungsteil bleibt der Fehler vielfach so klein, daß die praktische Brauchbarkeit der Ergebnisse nicht in Frage gestellt ist.

Der Kessel wird wiederum in Abschnitte zerlegt gedacht, entsprechend Abb. 7.2. Von den für einen solchen Fall eben formulierten Gleichungen scheiden nun aber unserer Annahme gemäß die Gln. (7.2), (7.4), (7.6) und (7.8) sowie die Zustandsgleichungen des Arbeitsmittels aus unserer Betrachtung aus. Zugleich vereinfachen sich auch die Beziehungen für den gasseitigen Wärmeübergang. Auch Gl. (7.3) kann zunächst unberücksichtigt bleiben (s. Abschn. 7.1.3). — Dann gilt für ein beliebiges Element das folgende Gleichungssystem (da nur noch die Rauchgasseite betrachtet wird, sind in der Folge zur Vereinfachung die Indizes „G" weggelassen):

$$M_e c \vartheta_e - M_a c \vartheta_a = Q + m c \frac{d\vartheta_m}{dt}, \quad (7.1)$$

$$M_e = M_a, \quad (7.5)$$

$$Q = k_3 [T_m^4 - (\Theta_m + 273^4)], \quad (7.7\text{a})$$

$$Q = k_4 M^{0,6}(\vartheta_m - \Theta_m). \quad (7.7\text{b})$$

Daneben sei noch die Feuerungsleistung Q_F sowie der Luftfaktor λ (und damit der Gasstrom) durch das Übertragungsverhalten der jeweiligen Feuerungseinrichtung als gegeben zu betrachten, z. B. in der Form (s. Kap. 6)

$$G[s] \underset{\Delta x_F \to \Delta Q_F}{} = \frac{\overrightarrow{\Delta Q_F}}{\overrightarrow{\Delta x_F}}, \quad (7.9)$$

$$G[s] \underset{\Delta x_F \to \Delta \lambda}{} = \frac{\overrightarrow{\Delta \lambda}}{\overrightarrow{\Delta x_F}}. \quad (7.10)$$

7. Verhalten der Wärmeübertragungssysteme des Dampferzeugers

Um den Anschluß zwischen diesen Beziehungen und den Gln. (7.1) bis (7.7) zu bekommen, ist noch der Zusammenhang zwischen Rauchgasstrom und Luftüberschuß bzw. Feuerleistung zu ermitteln.

Nach Gl. (6.7) ist allgemein (s. Kap. 6)

$$Q_F = M_{Bb}(\underbrace{H + c_B \Delta\vartheta_B}_{H^*} + \underbrace{\lambda K_L c_{p_L} \Delta\vartheta_L}_{\lambda K^*}) = M_{Bb}(H^* + \lambda K^*).$$

Andererseits gilt mit (6.2) und (6.6) für den Rauchgasstrom

$$M = M_{Bb} + \lambda K_L M_{Bb} = M_{Bb}(1 + \lambda K_L).$$

Daraus errechnet sich sofort durch Elimination von M_{Bb}:

$$M = \frac{1 + \lambda K_L}{H^* + \lambda K^*} Q_F. \qquad (7.11)$$

Nun ist λK^* immer viel kleiner als H^*, so daß zur Vereinfachung der Einfluß einer Luftüberschußänderung auf den Nenner vernachlässigt wird. Für kleine Ausschläge wird dann

$$\overline{M} + \Delta M = \frac{(1 + \overline{\lambda} K_L + \Delta\lambda K_L)}{H^* + \overline{\lambda} K^*} (Q_F + \Delta Q_F),$$

woraus unter Vernachlässigung des Produktes $\Delta\lambda \Delta Q_F$ und mit der für Beharrungszustand geschriebenen Gl. (7.11) folgt

$$\Delta M = \frac{K_L \overline{Q}_F}{H^* + \overline{\lambda} K^*} \Delta\lambda + \frac{1 + \overline{\lambda} K_L}{H^* + \overline{\lambda} K^*} \Delta Q_F = k_\lambda \Delta\lambda + k_Q \Delta Q_F. \qquad (7.12)$$

Wendet man diese Beziehungen nun auf die verschiedenen Abschnitte an, so gilt zunächst für die *Brennkammer* (Index 1) mit (7.1) und (7.5) (zugeführter Wärmestrom = Feuerleistung Q_F; $\vartheta_{m1} = \vartheta_{a1}$; $M_1 = M$):

$$Q_F - M c \vartheta_{a1} = Q_1 + m_1 c \frac{d\vartheta_{a1}}{dt}. \qquad (7.13)$$

Für kleine Ausschläge geschrieben, lautet diese Beziehung

$$\overline{Q}_F + \Delta Q_F - (\overline{M} + \Delta M) c (\overline{\vartheta}_{a1} + \Delta\vartheta_{a1}) = \overline{Q}_1 + \Delta Q_1 + m_1 c \frac{d\vartheta_{a1}}{dt}. \qquad (7.14)$$

Durch Ausmultiplizieren erhält man bei Vernachlässigung der kleinen Terme höherer Ordnung:

$$\overline{Q}_F + \Delta Q_F + \overline{M} c \overline{\vartheta}_{a1} - \Delta M c \overline{\vartheta}_{a1} + \overline{M} c \Delta\vartheta_{a1}$$
$$= \overline{Q}_1 + \Delta Q_1 + m_1 c \frac{d\vartheta_{a1}}{dt}. \qquad (7.15)$$

Aus dieser Gleichung heben sich die dem stationären Zustand entsprechenden Glieder heraus, womit wird:

$$\Delta Q_F - c \vartheta_{a1} \Delta M = \Delta Q_1 + \overline{M} c \Delta\vartheta_{a1} + m_1 c \Delta\vartheta'_{a1}. \qquad (7.16)$$

7.1 Dynamik der Wärmeübertragung an die Heizflächen

Für kleine Schwingungsweite ist andererseits aus Gl. (7.7a) durch Differentiation ($T_{m1} = \vartheta_{a1} + 273\,°C$)

$$\Delta Q_1 = 4k_3(\overline{T}_{m1})^3 \Delta \vartheta_{a1} = k_S \Delta \vartheta_{a1}. \tag{7.17}$$

Daraus wird:

$$\Delta \vartheta_{a1} = \frac{1}{k_S}\Delta Q_1 \quad \text{und} \quad \Delta \vartheta'_{a1} = \frac{1}{k_S}\Delta Q'_1.$$

Setzt man dies in (7.16) ein, so folgt:

$$\Delta Q_F - c\,\overline{\vartheta}_{a1}\Delta M = \left(1 + \frac{\overline{M}c}{k_S}\right)\Delta Q_1 + \frac{m_1 c}{k_S}\Delta Q'_1$$

oder

$$\frac{k_S}{k_S + \overline{M}c}\Delta Q_F - \frac{k_S c\,\vartheta_{a1}}{k_S + \overline{M}c}\Delta M = \Delta Q_1 + \frac{m_1 c}{k_S + \overline{M}c}\Delta Q'_1. \tag{7.18}$$

Hierin hat der Faktor $\dfrac{m_1 c}{k_S + \overline{M}c} = T_1$ den Charakter einer Zeitkonstanten.

In vereinfachter Schreibweise lautet mithin Gl. (7.18)

$$a_1 \Delta Q_F - b_1 \Delta M = \Delta Q_1 + T_1 \Delta Q'_1. \tag{7.19}$$

Sie bestimmt die *Abhängigkeit der Wärmeübertragung an die Strahlungsheizflächen* von Schwankungen der *Feuerleistung* ΔQ_F und des *Rauchgasstromes* ΔM. Ist anstelle von ΔM die korrespondierende Änderung im Luftfaktor gegeben, so wird mit Gl. (7.12)

$$(a_1 - b_1 k_Q)\Delta Q_F - b_1 k_\lambda \Delta \lambda = \Delta Q_1 + T_1 \Delta Q'_1. \tag{7.20}$$

In der Frequenzgangdarstellung ist entsprechend

$$G[s]_{\Delta Q_F \to \Delta Q_1} = \frac{a_1 - b_1 k_Q}{1 + T_1 s} \tag{7.21}$$

und

$$G[s]_{\Delta \lambda \to \Delta Q_1} = -\frac{b_1 k_\lambda}{1 + T_1 s}. \tag{7.22}$$

Die Wärmeübertragung in der Brennkammer folgt danach Änderungen der Feuerleistung bzw. des Luftüberschusses mit einer Verzögerung erster Ordnung. Die Zeitkonstante T_1 ist dabei meist etwa von der Größe der halben Durchströmzeit des Rauchgases durch die Brennkammer.

Mit den Gln. (7.21) und (7.22) ist der unmittelbare Anschluß an die in Kap. 6 hergeleiteten Beziehungen für das Übertragungsverhalten der Feuerungseinrichtung gegeben.

Für die Berechnung der Vorgänge im anschließenden *zweiten Abschnitt des Kessels* ist zunächst die Gastemperatur am Austritt aus dem ersten zu bestimmen. Man erhält die entsprechende Beziehung sofort aus Gl. (7.18), wenn darin ΔQ_1 nach Gl. (7.17) als Funktion von $\Delta \vartheta_{a1}$

7. Verhalten der Wärmeübertragungssysteme des Dampferzeugers

ausgedrückt wird. Man findet dann, wenn noch durch k_S dividiert wird

$$\frac{1}{k_S + \bar{M}c} \Delta Q_F - \frac{c\bar{\vartheta}_{a1}}{k_S + \bar{M}c} \Delta M = \Delta \vartheta_{a1} + T_1 \Delta \vartheta'_{a1} \qquad (7.23)$$

oder abgekürzt:

$$\frac{a_1}{k_S} \Delta Q_F - \frac{b_1}{k_S} \Delta M = \Delta \vartheta_{a1} + T_1 \Delta \vartheta'_{a1}. \qquad (7.24)$$

Ist anstelle von ΔM die Änderung des Luftfaktors gegeben, so folgt in Analogie zu Gl. (7.20)

$$\frac{a_1 - b_1 k_\varrho}{k_S} \Delta Q_F - \frac{b_1 k_\lambda}{k_S} \Delta \lambda = \Delta \vartheta_{a1} + T_1 \Delta \vartheta'_{a1}. \qquad (7.25)$$

Im übrigen gelten für den zweiten Abschnitt — es sei angenommen, daß dieser im *Berührungsteil* des Kessels liege — die Gln. (7.1), (7.5) und (7.7b). Die Austrittsgrößen des ersten Abschnittes $\Delta M_1 = \Delta M$, $\Delta \vartheta_{a1}$ sind dabei mit den entsprechenden Eintrittsgrößen des nächsten Abschnittes identisch, also $\Delta M_2 = \Delta M$, $\Delta \vartheta_{e2} = \Delta \vartheta_{a1}$.

Schreibt man die genannten Beziehungen wieder für kleine Ausschläge und läßt die stationären Terme aus, so folgt aus (7.1) und (7.5) mit $\vartheta_{m2} = \dfrac{\vartheta_{e2} + \vartheta_{a2}}{2}$

$$c\bar{\vartheta}_{e2} \Delta M + \bar{M}c \Delta \vartheta_{e2} - c\bar{\vartheta}_{a2} \Delta M - \bar{M}c \Delta \vartheta_{a2}$$
$$= \Delta Q_2 + \frac{mc}{2}(\Delta \vartheta'_{e2} + \Delta \vartheta'_{a2}), \qquad (7.26)$$

aus (7.7b):

$$\Delta Q_2 = 0{,}6\, k_4 (\bar{M})^{0,6} \frac{\bar{\vartheta}_{e2} + \bar{\vartheta}_{a2} - 2\Theta_m}{2\bar{M}} \Delta M + 0{,}5\, k_4 (\bar{M})^{0,6} (\Delta \vartheta_{e2} + \Delta \vartheta_{a2}).$$

Durch Elimination von $\Delta \vartheta_{a2}$ aus diesen Gleichungen erhält man (auf die Wiedergabe der elementaren Zwischenrechnung wird verzichtet):

$$a_2 \Delta M + b_2 \Delta M' + c_2 \Delta \vartheta_{e2} = \Delta Q_2 + T_2 \Delta Q'_2. \qquad (7.27)$$

Darin bedeuten:

$$\left.\begin{aligned}
a_2 &= c_2 \frac{0{,}4(4\bar{\vartheta}_{e2} - \bar{\vartheta}_{a2}) - 3\Theta_{m2}}{1 + \dfrac{2c_2}{k_4}(\bar{M})^{0,4}}, \\
b_2 &= c_2 \frac{0{,}3\, m_2}{\bar{M}} \frac{\bar{\vartheta}_{e2} + \bar{\vartheta}_{a2} - 2\Theta_{m2}}{1 + \dfrac{2c_2}{k_4}(\bar{M})^{0,4}}, \\
c_2 &= \frac{1}{\dfrac{1}{k_4(\bar{M})^{0,6}} + \dfrac{1}{2c\bar{M}}}, \\
T_2 &= \frac{c\, m_2}{k_4(\bar{M})^{0,6} + 2c\bar{M}}.
\end{aligned}\right\} \qquad (7.28)$$

7.1 Dynamik der Wärmeübertragung an die Heizflächen

T_2 ist eine Zeitkonstante, die die verzögerte Auswirkung einer Beheizungsänderung im ersten Berührungsteil des Kessels gegenüber der Brennkammer kennzeichnet.

Die der Differentialgleichung (7.27) entsprechenden Übertragungsfunktionen lauten

$$\underset{\Delta M \to \Delta Q_2}{G[s]} = \frac{a_2 + b_2 s}{1 + T_2 s}, \tag{7.29}$$

$$\underset{\Delta \vartheta_{e2} \to \Delta Q_2}{G[s]} = \frac{c_2}{1 + T_2 s}. \tag{7.30}$$

Will man den Zusammenhang zwischen ΔQ_2 und den Eingangsgrößen der Brennkammer ΔQ_F und $\Delta \lambda$ angeben, so sind noch die Übertragungsfunktionen für die Signalübermittlungen

$$\Delta Q_F \to \Delta \vartheta_{e2},$$
$$\Delta Q_F \to \Delta M,$$
$$\Delta \lambda \to \Delta \vartheta_{e2},$$
$$\Delta \lambda \to \Delta M$$

zu suchen. Zunächst ist aus Gl. (7.25) mit $\Delta \vartheta_{a1} = \Delta \vartheta_{e2}$

$$\underset{\Delta Q_F \to \Delta \vartheta_{e2}}{G[s]} = \frac{a_1 - b_1 k_Q}{k_S} \frac{1}{1 + T_1 s}, \tag{7.31}$$

ferner mit derselben Beziehung

$$\underset{\Delta \lambda \to \Delta \vartheta_{e2}}{G[s]} = - \frac{b_1 k_\lambda}{k_S} \frac{1}{1 + T_1 s}, \tag{7.32}$$

Schließlich ist mit (7.12)

$$\underset{\Delta Q_F \to \Delta M}{G[s]} = k_Q; \tag{7.33a} \qquad \underset{\Delta \lambda \to \Delta M}{G[s]} = k_\lambda. \tag{7.33b}$$

In ähnlicher Weise könnten nun Gleichungen für weitere Abschnitte hergeleitet werden. In vielen Fällen ist es aber ausreichend, im Abschn. 2 den gesamten Berührungsteil des Kessels zusammenzufassen. Die Übertragung der Effekte von Änderungen der Feuerleistung ΔQ_F bzw. des Luftfaktors $\Delta \lambda$ auf die Beheizung des Strahlungs- bzw. des Berührungsteiles kann dann durch das in Abb. 7.3 gezeigte Blockschema veranschaulicht werden. Die über den einzelnen Blöcken in Klammern angegebenen Zahlen bedeuten die Nummer der entsprechenden Gleichung der Übertragungsfunktion.

Aus diesem Blockschema ist die Dynamik des Wärmeangebotes an Strahlungs- und Berührungsheizflächen in ihren kennzeichnenden Zügen unschwer abzulesen. So ruft eine Vergrößerung der Feuerleistung einer Zunahme der Beheizung in der Brennkammer nach einer Verzögerung

7. Verhalten der Wärmeübertragungssysteme des Dampferzeugers

erster Ordnung, einer solchen im Berührungsteil im wesentlichen nach einer Verzögerung zweiter Ordnung. Eine alleinige Zunahme des Luftüberschusses bewirkt — wiederum mit Verzögerung erster Ordnung — eine Abnahme der Beheizung im Strahlungsteil, dagegen mindestens vorübergehend eine Zunahme in den nachgeschalteten Heizflächen. Die letztere Beheizungsänderung kommt als Summenwirkung aus der

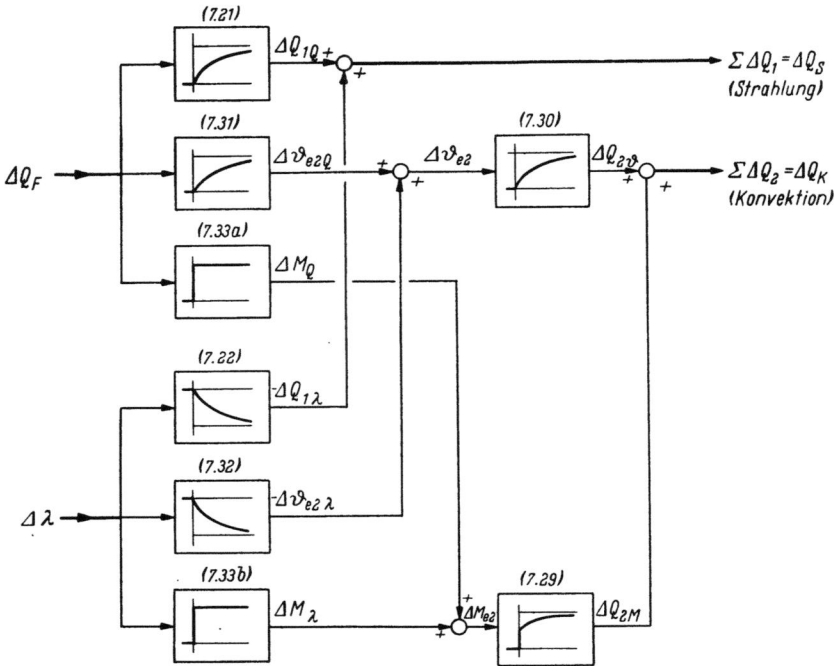

Abb. 7.3 Blockschema zur Darstellung der Dynamik der Wärmeübertragung an Strahlungs- und Berührungsheizflächen
(Unterteilung des Kessels in *ein* Strahlungs- und *ein* Berührungssystem)

hervorgerufenen Erniedrigung der Rauchgastemperatur und dem zugleich vergrößerten Gasstrom zustande. Den charakteristischen Verlauf dieser Veränderungen des Wärmeangebotes zeigt Abb. 7.4.

Aus den bisher abgeleiteten Einzelübertragungsfunktionen findet man dem Blockschema Abb. 7.3 entsprechend die folgenden zusammenfassenden Formeln (auf die Wiedergabe der einfachen Rechnung wird verzichtet):

$$\underset{\Delta Q_F \to \Delta Q_{1Q}}{G[s]} = (a_1 - b_1 k_Q) \frac{1}{1 + T_1 s}, \tag{7.21}$$

$$\underset{\Delta \lambda \to \Delta Q_{1\lambda}}{G[s]} = - b_1 k_\lambda \frac{1}{1 + T_1 s}. \tag{7.22}$$

7.1 Dynamik der Wärmeübertragung an die Heizflächen

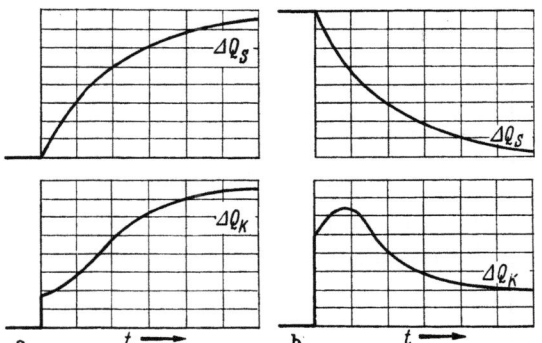

Abb. 7.4a u. b Übertragungsverhalten der Wärmeübertragung an Strahlungs- bzw. Berührungsheizfläche
a) Übergangsfunktionen hervorgerufen durch Änderung der Feuerleistung (ΔQ_F); b) Übergangsfunktionen hervorgerufen durch Änderung des Luftfaktors ($\Delta \lambda$)

$$\underset{\Delta Q_F \to \Delta Q_2}{G[s]} = \underset{\Delta Q_F \to \Delta \vartheta_{e2}}{G[s]} \underset{\Delta \vartheta_{e2} \to \Delta Q_2}{G[s]} + \underset{\Delta Q_F \to \Delta M}{G[s]} \underset{\Delta M \to \Delta Q_2}{G[s]}, \quad (7.34)$$

$$\underset{\Delta \lambda \to \Delta Q_2}{G[s]} = \underset{\Delta \lambda \to \Delta \vartheta_{e2}}{G[s]} \underset{\Delta \vartheta_{e2} \to \Delta Q_2}{G[s]} + \underset{\Delta \lambda \to \Delta M}{G[s]} \underset{\Delta M \to \Delta Q_2}{G[s]}. \quad (7.35)$$

Bei gleichzeitiger Schwankung von Feuerleistung und Luftüberschuß treten die entsprechenden Beheizungsänderungen als Summe der Einzelwirkungen auf, wie dies im Blockschema Abb. 7.3 angedeutet ist.

7.1.3 Der Einfluß des lastabhängigen Energieinhaltes des Dampferzeugers

Es wurde schon in Abschn. 7.1.1 darauf hingewiesen, daß der an die Rohre des Heizflächensystems übertragene Wärmestrom sich im transitorischen Regime nicht mit dem an das Arbeitsmittel abgegebenen deckt. Die Wärmekapazität der Heizflächenrohre wirkt als Speicher, auch dann, wenn das Arbeitsmittel seine Temperatur nicht ändert. So erfolgt beim Übergang von der Beheizung Q_1 auf Q_2 eine der schraffierten Fläche in Abb. 7.5 entsprechende Einspeicherung von Wärme in der Rohrwand, bevor sich der erhöhte Wärmezustrom voll auf das Arbeitsmittel auswirkt. Für diesen Vorgang wurde bereits in Abschn. 7.1.1 die Näherungsbeziehung angesetzt (unter Vernachlässigung des radialen Temperaturgefälles in der Rohrwand):

Abb. 7.5
Zur Speicherwirkung der Rohrwand

$$Q - Q_D = m_R c_R \frac{d\Theta_m}{dt}. \quad (7.3)$$

7. Verhalten der Wärmeübertragungssysteme des Dampferzeugers

Die Wandtemperatur ist zudem durch die ebenfalls schon früher formulierte Gleichung gegeben:

$$Q_D = A_H \bar{\alpha}_D (\Theta_m - \vartheta_{Dm}). \tag{7.8}$$

Bei gleichbleibenden Verhältnissen auf der Arbeitsmittelseite darf geschrieben werden:

$$Q_D = A_H \bar{\alpha}_D \Theta_m - k_6. \tag{7.36}$$

Für kleine Abweichungen vom Beharrungsregime lauten nun die Gln. (7.3) und (7.36) unter Weglassen der dem stationären Zustand entsprechenden Terme:

$$\Delta Q - \Delta Q_D = m_R c_R \Delta \Theta'_m,$$

$$\Delta Q_D = A_H \bar{\alpha}_D \Delta \Theta_m. \tag{7.37}$$

Durch Differentiation folgt ferner

$$\Delta \Theta'_m = \frac{\Delta Q'_D}{A_H \bar{\alpha}_D},$$

womit man durch Einsetzen in (7.37) findet:

$$\Delta Q = \Delta Q_D + \frac{m_R c_R}{A_H \bar{\alpha}_D} \Delta Q'_D = \Delta Q_D + T_H \Delta Q'_D, \tag{7.38}$$

$$T_H = \frac{m_R c_R}{A_H \bar{\alpha}_D}. \tag{7.39}$$

Diese Differentialgleichung beschreibt den Zusammenhang zwischen dem vom Rohrsystem gasseitig aufgenommenen und dem arbeitsmittelseitig abgegebenen Wärmestrom. Die Zeitkonstante T_H kennzeichnet die Speicherkapazität des Rohrsystems. In der Frequenzgangdarstellung ist noch

$$G[s]_{\Delta Q \to \Delta Q_D} = \frac{1}{1 + T_H s}. \tag{7.40}$$

Die Gln. (7.38) bis (7.40) gelten unter der Voraussetzung unveränderlicher Bedingungen auf der Arbeitsmittelseite, also insbesondere *konstanter Temperatur* ϑ_D. Bei Verdampfer- und Vorwärmerheizflächen kann diese Voraussetzung als hinreichend genau erfüllt betrachtet werden, sofern keine bleibenden Laständerungen im Spiele sind. Für Überhitzer sind dagegen diese Einflüsse nicht vernachlässigbar. Sie sind in Abschn. 7.3 eingehend behandelt.

Beim Übergang von einem Lastzustand des Kessels auf einen anderen verändert sich nicht nur die Wärmeaufnahme der Heizflächen. Vor allem infolge des Druckabfalles im Kessel, aber auch anderer lastabhängiger Einflüsse halber ergeben sich *Änderungen des Energieinhaltes* der einzelnen Heizflächenpartien. Dies gilt besonders auch für die Verdampferheizflächen, wo diese Energieänderungen infolge der lastabhängigen Verschiebungen der Siedetemperatur beträchtlich sein können (vgl.

7.1 Dynamik der Wärmeübertragung an die Heizflächen

Abb. 7.6). Man kann nun meist mit brauchbarer Näherung den Belastungsgrad β der Wärmeabgabe an den Arbeitsmittelstrom proportional setzen, also auch

$$\frac{\Delta Q_D}{Q_{D_0}} = \Delta \beta,$$

(Q_{D_0} = Vollastwärmeaufnahme der betreffenden Heizfläche; $\beta = 1$).

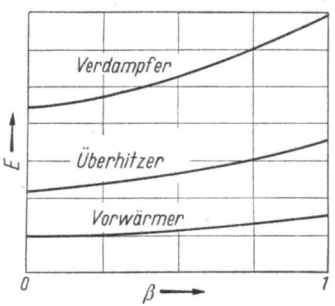

Abb. 7.6 Energieinhalt der Heizflächenteile eines Trommelkessels abhängig von der Last (schematisch)

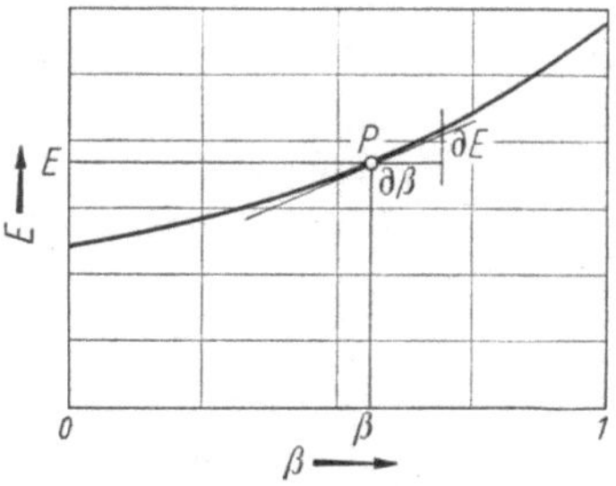

Abb. 7.7 Zur Ermittlung der Größe $\partial E/\partial \beta$ im Punkte P aus der Kurve $E = f(\beta)$

Unter dieser Voraussetzung ist dann die ΔQ_D entsprechende Änderung des Energieinhaltes des Heizflächenteiles (vgl. Abb. 7.7)

$$\Delta E = \Delta \beta \frac{\partial E}{\partial \beta} = \frac{\Delta Q_D}{Q_{D_0}} \frac{\partial E}{\partial \beta}, \quad (7.41)$$

wobei der Faktor $\partial E/\partial \beta$ aus einem Diagramm gemäß Abb. 7.7 entnommen werden kann. Denkt man sich die ganze Speicherwärme in der Rohrwand konzentriert, so läßt sich der Speichervorgang durch eine zu Gl. (7.38) analoge Beziehung beschreiben:

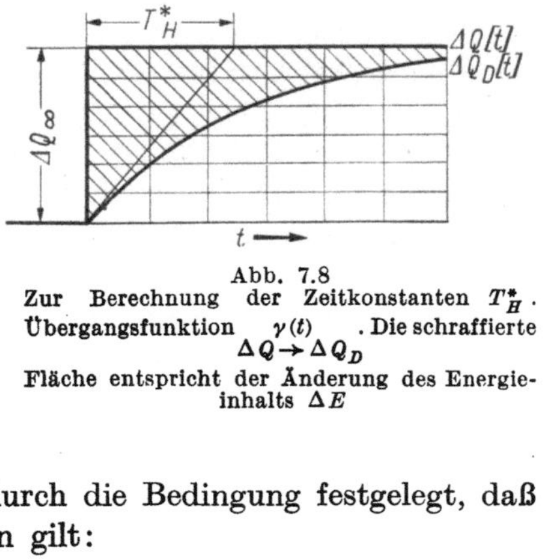

Abb. 7.8
Zur Berechnung der Zeitkonstanten T_H^*. Übergangsfunktion $\gamma(t)$. Die schraffierte Fläche entspricht der Änderung des Energieinhalts ΔE

$$\Delta Q = \Delta Q_D + T_H^* \Delta Q_D'. \quad (7.42)$$

Die Zeitkonstante T_H^* ist hierbei durch die Bedingung festgelegt, daß zwischen zwei Beharrungszuständen gilt:

$$\Delta E = \int_{t_1}^{t_2} \Delta Q[t] \, dt - \int_{t_1}^{t_2} \Delta Q_D[t] \, dt, \quad (7.43)$$

was bekanntlich für einen Zusammenhang zwischen $\Delta Q[t]$ und $\Delta Q_D[t]$ nach Gl. (7.42) bedeutet, daß (vgl. Abb. 7.8):

$$T_H^* \Delta Q_\infty = T_H^* \Delta Q_{D\infty} = \Delta E. \quad (7.44)$$

124   7. Verhalten der Wärmeübertragungssysteme des Dampferzeugers

Mit Rücksicht auf Gl. (7.41) wird damit die Formel für die Zeitkonstante

$$T_H^* = \frac{1}{Q_{D_o}} \frac{\partial E}{\partial \beta}. \tag{7.45}$$

Die Kurve $E = f[\beta]$ (Abb. 7.7) kann auf einfache Weise aus den Daten der wärmetechnischen Kesselberechnung ermittelt werden. Es gilt für einen bestimmten Heizflächenteil und gegebenen Belastungsgrad

$$E_\beta = \int_0^L n\, A_R\, \varrho_R\, c_R\, \vartheta_R\, dl, \tag{7.46}$$

wenn neben den bereits bekannten Symbolen hierin bedeuten:
n Anzahl parallele Rohrstränge,
L Rohrlänge,
A_R Ringquerschnitt des Rohres.

Im allgemeinen ist ein Zuschlag zu den nach (7.46) errechneten Werten zur Berücksichtigung der Verbindungsleitungen usw. angebracht.

7.2 Dynamisches Verhalten von Verdampfersystemen

An Kesseln können bekanntlich Verdampfersysteme verschiedener Art gefunden werden; zunächst die *Umlaufsysteme*, wobei dieser Umlauf durch den Auftrieb (Naturumlauf) oder durch Umwälzpumpen bewirkt sein kann; ferner die *Durchlaufsysteme*, die in Form von Verdampfungsvorwärmern bei Trommelkesseln und vor allem als Durchlaufverdampfer bei Zwangsdurchlaufkesseln vorkommen.

Das Geschehen in solchen Verdampfungssystemen ist nun im Betrieb verschiedenen Störeinflüssen unterworfen. In jedem Falle wirkt die Beheizung Q_D der Verdampferheizfläche als Einflußgröße, meist ebenso der Speisewasserzustrom M_W. Außerdem kann, als Folge von Änderungen des Regimes im Vorwärmersystem, der thermodynamische Zustand des Speisewassers am Eintritt in die Verdampferheizfläche variieren, was ebenfalls Veränderungen des Dampferzeugungsvorganges hervorruft.

Die Auswirkungen solcher Störungen auf Umlauf- bzw. Durchlaufsysteme sind verschieden. Ebenso ist die Bedeutung dieser Auswirkungen im einen oder anderen Fall für den Kesselbetrieb bzw. für die Regelung des Kessels als Ganzes nicht dieselbe.

Im Falle des Umlaufsystems stellt sich vor allem die Frage nach den Auswirkungen auf den *Wasserstand* in der Trommel. Dieses Problem ist in Kap. 4 behandelt. Daneben interessiert der Einfluß der genannten Störungen auf die *Dampfabgabe* aus der Trommel bzw. auf den damit in Zusammenhang stehenden Kesseldruck. Diese Frage wird in Abschnitt 7.4 untersucht. Im übrigen sei ebenfalls auf Kap. 4 verwiesen.

Im Falle von Durchlaufsystemen liegen die Dinge ganz anders. Beim Verdampfungsvorwärmer bewirken die oben erwähnten Stör-

7.2 Dynamisches Verhalten von Verdampfersystemen

einflüsse Veränderungen des aus dem System austretenden *Stromes des Dampf-Wasser-Gemisches* sowie des thermodynamischen Zustandes desselben (Dampf/Wasser-Verhältnis). Ähnliches gilt für den Durchlaufverdampfer bei Zwangsdurchlaufkesseln mit Restfeuchteabscheider, wobei sich infolge der Abscheiderwirkung allerdings nur die Veränderungen des *Sattdampfstromes* auf die nachfolgenden Heizflächen übertragen (vgl. Abb. 7.9a). Bei Zwangsdurchlaufkesseln ohne Restfeuchteausscheidung tritt dagegen neben Dampfstromschwankungen ein

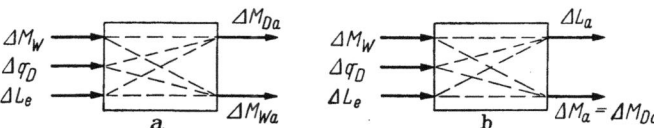

Abb. 7.9a u. b Wirkungsverbindungen in Durchlaufverdampfern
Bedeutung der Symbole: M_W = Speisewasserstrom; M_a austretender Arbeitsmittelstrom; M_{Da} austretender Dampfstrom (satt); M_{Wa} austretender Restwasserstrom; ΔL_e Verschiebung des Punktes des Verdampfungsbeginns; ΔL_a Verschiebung des Punktes des Verdampfungsendes
a) Auswirkungen der Einflußgrößen bei Verdampfungssystemen mit festem Endpunkt der Verdampfungsheizfläche; b) Auswirkungen der Einflußgrößen bei Verdampfungssystemen mit wanderndem Verdampfungsendpunkt

Wandern des *Verdampfungsendpunktes* in der Heizfläche auf, womit gleichzeitige Veränderungen der Heizflächengröße des nachfolgenden Überhitzerteiles verbunden sind (s. Abb. 7.9b). — Alle diese Auswirkungen stehen in engem Zusammenhang mit den Vorgängen der Dampfbildung im Inneren des Verdampfersystems. Zu ihrer Untersuchung ist also von der Dynamik des *Verdampfungsvorganges im zwangsdurchströmten Rohr* auszugehen. Dabei werden die Vorgänge zunächst unter der Voraussetzung festen Druckes betrachtet. Das Verhalten im Zusammenhang mit Druck- bzw. Dampfentnahmeänderungen wird in Abschn. 7.4 behandelt.

7.2.1 Herleitung der Grundgleichungen — Behandlung des stationären Falles

Um die im weiteren Verlauf benutzten Grundgleichungen zur Beschreibung der Bewegung des Dampf-Wasser-Gemisches im zwangsdurchströmten Rohr herzuleiten, wird zunächst, wie erwähnt, von folgenden vereinfachenden Annahmen ausgegangen:

Der Druck sei im ganzen System konstant, d. h. der Strömungsdruckabfall sei vernachlässigbar klein, bezogen auf den Kesseldruck, und der Kesseldruck werde unveränderlich gehalten. Ferner sei die Heizflächenbelastung q_D (Wärmestromdichte) über die ganze Ausdehnung des Verdampfersystems gleich. Schließlich wird an jeder Stelle ein homogenes Dampf-Wasser-Gemisch angenommen.

7. Verhalten der Wärmeübertragungssysteme des Dampferzeugers

Es werde nun ein kurzes, in Abb. 7.10 schraffiert gezeichnetes Stück der sich im Rohr bewegenden Gemischsäule herausgeschnitten und auf seinem Weg durch das Rohr verfolgt. Es weise im Zeitpunkt der einsetzenden Beobachtung die Länge λ auf.

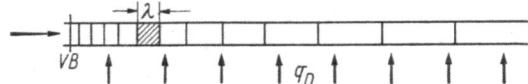

Abb. 7.10 Die Volumenzunahme eines Elementes im Verdampferrohr. Betrachteter Arbeitsmittelabschnitt schraffiert

Infolge der Dampfbildung nimmt nun das Volumen des Teilchens ständig zu. Die Volumenzunahme dV während eines Zeitintervalls dt bestimmt sich dabei aus der folgenden Beziehung:

$$\lambda\, U\, q_D\, \frac{v'' - v'}{r}\, dt = dV, \qquad (7.47)$$

worin:

U innerer Rohrumfang,
q_D auf innere Rohroberfläche bezogene Wärmestromdichte,
r Verdampfungswärme,
v' spezifisches Volumen des Wassers bei Siedetemperatur,
v'' spezifisches Volumen des Sattdampfes.

Diesem Volumenzuwachs entspricht eine Längenzunahme unseres Teilchens im selben Zeitintervall um $d\lambda$, womit auch gilt:

$$A\, d\lambda = dV, \qquad (7.48)$$

wenn

A lichter Rohrschnitt.

Durch Gleichsetzen folgt unmittelbar

$$A\, d\lambda = \lambda\, U\, q_D\, \frac{v'' - v'}{r}\, dt$$

oder

$$\frac{d\lambda}{\lambda} = \frac{U q_D}{A r}(v'' - v')\, dt = \frac{dt}{T_V}. \qquad (7.49)$$

Der Ausdruck

$$T_V = \frac{A r}{U q_D (v'' - v')} = \frac{D r}{4 q_D (v'' - v')} \quad (D = \text{innerer Rohrdurchmesser}) \qquad (7.50)$$

hat dabei die Dimension Zeit und kann als die Dauer, bis in einem Rohrstück gegebener Länge λ sich eine Dampfmenge gleichen Volumens wie der Rohrinhalt entwickelt hat, aufgefaßt werden. Dies geht sinnfällig aus der durch einfache Erweiterung von Gl. (7.50) erhaltenen Schreibweise hervor:

$$\underbrace{A\, \lambda}_{\text{Rohrinhalt}} = \underbrace{U\, \lambda\, \frac{q_D}{r}(v'' - v')\, T_V}_{\text{pro Zeiteinheit entwickeltes Dampfvolumen}}$$

T_V werde im folgenden als *Verdampferkennzeit* bezeichnet.

7.2 Dynamisches Verhalten von Verdampfersystemen

Nun folgt durch Integration von Gl. (7.49) unter der Voraussetzung, daß $\lambda = \lambda_0$ für $t = 0$:

$$\int_{\lambda_0}^{\lambda} \frac{d\lambda}{\lambda} = \int_0^t \frac{dt}{T_V} = \ln\frac{\lambda}{\lambda_0} = \frac{t}{T_V}. \tag{7.51}$$

Damit gilt auch

$$\lambda = \lambda_0 \, e^{t/T_V}. \tag{7.52}$$

Diese Gleichung sagt aus, daß unter den getroffenen Voraussetzungen die Länge λ eines Elementes während des Durchlaufens des Verdampferrohres exponentiell mit der Zeit wächst, wobei stillschweigend gleichbleibender Rohrdurchmesser angenommen ist.

Da unseren Annahmen gemäß die Masse des betrachteten Elementes während des Verdampfungsvorganges unverändert bleibt, ist

$$\frac{A\,\lambda_0}{v_0} = \frac{A\,\lambda}{v}, \tag{7.53}$$

wenn v_0 bzw. v die spezifischen Volumina des im Element zur Zeit $t = 0$ bzw. $t = t$ enthaltenen Dampf-Wasser-Gemisches bedeuten. Daraus folgt:

$$\frac{\lambda}{\lambda_0} = \frac{v}{v_0} \tag{7.54}$$

und mit Gl. (7.52)

$$v = v_0 \, e^{t/T_V}. \tag{7.55}$$

Damit ist eine Beziehung für das Anwachsen des spezifischen Volumens des Arbeitsmittels im Verdampfersystem abhängig von der Zeit gegeben.

Mit Hilfe von Gl. (7.55) ist es nun möglich, für Beharrungsverhältnisse auch den Geschwindigkeitsverlauf anzugeben. Gilt nämlich

$$w = \frac{M\,v}{A}, \tag{7.56}$$

wenn:
w Strömungsgeschwindigkeit des Gemisches,
M Arbeitsmittelstrom,

so kann für v hierin der Ausdruck nach Gl. (7.55) eingesetzt werden, womit man findet

$$w = \frac{M}{A}\,v_0\,e^{t/T_V} = w_0\,e^{t/T_V}. \tag{7.57}$$

Es ist daher auch für den Geschwindigkeitsverlauf — stationäre Verhältnisse vorausgesetzt — die gleiche Gesetzmäßigkeit gültig wie für das spezifische Volume (Gl. (7.55)).

Unter den gleichen Voraussetzungen ist ferner auch der Weg eines Teilchens durch den Verdampfer in Abhängigkeit der Zeit zu ermitteln.

7. Verhalten der Wärmeübertragungssysteme des Dampferzeugers

Durch Integration folgt aus Gl. (7.57):

$$l = \int_0^t w\, dt = w_0 \int_0^t e^{t/T_V}\, dt = w_0\, T_V\, (e^{t/T_V} - 1) \tag{7.58}$$

oder auch mit (7.56):

$$l = \frac{M}{A} v_0\, T_V\, (e^{t/T_V} - 1). \tag{7.59}$$

Da unter unseren Voraussetzungen bekanntlich spezifisches Volumen und Geschwindigkeit in einem Verdampferrohr linear mit der Rohrlänge wachsen, müßte Gl. (7.59) diese Kontrollbedingung wiedergeben. In der Tat erhält man aus (7.59) unter Berücksichtigung von Gl. (7.55)

$$l = \frac{M}{A} T_V (v - v_0),$$

woraus mit Gl. (7.50) die gesuchte Kontrollgleichung folgt:

$$v = v_0 + \frac{l\, A}{M\, T_V} = v_0 + \frac{l\, U\, q_D}{M\, r}(v'' - v').$$

Andererseits läßt sich aus Gl. (7.55) auch die Zeitspanne berechnen, während welcher das spezifische Volumen eines Teilchens vom Wert v_0 auf v anwächst. Es ergibt sich unmittelbar durch Auflösen nach der Zeit t

$$t = T_V \ln\left(\frac{v}{v_0}\right). \tag{7.60}$$

Mit diesen allgemeinen Gleichungen lassen sich nun die Vorgänge in einem Zwanglaufverdampfer unter stationären Verhältnissen beschreiben. Bezieht man alles auf den Punkt beginnender Verdampfung ($v_0 = v'$), so erhält man folgende für die weiteren Untersuchungen wichtige Beziehungen:

aus (7.55):
$$v = v'\, e^{t/T_V}, \tag{7.61}$$

aus (7.59):
$$l = L = \frac{M}{A} v'\, T_V (e^{t/T_V} - 1) = w_0\, T_V (e^{t/T_V} - 1), \tag{7.62}$$

aus (7.61):
$$t = T_V \ln\left(\frac{v}{v'}\right). \tag{7.63}$$

Für den Endzustand vollständiger Verdampfung ($v = v''$) wird ferner aus (7.61) und (7.62):

$$l = L^* = \frac{M}{A} v'\, T_V\, \frac{v'' - v'}{v'} = \frac{w_0 T_V}{\psi}, \qquad \psi = \frac{v'}{v'' - v'} \tag{7.64}$$

und aus (7.63):

$$t = T^* = T_V \ln\left(\frac{v''}{v'}\right) = T_V\, \chi, \qquad \chi = \ln\left(\frac{v''}{v'}\right), \tag{7.65}$$

7.2 Dynamisches Verhalten von Verdampfersystemen

wobei L^* die Verdampferlänge, T^* die Durchlaufzeit bedeutet. Die Hilfsfunktionen ψ und χ sind nur vom Druck abhängig; sie sind aus den Diagrammen Abb. 7.11 a und b zu entnehmen. Abb. 7.12 stellt die Aussage von Gl. (7.61) graphisch dar; sie zeigt den Verlauf des auf v' bezogenen Volumens eines Teilchens als Funktion der bezogenen Zeit t/T_V. Die Kotierung der Geraden gibt die Lage des Punktes vollständiger Verdampfung ($v = v''$) abhängig vom Druck an. — Abb. 7.13 interpretiert Gl. (7.62). In Funktion der Zeit (t/T_V) und mit dem Druck als Parameter wird der auf L^* bezogene Weg eines Teilchens durch die Heizfläche dargestellt.

Für die numerische Ermittlung dieser Kurven ist es bequem, daß sie sich beide im wesentlichen aus der Funktion e^{t/T_V} aufbauen.

Die bisher abgeleiteten Beziehungen beschreiben das Geschehen im Verdampfersystem unter *Beharrungsverhältnissen*. Für die Ermittlung des Übertragungsverhaltens ist es jedoch notwendig, die Vorgänge unter der Einwirkung der veränderlichen Einflußgrößen zu untersuchen. Um einen besseren Einblick in die ziemlich komplizierten Vorgänge des transitorischen Regimes zu erhalten, wird zunächst mit Hilfe einer *graphisch-rechnerischen Näherungsmethode* eine anschauliche

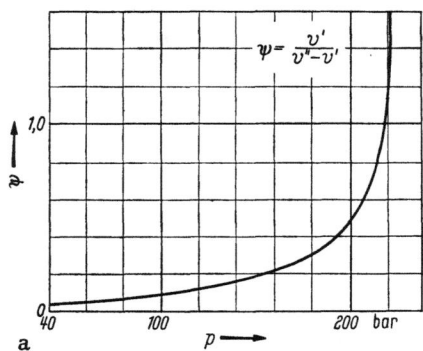

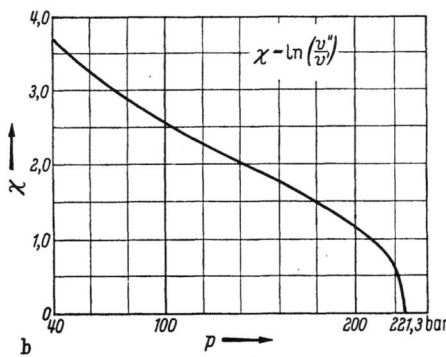

Abb. 7.11 a u. b Kennzeichnende Größen für den Druckeinfluß auf die Dynamik des Durchlaufverdampfers
a) Hilfsfunktion Ψ; b) Hilfsfunktion χ

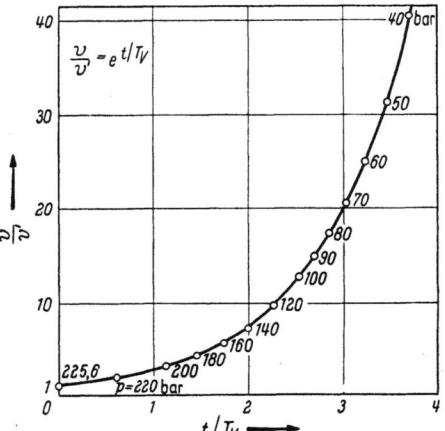

Abb. 7.12 Verlauf des spezifischen Volumens eines Arbeitsmittelteilchens abhängig von der Zeit

130 7. Verhalten der Wärmeübertragungssysteme des Dampferzeugers

Vorstellung vom Geschehen unter verschiedenen Störbedingungen entwickelt (Abschnitt 7.2.2). Davon ausgehend, werden dann Formeln für die rein analytische Behandlung abgeleitet (Abschn. 7.2.3).

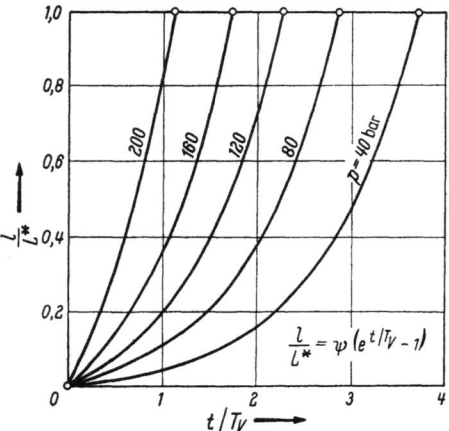

Abb. 7.13 Weg-Zeit-Abhängigkeit für ein den Verdampfer durchströmendes Teilchen, bei verschiedenen Dampfspannungen

Das Verfahren stützt sich im wesentlichen darauf, daß die Gln. (7.47) bis (7.55) ohne die einschränkende Bedingung des Beharrungszustandes hergeleitet und demgemäß auch für transitorisches Regime gültig sind. Danach wird die zeitliche Volumenentwicklung eines Arbeitsmittelelementes immer durch Gl. (7.55) festgelegt. Dies gilt auch dann, wenn der Zustrom zum Verdampfer in kleine Portionen zerlegt gedacht wird, die einander in gleichbleibenden, im übrigen willkürlich gewählten Zeitintervallen Δt folgen.

Für Beharrungsverhältnisse läßt sich nun der Verdampfungsvorgang in der in Abb. 7.14 gezeigten Weise darstellen: Die aus dem Vorwärmer anlangenden Wasserportionen erreichen an der Stelle $l = 0$ den Siedezustand ($v_0 = v'$) und durchwandern unter stetiger Volumen- bzw. Längenzunahme das Verdampferrohr. Unmittelbar hinter jedem Teilchen folgt das um Δt später in den Verdampfer eingetretene. Die Längenabstufung der in einem bestimmten Moment im Rohr enthaltenen Elemente ist durch die Folge gegeben:

$$\lambda_0, \quad \lambda_0 e^{\Delta t/T_V}, \quad \lambda_0 e^{2\Delta t/T_V}, \quad \lambda_0 e^{3\Delta t/T_V}, \quad \text{usw.}$$

(s. a. Abb. 7.14, rechts). Bei vollständiger Verdampfung wird die Teilchenlänge mit Gl. (7.54):

$$\lambda^* = \frac{v''}{v'} \lambda_0. \tag{7.66}$$

Ein Diagramm nach Abb. 7.14 läßt sich nun leicht mit Hilfe der gefundenen Gleichungen ermitteln. Der Verlauf der Kurven, die alle gleiche Form aufweisen, ist durch Gl. (7.62) gegeben. Die Verdampferlänge L^* sowie die Durchlaufzeit T^* bestimmen sich aus Gln. (7.64) und (7.65). Natürlich bleibt das Diagramm nach Abb. 7.14 auch gültig, wenn in der Heizfläche nur eine Teilverdampfung erzielt wird; die Kurven brechen dann beim entsprechenden Wert der Rohrlänge ab.

Für die spätere Anwendung auf nichtstationäre Fälle ist noch die Länge λ eines Elementes von Bedeutung. Geht man zu ihrer Bestimmung

7.2 Dynamisches Verhalten von Verdampfersystemen

von Gl. (7.52) aus, so muß der Wert von λ_0 bekannt sein, also die — hypothetische — Länge des Elementes im Moment, wo es mit seinem Kopfende am Verdampfungspunkt im Rohr ($l = 0$) anlangt. λ_0 ist einerseits durch die Wahl des Zeitintervalls Δt, andererseits durch die Bedingung bestimmt, daß im Querschnitt des Verdampfungsbeginns die Geschwindigkeit

$$w_0 = \frac{M}{A} v'$$

herrschen soll. Das bedeutet, daß das Kopfende eines aus dem Vorwärmer ankommenden Teilchens die Geschwindigkeit w_0 im Augenblick aufweisen soll, wo dieses die Ebene des Verdampfungsbeginns erreicht (Abb. 7.15). Das Fußende dieses Teilchens hat nun im Zeitintervall Δt den Weg λ_0 zurückzulegen, der auch als

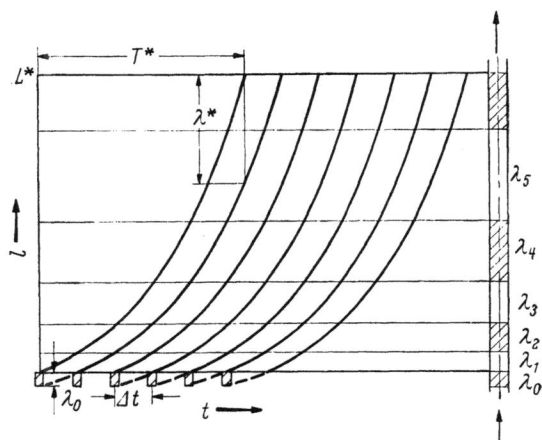

Abb. 7.14 Darstellung des Verdampfungsvorganges von einzelnen Arbeitsmittelportionen über Weg und Zeit

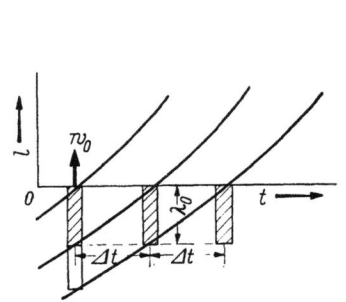

Abb. 7.15 Zur Bestimmung der Teilchenlänge λ_0

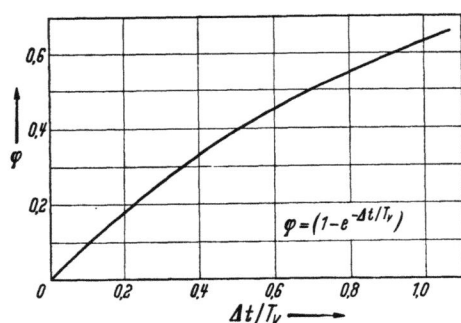

Abb. 7.16 Abhängigkeit der Hilfsgröße φ von $\Delta t/T_D$

der Weg des Kopfendes der nachfolgenden Teilchen aufgefaßt werden kann, da die einzelnen Portionen sich berühren. Nimmt man, um die Schwierigkeiten durch den in Wirklichkeit unstetigen Verlauf des spezifischen Volumens beim Übergang von der Vorwärmung zur Verdampfung zu umgehen, an, dasselbe Expansionsgesetz wie im Verdampfer gelte auch in der letzten Vorwärmpartie, so läßt sich der genannte Weg

9*

132   7. Verhalten der Wärmeübertragungssysteme des Dampferzeugers

berechnen (s. Gl. (7.58)):

$$l = \lambda_0 = \int_{-\Delta t}^{0} w\, dt = \frac{M_W}{A} v' \int_{-\Delta t}^{0} e^{t/T_V} dt = \frac{M_W}{A} v' T_V (1 - e^{-\Delta t/T_V})$$

oder
$$\lambda_0 = \frac{M_W}{A} v' T_V \varphi \quad \text{mit} \quad \varphi = 1 - e^{-\Delta t/T_V}. \tag{7.67}$$

φ kann in Abhängigkeit von t/T_V aus Abb. 7.16 entnommen werden. M_W bedeutet den Speisewasserzustrom.

7.2.2 Graphisch-rechnerische Behandlung nichtstationärer Fälle — Übergangsfunktionen

Im Hinblick auf die in Durchlaufverdampfern praktisch auftretenden Betriebsverhältnisse werden drei Fälle von Änderungen des Regimes untersucht:

a) Änderungen des *Wasserzustromes* (M_W) aus dem Vorwärmer, bei konstanter Beheizung (q_D) und feststehendem Verdampfungsanfang,

b) Änderung der *Beheizung* (q_D), bei konstantem Wasserzustrom (M_W) und feststehendem Verdampfungsanfang,

c) Änderung des Ortes des *Verdampfungsanfanges*, bei unveränderlichen Werten von M_W und q_D.

Von den sich dabei im Inneren des Verdampfersystems abspielenden Vorgängen gewinnt man ein besonders anschauliches Bild, wenn sie für den Fall der Schrittstörung verfolgt werden. Es werden deshalb, sowie auch des geringeren Aufwandes wegen, zunächst die Übergangsfunktionen für die drei Fälle a) bis c) ermittelt. Daraus können dann die entsprechenden Gangkurven mit Hilfe einer der bekannten Umrechnungsmethoden gefunden werden.

a) **Verhalten bei Schrittstörung des Wasserzustromes.** Eingangsgröße ist der Wasserzustrom M_W, der sich im Zeitpunkt $\tau = 0$ sprunghaft um den Betrag ΔM_W auf $M_{W1} = \overline{M}_W + \Delta M_W$ ändern möge.[1] Bis zu diesem Moment herrschen im Verdampfer definitionsgemäß Beharrungsverhältnisse, und es kann aus den Werten M_W, q_D, dem Rohrdurchmesser D sowie den thermodynamischen Daten (v', v'', r) die Verdampferkennzeit T_V und anschließend, mit Hilfe der Gln. (7.61) bis (7.65), der linke Teil des Diagramms nach Abb. 7.17 entworfen werden.

Um die Vorgänge nach einer Änderung von M_W zu erfassen, gehen wir von folgender Überlegung aus. Die vom Zeitpunkt $\tau = 0$ an — bei gleichbleibendem Zeitintervall Δt — ins Verdampfersystem eintretenden

---
[1] t ist die vom Eintritt eines beliebigen Teilchens in die Verdampferheizfläche an verstrichene Zeit, τ die vom Augenblick der Störung an vergangene.

größeren (oder kleineren) Wasserportionen werden gemäß den für den neuen Wasserstrom M_{W1} geltenden neuen Beharrungsbedingungen durch das Rohrsystem wandern.

Eine Rückwirkung des im Zeitpunkt $\tau = 0$ im Rohrsystem befindlichen Inhaltes auf diesen Verdampfungsvorgang tritt unter der Voraussetzung vernachlässigbaren Strömungsdruckabfalles nicht ein. Es kann damit, wieder unter sinngemäßer Anwendung der Gln. (7.61) bis (7.65), auch der rechte Teil des Diagramms nach Abb. 7.17 gezeichnet werden. Die Länge L^* bis zur völligen Verdampfung wird hierbei (für positives ΔM_W) größer, während die Durchlaufzeit T^* unverändert bleibt.

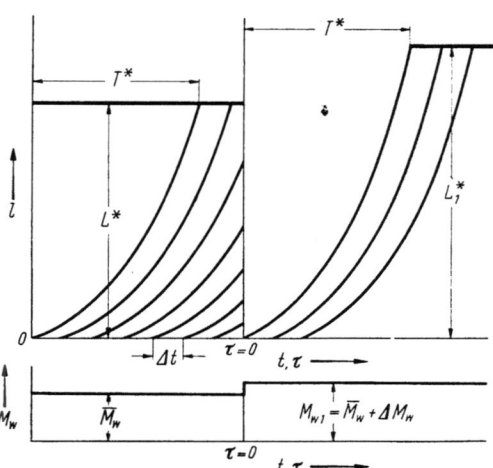

Abb. 7.17 | Stationären Verdampfungsvorgängen entsprechender Teil des Diagramms zur Ermittlung des Verhaltens des Verdampfers bei Schrittstörung des Speisewasserzustromes

Es bleibt noch abzuklären, was mit dem im Zeitpunkt $\tau = 0$ im System befindlichen Inhalt geschieht. Die Expansion der einzelnen Portionen erfolgt nach der universell gültigen Gl. (7.55) oder, da die Masse dieser Teilchen konstant bleibt und unveränderlicher Rohrquerschnitt vorausgesetzt wird, auch nach Gl. (7.52). Damit können die jeweiligen Längen λ_i der Elemente einfach aus dem linken Diagrammteil entnommen werden (bei gleichen Werten t_i), womit sich die Weg-Zeit-Linien im Zwischenbereich — von der Linie a ausgehend — leicht zeichnerisch ermitteln lassen (vgl. Abb. 7.18). Das Verfahren ist in gleicher Weise auf den Fall positiver wie negativer ΔM_W-Werte anwendbar.

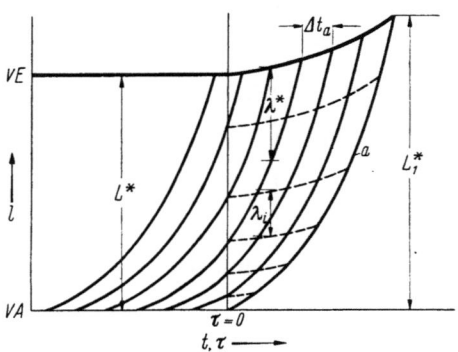

Abb. 7.18 Graphische Bestimmung der Weg-Zeit-Linien des instationären Verdampfungsvorganges bei Speisestromstörung

Dem so erhaltenen Diagramm läßt sich unmittelbar die zeitliche Abhängigkeit der Länge L^* oder, mit anderen Worten, der Lage des

Verdampfungsendpunktes entnehmen. Es liefert mithin die eine der gesuchten Übergangsfunktionen für den Fall des Durchlaufverdampfers mit wanderndem Endpunkt. Diese ist in Tab. 7.28 (Fall Nr. 1) nochmals gezeigt. Die kennzeichnenden Elemente sind die Durchlaufzeit T^* (s. Gl. (7.65)) sowie die bleibende Verschiebung des Verdampfungsendpunktes ΔL_∞^*, die sich aus Gl. (7.61) wie folgt berechnen läßt:

$$\Delta L_\infty^* = \frac{\Delta M_W}{A} T_V (v'' - v'). \qquad (7.68)$$

Neben der Verlagerung des Verdampfungsendpunktes macht sich in der Übergangsphase zwischen den beiden Beharrungszuständen auch eine Störung des *austretenden Sattdampfstromes* M_{Da}^* bemerkbar. Der zeitliche Verlauf von $M_{Da}^* = M_a$ ermittelt sich hierbei mit Hilfe einer einfachen Beziehung, die aus der Massenkonstanz der einzelnen Teilchen folgt: Es ist

$$M_a = M \frac{\Delta t}{\Delta t_a} = M_{Da}^*. \qquad (7.69)$$

Δt_a kann aus dem Diagramm Abb. 7.18 in der dort angegebenen Weise entnommen werden. Man erhält damit die Übergangsfunktion $\Delta M_{Da}^* = f[\tau]$, deren grundsätzlicher Verlauf ebenfalls in Tab. 7.28 (Fall Nr. 2) gezeigt ist (gestrichelte Linie).

Es ist zu beachten, daß M_{Da}^* der am *bewegten* Verdampfungsendpunkt VE vorbeifließende Sattdampfstrom ist. Bei Bezug auf einen *festen* Meßpunkt im System ist noch eine Korrektur erforderlich. Es gilt nämlich für die Strömungsgeschwindigkeit

$$w = w^* + w_{VE}, \qquad (7.70)$$

wenn bedeuten:

w Sattdampfgeschwindigkeit bezogen auf einen festen Punkt,
w^* Sattdampfgeschwindigkeit gegenüber dem beweglichen Punkt VE,
w_{VE} Geschwindigkeit der Verlagerung des Punktes VE.

Daraus folgt für den Dampfstrom (absolut)

$$M_{Da} = M_{Da}^* + w_{VE} \frac{A}{v''}. \qquad (7.71)$$

w_{VE} ist direkt aus der bereits ermittelten zeitlichen Verschiebung des Verdampfungsendpunktes als Tangente an die entsprechende Kurve zu finden, da

$$w_{VE} = \frac{dL^*}{dt}. \qquad (7.72)$$

Damit läßt sich auch die Übergangsfunktion $M_{Da} = f[\tau]$ ermitteln, deren genereller Verlauf durch die ausgezogene Kurve in Tab. 7.28 (Fall Nr. 2) gegeben ist.

Bei Verdampfern, denen eine *Abscheidevorrichtung* unmittelbar nachgeschaltet ist (Verdampfungsekonomiser beim Trommelkessel, Verdampfersystem beim Sulzer-Einrohrkessel) ist der Endpunkt des Ver-

7.2 Dynamisches Verhalten von Verdampfersystemen

dampfungssystems fixiert. Störungen im Wasserzustrom wirken sich hier als thermodynamische *Zustandsänderungen* (Nässe) des aus der Verdampferheizfläche austretenden Naßdampfes aus, ferner auch als Änderungen des austretenden *Dampf-Wasser-Stromes*.

Die Zustandsänderungen sind durch den zeitlichen Verlauf des spezifischen Volumens v_a am Heizflächenaustritt beschrieben. Dieser kann unter Verwendung des bereits entwickelten Diagramms in der in Abb. 7.19 angedeuteten Weise gefunden werden. Dem festen Endpunkt der Heizfläche entspricht im Diagramm eine Gerade im Abstand $l = L_H$ vom Verdampfungsanfangspunkt VA. Längs dieser Geraden sind die gesuchten Zustandswerte zu ermitteln. Nun ist mit Gl. (7.53)

$$v_a = \frac{\lambda_a}{\lambda_0} v'. \quad (7.73)$$

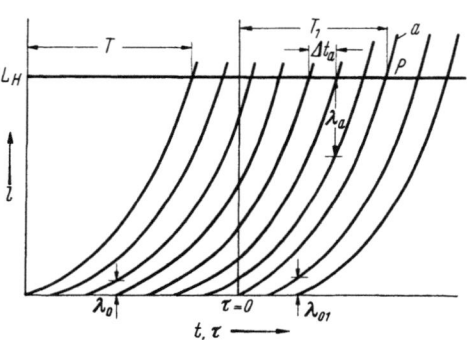

Abb. 7.19 Graphische Bestimmung des zeitlichen Verlaufes des spezifischen Volumens und des Stromes des austretenden Dampfes

λ_a kann aus Diagramm Abb. 7.19 abhängig von der Zeit entnommen werden. Hinsichtlich λ_0 ist zu beachten, daß jeweils der beim Eintritt des fraglichen Teilchens ins Verdampfungsgebiet geltende Wert auch bei dessen Austritt zu berücksichtigen ist. Demnach gilt für alle vor der Störung eingetretenen Teilchen, also für das ganze Gebiet links der Kurve a (Abb. 7.19) nach Gl. (7.67)

$$\lambda_0 = \frac{\varphi}{A} T_V v' M_W.$$

Rechts von Kurve a (vom Punkte P an) ist dagegen zu setzen

$$\lambda_{01} = \frac{\varphi}{A} T_V v' M_{W1}.$$

Damit ist das spezifische Volumen des austretenden Naßdampfes als Funktion der Zeit $v_a[\tau]$ bekannt.

Für die Berechnung des direkt interessierenden *Sattdampf-* bzw. *Sattwasserstromes* am Verdampferaustritt ist noch der zeitliche Verlauf des Gesamtarbeitsmittelstromes M_a an dieser Stelle zu suchen. Dieser kann wieder mit Hilfe von Gl. (7.69) auf einfache Weise gefunden werden, da die Werte von Δt_a dem Diagramm Abb. 7.19 als Abschnitte auf der Geraden e entnommen werden können. Damit ist auch $M_a[\tau]$ bekannt.

Aus $v_a[\tau]$ und $M_a[\tau]$ sind nun Sattdampfstrom M_{Da} bzw. Sattwasserstrom M_{Wa} am Heizflächenaustritt leicht zu ermitteln, wenn man die

Beziehungen zu Hilfe nimmt:

$$M_{Da} = M_a x = M_a \frac{v_a - v'}{v'' - v'},$$

$$M_{Wa} = M_a(1-x) = M_a \frac{v'' - v_a}{v'' - v'}, \qquad (7.74)$$

$$M_a = M_{Da} + M_{Wa}.$$

Den typischen Verlauf der so sich ergebenden Übergangsfunktionen zeigen die Kurven *9* und *10* in Tab. 7.28.

Die Durchlaufzeit T_1 (vgl. auch Abb. 7.19) ist mit Hilfe von Gl. (7.62) wie folgt zu berechnen:

$$l = L_H = \frac{M_{W1}}{A} v' T_V (e^{T_1/T_V} - 1),$$

Daraus findet sich durch Auflösen nach T

$$T_1 = T_V \ln\left(1 + \frac{L_H A}{M_{W1} v' T_V}\right). \qquad (7.75)$$

b) Verhalten bei Schrittstörung der Beheizung. Es sei nun der Fall betrachtet, wo sich im Zeitpunkt $t = 0$ die Wärmestromdichte um den Betrag Δq_D auf einen neuen Festwert $q_{D1} = q_D + \Delta q_D$ sprunghaft erhöht. Speisewasserstrom und Verdampfungsanfangspunkt VA sollen dabei unbeeinflußt bleiben.

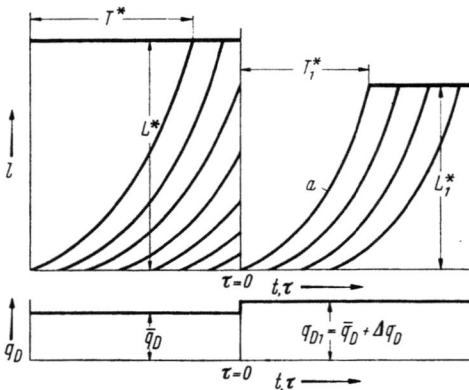

Abb. 7.20 Stationären Verdampfungsvorgängen entsprechender Teil des Weg-Zeit-Diagramms bei Schrittstörung der Beheizung

Mit Hilfe der bisherigen Überlegungen kann sofort ein Abb. 7.17 entsprechendes Diagramm entworfen werden. Die linksseitige Kurvenschar wird hierbei für q_D, die rechtsseitige für q_{D1} berechnet. Dabei ist noch zu beachten, daß hier neben unterschiedlichen Verdampfungslängen L^*, L_1^* nun auch verschiedene Durchlaufzeiten T^*, T_1^* entstehen (vgl. Abb. 7.20).

Zwischen den korrespondierenden Größen bestehen die folgenden einfachen Beziehungen:

aus (7.65) und (7.50): $\quad \dfrac{T_1^*}{T^*} = \dfrac{T_{V1}}{T_V} = \dfrac{q_D}{q_{D1}},$

aus (7.64) und (7.50): $\quad \dfrac{L_1^*}{L^*} = \dfrac{T_{V1}}{T_V} = \dfrac{q_D}{q_{D1}},$ $\qquad (7.76)$

d. h., sie ändern sich im umgekehrten Verhältnis wie die Wärmestromdichten.

7.2 Dynamisches Verhalten von Verdampfersystemen

Zur Untersuchung der Vorgänge im Übergangsgebiet (zwischen der Geraden $\tau = 0$ und der Linie a im Diagramm) ist analog der im vorangegangenen Fall angewandten Methode zu verfahren. Nur ist hier zu beachten, daß jetzt die Teilchen des Rohrinhaltes zur Zeit $\tau = 0$ nicht mehr nach der bisherigen Gesetzmäßigkeit weiter expandieren, sondern nach einer solchen, die der $\tau \gtreqless 0$ entsprechenden neuen Verdampferkennzeit T_{V1} entspricht.

Die Längen der Elemente nach $\Delta t, 2\Delta t$ usw. sind also zu berechnen nach

$$\lambda_2 = \lambda_1 e^{\Delta t/T_{V1}},$$

$$\lambda_3 = \lambda_2 e^{\Delta t/T_{V1}} = \lambda_1 e^{2\Delta t/T_{V1}} \text{ usw.}$$

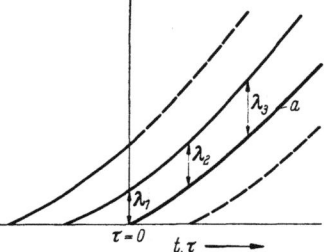

Abb. 7.21
Graphisch-rechnerische Bestimmung der Weg-Zeit-Linien des instationären Verdampfungsvorgangs nach schrittweiser Änderung der Beheizung

Auf der Linie a aufbauend, kann auf diese Weise der Bewegungsvorgang im transitorischen Gebiet schrittweise ermittelt werden (vgl. Abb. 7.21).

Es stellt sich nun noch die Frage nach der Lage des Verdampfungsendpunktes. Dieser ist im transitorischen Gebiet dann erreicht, wenn die einzelnen Teilchen nach Gl. (7.66) die Längenausdehnung $\lambda^* = \dfrac{v''}{v'} \lambda_0$ erreicht haben. Die entsprechenden Kurvenendpunkte sind am besten graphisch (durch Aufsuchen des vertikalen Kurvenabstandes λ^* mit dem Stechzirkel) zu ermitteln.

So entsteht ein Kurvenbild nach Abbildung 7.22, dem die *Verlagerung des Verdampfungsendpunktes* in Funktion der Zeit unmittelbar entnommen werden kann.

Die besonders kennzeichnenden Größen der Durchlaufzeit T^* bzw. die bleibende Verschiebung $\Delta L_\infty^* = L^* - L_1^*$ lassen sich in einfacher Weise mit Hilfe der in Abschn. 7.2.1 gegebenen Formeln berechnen.

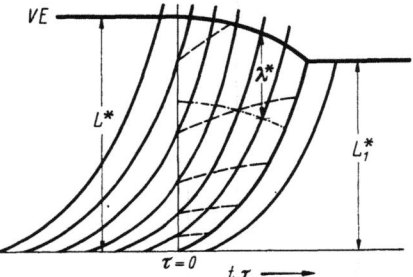

Abb. 7.22 Graphische Ermittlung der Verlagerung des Verdampfungsendpunktes nach einer Schrittstörung der Beheizung

Der zeitliche Verlauf des austretenden *Sattdampfstromes* — bezogen auf den wandernden Verdampfungsendpunkt oder auf einen festen Punkt des Systems — kann in gleicher Weise, wie für die Speisestromstörung erläutert, ermittelt werden.

Für den Fall des durch Trommel oder Restwasserabscheider fixierten Heizflächenendpunktes ist, unter Benützung des Weg-Zeit-Diagramms Abb. 7.22, in der unter Abschn. a) beschriebenen Art zu verfahren.

138 7. Verhalten der Wärmeübertragungssysteme des Dampferzeugers

Damit ergeben sich für wandernden Verdampfungsendpunkt Übergangsfunktionen nach Tab. 7.28, Fall 3 und 4, für festen Endpunkt der Verdampferheizfläche Kurven nach Fall 11 und 12.

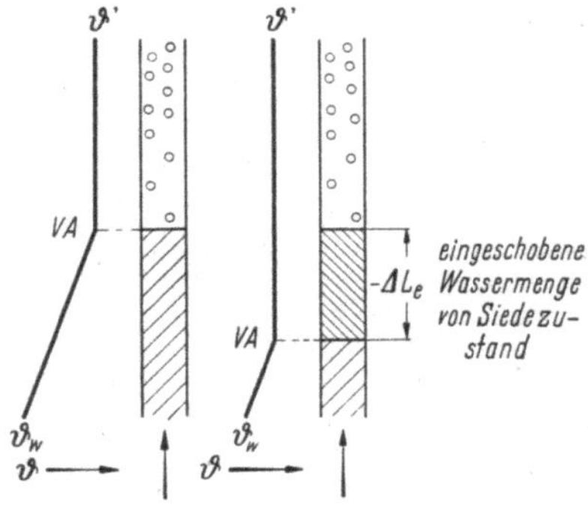

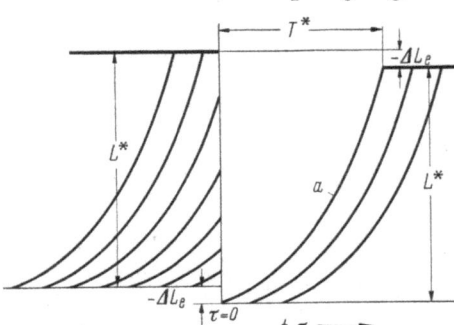

Abb. 7.23 Modell des Vorgangs sprunghafter Verschiebung des Verdampfungsanfangs (VA) gegen die Strömungsrichtung ($-\Delta L_e$)

Abb. 7.24 Stationären Verdampfungsvorgängen entsprechender Teil des Weg-Zeit-Diagramms bei schrittweiser Verlagerung des Verdampfungsanfangs gegen die Strömungsrichtung

c) **Verhalten bei schrittweiser Verlagerung des Punktes des Verdampfungsbeginnes.** Während bei den bisher betrachteten Fällen die Untersuchung von einer Modellvorstellung ausging, die sowohl für positive als auch negative Schrittänderung der Eingangsgröße gültig bleibt, erweist sich dies hier als schwierig. Um trotzdem unsere Überlegungen mit einem anschaulichen physikalischen Vorgang verbinden zu können, wird zunächst die positive und die negative Verlagerung des Punktes des Verdampfungsbeginnes getrennt betrachtet, wobei in Kauf genommen werden soll, daß die jeweiligen Modellvorstellungen nicht der exakten Umkehrung des Vorganges entsprechen.[1]

Die Bedingungen für eine schrittweise Verlagerung des Verdampfungsanfangspunktes *gegen die Strömungsrichtung* ($-\Delta L_e$) kann man sich etwa durch plötzliches Einspeisen einer gewissen Wassermenge von Siedezustand am Verdampfungsanfang herbeigeführt denken, wobei das vom Ekonomiser her nachströmende Wasser um die entsprechende Strecke zurückgedrängt werde (Abb. 7.23).

Nun kann zunächst das Diagramm des Verdampfungsvorganges wieder ohne weiteres gezeichnet werden bis zum Zeitpunkt $\tau = 0$ des Sprunges (linke Kurvenschar). Es kann auch, beginnend vom neuen Verdampfungsanfangspunkt, eine Schar gleich verlaufender Kurven auf der rechten Seite entworfen werden (vgl. Abb. 7.24).

---

[1] Bei rein analytischer Behandlung läßt sich das vermeiden.

7.2 Dynamisches Verhalten von Verdampfersystemen

Für die Vervollständigung des Diagramms im transitorischen Zwischengebiet ist nun davon auszugehen, daß sich vom Zeitpunkt $\tau = 0$ an ein zusätzliches Wasserelement von der Länge ΔL_e im Verdampfersystem befindet, dessen Verdampfung sich nach demselben Ausdehnungsgesetz vollzieht wie im stationären Fall. Die Länge dieses Elementes wird also nach Gl. (7.52) mit der Zeit anwachsen gemäß

$$\Delta L = \Delta L_e \, e^{t/T_V},$$

womit sich die Längen ΔL_1, ΔL_2 usw. nach Δt, $2\Delta t$ usw. in gleicher Weise berechnen wie früher. Auch die Durchlaufzeit T^* ist die gleiche wie bei allen anderen Elementen im Beharrungsregime. Damit läßt sich, aufbauend auf Linie a, die Kurve b einzeichnen (vgl. Abb. 7.25), die die Position des Kopfendes des eingeschobenen Elementes im Rohr als Funktion der Zeit wiedergibt. An Kurve b anschließend kann endlich das Diagramm in der für Fall a) ausführlich gezeigten Weise fertiggestellt werden.

Damit ist die Übergangsfunktion $\Delta L^* = f[\tau]$ für gegen den Strom wandernden Anfangspunkt der Verdampfung bestimmt. Sie hat die

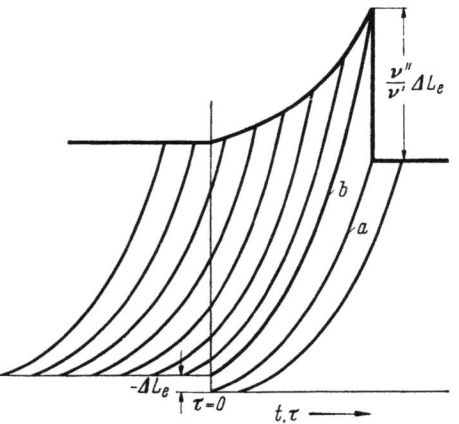

Abb. 7.25
Graphisch-rechnerische Bestimmung der Weg-Zeit-Linien des instationären Verdampfungsvorgangs nach schrittweiser Verlagerung des Verdampfungsanfangs gegen die Strömungsrichtung

charakteristische Gestalt nach Fall Nr. 7 in Tab. 7.28. Die wichtigsten kennzeichnenden Größen gehen aus den Abb. 7.24 und 7.25 hervor.

Bei gegen die Strömungsrichtung zurückweichendem Verdampfungsanfang tritt also in scheinbar paradoxer Weise zunächst ein Verlagern des Verdampfungsendpunktes in der umgekehrten Richtung ein, gefolgt von einem jähen Zurückfallen auf die neue Beharrungslage.

Die Bestimmung der Übergangsfunktionen des Sattdampfstromes bei wanderndem Endpunkt sowie der austretenden Dampf- und Restwasserströme bei festem Heizflächenendpunkt kann an Hand des Diagramms Abb. 7.25 wiederum in der bereits erläuterten Weise erfolgen. Es ergeben sich Kurven entsprechend den Fällen 8, 15 und 16 in Tab. 7.28.

Es werde nun noch der Fall der schrittweisen Verlagerung des Verdampfungsanfangspunktes *in Strömungsrichtung* besprochen ($+\Delta L_e$).

140 7. Verhalten der Wärmeübertragungssysteme des Dampferzeugers

Die Bedingungen dafür kann man sich durch plötzliches Absaugen des ersten im Rohr befindlichen Teiles des Wasser–Dampf-Gemisches und gleichzeitiges Nachziehen des Wassers aus dem Ekonomiser herbeigeführt denken (vgl. Abb. 7.26).

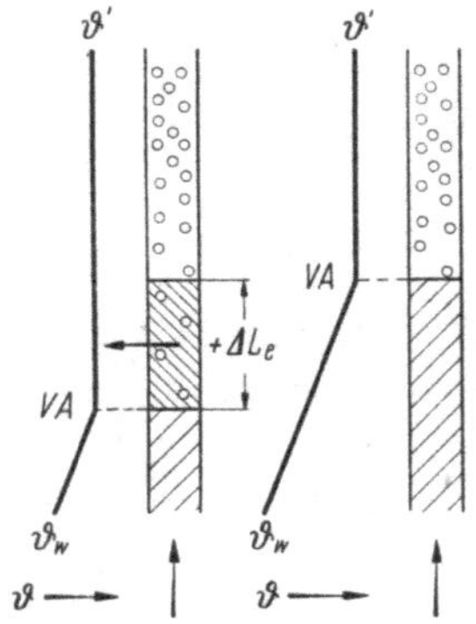

Nun wird zunächst wieder das zu Abb. 7.24 analoge Weg-Zeit-Diagramm entworfen. Beim Einzeichnen des transitorischen Teiles ist zu berücksichtigen, daß nach dem Zeitpunkt $\tau = 0$, abgesehen von dem aus dem Ekonomiser nachströmenden Wasser, nur noch der Restinhalt des Rohres von der Länge $L^* - \Delta L_e$ ausdampft. Im übrigen kann in gleicher Weise wie früher, aufbauend auf die Kurve a, das Diagramm vervollständigt werden (vgl. Abb. 7.27).

Abb. 7.26 Modell des Vorgangs sprunghafter Verschiebung des Verdampfungsanfangs in Strömungsrichtung ($+\Delta L_e$)

Aus diesem Diagramm ergibt sich, daß zwar auch wieder zunächst eine der Verschiebung des Verdampfungsanfanges gegenläufige Bewegung des Verdampfungsendpunktes erfolgt, daß diese jedoch nur so lange anhält, bis sie auf die sich neu bildende Gemischsäule, entstehend aus dem nach $\tau = 0$ eingespeisten Wasser, auftrifft (Punkt P_1). Von diesem Moment tritt bis zum Erreichen des neuen Beharrungsregimes (Punkt P_2) kein weiterer Sattdampf aus dem Dampf–Wasser-Raum. Vielmehr grenzen vom Punkt P_1 an Naßdampf und überhitzter Dampf unmittelbar aneinander. Das bedeutet selbstverständlich nicht, daß die Strömung an irgendeiner Stelle zum Stillstand kommt. — Die die zeitliche Verlagerung des Verdampfungsendpunktes darstellende Übergangsfunktion hat damit für positive Werte von ΔL_e die in Tab. 7.28, Fall 5, gezeigte typische Form.

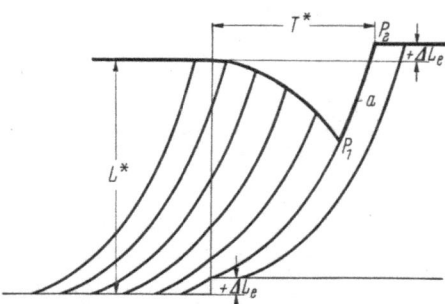

Abb. 7.27 Bestimmung der Weg-Zeit-Linien des instationären Verdampfungsvorgangs nach schrittweiser Verschiebung des Verdampfungsanfangs in Strömungsrichtung

Das Verhalten des Verdampfersystems gegenüber den betrachteten Verschiebungen des Verdampfungsanfangspunktes ist mithin unsymmetrisch. Der Unterschied ist jedoch nur für große Ausschläge merklich; unter der Voraussetzung kleiner Schwingungsweite verschwindet er praktisch.

Im übrigen kann auch hier die Bestimmung des zeitlichen Verlaufes des Dampf- bzw. Restwasserstromes bei beweglichem Verdampfungs-

7.2 Dynamisches Verhalten von Verdampfersystemen

endpunkt sowie bei festem Heizflächenendpunkt, wie früher beschrieben, vorgenommen werden. Man erhält dann Übergangsfunktionen entsprechend den Fällen 6, 13 und 14 der Tab. 7.28.

Tabelle 7.28 *Übertragungsverhalten von Durchlaufverdampfern. Grundsätzlicher Verlauf der Übergangsfunktionen*

Nr.	Wandernder Endpunkt der Verdampfer-Heizfläche			Fester Endpunkt der Verdampfer-Heizfläche			Nr.
	x_e	x_a	Übergangsfunktion	x_e	x_a	Übergangsfunktion	
1	$+\Delta M_W$	ΔL^*		$+\Delta M_W$	ΔM_{Wa}		9
2	$+\Delta M_W$	ΔM_{Da} ΔM_{Da}^*		$+\Delta M_W$	ΔM_{Da}		10
3	$+\Delta q$	ΔL^*		$+\Delta q_D$	ΔM_{Wa}		11
4	$+\Delta q$	ΔM_{Da} ΔM_{Da}^*		$+\Delta q_D$	ΔM_{Da}		12
5	$+\Delta L_e$	ΔL^*		$+\Delta L_e$	ΔM_{Wa}		13
6	$+\Delta L_e$	ΔM_{Da} ΔM_{Da}^*		$+\Delta L_e$	ΔM_{Da}		14
7	$-\Delta L_e$	ΔL^*		$-\Delta L_e$	ΔM_{Wa}		15
8	$-\Delta L_e$	ΔM_{Da} ΔM_{Da}^*		$-\Delta L_e$	ΔM_{Da}		16

7.2.3 Analytische Bestimmung der Übergangsfunktionen

Das im vorhergehenden Abschnitt entwickelte graphische Verfahren erlaubt es, die Abb. 7.9 entsprechenden Übergangsfunktionen im gegebenen Einzelfall zu bestimmen. Nun ist es aber auch möglich, das Übertragungsverhalten von Durchlaufverdampfersystemen auf rein rechnerischem Wege zu erhalten. Mit einmal abgeleiteten Formeln sind hierbei die Übergangsfunktionen wesentlich schneller und genauer zu ermitteln als auf graphischem Wege; darüber hinaus läßt sich auf Grund der Rechnung besser eine Übersicht über die prinzipiellen Übertragungseigenschaften solcher Systeme gewinnen.

Die folgenden Rechnungen[1] stützen sich auf die gleichen Vorstellungen und Annahmen, wie sie bereits dem graphischen Verfahren zugrunde gelegt wurden. Auch die Methode zur Bestimmung der Übergangsfunktionen ist im Prinzip dieselbe, nur wird jetzt von der Möglichkeit Gebrauch gemacht, das Zeitintervall Δt durch Grenzübergang gegen Null gehen zu lassen und damit — im Rahmen der Voraussetzungen — ein exaktes Ergebnis zu erhalten.

Es kann deshalb wohl darauf verzichtet werden, die Ableitung für jeden Fall in allen Einzelheiten hier wiederzugeben. Es wird vielmehr nur der allgemeine Rechengang skizziert und an einem durchgerechneten Beispiel dessen Ausführung dargelegt.

Die Rechnung geht in jedem Falle davon aus, daß sich im stationären Zustand der Inhalt des Verdampfersystems aus einer — zunächst noch endlichen — Anzahl von Arbeitsmittelelementen zusammensetzt, deren thermodynamischer Zustand und damit deren Länge λ sich auf Grund ihrer jeweiligen Aufenthaltsdauer im Verdampferrohr und den dabei herrschenden Bedingungen (Beheizung usw.) berechnen lassen. Der so erhaltene Summenausdruck wird nun dem Grenzübergang $\Delta t \to 0$ unterworfen.

Aus den so gewonnenen Beziehungen lassen sich dann allgemein und im besonderen am Verdampferende spezifisches Volumen und Geschwindigkeit des Arbeitsmittelstromes abhängig von der Zeit bestimmen. Damit kann die Berechnung der gesuchten Übergangsfunktionen erfolgen, wenn noch die Randbedingungen am Verdampferaustritt ($\Delta L_a = 0$ für Verdampfer mit nachfolgendem Restwasserabscheider bzw. $v_a = v''$ für wandernden Verdampfungsendpunkt) berücksichtigt werden.

Das Vorgehen sei am Beispiel der *Speisestromstörung* im einzelnen dargelegt. In diesem Fall wird bei schrittweiser Änderung des Speisestromes M_W das Geschehen im Verdampfer durch ein Weg-Zeit-Diagramm nach Abb. 7.29 dargestellt (vgl. auch Abb. 7.18). Für ein während des transitorischen Zeitabschnittes im System befindliches Teilchen sind

---
[1] Durchgeführt von meinem Assistenten Dipl.-Ing. U. BACHMANN.

7.2 Dynamisches Verhalten von Verdampfersystemen   143

dabei zwei Zeitangaben wichtig: 1. die Zeit t, während welcher sich das Teilchen im Verdampfer befindet, und 2. die Zeit τ seit dem Einsetzen der Störung. Da stets gleichbleibende Zeitintervalle vorausgesetzt werden, kann hierbei immer gesetzt werden

$$t = n\,\Delta t, \quad \tau = k\,\Delta t. \tag{7.77}$$

Nun ist der Weg, den das Kopfende eines beliebigen Teilchens (Punkt P in Diagramm 7.29) aus dem transitorischen Bereich im Rohrsystem zu-

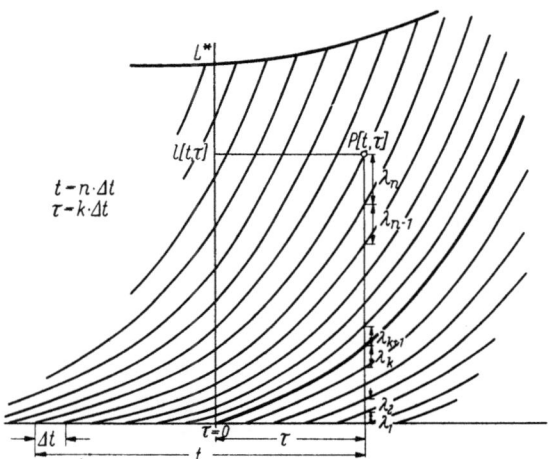

Abb. 7.29 Zur Berechnung des Übertragungsverhaltens eines Durchlaufverdampfers bei Speisestromstörung

rückgelegt hat, gleich der Summe der Längen aller vor diesem Punkt im System befindlichen n Teilchen, mithin

$$l = \lambda_1 + \lambda_2 + \cdots + \lambda_k + \lambda_{k+1} + \cdots + \lambda_n = \sum_{i=1}^{n} \lambda_i. \tag{7.78}$$

Die einzelnen Längen λ_i berechnen sich nach Gl. (7.52) zu

$$\lambda_i = \lambda_{i0}\, e^{i\Delta t/T_V},$$

wobei für λ_0 nach Gl. (7.67) noch gilt:

$$\lambda_{0i} = \frac{M_{Wi}}{A}\, v'\, T_V\,(1 - e^{-\Delta t/T_V}) = w_{0i}\, T_V\,(1 - e^{-\Delta t/T_V}).$$

Nun herrschte beim Eintritt der Teilchen $k+1$ bis n noch die ursprüngliche Eintrittsgeschwindigkeit w_0 entsprechend dem Speisestrom M_W, für die Teilchen 1 bis k jedoch bereits $w_0 + \Delta w$ gemäß $M_W + \Delta M_W$. Demgemäß ist für $1 < i < k$:

$$\lambda_{0i} = (w_0 + \Delta w)\, T_V\,(1 - e^{-\Delta t/T_V}),$$

für $k+1 < i < n$:
$$\lambda_{0i} = w_0 T_V (1 - e^{-\Delta t/T_V}).$$

Damit läßt sich nun Gl. (7.78) schreiben:
$$l = \sum_{i=1}^{k}(w_0 + \Delta w) T_V(1 - e^{-\Delta t/T_V}) e^{i\Delta t/T_V} + \sum_{i=k+1}^{n} w_0 T_V (1 - e^{-\Delta t/T_V}) e^{i\Delta t/T_V}$$

oder ausmultipliziert und geordnet:
$$l = w_0 T_V (1 - e^{-\Delta t/T_V}) \sum_{i=1}^{n} e^{i\Delta t/T_V} + \Delta w\, T_V (1 - e^{-\Delta t/T_V}) \sum_{i=1}^{k} e^{i\Delta t/T_V}. \quad (7.79)$$

Beim Grenzübergang $\Delta t \to 0$ geht diese Summengleichung unter Berücksichtigung von Gl. (7.77) über in die Form
$$l = w_0 T_V(e^{t/T_V} - 1) + \Delta w\, T_V(e^{\tau/T_V} - 1). \quad (7.80)$$

Diese Gleichung gibt die Länge l im transitorischen Bereich abhängig von den beiden kennzeichnenden Zeitwerten t und τ an.

Da auf Grund der Definitionen von t und τ gilt:
$$dt = d\tau,$$

kann die Geschwindigkeit des Punktes P im Rohrsystem unmittelbar durch Derivation von Gl. (7.80) nach t bzw. τ gefunden werden:
$$w = w_0\, e^{t/T_V} + \Delta w\, e^{\tau/T_V}. \quad (7.81)$$

Das spezifische Volumen des Teilchens n ist bei unveränderlicher Beheizung nur eine Funktion von t und ist damit nach Gl. (7.55) zu berechnen:
$$v = v'\, e^{t/T_V}. \quad (7.82)$$

Für die Darstellung der Übergangsfunktionen ist τ als einzige Zeitkoordinate anzustreben. Unter Benützung von Gl. (7.80) kann t wie folgt aus (7.81) bzw. (7.82) eliminiert werden. Durch Auflösen von Gl. (7.80) nach e^{t/T_V} ergibt sich zunächst
$$e^{t/T_V} = \frac{l - \Delta w_0 T_V(e^{\tau/T_V} - 1)}{w_0 T_V} + 1 = \left(\frac{l}{w_0 T_V} + 1\right) - \frac{\Delta w}{w_0}(e^{\tau/T_V} - 1). \quad (7.83)$$

Nun ist aber aus Gln. (7.61) und (7.58) für Beharrung[1]:
$$\frac{\bar{v}}{v'} = \frac{\bar{w}}{w_0} = e^{\bar{t}/T_V} = \frac{\bar{l}}{w_0 T_V} + 1,$$

so daß für parametrisch behandeltes l Gl. (7.83) auch geschrieben werden kann
$$e^{t/T_V} = \frac{\bar{w}}{w_0} - \frac{\Delta w}{w_0}(e^{\tau/T_V} - 1) = \frac{\bar{v}}{v'} - \frac{\Delta w}{w_0}(e^{\tau/T_V} - 1). \quad (7.84)$$

---

[1] Der Querstrich weist auf Beharrungsregime hin.

7.2 Dynamisches Verhalten von Verdampfersystemen

Setzt man dies in Gl. (7.81) ein, so folgt:

$$w = \bar{w} - \Delta w (e^{\tau/T_V} - 1) + \Delta w \, e^{\tau/T_V} = \bar{w} + \Delta w. \qquad (7.85)$$

Damit ist ausgesagt, daß sich im Zeitpunkt $\tau = 0$ die Geschwindigkeit des Rohrinhaltes des Verdampfers an jeder Stelle um den gleichen Betrag Δw erhöht, um den die Eintrittsgeschwindigkeit w_0 sprunghaft zugenommen hat.

Für das spezifische Volumen in Abhängigkeit von τ findet man durch Einsetzen von (7.84) in (7.82)

$$v = v' \frac{\bar{v}}{v'} - v' \frac{\Delta w}{w_0} (e^{\tau/T_V} - 1) = \bar{v} - v' \frac{\Delta w}{w_0} (e^{\tau/T_V} - 1), \qquad (7.86)$$

worin $\bar{v}$ das spezifische Volumen bedeutet, welches vor der Störung an der betrachteten Stelle des Rohrsystems vorlag.

Aus v läßt sich mit Hilfe der bereits benutzten Beziehung (s. Gl. (7.74))

$$x = \frac{v - v'}{v'' - v'}$$

und mit Gl. (7.86) der Dampfgehalt bestimmen

$$x = \frac{\bar{v} - v' \dfrac{\Delta w}{w_0}(e^{\tau/T_V} - 1) - v'}{v'' - v'} = \frac{\bar{v} - v'}{v'' - v'} - \frac{\Delta w}{w_0} \frac{v'}{v'' - v'}(e^{\tau/T_V} - 1)$$

oder

$$x = \bar{x} - \frac{\Delta w}{w_0} \psi (e^{\tau/T_V} - 1). \qquad (7.87)$$

Hierin hat $\bar{x}$ die Bedeutung des Dampfanteiles an der betrachteten Stelle vor der Störung. Der Wasseranteil ist unmittelbar durch $1 - x$ gegeben.

Der an einer beliebigen Stelle des Systems vorbeifließende gesamte Arbeitsmittelstrom ist durch die Beziehung

$$M = \frac{w A}{v}$$

bestimmbar. Mit den Gln. (7.85) und (7.86) ergibt sich

$$M = \frac{(\bar{w} + \Delta w) A}{\bar{v} - v' \dfrac{\Delta w}{w_0}(e^{\tau/T_V} - 1)} = \frac{A \, w_0}{v'} \frac{\dfrac{\bar{w}}{w_0} + \dfrac{\Delta w}{w_0}}{\dfrac{\bar{v}}{v'} - \dfrac{\Delta w}{w_0}(e^{\tau/T_V} - 1)},$$

woraus mit $\dfrac{\bar{v}}{v'} = \dfrac{\bar{w}}{w_0}$

$$M = \bar{M} \frac{\dfrac{\bar{w}}{w_0} + \dfrac{\Delta w}{w_0}}{\dfrac{\bar{w}}{w_0} - \dfrac{\Delta w}{w_0}(e^{\tau/T_V} - 1)}. \qquad (7.88)$$

Durch Multiplikation mit x bzw. $(1-x)$ kann daraus auch sofort der Sattdampf- bzw. der Sattwasserstrom an der fraglichen Stelle berechnet werden.

Es bleibt nun noch übrig, die Grenzbedingungen für die beiden Fälle wandernder Verdampfungsendpunkt bzw. fester Verdampferheizflächen-Endpunkt einzuführen.

a) **Wandernder Verdampfungsendpunkt.** Die Durchlaufzeit T^* wurde bereits früher berechnet zu:

$$T^* = T_V \ln\left(\frac{v''}{v'}\right) = T_V \chi. \tag{7.65}$$

Da T_V und χ vom Arbeitsmittelstrom unbeeinflußt bleiben, ist T^* konstant, auch im transitorischen Bereich. T^* ist damit auch gleich der Dauer des transitorischen Regimes.

Die Verdampferlänge L^* im Übergangsbereich ist aus Gl. (7.80) zu berechnen. Nach dem eben Festgestellten kann in dieser Beziehung $t = T^*$ gesetzt werden, womit der Ausdruck

$$w_0 \, T_V (e^{T^*/T_V} - 1) = w_0 \, T_V \left(\frac{v''}{v'} - 1\right) = w_0 \, T_V \left(\frac{v'' - v'}{v'}\right) = \bar{L}^*$$

mit Rücksicht auf die Gln. (7.64) und (7.65) die Bedeutung der Verdampferlänge $\bar{L}^*$ vor Eintritt der Störung bekommt. Damit wird für den Übergangsbereich

$$\underline{L^* = \bar{L}^* + \Delta w \, T_V (e^{\tau/T_V} - 1).} \tag{7.89}$$

Bei Erreichen des neuen Beharrungszustandes wird $\tau = T^*$, mithin die entsprechende Verdampferlänge mit Gln. (7.64) und (7.65)

$$\underline{\bar{L}_1^* = \bar{L}^* + \Delta w \, T_V \left(\frac{v'' - v'}{v'}\right) = \frac{(w_0 + \Delta w) \, T_V}{\psi}.} \tag{7.90}$$

Damit ist die Übergangsfunktion $L^* = f[\tau]$ bestimmt.

Der zeitliche Verlauf des Sattdampfstromes, bezogen auf einen festen Systempunkt, ergibt sich aus

$$M_{Da} = \frac{w A}{v''},$$

wobei w für $t = T^*$ aus Gl. (7.81) zu berechnen ist:

$$w = w_0 \, e^{T^*/T_V} + \Delta w \, e^{\tau/T_V} = w_0 \frac{v''}{v'} + \Delta w \, e^{\tau/T_V}.$$

Damit wird

$$M_{Da} = \frac{w_0 A}{v'} + \frac{\Delta w A}{v''} e^{\tau/T_V} = \bar{M}_W + \frac{\Delta w}{w_0} \bar{M}_W \frac{v'}{v''} e^{\tau/T_V}$$

oder

$$\underline{M_{Da} = \bar{M}_W \left(1 + \frac{\Delta w}{w_0} \frac{v'}{v''} e^{\tau/T_V}\right) = \bar{M}_{Da} + \Delta M_W \frac{v'}{v''} e^{\tau/T_V}.} \tag{7.91}$$

7.2 Dynamisches Verhalten von Verdampfersystemen

Am Ende der Übergangsperiode geht M_{Da} in den neuen Beharrungswert über; mit $\tau = T^*$ wird dieser wie zu erwarten

$$\bar{M}_{Da\,1} = \bar{M}_W \left(1 + \frac{\Delta w}{w_0} \frac{v'}{v''} \frac{v''}{v'}\right) = \bar{M}_W + \Delta M_W. \tag{7.92}$$

Damit ist auch die Übergangsfunktion $M_{Da} = f[\tau]$ gefunden.

b) Fester Verdampferheizflächen-Endpunkt. Hier ist zunächst der Zustand vor der Störung festzulegen. Es sei am Heizflächenaustritt der Dampfanteil $\bar{x}$, der Wasseranteil $(1 - \bar{x})$. Das entsprechende spezifische Austrittsvolumen ist

$$\bar{v} = \bar{x}(v'' - v') + v'. \tag{7.93}$$

Nun ist der aus der Heizfläche austretende Arbeitsmittelstrom durch Gl. (7.88) gegeben. Darin wird mit (7.93) der Ausdruck

$$\frac{\bar{w}}{w_0} = \frac{\bar{v}}{v'} = \bar{x}\frac{v'' - v'}{v'} + 1 = \frac{\bar{x}}{\psi} + 1,$$

womit Gl. (7.88) die Form gegeben werden kann:

$$M_a = \bar{M}_W \frac{\dfrac{\bar{x}}{\psi} + 1 + \dfrac{\Delta w}{w_0}}{\dfrac{\bar{x}}{\psi} + 1 - \dfrac{\Delta w}{w_0}(e^{\tau/T_V} - 1)}. \tag{7.94}$$

Damit ist der zeitliche Verlauf von M_a abhängig von τ gegeben. Gl. (7.94) ist gültig bis zum Erreichen des neuen Beharrungszustandes, d. h. bis $\tau = T_1$. Der Wert von T_1 ist bereits früher berechnet worden zu

$$T_1 = T_V \ln\left(1 + \frac{L_H A}{M_{W\,1} v' T_V}\right), \tag{7.76}$$

welche Beziehung mit Rücksicht auf Gl. (7.50) und mit

$$M_{W\,1} = \bar{M}_W \left(1 + \frac{\Delta w}{w_0}\right).$$

auch geschrieben werden kann

$$T_1 = T_V \ln\left[1 + \frac{L_H U q_D A (v'' - v')}{A_R r v' \bar{M}_W \left(1 + \dfrac{\Delta w}{w_0}\right)}\right] = T_V \ln\left[1 + \frac{\bar{M}_D (v'' - v')}{\bar{M}_W v' \left(1 + \dfrac{\Delta w}{w_0}\right)}\right]$$

oder

$$T_1 = T_V \ln\left[1 + \frac{\bar{x}}{\psi\left(1 + \dfrac{\Delta w}{w_0}\right)}\right]. \tag{7.95}$$

Es läßt sich leicht zeigen, daß für $\tau = T_1$ der Arbeitsmittelstrom M_a den neuen Beharrungswert annimmt (Einsetzen von Gl. (7.95) in Gl. (7.94)):

$$\bar{M}_{a\,1} = \bar{M}_W \left(1 + \frac{\Delta w}{w_0}\right). \tag{7.96}$$

7. Verhalten der Wärmeübertragungssysteme des Dampferzeugers

Die als gesuchte Übergangsfunktionen interessierenden Beziehungen

$$M_{Da} = f[\tau], \qquad M_{Wa} = f[\tau]$$

finden sich jetzt durch Multiplikation des Austrittsstromes M_a mit x bzw. $(1-x)$, wobei für x der durch Gl. (7.87) gegebene Ausdruck einzusetzen ist. Es wird

$$M_{Da} = M_a\, x = \bar{M}_W \frac{\left(\dfrac{\bar{x}}{\psi} + 1 + \dfrac{\Delta w}{w_0}\right)\left[\bar{x} - \dfrac{\Delta w}{w_0}\psi\,(e^{\tau/T_V} - 1)\right]}{\dfrac{\bar{x}}{\psi} + 1 - \dfrac{\Delta w}{w_0}(e^{\tau/T_V} - 1)}, \qquad (7.97)$$

$$M_{Wa} = M_a(1-x) = \bar{M}_W \frac{\left(\dfrac{\bar{x}}{\psi} + 1 + \dfrac{\Delta w}{w_0}\right)\left[(1-\bar{x}) + \dfrac{\Delta w}{w_0}\psi\,(e^{\tau/T_V} - 1)\right]}{\dfrac{\bar{x}}{\psi} + 1 - \dfrac{\Delta w}{w_0}(e^{\tau/T_V} - 1)}.$$

$$(7.98)$$

Beim Erreichen des neuen Beharrungszustandes werden die entsprechenden Werte (s. Gl. (7.96)):

$$\bar{M}_{Da1} = \bar{M}_{a1}\,\bar{x}_1 = \bar{M}_W\left(1 + \frac{\Delta w}{w_0}\right)\frac{\bar{x}}{1 + \dfrac{\Delta w}{w_0}} = \bar{M}_W\,\bar{x} = \bar{M}_{Da}, \qquad (7.99)$$

$$\bar{M}_{Wa1} = \bar{M}_{a1}(1-\bar{x}_1) = \bar{M}_W\left(1 + \frac{\Delta w}{w_0}\right)\frac{1 - \bar{x} + \dfrac{\Delta w}{w_0}}{1 + \dfrac{\Delta w}{w_0}}$$

$$= \bar{M}_W\left(1 - \bar{x} + \frac{\Delta w}{w_0}\right). \qquad (7.100)$$

Der Sattdampfstrom fällt also erwartungsgemäß auf den Wert vor der Störung zurück, der Wasserstrom erleidet eine der Speisestromänderung gleiche bleibende Änderung

$$\Delta M_{Wa} = \bar{M}_{Wa1} - \bar{M}_{Wa} = \bar{M}_W \frac{\Delta w}{w_0} = \Delta M_W.$$

Damit sind auch für den Fall festen Heizflächenendpunktes die gesuchten Übergangsfunktionen formelmäßig vollständig bestimmt.

In sinngemäß abgewandelter Weise lassen sich nun auch für Beheizungsstörung bzw. für Verschiebung des Verdampfungsanfangspunktes formelmäßige Ausdrücke für die korrespondierenden Übergangsfunktionen finden. Auf die Wiedergabe der keine neuartigen Überlegungen mehr fordernden Ableitungen sei verzichtet; vielmehr werden nur die sich ergebenden Gebrauchsformeln, gemeinsam mit den bereits für Speisestromstörung ermittelten, nachfolgend zusammengestellt.

7.2 Dynamisches Verhalten von Verdampfersystemen

Zusammenstellung der Gebrauchsformeln (s. a. Tab. 7.28).

a1) Speisestromstörung/beweglicher Verdampfungsendpunkt

$\underline{\Delta L^* = f[\tau]}$ $\qquad T^* = T_V \gamma,$

$\qquad\qquad\qquad \Delta L^* = \Delta w_0 \, T_V (e^{\tau/T_V} - 1),$

$\tau = 0: \quad \Delta L^* = 0,$

$\tau = T^*: \quad \Delta L^* = \dfrac{\Delta w_0 \, T_V}{\psi},$

$\underline{\Delta M_{Da} = f[\tau]} \qquad \Delta M_{Da} = \Delta M_W \dfrac{v'}{v''} e^{\tau/T_V},$

$\tau = 0 \qquad \Delta M_{Da} = \Delta M_W \dfrac{v'}{v''},$

$\tau = T^* \qquad \Delta M_{Da} = \Delta M_W.$

a2) Speisestromstörung/fester Heizflächenendpunkt

$\underline{\Delta M_{Wa} = f[\tau]} \qquad T_1 = T_V \ln\left[1 + \dfrac{\bar{x}}{\psi\left(1 + \dfrac{\Delta w_0}{\bar{w}_0}\right)}\right],$

$$\Delta M_{Wa} = \Delta M_W \dfrac{(\psi + 1)\, e^{\tau/T_V}}{\dfrac{\bar{x}}{\psi} + 1 - \dfrac{\Delta w_0}{\bar{w}_0}(e^{\tau/T_V} - 1)} - \psi,$$

$\tau = 0: \quad \Delta M_{Wa} = (1 - \bar{x})\dfrac{\psi}{\bar{x} + \psi},$

$\tau = T_1: \quad \Delta M_{Wa} = \bar{M}_W \dfrac{\Delta w_0}{\bar{w}_0} = \Delta M_W.$

$\underline{\Delta M_{Da} = f[\tau]} \qquad \Delta M_{Da} = \Delta M_W\left[\psi - \dfrac{\psi\, e^{\tau/T_V}}{\dfrac{\bar{x}}{\psi} + 1 - \dfrac{\Delta w_0}{\bar{w}_0}(e^{\tau/T_V} - 1)}\right],$

$\tau = 0: \quad \Delta M_{Da} = \Delta M_W \,\bar{x}\, \dfrac{\psi}{\bar{x} + \psi},$

$\tau = T_1: \quad \Delta M_{Da} = 0.$

b1) Beheizungsstörung/beweglicher Verdampfungsendpunkt

$\underline{\Delta L^* = f[\tau]} \qquad T_1^* = \dfrac{\bar{q}_D}{\bar{q}_D + \Delta q_D} \, \bar{T}^* = \dfrac{\bar{q}_D}{\bar{q}_D + \Delta q_D} \, \bar{T}_V \gamma,$

$$\Delta L^* = -L^* \psi \dfrac{\Delta q_D}{\bar{q}_D + \Delta q_D}\left(e^{\left(1 + \frac{\Delta q_D}{\bar{q}_D}\right)\frac{\tau}{\bar{T}_V}} - 1\right),$$

150 7. Verhalten der Wärmeübertragungssysteme des Dampferzeugers

$\tau = 0:$ $\quad \Delta L^* = 0,$

$\tau = T_1^*:$ $\quad \Delta L^* = - \bar{L}^* \dfrac{\Delta q_D}{\bar{q}_D + \Delta q_D}.$

$\underline{\Delta M_{Da} = f[\tau]}$ $\quad \Delta M_{Da} = \bar{M}_W \dfrac{\Delta q_D}{\bar{q}_D} \left(1 - \dfrac{v'}{v''} e^{\left(1 + \frac{\Delta q_D}{\bar{q}_D}\right)\frac{\tau}{\bar{T}_V}} \right),$

$\tau_* = 0:$ $\quad \Delta M_{Da} = \bar{M}_W \dfrac{\Delta q_D}{\bar{q}_D} \left(1 - \dfrac{v'}{v''} \right),$

$\tau = T_1^*:$ $\quad \Delta M_{Da} = 0.$

b 2) Beheizungsstörung/fester Heizflächenendpunkt

$\underline{\Delta M_{Wa} = f[\tau]}$ $\quad T_1 = \dfrac{\bar{T}_V}{1 + \dfrac{\Delta q_D}{\bar{q}_D}} \ln \left[\left(1 + \dfrac{\Delta q_D}{\bar{q}_D}\right) \dfrac{\bar{x}}{\psi} + 1 \right],$

$\Delta M_{Wa} = \bar{M}_W \dfrac{\Delta q_D}{\bar{q}_D} \left\{ \dfrac{\left[\dfrac{\bar{x}}{\psi} - \dfrac{\bar{q}_D}{\bar{q}_D + \Delta q_D} \left(e^{\left(1 + \frac{\Delta q_D}{\bar{q}_D}\right)} - 1 \right) \right](1 + \psi)}{\dfrac{\bar{x}}{\psi} + 1 + \dfrac{\Delta q_D}{\bar{q}_D + \Delta q_D} \left(e^{\left(1 + \frac{\Delta q_D}{\bar{q}_D}\right)\frac{\tau}{\bar{T}_V}} - 1 \right)} - \bar{x} \right\}.$

$\tau = 0:$ $\quad \Delta M_{Wa} = \bar{M}_W \dfrac{\Delta q_D}{\bar{q}_D} (1 - x) \dfrac{\dfrac{\bar{x}}{\psi}}{\dfrac{\bar{x}}{\psi} + 1},$

$\tau = T_1:$ $\quad \Delta M_{Wa} = - \bar{M}_W \dfrac{\Delta q_D}{\bar{q}_D} \bar{x}.$

$\underline{\Delta M_{Da} = f[\tau]}$

$\Delta M_{Da} = \bar{M}_W \dfrac{\Delta q_D}{\bar{q}_D} \left\{ \bar{x} - \dfrac{\psi \left[\dfrac{\bar{x}}{\psi} - \dfrac{\bar{q}_D}{\bar{q}_D + \Delta q_D} \left(e^{\left(1 + \frac{\Delta q_D}{\bar{q}_D}\right)\frac{\tau}{\bar{T}_V}} - 1 \right) \right]}{\dfrac{\bar{x}}{\psi} + 1 + \dfrac{\Delta q_D}{\bar{q}_D + \Delta q_D} \left(e^{\left(1 + \frac{\Delta q_D}{\bar{q}_D}\right)\frac{\tau}{\bar{T}_V}} - 1 \right)} \right\},$

$\tau = 0:$ $\quad \Delta M_{Da} = \bar{M}_W \dfrac{\Delta q_D}{\bar{q}_D} \bar{x} \dfrac{\dfrac{\bar{x}}{\psi}}{\dfrac{\bar{x}}{\psi} + 1},$

$\tau = T_1:$ $\quad \Delta M_{Da} = + \bar{M}_W \dfrac{\Delta q_D}{\bar{q}_D} \bar{x}.$

7.2 Dynamisches Verhalten von Verdampfersystemen

c1) Verlagerung des Verdampfungsanfangspunktes/beweglicher Verdampfungsendpunkt[1]

$\underline{\Delta L^* = f[\tau]}$ $\quad T_1^* = T^* = T_V \gamma,$

$\qquad\qquad\quad \Delta L^* = - \Delta L_e (e^{\tau/T_V} - 1),$ $\qquad\qquad$ *)

$\tau = 0:\qquad \Delta L^* = 0,$ $\qquad\qquad$ *)

$\tau = T_{-0}^*:\quad \Delta L^* = - \Delta L_e \dfrac{1}{\psi},$

$\tau = T_{+0}^*:\quad \Delta L^* = + \Delta L_e.$

$\underline{\Delta M_{Da} = f[\tau]}$ $\quad \Delta M_{Da} = -\overline{M}_W \dfrac{\Delta L_e}{\overline{L}^*} \dfrac{v'}{v''} \dfrac{1}{\psi} e^{\tau/T_V},$ $\qquad$ *)

$\tau = 0:\quad \Delta M_{Da} = -\overline{M}_W \dfrac{\Delta L_e}{\overline{L}^*} \dfrac{v'}{v''} \dfrac{1}{\psi},$ $\qquad$ *)

$\tau = T_{-0}^*: \Delta M_{Da} = -\overline{M}_W \dfrac{\Delta L_e}{\overline{L}^*} \dfrac{1}{\psi},$

$\tau = T_{+0}^*: \Delta M_{Da} = 0.$ $\qquad\qquad$ *)

c2) Verlagerung des Verdampfungsanfangspunktes/fester Heizflächenendpunkt[1]

$\underline{\Delta M_{Wa} = f[\tau]}\quad T_1 = T_V \ln\left[\dfrac{\bar{x} - \dfrac{\Delta L_e}{\overline{L}^*}}{\psi} + 1\right],$

$\qquad\qquad\qquad T_2 = T_V \ln\left[\dfrac{\bar{x}}{\psi - \dfrac{\Delta L_e}{\overline{L}^*}} + 1\right],$

$0 \leq \tau \leq T_2:\quad \Delta M_{Wa} = +\overline{M}_W \dfrac{\Delta L_e}{\overline{L}^*}\left[1 - \dfrac{(1+\psi)e^{\tau/T_V}}{\bar{x} + \psi + \dfrac{\Delta L_e}{\overline{L}^*}(e^{\tau/T_V} - 1)}\right],$ *)

$T_2 \leq \tau \leq T_1:\quad \Delta M_{Wa} = +\overline{M}_W \left[\dfrac{\Delta L_e}{\overline{L}^*} + \dfrac{\psi + 1}{\psi} \dfrac{\bar{x} - \dfrac{\Delta L_e}{\overline{L}^*} - \psi(e^{\tau/T_V} - 1)}{e^{\tau/T_V}}\right],$

$\tau = 0:\quad \Delta M_{Wa} = -\overline{M}_W \dfrac{\Delta L_e}{\overline{L}^*} \dfrac{1 - \bar{x}}{\bar{x} + \psi},$ $\qquad$ *)

$\tau = T_2:\quad \Delta M_{Wa} = -\overline{M}_W \dfrac{\Delta L_e}{\overline{L}^*} \dfrac{1}{\psi},$

$\tau = T_1:\quad \Delta M_{Wa} = +\overline{M}_W \dfrac{\Delta L_e}{\overline{L}^*}.$

---

[1] Es wird hier nur die der negativen Störung entsprechende Lösung angeführt. Die mit *) bezeichneten Gleichungen gelten auch für positive Störungen, hingegen sind die Grenzen neu zu berechnen.

152 7. Verhalten der Wärmeübertragungssysteme des Dampferzeugers

$\Delta M_{Da} = f[\tau]$

$0 \leq \tau \leq T_2$: $\quad \Delta M_{Da} = -\overline{M}_W \dfrac{\Delta L_e}{\overline{L}^*} \left[1 - \dfrac{\psi\, e^{\tau/T_V}}{\bar{x} + \psi + \dfrac{\Delta L_e}{\overline{L}^*}(e^{\tau/T_V} - 1)} \right]$, *)

$T_2 \leq \tau \leq T_1$: $\quad \Delta M_{Da} = -\overline{M}_W \left[\dfrac{\Delta L_e}{\overline{L}^*} + \dfrac{\bar{x} - \dfrac{\Delta L_e}{\overline{L}^*} - \psi(e^{\tau/T_V} - 1)}{e^{\tau/T_V}} \right]$,

$\tau = 0$: $\quad \Delta M_{Da} = -\overline{M}_W \dfrac{\Delta L_e}{\overline{L}^*} \dfrac{\bar{x}}{\bar{x} + \psi}$, *)

$\tau = T_2$: $\quad \Delta M_{Da} = 0$,

$\tau = T_1$: $\quad \Delta M_{Da} = -M_W \dfrac{\Delta L_e}{\overline{L}^*}$.

7.2.4 Näherungsbeziehungen für das Übertragungsverhalten von Durchlaufverdampfern

Für den praktischen Gebrauch sind die eben angegebenen Formeln meist zu unhandlich. Man erhält nun wesentlich einfachere Beziehungen, wenn man die Kurvenstücke der Übergangsfunktionen durch Gerade ersetzt[1]. Das führt auf die in den Tab. 7.30 und 7.31 dargestellten Formen. Zu diesen derart vereinfachten Übergangsfunktionen lassen sich leicht die korrespondierenden Übertragungsfunktionen herleiten. Die entsprechenden Formeln sowie die zugehörigen Gangkurven sind ebenfalls in den erwähnten Tabellen angegeben. Die Koeffizienten b, c usw. sind auf einfache Weise aus den Eckwerten der Näherungsübergangsfunktionen zu berechnen. Für viele Fälle wird mit diesen Näherungsbeziehungen hinreichende Rechengenauigkeit erzielt.

Beim Gebrauch dieser Beziehungen ist noch zu beachten, daß die hier benützte Wärmestromdichte q_D den Wärmefluß von der Rohrwand an das Arbeitsmittel bedeutet. Den auch bei Verdampfern nicht vernachlässigbaren verzögernden Einflüssen des Speichervermögens der Rohrwandung ist daher noch in der in Abschn. 7.1.3 erläuterten Weise Rechnung zu tragen.

7.3 Dynamisches Verhalten von Vorwärmer- und Überhitzersystemen

Wird ein Ekonomiser- oder Überhitzersystem dem Einfluß von regimeändernden Störungen unterworfen, so sind verschiedene Auswirkungen möglich. Im Zusammenhang mit der Regelung sind vor allem die Erscheinungen interessant, die am Austritt der Heizflächensysteme

---

[1] Eine bessere Näherung wird durch Ersatz des Kurvenstückes durch Totzeit- und Rampenfunktion erreicht; dies empfiehlt sich besonders bei niedrigen Drücken.

7.3 Dynamisches Verhalten von Vorwärmer- und Überhitzersystemen

Tabelle 7.30 *Angenähertes Übertragungsverhalten von Durchlaufverdampfern bei wanderndem Verdampfungsendpunkt (Übergangsfunktion und Frequenzgang)*

Nr.	x_e	x_a	Übergangsfunktion	Gangkurve	Übertragungsfunktion
1	ΔM_W	ΔL^*			$G[s]_{\Delta M_W \to \Delta L^*} = b_1 \cdot \dfrac{1-e^{-sT^*}}{sT^*}$ $T^* = T_V \cdot \ln \dfrac{v''}{v'}$ $b_1 = \dfrac{L^*}{M_W}$
2	ΔM_W	ΔM_{Da}			$G[s]_{\Delta M_W \to \Delta M_{Da}} = a_1 + (b_1 - a_1)\dfrac{1-e^{-sT^*}}{sT^*}$ $a_1 = \dfrac{v'}{v''}$ $b_1 = 1$
3	Δq_D	ΔL^*			$G[s]_{\Delta q_D \to \Delta L^*} = b_1 \cdot \dfrac{1-e^{-sT^*}}{sT^*}$ $b_1 = -\dfrac{L^*}{q_D}$
4	Δq_D	ΔM_{Da}			$G[s]_{\Delta q_D \to \Delta M_{Da}} = a_1 \left(1 - \dfrac{1-e^{-sT^*}}{sT^*}\right)$ $a_1 = \dfrac{M_W}{q_D} \cdot \left(1 - \dfrac{v'}{v''}\right)$
5	ΔL_e	ΔL^*			$G[s]_{\Delta L_e \to \Delta L^*} = (b_1 - c_1)e^{-sT^*} + c_1 \cdot \dfrac{1-e^{-sT^*}}{sT^*}$ $b_1 = 1$ $c_1 = -\dfrac{v''-v'}{v'} = -\dfrac{1}{\psi}$ $b_1 - c_1 = \dfrac{v''}{v'}$
6	ΔL_e	ΔM_{Da}			$G[s]_{\Delta L_e \to \Delta M_{Da}} = a_1 - c_1 \cdot e^{-sT^*} + (c_1 - a_1)\dfrac{1-e^{-sT^*}}{sT^*}$ $a_1 = -\dfrac{M_W}{L^*} \cdot \dfrac{v'}{v''} \cdot \dfrac{1}{\psi}$ $c_1 = -\dfrac{M_W}{L^*} \cdot \dfrac{1}{\psi}$

beobachtet werden. Im Vordergrund stehen bei der in Frage kommenden Art Heizflächen *Temperaturänderungen* im abströmenden Arbeitsmittel. Daneben kann sich auch der Strom des Arbeitsmittels ändern oder der Druck oder mehrere dieser Größen zugleich. In diesem Abschnitt werden nur die Vorgänge in den Heizflächen im Hinblick auf Temperaturänderungen oder unmittelbar damit in Zusammenhang stehende

7. Verhalten der Wärmeübertragungssysteme des Dampferzeugers

Tabelle 7.31 *Angenähertes Übertragungsverhalten von Durchlaufverdampfern bei festem Endpunkt der Verdampferheizfläche (Übergangsfunktion und Frequenzgang)*

Nr.	x_e	x_a	Übergangsfunktion	Gangkurve	Übertragungsfunktion
7	ΔM_W	ΔM_{Wa}			$G[s]_{\Delta M_W \to \Delta M_{Wa}} = a_1 + (b_1-a_1)\frac{1-e^{-sT_1}}{sT_1}$ $T_1 = T_V \ln\left(1+\frac{\bar{x}}{\psi}\right)$ $a_1 = (1-\bar{x})\frac{\psi}{\bar{x}+\psi}$ $b_1 = 1$
8	ΔM_W	ΔM_{Da}			$G[s]_{\Delta M_W \to \Delta M_{Da}} = a_1\left(1-\frac{1-e^{-sT_1}}{sT_1}\right)$ $a_1 = \bar{x}\frac{\psi}{\bar{x}+\psi}$
9	Δq_D	ΔM_{Wa}			$G[s]_{\Delta q_D \to \Delta M_{Wa}} = a_1 + (b_1-a_1)\frac{1-e^{-sT_1}}{sT_1}$ $a_1 = \frac{M_W}{q_D}(1-\bar{x})\frac{\bar{x}}{\bar{x}+\psi}$ $b_1 = -\frac{M_W}{q_D}\bar{x}$
10	Δq_D	ΔM_{Da}			$G[s]_{\Delta q_D \to \Delta M_{Da}} = a_1 + (b_1-a_1)\frac{1-e^{-sT_1}}{sT_1}$ $a_1 = \frac{M_W}{q_D}\cdot\bar{x}\frac{\bar{x}}{\bar{x}+\psi}$ $b_1 = \frac{M_W}{q_D}\bar{x}$
11	ΔL_e	ΔM_{Wa}		$r = b_1 - c_1$	$G[s]_{\Delta L_e \to \Delta M_{Wa}} = a_1 + (b_1-c_1)e^{-sT_1} + (c_1-a_1)\frac{1-e^{-sT_1}}{sT_1}$ $a_1 = -\frac{M_W}{L^*}\cdot\frac{1-\bar{x}}{\bar{x}+\psi}$ $b_1 = +\frac{M_W}{L^*}$ $c_1 = -\frac{M_W}{L^*}\cdot\frac{1}{\psi}$
12	ΔL_e	ΔM_{Da}		$r = -b_1$	$G[s]_{\Delta L_e \to \Delta M_{Da}} = a_1\left(1-\frac{1-e^{-sT_1}}{sT_1}\right)+b_1$ $a_1 = -\frac{M_W}{L^*}\cdot\frac{\bar{x}}{\bar{x}+\psi}$ $b_1 = -\frac{M_W}{L^*}$

Wirkungen behandelt, dies unter der Voraussetzung festen Druckes. Das Verhalten der Heizflächen namentlich im Zusammenhang mit Druckschwankungen wird in Abschn. 7.4 untersucht.

Die Austrittstemperatur wird bei solchen im Zwanglauf durchströmten Heizflächensystemen durch verschiedene Betriebsfaktoren beeinflußt. Als die wichtigsten dieser Einflußgrößen sind die *Eintritts-*

7.3 Dynamisches Verhalten von Vorwärmer- und Überhitzersystemen

temperatur des Arbeitsmittels, der *Arbeitsmittelstrom* sowie die *Beheizung* anzusehen. Sie sind als regeldynamische Eingangsgrößen zu betrachten, während die Temperatur des Arbeitsmittels am Austritt aus dem Heizflächensystem in der Regel als Ausgangsgröße zu gelten hat. Da die drei Eingangsgrößen die Austrittstemperatur verschieden beeinflussen, sind die entsprechenden drei Übertragungsfunktionen zur vollständigen Beschreibung der dynamischen Eigenschaften des Systems erforderlich (vgl. Abb. 7.32).

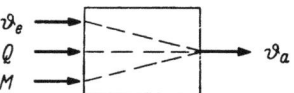

Abb. 7.32 Wirkungsverbindungen in Vorwärmer- bzw. Überhitzersystemen
Eingangsgrößen: Eintrittstemperatur ϑ_e, Beheizung Q, Arbeitsmittelstrom M; *Austrittsgröße:* Austrittstemperatur ϑ_a

7.3.1 Herleitung der Differentialgleichungen

Jedes Vorwärmer- bzw. Überhitzer- oder Zwischenüberhitzersystem setzt sich aus beheizten und unbeheizten Teilen zusammen, wie dies schematisch in Abb. 7.33 dargestellt ist. Wie noch näher gezeigt wird, hat die Berechnung der Übertragungseigenschaften des ganzen Systems von den Übertragungsfunktionen der einzelnen Teile auszugehen, die mithin zuerst zu ermitteln sind.

Ein solches Teilstück stellt im wesentlichen ein beheiztes (das nichtbeheizte Rohr ist nur ein Sonderfall des beheizten), vom Arbeitsmittelstrom durchflossenes Rohr dar. Der vom Gas an das Rohr übergehende spezifische Wärmestrom sei q, der vom Rohr an das Arbeitsmittel übergehende sei q_D. Das Arbeitsmittel ströme mit der Geschwindigkeit w. Es weise die Temperatur ϑ, die Dichte ϱ_D und die spezifische

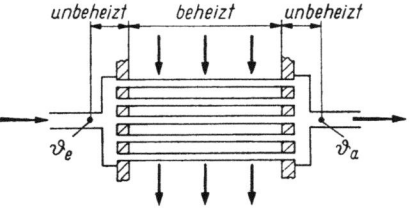

Abb. 7.33 Grundsätzlicher Aufbau des Systems aus beheizten und unbeheizten Teilen

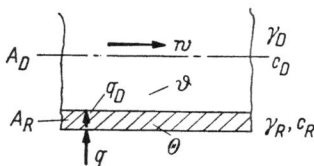

Abb. 7.34 Zur Bedeutung der verwendeten Symbole

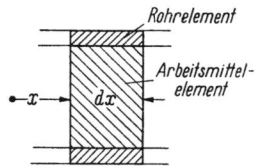

Abb. 7.35 Rohr- und Arbeitsmittelelement

Wärme c_D auf. Das Rohr habe einen lichten Querschnitt A_D; der Ringquerschnitt der Wandung betrage A_R. Die Dichte des Rohrmaterials sei ϱ_R, seine spezifische Wärme c_R, seine Temperatur Θ (vgl. Abb. 7.34 und 7.35).

7. Verhalten der Wärmeübertragungssysteme des Dampferzeugers

Es wird nun von folgenden vereinfachenden Annahmen ausgegangen:

1. Die Stoffwerte und geometrischen Abmessungen seien längs des ganzen Rohres dieselben. (Bei Beheizung sind mittlere Stoffwerte einzusetzen.)
2. Das Arbeitsmittel sei inkompressibel ($p = $ const).
3. Die feuerseitige Wärmestromdichte q sei über die Länge des ganzen Rohres gleich. q kann jedoch zeitlich veränderlich sein.
4. Die Wärmeübergangszahl Wand–Arbeitsmittel entspreche dem streng nur für stationäre Strömung gültigen NUSSELT-Potenzgesetz.
5. Die Wärmeleitung in Richtung der Rohrachse sei vernachlässigbar, ebenso das radiale Temperaturgefälle in der Rohrwand.

Zur Ableitung der die Vorgänge in einem beheizten, durchströmten Rohrsystem beschreibenden Gleichungen werde an der Stelle x ein Teilstück des Rohres sowie des Arbeitsmittelstromes von der Länge dx betrachtet.[1] Es zeigt sich zunächst aus der Wärmebilanz des Rohrelementes ($U = $ innerer Rohrumfang) über ein Zeitintervall dt:

$$(q - q_D)\, U\, dx\, dt = A_R\, dx\, \varrho_R\, c_R\, \frac{\partial \Theta}{\partial t}\, dt. \qquad (7.101)$$

Differenz zwischen Wärme-zu- und -abstrom   Wärmespeicherung im Rohrelement

Es folgt daraus unmittelbar

$$(q - q_D)\, U = A_R\, \varrho_R\, c_R\, \frac{\partial \Theta}{\partial t}. \qquad (7.102)$$

Aus der Wärmebilanz des Arbeitsmittelelementes folgt andererseits für dasselbe Zeitintervall:

$$q_D\, U\, dx\, dt - A_D\, dx\, \varrho_D\, c_D\, w\, \frac{\partial \vartheta}{\partial x}\, dt = A_D\, dx\, \varrho_D\, c_D\, \frac{\partial \vartheta}{\partial t}\, dt, \qquad (7.103)$$

Wärmeaustausch mit dem Rohr   Differenz zwischen Wärme-ab- und -zustrom durch die Strömung   Wärmespeicherung im Arbeitsmittelelement

woraus

$$q_D\, U = A_D\, \varrho_D\, c_D \left(w\, \frac{\partial \vartheta}{\partial x} + \frac{\partial \vartheta}{\partial t} \right). \qquad (7.104)$$

Ferner gilt für den Wärmeaustausch zwischen Rohr und Arbeitsmittel:

$$q_D = \alpha (\Theta - \vartheta). \qquad (7.105)$$

Für die Wärmeübergangszahl kann auf Grund unserer Annahmen gesetzt werden

$$\alpha = \bar{\alpha} \left(\frac{w}{\bar{w}} \right)^m \quad (m \approx 0{,}8). \qquad (7.106)$$

---

[1] Die hier wiedergegebene Ableitung folgt einem von F. LÄUBLI [15] angegebenen Rechengang. In Einzelheiten abweichende Entwicklungen sind von verschiedenen Autoren veröffentlicht worden [4, 7, 13, 16, 17, 19 u. a.].

7.3 Dynamisches Verhalten von Vorwärmer- und Überhitzersystemen

$\bar{\alpha}$ bzw. $\bar{w}$ bedeuten hierin Werte im stationären Zustand. Setzt man (7.105) und (7.106) in (7.102) und (7.104) ein, so folgt

$$\left[q - \bar{\alpha}\left(\frac{w}{\bar{w}}\right)^m (\Theta - \vartheta)\right] U = A_R \varrho_D c_R \frac{\partial \Theta}{\partial t} \qquad (7.107)$$

und

$$\bar{\alpha}\left(\frac{w}{\bar{w}}\right)^m (\Theta - \vartheta) U = A_D \varrho_D c_D \left(w \frac{\partial \vartheta}{\partial x} + \frac{\partial \vartheta}{\partial t}\right). \qquad (7.108)$$

Durch allgemeine Voraussetzung kleiner Ausschläge von den stationären Werten lassen sich die Gln. (7.107) und (7.108) weiter wie folgt umformen:

Es sei

$$w = \bar{w} + \Delta w, \qquad \Theta = \bar{\Theta} + \Delta \Theta,$$
$$q = \bar{q} + \Delta q, \qquad \vartheta = \bar{\vartheta} + \Delta \vartheta.$$

Zunächst kann der Ausdruck $(w/\bar{w})^m$ entwickelt werden zu

$$\left(\frac{w}{\bar{w}}\right)^m = \left(\frac{\bar{w} + \Delta w}{\bar{w}}\right)^m = \left(1 + \frac{\Delta w}{\bar{w}}\right)^m \approx 1 + m \frac{\Delta w}{\bar{w}}.$$

Damit wird dann aus (7.108)

$$\left[\bar{q} + \Delta q - \bar{\alpha}\left(1 + m \frac{\Delta w}{\bar{w}}\right)(\bar{\Theta} - \bar{\vartheta} + \Delta \Theta - \Delta \vartheta)\right] U$$
$$= A_R \varrho_R c_R \frac{\partial}{\partial t}(\bar{\Theta} + \Delta \Theta). \qquad (7.109)$$

Darin ist

$$\frac{\partial}{\partial t}(\bar{\Theta} + \Delta \Theta) = \frac{\partial \Delta \Theta}{\partial t}.$$

Ferner folgt durch Ausmultiplizieren:

$$\bar{\alpha}\left(1 + m \frac{\Delta w}{\bar{w}}\right)(\bar{\Theta} - \bar{\vartheta} + \Delta \Theta - \Delta \vartheta)$$
$$= \bar{\alpha}\left[(\bar{\Theta} - \bar{\vartheta}) + (\Delta \Theta - \Delta \vartheta) + m(\bar{\Theta} - \bar{\vartheta})\frac{\Delta w}{\bar{w}} + m\frac{\Delta w}{\bar{w}}(\Delta \Theta - \Delta \vartheta)\right].$$

Hierin kann das letzte Glied als klein höherer Ordnung vernachlässigt werden. Andererseits ist $\bar{\alpha}(\bar{\Theta} - \bar{\vartheta}) = \bar{q}$, so daß nach Einsetzen in (7.109) folgt

$$\left[\Delta q - \bar{\alpha}(\Delta \Theta - \Delta \vartheta) - \bar{\alpha} m(\bar{\Theta} - \bar{\vartheta})\frac{\Delta w}{\bar{w}}\right] U = A_R \varrho_R c_R \frac{\partial \Delta \Theta}{\partial t}. \qquad (7.110)$$

Bildet man noch

$$\Delta q = \bar{q}\frac{\Delta q}{\bar{q}} = \bar{\alpha}(\bar{\Theta} - \bar{\vartheta})\frac{\Delta q}{\bar{q}},$$

so geht durch Einsetzen und Division mit $\bar{\alpha}(\bar{\Theta} - \bar{\vartheta})\bar{U}$ Gl. (7.110) über in

$$\frac{\Delta q}{\bar{q}} - \frac{\Delta \Theta - \Delta \vartheta}{\bar{\Theta} - \bar{\vartheta}} - m\frac{\Delta w}{\bar{w}} = \frac{A_R \varrho_R c_R}{U \bar{\alpha}} \frac{1}{\bar{\Theta} - \bar{\vartheta}} \frac{\partial \Delta \Theta}{\partial t}. \qquad (7.111)$$

7. Verhalten der Wärmeübertragungssysteme des Dampferzeugers

In analoger Weise findet man aus (7.108)

$$\bar{\alpha}\left(1 + m\frac{\Delta w}{\bar{w}}\right)(\overline{\Theta} - \bar{\vartheta} + \Delta\Theta - \Delta\vartheta)\, U$$
$$= A_D\, \varrho_D\, c_D\left[(\bar{w} + \Delta w)\frac{\partial}{\partial x}(\bar{\vartheta} + \Delta\vartheta) + \frac{\partial}{\partial t}(\bar{\vartheta} + \Delta\vartheta)\right]. \quad (7.112)$$

Auf der linken Seite liegt wieder dasselbe Produkt, wie eben untersucht, vor. Auf der rechten Seite wird:

$$(\bar{w} + \Delta w)\frac{\partial}{\partial x}(\bar{\vartheta} + \Delta\vartheta) = \bar{w}\frac{\partial\bar{\vartheta}}{\partial x} + \bar{w}\frac{\partial\Delta\vartheta}{\partial x} + \Delta w\frac{\partial\bar{\vartheta}}{\partial x} + \Delta w\frac{\partial\Delta\vartheta}{\partial x}.$$

Hierin ist das letzte Glied als klein höherer Ordnung vernachlässigbar. Das erste Glied entspricht dem stationären Lösungsanteil, indem

$$\bar{\alpha}(\overline{\Theta} - \bar{\vartheta})\, U = A_D\, \varrho_D\, c_D\, \bar{w}\frac{\partial\bar{\vartheta}}{\partial x}. \quad (7.113)$$

Ferner ist

$$\frac{\partial}{\partial t}(\bar{\vartheta} + \Delta\vartheta) = \frac{\partial\Delta\vartheta}{\partial t}.$$

Damit wird aus (7.112)

$$\bar{\alpha}\left[(\overline{\Theta} - \bar{\vartheta}) + (\Delta\Theta - \Delta\vartheta) + m(\overline{\Theta} - \bar{\vartheta})\frac{\Delta w}{\bar{w}}\right] U$$
$$= A_D\, \varrho_D\, c_D\left[\bar{w}\frac{\partial\bar{\vartheta}}{\partial x} + \bar{w}\frac{\partial\Delta\vartheta}{\partial x} + \Delta w\frac{\partial\bar{\vartheta}}{\partial x} + \frac{\partial\Delta\vartheta}{\partial t}\right]$$

oder mit (7.113)

$$\bar{\alpha}\left[(\Delta\Theta - \Delta\vartheta) + m(\overline{\Theta} - \bar{\vartheta})\frac{\Delta w}{\bar{w}}\right] U$$
$$= A_D\, \varrho_D\, c_D\left[\bar{w}\frac{\partial\Delta\vartheta}{\partial x} + \Delta w\frac{\partial\bar{\vartheta}}{\partial x} + \frac{\partial\Delta\vartheta}{\partial t}\right].$$

Durch Division mit $\bar{\alpha}(\overline{\Theta} - \bar{\vartheta})\, U$ wird weiter

$$\frac{\Delta\Theta - \Delta\vartheta}{\overline{\Theta} - \bar{\vartheta}} + m\frac{\Delta w}{\bar{w}} = \frac{A_D\, \varrho_D\, c_D}{\bar{\alpha}\, U}\frac{1}{\overline{\Theta} - \bar{\vartheta}}\left[\bar{w}\frac{\partial\Delta\vartheta}{\partial x} + \Delta w\frac{\partial\bar{\vartheta}}{\partial x} + \frac{\partial\Delta\vartheta}{\partial t}\right].$$
$$(7.114)$$

Beachtet man schließlich, daß das stationäre Temperaturgefälle längs des Rohres auch berechnet werden kann zu

$$\frac{\partial\bar{\vartheta}}{\partial x} = \frac{\bar{\alpha}(\overline{\Theta} - \bar{\vartheta})\, U}{A_D\, \varrho_D\, c_D\, \bar{w}},$$

so findet man durch Einsetzen in (7.114)

$$\frac{\Delta\Theta - \Delta\vartheta}{\overline{\Theta} - \bar{\vartheta}} + (m - 1)\frac{\Delta w}{\bar{w}} = \frac{A_D\, \varrho_D\, c_D}{\bar{\alpha}\, U}\frac{1}{\overline{\Theta} - \bar{\vartheta}}\left[\bar{w}\frac{\partial\Delta\vartheta}{\partial x} + \frac{\partial\Delta\vartheta}{\partial t}\right]. \quad (7.115)$$

7.3 Dynamisches Verhalten von Vorwärmer- und Überhitzersystemen

In den so gewonnenen Differentialbeziehungen (7.111) und (7.115) haben die Terme

$$\frac{A_R \varrho_R c_R}{\bar{\alpha}\, U} = \frac{1}{K_R} = T_R, \qquad \frac{A_D \varrho_D c_D}{\bar{\alpha}\, U} = \frac{1}{K_D} = T_D \qquad (7.116)$$

die Dimension Zeit, und es kommt ihnen die Bedeutung von Zeitkenngrößen der Regelstrecke zu.

Die Formeln können noch kompakter wiedergegeben werden, wenn alle Variablen als bezogene Größen geschrieben werden. Für die Temperaturen Θ, ϑ, die Geschwindigkeit w und die Wärmestromdichte q drängen sich passende Bezugsgrößen aus unseren Gleichungen auf. Für die Rohrlängenkoordinate x und die Zeit t sind sie indes noch frei wählbar. Als Bezugsgröße für x erscheint die gesamte Rohrlänge L als sinnvoll, für t bringt die Normung mit $1/K_R$, wie sich später zeigen wird, besondere Vorteile. Es bedeuten somit:

für die unabhängigen Variablen:

$$\frac{x}{L} = \zeta, \qquad \frac{t}{T_R} = t\, K_R = \tau,$$

für die abhängigen Variablen:

$$\Theta^* = \frac{\Delta\Theta}{\overline{\Theta - \vartheta}}, \qquad \vartheta^* = \frac{\Delta\vartheta}{\overline{\Theta - \vartheta}}, \qquad w^* = \frac{\Delta w}{\bar{w}}, \qquad q^* = \frac{\Delta q}{\bar{q}}.$$

In dieser Schreibweise lauten die Differentialgleichungen des Übertragungsverhaltens

$$q^* - \Theta^* + \vartheta^* - m\, w^* = \frac{\partial \Theta^*}{\partial \tau}, \qquad (7.117)$$

$$\Theta^* - \vartheta^* - (1-m)\, w^* = T_D\, \frac{\bar{w}}{L}\, \frac{\partial \vartheta^*}{\partial \zeta} + \frac{T_D}{T_R}\, \frac{\partial \vartheta^*}{\partial \tau}. \qquad (7.118)$$

Der Ausdruck $\dfrac{L}{\bar{w}} = T_t$ hat die Bedeutung der Durchlaufzeit. Bezeichnet man

$$\frac{T_t}{T_D} = K_D\, T_t = \varkappa_D \quad \text{und} \quad \frac{T_t}{T_R} = K_R\, T_t = \varkappa_R, \qquad (7.119)$$

so lauten unsere dimensionsbefreiten Gleichungen endgültig:

$$q^* - \Theta^* + \vartheta^* - m\, w^* = \frac{\partial \Theta^*}{\partial \tau}. \qquad (7.120)$$

$$\Theta^* - \vartheta^* - (1-m)\, w^* = \frac{1}{\varkappa_D}\, \frac{\partial \vartheta^*}{\partial \zeta} + \frac{\varkappa_R}{\varkappa_D}\, \frac{\partial \vartheta^*}{\partial \tau}. \qquad (7.121)$$

Sie beschreiben den Gang der Temperaturen im Arbeitsmittel sowie in der Rohrwand unter dem Einfluß der äußeren Störgrößen, dies in Abhängigkeit von Ort und Zeit. Von besonderer Bedeutung für die Anwendung dieser Gleichungen ist der Umstand, daß sie nur zwei den prinzipiellen Charakter des Systems festlegende Parameter $\varkappa_R$ und $\varkappa_D$ aufweisen.

Für die uns hier interessierenden Fragen ist, abgesehen von Sonderfällen, nur der Verlauf der Arbeitsmitteltemperaturen ϑ^* von Interesse. Man kann daher Θ^* aus (7.120) und (7.121) eliminieren: Zunächst ist aus (7.121)

$$\Theta^* = \vartheta^* + (1 - m)\,w^* + \frac{1}{\varkappa_D}\frac{\partial \vartheta^*}{\partial \zeta} + \frac{\varkappa_R}{\varkappa_D}\frac{\partial \vartheta^*}{\partial \tau}.$$

Durch Derivation nach τ folgt:

$$\frac{\partial \Theta^*}{\partial \tau} = \frac{\partial \vartheta^*}{\partial \tau} + (1 - m)\frac{\partial w^*}{\partial \tau} + \frac{1}{\varkappa_D}\frac{\partial^2 \vartheta^*}{\partial \zeta\,\partial \tau} + \frac{\varkappa_R}{\varkappa_D}\frac{\partial^2 \vartheta^*}{\partial \tau^2}.$$

Eingesetzt in (7.120) ergibt sich

$$q^* + \vartheta^* - m\,w^* - \vartheta^* - (1 - m)\,w^* - \frac{1}{\varkappa_D}\frac{\partial \vartheta^*}{\partial \zeta} - \frac{\varkappa_R}{\varkappa_D}\frac{\partial \vartheta^*}{\partial \tau}$$
$$= \frac{\partial \vartheta^*}{\partial \tau} + (1 - m)\frac{\partial w^*}{\partial \tau} + \frac{1}{\varkappa_D}\frac{\partial^2 \vartheta^*}{\partial \zeta\,\partial \tau} + \frac{\varkappa_R}{\varkappa_D}\frac{\partial^2 \vartheta^*}{\partial \tau^2},$$

woraus durch Ordnen der Glieder gefunden wird

$$q^* - w^* - (1 - m)\frac{\partial w^*}{\partial \tau} = \frac{\varkappa_R}{\varkappa_D}\frac{\partial^2 \vartheta^*}{\partial \tau^2} + \frac{1}{\varkappa_D}\frac{\partial^2 \vartheta^*}{\partial \zeta\,\partial \tau} +$$
$$+ \left(1 + \frac{\varkappa_R}{\varkappa_D}\right)\frac{\partial \vartheta^*}{\partial \tau} + \frac{1}{\varkappa_D}\frac{\partial \vartheta^*}{\partial \zeta}. \tag{7.122}$$

7.3.2 Berechnung des Frequenzganges

Diese partielle Differentialgleichung (7.122) beschreibt nun unmittelbar die drei gesuchten Formen des Übertragungsverhaltens. Allerdings ist die vorliegende Darstellungsweise für die weitere Verwendung bei Regelungsuntersuchungen nicht geeignet. Es sollen daher die als partikuläre Lösungen der Gl. (7.122) anzusehenden Darstellungsformen des Frequenzganges bzw. der Übergangsfunktion daraus abgeleitet werden. Dies ist auf verschiedene Weise möglich. Es soll hier das Lösungsverfahren mit Hilfe der LAPLACE-Transformation angewendet werden. Im folgenden wird kurz der Rechengang skizziert, jedoch auf die Wiedergabe der ziemlich weitläufigen Detailrechnungen verzichtet. Dabei wird von der etwas allgemeineren Fassung der Gln. (7.120) und (7.121) ausgegangen.

Die Rechnung macht Gebrauch von der Tatsache, daß zwischen Frequenzgang $G[s]$ und Übergangsfunktion $\gamma[t]$ der folgende, bekannte Zusammenhang besteht:

$$s\,L\{\gamma[t]\} = G[s]. \tag{7.123}$$

Man findet danach den komplexen Frequenzgang bzw. die Übertragungsfunktion $G[s]$, indem man die LAPLACE-transformierte Übergangsfunktion $L\{\gamma[t]\}$ mit s multipliziert.[1]

---

[1] Gültig für die Definition der LAPLACE-Transformation nach DOETSCH.

7.3 Dynamisches Verhalten von Vorwärmer- und Überhitzersystemen

Als erster Schritt ist die erwähnte Transformierte der Übergangsfunktion zu suchen. Dies geschieht, indem die beiden Gln. (7.120) und (7.121) bezüglich der Zeit ($\tau \to \sigma$) sowie des Ortes ($\zeta \to \pi$) transformiert werden. Durch diese Umwandlung geht das simultane, partielle Gleichungssystem in zwei algebraische Gleichungen mit den zwei Unbekannten $\Theta^*[\sigma, \pi]$ bzw. $\vartheta^*[\sigma, \pi]$ über:

$$\frac{q_0^*}{\sigma \pi} - \Theta^*[\sigma, \pi] + \vartheta^*[\sigma, \pi] - \frac{m\, w_0^*}{\sigma \pi} = \sigma\, \Theta^*[\sigma, \pi], \qquad (7.124)$$

$$\Theta^*[\sigma, \pi] - \vartheta^*[\sigma, \pi] - (1 - m)\frac{w_0^*}{\sigma \pi}$$
$$= \frac{1}{\varkappa_D}\left(\pi\, \vartheta^*[\sigma, \pi] - \frac{\vartheta_0^*}{\sigma}\right) + \frac{\varkappa_R}{\varkappa_D}\, \sigma\, \vartheta^*[\sigma, \pi]. \qquad (7.125)$$

Die uns besonders interessierende Größe $\vartheta^*[\sigma, \pi]$ findet sich durch Auflösen von (7.124) und (7.125) zu

$$\vartheta^*[\sigma, \pi] = \frac{1}{\sigma}\, \frac{q_0^* \varkappa_D\, \dfrac{1}{\pi(1+\sigma)} + w_0^* \varkappa_D\, \dfrac{1}{\pi}\left(\dfrac{m\sigma}{1+\sigma} - 1\right) + \vartheta_0^*}{\sigma\left(\dfrac{\varkappa_D}{1+\sigma} + \varkappa_R\right) + \pi}. \qquad (7.126)$$

Gl. (7.126) stellt bereits die gesuchte Übergangsfunktion der Arbeitsmitteltemperatur dar, allerdings noch in transformierter Form.

Um daraus den Frequenzgang nach (7.123) zu berechnen, sind zunächst die Ortskoordinaten ζ durch Rücktransformation der Koordinate π wieder einzuführen. Mit Hilfe eines Transformationslexikons findet man aus Gl. (7.126):

$$\vartheta^*[\sigma, \zeta] = \frac{1}{\sigma}\left\{\vartheta_0^*\, e^{-\sigma\left(\frac{\varkappa_D}{1+\sigma} + \varkappa_R\right)\zeta} + q_0^*\, \frac{1 - e^{-\sigma\left(\frac{\varkappa_D}{1+\sigma} + \varkappa_R\right)\zeta}}{\sigma\left(1 + \frac{\varkappa_R}{\varkappa_D}\right)\left(1 + \frac{\sigma}{1 + \varkappa_D/\varkappa_R}\right)} + \right.$$
$$\left. + w_0^*\, \frac{(m\sigma - \sigma - 1)\left[1 - e^{-\sigma\left(\frac{\varkappa_D}{1+\sigma} + \varkappa_R\right)\zeta}\right]}{\sigma\left(1 + \frac{\varkappa_R}{\varkappa_D}\right)\left(1 + \frac{\sigma}{1 + \varkappa_D/\varkappa_R}\right)}\right\}. \qquad (7.127)$$

Nach der Rechenvorschrift (7.123) ergibt sich daraus durch Multiplikation mit σ unmittelbar der Frequenzgang, der nach den drei verschiedenen Eingangsgrößen q_0^*, w_0^* und ϑ_0^* ohne weiteres aufgeteilt werden kann nach der Beziehung

$$G[\sigma] = \underset{\vartheta_0^* \to \vartheta^*}{G[\sigma]} + \underset{q_0^* \to \vartheta^*}{G[\sigma]} + \underset{w_0^* \to \vartheta^*}{G[\sigma]}. \qquad (7.128)$$

Für die einzelnen Frequenzgänge lauten die Anschriften, wenn jeweils die Temperatur am Heizflächenaustritt ($\zeta = 1$) in Betracht gezogen wird:

7. Verhalten der Wärmeübertragungssysteme des Dampferzeugers

a) für Temperaturstörung:

$$G[\sigma]_{\vartheta_0^* \to \vartheta^*} = \frac{\overrightarrow{\Delta \vartheta}}{\overrightarrow{\Delta \vartheta_0}} = e^{-\varkappa_R \sigma + \varkappa_D \frac{\sigma}{1+\sigma}} \qquad (7.129)$$

(Eingangsgröße $= \vartheta_0^* = \dfrac{\Delta \vartheta_0}{\overline{\Theta} - \overline{\vartheta}} =$ relative Abweichung der Arbeitsmitteltemperatur vom stationären Wert an der Stelle $\zeta = 0$).

b) für Beheizungsstörung:

$$G[\sigma]_{q_0^* \to \vartheta^*} = \frac{\overline{q}}{\overline{\Theta} - \overline{\vartheta}} \frac{\overrightarrow{\Delta \vartheta}}{\overrightarrow{\Delta q}} = \frac{1}{\sigma\left(1 + \dfrac{\varkappa_R}{\varkappa_D}\right)\left(1 + \dfrac{\sigma}{1 + \varkappa_D/\varkappa_R}\right)} \left[1 - G[\sigma]_{\vartheta_0^* \to \vartheta^*}\right] \qquad (7.130)$$

(Eingangsgröße $= q_0^* = \dfrac{\Delta q}{\overline{q}} =$ relative Abweichung der Wärmestromdichte vom stationären Wert).

c) für Durchflußstörung:

$$G[\sigma]_{w_0^* \to \vartheta^*} = \frac{\overline{w}}{\overline{\Theta} - \overline{\vartheta}} \frac{\overrightarrow{\Delta \vartheta}}{\overrightarrow{\Delta w}} = \frac{-1[1 + (1 - m)\sigma]}{\sigma\left(1 + \dfrac{\varkappa_R}{\varkappa_D}\right)\left(1 + \dfrac{\sigma}{1 + \varkappa_D/\varkappa_R}\right)} \left[1 - G[\sigma]_{\vartheta_0^* \to \vartheta^*}\right] \qquad (7.131)$$

(Eingangsgröße $w_0^* = \dfrac{\Delta w}{\overline{w}} =$ relative Abweichung der Strömungsgeschwindigkeit vom stationären Wert).

Für alle drei Frequenzgänge (bzw. Übertragungsfunktionen) ist die Ausgangsgröße die Temperaturabweichung an der Stelle $\zeta = \dfrac{x}{L}$.

Für die praktische Anwendung dieser Formeln ist die Anschrift der Ein- und Ausgangsgrößen in absoluten Werten anschaulicher. Bei der Benützung der Gln. (7.129) bis (7.131) ist außerdem zu beachten, daß sie der bezogenen Zeit $\tau = K_R t$ entsprechen. Der absoluten Zeit t entspricht dabei eine komplexe Variable s, die mit σ in folgender Beziehung steht:

$$\sigma = \frac{s}{K_R}.$$

Damit lauten die Gleichungen der Übertragungsfunktion für absolutes Zeitmaß:

a) für Temperaturstörung:

$$G[s]_{\Delta \vartheta_e \to \Delta \vartheta_a} = e^{-\left(T_t s + \varkappa_D \frac{s}{K_R + s}\right)}, \qquad (7.132)$$

b) für Beheizungsstörung:

$$G[s]_{\Delta q \to \Delta \vartheta_a} = \frac{\overline{\Theta} - \overline{\vartheta}}{\overline{q}} \frac{K_D}{K_D + K_R} \frac{K_R}{s\left(1 + \dfrac{s}{K_D + K_R}\right)} \left[1 - G[s]_{\Delta \vartheta_e \to \Delta \vartheta_a}\right], \qquad (7.133)$$

7.3 Dynamisches Verhalten von Vorwärmer- und Überhitzersystemen 163

c) für Durchflußstörung:

$$G[s]_{\Delta w \to \Delta \vartheta_a} = -\frac{\overline{\Theta} - \overline{\vartheta}}{\overline{w}} \frac{K_D}{K_D + K_R} \frac{K_R + (1-m)s}{s\left(1 + \dfrac{s}{K_D + K_R}\right)} \left[1 - G[s]_{\Delta \vartheta_e \to \Delta \vartheta_a}\right]. \quad (7.134)$$

Diese Beziehungen sind zunächst für ein *beheiztes* System abgeleitet worden. Für das *unbeheizte* System bleibt das Übertragungsverhalten für Temperaturstörung dasselbe, es gilt also Gl. (7.132) auch in diesem Grenzfall. Der Fall b) kommt, da $q = 0 = $ const und somit $\Delta q = 0$, gar nicht in Betracht. Beim Fall der Durchflußstörung schließlich existiert zwar eine Eingangsgröße Δw; sie bleibt aber hier ohne Wirkung auf die Austrittstemperatur, was in Gl. (7.134) durch $(\overline{\Theta} - \overline{\vartheta}) = 0$ zum Ausdruck kommt.

Beim Vergleich der Beziehungen (7.129), (7.130) und (7.131) bzw. (7.132), (7.133) und (7.134) fällt auf, daß ein Zusammenhang dadurch gegeben ist, daß jeweils die erste Beziehung in den beiden übrigen als maßgebliche Teilfunktion enthalten ist. Ist demnach die Übertragungsfunktion für Temperaturstörung einmal bekannt, so können daraus auf verhältnismäßig einfache Weise auch die beiden anderen ermittelt werden (Bildung von $(1 - G)$ und Multiplikation mit den relativ einfachen Restfunktionen).

Es drängt sich deshalb auf, die bedeutsame Übertragungsfunktion für *Temperaturstörung* noch etwas eingehender zu betrachten. Dazu sei auf die dimensionslose Darstellung nach (7.129) zurückgegriffen. Gl. (7.129) läßt sich schreiben:

$$G[\sigma]_{\vartheta_0^* \to \vartheta^*} = \underbrace{e^{-\varkappa_R \sigma}}_{\text{I}} \underbrace{e^{-\varkappa_D \frac{\sigma}{1+\sigma}}}_{\text{II}}. \quad (7.135)$$

Die Teilfunktion I entspricht einem Schwingungsglied mit reiner Totzeit; sie bewirkt also nur eine zeitliche Verschiebung der Bewegung der Eingangsgröße, ohne indessen deren Verlauf zu ändern. Für die unterschiedliche Art der Bewegung von Ein- und Ausgangsgröße ist die Teilfunktion II verantwortlich; diese sei deshalb „*Formfunktion*" genannt (vgl. auch Abb. 7.36). Der *einzige Parameter* der Formfunktion ist die Größe $\varkappa_D$. Damit besteht die Möglichkeit, die den Charakter des Frequenzganges für Temperaturstörung bestimmende Teilfunktion in einer allgemein gültigen Kurvenschar (Parameter = $\varkappa_D$) darzustellen. Es ist dabei nur zu beachten, daß σ der bezogenen Zeit $\tau = K_R t$ entspricht,

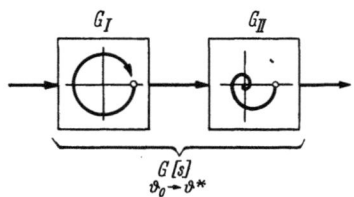

Abb. 7.36 Blockschema zur Bildung der Übertragungsfunktion für Temperaturstörung aus den Einzelfunktionen Q_I und Q_II entsprechend Gl. (7.110)

11*

164 7. Verhalten der Wärmeübertragungssysteme des Dampferzeugers

also anstelle der Kreisfrequenz ω die bezogene Größe $\Omega = \dfrac{\omega}{K_R}$ tritt. Für die zahlenmäßige Berechnung der der Formfunktion entsprechenden Gangkurven findet man noch durch Einsetzen von $\sigma = i\Omega$ und einfache Umformung:

$$G_{II}[i\Omega] = e^{-\varkappa_D \frac{\sigma}{1+\sigma}} = e^{-\varkappa_D \frac{\Omega^2}{1+\Omega^2} - i\varkappa_D \frac{\Omega}{1+\Omega^2}}. \qquad (7.136)$$

Es wird daher für Amplitudenverhältnis und Phasenwinkel

$$v = e^{-\varkappa_D \frac{\Omega^2}{1+\Omega^2}}, \qquad \varphi = -\varkappa_D \frac{\Omega}{1+\Omega^2} \text{ (Bogenmaß)}. \qquad (7.137)$$

In Abb. 7.37 ist für einige Werte des Parameters $\varkappa_D$ die entsprechende Schar der für das Temperaturübertragungsverhalten kennzeichnenden Gangkurven $G_{II}[i\Omega]$ wiedergegeben.

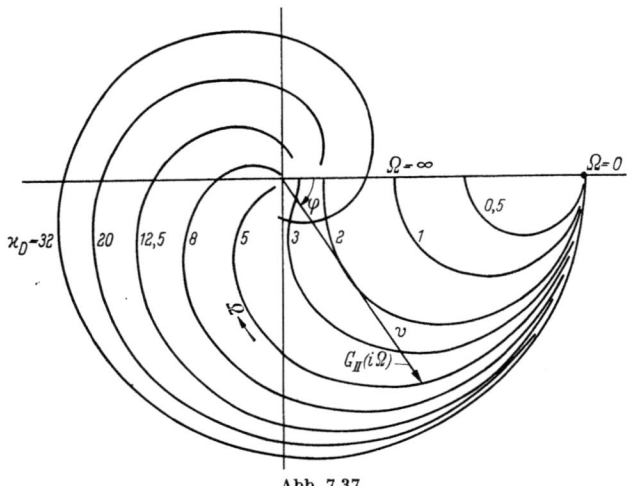

Abb. 7.37
Schar der Gangkurven entsprechend der Formfunktion $G_{II}[i\Omega]$, mit $\varkappa_D$ als Parameter

Für die numerische Ermittlung der Frequenzgangkurven zu einem konkreten Fall ergeben sich aus den Gln. (7.132) bis (7.134) die folgenden Gebrauchsformeln:

a) für Temperaturstörung:

$$G[i\omega]_{\Delta\vartheta_e \to \Delta\vartheta_a} = e^{-\frac{\omega^2}{K_R^2 + \omega^2} K_D T_t - i\omega T_t \left(1 + \frac{K_D K_R}{K_R^2 + \omega^2}\right)}, \qquad (7.138)$$

wobei

$$v = e^{-\frac{\omega^2}{K_R^2 + \omega^2} K_D T_t}, \qquad \varphi = -\omega T_t \left(1 + \frac{K_D K_R}{K_R^2 + \omega^2}\right). \qquad (7.139)$$

7.3 Dynamisches Verhalten von Vorwärmer- und Überhitzersystemen

b) für Beheizungsstörung:

$$G[i\omega]_{\Delta q_0 \to \Delta \vartheta_a} = \frac{\bar{\Theta} - \bar{\vartheta}}{\bar{q}} \frac{K_D K_R}{K_D + K_R} \underbrace{\frac{1}{i\omega\left(1 + \frac{i\omega}{K_D + K_R}\right)}}_{G_{\text{III}}} \underbrace{\left[1 - G[i\omega]_{\Delta \vartheta_e \to \Delta \vartheta_a}\right]}_{G_{\text{IV}}}. \quad (7.140)$$

Zur Auswertung dieser Formel werden am besten zunächst rechnerisch oder zeichnerisch die Teilfrequenzgänge ermittelt und anschließend die Multiplikation ausgeführt. Für G_{III} findet man für Amplitudenverhältnis und Phasenwinkel

$$v = \frac{1}{\omega\sqrt{1 + \frac{\omega^2}{(K_D + K_R)^2}}},$$

$$\varphi = -\frac{\pi}{2} - \arctan[\omega(K_D + K_R)]. \quad (7.141)$$

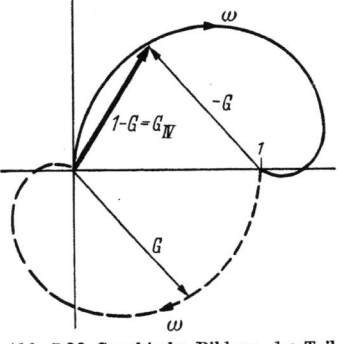

Abb. 7.38 Graphische Bildung des Teilfrequenzganges $G_{\text{IV}} = 1 - G$

v- und φ-Werte für G_{IV} bestimmt man sich wohl am einfachsten graphisch mit Rücksicht auf Abb. 7.38.

c) für Durchflußstörung:

$$G[i\omega]_{\Delta w_0 \to \Delta \vartheta_a} = \frac{\bar{\Theta} - \bar{\vartheta}}{\bar{w}} \frac{K_D}{K_D + K_R} \times$$

$$\times \underbrace{\frac{1}{i\omega\left(1 + \frac{i\omega}{K_D + K_R}\right)}}_{G_{\text{III}}} \underbrace{[K_R + i\omega(1 - m)]}_{G_{\text{V}}} \underbrace{\left[1 - G[i\omega]_{\Delta \vartheta_e \to \Delta \vartheta_a}\right]}_{G_{\text{IV}}}. \quad (7.142)$$

Hierin sind die Teilfrequenzgänge G_{III} und G_{IV} dieselben wie bei Beheizungsstörung. Für den Teilfrequenzgang G_{V} sind die Bestimmungsstücke v und φ gegeben durch

$$v = \sqrt{K_R^2 + \omega^2(1 - m)^2}, \qquad \varphi = +\arctan\frac{\omega(1 - m)}{K_R}. \quad (7.143)$$

Der Vollständigkeit halber seien die zu diesen Beziehungen zugehörigen Hilfsformeln nochmals zusammengestellt:

$$K_R = \frac{\bar{\alpha}\, U}{A_R \varrho_R c_R}.$$

$$K_D = \frac{\bar{\alpha}\, U}{A_D \varrho_D c_D},$$

$$T_t = \frac{L}{\bar{w}},$$

$$m \approx 0{,}8.$$

7. Verhalten der Wärmeübertragungssysteme des Dampferzeugers

Tab. 7.39 zeigt die drei Gangkurven für ein typisches Beispiel eines Überhitzersystems (beheizter Teil).

Tabelle 7.39 *Gangkurven und Übergangsfunktionen eines Überhitzers*

Nr.	x_e	x_a	Gangkurve	Übergangsfunktion
1	$\Delta\vartheta_e$	$\Delta\vartheta_a$		
2	Δq_D	$\Delta\vartheta_a$		
3	Δw_0	$\Delta\vartheta_a$		

Daten: $L = 48$ m, Rohraußendurchmesser $= 35$ mm, Wandstärke $= 9$ mm, $\bar{w} = 23$ m/s, $\bar{p} = 180$ bar, mittlere Eintritts- bzw. Austrittstemperatur $= 462/565\ °C$[1]

7.3.3 Bestimmung der Übergangsfunktionen

Für die Berechnung der Übergangsfunktionen kann man auf die Gleichungen der entsprechenden Übertragungsfunktionen (Gln. (7.129 bis 7.131)) zurückgreifen, unter Anwendung der Rechenvorschrift

$$\gamma[t] = L^{-1}\left\{\frac{G[s]}{s}\right\}. \tag{7.144}$$

Die genannten Gleichungen entsprechen Systemen, die sich aus elementaren Gliedern (konstante Faktoren, Integratoren $(1/\sigma)$, Verzögerungsglieder erster Ordnung $\left(\dfrac{1}{1+T\sigma}\right)$ usw.) zusammensetzen, da-

---

[1] Aus zeichnerischen Gründen ist bei der Darstellung von $G(i\omega)$ das negative Vorzeichen nicht berücksichtigt worden. $\quad \Delta w_0 \to \Delta\vartheta_a$

7.3 Dynamisches Verhalten von Vorwärmer- und Überhitzersystemen

neben aber alle noch ein Glied enthalten, das die schon früher erwähnte komplizierte transzendente „Formfunktion" nun in der Bildung

$$F = \frac{1}{\sigma} e^{-\varkappa_D \frac{\sigma}{1+\sigma}} \qquad (7.145)$$

enthält ($\zeta = 1$).

Die Anwendung der LAPLACE-Rücktransformation darauf liefert (über die Lösung von Faltungsintegralen)

$$\gamma[t] = L^{-1}\{F\} = e^{-\varkappa_D}\left\{ e^{-\tau} J_0(2\sqrt{\varkappa_D \tau}) + \int_0^\tau e^{-\tau} J_0(2\sqrt{\varkappa_D \tau})\, d\tau \right\}. \qquad (7.146)$$

Die darin enthaltene BESSEL-Funktion J_0 ist nur über einen Teil des praktisch benötigten Argumentbereiches tabelliert. Für den übrigen Bereich sind Reihenentwicklungen zu Hilfe zu nehmen.

Die der *Formfunktion* entsprechende Teilübergangsfunktion legt im wesentlichen den Verlauf der Übergangsfunktion bei Temperatur-

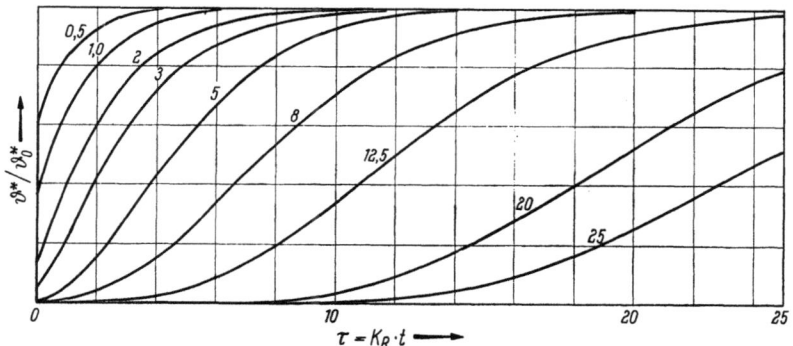

Abb. 7.40 Schar der Übergangsfunktionen entsprechend der Formfunktion $\gamma_{II}(t)$, mit $\varkappa_D$ als Parameter

störung fest. Sie ist, analog dem Frequenzgang der Formfunktion, nur von dem *einzigen Parameter* $\varkappa_D$ abhängig. Es läßt sich daher auch hier die Gesamtheit der auftretenden Teilübergangsfunktionen durch eine Schar von Kurven erfassen. Diese ist in Abb. 7.40 für bezogenes Zeitmaß dargestellt.

Zur Berechnung der Übergangsfunktion für Temperaturstörung ist nun noch die dem Teilfrequenzgang G_I (s. Gl. (7.135)) entsprechende Teilübergangsfunktion $\gamma_I[t]$ zu berück-

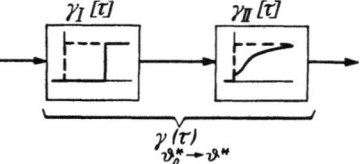

Abb. 7.41 Blockschema zur Bildung der Übergangsfunktion für Temperaturstörung aus den Teilübergangsfunktionen $\gamma_I(t)$ und $\gamma_{II}(t)$

sichtigen. Diese hat — wie bereits bei der Betrachtung des Frequenzganges konstatiert — reinen Totzeitcharakter (vgl. Abb. 7.41).

Demnach baut sich die Übergangsfunktion für Temperaturstörung aus einem *Totzeitteil* (bezogene Totzeit $\varkappa_R$) sowie der daran anschließenden Kurve $\gamma_{II}[t]$ auf (vgl. Abb. 7.42). Nach Ermittlung von $\varkappa_D$ kann diese letztere Kurve dem Diagramm Abb. 7.40 entnommen werden. Für die Übertragung auf absolutes Zeitmaß ergibt sich der Zeitmaßstab sofort aus

$$\tau = K_R\, t.$$

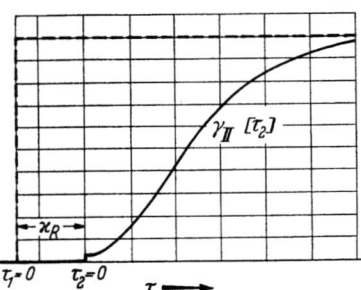

Abb. 7.42 Aufbau der Übergangsfunktion aus Totzeitteil ($\varkappa_R$) und anschließender Teilübergangsfunktion $\gamma_{II}(\tau_2)$

Entsprechend wird dann die Totzeit:

$$\varkappa_R \frac{1}{K_R} = \frac{K_R T_t}{K_R} = T_t.$$

Bei Kenntnis der Parameter K_R, K_D und T_t kann damit die Bestimmung der Übergangsfunktion für Temperaturstörung sehr schnell erfolgen.

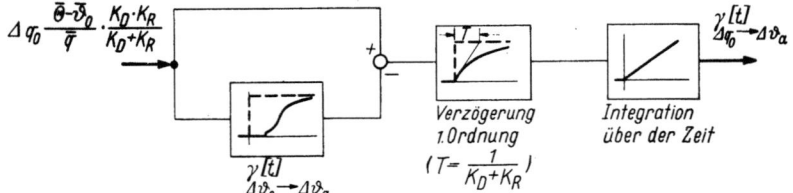

Abb. 7.43 Blockschema zur Bildung der Übergangsfunktion für Beheizungsstörung

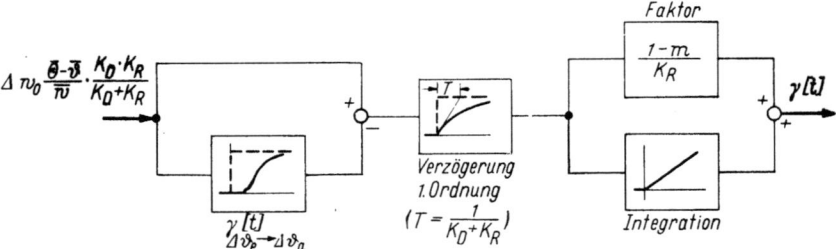

Abb. 7.44 Blockschema zur Bildung der Übergangsfunktion für Durchflußstörung

Um die beiden übrigen Übergangsfunktionen (für Beheizungs- bzw. Durchflußstörung) zu ermitteln, bedient man sich am besten der in den Gleichungen der korrespondierenden Übertragungsfunktionen enthaltenen Rechenanweisungen. Sie sind in den Abb. 7.43 und 7.44 schematisch dargestellt.

Tab. 7.39 zeigt für das bereits herangezogene Überhitzerbeispiel die korrespondierenden drei Übergangsfunktionen.

7.3.4 Anwendung auf praktische Systeme

Wie bereits früher angedeutet, setzt sich ein Ekonomiser- oder Überhitzersystem aus beheizten und unbeheizten Teilen zusammen. Praktisch ist ein solches System meist in der in Abb. 7.45 schematisch angedeuteten Art zusammengesetzt. Eine Änderung der Temperatur des zuströmenden Dampfes $\Delta \vartheta_{e1}$ wird sich danach über den unbeheizten Eingangsteil, den Heizflächenteil und den unbeheizten Ausgangsteil auf

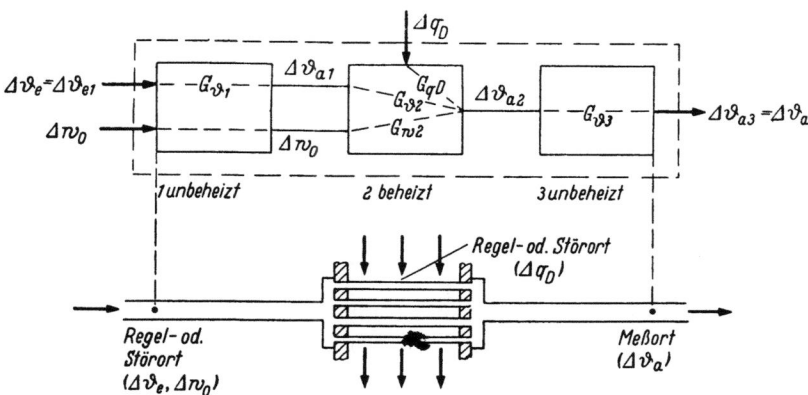

Abb. 7.45 Aufbau eines praktischen Systems aus beheizten und unbeheizten Teilen. Wirkungsverbindungen der verschiedenen Einflußgrößen zur Ausgangsgröße

den Meßort übertragen. Bedeuten dabei $G_{\vartheta 1}$, $G_{\vartheta 2}$ und $G_{\vartheta 3}$ die Übertragungsfunktionen für Temperaturstörung der drei Systemteile, so gilt für das ganze System

$$\underset{\Delta \vartheta_e \to \Delta \vartheta_a}{G[s]} = G_{\vartheta 1} G_{\vartheta 2} G_{\vartheta 3}. \tag{7.147}$$

Bei einer Schwankung der Beheizung wird diese Störung in der Heizfläche zunächst in eine Temperaturänderung übersetzt ($\Delta \vartheta_{a2}$), wobei diese Übertragung dynamisch durch G_{q2} charakterisiert sei. Diese Temperaturänderung wird anschließend über den unbeheizten Ausgangsteil auf den Meßort übertragen, womit für das Gesamtübertragungsverhalten bei Beheizungsstörung steht

$$\underset{\Delta q \to \Delta \vartheta_a}{G[s]} = G_{q2} G_{\vartheta 3}. \tag{7.148}$$

Eine Durchflußänderung bewirkt an sich in den unbeheizten Systemteilen keine Temperaturänderungen. Im beheizten Teil entsteht jedoch wieder eine entsprechende Temperaturabweichung, bestimmt durch die Übertragungsfunktion G_{w2}. Die Temperaturschwankungen werden beim Durchlaufen des Systemteils 3 noch umgeformt gemäß $G_{\vartheta 3}$, so daß für

170 7. Verhalten der Wärmeübertragungssysteme des Dampferzeugers

das Gesamtsystem für Durchflußänderungen gilt:

$$\underset{\Delta w \to \Delta \vartheta_a}{G[s]} = G_{w2} G_{\vartheta 3}. \qquad (7.149)$$

Bei Ekonomisern liegt oft der Fall vor, daß die Wasservorwärmung bis an den Siedebeginn getrieben wird (Verdampfungsvorwärmer, Vorwärmer von Zwangsdurchlaufkesseln). Anstelle von Schwankungen der Austrittstemperatur treten dort Verschiebungen des Punktes des Verdampfungsbeginnes.

Diese können unschwer aus dem rechnerisch erhaltenen scheinbaren Temperaturverlauf am Punkt des stationären Verdampfungsanfanges ermittelt werden, wenn vorausgesetzt wird, daß das Temperaturgefälle in Strömungsrichtung jederzeit gleich dem stationären, der Einfluß der nichtstationären Temperaturänderungen darauf also vernachlässigbar sei. Dieses Temperaturgefälle betrage

$$\frac{\partial \overline{\vartheta}}{\partial x} = \delta = \frac{\overline{q}\, U}{A_D \varrho_D c_D \overline{w}}. \qquad (7.150)$$

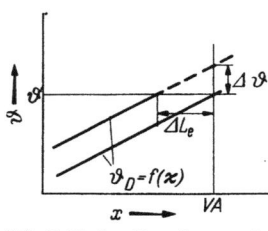

Abb. 7.46 Zur Berechnung der Verschiebung des Punktes des Verdampfungsbeginns

Dann ist mit Abb. 7.46

$$\frac{\Delta \vartheta_a}{-\Delta L_e} = \delta,$$

worin ΔL_e die Siedepunktsverlagerung bedeutet. Es folgt daraus unmittelbar für die Übertragungsfunktion

$$\underset{\Delta \vartheta_a \to \Delta L_e}{G[s]} = -\frac{1}{\delta}. \qquad (7.151)$$

Für das ganze Vorwärmersystem ist alsdann

a) für Temperaturstörung (Speisetemperatur):

$$\underset{\Delta \vartheta_e \to \Delta L_e}{G[s]} = -\frac{1}{\delta} \underset{\Delta \vartheta_e \to \Delta \vartheta_a}{G[s]}, \qquad (7.152)$$

b) für Beheizungsstörung:

$$\underset{\Delta q \to \Delta L_e}{G[s]} = -\frac{1}{\delta} \underset{\Delta q \to \Delta \vartheta_a}{G[s]}, \qquad (7.153)$$

c) für Durchflußstörung:

$$\underset{\Delta w \to \Delta L_e}{G[s]} = -\frac{1}{\delta} \underset{\Delta w \to \Delta \vartheta_a}{G[s]}. \qquad (7.154)$$

Bei der praktischen Anwendung der in Abschn. 7.3 entwickelten Rechenmethoden stellt sich noch die Frage, wieweit die damit erhaltenen Ergebnisse infolge der getroffenen vereinfachenden Annahmen von der Wirklichkeit abweichen.

7.4 Dynamisches Verhalten der Heizflächensysteme bei Lastschwankungen

Am ehesten sind Fehler durch die Annahme sehr hoher Wärmeleitfähigkeit in radialer Richtung im Rohr zu befürchten, namentlich hinsichtlich der dynamischen Vorgänge. Kriterium dafür ist das Verhältnis der tatsächlich zwischen Rohr und Arbeitsmittel ausgetauschten *Speicherwärme* zur bei unendlich großer Wärmeleitfähigkeit größtmöglichen, also der Wert von

$$\varphi = \frac{Q_\lambda}{Q_{\lambda=\infty}} = f[\sigma]. \quad (7.155)$$

Es läßt sich zeigen [4], daß φ nur von der Größe

$$\sigma = \frac{2\pi \lambda}{\omega \, \delta_R \, c_R \, \varrho_R} \quad (7.156)$$

(δ_R Rohrwandstärke)

abhängt, nach dem in Abb. 7.47 gegebenen Zusammenhang. Eine Kon-

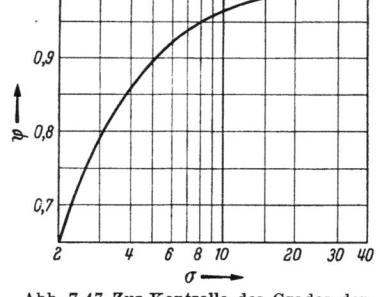

Abb. 7.47 Zur Kontrolle des Grades der Speicherwirkung der Rohrwand

trolle der Verhältnisse insbesondere bei Überhitzern zeigt, daß, abgesehen von extrem hohen Drücken und Temperaturen, das Speicherverhältnis φ bei der Eigenfrequenz der Temperaturregelung fast immer über 0,95 liegt, der dadurch bedingte Fehler mithin vernachlässigbar ist.

Den durch die Annahme konstanter Stoffwerte bedingten Fehler hat man insofern in der Hand, als durch *Unterteilung* des beheizten Teilsystems und abschnittweise Berechnung dieser im Prinzip beliebig klein gemacht werden könnte. Die Praxis zeigt allerdings, daß sich eine Unterteilung nur bei großen Überhitzersystemen lohnt. Dagegen ist bei der Berechnung des Übertragungsverhaltens bei Temperaturstörung die Veränderung der spezifischen Wärme des Arbeitsmittels beim Durchströmen des Systems zu berücksichtigen. Denn eine bleibende Temperaturänderung $\overline{\Delta \vartheta_e}$ am Systemeintritt bewirkt unter Beharrungsverhältnissen eine Austrittsänderung von

$$\overline{\Delta \vartheta_a} = \overline{\Delta \vartheta_e} \frac{c_{De}}{c_{Da}}. \quad (7.157)$$

Um den gleichen Faktor c_{De}/c_{Da} vergrößert treten natürlich auch Austrittstemperaturschwankungen bei dynamischen Vorgängen in Erscheinung.

7.4 Dynamisches Verhalten der Heizflächensysteme bei Lastschwankungen

In den Abschnitten 7.2 und 7.3 wurden die dynamischen Eigenschaften der verschiedenen Heizflächenteile eines Kessels unter der Voraussetzung konstanten Druckes des Arbeitsmittels betrachtet. Für die Behandlung mancher Regelfragen ist jedoch das Verhalten des

172   7. Verhalten der Wärmeübertragungssysteme des Dampferzeugers

Kesselsystems bei *veränderlichem Druck* bedeutungsvoll, so vor allem für die Leistungsregelung.

Das dynamische System, das Gegenstand unserer Untersuchung sein soll, ist das gesamte vom Arbeitsmittel durchströmte Heizflächensystem (ohne allfällige Zwischenüberhitzer). Eingangsgrößen sind die *Beheizung* (Wärmestrom Q_D an das Arbeitsmittel) entsprechend den verschiedenen Heizflächenabschnitten, der *Speisewasserstrom* M_W sowie eine der beiden Größen *Dampfabgabe* des Kessels an den Verbraucher

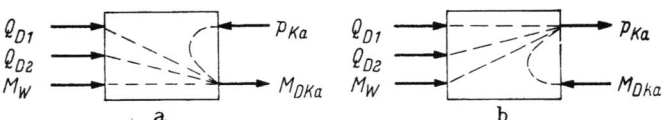

Abb. 7.48a u. b Wirkungsverbindungen in den Kesselheizflächen bezüglich Dampfabgabe bzw. Dampfdruck
a) Ausgangsgröße: Dampfabgabe; b) Ausgangsgröße: Dampfdruck

M_{DKa} bzw. *Dampfdruck* Kesselaustritt p_{Ka}. Jeweils die andere dieser beiden Größen ist dann Ausgangsgröße des Systems (vgl. Abb. 7.48a und b).

Die rechnerische Behandlung der Dynamik eines solchen Systems, etwa analog der Art, wie dies in Abschn. 7.3 geschah, erscheint, abgesehen von besonders einfachen Fällen, praktisch kaum durchführbar. Die theoretischen Grundlagen dafür sind zwar vorhanden, und ein Lösungsweg etwa durch Anwendung der Differenzenrechnung erscheint im Prinzip gangbar, doch wäre der Arbeitsaufwand, auch bei Benützung schneller Rechenmaschinen ausreichender Kapazität, unverhältnismäßig groß. Man ist deshalb gezwungen, das Problem vereinfachend zu behandeln. Das nachfolgend beschriebene Verfahren basiert auf solchen vereinfachenden Vorstellungen über die Vorgänge. Die Anwendung dieser Rechenweise auf zahlreiche Fälle hat jedoch gezeigt, daß damit im allgemeinen für die Praxis brauchbare Ergebnisse erhalten werden.

Bei Druckschwankungen ist die Dampfentwicklung bekanntlich nicht mehr ausschließlich von der dem Arbeitsmittel zugeführten Wärmemenge abhängig. Vielmehr wird bei steigendem Druck ein Teil dieser Wärme unter Temperaturerhöhung im Arbeitsmittel *gespeichert*, unter entsprechend geringerer Dampfbildung. Bei fallendem Druck entsteht umgekehrt eine größere Dampfmenge, unter Wärmeentzug aus dem Energievorrat des Kessels. Dampfbildungs- und Speichervorgänge vollziehen sich dabei unmittelbar nebeneinander und in gegenseitiger Abhängigkeit.

Man kann nun in Gedanken den Vorgang der *Dampferzeugung* von demjenigen der *Speicherung* trennen, indem man einerseits die Dampfbildung unter konstantem Druck, dagegen variabler Beheizung bzw.

7.4 Dynamisches Verhalten der Heizflächensysteme bei Lastschwankungen 173

Speisung sich abspielend vorstellt, andererseits die Speichervorgänge nur dem direkten Einfluß veränderlichen Druckes bzw. variabler Dampfabgabe unterworfen annimmt. Ein dieser Vorstellung entsprechendes Modell ist dann durch Abb. 7.49 gegeben. Abbildung 7.49a entspricht dabei dem Fall des beispielsweise durch Vordruckregelung eingeprägten Kesseldruckes, Abbildung 7.49b dem Fall der dem System aufgezwungenen Dampfentnahme, z. B. durch reine Drehzahl-Leistungsregelung der Turbine.

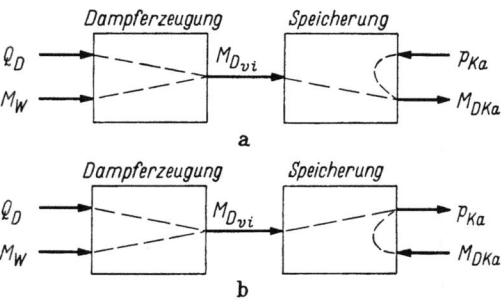

Abb. 7.49a u. b Modell getrennter Dampferzeugungs- und Speichervorgänge im Kessel
a) eingeprägter Dampfdruck; b) eingeprägte Dampfabgabe

Der vom Dampferzeugungsteil (links) zum Speicherteil (rechts) fließende Dampfstrom M_{Dvi} ist ein gedachter, „*virtueller*" Dampfstrom [10], der unter dem Einfluß gegebener Beheizung und Speisung sich bei konstantem Druck einstellen würde. M_{Dvi} ist mithin dem tatsächlichen Dampfstrom nur unter *Beharrungsverhältnissen* gleich.

7.4.1 Berechnung der virtuellen Dampferzeugung

Unter den gemachten Voraussetzungen ist der virtuelle Dampfstrom mit Hilfe der früher abgeleiteten Beziehungen für das Übertragungsverhalten der verschiedenen Heizflächenteile bei konstantem Druck berechenbar. Es soll für zwei wichtige Fälle, für den Trommelkessel sowie für den Zwangsdurchlaufkessel, der Gang einer solchen Rechnung in ihren Grundlagen skizziert werden.

Es sei angenommen, der Verlauf der Wärmeströme Q_{D1}, Q_{D2} usw. sei gegeben bzw. durch Rechnung ermittelt worden (s. Abschn. 7.1), ebenso sei der Speisewasserstrom als gegebene Größe betrachtet.

a) Trommelkessel. Im Fall des Trommelkessels sind die Vorgänge der Dampferzeugung und demnach auch die Rechnung etwas verschieden, je nachdem das Speisewasser noch merklich *unterkühlt* in die Trommel eintritt oder andererseits bereits *teilweise verdampft*. Im ersteren Falle sind die durch Beheizungs- oder Speisestromschwankungen hervorgerufenen Temperaturänderungen am Ekonomiseraustritt hinsichtlich einer Beeinflussung der Dampferzeugung wirksam. Im zweiten Fall ist es die veränderliche Dampferzeugung im Ekonomiser, die unmittelbar die Gesamtdampfproduktion beeinflußt. Es werde zunächst der erste Fall an Hand des Blockschemas Abb. 7.50 betrachtet.

7. Verhalten der Wärmeübertragungssysteme des Dampferzeugers

Der Verdampfer sei einer Beheizungsänderung ΔQ_{DV}, der Wasservorwärmer einer solchen von der Größe ΔQ_{DE} ausgesetzt, beide ΔQ_D unmittelbar auf das Arbeitsmittel wirkend (nicht auf das Rohr). Auf den Ekonomiser wirke außerdem noch die Speisewasserstrom-Änderung ΔM_W.

ΔQ_{DV} verursacht nun im Umlauf-Verdampfungssystem praktisch augenblicklich eine entsprechende Änderung der Dampferzeugung (ΔM_{D1}). Die Beheizungsänderung ΔQ_{DE} bewirkt gemäß dem Übertragungsverhalten des Ekonomisers zunächst eine Veränderung der

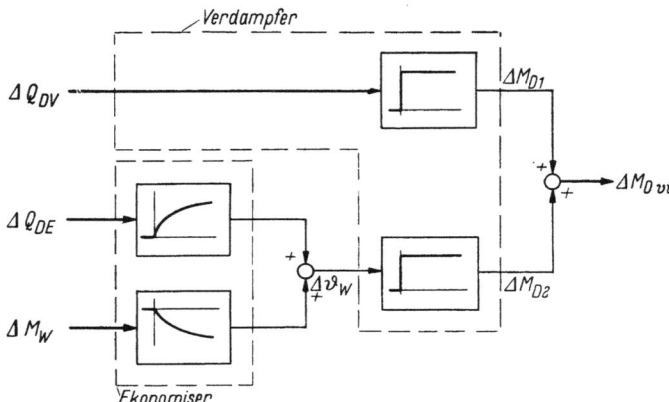

Abb. 7.50 Blockschema zur Bestimmung der virtuellen Dampferzeugung bei Trommelkesseln mit unterkühlter Einspeisung in die Trommel

Wasseraustrittstemperatur, wie dies in ähnlicher Weise auch die Folge der Änderung der Speisung ΔM_W ist. Die resultierende Temperaturänderung am Ekonomiseraustritt ruft eine entsprechende Auswirkung auf die Dampferzeugung (ΔM_{D2})[1] hervor. Die Änderung des virtuellen Dampfstromes stellt die Summe dieser Einzelwirkungen dar, also

$$\Delta M_{Dvi} = \Delta M_{D1} + \Delta M_{D2}.$$

Bei Kenntnis des Übertragungsverhaltens des Wasservorwärmers bietet damit die Berechnung des Zusammenhangs zwischen ΔM_{Dvi} als Ausgangsgröße und den Eingangsgrößen ΔQ_{DV}, ΔQ_{DE} und ΔM_W keine Schwierigkeiten.

Etwas komplizierter liegen die Dinge im Fall des Trommelkessels mit *Verdampfungsvorwärmer*. Hierfür sind die Übertragungsvorgänge durch Schema Abb. 7.51 dargestellt.

Hinsichtlich der Vorgänge im Verdampfer gilt das soeben Gesagte. — Beim Verdampfungsvorwärmer wirken sich auch wiederum sowohl

---

[1] Vgl. auch Kap. 4.

7.4 Dynamisches Verhalten der Heizflächensysteme bei Lastschwankungen 175

ΔQ_{DE} als ΔM_W auf die Dampfbildung aus, jedoch hier in anderer Weise. Eine Beheizungsänderung ruft zunächst im Verdampferabschnitt direkt eine Änderung der Dampferzeugung ΔM_{D2} hervor. In der Vorwärmzone bewirkt sie ein Verschieben des Punktes des Siedebeginns (ΔL_{e3}), das dann seinerseits eine Veränderung der Dampfentwicklung im Verdampfungsteil nach sich zieht (ΔM_{D3}). Ähnliches gilt für Änderung des Speisewasserstromes. Auch hier ist eine direkte Wirkung derselben auf

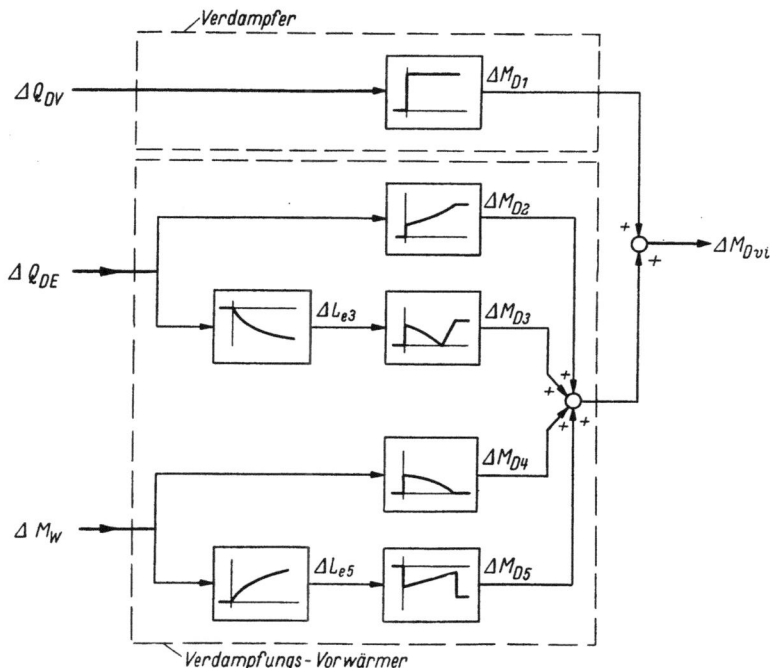

Abb. 7.51 Blockschema zur Bestimmung der virtuellen Dampferzeugung bei Trommelkesseln mit Verdampfungs-Ekonomiser

den Verdampfungsteil vorhanden (ΔM_{D4}) und andererseits eine mittelbare, indem ΔM_W durch den Vorwärmteil Verlagerungen des Verdampfungsanfangs und damit im Verdampfungsteil wiederum Änderungen der Dampfentwicklung hervorruft (ΔM_{D5}).

Die resultierende Änderung des virtuellen Dampfstromes ist wieder durch die algebraische Summe der Einzelwirkungen gegeben. Die Berechnung des Übertragungsverhaltens der einzelnen Elemente ist in den Abschnitten 7.2 und 7.3 behandelt.

b) Zwangsdurchlaufkessel. Beim Zwangsdurchlaufkessel wird die Berechnung des virtuellen Dampfstromes im einzelnen etwas verschieden,

7. Verhalten der Wärmeübertragungssysteme des Dampferzeugers

je nachdem ein Restwasserabscheider vorhanden ist oder nicht. Das Grundsätzliche des Rechnungsganges wird dadurch aber nicht berührt, so daß hier nicht weiter auf dieses Detail eingegangen wird.

Die Übertragungsvorgänge sind durch das Blockschema nach Abb. 7.52 gekennzeichnet. Zunächst haben hier Änderungen der Beheizung ΔQ_{DV} bzw. der Speisung ΔM_W eine direkte Wirkung auf die

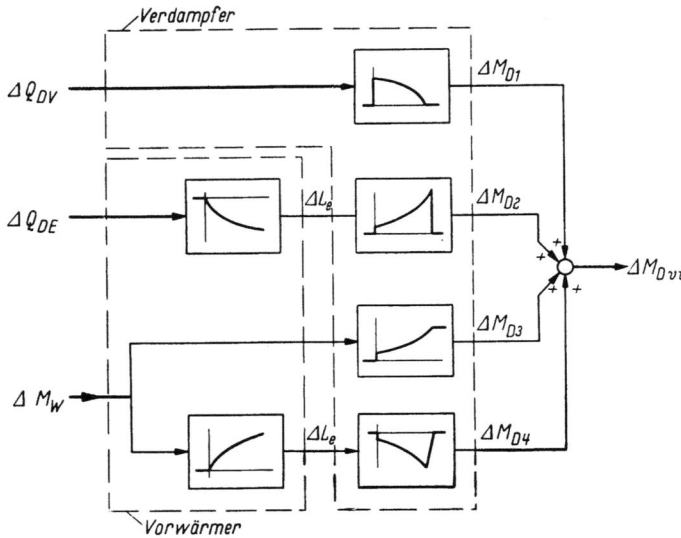

Abb. 7.52
Blockschema zur Bestimmung der virtuellen Dampferzeugung bei Zwangsdurchlaufkesseln

Dampfbildung im Verdampfer (ΔM_{D1} bzw. ΔM_{D3}). Alsdann bewirken Beheizungsvariationen im Vorwärmerteil sowie die erwähnten Speisestörungen eine Verlagerung des Punktes des Verdampfungsbeginns und damit entsprechende Sekundäreffekte im Verdampfer (ΔM_{D2} bzw. ΔM_{D4}).

Damit ist die Berechnung des Übertragungsverhaltens solcher Systeme ebenfalls auf die in Abschn. 7.2 und 7.3 gegebenen Elemente zurückgeführt.

7.4.2 Bestimmung des Speicherverhaltens

Nach dem Modell, von dem unsere Überlegungen ausgehen, enthält nun jeder Kessel *speicherfähige Elemente*, durch deren Wirkung momentane Unterschiede zwischen virtueller Dampferzeugung und effektiver Dampfabgabe überbrückt werden. Demnach muß die Bilanzbeziehung gelten (vgl. Abb. 7.53)

$$M_{Dvi} - M_{DKa} = \frac{dm_D}{dt} \tag{7.158}$$

7.4 Dynamisches Verhalten der Heizflächensysteme bei Lastschwankungen

und, da für Beharrungszustand

$$\overline{M}_{Dvi} = \overline{M}_{DKa},$$

$$\Delta M_{Dvi} - \Delta M_{DKa} = \frac{dm_D}{dt}, \qquad (7.159)$$

wenn m_D den am Speichervorgang beteiligten Arbeitsmittelinhalt des Dampferzeugers darstellt. Andererseits gilt für nicht zu große Druckänderungen zwischen der Speicherdampfmenge und dem Druck im Kessel die Relation

$$\Delta m_D = k \Delta p_K, \qquad (7.160)$$

woraus folgt
$$\frac{dm_D}{dt} = k \frac{d\Delta p_K}{dt}. \qquad (7.161)$$

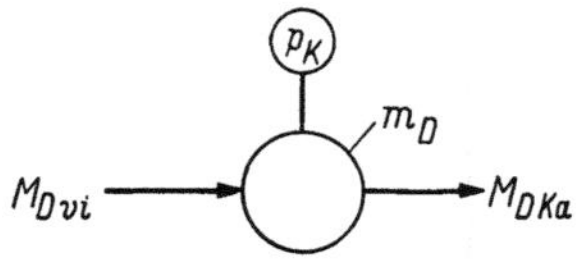

Nun wird mit Gl. (7.158)

$$\Delta M_{Dvi} - \Delta M_{DKa} = k\, p'_K. \qquad (7.162)$$

Abb. 7.53 Schema der Speicherwirkung eines Kessels

Mit dieser Differentialbeziehung ist der Zusammenhang zwischen den den virtuellen Dampfstrom festlegenden Größen (Beheizung, Speisung) einerseits und Druck und Dampfabgabe des Kessels andererseits gefunden. Die Größe k kennzeichnet die *Speicherfähigkeit* des Kessels, indem sie die pro Druckeinheit abgegebene bzw. aufgenommene Speicherdampfmenge (z. B. kg/bar) angibt. Es ist nach Gl. (7.161)

$$k = \frac{dm_D}{dp_K} \approx \frac{\Delta m_D}{\Delta p_K}. \qquad (7.163)$$

Als Vergleichsgröße ist k nicht geeignet. Zweckmäßiger ist die auf den Kesseldruck p_K (statt auf die Druckeinheit) bezogene Speicherdampfmenge

$$k_0 = \frac{\Delta m_D}{\Delta p_K} p_K. \qquad (7.164)$$

Für den Vergleich zwischen verschiedenen Kesseln ist außerdem k mit der Dampfleistung zu normieren, entsprechend der dimensionslos gemachten Gl. (7.162):

$$\frac{\Delta M_{Dvi}}{M_{Do}} - \frac{\Delta M_{DKa}}{M_{Do}} = \frac{k}{M_{Do}} p'_K = \frac{k\, p_K}{M_{Do}} \frac{\Delta p'}{p_K}. \qquad (7.165)$$

Es lassen sich so die anschaulichen Zeitkennwerte definieren:

$$T = \frac{k}{M_{Do}} = \frac{\Delta m_D}{\Delta p_K M_{Do}} \quad \text{bzw.} \qquad (7.166)$$

$$T_0 = \frac{k\, p_K}{M_{Do}} = \frac{\Delta m_D}{M_{Do}} \frac{p_K}{\Delta p_K}. \qquad (7.167)$$

T ist dabei die Zeit, während welcher bis zum Erreichen einer Druckabsenkung von der Größe der Druckeinheit (z. B. bar) der Vollast-

7. Verhalten der Wärmeübertragungssysteme des Dampferzeugers

Dampfstrom M_{Do} lediglich aus dem Speichervorrat des Kessels entnommen werden könnte. Bei T_0 ist der entsprechende Betrag der Druckabsenkung gleich dem Kesseldruck p_K.

Die Definitionsgleichungen (7.163) und (7.164) bzw. (7.166) und (7.167) sind geeignet, um die entsprechenden Speicherfähigkeits-Kennwerte auf Grund von Messungen zu bestimmen. Bei möglichst konstant gehaltener Feuerleistung wird hierzu z. B. der Druck vom Niveau p_{K1} auf den neuen Beharrungswert p_{K2} gesenkt. Dann ergibt sich ein im Prinzip Abb. 7.54 entsprechender Dampfstromverlauf $M_{DKa} = f[t]$. Die Speicherdampfmenge ist hierbei durch Integration entsprechend der in der Abb. 7.54 schraffierten Fläche zu gewinnen.

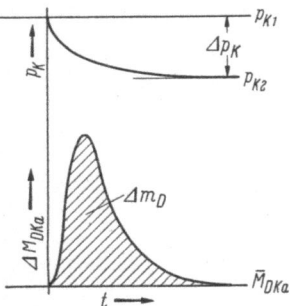

Abb. 7.54 **Experimentelle Bestimmung der Speicherfähigkeit eines Kessels.** Verlauf des Speicherdampfstroms hervorgerufen durch Druckabsenkung

Zur Berechnung der Speicher-Kennwerte auf Grund der Konstruktionsunterlagen sind die erwähnten Gleichungen nicht direkt geeignet. Nun läßt sich zwar die dem Inhalt des Kessels an siedendem Wasser entsprechende Speicherdampfmenge leicht angeben; es gilt bekanntlich dafür

$$k_{w'} = \frac{dm_D}{dp_K} = \frac{m_D}{r} \frac{\partial i'}{\partial p_K}, \qquad (7.168)$$

wenn bedeuten

i' Enthalpie des siedenden Wassers beim Druck p_K,
r Verdampfungswärme.

Der Wert von $\partial i'/\partial p_K$ kann etwa aus Abb. 4.5 entnommen oder anhand einer Wasserdampftabelle errechnet werden. Gl. (7.168) wird oft noch durch einen die Speicherwärme in den Rohren der Verdampferheizfläche berücksichtigenden Term ergänzt (s. z. B. [2]).

Der praktische Wert dieser Rechnungsweise beschränkt sich indes auf Niederdruckkessel. Schon bei Mitteldruck-Dampferzeugern und vollends bei Hochdruckkesseln entfällt nur ein Teil des gesamten Speichervermögens auf den Verdampfer. Bei modernen Höchstdruckanlagen liefert der *Überhitzer* den größten Beitrag. Durch Formel (7.168) würde also in diesen Fällen die Speicherfähigkeit stark unterschätzt.

Die Speicher-Kenngröße muß daher nach einer Methode ermittelt werden, die gestattet, die Beiträge aller am Speichervorgang beteiligten Elemente des Heizflächensystems zu erfassen. Hierzu führt die Überlegung, daß die Speicherdampfmenge die Differenz der Arbeitsmittelinhalte des Rohrsystems entsprechend den Beharrungszuständen bei $p_K = p_1$ bzw. p_2 darstellt. Die Beheizung ist hierbei definitionsgemäß

7.4 Dynamisches Verhalten der Heizflächensysteme bei Lastschwankungen 179

unveränderlich. Es ist mithin

$$\Delta m_D = \int_0^L n\, A_D (\varrho_{Dp1} - \varrho_{Dp2})\, dl; \qquad \Delta p = p_1 - p_2, \qquad (7.169)$$

wenn $\varrho_{Dp1} = f_1[l]$ bzw. $\varrho_{Dp2} = f_2[l]$ die Dichte des Arbeitsmittels in Funktion der Rohrlänge jeweils für Beharrungsverhältnisse $(p_1; p_2)$ darstellt (vgl. Abb. 7.55). Die Funktionen ϱ_{Dp1}, ϱ_{Dp2} sind dabei aus der statischen Berechnung des Zustandsverlaufes des Arbeitsmittels im Heizflächensystem zu bestimmen (n = Strangzahl).

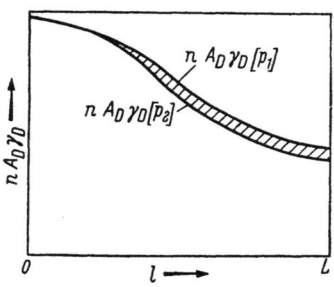

Abb. 7.55 Zur Berechnung der Speicherfähigkeit eines Kessels auf Grund der Konstruktionsdaten

Der Druck p_K ist, da die Speicherwirkung, wie erwähnt, über einen ganzen Druckbereich vorhanden ist, ein Mittelwert, der dem Schwerpunkt der Speichereffekte im Rohrsystem entsprechen soll. Bei Umlaufkesseln kann dabei praktisch p_K = Trommeldruck gesetzt werden. Bei Zwangsdurchlaufkesseln hat sich die Wahl von $p_K = \dfrac{p_{Ke} + p_{Ka}}{2}$ (Mittelwert zwischen Kesseleintritts- und Austrittsdruck) als brauchbar erwiesen.

Die Abb. 7.56a und b geben auf Grund einer Anzahl gemessener und gerechneter Werte von T_0 einen Überblick über die Größen, in denen

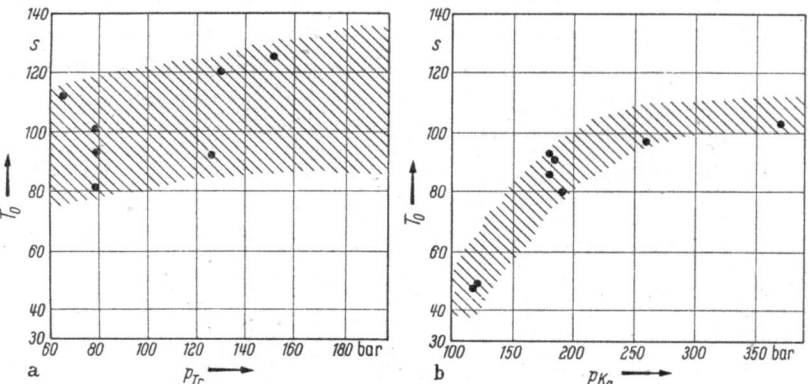

Abb. 7.56a u. b Überblick über Speicherfähigkeits-Kennwerte europäischer Kessel, abhängig vom Druck
a) Umlaufkessel; b) Durchlaufkessel

sich das Speichervermögen von Umlauf- und Zwangsdurchlaufkesseln etwa bewegt. Die Angaben gelten für Vollast. In der Regel ist das Speichervermögen etwas lastabhängig. Für große Einheiten gelten eher Werte am oberen Rand des Bereiches, für kleine im unteren Gebiet [22].

7.4.3 Der Einfluß des inneren Druckabfalles des Kessels

Mit den in den Abschnitten 7.4.1 und 7.4.2 angestellten Überlegungen sind die Elemente ΔM_{Dvi} und k der Gl. (7.162) bestimmbar, und damit kann diese Gleichung numerisch ausgewertet werden. Nun ist für das Zusammenwirken des Kessels mit dem Dampfverbraucher allerdings nicht der Druck p_K irgendwo im Innern des Kessels, sondern der Druck p_{Ka} am Kesselaustritt von Interesse. Die Differenz $p_K - p_{Ka} = \Delta p_L$ ist durch den Strömungsdruckabfall im Kesselsystem bedingt. Denkt man sich diesen Druckabfall nach Kap. 3

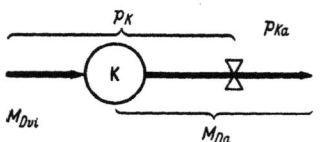

Abb. 7.57 Schema der Wirkung von Speicherung und innerem Druckabfall des Kessels

in einer Drosselstelle konzentriert, so kann das Modell nach Abb. 7.53 noch ergänzt werden entsprechend Abb. 7.57.

Für den Zusammenhang zwischen Δp_L und M_{Da} kann nun nach Gl. (3.56) gesetzt werden

$$\Delta p_L = k_L M_{DKa}^2 = p_K - p_{Ka} \qquad (7.170)$$

und für kleine Ausschläge

$$\Delta\Delta p_L = 2 k_L \overline{M}_{DKa} \Delta M_{DKa} = a_L \Delta M_{DKa} = \Delta p_K - \Delta p_{Ka}. \qquad (7.171)$$

Setzt man dazu noch Gl. (7.163) in der Form

$$\Delta M_{Dvi} - \Delta M_{DKa} = k \Delta p'_K, \qquad (7.172)$$

so beschreiben die Gln. (7.171) und (7.172) das dynamische Verhalten des Heizflächensystems bei Lastschwankungen. Durch Elimination der nicht interessierenden Größe p_K lassen sie sich in eine einzige Differentialbeziehung zusammenfassen:

Aus (7.171) folgt

$$\Delta p_K = a_L \Delta M_{DKa} + \Delta p_{Ka}$$

und durch Derivation

$$\Delta p'_K = a_L \Delta M'_{DKa} + \Delta p'_{Ka} = a_L \Delta M'_{DKa} + p'_{Ka}.$$

Eingesetzt in (7.172) wird mit $k a_L = T_L$

$$\Delta M_{Dvi} - \Delta M_{DKa} - T_L \Delta M'_{DKa} = k\, p'_{Ka}. \qquad (7.173)$$

In dieser Form steht die Gleichung für den Fall *aufgezwungener Dampfentnahme* (M_{DKa}); der Druck p_{Ku} ist dann Austrittsgröße des Systems. Schreibt man (7.173) in der Form

$$\Delta M_{Dvi} - k\, p'_{Ka} = \Delta M_{DKa} + T_L \Delta M'_{DKa}, \qquad (7.174)$$

so beschreibt sie den Fall des *aufgezwungenen Druckes*. Dann ist der abgegebene Dampfstrom M_{DKa} Austrittsgröße.

7.4 Dynamisches Verhalten der Heizflächensysteme bei Lastschwankungen 181

T_L hat den Charakter einer Zeitkonstanten, die durch den Ausdruck

$$T_L = k\, a_L = k\, \frac{2\Delta \bar{p}_L}{\bar{M}_{DKa}} \qquad (7.175)$$

mit der Speicher-Kenngröße k, dem Druckabfall $\overline{\Delta p_L}$ im Kessel und der Dampfabgabe $\bar{M}_{DKa}$ verknüpft ist.

In der Form der komplexen Übertragungsfunktion dargestellt, lauten die Gln. (7.173) bzw. (7.174)

$$G[s]_{\Delta M_{Dvi} \to \Delta p_{Ka}} = \frac{1}{k\,s}, \qquad (7.176)$$

$$G[s]_{\Delta M_{DKa} \to \Delta p_{Ka}} = -\frac{1 + s\,T_L}{k\,s}, \qquad (7.177)$$

$$G[s]_{\Delta M_{Dvi} \to \Delta M_{DKa}} = \frac{1}{1 + s\,T_L}, \qquad (7.178)$$

$$G[s]_{\Delta p_{Ka} \to \Delta M_{DKa}} = \frac{k\,s}{1 + s\,T_L}. \qquad (7.179)$$

Den charakteristischen Verlauf der entsprechenden Übergangsfunktionen bzw. Gangkurven zeigt Tab. 7.58.

Tabelle 7.58 *Gangkurven und Übergangsfunktionen des Verhaltens eines Kessels bei Schwankungen der virtuellen Dampferzeugung, der Dampfabgabe und des Druckes*

Nr.	x_e	x_a	Übergangsfunktion	Gangkurve
1	ΔM_{Dvi}	Δp_{Ka}		
2	ΔM_{DKa}	Δp_{Ka}		T_L/k
3	ΔM_{Dvi}	ΔM_{DKa}	T_L	+1
4	Δp_{Ka}	ΔM_{DKa}	T_L	k/T_L

Literatur zu Kapitel 7

[1] STEIN, TH.: Regelung und Ausgleich in Dampfanlagen, Berlin: Springer 1926.
[2] ROSAHL, O.: Belastungsstöße und Speicherfähigkeit in Dampfkraftbetrieben, Essen: Vulkan 1942.
[3] MICHEL, R.: Die Speicherfähigkeit des Bensonkessels. Arch. Wärmew. 24 (1943) Nr. 3, S. 49/50.
[4] PROFOS, P.: Vektorielle Regeltheorie, Zürich: Leemann 1943.
[5] LIÉBAUT: Étude théorique de la régulation automatique des chaudières Mesures (April/Mai/Juni 1944) S. 85/112/141.
[6] OETKER, R., u. G. SCHRÖDER: Die Regelbarkeit des Druckes von Dampferzeugern. BWK 3 (1951) Nr. 11, S. 361—366.
[7] TAKAHASHI, Y.: Transfer functions analysis of heat exchange processes. Automatic and Manual Control, S. 235, London: Butterworths Scientific Publishers 1952.
[8] TAKAHASHI, Y.: Regeltechnische Eigenschaften von Gleich- und Gegenstrom-Wärmeaustauschern. Regelungstechnik 1 (1953) Nr. 2, S. 32—35.
[9] PROFOS, P.: Verhalten der Sulzer-Einrohrkessel bei großen und raschen Laständerungen. Energie 6 (1954) Nr. 11, S. 373—375.
[10] PROFOS, P.: Dynamik der Druck- und Feuerregelung von Dampferzeugern. Energie 7 (1955) Nr. 11, S. 408—414.
[11] PROFOS, P.: Anwendung des Frequenzganges auf Regelprobleme der Praxis. Berichtswerk: Regelungstechnik, moderne Theorien und ihre Verwendbarkeit, S. 373—382, München: Oldenbourg 1957.
[12] TERANO, TOSHIRO: The Transient Characteristics of Once-through Boilers (japanisch). Monthly Rep. Trans. Techn. Res. Inst. 7 (Nov. 1957) Nr. 10.
[13] KLEFENZ, G.: Das dynamische Verhalten von Heißdampf-Überhitzern. Schoppe & Faeser-Techn. Mitt. (1958) Nr. 1, S. 17—24.
[14] PROFOS, P.: Dynamik der Überhitzerregelung. Regelungstechnik 6 (1958) Nr. 7, S. 239—246.
[15] LÄUBLI, F.: Unveröffentlichter Forschungsbericht der Firma Gebr. Sulzer AG., Winterthur.
[16] MARTIN, A.: Étude de l'inertie thermique des échangeurs de chaleur (Application aux surchauffeurs et resurchauffeurs). Rev. univ. Mines 102 (1959) Nr. 6, S. 611—616.
[17] SCHUNCK, M.: Zum Übergangsverhalten der Wasserstandsregelstrecke in Dampfkesseln. Diss. TH Stuttgart 1959.
[18] SPLIETHOFF, H.: Das Regelverhalten leistungsgeregelter Zwangsdurchlauf-Dampferzeuger. Diss. TH Stuttgart 1959.
[19] VANDEGHEN, A.: Inertie thermique des surchauffeurs et resurchauffeurs. Rev. univ. Mines 102 (1959) Nr. 6, S. 616—621.
[20] LEDINEGG, M.: Das Verhalten von Zwangsdurchlaufkesseln bei Laständerungen. BWK 12 (1960) Nr. 5, S. 197—206.
[21] MASABUCHI: Dynamic response and control of multipass heat exchangers. Trans. ASME, Ser. D, J. Basic Engng. 82 (1960) Nr. 1, S. 51—65.
[22] GRASME, P.: Das Ausfahren steiler Lastspitzen durch Dampfkraftwerke mit Zwischenüberhitzung. ETZ-A 81 (1960) Nr. 6, S. 193—203.
[23] PROFOS, P.: Dynamisches Verhalten von Zwangsstrom-Verdampfer-Systemen. Technische Rundschau Sulzer, Forschungsheft (1960) S. 5—12.

8. Das Übertragungsverhalten der Kraftmaschinen im Verband mit der Anlage

Die Dynamik der Regelung der Dampfkraftmaschinen und insbesondere der Dampfturbinen ist eingehend untersucht und in verschiedenen Fachbüchern beschrieben worden (s. Literaturverzeichnis am Kapitelende). Deshalb kann hier füglich auf eine ausführliche Behandlung verzichtet werden. Es wird vielmehr nur das Verhalten der Kraftmaschine als dynamisches Element im Rahmen der ganzen Anlage näher untersucht und auf Einzelheiten der Maschinenregelung nur so weit eingegangen, wie für diese besondere Betrachtungsweise nötig.

8.1 Grundgleichungen der Maschinenregelung

Die folgenden Ableitungen beziehen sich zunächst auf Dampfturbinen; sie sind aber in sinngemäßer Anpassung auch auf Kolbendampfmaschinen (Dampfmotoren) anwendbar.

Der Regelvorgang an der Maschine erfolgt — sogar bei Turbinen mit Zwischenüberhitzung — immer relativ schnell im Vergleich zu demjenigen am Dampferzeuger. Feinheiten im Regelablauf an der Kraftmaschine sind deshalb im Hinblick auf die Anlageregelung im allgemeinen von untergeordneter Bedeutung. Für unsere Untersuchung genügt es daher, das Verhalten der Maschine in groben Zügen richtig zu erfassen, was die für die folgenden Ableitungen getroffenen vereinfachenden Annahmen rechtfertigt.

Es werde zunächst der Fall der Turbine *ohne* wesentliche *Dampfräume* nach dem Einlaßventil, bei konstantem Gegendruck arbeitend, betrachtet (vgl. Abb. 8.1). Der Regelablauf nach einer Störung wird

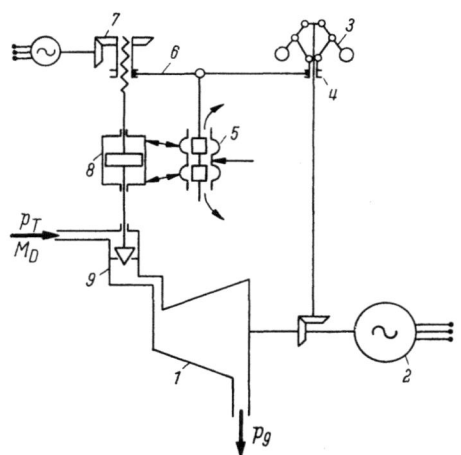

Abb. 8.1 Prinzipschema der Drehzahl-Leistungsregelung einer Dampfturbine (Gestängeregelung)
1 Turbine; *2* Generator; *3* Drehzahl-Meßwerk; *4* Muffe des Meßwerkes; *5* Steuerschieber; *6* Rückführgestänge; *7* Drehzahl-Verstellvorrichtung; *8* Stellmotor; *9* Einlaßventil

von den dynamischen Eigenschaften der Elemente des Maschinen-Regelkreises, also der Turbogeneratorgruppe, des Drehzahlmeßorgans, des Servomotors mit seinen Zubehörteilen und des Einlaßventils, bestimmt. Im wesentlichen läßt sich das Übertragungsverhalten dieser Elemente, in Anlehnung an die übliche Behandlungsweise, wie folgt fassen:

8. Das Übertragungsverhalten der Kraftmaschinen

Maschinengruppe. Das Übertragungsverhalten der Maschinengruppe ergibt sich daraus, daß bei einer Differenz zwischen dem antreibenden Moment der Turbine M_T und dem bremsenden des Generators M_G die rotierenden Massen beschleunigt werden gemäß der Beziehung

$$M_T - M_G = M_{res} = \Theta \Delta \omega', \tag{8.1}$$

wenn bedeuten:

M_{res} resultierendes Drehmoment,
Θ Trägheitsmoment der rotierenden Massen,
$\omega = 2\pi n$ Winkelgeschwindigkeit,
n Drehzahl der Maschine.

Nun läßt sich auch schreiben

$$M_T - M_G = \overline{M}_T + \Delta M_T - \overline{M}_G - \Delta M_G = \Delta M_T - \Delta M_G, \tag{8.2}$$

wenn $\overline{M}_T$ bzw. $\overline{M}_G$ die Drehmomente im Beharrungszustand bedeuten.

Nimmt man an, die Maschine werde durch das Vollast-Drehmoment der Turbine M_{max} aus der Ruhe bis zur Normaldrehzahl (ω_0) beschleunigt, so folgt aus (8.1) zunächst

$$\omega'_{max} = \frac{M_{max}}{\Theta} = K$$

und durch Integration

$$\omega_0 = 2\pi n_0 = \int_0^{T_a} \omega'_{max} \, dt = \int_0^{T_a} \frac{M_{max}}{\Theta} \, dt = \frac{M_{max}}{\Theta} T_a,$$

woraus sich die sogenannte *Anlaufzeit* T_a der Maschinengruppe ergibt:

$$T_a = \frac{\Theta \omega_0}{M_{max}} = \frac{2\pi \Theta n_0}{M_{max}}. \tag{8.3}$$

Mit (8.2) und (8.3) läßt sich Gl. (8.1) nun schreiben:

$$\frac{\Delta M_T}{M_{max}} - \frac{\Delta M_G}{M_{max}} = T_a \frac{\Delta \omega'}{\omega_0} \tag{8.4}$$

oder, da die Drehzahländerungen immer klein bleiben, bezogen auf n_0, auch

$$\frac{\Delta N_T}{N_{max}} - \frac{\Delta N_G}{N_{max}} = T_a \frac{\Delta \omega'}{\omega_0}. \tag{8.5}$$

Unter Benutzung der üblichen dimensionsfreien Symbole lauten schließlich die Gln. (8.4) bzw. (8.5)

$$\nu_T - \nu_G = T_a \varphi'. \tag{8.6}$$

Das Massenträgheitsmoment Θ und damit die Anlaufzeit sind dabei zunächst auf die Rotoren von Turbine und Generator bezogen. Dies entspricht dem Fall des nicht synchronisierten Generators (**Leerlauf**) bzw. dem Arbeiten auf ein Netz mit rein ohmscher Belastungscharakteri-

8.1 Grundgleichungen der Maschinenregelung

stik. Laufen am Verbrauchernetz Motoren, so tragen diese und allfällige noch mitrotierende Massen über die elektrische Welle zur Vergrößerung des Trägheitsmoments bei, was die Regelbedingungen im allgemeinen erleichtert. Das Rechnen mit einer Anlaufzeit entsprechend den Schwungmassen der Turbogeneratorgruppe allein erfaßt mithin den *ungünstigsten* Betriebsfall.

Die Anlaufzeiten liegen bei Kondensationsmaschinen in der Größenordnung um 10 s, bei Gegendruckmaschinen um 5 s. Sie hängen darüber hinaus aber noch von verschiedenen Faktoren ab. Im allgemeinen verringert sich T_a mit zunehmender Einheitsleistung. Von wesentlichem Einfluß ist naturgemäß die Bauweise der Maschinen. Reaktionsturbinen weisen in der Regel etwas größere Anlaufzeiten auf als Gleichdruckmaschinen.

Es ist nun noch zu beachten, daß auch für stationäre Bedingungen die Maschinendrehzahl von Einfluß auf die abgegebene Leistung N_G sein kann. Treibt die Turbine z. B. ein Gebläse oder eine Kreiselpumpe an, so ist die Abhängigkeit von N_G von n sehr ausgeprägt, im Gegensatz zum eben zitierten Fall der Versorgung eines Netzes mit rein ohmscher Belastung (Beleuchtung, Heizung), wo diese Abhängigkeit praktisch nicht existiert. Man kann den Charakter des Verbrauchers etwa durch den folgenden Potenzansatz erfassen:

$$\frac{N_G}{\overline{N}_G} = \left(\frac{n}{n_0}\right)^m. \tag{8.7}$$

Für kleine Abweichungen läßt sich hieraus entwickeln

$$\frac{\overline{N}_G + \Delta N_G}{\overline{N}_G} = 1 + \frac{\Delta N_G}{\overline{N}_G} = \left(\frac{n_0 + \Delta n}{n_0}\right)^m = \left(1 + \frac{\Delta n}{n_0}\right)^m \approx 1 + m\frac{\Delta n}{n_0}$$

und

$$\frac{\Delta N_G}{\overline{N}_G} = \frac{\Delta N_G \, N_{max}}{N_{max} \, \overline{N}_G} = \frac{1}{\beta}\frac{\Delta N_G}{N_{max}} = m\frac{\Delta n}{n_0}, \tag{8.8}$$

womit

$$\frac{\Delta N_{Gn}}{N_{max}} = \beta \, m \frac{\Delta n}{n_0} \tag{8.9}$$

oder mit den Symbolen der dimensionslosen Schreibweise

$$\nu_{Gn} = \beta \, m \, \varphi. \tag{8.10}$$

Der Index n weist in Gl. (8.9) bzw. (8.10) auf die Ursache der Leistungsänderung hin. Der zahlenmäßige Wert von m ist durch den Verlauf der Drehzahl-Leistungskennlinie des Verbrauchers gegeben, indem aus (8.8) folgt

$$m = \frac{n_0}{\overline{N}_G}\frac{\partial N_G}{\partial n}, \tag{8.11}$$

wobei $\partial N_G/\partial n$ bei bekannter Kennlinie leicht ermittelt werden kann (vgl. Abb. 8.2). Praktisch kann m etwa im Bereich von 0 bis 3 schwanken. Die nachfolgenden Beispiele geben einige Anhaltswerte:

$m = 0$: Netz mit rein ohmscher Belastung,
$m \approx 1$: Netz mit gemischten Verbrauchern,
$m \approx 1$: Arbeitsmaschinen (Werkzeugmaschinen usw.), Strömungsmaschinen mit konstanter Förderung arbeitend,
$m \approx 2$: Strömungsmaschinen mit konstantem Förderdruck arbeitend,
$m \approx 3$: Strömungsmaschinen gegen konstante Öffnung arbeitend.

Da natürlich neben den drehzahlbedingten noch die primären Laständerungen N_{GN} — z. B. durch Zuschalten weiterer Verbraucher bedingt — auftreten, gilt für die gesamte Änderung der Netzleistung

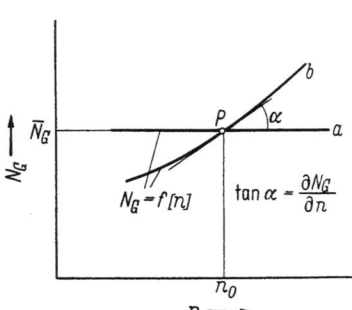

Abb. 8.2 Abhängigkeit der statischen Verbraucherleistung von der Turbinendrehzahl bzw. der Frequenz
Linie a: $m = 0$; Linie b: $m > 0$

$$\Delta N_G = \Delta N_{Gn} + \Delta N_{GN} \quad (8.12)$$

oder

$$\nu_G = \nu_{Gn} + \nu_{GN} = \beta m \varphi + \nu_{GN}. \quad (8.13)$$

Die Gln. (8.7) bis (8.13) sind, abgesehen von besonderen Fällen, nur bei Inselbetrieb bzw. Direktantrieb von Bedeutung. Beim Arbeiten auf ein großes Netz kann für die hier interessierenden Fragen die Rückwirkung der Verbraucherkennlinie auf das Geschehen im Kraftwerk vernachlässigt werden. Dann geht Gl. (8.13) über in

$$\nu_G = \nu_{GN}. \quad (8.14)$$

Drehzahlmeßwerk. Moderne Maschinen weisen massearme, schnellreagierende Drehzahlmeßwerke auf, die für unsere Betrachtungen als verzögerungsfrei arbeitend angenommen werden können. Es besteht dann zumindest für kleine Ausschläge Proportionalität zwischen der Verschiebung der Reglermuffe Δy und der sie hervorrufenden Drehzahländerung Δn, also mit Abb. 8.3:

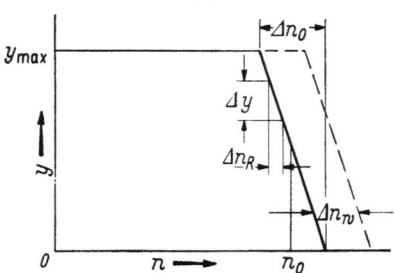

Abb. 8.3 Zusammenhang zwischen Maschinendrehzahl und Muffenhub. (Die gestrichelte Linie zeigt die Verlagerung der Kennlinie durch die Drehzahl-Verstellvorrichtung)

$$\Delta y = -\Delta n_R \frac{y_{\max}}{\Delta n_0}. \quad (8.15)$$

Daraus folgt

$$\frac{\Delta y}{y_{\max}} = \frac{\Delta n_R}{\Delta n_0} = -\frac{n_0}{\Delta n_0} \frac{\Delta n_R}{n_0} = -\frac{1}{\delta_x} \frac{\Delta n_R}{n_0}, \quad (8.16)$$

8.1 Grundgleichungen der Maschinenregelung

worin $\delta_x = \dfrac{\Delta n_0}{n_0}$ als *Statik* der Regelung bezeichnet wird [7]. Da auch durch Eingriff in die Drehzahlverstellvorrichtung eine wirksame Regelabweichung hervorgerufen werden kann, setzt sich diese zusammen aus

$$\Delta n_R = \Delta n - \Delta n_w, \qquad (8.17)$$

wenn Δn die Abweichung gegen einen festen Sollwert, Δn_w die durch Sollwertverstellung bedingte Drehzahlabweichung bedeuten. Dann schreibt sich Gl. (8.16) in der Form

$$\frac{\Delta y}{y_{\max}} = -\frac{1}{\delta_x}\left(\frac{\Delta n_0}{n_0} - \frac{\Delta n_w}{n_0}\right). \qquad (8.18)$$

Mit den üblichen Symbolen wird

$$\eta = -\frac{1}{\delta_x}(\varphi - \varphi_w). \qquad (8.19)$$

δ_x liegt im praktischen Betrieb meist bei 2 bis 6%.

Stellgetriebe. Der Ableitung der Bewegungsgleichung des Stellgetriebes wird in der Regel die Annahme zugrunde gelegt, daß die Stellmotorgeschwindigkeit der Auslenkung des Kraftschalters (Steuerschieber) proportional sei. Mit starrer Rückführung erhält man dann bekanntlich den Zusammenhang

$$\frac{\Delta y}{y_{\max}} = \frac{\Delta h}{h_{\max}} + T_s \frac{\Delta h'}{h_{\max}}, \qquad (8.20)$$

worin T_s als Servomotorschlußzeit bezeichnet wird. Sie ist durch die Gleichung

$$T_s = \frac{h_{\max}}{\Delta h'_{\max}} \qquad (8.21)$$

definiert, mithin als die Zeit, die der Stellmotor bei größter Geschwindigkeit $h'_{\max}$ (voller Auslenkung des Steuerschiebers entsprechend) zum Durchlaufen des ganzen Hubes $h_{\max}$ braucht. Mit den üblichen Symbolen schreibt sich Gl. (8.20) auch

$$\eta = \mu + T_s \mu'. \qquad (8.22)$$

Regelventil. Bei vernachlässigbarem schädlichem Dampfraum kann der Zusammenhang zwischen Admissionsdruck p_T, Öffnungsquerschnitt des Regelventils A_R und Dampfdurchfluß M_D nach Kap. 3 durch

$$M_D = \frac{p_T A_R}{K_R} \qquad (8.23)$$

ausgedrückt werden (s. Gl. (3.60)). Für kleine Abweichungen folgt daraus (vgl. Abschn. 3.2.1):

$$\Delta M_D = \frac{\bar{A}_R}{K_R}\Delta p_T + \frac{\bar{p}_T}{K_R}\Delta A_R. \qquad (8.24)$$

8. Das Übertragungsverhalten der Kraftmaschinen

Durch Division mit der für Beharrung geschriebenen Gl. (8.23) wird daraus

$$\frac{\Delta M_D}{\bar{M}_D} = \frac{\Delta p_T}{\bar{p}_T} + \frac{\Delta A_R}{\bar{A}_R}. \qquad (8.25)$$

Erweitert man noch wie folgt:

$$\frac{\Delta M_D}{M_{D\max}} \frac{M_{D\max}}{\bar{M}_D} = \frac{\Delta p_T}{\bar{p}_T} + \frac{\Delta A_R}{A_{R\max}} \frac{A_{R\max}}{\bar{A}_R} \qquad (8.26)$$

und beachtet, daß bei Annahme linearen Zusammenhangs zwischen Ventilquerschnitt, Dampfstrom und Leistung

$$\frac{\bar{M}_D}{M_{D\max}} = \frac{\bar{A}_R}{A_{R\max}} = \frac{\bar{N}_T}{N_{T\max}} = \beta,$$

mithin gleich dem *Belastungsgrad* der Maschine ist, so läßt sich Gl. (8.26) auf die Form bringen:

$$\frac{\Delta M_D}{M_{D\max}} = \beta \frac{\Delta p_T}{\bar{p}_T} + \frac{\Delta A_R}{A_{R\max}}. \qquad (8.27)$$

In dimensionsloser Schreibart lautet diese Beziehung, wenn noch Proportionalität zwischen Stellmotorhub h und Ventilöffnung A_R angenommen wird

$$\nu_T = \beta \pi + \mu. \qquad (8.28)$$

Faßt man die Gln. (8.6), (8.13), (8.19), (8.22) und (8.28) unter Elimination der Größen φ, η und μ, die für die nachfolgende Untersuchung

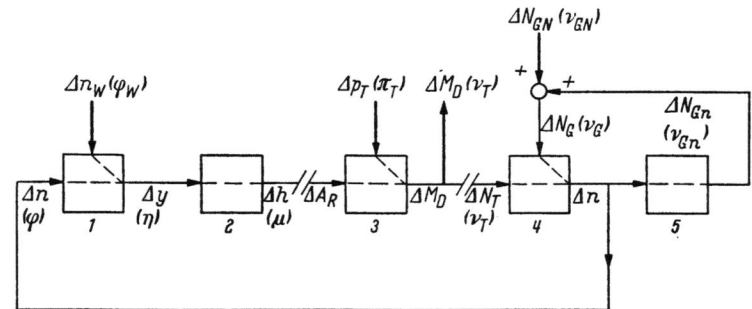

Abb. 8.4 Blockschema einer Turbogeneratorgruppe unter Berücksichtigung der Drehzahlabhängigkeit der Verbraucherleistung

1 Drehzahlmeßwerk; *2* Stellgetriebe; *3* Regelventil; *4* Maschinengruppe; *5* Drehzahlabhängige Leistungsrückwirkung des Netzes

von nebensächlicher Bedeutung sind, zusammen, so erhält man die Differentialgleichung des geschlossenen Regelkreises

$$\beta m \varphi_w + T_a \varphi'_w + \nu_{GN} + \beta^2 m \delta_x \pi +$$
$$+ \beta \delta_x (\beta m T_s + T_a) \pi' + \beta \delta_x T_a T_s \pi''$$
$$= (1 + \beta m \delta_x) \nu_T + \delta_x (T_a + \beta m T_s) \nu'_T + \delta_x T_a T_s \nu''_T. \qquad (8.29)$$

Für $m = 0$ wird vereinfacht ($v_{GN} = v_G$)

$$v_G + T_a \varphi'_w + \beta \delta_x T_a \pi' + \beta \delta_x T_a T_s \pi''$$
$$= v_T + \delta_x T_a v'_T + \delta_x T_a T_s v''_T. \quad (8.30)$$

Diesem Gleichungssystem, insbesondere der vollständigen Gl. (8.29), entspricht ein Blockschema gemäß Abb. 8.4, aus dem unschwer der Zusammenhang mit Abb. 8.1 zu erkennen ist.

8.2 Das Übertragungsverhalten von Kondensationsmaschinen ohne Zwischenüberhitzung

Um die Turbogeneratorgruppe als Element der Anlage in den großen Zusammenhang der Gesamtregelung einzubeziehen, ist es notwendig, zu wissen, in welcher Weise die Maschine auf äußere Störung hin den *Dampfstrom* M_D *beeinflußt*. Als solche Störungen kommen Änderungen der dem Generator vom Netz her aufgeprägten Last ΔN_G, Änderungen des Frischdampfdruckes Δp_T und schließlich der Eingriff in die Drehzahl-Verstellvorrichtung (Δn_w) in Frage (vgl. auch Abb. 8.5).

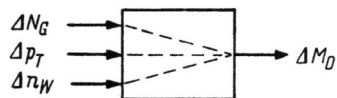

Abb. 8.5 Wirkungsverbindungen in der Maschinengruppe, zur Beschreibung des Übertragungsverhaltens

Das Übertragungsverhalten der Maschine ist dann etwa durch die drei Übertragungsfunktionen

$$\underset{\Delta N_G \to \Delta M_D}{G[s]} \; ; \quad \underset{\Delta p_T \to \Delta M_D}{G[s]} \quad \text{und} \quad \underset{\Delta n_w \to \Delta M_D}{G[s]}$$

beschrieben, die aus der im vorhergehenden Abschnitt gefundenen Differentialgleichung (8.29) ermittelt werden können. Dabei werde wieder auf die sonst benützte dimensionsbehaftete Schreibweise übergegangen. Es bedeuten ja nach früherer Festlegung

$$v_G = \frac{\Delta N_G}{N_{\max}}, \quad v_T = \frac{\Delta N_T}{N_{\max}} = \frac{\Delta M_D}{M_{D\max}},$$

$$\varphi_w = \frac{\Delta n_w}{n_0}, \quad \pi = \frac{\Delta p_T}{\bar{p}_T}.$$

Damit findet man für den Zusammenhang zwischen der vom Netz aufgezwungenen *Laständerung* ΔN_G und der dadurch hervorgerufenen Schwankung des Dampfstromes ($\Delta p_T = 0$, $\Delta n_w = 0$)

$$\underset{\Delta N_G \to \Delta M_D}{G[s]} = \frac{M_{D\max}}{N_{\max}} \frac{1}{(1 + \beta m \delta_x) + \delta_x(T_a + \beta m T_s)s + \delta_x T_a T_s s^2}. \quad (8.31)$$

Für $m = 0$ wird

$$\underset{\Delta N_G \to \Delta M_D}{G[s]} = \frac{M_{D\max}}{N_{\max}} \frac{1}{1 + \delta_x T_a s + \delta_x T_a T_s s^2}. \quad (8.32)$$

Oft kann darin ohne großen Fehler der dritte Term im Nenner vernachlässigt werden (Annahme eines verzögerungsfreien Stellgetriebes), wodurch (8.32) übergeht in

$$\underset{\Delta N_G \to \Delta M_D}{G[s]} = \frac{M_{D\,\text{max}}}{N_{\text{max}}} \frac{1}{1 + \delta_x T_a s}. \tag{8.33}$$

Dieser Formel entspricht die in Abb. 8.6a gezeichnete Gangkurve. Der Dampfstrom folgt damit der Leistungsänderung des Generators in erster Näherung mit einer Verzögerung erster Ordnung, gekennzeichnet durch die Zeitkonstante $\delta_x T_a$ (vgl. Abb. 8.6b).

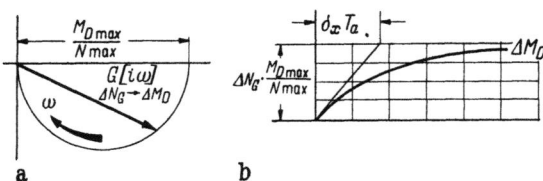

a b

Abb. 8.6 a u. b Abhängigkeit des Frischdampfstromes von Schwankungen der dem Generator eingeprägten Leistung ($m = 0$, $T_s = 0$)

a) Frequenzgang; b) Übergangsfunktion

Bei Änderungen des *Frischdampfdruckes* ergibt sich für den Fall des Inselbetriebes aus Gl. (8.29) ($\Delta N_{GN} = 0$, $\Delta n_w = 0$):

$$\underset{\Delta p_T \to \Delta M_D}{G[s]} = \frac{\beta M_{D\,\text{max}}}{\bar{p}_T} \frac{\beta m \delta_x + \delta_x(T_a + \beta m T_s) s + \delta_x T_a T_s s^2}{(1 + \beta m \delta_x) + \delta_x(T_a + \beta m T_s) s + \delta_x T_a T_s s^2}. \tag{8.34}$$

Für $m = 0$ vereinfacht sich dieser Ausdruck zu

$$\underset{\Delta p_T \to \Delta M_D}{G[s]} = \frac{\beta M_{D\,\text{max}}}{\bar{p}_T} \frac{\delta_x T_a s + \delta_x T_a T_s s^2}{1 + \delta_x T_a s + \delta_x T_a T_s s^2}. \tag{8.35}$$

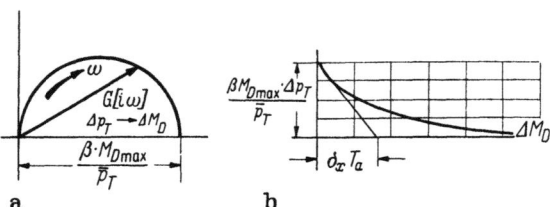

a b

Abb. 8.7 a u. b Abhängigkeit des Frischdampfstromes von Schwankungen des Frischdampfdruckes bei Inselbetrieb ($m = 0$, $T_s = 0$)

a) Frequenzgang; b) Übergangsfunktion

Auch hier kann meist unbedenklich der Term $\delta_x T_a T_s s^2$ vernachlässigt werden, womit wird

$$\underset{\Delta p_T \to \Delta M_D}{G[s]} = \frac{\beta M_{D\,\text{max}}}{\bar{p}_T} \frac{\delta_x T_a s}{1 + \delta_x T_a s}. \tag{8.36}$$

8.2 Das Übertragungsverhalten von Kondensationsmaschinen

Die Gangkurve weist dann den Verlauf nach Abb. 8.7a auf, der Dampfstrom verläuft nach einer plötzlichen Druckänderung nach Art eines Verschwindsignals (Abb. 8.7b) mit der Zeitkonstanten $\delta_x T_a$ der Abklingfunktion.

Arbeitet der Generator auf ein großes Netz, so ändert die Drehzahl der Maschine und damit der Einlaßquerschnitt praktisch nicht, und die Turbine nimmt bei Druckerhöhung unmittelbar eine entsprechend größere Leistung auf und umgekehrt. Der Frischdampfstrom ändert sich hierbei verhältnisgleich der Druckänderung, indem nach Gl. (8.25) wird ($\Delta A_R = 0$)

$$\Delta M_D = \frac{\bar{M}_D}{\bar{p}_T} \Delta p_T \tag{8.37}$$

oder auch

$$G[s]_{\Delta p_T \to \Delta M_D} = \frac{\bar{M}_D}{\bar{p}_T}. \tag{8.38}$$

Bei Eingriff in die *Drehzahl-Verstellvorrichtung* ist wiederum die Wirkung auf den Dampfstrom verschieden je nach der Verbraucher-Kennlinie. Zunächst folgt für Inselbetrieb aus Gl. (8.29)

$$G[s]_{\Delta n_w \to \Delta M_D} = \frac{M_{D\max}}{n_0} \frac{\beta m + T_a s}{(1 + \beta m \delta) + \delta_x(T_a + \beta m T_s) s + \delta_x T_a T_s s^2}. \tag{8.39}$$

Für $m = 0$ folgt daraus

$$G[s]_{\Delta n_w \to \Delta M_D} = \frac{M_{D\max}}{n_0} \frac{T_a s}{1 + \delta_x T_a s + \delta_x T_a T_s s^2} \tag{8.40}$$

oder, wenn wiederum das Glied $T_a T_s s^2$ vernachlässigt wird,

$$G[s]_{\Delta n_w \to \Delta M_D} = \frac{M_{D\max}}{n_0} \frac{T_a s}{1 + \delta_x T_a s}. \tag{8.41}$$

Gangkurve und Übergangsfunktion verlaufen ähnlich Abb. 8.7; sie unterscheiden sich nur im Maßstabfaktor.

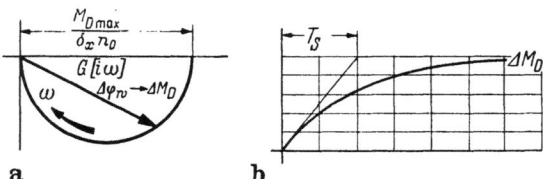

Abb. 8.8 a u. b Abhängigkeit des Frischdampfstromes von Eingriffen in die Drehzahl-Verstellvorrichtung bei auf ein großes Netz arbeitender Maschine ($\varphi = 0$, $m = 0$, $T_s = 0$)
a) Frequenzgang; b) Übergangsfunktion

Beim Betrieb auf ein großes Netz ist wiederum die Maschinendrehzahl durch die Netzfrequenz gehalten. Das Übertragungsverhalten ist dann durch die Gln. (8.19), (8.22) und (8.28) bestimmt, wobei noch $\varphi = 0$ und $\pi = 0$ zu setzen ist. Eliminiert man η und μ, so erhält man

$$\frac{\varphi_w}{\delta_x} = \nu_T + T_s \nu'_T, \tag{8.42}$$

woraus die Übertragungsfunktion folgt

$$\underset{\Delta n_w \to \Delta M_D}{G[s]} = \frac{M_{D\max}}{\delta_x n_0} \frac{1}{1 + T_s s}. \tag{8.43}$$

Frequenzgang und Übergangsfunktion entsprechen Abb. 8.8a und b.

8.3 Das Übertragungsverhalten von Maschinengruppen mit Zwischenüberhitzung

Bei Maschinengruppen mit ein- oder mehrmaliger Zwischenüberhitzung des Dampfes wird der zeitliche Verlauf des Frischdampfstromes, hervorgerufen durch gewollte oder ungewollte Laständerungen oder Schwankungen des Admissionsdruckes, im wesentlichen durch das Speicherverhalten der Zwischendampfräume bestimmt. Die Einflüsse der Speicherung mechanischer Energie und der Verzögerungen im Regelmechanismus treten daneben bei richtig ausgebildeter Regelung stark zurück. Es wird deshalb auf deren Berücksichtigung bei der folgenden Betrachtung verzichtet. Für detailliertere Untersuchungen sei auf die Literatur verwiesen (s. Literaturverzeichnis am Kapitelende).

Damit gilt zunächst für die *Leistungsbilanz* (einfache Zwischenüberhitzung)

$$N_{T1} + N_{T2} = N_T = \frac{1}{\eta_G} N_G, \tag{8.44}$$

worin N_{T1} bzw. N_{T2} die vom Hochdruck- bzw. Niederdruckteil abgegebenen Leistungsanteile bedeuten (vgl. Abb. 8.9). Diese Leistungsanteile können auch ausgedrückt werden durch[1]

$$\left. \begin{array}{l} N_{T1} = k_1 \Delta i_1 M_D = k_1 \alpha \Delta i M_D, \\ N_{T2} = k_1 \Delta i_2 M_D = k_1 (1-\alpha) \Delta i M_D. \end{array} \right\} \tag{8.45}$$

Darin ist

$\Delta i_1, \Delta i_2$ effektives Enthalpiegefälle im HD- bzw. ND-Teil der Maschine (s. Abb. 8.10),
Δi effektives Gesamtenthalpiegefälle,
M_D, M_{D2} Dampfstrom durch HD- bzw. ND-Teil der Maschine.

Dabei gelten noch die Beziehungen

$$\left. \begin{array}{l} \alpha = \dfrac{\Delta i_1}{\Delta i} = \dfrac{\overline{N}_{T1}}{\overline{N}_T}; \quad 1-\alpha = \dfrac{\Delta i_2}{\Delta i} = \dfrac{\overline{N}_{T2}}{\overline{N}_T}, \\ \Delta i = \Delta i_1 + \Delta i_2. \end{array} \right\} \tag{8.46}$$

---

[1] Die Entnahme aus dem ND-Teil ist hier vernachlässigt; sie könnte indes leicht durch passende Wahl der Werte k_1 berücksichtigt werden.

8.3 Das Übertragungsverhalten von Maschinengruppen

Für das Weitere wird das Verhältnis der Entropiegefälle als unveränderlich angenommen, mithin α = konstant. Dies trifft natürlich in Wirklichkeit nicht zu, spielt jedoch, solange nur die Summenleistung in Frage steht — und das ist für unsere Überlegungen der Fall — keine

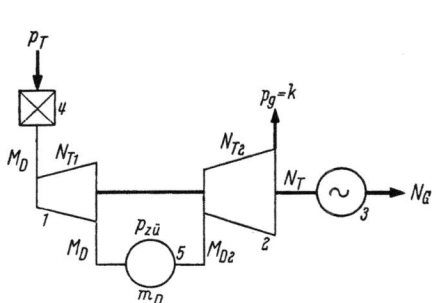 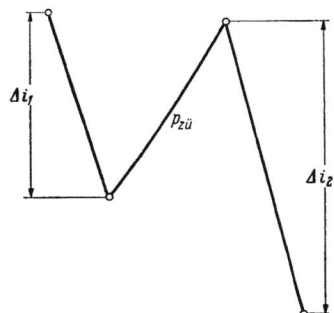

Abb. 8.9 Schema einer Turbogeneratorgruppe mit Zwischenüberhitzung

1 Hochdruckturbine; *2* Niederdruckturbine; *3* Generator; *4* Frischdampf-Regelventil; *5* Zwischendampfraum

Abb. 8.10 Enthalpiegefälle-Aufteilung auf HD- und ND-Teil einer Turbine mit Zwischenüberhitzung (schematisch)

große Rolle; denn bei der Summenbildung kompensieren sich die einzelnen Leistungsdifferenzen weitgehend, so daß sich eine genauere Rechnung kaum lohnt.

Für die *Bilanz des Arbeitsmittelstromes* läßt sich andererseits schreiben (vgl. auch Abb. 8.9)

$$M_D - M_{D2} = \frac{dm_D}{dt} \qquad (8.47)$$

oder für kleine Änderungen

$$\Delta M_D - \Delta M_{D2} = \frac{dm_D}{dt}. \qquad (8.48)$$

Darin ist

m_D Dampfinhalt des Zwischendampfraumes (Zwischenüberhitzer + Rohrleitungen).

Nun ist der Druck im Zwischendampfraum durch das Gesetz des Dampfkegels für die ND-Turbine gegeben, wobei, abgesehen von ausgesprochener Schwachlast, Proportionalität zwischen Dampfstrom und Druck besteht; mithin gilt

$$M_{D2} = k_2 \, p_{z\ddot{u}} \quad \text{oder} \quad \Delta M_{D2} = k_2 \Delta p_{z\ddot{u}}. \qquad (8.49)$$

Wird noch polytropische Zustandsänderung bei Druckschwankungen im Zwischendampfraum angenommen, so lassen sich die Änderungen des Arbeitsmittelinhaltes in diesem Raum mit den sie verursachenden Druckabweichungen in Verbindung bringen. Nach Abschn. 3.2.1 wird nämlich unter sinngemäßer Benutzung von Gl. (3.53)

$$\frac{dm_D}{dt} = \frac{\overline{M}_D}{\overline{p}_{z\ddot{u}}} T_{z\ddot{u}} \frac{dp_{z\ddot{u}}}{dt}, \qquad (8.50)$$

8. Das Übertragungsverhalten der Kraftmaschinen

worin nach Gl. (3.53)

$$T_{zü} \approx 0.9 \frac{\overline{m}_D}{\overline{M}_D}. \tag{8.51}$$

Aus (8.49) und (8.50) erhält man mit $\overline{M}_D = \overline{M}_{D2} = k_2 \, p_{zü}$

$$\frac{dm_D}{dt} = \frac{\overline{M}_D}{\overline{p}_{zü}} \frac{T_{zü}}{k_2} \frac{dM_{D2}}{dt} = T_{zü} \frac{dM_{D2}}{dt}$$

und durch Einsetzen in (8.48)

$$\Delta M_D = \Delta M_{D2} + T_{zü} \Delta M'_{D2}. \tag{8.52}$$

Aus den Gln. (8.44) und (8.45) folgt für kleine Ausschläge:

$$k_1 \alpha \, \Delta i \, \Delta M_D + k_1(1-\alpha) \, \Delta i \, \Delta M_{D2} \frac{1}{\eta_G} \Delta N_G. \tag{8.53}$$

Daraus folgt nun

$$\Delta M_{D2} = \frac{1}{\eta_G k_1 (1-\alpha) \Delta i} \Delta N_G - \frac{\alpha}{1-\alpha} \Delta M_D$$

und durch Derivation

$$\Delta M'_{D2} = \frac{1}{\eta_G k_1 (1-\alpha) \Delta i} \Delta N'_G - \frac{\alpha}{1-\alpha} \Delta M'_D.$$

Durch Einsetzen in (8.52) ergibt sich damit

$$\Delta M_D = -\frac{\alpha}{1-\alpha} \Delta M_D - \frac{\alpha}{1-\alpha} T_{zü} \Delta M'_D + \frac{1}{\eta_G k_1 (1-\alpha) \Delta i} \Delta N_G +$$
$$+ \frac{1}{\eta_G k_1 (1-\alpha) \Delta i} T_{zü} \Delta N'_G$$

oder

$$\frac{1}{\eta_G k_1 \Delta i} (\Delta N_G + T_{zü} \Delta N'_G) = \Delta M_D + \alpha \, T_{zü} \Delta M'_D. \tag{8.54}$$

Nun ist noch mit (8.44), (8.45) und (8.46) für Beharrung

$$\frac{1}{\eta_G k_1 \Delta i} = \frac{\overline{M}_D}{\overline{N}_G},$$

womit (8.54) übergeht in

$$\frac{\overline{M}_D}{\overline{N}_G} \Delta N_G + \frac{\overline{M}_D}{\overline{N}_G} T_{zü} \Delta N'_G = \Delta M_D + \alpha \, T_{zü} \Delta M'_D. \tag{8.55}$$

Gl. (8.55) stellt den gesuchten Zusammenhang zwischen dem *Dampfstrom zur HD-Maschine* und der *eingeprägten Generatorleistung* dar. Es sei nochmals vermerkt, daß diese Beziehung streng nur unter der Voraussetzung $T_a = 0$, $T_s = 0$, $m = 0$, $\Delta p_T = 0$ gilt.

In die Form der Übertragungsfunktion gebracht, lautet Gl. (8.55)

$$G[s]_{\Delta N_G \to \Delta M_D} = \frac{\overline{M}_D}{\overline{N}_G} \frac{1 + T_{zü} s}{1 + \alpha \, T_{zü} s}. \tag{8.56}$$

Die entsprechende Gangkurve verläuft entsprechend Abb. 8.11a, die Übergangsfunktion nach Abb. 8.11b.

8.3 Das Übertragungsverhalten von Maschinengruppen

Bei Schwankungen des *Frischdampfdruckes* ändert sich der Dampfstrom M_D zum HD-Teil in gleicher Weise wie bei der gewöhnlichen Kon-

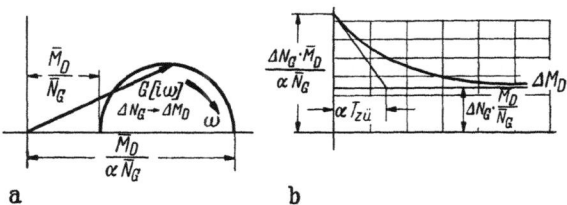

Abb. 8.11 a u. b Übertragungsverhalten einer Maschinengruppe mit Zwischenüberhitzung
Eingangsgröße: Generatorleistung; Ausgangsgröße: Frischdampfstrom
a) Frequenzgang; b) Übergangsfunktion

densationsturbine, wenn die Maschine auf ein großes Netz, d. h. mit unbeeinflußter Drehzahl arbeitet. Es gelten damit auch hier die Gln. (8.37) bzw. (8.38).

Die Generatorleistung N_G verläuft dagegen bei der Zwischenüberhitzungsmaschine nicht dem Frischdampfstrom entsprechend; vielmehr ist der Zusammenhang durch Gl. (8.55) gegeben, wobei allerdings jetzt ΔM_D Eingangsgröße und ΔN_G Ausgangsgröße ist. Mit

$$\Delta M_D = \frac{\bar{M}_D}{\bar{p}_T} \Delta p_T$$

nach Gl. (8.37) wird aus Gl. (8.55)

$$\frac{\bar{M}_D}{\bar{p}_T}(\Delta p_T + \alpha T_{zü} \Delta p'_T) = \frac{\bar{M}_D}{\bar{N}_G}(\Delta N_G + T_{zü} \Delta N'_G)$$

oder

$$\frac{\bar{N}_G}{\bar{p}_T} \Delta p_T + \alpha \frac{\bar{N}_G}{\bar{p}_T} T_{zü} \Delta p'_T = \Delta N_G + T_{zü} \Delta N'_G. \qquad (8.57)$$

Die entsprechende Übertragungsfunktion lautet

$$G[s]_{\Delta p_T \to \Delta N_G} = \frac{\bar{N}_G}{\bar{p}_T} \frac{1 + \alpha T_{zü} s}{1 + T_{zü} s}. \qquad (8.58)$$

Der grundsätzliche Verlauf von Gangkurve und Übergangsfunktion ist aus Abb. 8.12a und b ersichtlich.

Analoge Überlegungen lassen sich für den Fall der zweifachen Zwischenüberhitzung anstellen.

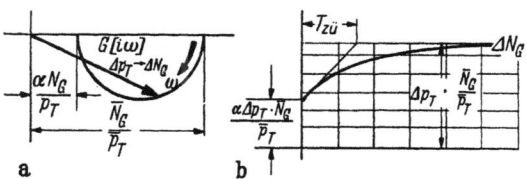

Abb. 8.12a u. b Übertragungsverhalten einer Maschinengruppe mit Zwischenüberhitzung
Eingangsgröße: Frischdampfdruck; Ausgangsgröße: Generatorleistung
a) Frequenzgang; b) Übergangsfunktion

8.4 Gegendruck- und Entnahme-Maschinengruppen

Das Übertragungsverhalten von Gegendruck- und Entnahmemaschinen, soweit es für die Regelung der Anlage als Ganzes von Bedeutung ist, entspricht, abgesehen von Sonderfällen, in seinen wesentlichen Zügen dem Verhalten, wie es für die Kondensationsturbine gefunden wurde. Oft läßt sich sogar ohne bedeutsame Einbuße an Genauigkeit anstelle des dynamischen Verhaltens das statische setzen und die Turbine einfach als Regelventil behandeln. Eine solche Behandlungsweise kann sich aus der Tatsache rechtfertigen, daß die fraglichen Maschinengruppen einerseits relativ kleine Anlaufzeiten aufweisen, andererseits mit Dampfräumen beträchtlichen Speichervermögens in Verbindung stehen und mitunter nur einen Bruchteil der Dampfproduktion verarbeiten (z. B. bei Hilfsmaschinenantrieben). Dann kann auf die in Kap. 3 angestellten Überlegungen zurückgegriffen werden. — Es wird deshalb nicht auf Einzelheiten eingegangen, vielmehr werden nur einige typische Beispiele kurz besprochen.

Gegendruckmaschinen. Bei dieser Maschinenart trifft man oft die zwei in Abb. 8.13 dargestellten Regelschaltungen. Im Fall a ist die

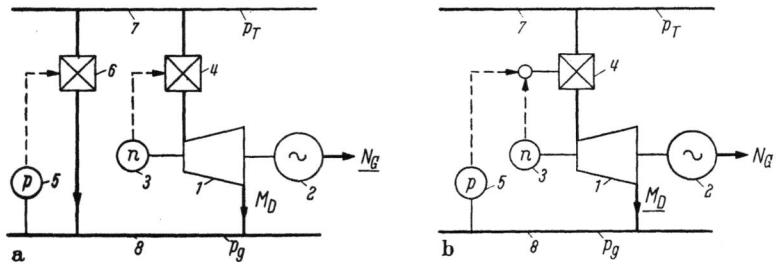

Abb. 8.13 a u. b Regelschaltungen von Gegendruckturbinen
a) primäre Regelung der Generatorleistung, Druckregelung im Gegendrucknetz durch parallelgeschalteten Druckregler; b) primäre Regelung des Druckes im Gegendrucknetz
1 Turbine; *2* **Generator**; *3* Drehzahl-Meßwerk; *4* Turbinenregelventil; *5* Druck-Meßorgan; *6* Druck-Regelventil; *7* Frischdampfnetz; *8* Gegendrucknetz

Maschinenleistung vom Verbraucher her festgelegt. Die Turbine steht daher unter dem Einfluß des Drehzahlreglers, während das Aufrechterhalten der Dampfspannung im Gegendrucknetz einem parallel zur Turbine geschalteten Netzdruckregler obliegt. Hier kann das Verhalten der Turbinengruppe durch die in Abschn. 8.2 hergeleiteten Beziehungen beschrieben werden, wenn nicht die rein statische Betrachtungsweise genügt. — Für die Netzdruckregelung gelten insbesondere die Überlegungen nach Kap. 3.

Im Fall b ist der Dampfdurchsatz M_D, durch den *Verbrauch des Gegendrucknetzes* vorgegeben, die primär durch die Turbinenregelung

8.4 Gegendruck- und Entnahme-Maschinengruppen

einzuhaltende Größe, und die Maschinenleistung entspricht demselben. Das Einlaßventil steht im Normalbetrieb unter dem dominierenden Einfluß des Druckreglers, und dem Drehzahlregler kommt im wesentlichen nur die Funktion eines Sicherheitsorgans zu. — Hier ist eine Behandlung der Gruppe als reiner Druckregler fast immer ausreichend genau.

Entnahmemaschinen. Entnahmemaschinen werden meist mit gekoppelten Druck–Drehzahl-Regelungen ausgeführt, seltener mit ungekoppelten Regelungen gemäß Abb. 8.14. Das Übertragungsverhalten des letzteren Maschinentyps ist verhältnismäßig schleppend, da jeder Regler durch sein Arbeiten den andern Regelkreis stört. Außerdem wirkt sich der die Kopplung der beiden Regelkreise beeinflussende Speichereffekt des Entnahmenetzes mitunter ungünstig aus. Es sei aber darauf verzichtet, hier näher auf diese Zusammenhänge einzugehen.

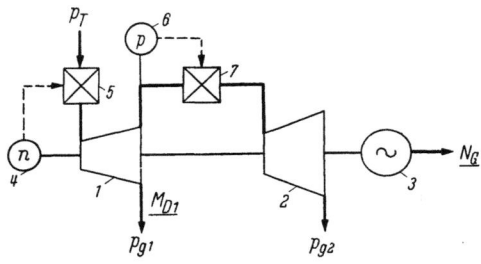

Abb. 8.14 Prinzipschema einer Entnahmeturbine mit ungekoppelter Regelung
1 HD-Teil; *2* ND-Teil der Turbine; *3* Generator; *4* Drehzahl-Meßwerk; *5* Frischdampf-Einlaßventil; *6* Druck-Meßorgan; *7* Einlaßventil zum ND-Teil

Maschinen mit *gekoppelter Regelung* (s. Abb. 8.15) weisen andererseits bei guter Abstimmung nur geringe gegenseitige Störung der Regelkreise im Sinne des Bewirkens von Abweichungen der Regelgrößen auf. Es

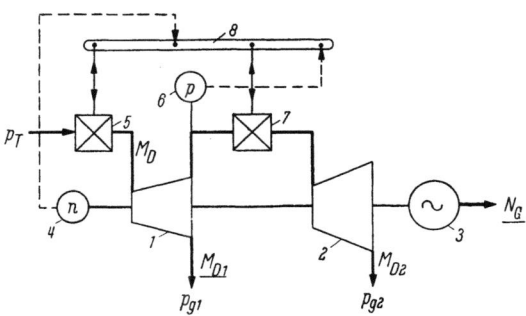

Abb. 8.15 Prinzipschema einer Entnahmeturbine mit gekoppelter Regelung
1 HD-Teil; *2* ND-Teil der Turbine; *3* Generator; *4* Drehzahl-Meßwerk; *5* Frischdampf-Einlaßventil; *6* Druck-Meßorgan; *7* Einlaßventil zum ND-Teil; *8* Kopplungsgestänge

kann daher mit brauchbarer Näherung angenommen werden, daß beispielsweise bei einer Änderung der Generatorlast die Drehzahlregelung die Maschine in den neuen Zustand überführt, ohne daß merkliche Druckschwankungen im Entnahmenetz auftreten. Analoges gilt auch für einen durch Verbrauchsänderungen im Entnahmenetz hervorgerufenen Regelvorgang. Damit können beide Vorgänge unabhängig voneinander betrachtet werden, in der Art, wie dies durch das Schema Abb. 8.16 angedeutet ist. Dabei ist das Übertragungsverhalten $\Delta N_G \to \Delta M_D$ auf den in Abschn. 8.2 behandelten Fall zurückzuführen, das Übertragungsverhalten $\Delta p_{g1} \to \Delta M_D$ auf eine gewöhnliche Druckregelung (Kap. 3).

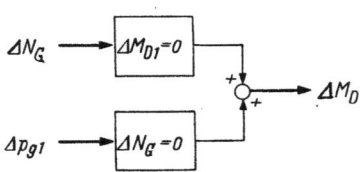

Abb. 8.16 Blockschema zur angenäherten Behandlung des Übertragungsverhaltens einer Entnahmeturbine mit gekoppelter Regelung gegenüber Störungen der Generatorbelastung bzw. des Druckes im Entnahmenetz
1 Übertragungsverhalten bei konstantem Entnahmedampfverbrauch; *2* Übertragungsverhalten bei konstanter Generatorbelastung

Neben den beschriebenen Fällen sind in der Praxis noch eine Anzahl weiterer Varianten zu finden. Sie sind zum großen Teil auf die hier behandelten Beispiele zurückzuführen. Im übrigen sei auf die Spezialliteratur verwiesen.

Literatur zu Kapitel 8

1] KIESER, H.: Der Einfluß eines in die Dampfführung einer Dampfturbine geschalteten Pufferraumes oder Zwischenüberhitzers auf den Verlauf des Regulierungsvorganges. Diss. TH Berlin 1933.
[2] PROFOS, P.: Dynamik der Druck- und Feuerregelung. Energie 7 (1955) Nr. 11, S. 408—414.
[3] KIRILLOW, I.: Regelung von Dampfturbinen, Berlin: VEB Verlag Technik 1956.
[*4*] ZICKUHR, W.: Über den Einfluß des Zwischenüberhitzers auf das betriebliche Verhalten von Dampfturbinenanlagen. Siemens-Z. 30 (1956) Nr. 2, S. 63—69.
[5] TRAUPEL, W.: Thermische Turbomaschinen, Bd. 1 u. 2. Berlin/Göttingen/Heidelberg: Springer 1958/1960.
[6] GRAUL, K., u. W. JENSEIT: Dampfturbinenregelung, Berlin: VEB Verlag Technik 1960.
[7] **Leitsätze der „Nomenklatur der Regelungstechnik"**, 2. Aufl. Schweiz. Elektrotechn. Verein 1960.

9. Das Übertragungsverhalten der Regeleinrichtungen in Dampfanlagen

Für das Regelverhalten sind neben den wohl im allgemeinen dominierenden Eigenschaften der Regelstrecke bekanntlich auch diejenigen der *Regeleinrichtung* von Bedeutung. Es soll allerdings hier nicht die Theorie der Regler behandelt werden; darüber besteht eine reiche Literatur, und es wird vor allem auf die einschlägigen Fachbücher verwiesen (s. Literaturverzeichnis). Es kann auch nicht im einzelnen auf die Eigenschaften der vielen in Gebrauch stehenden Regelsysteme und -geräte eingegangen werden. Dies ist schon deshalb nicht angezeigt, weil hier die Dinge in stetem Fluß sind. Es wird deshalb empfohlen, sich im konkreten Fall an die in Frage stehenden Reglerfirmen zu wenden. In diesem Kapitel sollen vielmehr einige allgemeine Hinweise darauf gegeben werden, welche Punkte im Zusammenhang mit den dynamischen Reglereigenschaften besonders beachtet sein wollen.

9.1 Meßorgane

Meßorgane arbeiten in Dampfanlagen sehr oft unter besonders erschwerenden Bedingungen. Im Gegensatz zu den rechnenden Elementen der Regeleinrichtung können sie nicht in die geschützte Atmosphäre der Warte oder des Reglerraumes verlegt werden, sondern müssen weitgehend unmittelbar am Meßort angebracht sein, wodurch sie den Einwirkungen von Staub, Feuchte, Temperaturwechseln, elektrischen Streufeldern, Erschütterungen usw. ausgesetzt sein können. Aber auch die physikalischen Bedingungen der Messung selber sind vielfach schwierig, wie etwa bei der Messung hoher Temperaturen, geringer Druckdifferenzen unter hohen statischen Pressungen, der Gaszusammensetzung des Rauchgasstromes usw. Soweit diese Schwierigkeiten Anlaß zu statischen Meßfehlern geben, sei hier nicht weiter darauf eingegangen und auf die einschlägige Literatur verwiesen [z. B. *2, 4, 7, 9* u. a.]. Im folgenden sollen lediglich die *dynamischen Effekte* betrachtet werden.

9.1.1 Meßorgane für Druck, Druckdifferenz und Flüssigkeitsstand

In sehr vielen Fällen der Druck-, Druckdifferenz- oder Flüssigkeitsstandmessung wird als Meßorgan ein nach dem Ausschlagprinzip arbeitendes Gerät verwendet, das mit dem Meßort durch Leitungen verbunden ist, durch welche die Druckübertragung erfolgt (vgl. Abb. 9.1). Der Wirkdruck arbeitet in diesem Gerät auf eine *verschiebliche Fläche*, die durch Kolben, Balg- oder Flachmembranen, U-Rohr- oder Ringrohrsysteme, Federrohre od. ä. verwirklicht ist. Jedem Wert des Wirkdruckes entspricht im Beharrungszustand bei Reibungsfreiheit eine bestimmte Position dieser Arbeitsfläche, und bei Wirkdruckänderungen „atmet" das Meßgerät mehr oder weniger stark. Durch dieses Atmen wird der Inhalt der Meßleitungen verschoben, was entsprechende Druckverluste durch Reibung und Beschleunigung bedingt. Es gilt dann

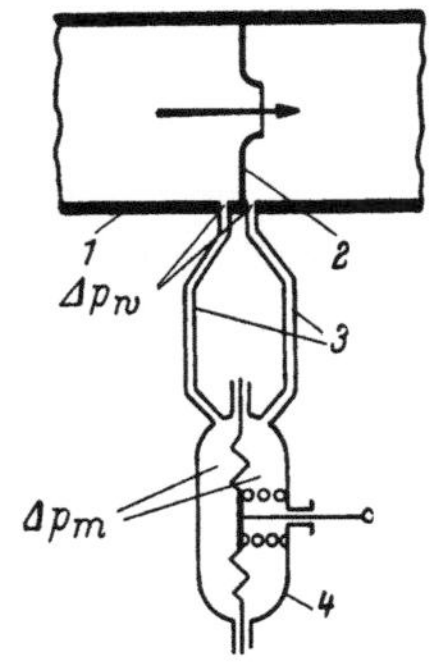

$$\Delta\Delta p_m = \Delta\Delta p_w - \Delta p_R - \Delta p_B, \quad (9.1)$$

Abb. 9.1 Meßanordnung für die Erfassung eines Flüssigkeitsstromes durch Druckdifferenz-Messung (schematisch)

1 Rohrleitung; *2* Meßdüse; *3* Meßleitungen; *4* Druckdifferenz-Meßorgan

wenn bedeuten:

$\Delta\Delta p_m$ Änderung der Druckdifferenz am Meßorgan,
$\Delta\Delta p_w$ Änderung der Druckdifferenz am Meßort,
$\Delta p_R, \Delta p_B$ Druckverluste im Meßrohr durch Reibung bzw. Beschleunigung.

9. Das Übertragungsverhalten der Regeleinrichtungen in Dampfanlagen

Da meist kleine Geschwindigkeiten und Durchmesser vorliegen, ist die Strömung im Meßrohr laminar anzunehmen, und es gilt somit für den Reibungsdruckverlust[1]

$$\Delta p_R = \frac{32\eta L}{d^2}w = \frac{8\pi\eta L}{A_L}w = k_1 w. \qquad (9.2)$$

Für den Beschleunigungs-Druckverlust läßt sich mit Gl. (3.7) und (3.8) schreiben

$$\Delta p_B = \frac{m}{A_L}\frac{dw}{dt} = \frac{L\varrho A_L}{A_L}\frac{dw}{dt} = L\varrho w' = k_2 w'. \qquad (9.3)$$

In den Gln. (9.2) und (9.3) bedeuten hierbei:

L Länge des Meßrohres,
d lichte Weite des Meßrohres,
A_L lichter Querschnitt des Meßrohres,
ϱ Dichte der Flüssigkeit im Meßrohr,
η dynamische Zähigkeit dieser Flüssigkeit,
m Flüssigkeitsmenge im Meßrohr,
w Geschwindigkeit im Meßrohr.

Nun steht, wie erwähnt, die Flüssigkeitsbewegung in der Meßleitung mit dem Atmen des Meßgerätes in Zusammenhang. Dieses ist durch die Größe

$$k_3 = \frac{\Delta V}{\Delta\Delta p_m} \qquad (9.4)$$

gekennzeichnet, wenn ΔV die der Verschiebung der Arbeitsfläche entsprechende Volumenänderung ist, hervorgerufen durch die Änderung des Wirkdruckes $\Delta\Delta p_m$ im Meßorgan. k_3 hat dabei je nach Bauart des Meßorgans verschiedene Werte, die im allgemeinen am besten durch Messung bestimmt werden. Abb. 9.2 gibt als Beispiel die experimentell ermittelte Abhängigkeit $V = f[\Delta p_m]$ einer modernen Druckdifferenz-Meßzelle wieder. Aus dieser Kurve ist k_3 in einem beliebigen Punkt P als Tangente des Winkels α zu finden. — In manchen Fällen ist k_3 auch durch Rechnung leicht hinreichend genau zu bestimmen. So ist etwa für U-Rohr-Geräte (vgl. Abb. 9.3)

$$\Delta p_m = h(\gamma_s - \gamma)$$

und

$$V = A_u \frac{h}{2},$$

somit

$$k_3 = \frac{A_u h}{2h(\gamma_s - \gamma)} = \frac{A_u}{2(\gamma_s - \gamma)}. \qquad (9.5)$$

Hier ist γ_s die Wichte der Sperrflüssigkeit. Die Bedeutung der übrigen Größen geht aus Abb. 9.3 hervor.

---

[1] Allfällige weitere Strömungswiderstände durch Absperrventile u. dgl. können durch entsprechend größeres L berücksichtigt werden.

9.1 Meßorgane

Aus der Voraussetzung inkompressibler Flüssigkeit in den Meßleitungen ergibt sich als Kontinuitätsbedingung mit (9.4)

$$A_L w = \frac{dV}{dt} = k_3 \Delta\Delta p'_m, \tag{9.6}$$

woraus durch Differentiation unmittelbar folgt

$$w' = \frac{k_3}{A_L} \Delta\Delta p''_m. \tag{9.7}$$

Setzt man nun die Gln. (9.2) und (9.3) in (9.1) ein, so findet man

$$\Delta\Delta p_w = \Delta\Delta p_m + k_1 w + k_2 w'$$

oder mit (9.6) und (9.7)

$$\Delta\Delta p_w = \Delta\Delta p_m + \frac{k_1 k_3}{A_L} \Delta\Delta p'_m + \frac{k_2 k_3}{A_L} \Delta\Delta p''_m. \tag{9.8}$$

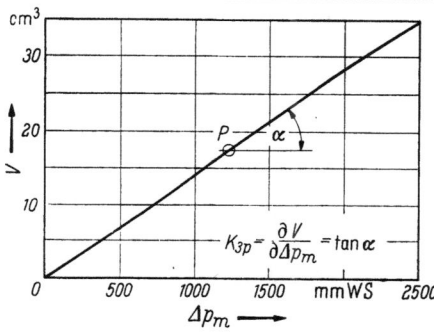

Abb. 9.2 Atmungskennlinie einer modernen Druckdifferenz-Meßzelle für hohen statischen Druck

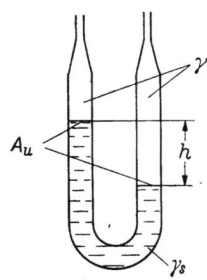

Abb. 9.3 Zur Berechnung des Atmens von U-Rohr-Meßgeräten

Oft kann der Masseneinfluß neben dem der Rohrreibung vernachlässigt werden; dann geht Gl. (9.8) über in

$$\Delta\Delta p_w = \Delta\Delta p_m + \frac{k_1 k_3}{A_L} \Delta\Delta p'_m = \Delta\Delta p_m + T_1 \Delta\Delta p'_m, \tag{9.9}$$

worin die Zeitkonstante T_1 zu berechnen ist nach

$$T_1 = \frac{k_1 k_3}{A_L} = \frac{8\pi \eta L}{A_L^2} k_3 = \frac{128 \eta L k_3}{\pi d^4}. \tag{9.10}$$

Aus diesen Beziehungen kann die die Verzögerungen in der Meßeinrichtung kennzeichnende Übertragungsfunktion ohne weiteres entnommen werden, indem gilt

$$G[s]_{\Delta\Delta p_w \to \Delta\Delta p_m} = \frac{1}{1 + \frac{k_1 k_3}{A_L} s + \frac{k_2 k_3}{A_L} s^2} \approx \frac{1}{1 + T_1 s}. \tag{9.11}$$

Aus Gl. (9.10) geht hervor, daß für verzögerungsarmes Messen die Länge L der Meßleitungen möglichst klein, vor allem aber der Durchmesser derselben reichlich gehalten werden muß.

Die gleichen Überlegungen lassen sich auf die *Niveaubewegung in kommunizierenden Gefäßen* anwenden, wie solche mitunter bei Wasserstandsregelung dem eigentlichen Meßorgan vorgeschaltet sind (vgl. Abb. 9.4). Hier nimmt k_3 die Form an

$$k_3 = \frac{A\,\Delta h}{\gamma\,\Delta h} = \frac{A}{\gamma}$$

und somit die Zeitkonstante T_1 den Wert

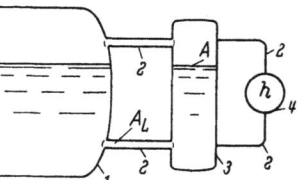

Abb. 9.4 Zur Wirkung eines in die Meßleitungen eingeschalteten Beruhigungsgefäßes bei der Wasserstandsmessung
1 Trommel; *2* Meßleitungen; *3* Beruhigungsgefäß; *4* Meßorgan

$$T_1 = \frac{8\pi\eta L A}{A_L^2 \gamma}. \qquad (9.12)$$

Der verzögernde Effekt eines solchen „Beruhigungsgefäßes" kann damit nach Gl. (9.12) abgeschätzt werden. Es werden hierbei nicht selten Zeitkonstanten von 10 bis 30 s und mehr konstatiert. Die Zeitkonstante von Druckdifferenzmeßorganen liegt dagegen in der Regel bei einigen Sekunden, von Druckmeßgliedern bei einigen Zehntelsekunden.

9.1.2 Meßorgane für Temperatur

Fast immer ist bei Temperaturmessungen im Zusammenhang mit Regelaufgaben die Temperatur eines in einem Rohr oder Kanal strömenden Mediums zu ermitteln. Dabei sind bezüglich des Meßortes zwei Verfahren im Gebrauch: Die *Wandtemperaturmessung* und die Messung *im Innern des Stromes*. Im ersten Fall kann das temperaturempfindliche Element die Temperatur im Innern der Rohrwand oder an deren Oberfläche feststellen, oder es kann auch, wie beim Anlegethermostaten, die Längendehnung des Rohres und damit ein Mittelwert der Wandtemperaturen erfaßt werden. Im zweiten Fall wird in der Regel die Temperatur des Endes einer ins Rohrinnere hineinragenden Schutzhülse — durch die das temperaturempfindliche Element eingeführt wird — gemessen. Bei beiden Meßverfahren spielen bei Temperaturschwankungen *Wärmeleitvorgänge* eine wesentliche Rolle und bestimmen weitgehend das Übertragungsverhalten des Meßgliedes.

Das Übertragungsverhalten bei *Wandtemperaturmessung* ist der Rechnung relativ gut zugänglich. Bei kleineren relativen Wandstärken kann dabei sogar oft ohne störenden Fehler das radiale Temperaturgefälle in der Rohrwand vernachlässigt werden ($\lambda = \infty$). Die Wandtemperatur folgt dann derjenigen des durchströmenden Mediums nach der Beziehung [1][1]

$$\vartheta = \Theta + T_R \Theta' \quad \text{bzw.} \quad G[s]\underset{\vartheta \to \Theta}{} = \frac{1}{1 + T_R s}, \qquad (9.13)$$

---

[1] Siehe auch Abschn. 7.3.1.

9.1 Meßorgane

worin

$$T_R = \frac{1}{K_R} = \frac{A_R \varrho_R c_R}{\alpha U} \approx \frac{\delta_R \varrho_R c_R}{\alpha}. \qquad (9.14)$$

Es bedeuten darin

- ϑ Temperatur des Strömungsmittels,
- Θ (mittlere) Wandtemperatur,
- T_R Zeitkonstante,
- δ_R Rohrwandstärke,
- U innerer Rohrumfang,
- A_R Rohrringquerschnitt,
- ϱ_R Dichte des Rohrmaterials,
- c_R spezifische Wärme des Rohrmaterials,
- α Wärmeübergangszahl.

Die Grenzen der Anwendbarkeit dieser einfachen Formel sind in Abschn. 7.3.4 diskutiert. Bei großen Wandstärken sind die Voraussetzungen für die Vernachlässigung der Wärmeleitung in radialer Richtung im allgemeinen nicht mehr gegeben. Es muß dann die instationäre Temperaturverteilung z. B. unter Zuhilfenahme des Differenzenverfahrens nach SCHMIDT [*14*] ermittelt werden.

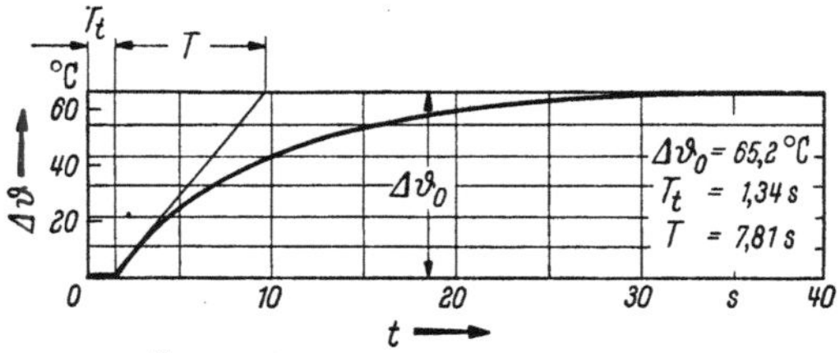

Abb. 9.5 Übergangsfunktion eines hydraulischen Anlegethermostaten (Messungen Gebr. Sulzer A.G., Winterthur)

Bei Wandstärken bis zu einigen Millimetern und Wasser oder HD-Dampf als Strömungsmittel ist T_R von der Größenordnung 5 bis 10 s. Entsprechende Anlegethermostaten weisen verhältnismäßig sehr kleine Totzeiten auf, da bereits die ersten Temperaturänderungen an der Rohrinnenseite den Temperaturmittelwert beeinflussen (vgl. Abb. 9.5). Bei großen Wanddicken, wie sie vor allem in Sammelleitungen von Höchstdruckanlagen vorliegen, sind zum Erzielen schneller Meßwirkung besondere Maßnahmen erforderlich.

Bei der Temperaturmessung mit in den Strom *eintauchendem Fühler* ist das erreichbare Verhältnis zwischen Totzeit T_t und Ausgleichszeitkonstante T in der Regel weniger günstig (vgl. Tab. 9.6), was aus der endlichen Distanz, über die ein Wärmetransport durch die Wandung der Tauchhülse stattfinden muß, erklärlich ist. Durch geeignete Ausbildung der Tauchhülsen [*15*] sowie der Fühlerelemente [*6*] lassen sich indessen die absoluten Werte dieser Zeitkenngrößen so weit reduzieren,

Tabelle 9.6 *Anhaltswerte der Zeitkenngrößen von Eintauch-Temperatur-Meßelementen*

	Thermoelement	Widerstandselement
T_t	1...5 s	2...5 s
T	5...25 s	40...100 s

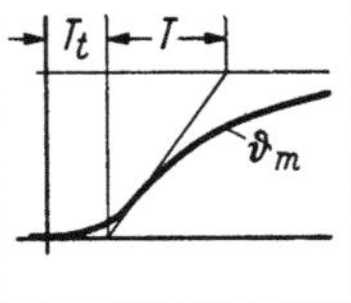

204 9. Das Übertragungsverhalten der Regeleinrichtungen in Dampfanlagen

daß das Temperaturmeßglied die Regelbedingungen nicht mehr merklich beeinträchtigt. Große Bedeutung kommt dabei auch dem sorgfältigen Einbau des Fühlerelementes in der Hülse zu [*15*], indem schon kleinste Luftspalte die statischen und dynamischen Meßfehler beträchtlich größer werden lassen.

9.1.3 Meßorgane für Konzentration

Die Aufgabe der Erfassung von Konzentrationen für Regelzwecke stellt sich vor allem im Zusammenhang mit der Verbrennungsregelung. Es ist dabei der O_2- oder CO_2-Gehalt im Rauchgasstrom zu ermitteln. Daneben kommen auch Konzentrationsmessungen verschiedener Art in Verbindung mit automatisch arbeitenden Wasseraufbereitungsanlagen vor. Vor allem handelt es sich dabei ·um p_H-Messungen und Konzentrationsbestimmungen über die elektrische Leitfähigkeit.

Abgesehen von dem Fall, wo das Meßorgan unmittelbar in die Leitung eingebaut werden kann (unter gewissen Bedingungen bei Leitfähigkeitsmessung) ist immer aus dem Hauptstrom eine *Probe* zu entnehmen, die nach entsprechender Vorbereitung (Filterung, Kühlung, Behandlung in Ionenaustauschern usw.) der Meßzelle zugeleitet wird. Dies verursacht meist beträchtliche Tot- und Übergangszeiten, die die Größenordnung Minuten annehmen können. Die Diagramme Abbildung 9.7a und b geben einen Hinweis bezüglich der in Probenleitungen auftretenden Verzögerungen. Die Durchlaufzeit T_L ist hier gleich der Summe von Totzeit T_t und

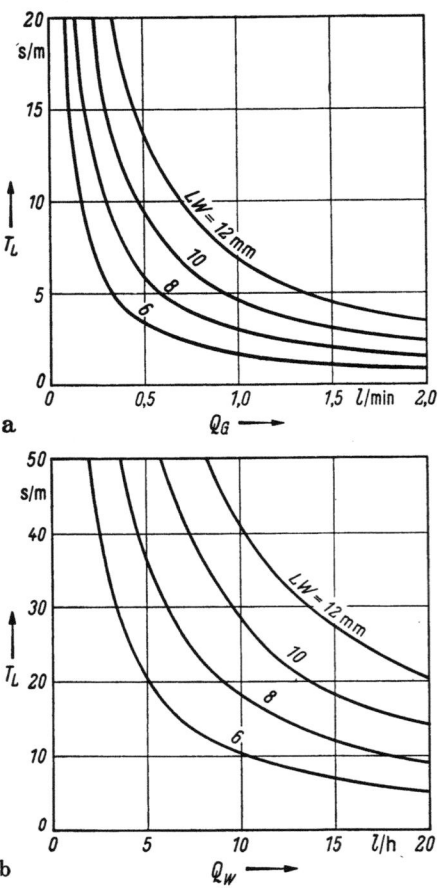

Abb. 9.7 a u. b Zur Abschätzung der Verzögerungswirkung von Probenleitungen
a) für Gasproben; b) für Wasserproben
Q_G Gasdurchfluß in l/min; Q_R Wasserdurchfluß in l/h; T_L Durchlaufzeit pro m Rohr in s/m

Übergangszeit T. Meist ist dabei das Verhältnis T_t/T bei 1. Die durch Mischräume entstehenden Verzögerungen können anhand von Kap. 5 abgeschätzt werden.

Die im eigentlichen *Meßorgan* auftretenden Verzögerungen sind bei Gasen ebenfalls nicht vernachlässigbar. Je nach Meßprinzip und Fabrikat werden von den Herstellerfirmen Angaben im Bereich der in Tab. 9.8 enthaltenen

Tabelle 9.8 *Anhaltswerte der Tot- und Übergangszeiten von Sauerstoff- und CO_2-Meßgeräten*

	O_2-Messer	CO_2-Messer
T_t	2 bis 5 s	8 bis 12 s
T	6 bis 12 s	20 bis 30 s

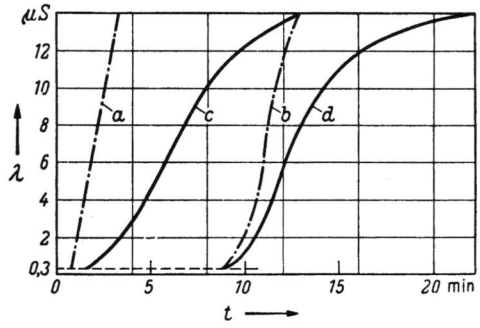

Abb. 9.9
Übergangsfunktion einer Leitfähigkeits-Meßanlage
a Meßzelle von 100 cm³ Inhalt und 2 m Probenleitung;
b Meßzelle von 100 cm³ Inhalt und 20 m Probenleitung;
c Meßzelle von 320 cm³ Inhalt und 2 m Probenleitung;
d Meßzelle von 320 cm³ Inhalt und 20 m Probenleitung

Zahlen gemacht. Bei Leitfähigkeits- und p_H-Meßorganen ist der eigentliche Meßvorgang praktisch verzögerungsfrei. Dagegen wird durch das Volumen der Meßkammern, in welche die Elektroden eintauchen, die zeitliche Änderung der Konzentration des Probenstromes verschleppt. Es treten hierbei Übergangs- und Totzeiten von 10 bis 30 s und mehr auf. Abb. 9.9 zeigt zur Illustration des Gesagten die Übergangsfunktion einer Leitfähigkeits-Meßeinrichtung üblicher Bauweise.

9.2 Regler und Stellmotoren

In Dampfanlagen sind elektrische, hydraulische und pneumatische Regler in Gebrauch, und zwar als *P*-, *I*-, *PI*-, *PD*- und *PID*-Regler. Die dynamischen Eigenschaften werden je nach Bauweise des Reglers und Anwendungsfall durch *Parallelschaltung* oder durch entsprechende *Rückführung* verwirklicht, wie dies in den Blockschemas der Abb. 9.10 angedeutet ist. Viele Regler sind heute nach dem Baukastensystem entwickelt, was in dieser Beziehung große Freiheit gewährt.

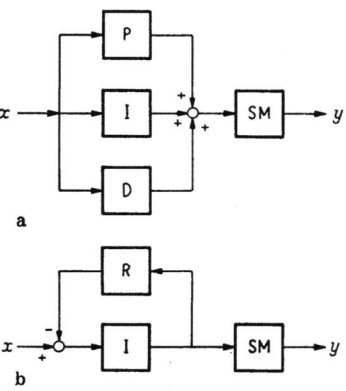

Abb. 9.10 a u. b Verwirklichung der dynamischen Eigenschaften des Reglers
a) durch Parallelschaltung von P-, I- und D-Elementen; b) durch Rückführschaltung

P P-Element; *I* I-Element; *D* D-Element; *R* Rückführelement; *SM* Stellmotor

206 9. Das Übertragungsverhalten der Regeleinrichtungen in Dampfanlagen

Im übrigen findet man praktisch alle bekannten Regelschaltungen in Dampfanlagen angewendet, insbesondere die Aufschaltung von Störungen, die Kaskaden- und Serieregelung und Kombinationen davon (vgl. Abb. 9.11a bis c).

Im allgemeinen wird durch die Konstruktion der für wichtigere Aufgaben eingesetzten Regler *lineares Verhalten* angestrebt und innerhalb

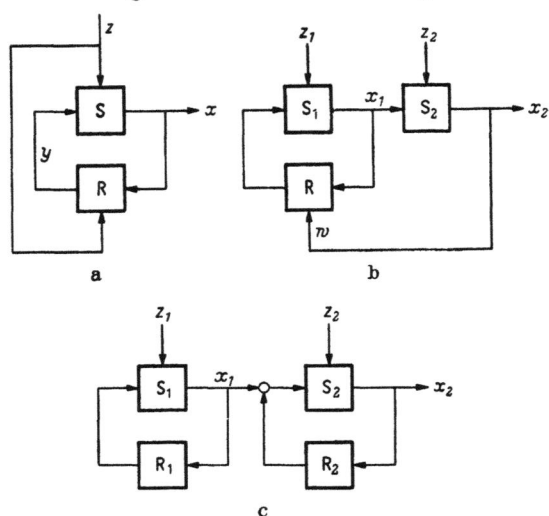

Abb. 9.11a—c Blockschemata einiger Prinzip-Regelschaltungen
a) Störwertaufschaltung; b) Kaskadenschaltung; c) Serieschaltung
S Regelstrecke; *R* Regler

des in Frage stehenden Frequenzbereiches auch angenähert erreicht. Zumindest im Bereich kleiner Ausschläge darf dann das Übertragungsverhalten des Reglers mit dem Stellmotor durch die Gleichungen beschrieben werden[1]:

$$K_R \left(T_v \Delta x' + \Delta x + \frac{1}{T_n} \int \Delta x \, dt \right) = \Delta y + T_s \Delta y' \qquad (9.15)$$

bzw.

$$G[s]_{\Delta x \to \Delta y} = K_R \frac{1 + s T_v + \dfrac{1}{T_n s}}{1 + T_s s}. \qquad (9.16)$$

Darin bedeuten:
K_R statischer Übertragungsfaktor des Reglers,
T_n Nachstellzeit,
T_v Vorhaltzeit,
T_s Schlußzeit des Stellmotors,
Δx Abweichung der Regelgröße,
Δy Abweichung der Stellgröße.

---
[1] Auf die Herleitung dieser und der folgenden Gleichungen wird unter Hinweis auf die Fachbücher verzichtet (s. z. B. [*3, 10, 11, 22*] u. a.).

9.2 Regler und Stellmotoren

K_R ist dabei bei nichtlinearem Zusammenhang zwischen Regel- und Stellgröße durch

$$K_R = \frac{\partial \overline{y}}{\partial \overline{x}} = \tan \alpha \qquad (9.17)$$

zu berechnen und von $\overline{x}$ abhängig (vgl. Abb. 9.12). Zwischen K_R und den bekannten Begriffen der Statik δ_x bzw. des Proportionalbereiches x_P [19] bestehen die Beziehungen (für linearen Regler)

$$\delta_x = -\frac{\partial \overline{x}}{\partial \overline{y}} \frac{y_0}{x_0} = -\frac{1}{K_R} \frac{y_0}{x_0}, \qquad (9.18)$$

$$x_P = -\frac{y_0}{K_R} = x_0 \delta_x. \qquad (9.19)$$

Es bedeuten:

x_0 Bezugswert der Regelgröße,
y_0 Größtwert der Stellgröße (z. B. Stellmotorhub),
K_R (statischer) Übertragungsfaktor des Reglers,
x_P P-Bereich (in Einheiten der Regelgröße),
δ_x Statik.

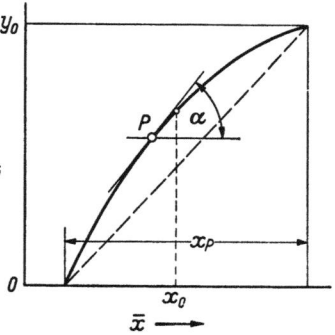

Abb. 9.12 Statische Kennlinie des Reglers zur Bestimmung des lokalen statischen Übertragungsfaktors K_R

Im Falle des besonders bei der Druckregelung benutzten reinen I-Reglers versagen die Gln. (9.15) und (9.16). Es wird dann die Darstellung verwendet

$$\frac{K_R^*}{T_n^*} \int \Delta x \, dt = \Delta y + T_s \Delta y' \qquad (9.20)$$

bzw.

$$G[s]_{\Delta x \to \Delta y} = \frac{K_R^*}{s T_n^* + T_n^* s^2 T_s}. \qquad (9.21)$$

Wird der Stellmotor selber als Zeitglied benutzt, was speziell bei hydraulischen Reglern oft geschieht, so gilt anstelle von (9.20) und (9.21)

$$\frac{K_R^*}{T_n^*} \int \Delta x \, dt = \Delta y \qquad (9.22)$$

bzw.

$$G[s]_{\Delta x \to \Delta y} = \frac{K_R^*}{s T_n^*}. \qquad (9.23)$$

Der Faktor K_R^* habe hier die Bedeutung

$$K_R^* = \frac{y_0}{x_0}. \qquad (9.24)$$

Die Definition der Zeitkonstanten T_n^* folgt dann durch Ableiten von Gl. (9.22)

$$\frac{K_R^*}{T_n^*} \Delta x = \Delta y'; \quad T_n^* = K_R^* \frac{\Delta x}{\Delta y'} = \frac{y_0 \Delta x}{x_0 \Delta y'}$$

oder

$$T_n^* = \frac{y_0}{\Delta y'} \frac{\Delta x}{x_0}. \qquad (9.25)$$

T_n^* ist mithin die auf die relative Änderung der Regelgröße ($\Delta x/x_0$) bezogene Zeit, die der Regler braucht, um den Stellmotor bei fester Regelabweichung Δx den vollen Stellweg y_0 durchlaufen zu lassen.

Bei den meisten für Dampfanlagen in Frage kommenden Reglern sind die Einstellgrößen K_R (bzw. x_P oder δ_x) sowie T_n, T_v, T_n^* im Betrieb in mehr oder weniger weitem Bereiche verstellbar. Tab. 9.13 gibt darüber einige Anhaltswerte. Bei hydraulischen Reglern ist vielfach die Verstellbarkeit des P-Bereiches an der untern Grenze der angegebenen Werte; dagegen ist hinsichtlich der Zeitkenngrößen der Verstellbereich bei elektrischen, hydraulischen und pneumatischen Reglern im allgemeinen etwa gleich.

Tabelle 9.13 *Relativer Einstellbereich der dynamischen Reglerkenngrößen bei in Dampfanlagen verwendeten Reglern*

Einstellgröße	Einstellbereich
K_R, X_P, δ_{Rm}	1 : 3 bis 1 : 30
T_n, T_n^*	1 : 10 bis 1 : 300
T_v	1 : 10 bis 1 : 300

Ein in bestimmten Fällen bedeutsamer Unterschied ist bezüglich der *Stellmotor-Zeitkonstanten* T_s vorhanden. Bei elektrischen Stellmotoren können bei mäßigen Werten der Stellarbeit[1] (Größenordnung 0,1 bis 0,5 kJ) zwar Laufzeiten[2] über den ganzen Stellmotorhub bis herab zu etwa 10 s noch gut realisiert werden. Bei größerer Stellarbeit (1 bis 3 kJ) macht dies jedoch Schwierigkeiten, auch wenn der trägheitsarme Ferrarismotor verwendet wird. Es sind daher in diesem Bereich Laufzeiten von 30 bis 60 s üblich. Für dynamische Vorgänge im Bereich kleiner Regelausschläge ist allerdings die Zeitkonstante T_s maßgebend. Sie ist normalerweise merklich kleiner als die Laufzeit, da bei größeren Ausschlägen die Motordrehzahl nicht mehr proportional wächst, sondern bald einen Grenzwert erreicht (s. Abb. 9.14).

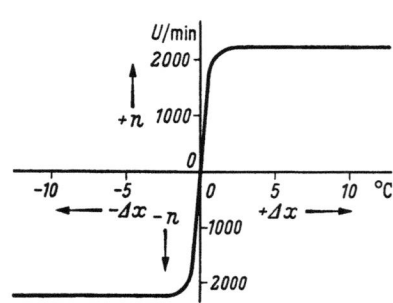

Abb. 9.14 Abhängigkeit der Motordrehzahl eines elektrischen Stellgetriebes (Ferrarismotor) von der Regelabweichung

Bei pneumatischen Stellmotoren können relativ kleine Laufzeiten verwirklicht werden, indes nur bis zu mittleren Werten der Stellarbeit. Die günstigsten dynamischen Stelleigenschaften hat der hydraulische Stellmotor, was besonders bei großen Werten der Stellarbeit zum Ausdruck kommt. Es lassen sich ohne besonders großen Aufwand Lauf- und

---

[1] Unter der Stellarbeit ist die vom Stellmotor auf das Stellorgan beim Durchlauf von einer Endlage zur andern maximal abgebbare Nutzarbeit verstanden.

[2] Die Laufzeit ist die kürzeste Zeit zum Durchlaufen des ganzen Stellmotor-Nutzhubes.

Schlußzeiten (T_s) unter 10 s auch bei einigen 10 kJ Stellarbeit erreichen. Bei Bedarf sind noch wesentlich kleinere Werte von T_s (1 s und weniger) realisierbar.

Eine eher unerwünschte Eigenschaft der hydraulischen Regler, die bei pneumatischen und elektrischen nur in wesentlich geringerem Ausmaß vorhanden ist, besteht in der *Abhängigkeit der Zeitkennwerte* T_n, T_v von der *Betriebstemperatur* (siehe Abb. 9.15). Die Temperaturabhängigkeit ist bei nichtbrennbaren, synthetischen Hydraulikflüssigkeiten meist größer als bei Mineralölen. Durch geeignete Maßnahmen lassen sich allerdings störende Auswirkungen auf den Betrieb vermeiden.

In relativ weitem Bereich streut die *Unempfindlichkeit* (Hysterese) der verschiedenen Regler. Es werden für die auf die Regelgröße bezogene Unempfindlichkeit Werte von $0{,}1^0/_{00}$ bis zu einigen Prozenten

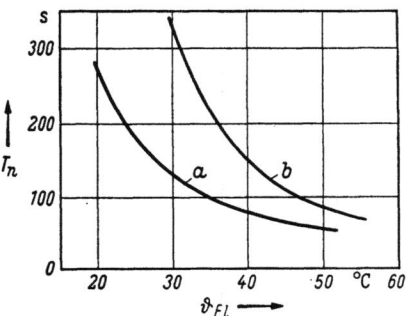

Abb. 9.15 Beispiel der Temperaturabhängigkeit der Nachstellzeit eines ölhydraulischen PI-Reglers
a Mineralöl; b Synthetische Hydraulikflüssigkeit

angegeben. Bei hohen Ansprüchen an die Regelgenauigkeit sowie bei hystereseempfindlichen Regelungen ist dieser Punkt besonders zu beachten.

9.3 Stellorgane

Stellglieder kommen in Dampfanlagen vor allem als Regelventile vor, weniger häufig als Regelklappen. Daneben treten sie auch in Form von Drehzahl-Verstelleinrichtungen an Antrieben (Drehzahl-Verstellvorrichtungen an Elektromotoren, Hilfsturbinen, regelbaren Getrieben usw.) sowie von sonstigen Einrichtungen zur Leistungsbeeinflussung von Hilfsmaschinen auf (z. B. Schaufelverstellung an Gebläsen). Eingangsgröße des Stellgliedes ist praktisch immer die Ausgangsgröße des Stellmotors, wobei allfällige nichtlinear arbeitende Übertragungselemente, wie geschränkte Hebelgetriebe, Nocken usw., zweckmäßigerweise als zum Stellglied zugehörig betrachtet werden. — Als Ausgangsgröße wird bei Regelventilen oft der geometrisch engste Ventilquerschnitt A angenommen. Da indes Regelventile meist stellungsabhängige Durchflußzahlen aufweisen, wird besser der *hydraulische wirksame Querschnitt* $A_R = \alpha A$ [1] benutzt, der auch bei Regelklappen anwendbar ist.[2] Bei

---
[1] α = Durchflußzahl; s. im übrigen auch Kap. 3.
[2] $A_R = \alpha A$ entspricht dem sog. K_v-Koeffizienten. Die mit dem k_v-Wert verbundene Rechenweise wurde hier nicht übernommen, um die physikalische Bedeutung der einzelnen Einflußgrößen nicht zu verwischen; denn bei schema-

auf die Drehzahl eines Hilfsmaschinen-Antriebsaggregates einwirkendem Stellglied ist vielfach die der Stellgröße zugeordnete Beharrungsdrehzahl die zweckmäßige Ausgangsgröße. — Im übrigen ist die jeweils am besten geeignete Ausgangsgröße von Fall zu Fall auszuwählen.

In fast allen Fällen spielen nur die *statischen* Übertragungseigenschaften der Stellglieder für den Regelvorgang eine Rolle. Der Übertragungsfaktor des Stellorgans (vgl. auch Abb. 9.16a und b) ergibt sich damit aus der statischen Kennlinie des Stellgliedes als

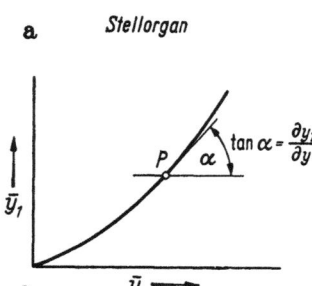

$$K_{SG} = \frac{\partial \bar{y}_1}{\partial \bar{y}}. \tag{9.26}$$

(Der Index SG deutet auf „Stellglied" hin.)

Diese Größe erhält ihre besondere Bedeutung aus der Tatsache, daß sie multiplikativ den Gesamtübertragungsfaktor $K_\jmath$ des aufgeschnittenen Regelkreises direkt beeinflußt. Da K_{SG} meist auf einfache Weise von der Stellgröße abhängig gemacht werden kann (durch entsprechende Gestaltung des Regelventils, durch geschränkte Hebelgetriebe, Nocken usw.), wird dies oft benützt, um damit auf $K_\jmath$

Abb. 9.16a u. b Zur Definition der statischen Kennlinie des Stellgliedes a) Blockschema; b) Kennliniendiagramm und Bestimmung des Übertragungsfaktors K_{SG}

korrigierend einzuwirken. Nach welchen Gesichtspunkten eine solche Korrektur zweckmäßigerweise durchzuführen ist, geht aus folgender Überlegung hervor.

Das Stellverhalten der Regelstrecke ist ganz allgemein gegeben durch die Gleichung
$$G_s = K_{SG} G_s^*, \tag{9.27}$$
wenn G_s^* die Übertragungsfunktion des zu regelnden Systems (Regelstrecke ohne Stellglied) bedeutet (vgl. Abb. 9.17)[1]. Nun kann G_s^* durch die Änderung der den Regelvorgang auslösenden *Störgröße z* (z. B. die Belastung) *beeinflußt werden oder nicht.* Dabei sind drei verschiedene Fälle möglich, die getrennt zu betrachten sind:

a) Zunächst kann G_s^* von der Störgröße z völlig *unabhängig*, z. B. überhaupt konstant sein. Unter diesen Umständen ist klar, daß bei

---

tischer Anwendung können mit diesem Verfahren z. B. bei im Bereich des kritischen liegendem Druckverhältnis grobe Fehler gemacht werden. Daneben sind *gemessene k_v*-Kurven in jedem Fall Voraussetzung der Anwendbarkeit der Methode, womit diese für den *Entwurf* von Regelorganen ausscheidet. — Im übrigen hat diese Rechenweise aber für die Praxis zweifelsohne manche Vorteile.

[1] Nach den schweizerischen Normvorschlägen [*19*] wird in Abweichung vom deutschen Normblatt DIN 19226 das Stellglied noch als Teil der Regeleinrichtung betrachtet, was im Hinblick auf die Tatsache, daß es meist auch Teil der Reglerlieferung ist, zweckmäßig erscheint.

9.3 Stellorgane

einem Regler mit festen Einstellwerten, insbesondere festem P-Bereich, ein konstanter Übertragungsfaktor K_{SG} des Stellgliedes, mithin eine lineare Kennlinie $y_1 = f[y]$ zweckmäßig ist. Ein solcher Fall liegt etwa bei einer Flüssigkeitsstand-Regelung mit konstanter Druckdifferenz am Regelventil vor.

Andererseits kann, wie bereits gesagt, G_s^* von der Störgröße z abhängen, wobei jetzt noch wesentlich ist, ob zugleich ein statistisch gesicherter *Zusammenhang* zwischen der *Stellgröße y*

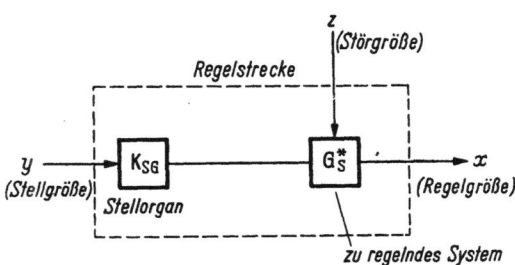

Abb. 9.17 Blockschema zur Darstellung des Stellorgans als Teil der Regelstrecke

und der *Störgröße z* unter Beharrungsverhältnissen vorliegt oder nicht.

b) Ist eine solche *Korrelation nicht gegeben*, so ist es nicht sinnvoll, G_s^* an die Störgröße anzupassen, und K_{SG} ist deshalb auch in diesem Falle zweckmäßigerweise konstant. — Als Beispiel für solche Verhältnisse kann eine Flüssigkeitsstand-Regelung mit unabhängig vom Durchfluß schwankendem Druck vor dem Regelventil gelten.

c) Ist jedoch eine *Korrelation zwischen z und y gesichert*, so ist es sinnvoll, durch entsprechendes Anpassen von K_{SG} den Einfluß der Störgröße auf das Übertragungsverhalten des geregelten Systems G_s^* zu kompensieren (konstanter statischer Übertragungsfaktor der Regelstrecke) oder derart zu korrigieren, daß immer ein optimaler Gesamtübertragungsfaktor K des Regelkreises resultiert.

Wirkt gleichzeitig mehr als eine Störgröße auf eine Regelung entsprechend Fall c), so ist im allgemeinen die wichtigere für die Korrektur auszuwählen, da eine gleichzeitige Beeinflussung von K_{SG} durch mehrere Störgrößen praktisch kaum durchführbar ist.

Die statische Kennlinie des Stellorgans findet sich nun wie folgt:

Aus der Abhängigkeit des Übertragungsverhaltens des geregelten Systems (G_s^*) von der Störgröße z ist für den häufigsten Fall *statischer Systeme* der entsprechende Übertragungsfaktor gegeben durch

$$K_s^* = f_1[\bar{z}]. \qquad (9.28)$$

Aus der Dynamik des Regelkreises ergibt sich andererseits als anzustrebender Gesamtübertragungsfaktor abhängig von z

$$K_{\circ} = f_2[\bar{z}]. \qquad (9.29)$$

Dann ist mit K_R als statischem Übertragungsfaktor des Reglers

$$K_{\circ} = K_R K_{SG} K_s^*,$$

woraus
$$K_{SG} = \frac{K_2}{K_R K_i^*} = f_3[\bar{z}]. \qquad (9.30)$$

Außerdem ist noch voraussetzungsgemäß der Zusammenhang bekannt, eventuell nur in Form einer Korrelation
$$\bar{y} = f_4[\bar{z}], \qquad (9.31)$$

womit Gl. (9.30) unter Berücksichtigung von Gl. (9.26) übergeführt werden kann in
$$K_{SG} = \frac{\partial \bar{y}_1}{\partial \bar{y}} = f_1[\bar{y}]$$

oder
$$d\bar{y}_1 = f_1[\bar{y}] d\bar{y}. \qquad (9.32)$$

Daraus findet sich nun die gesuchte Kennlinie des Stellgliedes durch Integration (meist graphisch durchzuführen)
$$\bar{y}_1 = \int f_1[\bar{y}] d\bar{y} = f_2[\bar{y}] + k = f_3[\bar{y}], \qquad (9.33)$$

wobei die Integrationskonstante k etwa für die Verhältnisse bei voll ausgefahrenem Stellglied (z. B. volle Ventilöffnung) zu bestimmen ist

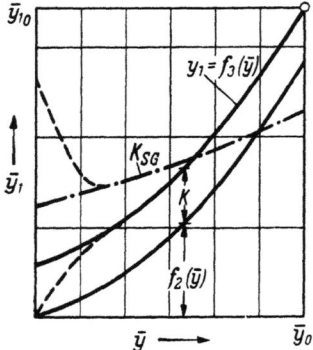

Abb. 9.18 Zur Ermittlung der Kennlinie des Stellgliedes

(vgl. Abb. 9.18). Unter Umständen ist die so gewonnene Kennlinie noch praktischen Anforderungen anzupassen, z. B. der Bedingung des Schließens des Regelventils in Anfangsstellung, also $\bar{y}_1 = 0$ für $\bar{y} = 0$. Dem unteren Teil der Kennlinie in Abb. 9.18 müßte daher der gestrichelt gezeichnete Verlauf gegeben werden. Natürlich erfährt dadurch auch die Linie $K_{SG} = f_1[\bar{y}]$ eine entsprechende Änderung, wie ebenfalls in Abb. 9.18 angedeutet.

Überlegungen solcher Art sind besonders häufig bei der Wahl der *Kennlinie von Regelventilen* anzustellen. Dabei ist fast immer zu berücksichtigen, daß die am Regelventil wirksame Druckdifferenz veränderlich ist. An einem Beispiel möge dies näher erläutert werden.

Es sei das Beispiel einer Wasserstandsregelung in einem Behälter *2* betrachtet, der über die Leitung *3* aus dem Vorratsgefäß *1* gespeist wird (Abb. 9.19a). Trotz des durch einen Überlauf im Behälter *1* und die Wirkung der Wasserstandsregelung im Behälter *2* praktisch unveränderlich gehaltenen Gesamtgefälles $p_1 - p_2$ ist infolge der unvermeidlichen Druckverluste Δp_L in der Rohrleitung *3* der Wirkdruck Δp_R am Regelventil keineswegs konstant. Vielmehr ändert er sich entsprechend Diagramm Abb. 9.19b in Abhängigkeit vom Wasserstrom M. Nun wird dieser Wasserstrom durch den Bedarf M_a des Verbrauchernetzes festgelegt — im Beharrungszustand ist $\bar{M} = \bar{M}_a$. M_a hat mithin den Charakter einer Störgröße.

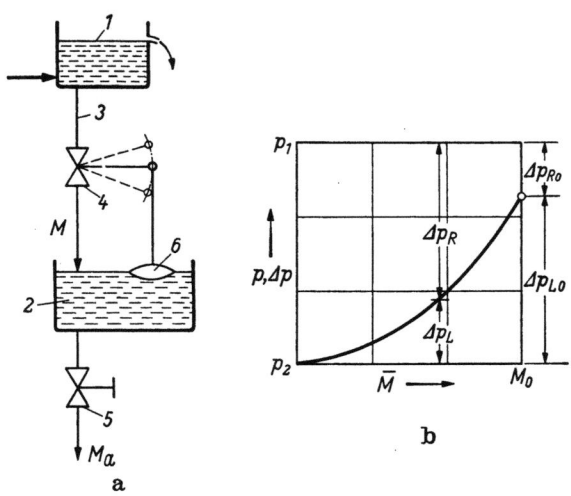

Abb. 9.19a u. b Veränderlichkeit der am Regelventil einer Wasserstandsregelung wirksamen Druckdifferenz Δp_R
a) Prinzipschema der Regelanlage; b) Lastabhängige Aufteilung des Druckgefälles auf Rohrleitung und Regelventil
zu a) *1* Behälter 1; *2* Behälter 2; *3* Rohrleitung; *4* Regelventil; *5* Verbrauchs-Einstellventil; *6* Schwimmerregler

Nun kann nach Kap. 3 gesetzt werden (s. Abschn. 3.1.1):

$$p_e - p_a = \Delta p = \Delta p_L + \Delta p_R, \qquad (9.34)$$

wobei

$$\Delta p_L = k_L \bar{M}^2 \qquad (9.35)$$

und

$$\Delta p_R = k_R \left(\frac{\bar{M}}{A_R}\right)^2. \qquad (9.36)$$

Bei voller Öffnung des Regelventils, also bei maximalem Durchfluß M_0, wird noch entsprechend

$$\Delta p_{L_0} = k_L M_0^2 \qquad (9.37)$$

bzw.

$$\Delta p_{R_0} = k_R \left(\frac{M_0}{A_{R_0}}\right)^2. \qquad (9.38)$$

Faßt man diese Beziehungen zusammen, so folgt

$$\Delta p = k_L \bar{M}^2 + \frac{k_R}{A_R^2} \bar{M}^2 \quad \text{oder} \quad A_R^2 = \frac{k_R \bar{M}^2}{\Delta p - k_L \bar{M}^2}, \qquad (9.39)$$

$$\Delta p = k_L M_0^2 + \frac{k_R}{A_{R_0}^2} M_0^2 \quad \text{oder} \quad A_{R_0}^2 = \frac{k_R M_0^2}{\Delta p - k_L M_0^2}. \qquad (9.40)$$

214 9. Das Übertragungsverhalten der Regeleinrichtungen in Dampfanlagen

Durch Division ergibt sich daraus unmittelbar

$$\left(\frac{A_R}{A_{R_0}}\right)^2 = \left(\frac{\overline{M}}{M_0}\right)^2 \frac{\Delta p - k_L M_0^2}{\Delta p - k_L \overline{M}^2}. \tag{9.41}$$

Mit Rücksicht auf Gl. (9.37) und mit

$$k_L \overline{M}^2 = k_L M_0^2 \left(\frac{\overline{M}}{M_0}\right)^2 = \Delta p_{L_0} \left(\frac{\overline{M}}{M_0}\right)^2$$

läßt sich Gl. (9.41) auf die Form bringen

$$\left(\frac{A_R}{A_{R_0}}\right)^2 = \left(\frac{\overline{M}}{M_0}\right)^2 \frac{\Delta p - \Delta p_{L_0}}{\Delta p - \Delta p_{L_0}\left(\frac{\overline{M}}{M_0}\right)^2}. \tag{9.42}$$

Setzt man schließlich noch für den Auslegungspunkt

$$\frac{\Delta p_{L_0}}{\Delta p} = \pi, \tag{9.43}$$

so ergibt sich durch Einsetzen in Gl. (9.42) und Radizieren der gesuchte hydraulisch wirksame Ventilquerschnitt abhängig vom Durchfluß $\overline{M}$

$$\frac{A_R}{A_{R_0}} = \frac{\overline{M}}{M_0} \sqrt{\frac{1 - \pi}{1 - \pi \left(\frac{\overline{M}}{M_0}\right)^2}}. \tag{9.44}$$

Der Charakter dieser Abhängigkeit $A_R = f[\overline{M}]$ ist damit nur durch den einzigen Parameter π festgelegt. Die Form der für verschiedene Werte π erhaltenen Kurven geht aus Diagramm Abb. 9.20 hervor.

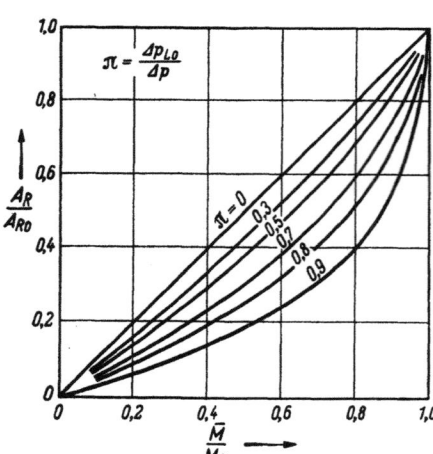

Abb. 9.20 Verlauf des hydraulisch wirksamen Ventilquerschnitts abhängig vom Durchfluß bei konstanter Gesamtdruckdifferenz $\Delta p = \Delta p_R + \Delta p_L$, für verschiedene Werte des Druckabfallverhältnisses π

Bei festbleibenden Reglerkennwerten ist nun hier zur Aufrechterhaltung unveränderlicher Regeleigenschaften über den ganzen Lastbereich ein konstantes Verhältnis zwischen der Regelabweichung und der dem P-Bereich des Reglers entsprechend bewirkten Änderung des Stellstromes ΔM anzustreben oder, mit anderen Worten, ein linearer Zusammenhang zwischen Stellgröße und Stellstrom:

$$\overline{M} = k\,\overline{y}. \tag{9.45}$$

Anderseits ist mit $A_R = \overline{y}_1$ durch Gl. (9.44) die Bedingung

$$\overline{y}_1 = f[\overline{M}]$$

9.3 Stellorgane

formuliert. Die gesuchte Kennlinie des Stellorgans $\bar{y}_1 = f[\bar{y}]$ findet sich daraus unmittelbar, indem Gl. (9.45) in Gl. (9.44) eingesetzt wird:

$$\bar{y}_1 = A_R = A_{R_0} \frac{k\,\bar{y}}{M_0} \sqrt{\frac{1-\pi}{1-\pi\left(\frac{k\,\bar{y}}{M_0}\right)^2}}. \tag{9.46}$$

Die Kennlinie hat damit den durch Gl. (9.44) schon festgelegten Charakter; sie kann aus Diagramm Abb. 9.20 entnommen werden.

Für den allgemeineren Fall, wo Δp nicht konstant, sondern abhängig von $\bar{M}$ ist, also

$$\Delta p = p_1 - p_2 = \Delta p[\bar{M}].$$

findet man durch einen analogen Rechengang

$$\frac{A_R}{A_{R_0}} = \frac{\bar{M}}{M_0} \sqrt{\frac{\Delta p[\bar{M}] - \Delta p_{L_0}}{\Delta p[\bar{M}] - \Delta p_{L_0}\left(\frac{\bar{M}}{M_0}\right)^2}} \tag{9.47}$$

und damit die Kennlinie des Stellgliedes (s. a. Abb. 9.21).

Schon diese Überlegungen zeigen, daß theoretisch eine große Vielfalt von Ventilkennlinien notwendig wäre, um den immer wieder anders

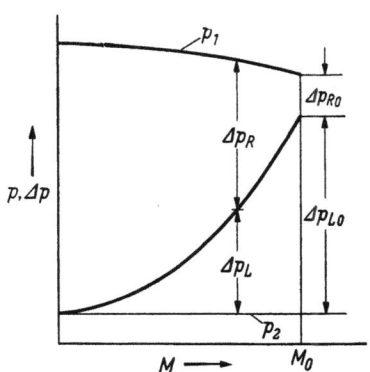

Abb. 9.21 Druckabfallverhältnisse in der Rohrleitung und im Regelventil bei mit dem Durchfluß veränderlichem Zuflußdruck p_1

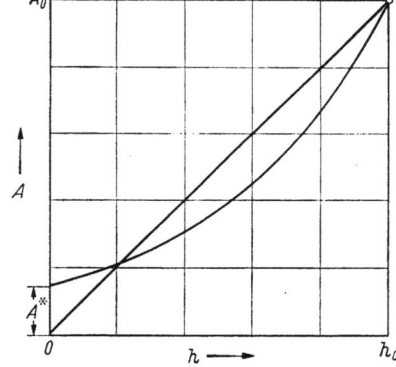

Abb. 9.22 Lineare und exponentielle (gleichprozentige) Ventilkennlinie

liegenden Bedingungen zu entsprechen. Aus wirtschaftlichen Gründen ist jedoch eine Beschränkung anzustreben. Es wird in der Praxis daher versucht, tunlichst mit zwei Kennlinientypen auszukommen, der *linearen* und der *exponentiellen* (gleichprozentigen) (s. Abb. 9.22). Bei der letzteren soll in jeder Stellung des Ventils die durch eine Hubänderung Δh um 1% des vollen Hubes h_0 herbeigeführte Änderung ΔA des geometrischen

Ventilquerschnittes in Prozenten des dort vorhandenen Querschnittes A konstant sein, mithin

$$\frac{\Delta A}{A}\frac{h_0}{\Delta h} = K. \tag{9.48}$$

Daraus findet man

$$\frac{\Delta A}{A} = K\frac{\Delta h}{h_0}$$

und durch Integration

$$\ln\frac{A}{A^*} = K\frac{h}{h_0},$$

$$A = A^* e^{Kh/h_0}, \tag{9.49}$$

wenn für $h = 0$ der Querschnitt $A = A^*$ sein soll. Für verschiedene Werte des „Prozentfaktors" K ergibt sich eine Schar von Kennlinien entsprechend Abb. 9.23. Die Eigenheit dieser Kennlinien, beim Hub 0 noch einen freien Querschnitt A^* aufzuweisen, ist praktisch oft unerwünscht. In Abweichung vom rein exponentiellen Verlauf wird dann der unterste Teil der Kennlinie entsprechend korrigiert.

Es sei noch darauf hingewiesen, daß der Ansatz

$$M = k A_R \sqrt{\Delta p_R}$$

bei Gasen und Dampf streng nur für kleine relative (d. h. auf den Eintrittsdruck bezogene) Druckdifferenzen Δp_R gilt. Bei großen und insbesondere bei überkritischen Druckverhältnissen ist diesem Umstand speziell bei der Dimensionierung des maximalen Ventilquerschnittes A_0 Rechnung zu tragen, ansonst die Schluckfähigkeit des Ventils u. U. überschätzt und dasselbe zu klein bemessen wird. Es wird hierüber auf die Fachbücher der Thermodynamik verwiesen (z. B. [14]).

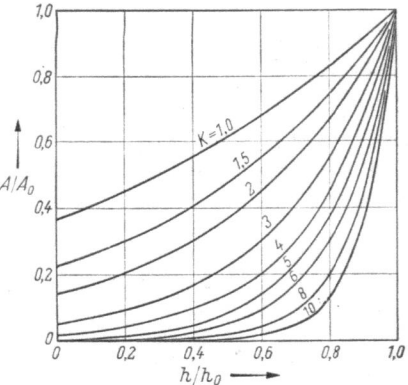

Abb. 9.23 Exponentielle Ventilkennlinien für verschiedene Werte des Prozentfaktors K

Literatur zu Kapitel 9

[1] PROFOS, P.: Vektorielle Regeltheorie, Zürich: Leemann 1943.
[2] VDI-Durchflußmeßregeln. DIN 1952, 6. Ausgabe, Nov. 1948.
[3] OLDENBOURG, R. C., u. H. SARTORIUS: Dynamik selbsttätiger Regelungen, Bd. 1, München: R. Oldenbourg 1951.
[4] Temperaturmessungen bei Abnahmeversuchen und in der Betriebsüberwachung (VDI-Temperaturmeßregeln). DIN 1953, Juli 1953.
[5] KETNATH, A.: Das wärmetechnische Meßwesen in Dampfkraftwerken und Industriebetrieben, Berlin/Göttingen/Heidelberg: Springer 1954.

[6] LIENEWEG, F.: Optimale Bemessung von Einschraub- und Einschweißthermostaten. BWK 7 (1955) Nr. 3, S. 97—102.
[7] CONSIDINE, D. M.: Process Instruments and Controls Handbook, New York: McGraw-Hill 1957.
[8] FRÜH, K.: Berechnung des Durchflusses in Regelventilen mit Hilfe des k_v-Koeffizienten. Regelungstechnik 5 (1957) Nr. 9, S. 307—310.
[9] HENGSTENBERG, J., B. STURM u. O. WINKLER: Messen und Regeln in der chemischen Technik, Berlin/Göttingen/Heidelberg: Springer 1957.
[10] HUTAREW, GEORG: Regelungstechnik. Kurze Einführung, 2. Aufl., Franzis 1957.
[11] LEONHARD, A.: Die selbsttätige Regelung, 2. Aufl., Berlin/Göttingen/Heidelberg: Springer 1957.
[12] CAMPBELL, D. B.: Process Dynamics, New York: Wiley & Sons 1958.
[13] KRETZSCHMER, F.: Pneumatische Regler, Düsseldorf: VDI-Verlag 1958.
[14] SCHMIDT, E.: Thermodynamik, 8. Aufl., Berlin/Göttingen/Heidelberg: Springer 1960.
[15] ABENDROTH, W.: Über den möglichen Lastausgleich im Elektrizitätsnetz mit Zwangsdurchlaufkesseln. AEG-Mitt. 49 (1959) Nr. 12, S. 648—658.
[16] BECK, R.: Die Drosselklappe als Stellglied für strömende Stoffe. Schoppe & Faeser: Techn. Mitt. (1959) Nr. 4, S. 147—172.
[17] PIPPENGER, J. J., u. R. M. KOFF: Fluid-Power Controls, New York: McGraw-Hill 1959.
[18] ROBERTSON, D.: A new sensitive temperature detector for use in high pressure fluid piping. ASME-Paper No. 59-A-201.
[19] Leitsätze Nomenklatur der Regelungstechnik, 2. Aufl. Schweiz. Elektrotechn. Verein 1960.
[20] BLACKBURN, J. F., G. REETHOF u. J. LOWEN SHEARER: Fluid-Power Control, New York/London: The Technology Press of M.I.T. und J. Wiley & Sons 1960.
[21] GILLE, J. C., M. PELEGRIN u. P. DECAULNE: Lehrgang der Regelungstechnik, Bd. 1, München: R. Oldenbourg 1960.
[22] OPPELT, W.: Kleines Handbuch technischer Regelvorgänge, 3. Aufl., Weinheim/Bergstr.: Verlag Chemie 1960.
[23] PAVLIK, E., u. B. MACHEI: Ein kombiniertes Regelsystem für die Verfahrensindustrie. München: R. Oldenbourg 1960.
[24] TRUXAL, J. G.: Entwurf automatischer Regelsysteme, München: R. Oldenbourg 1960.

II. Schaltung und Dynamik der Regelungen in Dampfanlagen

Im ersten Kapitel dieses Buches wurde darauf hingewiesen, daß zumindest zwischen den Regelkreisen, die den fundamentalen Regelaufgaben in einer Dampfanlage entsprechen, *Wirkungsverbindungen* bestehen. Dadurch ist das Geschehen in diesen Regelkreisen in bestimmter Weise verknüpft, indem eine Störung im allgemeinen nicht nur auf den unmittelbar betroffenen Kreis beschränkt bleibt, sondern sich auf die andern übertragen kann. Durch den Umstand, daß diese anderen Regelkreise wiederum ihrerseits auf den ersten zurückwirken können, werden die Vorgänge in jeder einzelnen Regelung vom Gesamtsystem abhängig und können strenggenommen nicht losgelöst vom Verband untersucht werden.

Trotzdem ist zunächst eine Untersuchung der *einzelnen Regelkreise* sinnvoll und nützlich. Denn die isolierte Betrachtung läßt fast immer die kennzeichnenden Eigenschaften der verschiedenen Regelungen viel klarer und deutlicher erkennen, ganz abgesehen vom Vorteil des wesentlich verminderten Rechenaufwandes. Die Berechtigung zu solcher Betrachtungsweise ist im übrigen sehr oft auch dadurch gegeben, daß die systemseitigen Rückwirkungen nur schwach sind oder sonst derart, daß sie das Geschehen im untersuchten Kreis nicht grundsätzlich verändern. — Indessen muß man sich der Einschränkungen, denen die Ergebnisse im Hinblick auf die Anwendung auf das in Wirklichkeit im Verband arbeitende Gesamtsystem unterliegen, bewußt bleiben.

Im Zusammenhang mit der Behandlung der einzelnen Regelungen stellt sich zunächst noch die Frage der *Bezeichnungen*. Bisher hat sich in der Praxis keine einheitliche und zugleich unmißverständliche Bezeichnungsweise ausgebildet. Die Benennung der verschiedenen Regelungen wird oft aus der jeweiligen *Regelgröße* abgeleitet (Wasserstandsregelung, Temperaturregelung usw.), andererseits aus der *Stellgröße* oder einer damit zusammenhängenden Größe gebildet (Speiseregelung, Einspritzregelung usw.). Daneben sind auch Bezeichnungen im Gebrauch, hergeleitet aus der Regelaufgabe in erweitertem Sinne (Feuerregelung, Bypassregelung usw.).

Nun geht aus den in Kap. 1 angestellten Überlegungen hervor, daß mit Rücksicht auf die grundsätzlich gegebene Vertauschbarkeit der Wirkungsverbindungen die Bezeichnung einer Regelung allein durch Regel- oder Stellgröße zu einer unzweideutigen Kennzeichnung nicht ausreicht. So kann z. B. unter Temperaturregelung an einem Kessel eine Einspritzregelung, aber auch eine Speiseregelung verstanden sein. Es sind vielmehr im allgemeinen *zwei Angaben* zu einer klaren Bezeichnung erforderlich, z. B. Einspritztemperaturregelung eines Überhitzers (aus Stell- und Regelgröße abgeleitet) oder Drehzahl-Leistungsregelung einer Turbine (aus Regelgröße und erweiterter Regelaufgabe). Dies führt allerdings meist zu ziemlich umständlichen Wortbildungen, so daß auf die konsequente Anwendung einer solchen Bezeichnungsweise verzichtet wird. Bei der in den folgenden Kapiteln gegebenen Behandlung der einzelnen Regelungen wurde im wesentlichen nach der *Regelaufgabe* im weiteren Sinne unterschieden und gruppiert.

Auch hier kommt angesichts der Vielfalt der praktisch vorliegenden Ausführungsarten eine vollständige Behandlung nicht in Frage. Es werden vielmehr von den bedeutsamsten Regelaufgaben jeweils nur einige besonders wichtige oder besonders typische Problemstellungen und Lösungsformen herausgegriffen und betrachtet. Auf die besondere Behandlung der Maschinenregelung wurde mit Rücksicht auf die bereits zur Verfügung stehenden Fachbücher (s. Literaturverzeichnis zu Kap. 8) in diesem Zusammenhang verzichtet.

10. Regelung des Arbeitsmittelinhaltes von Kesseln und wärmetechnischen Apparaten

In jeder Dampfanlage stellt sich in verschiedenen Formen die Aufgabe, den *Arbeitsmittelinhalt* oder kürzer die Füllung von Anlagekomponenten zu regeln. Zunächst ist diese Regelaufgabe am Kessel gegeben. Doch tritt sie auch bei Speisewassergefäßen, Entgasern, Verdampfern, Speichern, in der Wasseraufbereitungsanlage, bei der Brennölversorgung usw. auf. Oft ist hierbei der *Flüssigkeitsstand* die geeignete Regelgröße, so bei Trommelkesseln und den meisten wärmetechnischen Apparaten. Es gibt allerdings daneben Fälle, wo aus betriebs- oder regeltechnischen Gründen andere Größen als Maß für den Arbeitsmittelinhalt herangezogen werden müssen, vor allem bei Zwangsdurchlaufkesseln.

10.1 Regelung des Arbeitsmittelinhaltes mit dem Flüssigkeitsstand als Regelgröße

Bei der Untersuchung solcher Regelungen zeigt es sich, daß viel davon abhängt, ob die Füllung *homogen* ist — also nur aus Flüssigkeit besteht — oder ob sie in wesentlichem Ausmaß noch Dampf- oder Gasblasen enthält. Während im ersteren Fall das Verhalten der Regelstrecke sehr einfach zu beschreiben ist, handelt es sich bei inhomogener Füllung um ein komplizierteres, meist zugleich auch schwieriger zu regelndes System. Es sei zunächst der einfachere Fall betrachtet.

10.1.1 Systeme mit homogener Füllung

Es handelt sich hier im wesentlichen um die Regelung des Flüssigkeitsstandes in einem Behälter entsprechend dem in Abb. 10.1 dar-

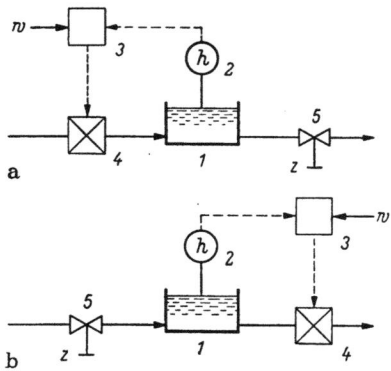

Abb. 10.1 a u. b Anlageschema einer einfachen Regelung des Arbeitsmittelinhaltes in einem Behälter

a) Regelung des Zuflusses; b) Regelung des Abflusses

1 Behälter; *2* Meßorgan für Flüssigkeitsstand; *3* Regler; *4* Stellorgan (Regelventil); *5* Einstellventil (Belastung)

220   10. Regelung des Arbeitsmittelinhaltes von Kesseln

gestellten Arbeitsprinzip. Grundsätzlich sind zwei verschiedene Fälle möglich: der Fall des Regeleingriffes in den Zustrom (Abb. 10.1a), wobei der Abstrom als hauptsächlichste Störgröße auftritt, sowie der umgekehrte Fall entsprechend Abb. 10.1b. Natürlich können neben der im Bild gezeigten noch weitere Störgrößen auftreten, so z. B. Druckschwankungen vor dem Regelventil 4 (Abb. 10.1a).

Das dynamische Verhalten eines solchen Regelsystems wird durch das Blockschema Abb. 10.2 dargestellt, das in sinngemäßer Abwandlung für die beiden eben erwähnten Fälle a und b gilt. Das Blockschema ist unmittelbar für Variante a gezeichnet und unter der Voraussetzung, daß als Störgröße nur der Abstrom wirke.

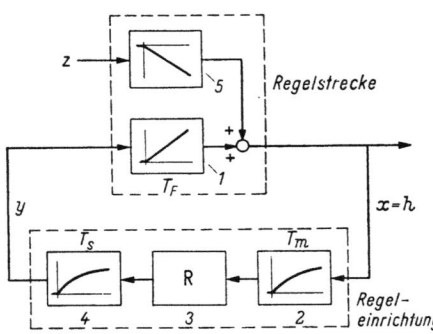

Abb. 10.2 Blockschema einer einfachen Regelung des Arbeitsmittelinhaltes in einem Behälter
1 Regelstrecke (Stellverhalten); 2 Meßorgan; 3 Regler; 4 Stellgetriebe; 5 Regelstrecke (Störverhalten)

Das Stellverhalten der Regelstrecke ist durch den Block 1 dargestellt; es weist im Falle des einfachen Behälters mit unveränderlicher Spiegelfläche die Eigenschaften eines astatischen Elementes erster Ordnung auf, wie in Abschn. 4.1 gezeigt wurde. Entsprechendes gilt für das Störverhalten, das durch den Block 5 dargestellt wird. Die Regeleinrichtung — sie besteht hier fast immer aus einem P-Regler oder einem Zweipunktregler — enthält in jedem Falle ein Meßorgan (Block 2), dessen Übertragungsverhalten meist genügend genau durch ein statisches Element erster Ordnung (Zeitkonstante T_m) wiedergegeben wird. Bei größeren Anlagen arbeitet der Regler im übrigen mit Hilfskraft. Die durch den Stellmotor bedingten Verzögerungen sind ebenfalls als diejenigen eines statischen Elementes erster Ordnung (Zeitkonstante T_s) durch Block 4 berücksichtigt.

Bei einem solchen System entstehen praktisch nie Stabilitätsschwierigkeiten, und fast immer läßt sich mit einem einfachen P-Regler ausreichende Regelgüte erzielen, ohne unangenehm große Proportionalbereiche in Kauf nehmen zu müssen.

Etwas schwierigere Bedingungen können sich dadurch ergeben, daß dem Behälter, an welchem die Flüssigkeitsstand-Regelung erfolgt, noch weitere Speicherelemente vorgeschaltet sind. Abb. 10.3 zeigt dazu zwei Beispiele: Fall a, bei dem mehrere Behälter in Serie geschaltet sind, ist oft in Wasseraufbereitungsanlagen zu treffen; Fall b liegt etwa bei Aufkochentgasern vor, wobei anstelle der Kaskade 3 auch eine Füllkörpersäule treten kann.

10.1 Regelung des Arbeitsmittelinhaltes mit dem Flüssigkeitsstand

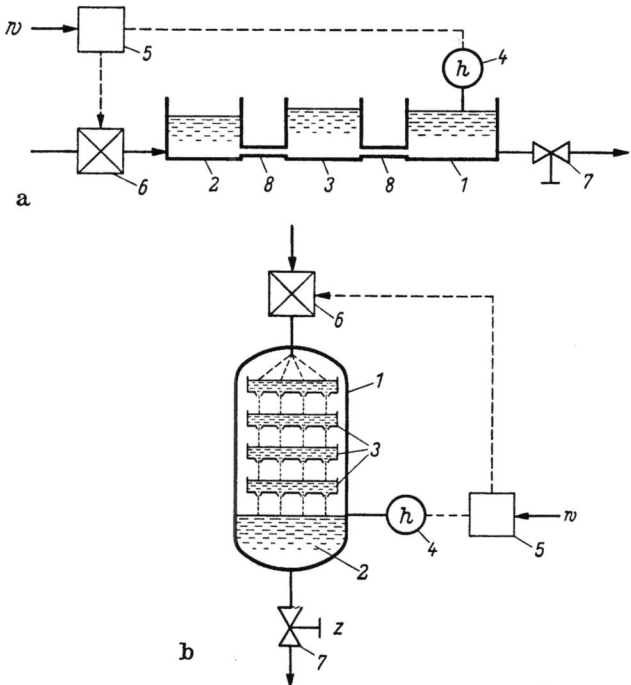

Abb. 10.3a u. b Beispiele von Regelungen des Arbeitsmittelinhaltes mit Regelstrecken höherer Ordnung
a) Schema einer Anlage mit in Serie geschalteten Behältern
1 Hauptbehälter; *2, 3* Vorgeschaltete Behälter; *4* Meßorgan für Flüssigkeitsstand; *5* Regler; *6* Stellorgan; *7* Einstellventil für Entnahme; *8* Verbindungsleitungen
b) Schema der Regelung des Wasserinhaltes eines Kaskadenentgasers
1 Entgasergefäß; *2* Behälterunterteil mit Wasservorrat; *3* Lochblechkaskade; *4* Wasserstandsfühler; *5* Regler; *6* Stellorgan; *7* Einstellventil für die Wasserentnahme

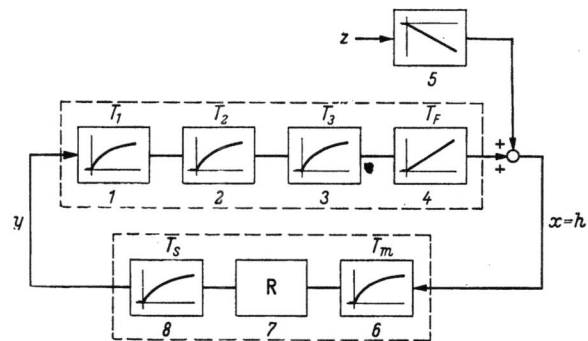

Abb. 10.4 Blockschema entsprechend den Anlagen 10.3a und b
1, 2, 3 Vorgeschaltete Behälter bzw. Lochblechkaskade; *4* Hauptbehälter (Stellverhalten); *5* Hauptbehälter (Störverhalten); *6* Meßorgan; *7* Regler; *8* Stellgetriebe

Das korrespondierende Blockschaltbild zeigt Abb. 10.4. Dem Regelbehälter entspricht Block *4* (astatisches Element erster Ordnung) für das Stellverhalten, Block *5* für das Störverhalten. Die vorgeschalteten Speicherelemente sind durch die Blöcke *1, 2, 3* berücksichtigt. Die Regeleinrichtung ist in gleicher Weise wie früher dargestellt. Die große Zahl von in Reihe geschalteten statischen Elementen kann nun, auch wenn die einzelnen Zeitkonstanten relativ klein sind, doch die Regelbarkeit merklich verschlechtern, da sie dem Stellverhalten der Regelstrecke einen Totzeitcharakter gibt (vgl. Abschn. 4.1). Bei kleinem P-Bereich tritt daher hier leicht Unstabilität auf. Es ist deshalb gegebenenfalls zu einem höherwertigen Regler (PI) zu greifen, wenn nicht das Stellverhalten verbessert werden kann — z. B. im Fall gemäß Abb. 10.3a durch reichliche Dimensionierung der Verbindungsleitungen *8* zwischen den Gefäßen.

10.1.2 Systeme mit inhomogener Füllung

Besonders bei der Regelung des Wasserinhaltes in Großwasserraum- und Trommelkesseln, aber auch bei Verdampfern, Dampfumformern und anderen dampferzeugenden Apparaten, ist die Füllung nicht homogen. Im Betriebszustand stellt diese vielmehr ein inhomogenes Gemisch von Wasser und Dampfblasen dar, wobei das durchschnittliche spezifische Gewicht im Betrieb erheblich schwanken kann und damit das Volumen der Füllung. Hierbei ist nun wesentlich, daß es speziell bei feuerbeheizten Dampferzeugern *primär* auf das Halten des *Wasserspiegels* innerhalb der durch die Kesselkonstruktion gegebenen Grenzwerte — Höchst- bzw. Tiefstwasserstand — ankommt und nur in zweiter Linie auf den Arbeitsmittelinhalt.

In den meisten Fällen entspricht das Wirkungsprinzip der Anlage dem in Abb. 10.5a wiedergegebenen Schema. Mit einem Raum, in dem die Trennung des gebildeten Sattdampfes vom restlichen Wasser erfolgt (Trommel *1*) steht die Verdampferheizfläche *2* in Verbindung. In diesen Raum mündet auch der Wasservorwärmer *3* aus, der vom Speisewasserstrom M_W durchflossen wird. Im einfachsten Fall wird durch das Meßorgan *4* der Wasserstand gemessen und als Regelsignal auf den Regler *5* gegeben, welch letzterer das Speisewasserventil *6* betätigt.

Da als primäre Regelaufgabe der Wasserstand in den gewünschten, verhältnismäßig engen Grenzen zu halten ist, kommt zunächst der richtigen Erfassung der Spiegelhöhe besondere Bedeutung zu. Es sind bekanntlich verschiedene Meßverfahren im Gebrauch, vor allem die Schwimmer- und die Wirkdruckmethode. Die Schwimmermessung bietet den Vorteil, den effektiven Wasserstand direkt zu erfassen. Besonders bei hohen Drücken macht indes die Meßwertübertragung hier Schwierigkeiten, so daß in solchen Fällen oft der Wirkdruckmethode der Vorzug

10.1 Regelung des Arbeitsmittelinhaltes mit dem Flüssigkeitsstand

gegeben wird. Diese stellt aber, was nicht übersehen werden darf, nur eine indirekte Messung dar, der verschiedene Fehler anhaften können, abgesehen von den mit der Druckdifferenzmessung an sich verbundenen. Vor allem werden Niveauänderungen, die durch Schwankungen der mittleren Dichte der Füllung bedingt sind, oft nur teilweise oder überhaupt nicht erfaßt. Ferner können Temperaturänderungen der Meßleitungen ebenfalls zu groben Fehlmessungen Anlaß geben. Im übrigen sei in diesem Zusammenhang auf Abschn. 9.1 verwiesen.

Stellstrom ist immer der Speisewasserstrom. Seine Einstellung erfolgt in der Mehrzahl der Fälle über ein *Speisewasserventil*, wie in

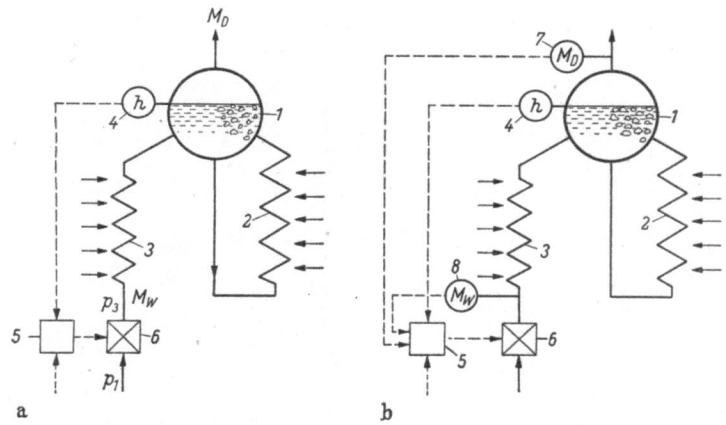

Abb. 10.5a u. b Anlageschema der Wasserstandsregelung eines Trommelkessels
a) Einkomponenten-Regelung; b) Dreikomponenten-Regelung
1 Trommel; *2* Verdampfer; *3* Speisewasservorwärmer; *4* Wasserstands-Meßorgan; *5* Regler; *6* Stellorgan (Speiseregelventil); *7* Dampfstrom-Meßorgan; *8* Wasserstrom-Meßorgan

Abb. 10.5a angedeutet. Die im Ventil wirksame Druckdifferenz Δp_R ergibt sich dabei aus den Kennlinien von Pumpe und Kessel, wobei die Verhältnisse bei fester Pumpendrehzahl in der Regel dem Diagramm nach Abb. 10.7a entsprechen. Bei kleiner Last ist damit meist ein Mehrfaches an Wirkdruck Δp_R vorhanden gegenüber der Druckdifferenz bei voller Ventilöffnung. Eine entsprechende Anpassung der Ventilkennlinie ist daher angezeigt (s. Abschn. 9.3).

Neben der eben erwähnten Lösung besteht auch die Möglichkeit, als Stellorgan eine *drehzahlgeregelte Pumpe* zu verwenden, wie im Schema Abb. 10.6a angedeutet. Allerdings beschränkt sich dieses Verfahren auf den Fall, wo nur *ein* System von der Pumpe gespeist wird.

Die im Schema Abb. 10.5a dargestellte, einfache Regelung arbeitet in vielen Fällen mit einem *P*-Regler befriedigend. Dies gilt vor allem für Großwasserraumkessel und Trommelkessel kleinerer Leistung. Auch

224   10. Regelung des Arbeitsmittelinhaltes von Kesseln

für Verdampfer, Umformer usw. genügt oft diese wenig aufwendige Lösung. Gelegentlich werden in solchen Fällen auch *PI*-Regler eingesetzt. Bei Hochleistungs-Trommelkesseln genügt indes diese Regelung im allgemeinen nicht mehr. Der verhältnismäßig kleine Trommelinhalt, die Empfindlichkeit des Wasserstandes auf Schwankungen der Dampfleistung, des Druckes sowie der Einspeisung in die Trommel und Vorverdampfung im Ekonomiser schaffen erschwerte Regelbedingungen und verlangen leistungsfähigere Regelmittel. Es wird deshalb unter solchen Verhältnissen meist eine Regelung gemäß Schema Abb. 10.5b angewendet, die als *Dreikomponentenregelung* bezeichnet wird. Neben

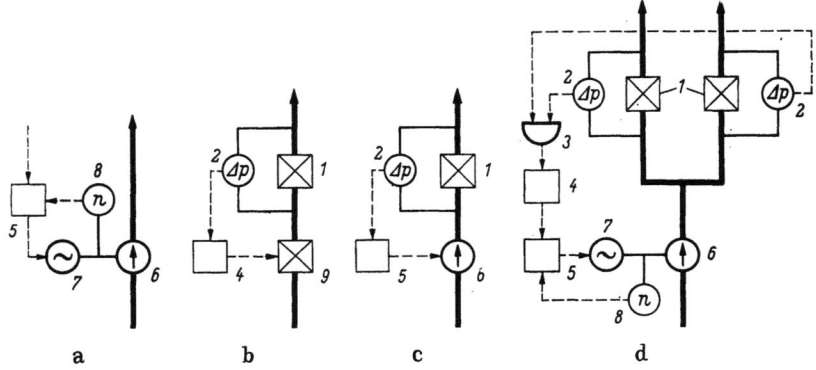

Abb. 10.6a—d Ausführungsbeispiele von Schaltungen zum Einsparen von Pumpenleistung
a) Ausführung mit drehzahlgeregelter Speisepumpe, ohne Speiseregelventil; b), c) Ausführung mit Speiseregelventil und besonderer Druckdifferenzregelung durch Drosselung bzw. Eingriff auf die Pumpendrehzahl; d) Ausführung mit Speiseregelventilen und Druckdifferenzregelung durch Pumpendrehzahlverstellung, geeignet für mehrere Verbraucher

1 Speiseregelventil; *2* Meßorgan für Druckdifferenz; *3* Signalauswähler; *4* Regler für Druckdifferenz; *5* Regler für Drehzahl; *6* Speisepumpe; *7* Antriebsmotor; *8* Meßorgan für Drehzahl; *9* Stellorgan der Druckdifferenzregelung

einem *PI*-Regler wird hier von der Störgrößenaufschaltung Gebrauch gemacht, indem der Dampfstrom als Störsignal verarbeitet wird. Außerdem wird der Speisewasserstrom als Rückführsignal bzw. Hilfsregelgröße benutzt. Die Aufschaltung des Dampf- bzw. Wasserstromes entspricht dabei einer Differenzierung des Regelsignals, da umgekehrt der Wasserstandsverlauf dem Zeitintegral

$$\int (M_W - M_D)\, dt$$

in erster Näherung verhältnisgleich ist.

Anstelle der Aufschaltung des Speisewasserstromes wird oft der Wirkdruck am Speisewasserventil durch eine besondere *Druckdifferenzregelung* konstant gehalten. Störungen von der Speiseseite her — z. B. durch Zu- oder Abschalten anderer Verbraucher oder Pumpen — werden durch diese schnell arbeitende Regelung praktisch vom Kessel fern-

10.1 Regelung des Arbeitsmittelinhaltes mit dem Flüssigkeitsstand

gehalten. Eine solche Druckdifferenzregelung kann nach Schema Abb. 10.6b arbeiten: Es wird dann die nicht benötigte Druckdifferenz $\Delta p_\Delta = p_1 - p_2$ (vgl. Diagramm Abb. 10.7b) durch ein besonderes Ventil 9 (Abb. 10.6b) weggedrosselt.

Bei größeren Anlagen wird der Betrieb mit fester Pumpen-Kennlinie und entsprechendem Abdrosseln des Speisedruckes bei Teillast unwirtschaftlich. Es kann dann, soweit durchführbar, auf die bereits erwähnte Lösung nach Abb. 10.6a gegriffen werden. Kann auf ein besonderes Speisewasserventil nicht verzichtet werden, so besteht die Möglichkeit der Druckdifferenzregelung nach Schema Abb. 10.6c (drehzahlgeregelte Pumpe als Stellglied der Druckdifferenzregelung). Das entsprechende Kennliniendiagramm zeigt Abb. 10.7c. Bei beschränktem

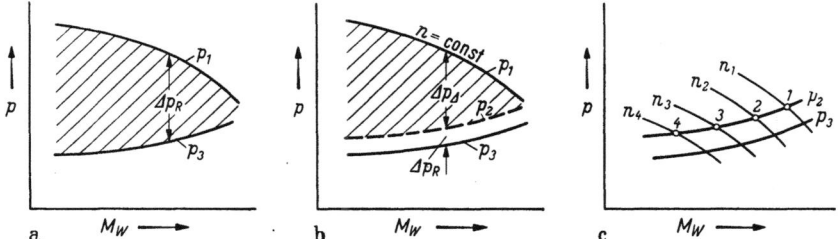

Abb. 10.7a—c Druck- und Speisewasserstrom-Kennlinien von Speisepumpe und Dampferzeuger
a) Kennlinienverlauf bei Regelung durch Speiseventil und fester Pumpendrehzahl; b) Kennlinienverlauf bei Regelung auf konstante Druckdifferenz am Speiseventil durch besondere Druckdifferenzregelung (feste Pumpendrehzahl); c) Kennlinienverlauf bei Regelung auf konstante Druckdifferenz am Speiseventil durch Anpassen der Pumpendrehzahl
p_1 Pumpenkennlinie; p_3 Verlauf des Druckes am Kesseleintritt; p_2 Verlauf des Druckes vor Speiseventil bei Druckdifferenzregelung; Δp_R Wirkdruck am Speiseventil; Δp_Δ Wirkdruck am Stellorgan der Druckdifferenzregelung

Regelbereich der Drehzahl werden oft die Schaltungen nach Abb. 10.6b und c kombiniert. Schließlich kann im Fall, wo mehrere Systeme aus einem gemeinsamen Speisenetz versorgt werden, zur Schaltung nach Abb. 10.6d gegriffen werden. Die Druckdifferenzregelsignale der verschiedenen Systeme werden hier auf einen Wähler 3 gegeben, der jeweils das Signal desjenigen Systems weitergibt, das die geringste Druckdifferenz im Regelventil aufweist (das mithin den höchsten Speisedruck benötigt). Die Drehzahlregelung spielt dann so ein, daß die Versorgung dieses Systems mit dem Sollwert der Druckdifferenz im zugehörigen Regelventil geschieht; die übrigen Regelventile haben dann dem jeweiligen Druck nach Ventil entsprechend zu drosseln. Auch hier besteht noch die Möglichkeit der Kombination der Schaltung 10.6d mit derjenigen von 10.6b.

Die Erfassung und Beschreibung des dynamischen Verhaltens von solchen Regelungen sei an zwei besonders häufig anzutreffenden Fällen illustriert.

In Abb. 10.8 ist das Blockschema einer *Wasserstandsregelung* bei *unvollständiger Speisewasservorwärmung* im Ekonomiser wiedergegeben. Im oberen Teil des Bildes ist das Übertragungsverhalten der Regelstrecke, im unteren Teil dasjenige der Regeleinrichtung dargestellt. Bei der Regelstrecke sind dabei die im Ekonomiser sich abspielenden Vorgänge und andererseits das Geschehen in Trommel und Verdampfersystem auseinandergehalten worden. Im übrigen ist das Schema nur für

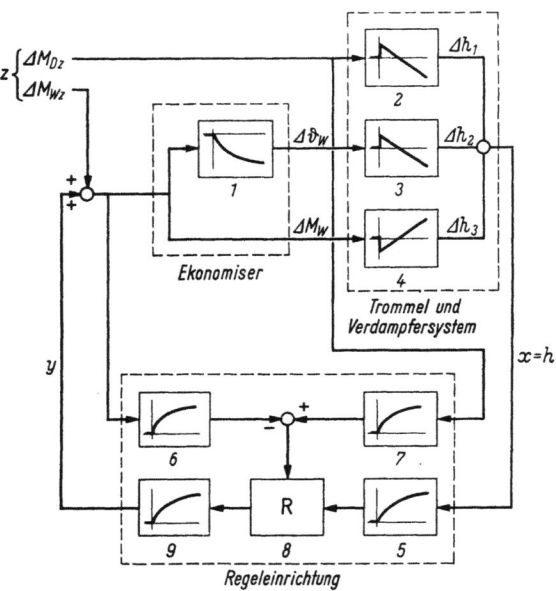

Abb. 10.8 Blockschema der Wasserstandsregelung eines Trommelkessels mit unvollständiger Speisewasservorwärmung im Ekonomiser
1 Durchfluß-Temperatur-Übertragungsverhalten des Ekonomisers; *2* Störverhalten des Trommel- plus Verdampfersystems bei Dampfentnahmeänderung; *3* Übertragungsverhalten des Trommel- plus Verdampfersystems bei schwankender Speisewassertemperatur am Trommeleintritt; *4* Übertragungsverhalten des Trommel- plus Verdampfersystems bei Änderung des Speisewasserzustromes zur Trommel; *5* Meßorgan für Wasserstand; *6* Meßorgan für Speisewasserstrom; *7* Meßorgan für Dampfstrom aus Trommel; *8* Regler; *9* Stellgetriebe

zwei besonders wichtige Störgrößen — Änderung der Dampfentnahme und Änderung des Speisewasserstromes — gezeichnet. Die Ergänzung der Darstellung für andere Störeinflüsse, wie Feuerleistungsänderungen, Schwankungen der Speisewassertemperatur usw., ist jedoch auf Grund der im Teil I des Buches gegebenen Elemente leicht möglich.

Es sei zuerst das Störverhalten der Regelstrecke betrachtet. Bei einer Änderung der Dampfentnahme ΔM_{Dz} aus der Trommel reagiert unter sonst festen Verhältnissen der Wasserstand entsprechend der im Block *2* eingetragenen Übergangsfunktion (vgl. Abschn. 4.2.2, Beispiel 3). — Die Änderung des Speisewasserstromes ΔM_{Wz} beeinflußt

10.1 Regelung des Arbeitsmittelinhaltes mit dem Flüssigkeitsstand

den Wasserstand auf zwei verschiedene Arten: Zunächst ruft eine Durchflußvariation im Ekonomiser einer Veränderung der Wassertemperatur $\Delta \vartheta_W$ am Austritt aus dieser Heizfläche (Trommeleintritt) mit einer Übergangsfunktion (vgl. Abschn. 7.3) gemäß der im Block *1* eingezeichneten[1]. Diese Temperaturänderung erzeugt nach den Überlegungen in Abschn. 4.2 Spiegelschwankungen mit der in Block *3* eingetragenen Übergangsfunktion.[2] Andererseits wird die Speisewasserstromänderung praktisch unverzögert als solche in der Trommel fühlbar. Auf den veränderten Zustrom an unterkühltem Wasser antwortet der Wasserstand entsprechend dem in Block *4* angedeuteten Übertragungsverhalten (vgl. Abschn. 4.2.2, Beispiel 1). Die verschiedenen Wirkungen überlagern sich zu der resultierenden Spiegelauslenkung $\Delta h = \Delta h_1 + \Delta h_2 + \Delta h_3$.

Das Stellverhalten der Regelstrecke ist mit dem Störverhalten bei Speisewasserstromstörung identisch und braucht daher nicht mehr besonders erläutert zu werden. Die durch die Stellgröße y hervorgerufene resultierende Spiegelauslenkung wird zusammen mit von allfälligen äußeren Störungen bewirkten auf das Meßwerk der Regelung übertragen.

Bei Anwendung der in Abb. 10.5b gezeigten Dreikomponenten-Regelung werden außer der Regelgröße h noch der Dampfstrom aus der Trommel M_D sowie der Speisewasserstrom M_W vom Regler erfaßt und verarbeitet. Dabei werden beim Wasserstrom sowohl durch Stör- wie durch Regelwirkung hervorgerufene Änderungen berücksichtigt, was durch das Blockschema zum Ausdruck gebracht ist. Die dynamischen Eigenschaften der Meßglieder sind durch die Blöcke *5*, *6* und *7* einbezogen, die des Stellmotors durch den Block *9*. In unserem Beispiel wurde dabei jeweils statisches Verhalten mit Zeitkonstanten T_m bzw. T_s angenommen. Für den Regler wird zweckmäßigerweise P- oder PI-Verhalten gewählt. Das Hinzunehmen differenzierender Wirkung beim Regler ist dagegen mit Rücksicht darauf, daß die wichtigsten, rasch wirkenden Störgrößen bereits im Sinne einer D-Aktion aufgeschaltet sind, im allgemeinen ohne Nutzen.

Auf Grund eines solchen Blockschemas kann nun das dynamische Verhalten des Regelsystems unter den verschiedenen in Frage kommenden Bedingungen ermittelt werden, entweder unter Anwendung der Frequenzgangmethoden oder — etwa für die Untersuchung der optimalen Reglereinstellung — unter Zuhilfenahme eines Analogrechners. Auf das Ableiten fertiger Formeln, etwa des resultierenden Frequenzganges, ist verzichtet worden.

---

[1] Alle Übergangsfunktionen sind jeweils für positiven Sprung der Eingangsgröße gezeichnet.

[2] Infolge des stark verzögernden Übertragungsverhaltens des Ekonomisers ist diese Wirkung oft vernachlässigbar.

228   10. Regelung des Arbeitsmittelinhaltes von Kesseln

Abb. 10.9 zeigt das Blockschema einer *Wasserstandsregelung* für den Fall der *Vorverdampfung im Speisewasservorwärmer*. Das Schema ist analog Abb. 10.8 aufgebaut und für die gleichen Störgrößen gezeichnet. Bei der Darstellung der Regelstrecke sind dabei Vorwärmteil und Verdampfungsteil des Ekonomisers sowie Trommel mit Hauptverdamp-

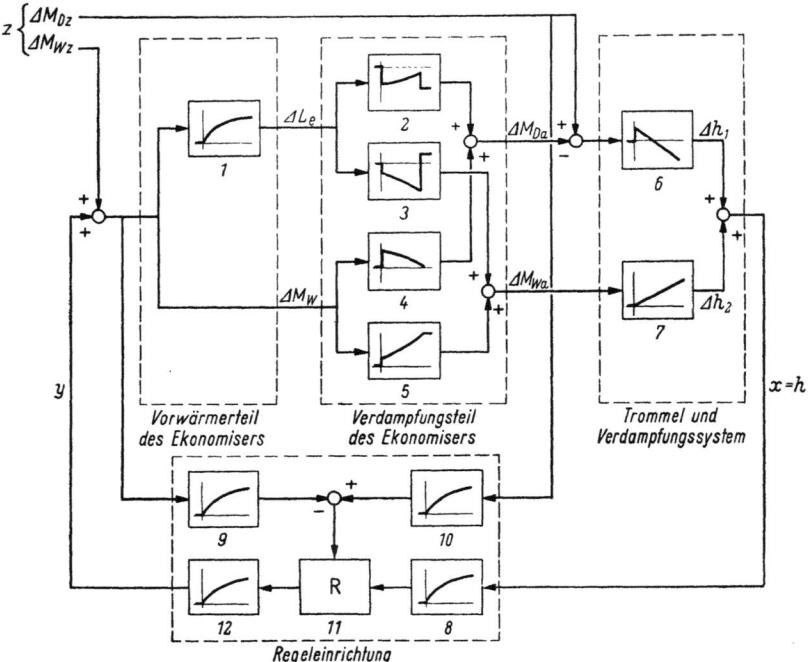

Abb. 10.9 Blockschema der Wasserstandsregelung mit Vorverdampfung im Ekonomiser
1 Übertragungsverhalten des Vorwärmteils des Ekonomisers (Verschiebung des Verdampfungsanfangspunktes, hervorgerufen von Durchflußänderungen); *2, 3, 4, 5* Übertragungsverhalten des Verdampfungsteils des Ekonomisers: *2* Änderung des Sattdampfstromes zur Trommel, abhängig von Verschiebung des Verdampfungsanfangspunktes; *3* Änderung des Sattwasserstromes, abhängig von Verschiebung des Verdampfungsanfangspunktes; *4* Änderung des Sattdampfstromes zur Trommel, abhängig von Speisewasserstromänderung; *5* Änderung des Sattwasserstromes zur Trommel, abhängig von Speisewasserstromänderung; *6, 7* Übertragungsverhalten des Trommel- plus Verdampfersystems: *6* Wasserstandsänderung, hervorgerufen durch Dampfentnahmeänderungen; *7* Wasserstandsänderung, hervorgerufen durch Änderungen des Sattwasserzustromes zur Trommel; *8* Meßorgan für Wasserstand; *9* Meßorgan für Speisewasserstrom; *10* Meßorgan für Dampfentnahme aus Trommel; *11* Regler; *12* Stellgetriebe

fersystem jeweils getrennt wiedergegeben worden. Die Regelschaltung entspricht wiederum Abb. 10.5b.

Im Gegensatz zum vorangehenden Beispiel wird hier nun das Übertragungsverhalten der Regelstrecke durch dasjenige des Ekonomisers maßgeblich mitbestimmt. Das dynamische Geschehen sei wieder zunächst für den Fall der äußeren Störung verfolgt. Bei einer Änderung der Dampfentnahme ΔM_{Dz} aus der Trommel reagiert das Trommel-Verdampfer-System in weitgehend gleichartiger Weise, wie im vorigen

Beispiel gezeigt, und es resultiert ein Verhalten des Wasserspiegels entsprechend der in Block *6* dargestellten Übergangsfunktion (vgl. Abschnitt 4.2). — Bei einer Änderung des Speisewasserstromes ΔM_{Wz} wird zunächst über das Durchfluß-Temperatur-Übertragungsverhalten des Vorwärmteiles des Ekonomisers (Block *1*) eine Verlagerung des Verdampfungsanfangspunktes ΔL_e hervorgerufen. Diese bewirkt ihrerseits im anschließenden Vorverdampfer, daß sich die an die Trommel abgegebenen Ströme von Sattdampf (M_{Da}) und Sattwasser (M_{Wa}) ändern, gemäß den in Block *2* bzw. *3* angedeuteten Übergangsfunktionen (vgl. Abschn. 7.2). Die Sattdampfstromänderung wirkt wie eine Dampfentnahmeänderung mit umgekehrtem Vorzeichen; ihr Einfluß auf den Wasserstand kann damit im wesentlichen wieder durch Block *6* dargestellt werden. Die Sattwasserstromänderung wirkt auf die Spiegelbewegung nach einem reinen Integralvorgang (vgl. Abschn. 4.2.2, Beispiel 2), d. h., es gilt hierfür die in Block *7* gezeigte Übergangsfunktion.

Wie im Blockschema dargestellt, hat eine Speisewasserstromänderung aber noch eine andere, direktere Auswirkung auf die Spiegelbewegung in der Trommel. Diese Durchflußänderung wird nämlich praktisch verzögerungsfrei durch den Vorwärmteil des Ekonomisers auf den Vorverdampfer übertragen. Dort wirkt sie im wesentlichen als Änderung des Sattwasserzustromes, die mit den Übergangsfunktionen gemäß Block *4* bzw. *5* ihrerseits Änderungen der in die Trommel übertretenden Ströme von Sattdampf und Sattwasser hervorruft (vgl. Abschn. 7.2). Die Auswirkung der letzteren auf den Wasserstand erfolgt in der schon besprochenen Weise (Blöcke *6* bzw. *7*). Die resultierende Wasserspiegelbewegung Δh in der Trommel erscheint damit schließlich als Summe all dieser Einzelwirkungen.

Für die Reglerwirkung gilt das schon beim vorhergehenden Beispiel Gesagte.

Damit ist auch für diesen Fall die Grundlage für eine Berechnung des Regelverhaltens gegeben. Infolge des schon recht verwickelten Systems empfiehlt sich besonders bei Optimierungsuntersuchungen die Benützung eines Analogrechners.

10.2 Regelung des Arbeitsmittelinhaltes mit anderen Regelgrößen als dem Flüssigkeitsstand

Bei trommellosen Dampferzeugern, also insbesondere bei den Zwangsdurchlaufkesseln, stellt sich das Problem der Regelung des Arbeitsmittelinhaltes in etwas anderer Form. Die Aufgabe des Beherrschens eines Wasserstandes entfällt hier; dafür tritt diejenige des Aufrechterhaltens des *Arbeitsmittelinhaltes* im System in den Vordergrund.

Theoretisch wäre diese Aufgabe dadurch lösbar, daß man die Zeitintegrale von Zu- und Abstrom auf Grund je einer Dampf- bzw. Speisewasser-Mengenmessung laufend abgliche. Infolge der unvermeidlichen Meßfehler muß jedoch noch eine weitere Meßgröße zu Hilfe genommen werden, die direkt als Maß für den Arbeitsmittelinhalt gelten kann, also dem Wasserstand in einem Trommelkessel in dieser Hinsicht entspricht.

Hierzu kann grundsätzlich eine Meßgröße dienen, die den thermodynamischen Zustand des Arbeitsmittels an einer passenden Stelle im Innern des Dampferzeugersystems eindeutig erfaßt, also z. B. die Dampfnässe in der Gegend der Endverdampfung, die Temperatur des überhitzten Dampfes in der Nähe des Überhitzungsbeginns, irgendwo im Innern des Überhitzerteiles oder schließlich an dessen Ende. Anstelle der direkten Messung dieser Zustandsgrößen, die namentlich bei der Dampfnässe schwierig ist, kann natürlich auch die Erfassung einer Ersatzgröße treten.

Schon aus dem vorstehenden Abschnitt geht hervor, daß auch hier wieder zahlreiche Lösungsmöglichkeiten bestehen; sie werden noch vermehrt durch die Unterschiede in Arbeitsprinzip und Konstruktion der Dampferzeuger. Ferner spielt der Dampfdruck eine Rolle, da die Verhältnisse z. B. in der Gegend von 100 bar, in der Nähe des kritischen Druckes und im überkritischen Druckbereich sich jeweils wesentlich unterscheiden können. Es werden daher im folgenden nur einige kennzeichnende Beispiele behandelt, zu denen der Gedankengang bei der rechnerischen Erfassung solcher Regelsysteme dargelegt wird.

10.2.1 Dampfnässe als Regelgröße

Wie bereits angedeutet, besteht heute noch kein für den praktischen Betrieb geeignetes Meßverfahren zur direkten Erfassung der Dampfnässe als Regelgröße. Man ist daher darauf angewiesen, die Dampffeuchte indirekt zu messen. Eine Möglichkeit dazu besteht in der *Trennung von Wasser und Dampf* in einem Abscheider und der anschließenden *Messung der einzelnen Ströme*. Diesem Verfahren entspricht das in Abb. 10.10 gezeigte Anlageschema. Das Speisewasser tritt durch das Ventil *1* in das aus Ekonomiser und Verdampfer bestehende Heizflächensystem *2* ein und wird darin bis auf einen Restfeuchtebetrag verdampft. Das Restwasser wird anschließend im Abscheider *3* abgetrennt und durch ein besonderes Regelventil *7* aus dem Kesselsystem abgelassen. Ein Wasserstandsregler *6* (*P*-Regler) betätigt dieses Ventil in Abhängigkeit vom Wasserstand im Abscheider. Dabei ist das vom Meßglied *5* abgegebene Regelsignal oder auch die Stellung des Ventils *7* infolge des relativ kleinen Abscheiderinhaltes ein brauchbares Maß für die ausgeschiedene Restwassermenge M_A. Mißt man noch den Dampfstrom zum Überhitzer M_D (Meßorgan *4*), so ist über das *Verhältnis* der beiden

10.2 Regelung des Arbeitsmittelinhaltes mit anderen Regelgrößen

Mengen M_D/M_A die Nässe $(1-x)$ gegeben nach der einfachen Beziehung

$$(1-x) = \frac{M_A}{M_A + M_D} = \frac{1}{1 + \frac{M_D}{M_A}}. \qquad (10.1)$$

Der Verhältniswert M_D/M_A wird nun als Ersatzregelgröße vom Regler *9* verwertet, zusammen mit den Signalen des Speisewasserstromes M_W bzw. des Dampfstromes M_D.

Das entsprechende Blockschema zeigt Abb. 10.11, wobei allerdings zur Vereinfachung die Störwirkungen nur so weit dargestellt wurden,

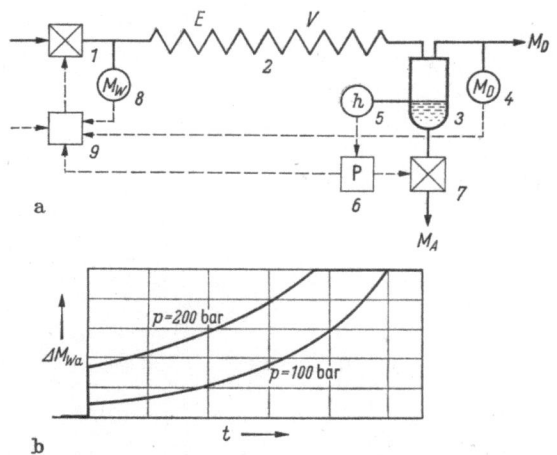

Abb. 10.10a u. b Beispiel der Regelung des Arbeitsmittelinhaltes in einem Zwangsdurchlaufkessel mit Restwasserabscheider

a) Anlageschema

1 Stellorgan; *2* Heizfläche; *3* Wasserabscheider; *4* Meßorgan für Dampfstrom; *5* Meßorgan für Wasserstand im Abscheider; *6* Regler für Wasserstand im Abscheider; *7* Stellorgan der Wasserstandsregelung im Abscheider; *8* Meßorgan für Speisewasserstrom; *9* Hauptregler (Regelung des Arbeitsmittelinhaltes des Kessels)

b) Druckabhängigkeit der Übergangsfunktion des Verdampferteils unter vergleichbaren Bedingungen (Eingangsgröße: Speisewasserstrom, Ausgangsgröße: Sattwasserstrom)

als sie unmittelbar mit der Störgrößenaufschaltung zusammenhängen. Oben im Bild sind die Teile der Regelstrecke, unten die Regeleinrichtungen wiedergegeben.

Es sei nun der Ablauf der Regelwirkungen nach einer Änderung der Stellgröße betrachtet, zunächst in der Regelstrecke. Die Durchflußänderung durch den Vorwärmteil des Kessels bewirkt eine Verschiebung ΔL_e des Verdampfungsanfangspunktes. Das entsprechende Übertragungsverhalten (vgl. Abschn. 7.3) ist durch Block *1* veranschaulicht. Diese Verschiebung ruft im nachfolgenden Verdampferteil einer Veränderung der an den Abscheider abgegebenen Dampf- bzw. Wasserströme, mit einem Zeitverhalten gemäß den in Block *2* bzw. *3* angedeu-

10. Regelung des Arbeitsmittelinhaltes von Kesseln

teten Übergangsfunktionen (vgl. Abschn. 7.2). —Andererseits ist die Speisewasserstromänderung im Verdampfer unmittelbar im Sinne einer Zustromvariation fühlbar; diese beeinflußt ebenfalls Dampf- und Wasserstrom am Verdampferaustritt gemäß den in den Blöcken *4* und *5* gezeichneten Übergangsfunktionen. Die beiden Wirkungen überlagern

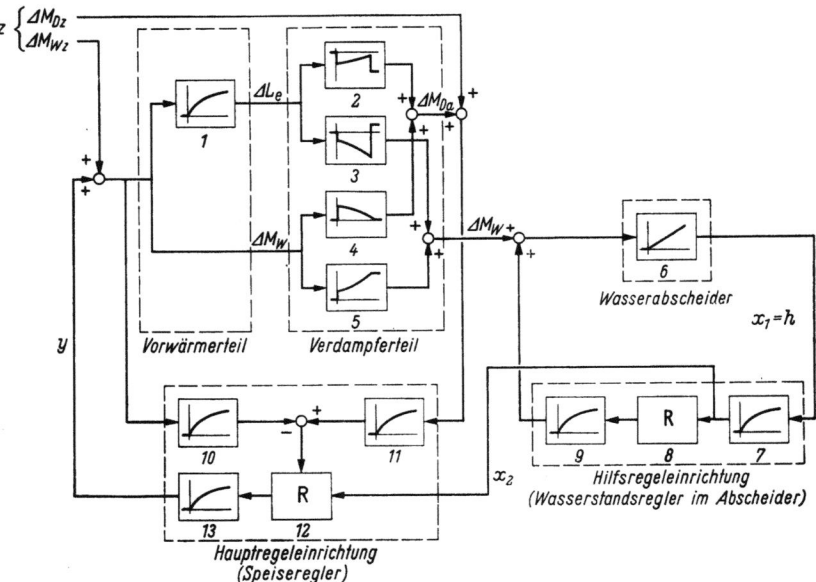

Abb. 10.11 Blockschema der Regelung des Arbeitsmittelinhaltes eines Zwangsdurchlaufkessels gemäß Regelschema Abb. 10.10

1 Übertragungsverhalten des Vorwärmteils (Verschiebung des Verdampfungsanfangspunktes abhängig von Änderungen des Wasserzustromes); *2, 3, 4, 5* Übertragungsverhalten des Verdampferteils: *2* Änderung des Sattdampfstromes als Folge von Verschiebungen des Verdampfungsanfangspunktes; *3* Änderung des Sattwasserstromes als Folge von Verschiebungen des Verdampfungsanfangspunktes; *4* Änderung des Sattdampfstromes, hervorgerufen durch Änderung des Speisewasserstromes; *5* Änderung des Sattwasserstromes, hervorgerufen durch Änderung des Speisewasserstromes; *6* Wasserabscheider (Eingangsgröße: Sattwasserstrom = ausgeschiedene Wassermenge, Ausgangsgröße: Wasserstandsänderung im Abscheider); *7* Meßorgan des Wasserstandes im Abscheider; *8* Regler; *9* Stellgetriebe der Wasserabregelung; *10* Meßorgan des Speisewasserstromes; *11* Meßorgan des Dampfstromes nach Abscheider; *12* Hauptregler; *13* Stellgetriebe zum Hauptregler

sich, was durch die Summenbildung im Schema angedeutet ist. — Die Wasserstromänderungen bewirken nun Spiegelschwankungen Δh im Wasserabscheider (Übergangsfunktion gemäß Block *6*), wobei allerdings infolge des Eingriffes des Wasserstandsreglers (P-Regler) nicht eine integrale, sondern eine proportionale Zuordnung zwischen Wasseranfall und Wasserstand erreicht wird. — Das Regelsignal x_2, das dem Wasseranteil im erzeugten Dampf entspricht, wirkt nun zusammen mit den Signalen des Dampf- bzw. des Speisewasserstromes auf die Hauptregeleinrichtung, die im Sinne der bereits besprochenen Dreikompo-

10.2 Regelung des Arbeitsmittelinhaltes mit anderen Regelgrößen 233

nenten-Regelung den Speisewasserstrom beeinflußt. Damit ist der Wirkungskreis geschlossen.

Da das Durchfluß-Temperatur-Übertragungsverhalten des Ekonomisers vergleichsweise sehr träge ist, wird der Charakter des Stellverhaltens der Regelstrecke der Hauptregelung vor allem durch den Block 5 beeinflußt (Durchfluß → Restwassermenge). Bei hohem Druck verläuft die entsprechende Übergangsfunktion regeltechnisch günstig (vgl. Abb. 10.10b), so daß das Stellverhalten demjenigen eines statischen Elementes erster Ordnung nahekommt. Bei tieferen Drücken nimmt jedoch die erwähnte Übergangsfunktion mehr und mehr Totzeitcharakter an, was schwierigere Regelbedingungen schafft. Außerdem können statistische Niveauschwankungen infolge unregelmäßiger Entmischungserscheinungen im Verdampfersystem und unstabiler Flammenlage das Regelsignal namentlich bei tieferem Druck unruhig machen.

Anstelle der eben beschriebenen Lösung wird oft zu einer etwas abgewandelten gegriffen; sie ist in Abb. 10.12a dargestellt. Es handelt sich dabei im Grunde genommen wieder um die Regelung der Dampfnässe, nur wird die Messung dieser Größe auf dem Umweg über eine *Temperaturmessung* vorgenommen. Um dies zu ermöglichen, wird durch eine Drosselvorrichtung 4 einem von den parallel arbeitenden Rohrsträngen des Heizflächensystems ein um einige Prozente geringerer Durchfluß gegeben als den übrigen. Dadurch wird erreicht, daß der Dampf aus diesem Strang 3 leicht überhitzt austritt, während er die übrigen Rohre 2 mit geringer Restnässe verläßt. Bei unveränderlicher Drosselstellung des Organs 4 ist nun die Überhitzung im Leitstrang 3 ein brauchbares Maß für die Restnässe am Verdampferende; die entsprechende Temperatur kann damit als Regelsignal neben Dampf- und Speisewasserstrom dienen.

Das zugehörige Blockschema zeigt Abb. 10.13. Das Übertragungsverhalten des Leitstranges ist hierin durch die Blöcke 2 (Vorwärmteil), 6, 7, 8, 9 (Verdampferteil) und 10, 11 (Überhitzerteil) dargestellt, das der übrigen Rohre des Heizflächensystems bis zum Abscheider durch die Blöcke 1 (Vorwärmung), 3, 4, 5 (Verdampfung). Block 5 entspricht nur ein fester Faktor K, mit dem das Ausgangssignal aus einem Verdampferrohr entsprechend der Anzahl paralleler Stränge zu multiplizieren ist. — Diese Darstellung bringt zum Ausdruck, daß für das Temperatursignal nur die Vorgänge im Leitstrang maßgebend sind, für das Dampfstromsignal jedoch neben dem Störanteil die Dampfstromänderungen in der gesamten Verdampferheizfläche ($\Delta M_{Dz} + \Delta M_{D1} + \Delta M_{D2}$) erfaßt werden. Die Vorgänge in den Verdampfersträngen entsprechen mit Ausnahme des Leitstranges den bei der Regelschaltung gemäß Abb. 10.10 beschriebenen. Beim Leitstrang sind die Verhältnisse insofern anders, als hier die Verdampfung zu Ende geführt wird, wobei

bei Regelschwankungen der Verdampfungsendpunkt *wandert* (Verschiebung ΔL^*). Gleichzeitig treten natürlich auch hier Dampfstromänderungen (ΔM_{D2}) auf. Beide Einflüsse rufen gemeinsam die als Regelsignal benützte Temperaturänderung $\Delta \vartheta$ hervor.

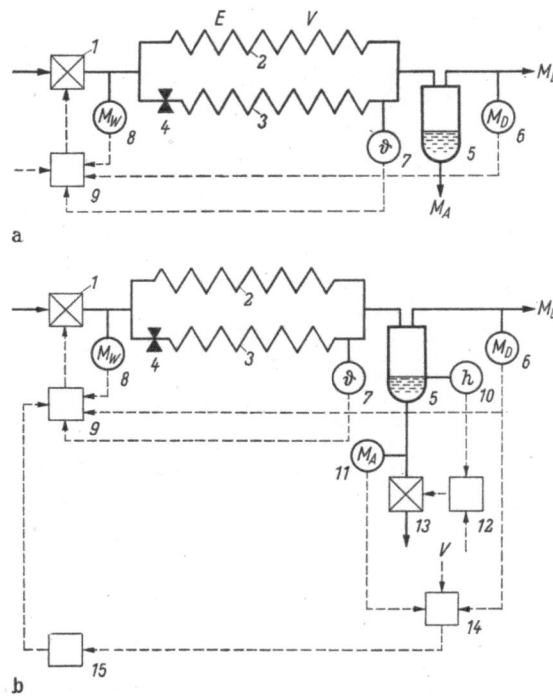

Abb. 10.12 a u. b Weitere Beispiele der Regelung des Arbeitsmittelinhaltes in einem Zwangsdurchlaufkessel mit Restwasserabscheider
a) Schaltung ohne automatische Regelung der Nässe; b) Schaltung mit automatischer Regelung der Nässe

1 Stellorgan (Hauptregelung); *2* Vorwärmer-Verdampfer-Heizfläche; *3* Leitstrang; *4* Drosseleinrichtung; *5* Wasserabscheider; *6* Meßorgan für Dampfstrom; *7* Meßorgan für Temperatur im Leitstrang; *8* Meßorgan für Speisewasserstrom; *9* Hauptregler; *10* Meßorgan für Wasserstand im Abscheider; *11* Meßorgan für Abschlämmwasserstrom; *12* Regler der Wasserstandsregelung im Abscheider; *13* Stellorgan der Wasserstandsregelung; *14* Verhältnisgeber Dampfstrom/Abschlämmwasserstrom; *15* Dampfnässeregler

Da bei Laständerungen sowie anderen eine Verschiebung der Wärmeaufnahmeverteilung herbeiführenden Betriebsvorgängen (Verschmutzung, Brennstoffwechsel usw.) bei einer Regelung gemäß Schema Abb. 10.12a bleibende Änderungen in der Nässe des in den Abscheider einströmenden Dampfes auftreten können, wird diese Schaltung mitunter in der in Abb. 10.12b dargestellten Weise ergänzt. Hierbei wird die im Abscheider ausgeschiedene zeitliche Wassermenge mit dem Dampf- oder Speisewasserstrom verglichen und bei Abweichungen vom gewünschten Verhältnis (Nässe) über einen langsam arbeitenden Regler *15*

10.2 Regelung des Arbeitsmittelinhaltes mit anderen Regelgrößen 235

der Temperatur-Sollwert am Speiseregler 9 entsprechend verstellt. Damit ist eine Regelung auf konstante bzw. in gewünschter Weise lastabhängige Dampfnässe vor Abscheider erzielbar.

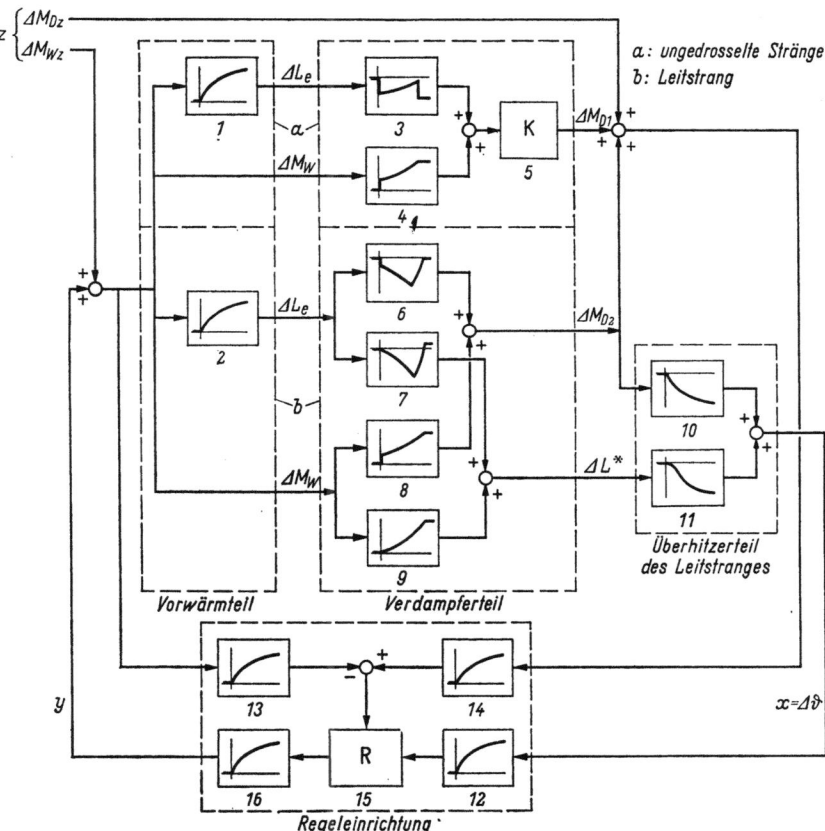

Abb. 10.13 Blockschema einer Regelung des Arbeitsmittelinhaltes eines Zwangsdurchlaufkessels gemäß Schaltung 10.12a

1, 2 Übertragungsverhalten des Vorwärmteils (Verschiebung des Verdampfungsanfangspunktes abhängig von Änderungen des Wasserzustromes); *3, 4, 6, 7, 8, 9* Übertragungsverhalten des Verdampferteils: *3, 6* Beeinflussung des Dampfstromes durch Verschiebung des Verdampfungsanfangspunktes; *4, 8* Beeinflussung des Dampfstromes durch Speisewasserstromänderung; *7* Beeinflussung des Verdampfungsendpunktes durch Verschiebung des Verdampfungsanfangspunktes; *9* Beeinflussung des Verdampfungsendpunktes durch Speisewasserstromänderung; *10, 11* Übertragungsverhalten des Überhitzerteils des Leitstranges: *10* Änderung der Überhitzungstemperatur als Folge von Dampfstromänderungen; *11* Änderung der Überhitzungstemperatur als Folge von Verschiebungen des Verdampfungsendpunktes; *12* Meßorgan für Dampftemperatur im Leitstrang; *13* Meßorgan für Speisewasserstrom; *14* Meßorgan für Dampfstrom nach Abscheider; *15* Regler; *16* Stellgetriebe

10.2.2 Andere Regelgrößen

Es wurde bereits darauf hingewiesen, daß auch andere Zustandsgrößen als die Dampfnässe als Maß für den Arbeitsmittelinhalt benützt werden können. Eine brauchbare derartige Größe ist die *Dampftemperatur*

236 10. Regelung des Arbeitsmittelinhaltes von Kesseln

im Überhitzungsgebiet. Eine entsprechende Regelschaltung zeigt Abbildung 10.14 für einen Zwangsdurchlaufkessel ohne Restwasserabscheider. Natürlich ist auch hier eine Temperaturmessung an einzelnen Strängen möglich, ähnlich der bei Abb. 10.12a beschriebenen Art, wobei auf besondere Drosselung dieser Stränge hier verzichtet werden kann. In etwas abgewandelter Ausführung ist diese Lösung auch bei überkritischem Dampfdruck anwendbar.

Das Stellverhalten der Regelstrecke ist hier — wie übrigens auch bei der beschriebenen Nässeregelung mit Leitstrang — maßgeblich durch

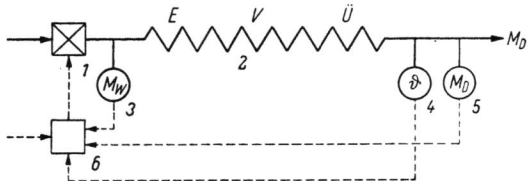

Abb. 10.14 Beispiel der Regelung des Arbeitsmittelinhaltes eines Zwangsdurchlaufkessels, ohne Restwasserabscheider
1 Stellorgan; *2* Heizflächensystem; *3* Meßorgan für Speisewasserstrom; *4* Meßorgan für Dampftemperatur; *5* Meßorgan für Dampfstrom; *6* Regler

das Übertragungsverhalten des Überhitzerteiles $Ü$ (Abb. 10.14) mitbeeinflußt. Im Prinzip ist es möglich, die Temperaturmeßstelle *4* an das Kesselende zu verlegen, wodurch die Regelung der Frischdampftemperatur zugleich mit derjenigen des Wasserinhaltes erfolgt. Das

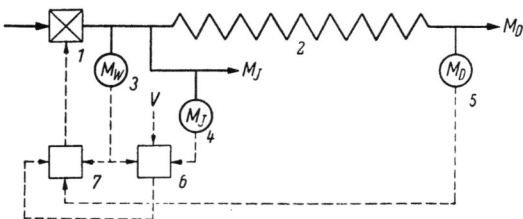

Abb. 10.15 Weiteres Beispiel der Regelung des Arbeitsmittelinhaltes eines Zwangsdurchlaufkessels, ohne Restwasserabscheider
1 Stellorgan; *2* Heizflächensystem; *3* Meßorgan für Speisewasserstrom; *4* Meßorgan für Einspritzwasserstrom; *5* Meßorgan für Dampfstrom; *6* Verhältnisgeber; *7* Regler

Stellverhalten fällt jedoch damit sehr träge aus, und größere Temperaturschwankungen im Innern des Heizflächensystems sind im Betrieb kaum zu vermeiden. Deshalb wird meist die Meßstelle *4* nahe an das Verdampferende geschoben.

Eine andere Möglichkeit, den Zustandsverlauf des Arbeitsmittels im Heizflächensystem zu erfassen, besteht im *Vergleich des Speisewasserstromes* (oder Dampfstromes) mit dem für die Temperaturregelung benötigten *Einspritzwasserstrom* M_J. Die entsprechende Regelschaltung zeigt Abb. 10.15. Hierbei werden die Signale des Speisewasserstromes M_W

und des Einspritzwasserstromes M_J auf den Verhältnisgeber 6 geleitet, dessen Ausgangssignal als Regelgröße auf den Regler 7 übertragen wird. Auf diesen Regler gehen zugleich als Rückführ- bzw. Störgröße die Signale des Speisewasser- und des Dampfstromes.

Anstelle der Messung des Einspritzwasserstromes kann wiederum eine Hilfsgröße treten, z. B. die Temperaturdifferenz im Hauptdampfstrom vor und nach Einspritzstelle.

Das Blockschema als Grundlage für eine rechnerische Erfassung solcher Regelungen läßt sich insbesondere auf Grund der in Abschn. 7.2 und 7.3 gegebenen Unterlagen für jeden Fall aufbauen. Dabei ist etwa im letztgenannten Beispiel zu beachten, daß das Übertragungsverhalten der Frischdampftemperatur-Regelung als Ganzes (Führungsverhalten) in das Regelsignal für die Speiseregelung eingeht.

Literatur zu Kapitel 10

[1] PROFOS, P.: Die Regelung des Sulzer-Einrohr-Dampferzeugers. Mitt. Ver. Großkesselbes. (1956) H. 43, S. 258—273.
[2] FRENSCH, J.: Über das dynamische Verhalten von Bensonkesseln bei Lastschwankungen. BWK 9 (1957) Nr. 11, S. 517—523.
[3] SAMAL, E.: Grundsätzliches zur Regelung von Dampferzeugern. AEG-Mitt. 47 (1957) Nr. 9/10, S. 41—57.
[4] SAMAL, E.: Die AEG-Kesselregelung. AEG-Mitt. 47 (1957) Nr. 9/10, S. 57—69.
[5] SCHINK, H.: Über die elektropneumatische Regelung von Dampferzeugern. BWK 9 (1957) Nr. 11, S. 523—527.
[6] HENGSTEBECK, J., u. H. KALLIEN: Regelung eines Bensonkessels mit überkritischem Dampfzustand. Schoppe & Faeser: Techn. Mitt. (1958) Nr. 3, S. 101 bis 111.
[7] DIETHELM, M.: Die Regelung von Sulzer-Einrohrdampferzeugern mit Zwischenüberhitzung. BWK 11 (1959) Nr. 1, S. 3—7
[8] FISCHER, A.: Der heutige Stand der Bensonkessel-Regelung. Siemens-Z. 33 (1959) Nr. 3, S. 109—115.
[9] VDI/VDE-Fachgruppe Regelungstechnik: Die VDI-VDE-Richtlinien Dampferzeuger-Regelung. BWK 12 (1960) Nr. 10, S. 425—442.
[10] DIETHELM, M.: Die Regelung von Sulzer-Einrohrdampferzeugern mit überkritischem Dampfdruck. BWK 12 (1960) Nr. 10, S. 442—446.
[11] FRIEDEWALD, W., P. MÖRK u. H. ZWETZ: Einsatz von Dampfkraftwerken im Netzbetrieb als regelungstechnische Aufgabe. ETZ-A 81 (1960) Nr. 6, S. 185—193.

11. Regelung der Arbeitsmitteltemperatur

Die Beherrschung der Arbeitsmitteltemperaturen, und damit auch der Temperaturen der Werkstoffe, stellt in der Dampfanlage eine der wichtigsten Regelaufgaben dar. Fast immer sind die Auswirkungen ungenügend kontrollierter Temperaturen schwerwiegender Art, indem sie fühlbare Verschlechterung des Anlagewirkungsgrades oder Einbuße an Qualität des Produktes — z. B. bei Kochprozessen — vor allem aber

Herabsetzung der Lebensdauer von Anlagekomponenten und Reduktion der Betriebssicherheit allgemein bedeuten. In der Regel sind dabei sowohl Temperaturabweichungen nach unten wie nach oben unerwünscht, d. h. es ist anzustreben, die Temperatur dauernd möglichst nahe am vorgeschriebenen Wert zu halten. So sind etwa im Kraftwerksbetrieb Temperaturunterschreitungen unerwünscht wegen der damit verbundenen Einbuße am thermischen Wirkungsgrad, Überschreitungen jedoch mit Rücksicht auf die Festigkeit der Werkstoffe von Überhitzerheizflächen, Rohrleitungen und Turbine. — Oft kommt, gerade im Kraftwerksbetrieb, noch die Forderung hinzu, auch die Änderungsgeschwindigkeit der Temperatur zu limitieren, dies im Hinblick auf Wärmespannungen und ungleiche Wärmedehnungen.

11.1 Mittel zur Beeinflussung der Temperatur

Bei den in Dampfanlagen vorkommenden Temperaturregelungen handelt es sich praktisch immer um die Aufgabe, die Temperatur eines Flüssigkeits-, Dampf- oder Gasstromes zu regeln. Die Ausführungsformen solcher Regelungen sind dabei außerordentlich vielgestaltig, wobei sie sich vor allem nach der Art der Beeinflussung der Temperatur unterscheiden.

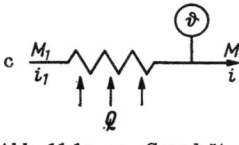

Abb. 11.1 a—c Grundsätzliche Möglichkeiten der Temperaturbeeinflussung
a) geregelte Beimischung eines Teilstromes; b) geregelte Kühlung; c) geregelte Beheizung

Anhand von Abb. 11.1 läßt sich ein Überblick über die grundsätzlichen Möglichkeiten der *Temperaturbeeinflussung* gewinnen. In Schema 11.1a ist zunächst das Mittel der *Beimischung* eines kälteren oder wärmeren Stromes M_J zum Hauptstrom M angedeutet. Im allgemeinen wird dabei der gleiche Stoff beigemischt wie im Hauptstrom, doch kann ein anderer Aggregatzustand vorliegen. Das Mittel der Beimischung kann sowohl bei beheizten als auch bei unbeheizten Systemen angewendet werden. — In Schema 11.1b ist das Verfahren skizziert, den Arbeitsmittelstrom zum Zweck der Temperaturregelung zu *kühlen*. Grundsätzlich besteht hier die Möglichkeit, dabei entweder in den Arbeitsmittelstrom M oder den Wärmestrom Q (Kühlung) einzugreifen. Auch dieses Verfahren ist im Prinzip sowohl auf beheizte wie unbeheizte Systeme anwendbar. — Schema 11.1c schließlich entspricht dem Fall, wo zum Zweck der Temperaturregelung auf die spezifische *Wärmeaufnahme* des Arbeitsmittels eingewirkt wird. Wiederum ist hierbei entweder ein Eingriff in den Arbeitsmittelstrom M oder in den Wärmestrom Q (Beheizung) möglich.

11.1 Mittel zur Beeinflussung der Temperatur

Alle diese Mittel der Temperaturbeeinflussung werden, in zahlreichen Abwandlungen, in Dampfanlagen angewendet. Nicht selten werden zwei oder drei kombiniert. Durch ihre Wahl werden sowohl die Bauelemente wie auch die Eigenschaften der jeweiligen Regelung stark mitbestimmt. Es soll daher vor der Behandlung der Regelschaltungen und ihrer Dynamik auf diese Mittel noch etwas näher eingegangen werden.

11.1.1 Beimischung

Wie bereits angedeutet, kann das Mittel der Beimischung in verschiedenen Formen zur Anwendung kommen. Abb. 11.2 zeigt die für Dampfanlagen wichtigsten. In den Fällen a, b und c werden jeweils *zwei Ströme gleichen Aggregatzustandes vermischt*:

Fall a) (Wasser–Wasser) liegt sehr häufig in Heiz- und Brauchwasseranlagen vor,

Fall c) bei Feuerungsanlagen, insbesondere Mühlenfeuerungen,

Fall b) (Dampf–Dampf) ist verhältnismäßig selten.

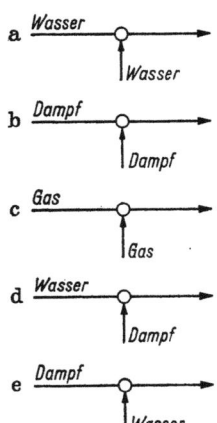

In allen diesen Fällen stellt sich die Aufgabe eines schnellen und guten *Durchmischens* der beiden Ströme, da der Temperaturausgleich speziell bei flüssiger Phase weitgehend an die Stoffvermischung gebunden ist. Unter Berücksichtigung dieses Mischvorganges ist ferner auch der *Ort* der Temperaturmessung zu wählen, der außerhalb der inhomogenen und meist auch instationären Mischzone liegen soll. Unruhe des Temperatursignals und Meßfehler sind sonst die Folge des Nichtbeachtens dieser Regel.

Abb. 11.2 a—e In Dampfanlagen vorkommende Arten der Temperaturbeeinflussung durch Beimischen

Verglichen mit dem Verhalten der übrigen Teile der Regelstrecke verlaufen diese Mischvorgänge meist schnell, so daß sie für die Dynamik des Regelvorganges nicht berücksichtigt zu werden brauchen. Dagegen ist natürlich der statische Zusammenhang zwischen dem Regeleingriff auf die Beimischung und der dadurch hervorgerufenen Temperaturänderung wichtig. Der entsprechende statische Übertragungsfaktor berechnet sich aus den Bilanzgleichungen für Stoff und Energie wie folgt:

Für die Stoffbilanz gilt, da Speicherwirkungen innerhalb der Mischzone vernachlässigt werden können,

$$M_1 + M_J = M. \tag{11.1}$$

Für die Energiebilanz gilt unter der Voraussetzung, daß in der Mischzone keine größeren Druck- bzw. Geschwindigkeitsänderungen auf-

240   11. Regelung der Arbeitsmitteltemperatur

treten, die Beziehung[1]
$$M_1 i_1 + M_J i_J = M i. \tag{11.2}$$

Darin bedeuten

M, M_1, M_J Arbeitsmittelstrom,
i, i_1, i_J Enthalpie des Arbeitsmittels.

Die Bedeutung der Indizes geht aus Abb. 11.1a hervor.
Aus diesen Gleichungen findet man unmittelbar:

$$i = \frac{M_J}{M} i_J + \frac{M_1}{M} i_1 = \alpha i_J + (1-\alpha) i_1, \tag{11.3}$$

wenn
$$\alpha = \frac{M_J}{M}.$$

Schreibt man Gl. (11.3) in der Form

$$\frac{i}{i_1} = \alpha \frac{i_J}{i_1} + (1-\alpha), \tag{11.4}$$

so läßt sich dieser Zusammenhang in einem Diagramm nach Abb. 11.3 darstellen, aus dem für gegebenes Enthalpieverhältnis i_J/i_1 und Mischungsverhältnis α die Enthalpie i des Arbeitsmittels am Meßort leicht ermittelt werden kann.

Beim Regeleingriff wird α verstellt. Die dadurch hervorgerufene Änderung von i findet sich durch Differentiation von Gl. (11.3)

$$\frac{\partial i}{\partial \alpha} = i_J - i_1,$$

woraus[2]
$$\Delta i \approx -\Delta \alpha (i_1 - i_J). \tag{11.5}$$

Daraus läßt sich schließlich die gesuchte Temperaturänderung finden

$$\Delta \vartheta = -\Delta \alpha \frac{i_1 - i_J}{c_p}, \tag{11.6}$$

c_p spez. Wärme des Abstromes M.

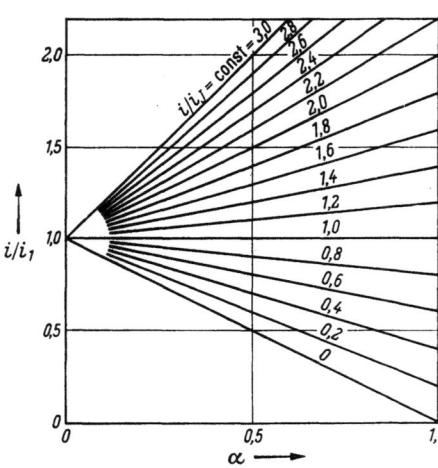

Abb. 11.3 Diagramm zur Bestimmung der Enthalpie i des Gemisches aus dem Mischungsverhältnis α und den Enthalpien der Teilströme

Durch den Regeleingriff wird in jedem Fall das Verhältnis α verändert. Dabei kann eine der drei beteiligten Durchflußmengen konstant bleiben. Von praktischer Bedeutung sind die Fälle M = const und

---

[1] Bei Reduzierstationen ist oft eine genauere Rechnungsweise angezeigt. Es sei dafür auf die Lehrbücher der Thermodynamik verwiesen.

[2] Das negative Vorzeichen wurde gewählt, weil meist der Fall $i_J < i_1$ (Kühlung) vorliegt.

11.1 Mittel zur Beeinflussung der Temperatur

M_1 = const. Der erstere Fall liegt etwa dort vor, wo der Abstrom M durch den ihn aufnehmenden Verbraucher festgelegt wird, der zweite, wo die Dampfanlieferung M_1 z. B. durch eine Reduzierstation mit überkritischem Gefälle, also unbeeinflußt durch den Gegendruck, erfolgt.

Im ersteren Fall (unveränderlicher Gesamtstrom) gilt also

$$M = k = \overline{M}; \quad \alpha = \frac{M_J}{\overline{M}}, \quad \Delta\alpha = \frac{\Delta M_J}{\overline{M}}.$$

Damit wird nach Gl. (11.6)

$$\Delta\vartheta = -\Delta M_J \frac{i_1 - i_J}{c_p \overline{M}}. \tag{11.7}$$

Im zweiten Fall (unveränderlicher Zustrom M_1) ist $M_1 = \overline{M}_1$ und für Beharrung

$$\alpha = \frac{\overline{M}_J}{\overline{M}_J + \overline{M}_1} = \frac{\overline{M}_J}{\overline{M}}.$$

Bei einer Änderung der Beimischmenge sei $M_J = \overline{M}_J + \Delta M_J$, womit

$$\alpha = \frac{\overline{M}_J + \Delta M_J}{\overline{M}_J + \Delta M_J + \overline{M}_1} = \frac{\overline{M}_J + \Delta M_J}{\overline{M} + \Delta M_J}.$$

Erweitert man mit $\overline{M} - \Delta M_J$ und vernachlässigt nach dem Ausmultiplizieren die Terme ΔM_J^2, so folgt:

$$\alpha \approx \frac{\overline{M}_J}{\overline{M}} + \frac{\Delta M_J}{\overline{M}}\left(1 - \frac{\overline{M}_J}{\overline{M}}\right) = \frac{\overline{M}_J}{\overline{M}} + \frac{\Delta M_J}{\overline{M}}(1 - \alpha).$$

Die Änderung des Mischungsverhältnisses $\Delta\alpha$ findet sich nun zu

$$\Delta\alpha = \alpha - \overline{\alpha} = +\frac{\Delta M_J}{\overline{M}}(1 - \overline{\alpha}),$$

was, in Gl. (11.6) eingesetzt, ergibt

$$\Delta\vartheta = -\Delta M_J(1 - \overline{\alpha})\frac{i_1 - i_J}{c_p \overline{M}}. \tag{11.8}$$

Der statische Übertragungsfaktor $K = \frac{\Delta\vartheta}{\Delta M_J}$ unterscheidet sich demnach in den beiden untersuchten Grenzfällen um den Faktor $(1 - \overline{\alpha})$. Viele praktische Fälle liegen irgendwo im Zwischengebiet. Wenn nichts Genaueres über die Rückwirkung auf den Hauptstrom bekannt ist, wird dann zweckmäßigerweise mit der Beziehung gerechnet

$$\Delta\vartheta \approx -\Delta M_J\left(1 - \frac{\overline{\alpha}}{2}\right)\frac{i_1 - i_J}{c_p \overline{M}}. \tag{11.9}$$

In den Fällen d und e (Abb. 11.2) weisen die beiden zu vermischenden *Komponenten verschiedenen Aggregatzustand* auf. Fall d ist etwa bei

Rieselvorwärmern und Brauchwasser-Mischvorwärmern verwirklicht, Fall e bei der wichtigen Einspritzkühlung. In beiden Fällen ist der Temperaturausgleich an *Wärmeübertragungsvorgänge* gebunden, wobei im Fall d der zugesetzte Dampf kondensieren soll, bei e soll das eingespritzte Wasser verdampfen.

Der statische Übertragungsfaktor, d. h., das Verhältnis der Temperaturänderung $\Delta\vartheta$ im Abstrom M zu der sie hervorrufenden Änderung ΔM_J des Beimischungsstromes ermittelt sich in ähnlicher Art, wie soeben erläutert. Auch hier gelten die Gln. (11.1) und (11.2) und damit auch

$$i = \frac{M_J}{M} i_J + \frac{M_1}{M} i_1 = \alpha i_J + (1-\alpha) i_1, \quad \left(\alpha = \frac{M_J}{M}\right). \tag{11.3}$$

Im Falle des *Mischvorwärmers* (Fall d) ist $i_J > i$, womit für die Temperaturänderung entsprechend Gl. (11.6) gilt

$$\Delta\vartheta \approx \Delta\alpha \frac{i_J - i_1}{c_p}, \tag{11.10}$$

d. h. es liegt ein *positiver* Übertragungsfaktor vor (Aufheizung). Andererseits wird im Falle der *Einspritzkühlung* (Fall e) zweckmäßiger Gl. (11.6) benützt, da hier der Übertragungsfaktor *negativ* ist.

Im übrigen ist auch hier wieder zu beachten, welche Durchflußmengen sich beim Regeleingriff ändern und welche nicht, d. h. welche Werte für $\Delta\alpha$ in den Gln. (11.6) bzw. (11.10) einzusetzen sind. Es gelten hierbei in sinngemäßer Anpassung die bereits zu den Fällen a, b, c angestellten Überlegungen. So ist etwa für *Einspritzkühlung bei festem Dampfzustrom*

$$\Delta\vartheta = -\Delta M_J (1-\overline{\alpha}) \frac{i_1 - i_J}{c_p \overline{M}}, \tag{11.8}$$

bei festem Dampfabstrom

$$\Delta\vartheta = -\Delta M_J \frac{i_1 - i_J}{c_p \overline{M}}. \tag{11.7}$$

Beim Gebrauch dieser Formeln ist zu beachten, daß insbesondere im Bereich schwacher Überhitzung und höheren Druckes c_p stark temperaturabhängig ist (vgl. Abb. 11.4). Dadurch ist der Übertragungsfaktor $K = \frac{\Delta\vartheta}{\Delta M_J}$ nicht mehr konstant. Ferner sind natürlich die Gln. (11.7) und (11.8) nur brauchbar, solange die Mischtemperatur ϑ die Sättigungstemperatur ϑ'' nicht erreicht, da darüber hinaus eine weitere Erhöhung des Einspritzwasserstromes keine Temperaturabsenkung mehr bewirkt (vgl. Abb. 11.5).

Unsere Kenntnisse über das physikalische Geschehen bei diesen Vorgängen der *Mischkondensation* bzw. *Mischverdampfung* sind im

11.1 Mittel zur Beeinflussung der Temperatur

übrigen noch zu lückenhaft, um daraus Schlüsse auf den *zeitlichen Ablauf* ziehen zu können. Immerhin mögen die folgenden Überlegungen allgemeinerer Art oft nützlich sein.

Da ein Wärmeaustausch stattfinden muß, ist eine möglichst große *Austauschfläche* anzustreben, d.h., das Wasser ist in Form möglichst feiner Tropfen mit dem Dampf in Berührung zu bringen bzw. beim Einblasen von Dampf unter Wasser soll dieser in kleine Blasen aufgelöst werden (letzteres auch zum Verhüten von Geräuschen und Wasserschlägen). Bei der *Aufwärmung von Tröpfchen* in Dampf ist ferner von Bedeutung, daß der Aufwärmevorgang maßgeblich

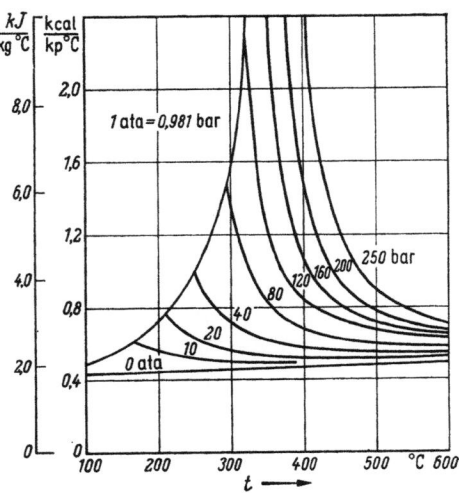

Abb. 11.4 Abhängigkeit der spez. Wärme c_p von Wasserdampf von der Temperatur (nach SCHMIDT [17])

durch die Wärmeübertragung ins Innere des Tropfens hinein mitbestimmt wird [3]. Unter der Annahme vernachlässigbaren Wärmewiderstandes an der Tropfenoberfläche (Wärmeübergangszahl ∞) und des ausschließlichen Wärmetransportes im Tropfeninnern durch Leitung läßt sich der zeitliche Verlauf der Aufwärmung (mittlere Temperatur) abhängig vom Tropfendurchmesser berechnen. Diagramm Abb. 11.6 zeigt, daß erwartungsgemäß auch in dieser Hinsicht feine Aufteilung vorteilhaft ist. Das Diagramm gibt zugleich Anhaltspunkte über die Größenordnung der für den *Aufwärmeprozeß notwendigen Zeit*. Diese Zeiten sind zwar so kurz, daß sie meist für die Dynamik des Regelvorganges keine Rolle spielen. Dagegen sind sie für die *Wahl des Meßortes* von Bedeutung, wobei im übrigen ähnliche Überlegungen wie für die Fälle a bis c gelten.

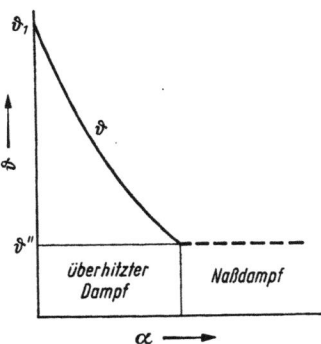

Abb. 11.5 Beispiel der Abhängigkeit der Mischungstemperatur ϑ vom Mischungsverhältnis α bei Wassereinspritzung in Dampf ($p = 100$ bar, $\vartheta_1 = 400°C$, Wassertemperatur $= 200°C$)

Im Falle der *Mischverdampfung* (Einspritzkühlung, Fall e, Abb. 11.2) folgt auf die erste Phase des Aufwärmens der Tröpfchen auf Sattdampf-

244   11. Regelung der Arbeitsmitteltemperatur

temperatur deren *Verdampfung*, wobei dieser letztere Vorgang durch die Wirkung der Oberflächenspannung nach dem THOMSONschen Gesetz unterstützt wird, und zwar um so kräftiger, je kleiner die Tröpfchen

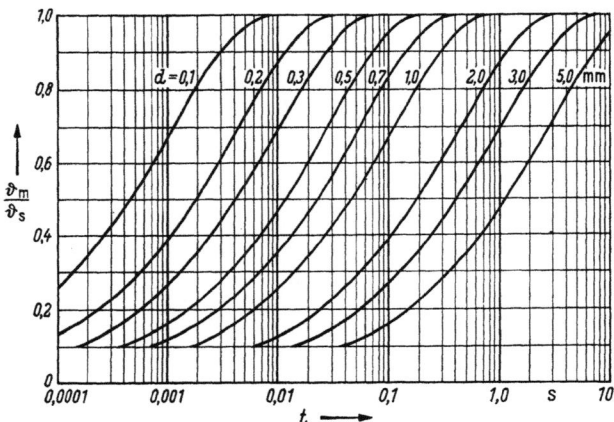

Abb. 11.6
Zeitlicher Verlauf der Aufwärmung vom Wassertröpfchen in Dampf, berechnet nach BROWN [3]

sind. Über den zeitlichen Verlauf dieses Verdampfungsvorganges und speziell über den Einfluß von Tropfengröße und Dampfzustand darauf ist noch wenig bekannt [2, 11]. Auf jeden Fall ist aber auch hier *feine Zerstäubung* des Einspritzwassers anzustreben. Günstige Voraussetzungen dazu bestehen, wenn zugleich mit der Einspritzkühlung eine Druckabsenkung im Hauptdampfstrom durchzuführen ist, wie dies bei Reduzierstationen oft vorkommt. Dann kann die bei der Entspannung entstehende hohe Geschwindigkeit zur Zerstäubung und Durchmischung vorteilhaft ausgenützt werden, indem die Einspritzung im Drosselquerschnitt oder unmittelbar anschließend vorgenommen wird [11].

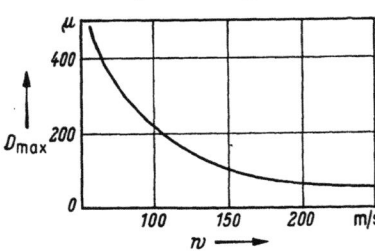

Abb. 11.7
Zerstäuben von Wasser in Dampf — Abhängigkeit des größten Tropfendurchmessers D_{max} von der Relativgeschwindigkeit w zwischen Dampf und Wasser
(nach TROESCH [5])

Nach Untersuchungen von TROESCH [5] ist nämlich die maximale Größe der Tropfen, die beim Einspritzen von Wasser in einen Dampfstrom entstehen, entsprechend einem in Abb. 11.7 angedeuteten Zusammenhang von der Dampfgeschwindigkeit w abhängig, womit sich unter den erwähnten Bedingungen sehr günstige Zerstäubungsverhältnisse ergeben. Von diesem Sachverhalt machen auch Einspritzvorrichtungen Gebrauch, bei denen der Dampf-

11.1 Mittel zur Beeinflussung der Temperatur   245

stromquerschnitt an der Einspritzstelle ejektorartig eingezogen und anschließend wieder ausgeweitet wird.

Feine Zerstäubung kann andererseits auch durch Dralldüsen erzielt werden; nur besteht hier der Nachteil, daß die Tropfengröße mit abnehmendem Wasserdurchsatz zunimmt. Gestaffeltes Beaufschlagen mehrerer Einspritzdüsen kann diese Schwierigkeit zwar weitgehend beseitigen, doch führt dies zu komplizierten Einspritzventilkonstruktionen, so daß diese Lösung selten angewendet wird. — Um ein Benetzen der heißen Rohrwandung durch größere Tropfen zu verhindern, wird meist ein Futterrohr eingelegt, von dem ein allfällig sich bildender Wasserfilm abdampft.

Eine große Berührungsfläche zwischen dem Dampf und dem eingespritzten Wasser kann auch mit Hilfe von Füllkörpern oder einem andern, große Oberfläche aufweisenden Kontaktmaterial erzielt werden. Ein solcher Füllkörpereinsatz wird dabei der Einspritzstelle unmittelbar nachgeschaltet.

Das Anwenden der Beimischung als Mittel zur Temperaturregelung ist im allgemeinen an die Bedingung gebunden, daß dadurch der Arbeits-

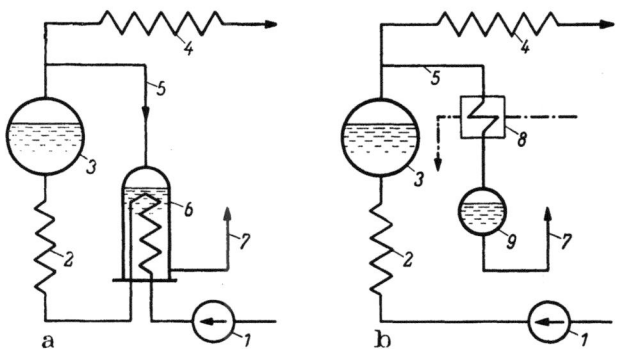

Abb. 11.8a u. b Beispiele von Schaltungen zur Gewinnung von Kondensat für die Einspritzung a) Übertragen der Kondensationswärme ans Speisewasser; b) Übertragen der Kondensationswärme an die Verbrennungsluft

1 Speisepumpe; *2* Ekonomiser; *3* Trommel; *4* Überhitzer; *5* Dampfentnahmeleitung; *6* durch Speisewasser gekühlter Kondensator; *7* Kondensatleitung; *8* durch Luft gekühlter Kondensator; *9* Kondensatgefäß

mittelstrom *nicht verunreinigt* wird. Für die Fälle a bis d entsprechend Abb. 11.2 bereitet diese Bedingung selten Schwierigkeiten. Dagegen sind für die Einspritzkühlung nach Fall e diese Voraussetzungen nicht immer ohne weiteres gegeben, insbesondere nicht bei Niederdruck- und Mitteldruckanlagen, wo im allgemeinen nur enthärtetes, aber nicht entsalztes Speisewasser verwendet wird und oft kein Rücklaufkondensat anfällt. Hier besteht einmal die Möglichkeit, das Einspritzwasser z. B. in einer kleinen *Totalentsalzungsanlage* gesondert aufzubereiten. Daneben

246   11. Regelung der Arbeitsmitteltemperatur

sind verschiedene Verfahren bekannt, Kondensat speziell für die Einspritzung zu gewinnen (vgl. Abb. 11.8), wobei die Kondensationswärme für die Wasser- oder die Luftvorwärmung wieder nutzbar gemacht wird [4, 6].

11.1.2 Oberflächenkühlung

Besonders in Fällen, wo das Speisewasser für eine Einspritzdampfkühlung nicht verwendbar ist, kommt neben den eben angegebenen Verfahren auch die Anwendung eines *Oberflächenkühlers* in Frage. Die dem

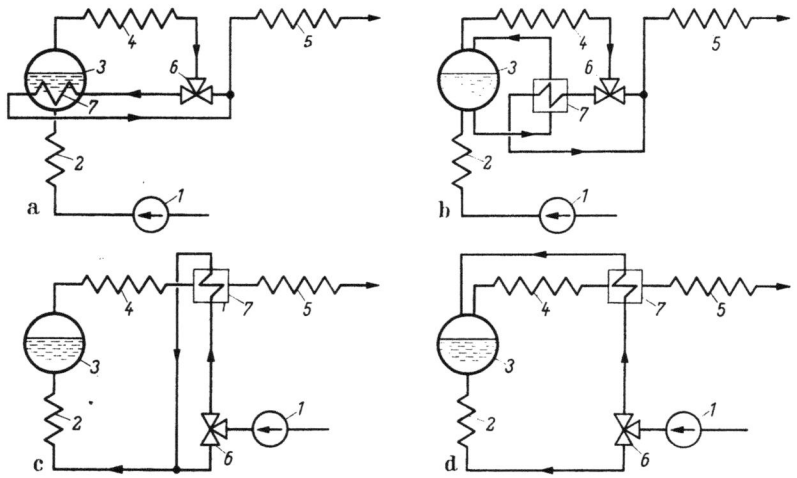

Abb. 11.9a—d
Beispiele von Schaltungen zur Dampfkühlung mit Oberflächenkühler bei Trommelkesseln
a) und b) Übertragung der Wärme an den Verdampfer; c) und d) Übertragung der Wärme an das Speisewasser
1 Speisepumpe; *2* Ekonomiser; *3* Trommel; *4, 5* Überhitzer; *6* Zweiweg-Regelventil; *7* Kühler

Arbeitsmittelstrom entzogene Wärme kann hierbei wiederum dem Wasser- oder Luftvorwärmer oder auch dem Verdampfer zugeführt werden. Insbesondere im Zusammenhang mit Trommelkesseln sind hierfür zahlreiche Schaltungen entwickelt worden, von denen einige typische in Abb. 11.9 zusammengestellt sind. Bei den Schaltungen nach a und b wird die durch den Kühler 7 entzogene Wärme auf das Verdampfersystem unmittelbar in der Trommel oder durch einen Hilfskreislauf übertragen. Bei den unter c und d gezeigten Varianten dient diese Wärme der Wasservorwärmung.

Im Gegensatz zu den im vorangehenden Abschnitt behandelten Verfahren sind bei Oberflächenkühlung die dynamischen Vorgänge in den Elementen zur Temperaturbeeinflussung — insbesondere im Wärmeaustauscher — *keineswegs vernachlässigbar*. Es sind dabei sinngemäß die in Abschn. 7.3 behandelten Überlegungen anzuwenden. Soweit nur die statischen Effekte in Frage stehen, genügen natürlich die üblichen wärmetechnischen Rechenverfahren, auf die hier nicht weiter einzugehen ist.

11.1.3 Beeinflussung der Wärmeaufnahme

Von der bei beheizten Systemen gegebenen Möglichkeit, die spezifische Wärmeaufnahme und damit die Temperatur des Arbeitsmittelstromes zu beeinflussen, wird heute auf viele Arten Gebrauch gemacht. Wie bereits angedeutet, kann hierzu grundsätzlich entweder der Arbeitsmittelstrom beeinflußt oder auf die Beheizung eingewirkt werden. Für die Regelung von dampf- oder wasserbeheizten Wärmeaustauschern kommen beide Lösungen in Frage. Dagegen wird für Überhitzer praktisch nur vom Regeleingriff auf die Beheizung Gebrauch gemacht.

Da der Überhitzerregelung ganz besondere Bedeutung zukommt, werden nachfolgend die damit in Zusammenhang stehenden Verfahren zur Beeinflussung der Beheizung etwas näher besprochen. Zunächst sei der Fall des Strahlungsüberhitzers betrachtet.

Hier wird der Wärmeeinfall einmal von der Brennstoffzufuhr, ferner von der der Brennkammer zuströmenden Gasmenge und schließlich vom örtlichen Ablauf der Verbrennung, d. h. grob ausgedrückt von der Flammenlage im Brennraum, bestimmt. Als Mittel zur Temperaturregelung scheidet die Beeinflussung des Brennstoffstromes im allgemeinen aus, da dadurch meist zugleich auch die Kesselleistung in erheblichem Ausmaß verändert würde. Ein Regeleingriff auf den Luftüberschuß im Sinne des Einwirkens auf den Gasstrom ist wegen der Auswirkungen auf den Kesselwirkungsgrad meist auch nicht anwendbar. Somit kommen praktisch nur die Anwendung regelbarer Rauchgasrückführung sowie die verschiedenen Möglichkeiten zur Beeinflussung der Flammenlage in Frage.

Die Art der *Rauchgasrückführung* ist unter Berücksichtigung der Kesselbauart und besonders auch der Feuerung zu wählen. Es sind insbesondere zwei Verfahren in Anwendung: einerseits das Einblasen von Rauchgas mit kleiner Geschwindigkeit *unterhalb der Brenner*, und andererseits das Einblasen *oberhalb der Brenner*, wobei dann große Geschwindigkeiten zweckmäßig sind. Im ersteren Falle, der bei Feuerungen mit Trockenentaschung in Frage kommt, wird die Wirkung auf den Strahlungsüberhitzer in erster Linie durch die *Verlagerung der Flamme* in der Brennkammer hervorgerufen (vgl. Abb. 11.10a) [*20, 21*]. Bei Schmelzkammerfeuerung ist mit Rücksicht auf die Erhaltung des Schmelzflusses die andere Lösung angezeigt (vgl. Abb. 11.10b). Durch den Rauchgaszusatz wird auf die *Gastemperatur* in der Strahlungskammer eingewirkt und damit auf die Einstrahlung in eine dort liegende Heizfläche [*20*].

248   11. Regelung der Arbeitsmitteltemperatur

Ein oft angewendetes Verfahren zur Verlagerung der Flamme ist das *Schwenken der Brenner* (vgl. Abb. 11.11a und b). Es ist vor allem für

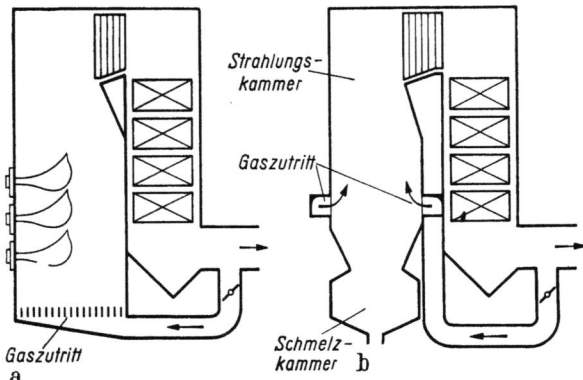

Abb. 11.10a u. b
Beeinflussung der Wärmeaufnahme des Strahlungsüberhitzers durch Rauchgasrückführung
a) Gasrückführung unter die Flamme, Verlagerung des Feuers; b) Gasrückführung oberhalb der Flamme (Schmelzfeuerung)

Staubfeuerung, aber auch für Öl und Gas als Brennstoff ausgeführt worden [21].

Bei allen diesen Verfahren sind die *Auswirkungen auf andere, ebenfalls im Strahlungsteil liegende Heizflächen* zu beachten, die unter Umständen unerwünscht sein können. Außerdem ist eine Beeinflussung der Wärmeaufnahme im Berührungsteil meist nicht zu vermeiden. Bei Anwendung solcher Mittel müssen demnach auch Regelverfahren einerseits und Disposition sowie Bemessung der Heizfläche andererseits richtig aufeinander abgestimmt sein, wenn der gewünschte Erfolg eintreten soll.

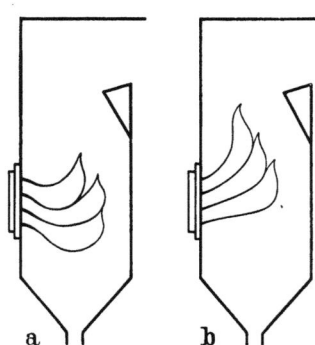

Abb. 11.11a u. b Beeinflussung der Wärmeaufnahme des Strahlungsüberhitzers durch Schwenken der Brenner
a) tiefe Flammenlage; b) hohe Flammenlage

Bei *Berührungsheizflächen* hängt die Wärmeübertragung in erster Linie vom Gasstrom sowie von dessen Temperatur ab. Die Temperatur ist — abgesehen von der Last — vom Geschehen im Strahlungsraum abhängig und wird durch alle die soeben besprochenen Verfahren (Rauchgasrückführung, Schwenkbrenner) verändert. Der Gasstrom wird dagegen nur bei Rauchgasrückführung merklich beeinflußt.

Neben diesen Auswirkungen von der Brennkammer her besteht aber noch die Möglichkeit, durch *Umführen von Rauchgas* um die Heizfläche den Gasstrom zu beeinflussen. Die Aufteilung des Rauchgasstromes wird hierbei durch in möglichst niedrigem Temperaturbereich arbeitende Regelklappen herbeigeführt (unterhalb 400 bis 500 °C). Abb. 11.12 zeigt schematisch zwei Ausführungsbeispiele dieser Art [*10, 13, 20, 21*].

Darüber, wann die eine oder andere Art der Beeinflussung der Arbeitsmitteltemperatur die zweckmäßigere Lösung darstellt, kann kaum etwas Allgemeingültiges ausgesagt werden. Mit jeder der Lösungen verbinden sich besondere Vor- und Nachteile, die im konkreten Fall im Zusammenhang mit Kesselbauweise und Betriebsbedingungen zu beurteilen sind. Von besonderer Bedeutung sind hierbei die Auswirkungen auf die Heizflächengröße sowie allenfalls auf den Kesselwirkungsgrad [*20, 21*].

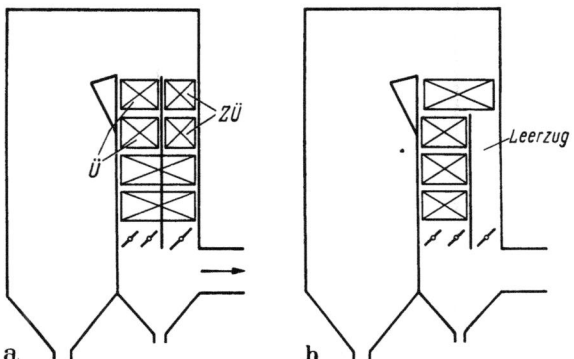

Abb. 11.12a u. b Beeinflussung der Wärmeaufnahme des Berührungsüberhitzers durch Rauchgasumführung
a) Umführen durch Parallelzug; b) Umführen durch Leerzug

Der statische Übertragungsfaktor ist bei diesen Verfahren der Temperaturbeeinflussung mit Hilfe der Methoden der wärmetechnischen Berechnung zu ermitteln. Für Berührungsheizflächen sind die Ergebnisse solcher Rechnungen im allgemeinen ausreichend genau. Schwieriger sind die Verhältnisse bei Strahlungsheizflächen, insbesondere bei solchen, die der direkten Flammenstrahlung ausgesetzt sind. So ist etwa die Vorausberechnung der statischen Kennlinien von Schwenkbrennern sehr unsicher, und ähnliches gilt bei den die Flammenlage beeinflussenden Verfahren der Rauchgasrückführung. Auf die Behandlung derartiger wärmetechnischer Rechnungen wird hier, unter Hinweis auf die reiche Fachliteratur, verzichtet.

Bezüglich der Abschätzung der dynamischen Eigenschaften sei auf Abschn. 7.1 verwiesen.

11.2 Schaltung und Dynamik von Temperaturregelungen

Es wurde bereits im vorangehenden Abschnitt angedeutet, daß Temperaturregelungen verschiedener Art in Dampfanlagen vorkommen. Bei der folgenden Behandlung von Schaltung und Dynamik dieser Regelungen werden dabei von den wichtigsten Gruppen jeweils ein oder zwei typische Fälle herausgegriffen. Anhand dieser Beispiele und der im ersten Teil des Buches gegebenen dynamischen Grundlagen ist es dann immer möglich, auch etwas anders geartete Regelungen zu bearbeiten.

11.2.1 Temperaturregelung unbeheizter Systeme

a) Temperaturregelung in Gaskanälen. Bei dieser speziell im Zusammenhang mit Kohlenstaubfeuerungen auftretenden Regelaufgabe wird die gewünschte Gastemperatur meist durch Beimischen von kälterem oder heißerem Gas zum Hauptstrom erzielt. Es werden hierbei etwa Regelschaltungen nach Abb. 11.13 ausgeführt; bei der in Abb. 11.13a dargestellten Lösung erfolgt ein direkter Regeleingriff nur auf die Beimischung, bei der Variante nach Abb. 11.13b in sinngemäßer Weise auf beide Zuströme.

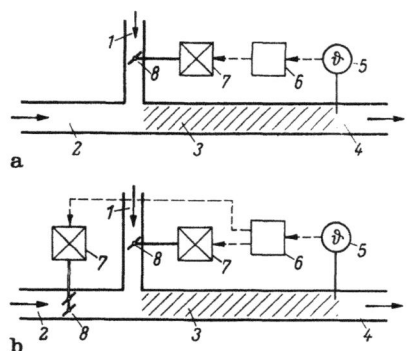

Abb. 11.13 a u. b Temperaturregelung in Gaskanälen durch Beimischung
a) Regeleingriff auf einen Teilstrom; b) Regeleingriff auf beide Teilströme
1 beigemischter Teilstrom; *2* Hauptstrom; *3* Mischstrecke (schraffiert); *4* Abstrom des Gemisches; *5* Thermostat; *6* Regler; *7* Stellmotor; *8* Klappe

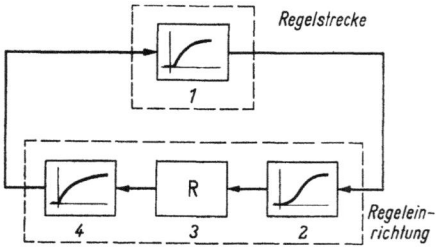

Abb. 11.14 Blockschema einer Temperaturregelung gemäß Abb. 11.13
1 Regelstrecke; *2* Meßorgan; *3* Regler; *4* Stellmotor

Meist sind die Anforderungen an die Regelgüte hier nicht sehr groß. Andererseits ist das Übertragungsverhalten der Regelstrecke relativ günstig, so daß im allgemeinen ein einfacher P- oder PI-Regler ausreicht.

Das dynamische Verhalten des Regelkreises läßt sich durch ein Blockschema entsprechend Abb. 11.14 kennzeichnen. Das Stellverhalten der Regelstrecke ist darin durch Block *1* versinnbildlicht; es läßt sich mit meist brauchbarer Näherung derart berechnen, daß *sofortige Vermischung* der beiden Gasströme angenommen und das Übertragungsverhalten der Mischzone *3* nach Abb. 11.13 unter dieser Voraussetzung nach Abschn. 7.3 berechnet wird (durchströmtes, unbeheiztes Rohr; Eingangsgröße: Mischtemperatur, Ausgangsgröße: Regelgröße).

Oft ist das trägste Element in solchen Regelungen das Temperaturmeßorgan (Block *2* in Abb. 11.14). Dessen Auswahl bzw. Ausbildung

11.2 Schaltung und Dynamik von Temperaturregelungen

sollte deshalb besonders sorgfältig geschehen. Auf die Bedeutung des richtigen Plazierens der Meßstelle wurde bereits in Abschn. 11.1 hingewiesen.

b) Temperaturregelung in Warmwassernetzen. In ganz ähnlicher Form stellt sich die Aufgabe der Temperaturregelung von Warm- bzw. Heißwasserströmen. Besonders oft ist dort die sog. *Rücklaufbeimischung* anzutreffen, entsprechend den in Abb. 11.15 gezeigten Prinzipschaltungen. Bezüglich der dynamischen Eigenschaften solcher Regelungen gilt weitgehend das unter a) soeben Gesagte.

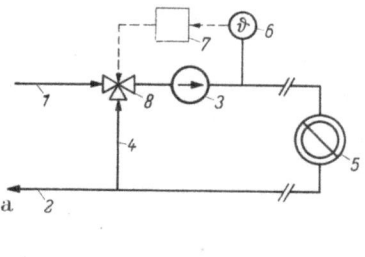

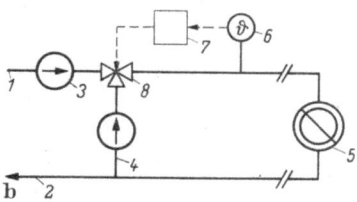

Abb. 11.15 a u. b Temperaturregelung in Heißwassersystemen durch Rücklaufbeimischung
a) Beimischung vor der Vorlaufpumpe;
b) Beimischung nach der Vorlaufpumpe
1 Vorlauf; *2* Rücklauf; *3* Vorlaufpumpe; *4* Rücklaufbeimisch-Leitung; *5* Wärmeverbraucher; *6* Temperatur-Meßorgan; *7* Regler; *8* Beimischventil

c) Temperaturregelung in Dampfnetzen. Namentlich in Industriedampfanlagen ist oft die Temperatur eines Dampfstromes auf einen zu regelnden Wert abzusenken, häufig zugleich mit einer Druckreduktion. Wird dabei durch Einspritzen von Wasser gekühlt, so wendet man eine der beiden in Abb. 11.16 angegebenen Schaltungen an. Schema 11.16 a entspricht der reinen Einspritzkühlung ohne besondere Kontaktkörper — abgesehen von dem meist eingebauten Schutzrohr, Schema 11.16 b derjenigen mit einem der Einspritzstelle nachgeschalteten Füllkörpereinsatz *6*.

Eine andere Lösung zeigt Abb. 11.17, bei der ein Teilstrom durch die Leitung *3* in den *Sättigungskühler 4* geleitet und dort unterhalb des Wasserspiegels eingeblasen wird. Die Überhitzung wird hierbei weggenommen, wobei ein entsprechender Teil des Wassers verdampft. Der Sattdampf wird anschließend dem Hauptdampfstrom beigemischt.

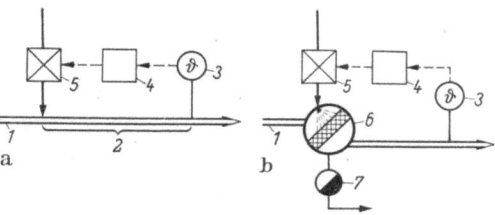

Abb. 11.16 a u. b Grundschaltungen der Einspritzkühlung
a) ohne Kontaktkörper; b) mit Kontaktkörper (Heißdampfkühler)
1 Dampfzuleitung; *2* Mischstrecke; *3* Temperatur-Meßorgan; *4* Regler; *5* Stellorgan; *6* Kontaktkörper; *7* Entwässerung

In diesem sowie im Falle der Einspritzkühlung liegt wiederum ein relativ günstiges Verhalten der Regelstrecke vor, so daß mit einem einfachen P-Regler vielfach befriedigende Regelgüte erzielt wird. Das

252   11. Regelung der Arbeitsmitteltemperatur

dynamische Geschehen in solchen Regelungen kann etwa durch ein Blockschaltbild nach Abb. 11.18a veranschaulicht werden.

Wesentlich träger reagiert im allgemeinen die Regelstrecke im Falle des Einbaues von Füllkörpereinsätzen entsprechend Abb. 11.16b, da die Füllung an den Temperaturänderungen des Dampfstromes teilnimmt und diese nach Maßgabe seiner Wärmekapazität verzögert. Die Wirkung solcher Einsätze kann auf Grund der in Abschn. 7.3 gegebenen

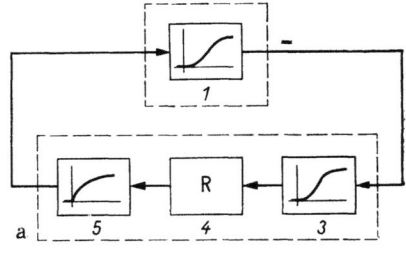

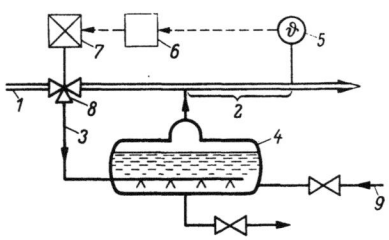

Abb. 11.17
Temperaturbeeinflussung mit Sättigungskühler
1 Dampfzuleitung; *2* Mischstrecke; *3* Dampfleitung zum Kühler; *4* Sättigungskühler; *5* Temperatur-Meßorgan; *6* Regler; *7* Stellmotor; *8* Zweiwegventil; *9* Nachspeisung des Kühlers

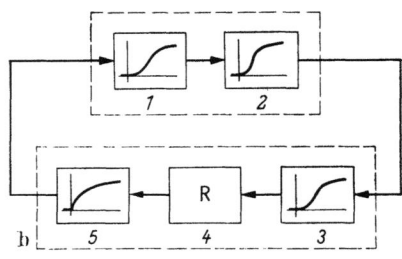

Rechenmethoden abgeschätzt werden, wenn man sich die Füllkörper durch ein System von parallel durchströmten Röhrchen von passend gewählten Abmessungen (Länge, Durchmesser, Wandstärke)

Abb. 11.18a u. b Blockschemata der Temperaturregelungen gemäß Abb. 11.16a u. b
a) reine Einspritzregelung; b) Einspritzregelung mit Kontaktkörper
1 Mischstrecke (vor und nach evtl. Kontaktkörper); *2* Kontaktkörper; *3* Temperatur-Meßorgan; *4* Regler; *5* Stellmotor

ersetzt denkt. — Das korrespondierende Blockschema zeigt Abb. 11.18b. Das Übertragungsverhalten der Regelstrecke ist hier durch zwei Blöcke *1* und *2* versinnbildlicht; Block *1* entspricht der Wirkung des Füllkörpereinsatzes, Block *2* derjenigen der übrigen Teile der Mischstrecke.

Auch bei dieser Regelungsart wird der P-Regler verwendet, bei höheren Ansprüchen an die Regelgüte muß jedoch vielfach zum PI-Regler gegriffen werden.

11.2.2 Temperaturregelung beheizter Systeme; Überhitzertemperaturregelung

Von den beheizten temperaturgeregelten Systemen ist in Dampfanlagen die *Überhitzerregelung* die bei weitem wichtigste. Die unter diesem Abschnitt folgenden Überlegungen sind deshalb besonders auf diese Regelaufgabe orientiert.

11.2 Schaltung und Dynamik von Temperaturregelungen

a) Einspritzregelung. Die am häufigsten benutzte Methode zur Temperaturbeeinflussung ist die Kühlung durch Einspritzen von Wasser, entsprechend der in Abb. 11.19 gezeigten Grundschaltung. Danach wird am Überhitzeraustritt die zu regelnde Dampftemperatur gemessen (Meßorgan *4*) und das entsprechende Signal auf den Regler *5* übertragen. Der letztere veranlaßt allfällige Stellbewegungen des Einspritzventils *6*, welches den Einspritzwasserstrom M_J zumißt. Die Einspritzung erfolgt in die Sammelleitung *1* zum Überhitzer *2*. — Meist wird der Thermostat *4* in die Austritts-Sammelleitung

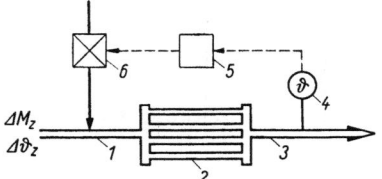

Abb. 11.19 Prinzipschema der Einspritz-Temperaturregelung eines Überhitzers
1 Zuleitung; *2* Überhitzer; *3* Sammelleitung vom Überhitzer; *4* Thermostat; *5* Regler; *6* Stellorgan

verlegt, um den *Mittelwert* der Temperatur zu erfassen, da die Austrittstemperaturen an den einzelnen Strängen erfahrungsgemäß unter dem Einfluß wechselnder Flammenlage, ungleicher Heizflächenverschmutzung und Durchströmung usw. mehr oder weniger streuen. Um dabei die verzögernde Wirkung der Sammelleitung auf das Stellverhalten möglichst klein zu halten, ist anzustreben, Einspritzstelle und Thermostat möglichst nahe an den Überhitzer zu legen.

Das Übertragungsverhalten der Regelstrecke ist hier meist so, daß der einfache P-Regler nicht mehr in Frage kommen kann; es würden sich damit unzulässig große bleibende Regelabweichungen ergeben. So wird fast ausnahmslos der PI- oder PID-Regler angewendet.

Im Blockschaltbild stellt sich das System gemäß dem in Abb. 11.20 gezeigten Schema dar.

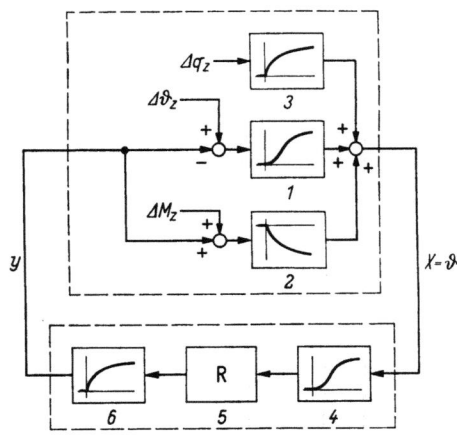

Abb. 11.20 Blockschema der Überhitzer-Temperaturregelung gemäß Abb. 11.19

1 Regelstrecke (Temperatur-Temperatur-Verhalten); *2* Regelstrecke (Durchfluß-Temperatur-Verhalten); *3* Regelstrecke (Beheizung-Temperatur-Verhalten); *4* Temperatur-Meßorgan; *5* Regler; *6* Stellmotor

Die Regelabweichung $\Delta \vartheta$ wird vom Temperaturmeßorgan, dessen Übertragungsverhalten Block *4* symbolisiert, auf den Regler *5* weitergeleitet. Mit einem Übertragungsverhalten gemäß Block *6* wird das Regelventil beeinflußt, das den Einspritzwasserstrom verstellt. Die dadurch hervorgerufene Temperaturänderung im Dampfstrom zum Überhitzer wirkt als Eingangsgröße auf Block *1*. Dieser veranschaulicht das Übertragungs-

254 11. Regelung der Arbeitsmitteltemperatur

verhalten der Regelstrecke bei Eintrittstemperaturänderung; die Blöcke 2 und 3 entsprechen dem Verhalten bei Durchfluß- bzw. Beheizungsänderung.

Da bei einer Änderung des Einspritzwasserstromes im gleichen Ausmaß auch der *Dampfdurchfluß* durch die Heizfläche variiert, wirkt ein Regeleingriff über zwei Signalwege im Sinne einer Korrektur auf die Regelgröße ein: einmal über Glied *1*, andererseits auch über Block *2*. Die zweite Wirkung tritt schneller in Erscheinung, ist aber meist viel schwächer als die erste, so daß sie fast immer ohne merklichen Fehler vernachlässigt werden kann.

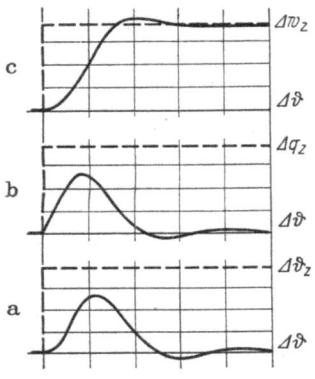

Abb. 11.21 a—c Beispiele des Regelablaufs (Überhitzungsregelung) bei a) Störung der Eintrittstemperatur; b) der Beheizung und bei c) Sollwertverstellung (Reglereinstellung unverändert)

Im Blockschaltbild sind noch die Einwirkstellen der Störgrößen angedeutet. Alle drei — Störung der Eintrittstemperatur ($\Delta \vartheta_z$), des Dampfstromes (ΔM_z) und der Beheizung (ΔQ_z) — sind praktisch wichtig. Das Störverhalten der Regelstrecke ist in allen drei Fällen verschieden (vgl. Abschn. 7.3), so daß sich auch verschiedene Regelabläufe ergeben. Allerdings sind bei nicht zu kleinen $\varkappa_D$-Werten die Regelabläufe bei Durchfluß- und Beheizungsstörung, abgesehen vom Vorzeichen, weitgehend ähnlich. — Abb. 11.21 zeigt für ein typisches Beispiel den Verlauf der Regelgröße bei jeweils sprunghafter Änderung der Eintrittstemperatur, der Beheizung bzw. des Sollwertes. In Wirklichkeit treten Schrittstörungen nicht auf, eher rampenförmige. Damit werden die Unterschiede im Regelablauf mehr oder weniger verwischt.

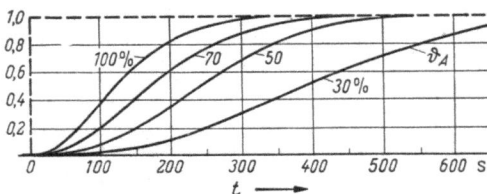

Abb. 11.22 Temperatur-Temperatur-Übergangsfunktion eines Überhitzers bei verschiedener Last

Wo hohe Anforderungen an die Regelgüte gestellt werden — und das ist bei der Überhitzer-Temperaturregelung normalerweise der Fall — ist annähernd *optimale Einstellung des Reglers* unerläßlich. Hier begegnet man der besonderen Schwierigkeit, daß die Übertragungseigenschaften der Regelstrecke stark *lastabhängig* sind. Abb. 11.22 macht dies für den Fall der Eintrittstemperaturstörung an einem konkreten Beispiel deutlich. Für einen Belastungsgrad von 100, 70, 50 und 30% sind die jeweiligen Über-

11.2 Schaltung und Dynamik von Temperaturregelungen

gangsfunktionen aufgezeichnet. Aus dem Diagramm geht hervor, daß im wesentlichen die Zeitkenngrößen des Übertragungsverhaltens sich ändern (etwa umgekehrt proportional zur Last), der Charakter der Kurven aber im übrigen erhalten bleibt.

Der Forderung optimaler Regelgüte bei jeder Last könnte daher strenggenommen nur durch *lastabhängige Kennwerte der Reglereinstellung* entsprochen werden (Proportionalbereich, Nachstell- und Vorhaltzeit), was im vollen Umfang kaum verwirklicht worden ist; dagegen wird öfters der P-Bereich lastabhängig gemacht. Im übrigen ist es meist zweckmäßig, den Regler etwa für Halblast auf Optimaleinstellung zu justieren.

Den Einfluß der Reglereinstellung auf die *Regelgüte* zeigt für ein Beispiel Abb. 11.23. Es handelt sich hierbei um eine Überhitzerregelung mit PI-Regler. Im Bild ist über der Nachstellzeit T_n und mit dem Gesamtübertragungsfaktor des Regelkreises $K_\supset$ als Parameter die lineare Regelfläche aufgezeichnet. Die optimalen Einstellwerte des Reglers liegen für das gewählte Beispiel auf Grund des Diagramms etwa bei $T_n = 100$ s und $K_\supset = 1{,}2$. Im übrigen zeigt das Bild,

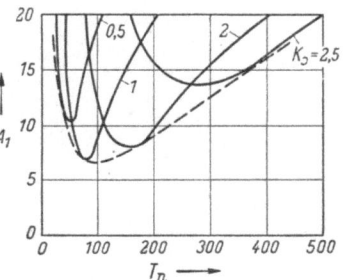

Abb. 11.23 Einfluß der Reglereinstellung (Nachstellzeit T_n, Gesamtübertragungsfaktor $K_\supset$) auf die Güte (lineare Regelfläche) einer Überhitzerregelung

daß die Regelgüte in der Gegend des Optimums nicht sehr stark auf Einstellfehler der Nachstellzeit, empfindlicher auf solche des P-Bereiches anspricht. Bei PID-Reglern ist die Optimierungsbreite im allgemeinen geringer; Einstellfehler machen sich hier also stärker bemerkbar, wodurch der meist ohnehin nicht sehr große Gewinn wieder leicht verlorengeht (s. a. Abb. 11.25).

Es wurde bereits in Abschn. 7.3 darauf hingewiesen, daß das Übertragungsverhalten der Regelstrecke hier in weitem Bereich verschieden sein kann. Die dieses Verhalten weitgehend kennzeichnende Größe ist die *Kennzahl* $\varkappa_D$ (s. Abschn. 7.3). Bei Überhitzerregelung liegen praktisch $\varkappa_D$-Werte etwa im Bereich von 4 bis 30 vor. Die entsprechenden Übergangsfunktionen (Störverhalten) für Eintrittstemperatur- bzw. Beheizungsstörung sind für einige $\varkappa_D$-Werte in den Diagrammen Abb. 11.24 dargestellt (jeweils obere Diagrammreihe). Es geht daraus hervor, daß die Regelbarkeit stark verschieden ist und ganz allgemein sich *mit wachsendem $\varkappa_D$ verschlechtert*, da das Verhältnis T_t/T immer ungünstiger wird (vgl. auch Abb. 11.26a und b). Dementsprechend verlaufen auch die Regelkurven, die in der erwähnten Abb. 11.24 jeweils in den unteren Diagrammreihen gezeigt sind (Kurven optimaler Reglereinstellung). Sie machen deutlich, wie die günstigstenfalls erreichbare größte Regel-

256   11. Regelung der Arbeitsmitteltemperatur

abweichung $\widehat{\Delta\vartheta}$ stark von $\varkappa_D$ abhängt und daß diese bei sehr großen Überhitzern mit ausgeprägtem Totzeitcharakter fast die Größe der statischen Temperaturabweichung (ohne Regeleingriff) annimmt. Diese

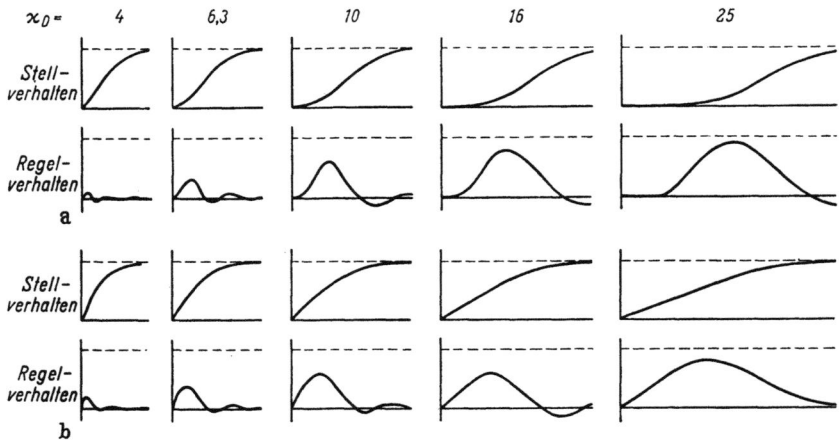

Abb. 11.24a u. b Übertragungsverhalten der Regelstrecke und Regelablauf abhängig von der Überhitzerkenngröße $\varkappa_D$ (Regelung jeweils auf optimale Regelfläche eingestellt)
a) Verhalten bei Störung der Eintrittstemperatur; b) Verhalten bei Störung der Beheizung
Die obere Diagrammreihe stellt jeweils das Stell- bzw. Störverhalten der Regelstrecke, die untere Reihe den Regelablauf dar. (Regelablauf zeitlich gerafft)

Feststellung gilt praktisch unabhängig vom Störort, d. h. für Eintrittstemperatur-, Beheizungs- und Durchflußstörung. — In Abb. 11.25 ist die Abhängigkeit der Werte $\widehat{\Delta\vartheta}_a/\overline{\Delta\vartheta}_e$ von $\varkappa_D$ für PI- und PID-Regelung

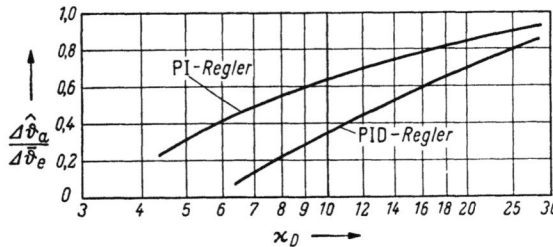

Abb. 11.25 Abhängigkeit der bezogenen größten Regelabweichung $\widehat{\Delta\vartheta}_a/\overline{\Delta\vartheta}_e$ von der Überhitzerkenngröße $\varkappa_D$, für idealen PI- bzw. PID-Regler (ohne Verzögerungen in Meß- und Stellorgan und in der Signalübertragung)

unter der Voraussetzung verzögerungsfreier Temperaturmessung und Signalübertragung kurvenmäßig dargestellt (optimiert für lineare Regelfläche).

Bei nicht optimaler Reglereinstellung fallen die maximalen Regelabweichungen größer aus, wobei sich wesentliche Unterschiede allerdings

11.2 Schaltung und Dynamik von Temperaturregelungen

nur im Gebiet mittlerer und kleiner $\varkappa_D$-Werte ergeben. Bei großen $\varkappa_D$-Werten ist der Einfluß der Reglereinstellung darauf gering, wie ein Beispiel (Abb. 11.27) belegt.

Da die mit einfacher PI- oder PID-Regelung erzielbare Regelgüte namentlich bei großen Überhitzern (große $\varkappa_D$-Werte) vielfach den gestellten Anforderungen nicht zu genügen vermag, wird oft zu verfeinerten Regelschaltungen gegriffen. Da die besondere Schwierigkeit im Totzeitcharakter des Temperatur-Übertragungsverhaltens der Regelstrecke begründet ist, drängt sich die Anwendung der *Störgrößenaufschaltung* als klassisches Mittel zunächst auf.

Es wurde bereits darauf hingewiesen, daß alle drei Arten der Störung — Eintrittstemperatur, Beheizung, Durchfluß — wesentlich sind und einzeln oder gleichzeitig auftreten können. Von den korrespondierenden Störgrößen lassen sich jedoch nur zwei, nämlich die *Eintrittsdampftemperatur* sowie der *Dampfstrom* durch den Überhitzer, auf einfache Weise messen, während der Erfassung der Beheizung (Wärmestrom) meist erhebliche meßtechnische Schwierigkeiten entgegenstehen. So werden in der Regel nur die in Abb. 11.28 angedeuteten Regelschaltungen, eventuell in Kombination, angewendet. Abbildung 11.29 zeigt zum Fall der Aufschaltung der Eintrittstemperatur als Störgröße das zugehörige Blockschema. Es entspricht weitgehend dem bereits eingehend erläuterten Schema Abbildung 11.20, nur kommt hier noch die Signalverbindung von der Eintrittstemperatur (ϑ_{ez}) über das Temperaturmeßorgan (Block 8) zum Regler (Block 6) hinzu.

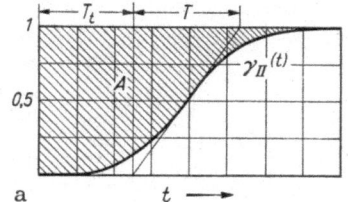
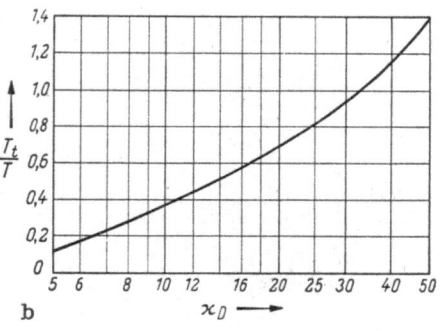

Abb. 11.26 a u. b Verhältnis der Ersatz-Zeitkenngrößen T_t/T der Teilübergangsfunktion $\gamma_{II}[t]$ in Abhängigkeit von der Überhitzerkenngröße $\varkappa_D$. (Die Durchlaufzeit durch den Überhitzer ist in T_t noch nicht berücksichtigt; praktisch wird also das Verhältnis T_t/T noch etwas ungünstiger; siehe auch Abschnitt 7.3)

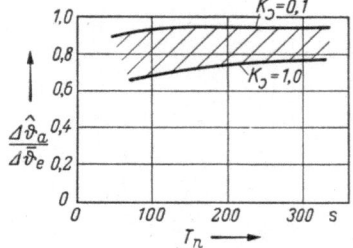

Abb. 11.27 Einfluß der Reglereinstellung auf die maximale Temperaturabweichung bei einem großen Überhitzer ($\varkappa_D = 20$)

11. Regelung der Arbeitsmitteltemperatur

Theoretisch ist es möglich, durch die Störgrößenaufschaltung die Regelabweichungen ganz zum Verschwinden zu bringen, wenn — etwas vereinfachend gesagt — das Störübertragungsverhalten der Regelstrecke durch *gleiche* oder *größere Zeitkonstanten* gegeben ist wie das Stellverhalten. Es soll nun untersucht werden, wieweit die Voraussetzungen dazu bei der Überhitzerregelung vorhanden sind. Hierzu wird zunächst anhand der Blockschemata[1] der resultierende Frequenzgang der Regelung berechnet. Für den Fall der Eintrittstemperaturstörung etwa ist er definiert durch

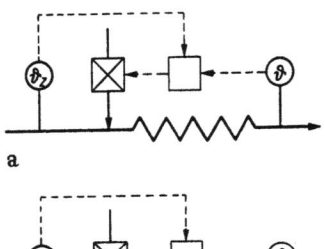

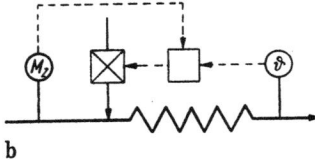

Abb. 11.28a u. b Grundschaltungen der Überhitzer-Temperaturregelung mit Störgrößenaufschaltung
a) Aufschaltung der Eintrittstemperatur; b) Aufschaltung des Dampfstromes

$$G[s]\underset{\Delta\vartheta_{ez}\to\Delta\vartheta_a}{} = \frac{\vec{\Delta\vartheta_a}}{\vec{\Delta\vartheta_{ez}}}, \quad (11.11)$$

wobei aus dem Blockschema 11.30a folgende Beziehungen unmittelbar zu entnehmen sind[2]:

$$\Delta\vartheta_a = \Delta\vartheta_e G_2, \quad (11.12)$$

$$\Delta\vartheta_e = \Delta\vartheta_{ez} + \Delta\vartheta_{eJ}, \quad (11.13)$$

$$\Delta\vartheta_{eJ} = \Delta x_{Rt} G_7 G_1, \quad (11.14)$$

$$\Delta x_{Rt} = \Delta x_R + \Delta x_{Rz}, \quad (11.15)$$

$$\Delta x_R = \Delta\vartheta_a G_5 G_R, \quad (11.16)$$

$$\Delta x_{Rz} = \Delta\vartheta_{ez} G_8 G_{Rz}. \quad (11.17)$$

Durch Eliminieren der Signalgrößen $\Delta\vartheta_e, \Delta\vartheta_{eJ}, \Delta x_{Rt}, \Delta x_R$ und Δx_{Rz} findet man leicht die Beziehung

$$\Delta\vartheta_a(1 - G_1 G_2 G_5 G_7 G_R)$$
$$= \Delta\vartheta_{ez}(G_2 + G_1 G_2 G_7 G_8 G_{Rz}),$$

Abb. 11.29
Blockschema einer Überhitzer-Temperaturregelung mit Störgrößenaufschaltung nach Abb. 11.28a
1 Stellorgan und Mischstrecke; *2* Stellverhalten der Regelstrecke; *3, 4* Durchfluß- bzw. Beheizungs-Störverhalten der Regelstrecke; *5, 8* Meßorgane für Austritts- bzw. Eintrittstemperatur; *6* Regler; *7* Stellmotor

---

[1] Der Übersichtlichkeit halber sind für die beiden nachfolgend behandelten Fälle die Blockschemata nochmals einzeln dargestellt — vgl. Abb. 11.30a und b.

[2] Die Indizes der Frequenzgänge entsprechen den Blockbezeichnungen im Schema Abb. 11.29. Der Frequenzgang G_{Rz} entspricht dem Übertragungsverhalten des Reglers für die Störgröße.

11.2 Schaltung und Dynamik von Temperaturregelungen

woraus sich der gesuchte resultierende Frequenzgang unmittelbar anschreiben läßt zu

$$\underset{\Delta\vartheta_{ez}\to\Delta\vartheta_a}{G[s]} = \frac{G_2 + G_1 G_2 G_7 G_8 G_{Rz}}{1 - G_1 G_2 G_5 G_7 G_R}. \qquad (11.18)$$

Es ist noch zu beachten, daß der Ausdruck im Nenner

$$G_1 G_2 G_5 G_7 G_R = G_{\jmath} \qquad (11.19)$$

nichts anderes als den Frequenzgang des aufgeschnittenen Regelkreises bedeutet.

Für den Fall der Durchflußstörung erhält man aus Schema Abb. 11.30b in ähnlicher Weise[1]

$$\underset{\Delta M_z\to\Delta\vartheta_a}{G[s]} = \frac{G_3 + G_1 G_2 G_7 G_9 G_{Rz}}{1 - G_1 G_2 G_5 G_7 G_R}. \qquad (11.20)$$

Auch hier gilt wieder Gl. (11.19).

Für vollkommene Wirkung der Störgrößenaufschaltung müßte der resultierende Frequenzgang jeweils zu 0 werden, was nur der Fall sein kann, wenn in den Gln. (11.18) bzw. (11.20) der Zähler verschwindet. Daraus ergeben sich folgende Bedingungsgleichungen:

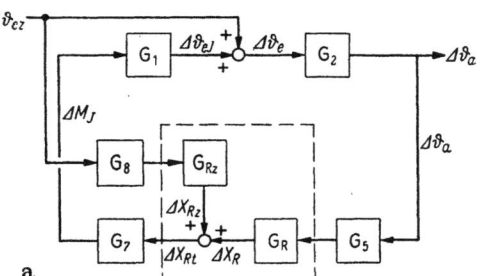

a) für Eintrittstemperaturstörung

$$G_{Rz} = -\frac{1}{G_1 G_7 G_8}, \qquad (11.21\mathrm{a})$$

b) für Durchflußstörung

$$G_{Rz} = -\frac{G_3}{G_1 G_2 G_7 G_8}. \qquad (11.21\mathrm{b})$$

Im ersteren Falle bedeutet dies, daß durch G_{Rz} nur die relativ geringen *Verzögerungen* der *Meß-* und *Stellorgane* kompensiert werden müßten, was durch ein Vorhaltelement

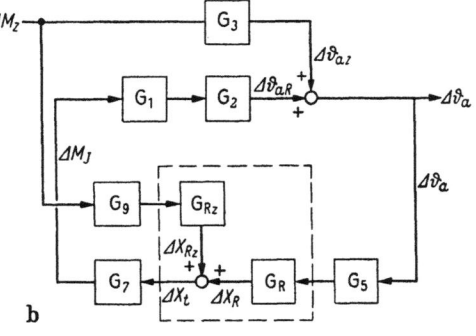

Abb. 11.30 a u. b
Zur Wirkung der Störgrößenaufschaltung
a) Blockschema für Aufschaltung der Eintrittstemperatur; b) Blockschema für Aufschaltung des Dampfstromes
Die Indizes der Frequenzgänge entsprechen der Numerierung der Blöcke in Schema 11.29. Damit ist auch die Bedeutung der verschiedenen Signalgrößen definiert.

---
[1] Der Frequenzgang G_9 entspricht dem Übertragungsverhalten des Meßorgans für den Dampfstrom (M_z).

wenigstens angenähert erreicht werden kann. Im zweiten Fall jedoch wäre außerdem noch das Verhältnis G_2/G_3 zu kompensieren. Da das Stellverhalten G_2 ausgeprägten *Totzeitcharakter* aufweist, das Störverhalten G_3 der Regelstrecke jedoch fast frei von Totzeitwirkungen ist, müßte G_{Rz} einem Vorhaltglied theoretisch ∞-hoher Ordnung entsprechen, was nicht realisierbar ist.

Es ergibt sich mithin aus dieser Überlegung, daß *nur für Eintrittstemperaturstörungen* ein weitgehendes Abfangen durch die Störgrößenaufschaltung möglich ist, wogegen bei Durchfluß- und bei Beheizungsstörung höchstens Teilwirkungen erzielt werden können. Immerhin ist die Verbesserung auch in diesen Fällen fühlbar.

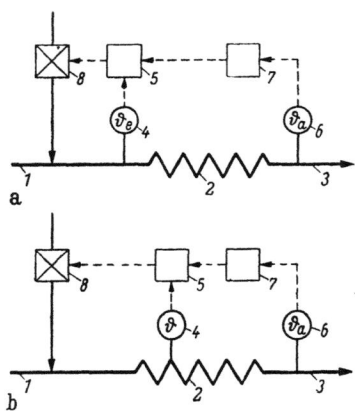

Abb. 11.31 a u. b Grundsätzliche Schaltungen bei Kaskadenregelung
a) Hilfsmeßorgan vor dem Überhitzer angeordnet; b) Hilfsmeßorgan innerhalb der Überhitzerheizfläche angeordnet
1 Dampfzuleitung; *2* Überhitzer; *3* Sammelleitung; *4* Hilfsthermostat; *5* Hilfsregler; *6* Haupt-Thermostat; *7* Hauptregler; *8* Einspritzventil mit Stellmotor

Da die Störgrößenaufschaltung durch einen Steuervorgang erfolgt, ist Voraussetzung für deren einwandfreies Wirken, daß sie nicht nur dynamisch, sondern vor allem auch statisch richtig ausgelegt ist. Dies ist aber nur möglich, wenn die Zusammenhänge unter Beharrungsbedingungen ausreichend bekannt sind und im Betrieb sich nicht verändern. Praktisch ist aber oft weder das eine noch das andere der Fall, und besonders die betriebsbedingten Änderungen durch Verschmutzung, Brennstoffwechsel usw. können die Wirkung der Störgrößenaufschaltung erheblich herabsetzen. Aus diesem Grunde ist noch nach Lösungen gesucht worden, die von solchen Faktoren unabhängig sind.

Als eine solche Möglichkeit bietet sich die *Kaskadenregelung* an. Die entsprechende Prinzip-Regelschaltung ist in Abb. 11.31 dargestellt. Dabei kann der Thermostat *4* des Hilfsregelkreises noch in der Sammelleitung zum Überhitzer angeordnet sein, wie dies im Schema 11.31a angedeutet ist, oder auch innerhalb der Heizfläche. Im ersteren Falle hat man den Vorteil, daß die Regelstrecke des Hilfskreises geringe Verzögerung aufweist, womit eine schnelle Reaktion dieser Regelung möglich wird. Temperaturschwankungen im zuströmenden Dampf werden dadurch schon vor dem Überhitzer weitgehend abgefangen. Andererseits können Beheizungs- und Durchflußstörungen nur über entsprechende Abweichungen der Endtemperatur ausgeregelt werden, d. h., für solche Störungen bringt diese Schaltung keine Verbesserung.

11.2 Schaltung und Dynamik von Temperaturregelungen

Bei der Schaltung nach Abb. 11.31b ist die Trägheit der Regelstrecke der Hilfsregelung etwas größer, was eine entsprechend langsamere Reaktion dieses Regelkreises bedingt. Eintrittstemperaturstörungen werden damit weniger schnell abgefangen. Dafür reagiert diese Teilregelstrecke auch auf Störungen der *Beheizung* und des *Dampfstromes*, wodurch eine der Störungsaufschaltung ähnliche, wenn auch nicht so weitgehende Wirkung zustande kommt. — Beide Lösungen haben mithin Vor- und Nachteile, und die Auswahl ist daher von Fall zu Fall nach den wichtigsten Störquellen zu treffen.

Für den Hilfsregler 5 werden P-, PI- und PD-Regler verwendet. Bei stark *lastabhängiger*

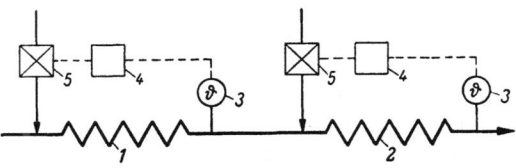

Abb. 11.32 Prinzipschaltung bei Serieregelung
1 Überhitzerteil 1; *2* Überhitzerteil 2; *3* Thermostaten; *4* Regler; *5* Einspritzventile mit Stellantrieb

Zustromtemperatur ist allerdings ein D-Einfluß nicht von Vorteil. — Für den Hauptregler 7 kommt nur ein PI- oder PID-Regler in Frage.

Bei sehr großen Überhitzern (große $\varkappa_D$) drängt sich oft eine Unterteilung im Sinne einer *Serieregelung* auf. Das entsprechende Prinzipschema zeigt Abb. 11.32. Im allgemeinen ist es dabei mit Rücksicht auf die Regelung von Vorteil, den letzten Überhitzerteil tunlichst klein zu bemessen, um ihn gut regelbar zu machen ($\varkappa_D < 10$). Bei der Unterteilung sind allerdings oft noch andere Gesichtspunkte zu berücksichtigen.

Schließlich besteht die Möglichkeit, die verschiedenen Grundschaltungen zu kombinieren.

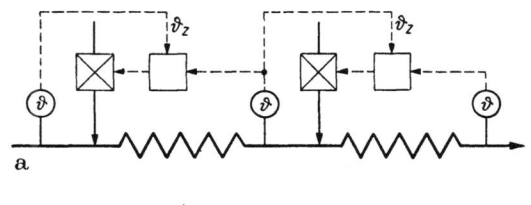

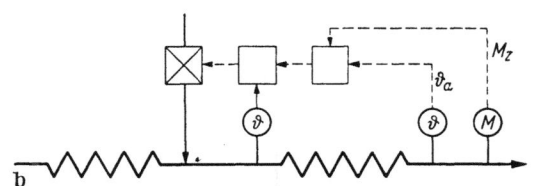

Abb. 11.33a u. b
Beispiele von kombinierten Regelschaltungen
a) Serieregelung mit Störgrößenaufschaltung kombiniert (Temperatur ϑ_s); b) Kaskadenregelung mit Störgrößenaufschaltung kombiniert (Durchfluß M_s)

So wird oft die Störungsaufschaltung mit der Serieregelung oder der Kaskadenregelung verbunden. Abb. 11.33 zeigt zwei Beispiele solcher Kombinationsschaltungen.

Es sei noch beigefügt, daß bei Einspritzregelung fast immer eine Störgrößenaufschaltung des Dampfstromes (Last) dadurch gegeben ist, daß die *Druckdifferenz* zwischen Einspritzventileintritt und Dampfdruck an der Einspritzstelle angenähert quadratisch mit der Belastung wächst. Dadurch wird bei Laständerungen der Einspritzwasserstrom auch ohne Bewegung des Stellorgans etwa lastproportional und praktisch unverzögert geändert, dies allerdings ohne Rücksicht darauf, ob es auch im Hinblick auf die *statische Kennlinie* des Überhitzers zweckmäßig ist oder nicht. Die automatische Regelung wird durch diese Eigenschaft daher höchstens unterstützt, aber nicht überflüssig gemacht.

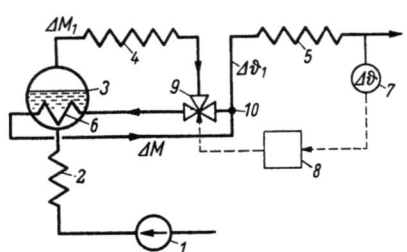

Abb. 11.34 Beispiel der Regelschaltung bei Überhitzer-Temperaturregelung mit Oberflächenkühler

1 Speisepumpe; *2* Ekonomiser; *3* Trommel; *4* Überhitzer 1; *5* Überhitzer 2; *6* Kühler; *7* Thermostat; *8* Regler; *9* Zweiweg-Regelventil mit Stellmotor

b) **Überhitzertemperaturregelung mit Oberflächenkühlern.** Neben der Einspritzkühlung besteht, wie wir bereits feststellten, die Möglichkeit, eine Kühlwirkung zu Regelzwecken mit Hilfe eines Oberflächenkühlers zu erzielen. Von den in Abschn. 11.1.2 besprochenen Varianten werde hier nur eine als Beispiel betrachtet; die dabei zu machenden Überlegungen sind unschwer auch auf die andern zu übertragen. Es sei der Fall eines Trommelkessels mit in der Trommel eingebauter Kühlschlange und einer Schaltung gemäß Abb. 11.34 untersucht. Das Temperatursignal wirkt hier — vom Regler *8* umgeformt — auf das Dreiwegventil *9* und beeinflußt dadurch den Teildampfstrom M durch die Kühlschlange *6*. Der mit ungefähr Sattdampftemperatur aus dem Kühler austretende Dampf vermischt sich an der Stelle *10* mit dem restlichen

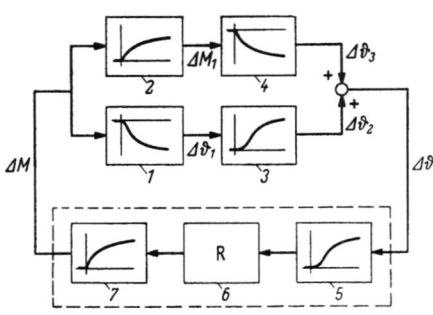

Abb. 11.35 Blockschaltbild der Regelung nach Abb. 11.34

1 Mischstrecke; *2* Kühler; *3* Überhitzer 2 (Temperatur-Temperatur-Verhalten); *4* Überhitzer 1+2 (Durchfluß-Temperatur-Verhalten); *5* Thermostat; *6* Regler; *7* Stellorgan mit Stellmotor

Teilstrom. Die erzielte Mischtemperatur entspricht dabei dem Verhältnis der Teilströme, womit durch Eingriff in dieses eine Regelung der Austrittstemperatur am Überhitzer *5* möglich ist.

Der entsprechende Signalweg ist im Blockschema Abb. 11.35 dargestellt. Die vom Stellorgan bewirkte Änderung des Teilstromes ΔM ruft mit einem Übertragungsverhalten gemäß Block *1* eine Temperaturänderung $\Delta \vartheta_1$ an der Mischstelle hervor. Diese überträgt sich über den Überhitzer *2* (Block *3*) an den Meßort und erzeugt dort die Regelgrößenänderung $\Delta\vartheta_2$, die vom Meßorgan (Block *6*) erfaßt und auf den Regler (Block *7*) weitergeleitet wird. Das Übertragungsverhalten dieses Signalweges ist dabei im wesentlichen durch dasjenige des Überhitzers *2* (Block *3*) bestimmt, wenn die Kühlschlange nicht knapp bemessen ist. Bei reichlicher Dimensionierung derselben ist nämlich die Temperatur des den Kühler verlassenden Dampfes praktisch konstant, so daß die Verzögerungen der Signalübertragung hier gering sind. Bei *knapper Kühlfläche* ist allerdings das Übertragungsverhalten des Kühlers *nicht mehr vernachlässigbar*, und dessen Wirkung kann das Stellverhalten dann erheblich verschlechtern.

Neben dieser Art der Beeinflussung der Regelgröße erfolgt noch eine solche im Sinne einer Sekundärwirkung. Die an die Kühlschlange abgegebene Wärme ruft besonders bei vordruckgeregelter Turbine eine entsprechende Dampfstromänderung ΔM_1 durch den Überhitzer hervor, mit einem Übertragungsverhalten gemäß Block *2* (Abb. 11.35). Dadurch wird aber die Austrittstemperatur ebenfalls im Sinne der Korrektur einer ursprünglichen Abweichung beeinflußt ($\Delta\vartheta_3$), wobei das Durchfluß-Temperatur-Übertragungsverhalten des ganzen Überhitzersystems (Block *4*) ins Spiel kommt. Das Gesamtübertragungsverhalten dieses zweiten Signalweges (Block *2* und *4*) ist dabei meist relativ träge, so daß dieser, im Gegensatz zur Einspritzregelung, kaum zur Verbesserung des Verhaltens der Regelung beiträgt, ja sie oft sogar ungünstig beeinflußt.

c) **Überhitzertemperaturregelung unter Beeinflussung der Wärmeaufnahme.** Im Abschn. 11.1.3 wurden die verschiedenen Möglichkeiten der Beeinflussung der Überhitzungstemperatur bereits besprochen. Es ist dabei besonders auf die Mittel der Rauchgasrückführung und -umführung sowie auf Schwenkbrenner hingewiesen worden.

Insbesondere bei den im Zusammenhang mit Strahlungsüberhitzern angewendeten Verfahren — Rauchgasrückführung und schwenkbare Brenner — läßt sich das Wärmeangebot an die Heizfläche mit verhältnismäßig kleiner Verzögerung (vgl. Abschn. 7.1) beeinflussen. Das Stellverhalten der Regelstrecke wird deshalb im wesentlichen durch das Beheizungs-Temperatur-Übertragungsverhalten des Überhitzers (siehe Abschn. 7.3) bestimmt, wenn von Nebenwirkungen abgesehen wird, über die noch zu sprechen ist.

Für das Beispiel der *Schwenkbrennerregelung* seien die dynamischen Verhältnisse noch etwas näher betrachtet. Abb. 11.36 zeigt schematisch die Anordnung am Kessel, wobei der Strahlungsüberhitzer im oberen Teil der Brennkammer, die Verdampferheizfläche im unteren Teil angenommen ist. Die Regelung ist mit der einfachsten Schaltung gezeichnet, wobei natürlich auch hier z. B. die Störgrößenaufschaltung mit Vorteil zu Hilfe genommen wird. In der Zeichnung sind nur die entsprechenden Meßorgane angedeutet.

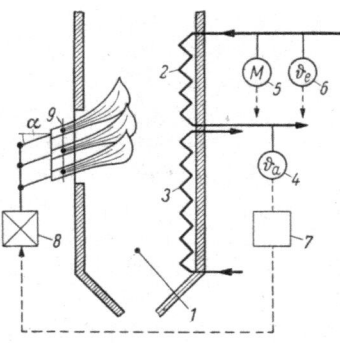

Abb. 11.36 Schematische Darstellung der Überhitzer-Temperaturregelung mit Schwenkbrennern
1 Brennkammer; *2* Strahlungsüberhitzer; *3* Strahlungsverdampfer; *4* Thermostat; *5, 6* Meßorgane zur Störgrößenerfassung; *7* Regler; *8* Stellmotor; *9* Schwenkbrenner

In Abb. 11.37 ist das zugehörige Blockschema wiedergegeben. Dabei sind bei der Darstellung des Stellverhaltens die Sekundärwirkungen weggelassen worden, die sich beim Regeleingriff vom Verdampfer her noch ergeben (Dampfstromänderung). Block *1* entspricht den feuer- bzw. gasseitigen Verzögerungen, Block *2* dem erwähnten Beheizungs-Temperatur-Übertragungsverhalten des Strahlungsüberhitzers. Die Blöcke *3*, *4* und *5* stehen für das Störverhalten der Regelstrecke, während die Blöcke *6*, *7* und *8* die Regeleinrichtung versinnbildlichen.

Zu den erwähnten Sekundärwirkungen ist zu bemerken, daß deren Übertragungsverhalten *grundsätzlich ungünstiger* ist als das primäre Stellverhalten gemäß Blockschema 11.37. Denn zum Durchfluß-Temperaturverhalten des Überhitzers, das mindestens bei größerer spezifischer Wärmeaufnahme etwa gleich dem Beheizungs-Temperaturverhalten dieser Heizfläche ist, kommen noch die *Verzögerungen der Verdampferheizfläche* hinzu. Die als Folge des Regeleingriffes sich ergebenden Dampfstromänderungen verschlechtern mithin hier den Regelvorgang im allgemeinen. Das günstigere primäre Stellverhalten kann daher nur voll ausgenützt werden, wenn die Verschiebung des Wärmeangebotes zwischen dem Überhitzer und einer diesem *nicht vorgeschalteten*

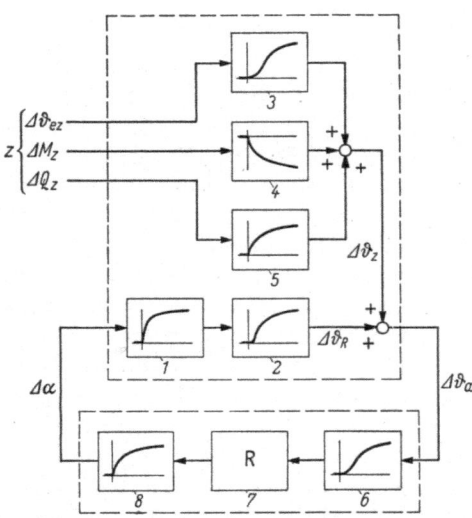

Abb. 11.37 Blockschaltbild der Regelung nach Abb. 11.36
1 feuer- bzw. gasseitige Verzögerungen; *2* Überhitzer (Beheizung-Temperatur-Verhalten); *3, 4, 5* Störverhalten der Regelstrecke bei Dampfeintrittstemperatur-, Dampfstrom- und Beheizungs-Störungen; *6* Thermostat; *7* Regler; *8* Stellmotor

Heizfläche, z. B. einem Zwischenüberhitzer, vorgenommen werden kann.

11.2 Schaltung und Dynamik von Temperaturregelungen

Mit Rücksicht auf solche unerwünschte Nebeneffekte wird deshalb der Eingriff auf Schwenkbrenner oft nur als *statische* Korrekturmöglichkeit bei größeren Laständerungen, vor allem aber zum Ausgleich wechselnder Heizflächenverschmutzung, benützt und die Ausregelung rascherer Schwankungen mit anderen Mitteln bewerkstelligt.

Bei Berührungsüberhitzern können die Verzögerungen, mit denen das Wärmeangebot an die Heizfläche der Bewegung des Stellorgans folgt, unter Umständen größer sein als bei Strahlungsheizflächen. Insbesondere schon in der Brennkammer ausgelöste Regeleingriffe — bei *Rauchgasrückführung* — können fühlbar verschleppt sich auf die Heizfläche auswirken. Verhältnismäßig verzögerungsarm sind dagegen Regeleingriffe durch *Rauchgasumführung*. In diesem Falle ist wiederum das Stellverhalten praktisch durch das Beheizungs-Temperaturverhalten des Berührungsüberhitzers gegeben, wenn wieder von Nebenwirkungen über den Dampfstrom abgesehen wird. Bezüglich des Einflusses des letzteren auf den Regelablauf gilt übrigens dasselbe, wie zum Beispiel der Schwenkbrennerregelung bemerkt. — Die Grundlagen zur rechnerischen Untersuchung solcher Regelungen sind in Kap. 7 gegeben worden.

Es sei ganz allgemein nochmals auf die Möglichkeit hingewiesen, die beschriebenen Regelungsverfahren zu kombinieren; besonders die Regelverfahren mit Beeinflussung der Wärmeaufnahme werden gerne mit einer Einspritzregelung verknüpft, speziell bei Anlagen mit Zwischenüberhitzung.

d) Temperaturregelung von Zwischenüberhitzern. Im Prinzip sind alle die bisher beschriebenen Regelverfahren auch auf Zwischenüberhitzer anwendbar. Bei der Auswahl sind allerdings hier noch einige besondere Umstände zu berücksichtigen. So ist bei Zwischenüberhitzung meist konstante Austrittstemperatur des Dampfes bei kleinen Lasten nicht mehr nötig, ja oft gar nicht einmal erwünscht, da sonst der Abdampf überhitzt in den Kondenser strömt. — Ferner ist die Wahl des Regelverfahrens nicht ohne Einfluß auf den *Wärmeverbrauch der Anlage*; bei Einspritzregelung errechnet sich pro Prozent Einspritzwassermenge in den Zwischenüberhitzer eine Erhöhung des Wärmeverbrauches von 0,1 bis 0,15%. Es ist allerdings heute noch umstritten, ob diese Wirkungsgradeinbuße beim Vergleich voll einzusetzen ist, da den anderen Regelverfahren gewisse betriebliche Nachteile anhaften, die ihre rechnungsmäßige Überlegenheit illusorisch werden lassen können.

Die in den vorangehenden Abschnitten a), b) und c) besprochenen Regelschaltungen sind in sinngemäßer Abwandlung auch bei der Zwischenüberhitzer-Temperaturregelung anwendbar. Auch die Bemerkungen zur Dynamik dieser Regelungen bleiben grundsätzlich gültig. Es wird deshalb hier nicht nochmals darauf eingegangen. Es sollen im folgenden

11. Regelung der Arbeitsmitteltemperatur

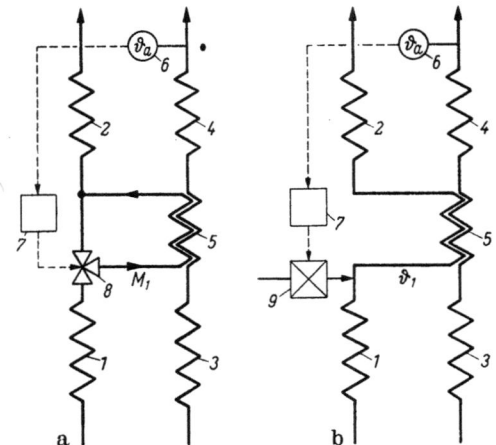

Abb. 11.38a u. b Temperaturregelung von Zwischenüberhitzern durch Wärmeaustausch zwischen Primärdampf- und Zwischendampfsystem
a) Eingriff auf den Primärdampf-Teilstrom M durch den Wärmeaustauscher; b) Eingriff auf die Primärdampf-Temperatur vor Wärmeaustauscher durch Einspritzen

1 Primärüberhitzer 1; *2* Primärüberhitzer 2; *3* Zwischenüberhitzer 1; *4* Zwischenüberhitzer 2; *5* Wärmeaustauscher; *6* Thermostat; *7* Regler; *8* Dreiweg-Regelventil; *9* Einspritzventil

nur noch einige speziell für Zwischenüberhitzung entwickelte Regelschaltungen betrachtet werden.

Eine verlustarme Temperaturregelung des Zwischendampfstromes kann, neben der Beeinflussung der Beheizung, durch einen *Wärmeaustausch zwischen Primärdampf- und Zwischendampfsystem* erfolgen. Allfällig zuviel im Zwischenüberhitzer aufgenommene Wärme wird an den Überhitzerdampfstrom abgegeben oder umgekehrt ungenügende rauchgasseitige Beheizung durch Wärmeentzug aus dem Primärdampfsystem ergänzt. Die in Abb. 11.38a und b dargestellten Regelschaltungen zeigen zwei Möglichkeiten der Verwirklichung dieses Gedankens.

Bei Variante a) wird der Wärmestrom zwischen HD- und MD-System durch ein

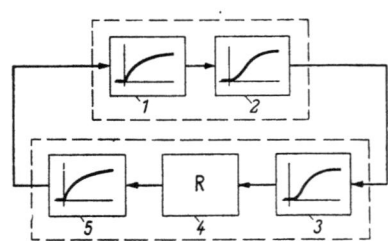

Abb. 11.39 Blockschema der Temperaturregelung eines Zwischenüberhitzers nach Abb. 11.38a

1 Wärmeaustauscher (Primärdurchfluß/Sekundär-Austrittstemperatur-Verhalten); *2* Zwischenüberhitzer 2 (Temperatur-Temperatur-Verhalten); *3* Thermostat; *4* Regler; *5* Stellorgan

Dreiwegventil *8* beeinflußt, das einen Teil des Primärdampfstromes durch den Wärmeaustauscher *5* leitet [20]. Das Stell-

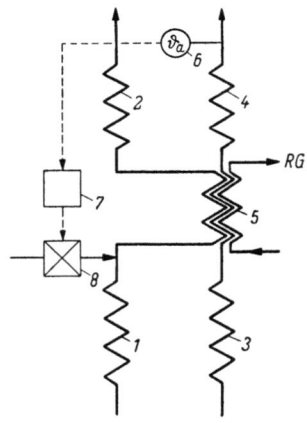

Abb. 11.40 Schema der Temperaturregelung eines Zwischenüberhitzers mit Dreistrom-Wärmeaustauscher (Triflux)

1 Primärüberhitzer 1; *2* Primärüberhitzer 2; *3* Zwischenüberhitzer 1; *4* Zwischenüberhitzer 2; *5* Triflux; *6* Thermostat; *7* Regler; *8* Einspritzventil

11.2 Schaltung und Dynamik von Temperaturregelungen

verhalten der Regelstrecke ist durch das Übertragungsverhalten des Wärmeaustauschers *5* und des nachfolgenden Zwischenüberhitzers *4* geprägt. Das dynamische Verhalten des Regelkreises wird durch ein Blockschema nach Abb. 11.39 beschrieben (die Blöcke *1* und *2* entsprechen dem Wärmeaustauscher *5* bzw. dem Zwischenüberhitzer *4* der Abb. 11.38a).

Bei Variante b) wird der Wärmestrom zwischen HD- und MD-System durch Eingriff in die Temperatur des HD-Dampfes gesteuert, im vorliegenden Fall durch Einspritzkühlung im HD-System.

Eine originelle Lösung ist die in Abb. 11.40 gezeigte Regelschaltung, bei der im sog. *Dreistrom-Wärmeaustauscher* (Triflux) der Zwischendampfstrom sowohl mit dem HD-Dampf als auch mit dem Rauchgas in Wärmeaustausch steht [*18, 20*]. Die „Triflux"-Heizfläche ist im Berührungsteil des Kessels angeordnet und läßt bei richtiger Plazierung schon ohne Regeleingriff eine weitgehende Abstimmung der Wärmeströme auf Primär- und Zwischenüberhitzer erreichen. Die Einrichtung wird indessen normalerweise noch durch eine von der Zwischenüberhitzer-Endtemperatur geregelte Wassereinspritzung in den HD-Dampfstrom vor „Triflux" ergänzt. Auch eine Beeinflussung des HD-Dampfstromes ähnlich der in Abb. 11.38a gezeigten Lösung ist hier möglich. Bezüglich des dynamischen Verhaltens dieser Regeleinrichtung gilt ähnliches, wie zur Schaltung nach Abb. 11.38a bemerkt.

Literatur zu Kapitel 11

[*1*] VORKAUF, H.: Das Mitreißen von Wasser aus dem Dampfkessel. VDI-Forschungsheft 341 (1931) S. 5ff.

[*2*] RICHARDSON, E. G.: Evaporation of a liquid drop into a gas stream. General Discussion on Heat Transfer, 11.—13. Sept. 1951, S. 66—68 (Publ. Inst. of Mech. Eng.).

[*3*] BROWN, G.: Heat Transmission by Condensation of Steam on a Spray of Water Drops. General Discussion on Heat Transfer, 11.—13. Sept. 1951, S. 49—52 (Publ. Inst. of Mech. Eng.).

[*4*] DOLEŽAL, R.: Heißdampf-Temperaturregelung durch Einspritzen. Mitt. Ver. Großkesselbes. (1954) H. 32, S. 345—353.

[*5*] TROESCH, A.: Die Zerstäubung von Flüssigkeiten. Chemie-Ing.-Techn. 26 (1954) S. 311—320.

[*6*] BURKHARDT, R.: Die Verfahren zur Regelung der Heißdampftemperatur bei Dampferzeugern. BWK 7 (1955) Nr. 7, S. 317—321.

[*7*] DOLEŽAL, R.: Bekämpfung der Wärmeträgheit der Hochdruck-Hochtemperatur-Überhitzer. Mitt. Ver. Großkesselbes. (1956) Nr. 43, S. 275—283.

[*8*] SKROTZKY, B. G. A.: Supercritical pressure: A new control problem. Power 103 (1959) Nr. 4, S. 63—68.

[*9*] WESTHOFF, G.: Heißdampftemperaturregelung bei Zwangdurchlauf-Dampferzeugern. BWK 8 (1956) Nr. 8, S. 387—391.

[*10*] BROHM, E. W.: Rauchgasregelzüge zur Temperaturregelung bei Dampferzeugern. BWK 9 (1957) Nr. 11, S. 533—537.

[11] HUFNAGEL, S.: Untersuchung der Vorgänge in einem Dampfumformventil. BWK 9 (1957) Nr. 5, S. 233—238.
[12] NUBER, K.: Versuche zur Regelung der Dampftemperatur und der Feuerungsleistung. BWK 9 (1957) Nr. 11, S. 537—540.
[13] ROSAHL, O.: Regelung der Dampftemperatur durch Rauchgasklappen. BWK 9 (1957) Nr. 11, S. 531—533.
[14] SAMAL, E.: Grundsätzliches zur Regelung von Dampferzeugern. AEG-Mitt. 47 (1957) Nr. 9/10, S. 353—369.
[15] ZWETZ, H., u. D. ERNST: Untersuchung der Frischdampftemperatur-Regelung bei Dampferzeugern mit einem Analogrechner. BWK 10 (1958) Nr. 8, S. 353 bis 361.
[16] PROFOS, P.: Dynamik der Überhitzerregelung. Regelungstechnik 6 (1958) Nr. 7, S. 239—246.
[17] SCHMIDT, E.: Einführung in die technische Thermodynamik, 8. Aufl. Berlin/Göttingen/Heidelberg: Springer 1960.
[18] DIETHELM, M.: Die Regelung von Sulzer-Einrohrdampferzeugern mit Zwischenüberhitzung. BWK 11 (1959) Nr. 1, S. 3—7.
[19] FISCHER, A.: Der heutige Stand der Bensonkessel-Regelung. Siemens-Z. 33 (1959) Nr. 3, S. 109—115.
[20] LOBSCHEID, H.: Überhitzer- und Zwischenüberhitzerregelung. Techn. Mitt., Essen 52 (1959) Nr. 5, S. 195—200.
[21] DOLEŽAL, R.: Hochdruck-Heißdampf, 1. Aufl. Essen: Vulkan.
[22] ANDREW, J. D., A. M. FREUDBERG u. P. M. KOCH: Rauchgasrückführung und ihr Einfluß auf den Entwurf und den Betrieb eines Dampfkessels. Arch. Energiewirtsch. 13 (1959) Nr. 24, S. 990—1003.

12. Regelung des Arbeitsmitteldruckes im Zusammenhang mit dem Arbeitsmittelstrom

Die Regelung des Druckes des strömenden Arbeitsmittels ist eine Aufgabe, die in jeder Dampfanlage in mancherlei Formen auftritt. Die große Zahl der verschiedenen praktisch vorkommenden Druckregelungen läßt sich in zwei Gruppen einordnen, die sich im allgemeinen klar auseinanderhalten lassen: In eine erste Gruppe von Regelungen, bei welcher der Regeleingriff in einer direkten Beeinflussung des *Arbeitsmittelstromes* — durch Drosselung oder durch Ändern der Förderung einer Pumpe usw. — besteht, und in eine zweite Gruppe, bei der der Regeleingriff auf die *Beheizung* erfolgt und damit indirekt der Arbeitsmittelstrom beeinflußt wird. Die erste Gruppe umfaßt damit alle Regelungen an unbeheizten Systemen, wie etwa an Gas-, Wasser- oder Dampfnetzen, ferner auch die Druckhalteregelung an Kesseln, sofern damit nicht ein Regeleingriff in die Feuerungseinrichtung verbunden ist. Auch die Druckregelung in Speichern, Entgasern usw. ist dieser Gruppe zuzuordnen. Zur zweiten Gruppe gehören dagegen vor allem die Formen der Druck-Leistungsregelung von Kesseln bzw. Dampfanlagen, wobei u. U. Regelungen nach Gruppe 1 als Hilfsregelkreise dem Hauptregelkreis angegliedert und untergeordnet sein können.

12.1 Regelung des Arbeitsmitteldruckes durch direkte Beeinflussung des Arbeitsmittelstromes

12.1.1 Druck- und Durchflußregelung von Luft, Brenn- und Rauchgas

Es wurde schon in Kap. 1 darauf hingewiesen, daß bei jedem feuerbeheizten Kessel Luft- und Rauchgasstrom einerseits der verlangten Feuerleistung anzupassen, andererseits so aufeinander abzustimmen sind, daß der Gasdruck in der Brennkammer den gewünschten Wert aufweist.[1] Daraus ergeben sich zwei Regelaufgaben: Die erste, das Einregeln des Zustromes der *Verbrennungsluft* nach Maßgabe der verlangten Feuerleistung, ist meist die einer Durchflußregelung mit veränderlicher Führungsgröße. Die zweite ist die einer Druckregelung mit Regeleingriff auf den *Gasabstrom*, wobei fast immer mit festem Sollwert gearbeitet wird.

a) **Regelung des Verbrennungsluftstromes.** In den meisten Fällen wird die Verbrennungsluft aus einem Raum konstanten Druckes (Atmosphäre) angesaugt und durch das Gebläse durch Lufterhitzer und Kanäle zur Feuerungseinrichtung — Rost oder Brenner — gefördert. Luvo und Kanäle stellen dabei nur lastabhängige, sonst aber feste Strömungswiderstände dar. Die Feuerungseinrichtung dagegen weist oft noch Drosselorgane auf, die den Druckabfall von äußeren Eingriffen abhängig machen können (z. B. Zonenklappen an Rosten). Der Regeleingriff erfolgt bei kleineren Kesseln vielfach auf Drosselklappen im Luftweg; bei größeren Anlagen wird häufig im Hinblick auf die Antriebsleistung die Drehzahl des Gebläses oder die Stellung der Leitschaufelung dem Einfluß der Stellgröße unterworfen. — Die sich so ergebenden Regelanlagen entsprechen daher in vielen Fällen einer der in Abb. 12.1 gezeigten beiden Anordnungen. Regelgröße ist hier der *Luftstrom*, der als Druckdifferenz gemessen wird. Als Wirkdruckgeber dient dabei oft ein im Luftkanal eingebauter Venturieinsatz oder ein PRANDTL-Staurohr; mitunter wird auch der allerdings gewisse Fehlerquellen enthaltende Druckverlust des Luftvorwärmers als Regelgröße benützt.

Bei diesen Regelanordnungen wird der gewünschte Luftstrom durch entsprechendes Verstellen des Sollwertes erreicht; die Regelung hat damit im wesentlichen unter dem Einfluß der veränderlichen Führungsgröße zu arbeiten, während Störungen, z. B. ausgelöst durch Eingriff in die Einstellklappen an der Feuerungseinrichtung, verhältnismäßig selten sind.

Bei manchen Brennerfeuerungen wird andererseits der Luftquerschnitt der Feuerleistung entsprechend angepaßt, und es ist dann eine

---

[1] Eine Ausnahme machen Kessel mit „Druckfeuerung", bei denen der Rauchgasfluß dem Luft-Brennstoff-Zustrom zwangsläufig angepaßt wird.

konstante Druckdifferenz am Brenner anzustreben. Unter sinngemäßer Verlegung des Meßortes gelten die in Abb. 12.1 gezeigten Anordnungen

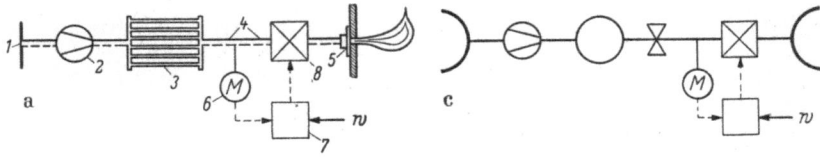

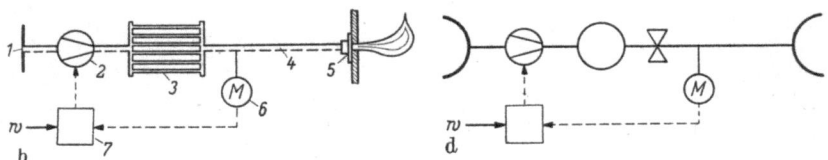

Abb. 12.1 a—d Typische Regelanordnungen für die Durchflußregelung von Verbrennungsluft oder Brenngas
a) Anordnung mit Drosselregelung; b) Anordnung mit Drehzahl- oder Leitschaufelverstellung; c) und d) Ersatzsysteme zu a) bzw. b)
1 Ansaugstelle; *2* Gebläse; *3* Vorwärmer; *4* Leitung; *5* Brenner; *6* Durchfluß-Meßorgan; *7* Regler; *8* Drosselorgan
Bezüglich der Bedeutung der Symbole der Ersatzsysteme siehe auch Kap. 3

auch für diesen Fall, wobei allerdings die Regelung hier meist mit festem Sollwert arbeiten kann. Mitunter wird der Brennkammerdruck als Fest-

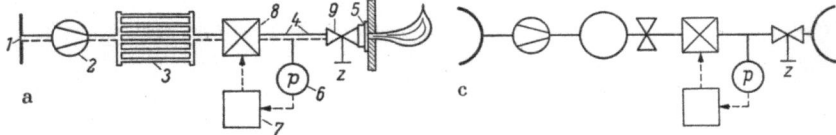

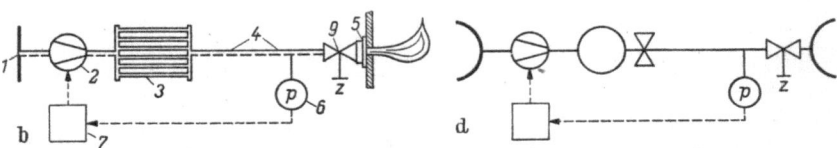

Abb. 12.2 a—d Typische Regelanordnungen für die Druckregelung im Luft- oder Brenngasstrom
a) Drosselregelung; b) Drehzahl- oder Leitschaufelverstellung; c) und d) Ersatzsysteme zu a) bzw. b)
1 Ansaugstelle; *2* Gebläse; *3* Vorwärmer; *4* Leitung; *5* Brenner; *6* Druck-Meßorgan; *7* Regler; *8* Drosselorgan; *9* Einstellorgan am Brenner

wert betrachtet und als Regelsignal lediglich der Luftdruck vor Brenner herangezogen. Dieser Lösung entsprechen die in Abb. 12.2 dargestellten Regelanordnungen.

12.1 Regelung durch direkte Beeinflussung des Arbeitsmittelstromes

Für die rechnerische Untersuchung des dynamischen Verhaltens solcher Regelungen wird insbesondere auf Kap. 3 verwiesen. Bei nicht zu hohen Ansprüchen an die Genauigkeit kann im übrigen der Rechnung ein vereinfachtes Ersatzsystem zugrunde gelegt werden. Die in den Abb. 12.1 und 12.2 angegebenen entsprechenden Schemas leisten dabei oft gute Dienste.

Die Regelstrecke zeigt normalerweise ein günstiges, ausgesprochen statisches Verhalten, so daß mit einem I-Regler sehr gute Ergebnisse erzielt werden. Nur ausnahmsweise dürfte PI- oder P-Verhalten angezeigt sein.

b) Regelung des Brennkammerdruckes bzw. des Rauchgasstromes.
Bei dieser Regelaufgabe ist kennzeichnend, daß der Gaszustrom zum

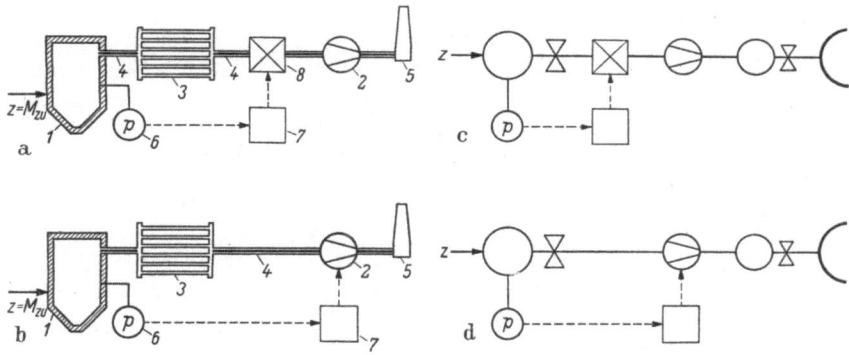

Abb. 12.3 a—d Typische Regelanordnungen für die Regelung des Brennkammerdruckes bzw. des Rauchgasstromes
a) Drosselregelung; b) Drehzahl- oder Leitschaufelverstellung; c) und d) Ersatzsysteme zu a) bzw. b)
1 Brennkammer; *2* Rauchgasgebläse; *3* Berührungsheizfläche; *4* Rauchgaskanal; *5* Kamin; *6* Druck-Meßorgan; *7* Regler; *8* Drosselorgan

System von der Feuerung her aufgezwungen und als Hauptstörgröße zu betrachten ist. Die Regelung hat daher den durch den Rauchgasventilator geförderten Gasfluß diesem Zustrom dauernd anzupassen. Regelgröße ist fast immer der an passender Stelle gemessene *Brennkammerdruck* bzw. die korrespondierende Druckdifferenz gegen Atmosphäre. Als Mittel für den Regeleingriff kommen dieselben wie bei der Luftstromregelung in Betracht. Abb. 12.3 zeigt die entsprechenden grundsätzlichen Regelanordnungen.

Bezüglich der Berechnung des Regelverhaltens gilt das im vorangehenden Abschnitt Gesagte, wobei auch hier auf Kap. 3 zu verweisen ist. Für die meisten Fälle werden dabei mit den in Abb. 12.3 schematisch angegebenen, vereinfachten Ersatzsystemen ausreichend genaue Resultate erhalten.

Die Regelstrecke zeigt, ähnlich zur Luftstromregelung, ebenfalls meist gutartiges Verhalten, und auch hier ist im allgemeinen der I-Regler der gegebene Typ. Nur in besonders ungünstigen Fällen muß zum PI-Regler gegriffen werden.

Da die Stellorgane, insbesondere Klappen, hier der Verschmutzung und der Korrosion sowie Temperaturwechseln stark ausgesetzt sein können, empfiehlt es sich, das Arbeitsvermögen der Stellmotoren entsprechend reichlich auszulegen. Die strömungstechnisch bedingten Kräfte an diesen Elementen sind meist viel kleiner als die im praktischen Betrieb auftretenden mechanischen Widerstände.

c) **Regelung des Brenngasstromes.** Bei gasgefeuerten Kesseln muß der Brenngasstrom laufend zugemessen werden, in ähnlicher Weise, wie dies für den Luftstrom allgemein gilt. Oft wird das Gas aus einem Vorratsbehälter (Gasometer) entnommen, in dem praktisch konstanter Druck herrscht, und durch ein Gebläse zum Brenner gefördert. Es liegen dann für die Regelung weitgehend gleichartige Verhältnisse vor wie für die Luftstromregelung, und es gilt daher das unter Abschn. a) Gesagte auch für diesen Fall.

Bei Entnahme des Gases aus einer Druckgasleitung erfolgt vielfach vor dem Brenner eine Entspannung über ein Drosselorgan oder eine Entspannungsturbine, wobei dieser Vorgang für die Regelung des Durchflusses benützt werden kann. Regeltechnisch liegen dann ähnliche Bedingungen wie bei der Druckregelung von Dampfnetzen vor, und es wird daher auf den entsprechenden Abschn. 12.1.3 verwiesen.

12.1.2 Druck- und Durchflußregelung von Wasser und flüssigen Brennstoffen

Die Regelung von Druck oder Durchfluß flüssiger Medien ist in der Dampfanlage ebenfalls eine oft auftretende Aufgabe. Besonders für Wasser stellt sie sich in jeder Anlage, bei ölgefeuerten Kesseln auch für Druckhaltung und Zumessung des Brennstoffes.

a) **Druck- und Durchflußregelung von Wasser.** Auf die reine Druckregelung in einem Wassernetz wird hier nicht eingegangen. Abgesehen von besonderen Fällen ist dies meist eine Regelaufgabe von untergeordneter Bedeutung, die zugleich kaum technische Schwierigkeiten bietet, jedenfalls nicht solche regeldynamischer Art.

Bedeutungsvoller ist dagegen die *Durchflußregelung*, besonders im Zusammenhang mit der Speiseregelung von Kesseln, indem dort vielfach die Aufgabe gestellt ist, am Speiseregelventil einen konstanten Wirkdruck (und damit bei festem Ventilquerschnitt einen festen Durchfluß) einzuhalten. Die Aufgabe kann durch entsprechendes Drosseln in einem besonderen Ventil (vgl. Abb. 12.4a) oder, mit geringeren Leistungsverlusten, auch durch Einwirken auf die Drehzahl der Speisepumpe

12.1 Regelung durch direkte Beeinflussung des Arbeitsmittelstromes

gelöst werden (Abb. 12.4b). Das Stellverhalten der Regelstrecke ist meist ausgesprochen statisch, d. h., der Einfluß des Strömungsdruckabfalles herrscht gegenüber dem Effekt der Trägheit der bewegten Massen stark vor. Daher lassen sich mit einem I-Regler normalerweise die gewünschten Regeleigenschaften erreichen. Bei Regeleingriff auf die Pumpendrehzahl ist allerdings, mit Rücksicht auf das Übertragungsverhalten der Pumpe mit ihrem Antrieb, oft ein PI-Regler zweckmäßiger, besonders wenn der Motor an den Drehzahländerungen teilnimmt. Bei mehreren nebeneinanderlaufenden Pumpengruppen wird vielfach, um den Parallel-Lauf sicher zu beherrschen, eine Kaskadenregelung angewendet, wobei das Regelsignal des Druckdifferenzreglers auf die Drehzahl-Verstellvorrichtung der Drehzahlregelung der Pumpengruppe einwirkt (vgl. Abb. 12.4c). Mit einer solchen Anordnung wird auch die Verteilung der Belastung (Vertrimmen) erleichtert.

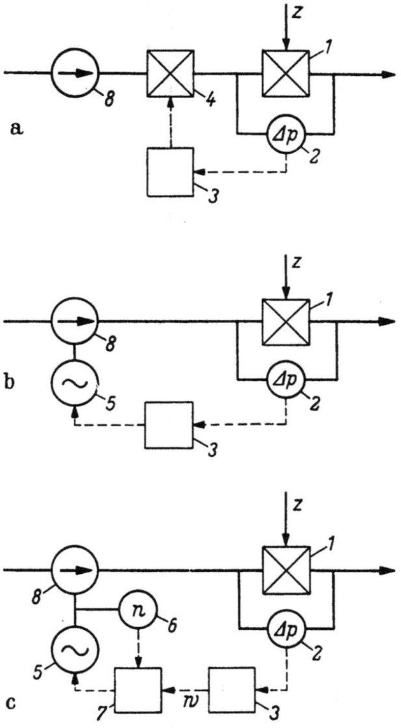

An die Stelle des Einstellventils *1* kann, sofern dies insbesondere mit Rücksicht auf den Kessel möglich ist, auch ein fester Meßeinbau (Meßdüse, Venturirohr usw.) treten. Der gewünschte Durchflußwert wird dann als Führungsgröße auf den Durchflußregler *3* eingegeben.

Abb. 12.4a—c Regelanordnungen der Durchfluß- bzw. Druckdifferenzregelung von Wasser
a) Drosselregelung; b) Drehzahlverstellung; c) Kaskadenregelung mit Eingriff des Primärregelsignals auf den Sollwert der Drehzahlregelung
1 Einstellventil (z. B. Speiseregelventil); *2* Druckdifferenz-Meßorgan (Wirkdruck); *3* Druckdifferenzregler; *4* Drosselventil; *5* Drehzahlverstellbarer Pumpenantrieb; *6* Drehzahl-Meßorgan; *7* Drehzahlregler; *8* Pumpe

Das Übertragungsverhalten der Elemente solcher Regelkreise läßt sich auf Grund der in Kap. 3 und 9 gegebenen Grundlagen ohne besondere Schwierigkeit ermitteln und damit auch die Regeleigenschaften. Es sei daher auf eine eingehendere Behandlung verzichtet.

b) Druck- und Durchflußregelung von Brennöl. Bei der Regelung des Brennölstromes liegen ähnliche regeldynamische Verhältnisse vor wie bei Wasser. Infolge der erheblich größeren Zähigkeit des Strömungsmittels werden indessen hier in der Regel anstelle von Zentrifugal-

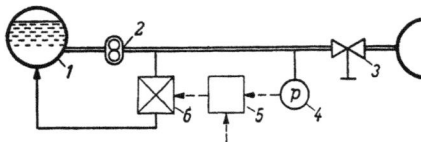

Abb. 12.5 Prinzipschema einer Brennöldruck- oder Durchflußregelung
1 Behälter; *2* Verdrängungspumpe; *3* Einstellventil (entfällt bei Durchflußregelung); *4* Druck- bzw. Durchfluß-Meßorgan; *5* Regler; *6* Rücklaufventil

pumpen volumetrische Pumpen verwendet (Schrauben-, Zahnrad-, Kolbenpumpen usw.). Ein Regeleingriff durch Drosseln im Hauptstrom ist damit nicht brauchbar. Andererseits ist ein Beeinflussen der Drehzahl hier wegen der relativ kleinen Leistungen meist zu aufwendig. Deshalb wird im allgemeinen ein Rücklaufzweig angeordnet, und die Regelung wirkt auf das in dieser Leitung liegende Drosselventil ein (vgl. Abb. 12.5). Der I-Regler ist dabei normalerweise der gegebene Reglertyp.

12.1.3 Druck- und Durchflußregelung von Dampf

Die Bedingungen, unter denen Druck oder Durchfluß in einem von Dampf durchströmten Anlageteil geregelt werden sollen, sind außerordentlich vielfältig. Die meisten Anwendungsfälle lassen sich indessen auf eines der nachstehend behandelten typischen Beispiele zurückführen.

a) Druckregelung von Dampfnetzen. Fast immer erfolgt bei der Regelung eines Dampfnetzes der Regeleingriff entweder auf den Dampf*zustrom* oder auf den *Abstrom*. Die Fälle, wo eine simultane Regelwirkung auf beide vorliegt, sind selten, so daß hier nicht darauf eingegangen werden soll. Mit der reinen Zustrom- oder Abstromregelung sind nun im allgemeinen Anordnungen verbunden, die sich im Prinzip auf die in Abb. 12.6a bzw. b dargestellten Grundschaltungen zurückführen lassen. Diese sind durch folgende Merkmale gekennzeichnet.

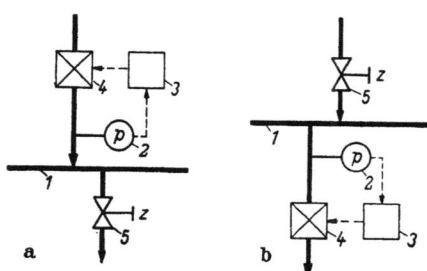

Abb. 12.6a u. b Prinzipschaltungen der Netzdruckregelung
a) Zuflußregelung; b) Abflußregelung
1 geregeltes Netz; *2* Druck-Meßorgan; *3* Regler; *4* Regelventil; *5* Einstellventil

In beiden Fällen wird der Dampf aus einem System vergleichsweise sehr großer Kapazität (Kessel, Speicher, Behälter usw.) entnommen und unter Verminderung des Druckes in das unter der Kontrolle der Regelung stehende Netz übergeleitet. In beiden Fällen wird auch aus diesem Netz der Dampf an einen oder mehrere Verbraucher abgegeben, deren Kapazität wiederum gegenüber derjenigen des Netzes stark überwiegt.

Dagegen sind *Regel-* und *Hauptstörort* in diesen beiden Fällen vertauscht. Im Fall der Zuflußregelung sind die hauptsächlichsten Störungen durch Änderungen des Dampfkonsums der am Netz hängenden Verbraucher verursacht; bei der Abflußregelung sind sie durch den schwankenden, dem Netz aufgeprägten Zustrom gegeben. Natürlich können daneben noch andere Störungen auftreten, wie beispielsweise bei der Zuflußregelung durch veränderlichen Druck vor dem Regelventil.

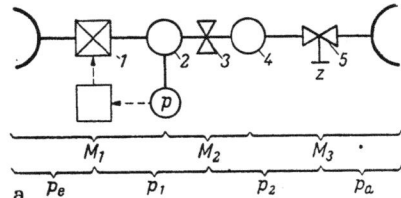

Für viele Fälle genügt es, bei der Untersuchung des Regelverhaltens solcher Anordnungen von einem vereinfachten Ersatzsystem auszugehen, wie es für die Zuflußregelung durch Abb. 12.7a, für die Abflußregelung durch Abb. 12.7b schematisch dargestellt ist. Deren Durchrechnung, unter Benützung der in Kap. 3 und 9 abgeleiteten Beziehungen für das Verhalten der einzelnen Elemente, bietet keine besonderen Schwierigkeiten und soll daher hier nur kurz skizziert werden.

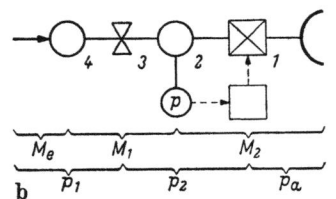

Abb. 12.7a u. b Einfache Ersatzsysteme für die Regelstrecke
a) Zuflußregelung; b) Abflußregelung
Bezüglich der Bedeutung der Symbole vgl. auch Kap. 3

Aus der sinngemäßen Anwendung der Gln. (3.53) — Speicherwirkung, (3.64) — Wirkung des konzentriert gedachten Strömungsdruckabfalles im Netz, (3.66) — Wirkung des Einstellventils am Verbraucher und (3.70) — Wirkung des Regelventils ergeben sich für unsere beiden Fälle die Beziehungen (Bezeichnungen s. Abb. 12.7)

Zuflußregelung

$$-\Delta p_1 = a_R \Delta M_1 - b_R \Delta A_R \quad \text{(Regelventil)}$$

$$\Delta M_1 - \Delta M_2 = \frac{\overline{M}}{\overline{p}} T_1 \Delta p_1' \quad \text{(Speicher 1)}$$

$$\Delta p_1 - \Delta p_2 = a_L \Delta M_2 \quad \text{(Leitung)}$$

$$\Delta M_2 - \Delta M_3 = \frac{\overline{M}}{\overline{p}} T_2 \Delta p_2' \quad \text{(Speicher 2)}$$

$$\Delta p_2 = a_V \Delta M_3 - b_V \Delta A_V \quad \text{(Einstellventil)}$$

$(\Delta A_V$ Störgröße$)$

Abflußregelung

$$\Delta M_e - \Delta M_1 = \frac{\overline{M}}{\overline{p}} T_1 \Delta p_1' \quad \text{(Speicher 1)}$$

$$\Delta p_1 - \Delta p_2 = a_L \Delta M_1 \quad \text{(Leitung)}$$

$$\Delta M_1 - \Delta M_2 = \frac{\overline{M}}{\overline{p}} T_2 \Delta p_2' \quad \text{(Speicher 2)}$$

$$\Delta p_2 = a_R \Delta M_2 - b_R \Delta A_R \quad \text{(Regelventil)}$$

(ΔM_e Störgröße)

Diese Gleichungen sind für über- und unterkritische Gefälle im Regelventil gültig, es sind lediglich für die Koeffizienten a_R und b_R die entsprechenden Werte einzusetzen (s. Kap. 3). Neben diesen die

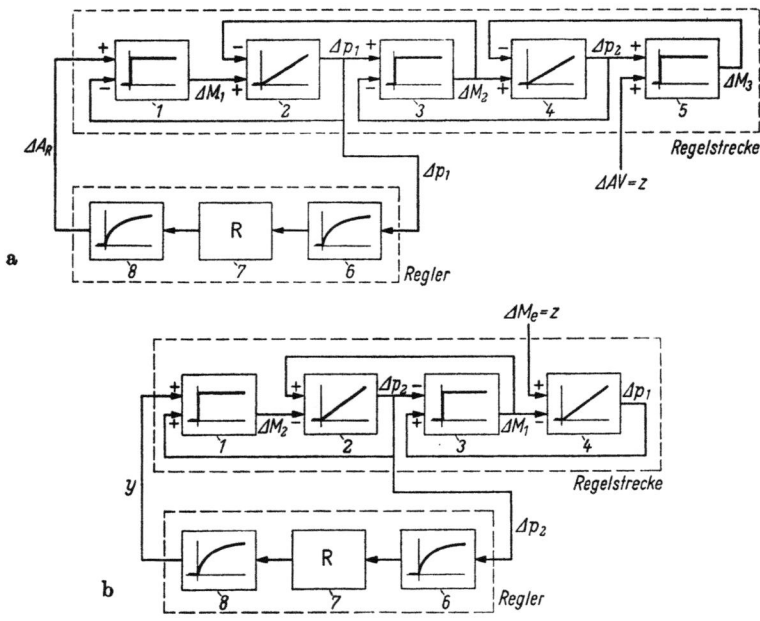

Abb. 12.8a u. b Blockschemata der Regelungen entsprechend Abb. 12.7a bzw. b
a) Zuflußregelung; b) Abflußregelung
1 Regelventil; *2, 4* Speicherelemente; *3* Strömungsdruckabfall in der Leitung; *5* Einstellventil; *6* Druck-Meßorgan; *7* Regler; *8* Stellmotor
(Die Numerierung der Elemente entspricht derjenigen in Abb. 12.7.)

Regelstrecke beschreibenden Beziehungen ist noch das Übertragungsverhalten des Meßorgans, des Reglers und des Stellmotors zu formulieren.

Stellt man die hierdurch gegebenen Zusammenhänge im Blockschema dar, so ergeben sich für die beiden Fälle die Signalflußbilder

12.1 Regelung durch direkte Beeinflussung des Arbeitsmittelstromes

nach Abb. 12.8a bzw. b. In den gestrichelt gezeichneten Rechtecken sind jeweils oben die Elemente der Regelstrecke, unten die der Regeleinrichtung zusammengefaßt. Die Darstellung der Regelstrecke macht dabei die Kette der gekoppelten Wirkungskreise in diesen Systemen deutlich. (Die Bezeichnungen entsprechen Abb. 12.7.)

Besonders bei nahe am Regelorgan liegendem Meßort ist das Stellverhalten der Regelstrecke wiederum ausgeprägt statisch, weshalb I-Regler in den meisten Fällen angezeigt sind. Nur bei ausgesprochenem Schwachlastbetrieb ergeben sich gelegentlich damit Stabilitätsschwierigkeiten. Sie können durch einen PI-Regler in jedem Falle behoben werden.

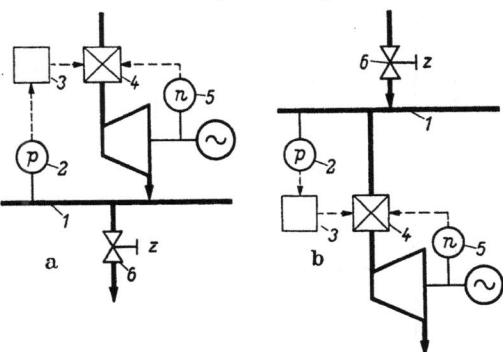

Abb. 12.9 a u. b Prinzipschaltungen der Netzdruckregelung über Entspannungsmaschinen
a) Zuflußregelung; b) Abflußregelung
1 geregeltes Netz; *2* Druck-Meßorgan; *3* Regler; *4* Einlaßventil der Maschine; *5* Drehzahlsicherung der Maschine; *6* Einstellventil

Oft tritt an die Stelle des Drosselventils als Regelorgan eine Entspannungsmaschine, wofür vor allem Gegendruckturbinen, seltener Dampfmotoren, eingesetzt werden. Es ergeben sich dann die durch die Abb. 12.9a und b dargestellten Grundanordnungen. Ihr Regelverhalten weicht unter sonst gleichartigen Bedingungen von dem eben behandelten nur insofern ab, als die Regelung der Maschine zugleich die Drehzahl kontrollieren und daher auch mit Rücksicht darauf ausgelegt sein muß. Es sei in diesem Zusammenhang auf Kap. 8 verwiesen.

Mitunter findet man Kombinationen beider Möglichkeiten in der Art der in Abb. 12.10 gezeigten Schaltung. Die beiden Regelventile arbeiten dabei meist gestaffelt, wobei im Interesse möglichst hoher Energieausbeute zunächst

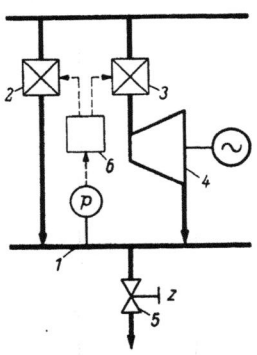

Abb. 12.10 Kombinierte Netzdruckregelung

1 geregeltes Netz; *2* Drosselventil; *3* Einlaßventil der Entspannungsmaschine; *4* Entspannungsmaschine; *5* Einstellventil (Verbraucher); *6* Regler

die Maschine voll ausgefahren wird, bevor das Drosselventil öffnet. Eine solche Anordnung erlaubt bei entsprechend ausgelegten Ventilen nebenbei auch ein Stillegen der Maschine während des Betriebes der übrigen Anlageteile.

278   12. Regelung des Arbeitsmitteldruckes

Nicht selten ist der Druck in *mehreren* untereinander in Verbindung stehenden *Netzen* zu regeln. Abb. 12.11 a und b zeigen entsprechende Prinzipschaltungen für Zufluß- bzw. Abflußregelung. Grundsätzlich liegen hierbei *Mehrfach-Regelsysteme* vor, da eine gegenseitige Kopplung der Regelstrecken besteht. Damit ist die Möglichkeit des wechselseitigen Aufschaukelns der beiden Regelungen gegeben. Da aber fast immer sehr gut gedämpfter Regelablauf ohne weiteres erreichbar ist, wird auch die Gefahr gering, daß solche Störungen auftreten. Besondere Maßnahmen sind deshalb im allgemeinen nicht notwendig. Dementsprechend ist auch meist eine getrennte rechnerische Behandlung der beiden Regelungen in der weiter oben gezeigten Weise zulässig.

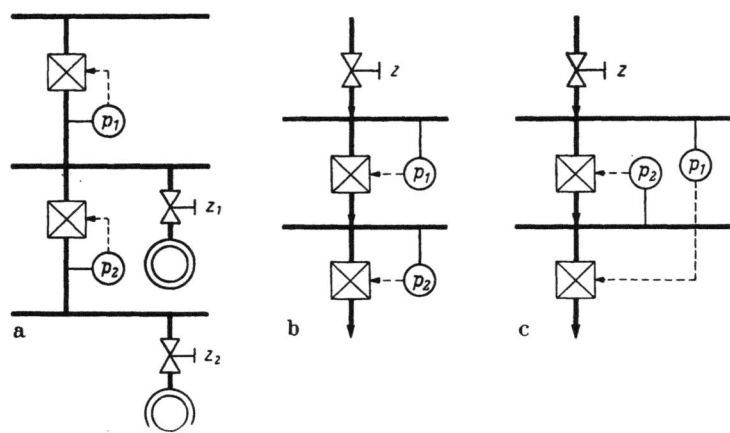

Abb. 12.11 a—c Druckregelung mehrerer verbundener Netze
a) Zuflußregelung; b) Abflußregelung; c) mittelbare Regelschaltung

Gefährdete Stabilitätsverhältnisse können sich indessen bei sog. *mittelbaren Regelschaltungen* ergeben, entsprechend der in Abb. 12.11 c gezeigten Anordnung [1]. Es ist daher ratsam, derartige Schaltungen wenn möglich zu vermeiden.

Die Regelaufgabe, in einem Dampfnetz einen bestimmten *Dampfstrom* aufrechtzuerhalten, tritt selten auf. Es wird daher hier darauf nicht besonders eingegangen.

Bei mehreren Netzen verschiedenen Druckes, die über Regelventile miteinander in Verbindung stehen, besteht bei Versagen der Regelung die Gefahr unzulässigen Druckanstieges. Den zuverlässigsten Schutz dagegen bieten ausreichend dimensionierte Sicherheitsventile. Das unerwünschte Blasen derselben kann aber oft durch geschickt gewählte Beeinflussung des Druckregelventils durch ein *Sicherungssignal* vermieden werden. Besonders angezeigt ist diese Maßnahme, wo die Abstromregelung eines Netzes den Dampf in ein ungeregeltes anderes Netz tieferen Druckes abgibt. Das vom Druck im ND-Netz abgeleitete Sicherungssignal wirkt dann als bevorzugter Impuls auf das Regelventil im Sinne des Schließens, wenn die ND-Dampfspannung einen bestimmten Grenzwert zu überschreiten droht.

b) Druckhalteregelung an Dampferzeugern — Vordruckregelung. Bei Dampferzeugern geringen Speichervermögens und zugleich träger Feuerungseinrichtung können bei schroffen, nachhaltigen Änderungen des Dampfverbrauches unerwünscht schnelle und große Druckschwankungen entstehen. In solchen Fällen wird oft einer besonderen *Druckhalteregelung* die Aufgabe überbunden, den Dampfdruck innerhalb zulässiger Grenzen zu halten. Unter der Wirkung dieser Regelung wird praktisch die Dampfabgabe der Erzeugung nachgeführt; es liegt also eine Abflußregelung vor.

Als Regelorgan kann ein zweckentsprechendes Drosselventil oder auch das Einlaßventil einer Entspannungsmaschine arbeiten. Im ersteren Falle liegt dann etwa eine Schaltung nach Abb. 12.12a vor, bei welcher der Regeleingriff auf die Dampfabgabe in ein Netz tieferen Druckes erfolgt. Dem zweiten Fall

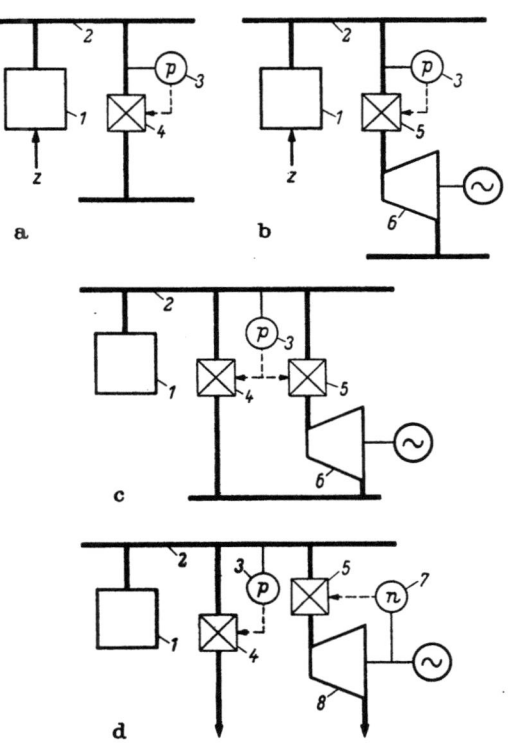

Abb. 12.12a—d Druckhalteregelung an Dampferzeugern
a) Drosselregelung; b) Vordruckregelung der Entspannungsmaschine; c) Kombination von Drossel- und Vordruckregelung; d) Drosselregelung (Bypass) zum Anfahren
1 Kessel; *2* Netz; *3* Druck-Meßorgan; *4* Drossel-Regelventil; *5* Einlaßventil; *6* Entspannungsmaschine; *7* Drehzahlregler; *8* Kondensationsturbine

entspricht beispielsweise eine Anordnung nach Abb. 12.12b, bei der die Turbine mit *Vordruckregelung* versehen ist. Mitunter ist auch die Kombination beider Varianten in derselben Anlage verwirklicht gemäß Abb. 12.12c, wobei das Vordruckregelventil *3* im Normalbetrieb arbeitet, beim Anfahren und Abstellen der Anlage und bei besonderen Betriebssituationen (in Industrieanlagen z. B. während des Überholens der

Maschinengruppe) das Druckhalteventil *4* (Bypass). Bei Hochdruckkraftwerken wird schließlich heute vielfach eine Anordnung nach

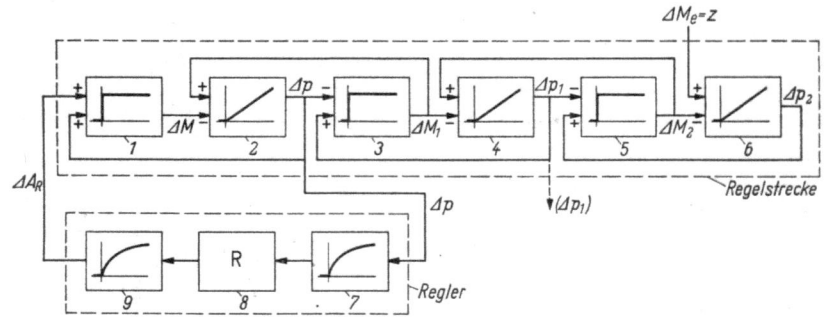

Abb. 12.13 Blockschema einer Druckhalteregelung
1 Regelventil; *2* Speichereinfluß der Frischdampfleitung; *3* Strömungsdruckabfall Frischdampfleitung; *4* Speicherwirkung Überhitzer; *5* Strömungsdruckabfall Überhitzer; *6* Speicherwirkung Verdampfer; *7* Druck-Meßorgan; *8* Regler; *9* Stellmotor

Abb. 12.12d gewählt, bei welcher die Druckhalteregelung aber selbstverständlich nur während der Anfahr- und Abstellperiode der Anlage in Betrieb steht.

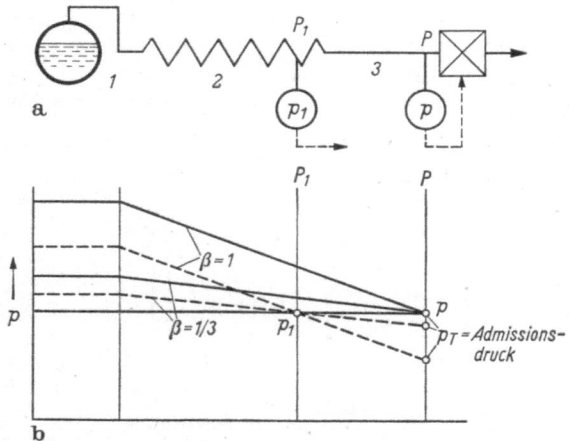

Abb. 12.14a u. b Einfluß der Lage des Meßorts (Gleichdruckpunkt) auf die Druckverteilung in Kessel und Dampfleitung bei verschiedener Belastung
a) Anlageschema; b) Druckverteilung
1 Verdampfer; *2* Überhitzer; *3* Dampfleitung
Die ausgezogenen Linien gelten für Gleichdruckpunkt P, die gestrichelten für P'.

Mit Rücksicht auf den Regelvorgang ist es günstig, den Meßort unmittelbar vor das Regelventil zu legen, wie wohl ohne weitere Erläuterung aus dem Blockschema Abb. 12.13 zu ersehen ist. Infolge der Wirkung des Strömungsdruckabfalles sind dabei Verdampfer- und

12.1 Regelung durch direkte Beeinflussung des Arbeitsmittelstromes

Überhitzerinhalt an dem raschen Regelvorgang kaum beteiligt und können jedenfalls für eine erste Abschätzung vernachlässigt werden. Steht indessen der Verlauf des Dampfstromes im Regelventil als Folge einer Beheizungsänderung in Frage, so müssen diese Speicherelemente selbstverständlich berücksichtigt werden (vgl. Abschn. 7.4).

Es gibt allerdings noch andere Gesichtspunkte für die Wahl des Meßortes als den eben erwähnten. Namentlich im Hinblick auf das Ausfahren rascher *Lastschwankungen* ist nämlich ein fester Wert des Admissionsdruckes p_T vor dem Regelventil nicht ohne weiteres erwünscht. Denn diese Regelungsart macht z. B. bei Lasterhöhung eine größere Änderung des Beharrungswertes des Druckes im Verdampfer erforderlich, als wenn der Gleichdruckpunkt im Überhitzer (p_1) oder gar im Verdampfer liegen würde (vgl. Abb. 12.14).

Besonders wenn das Regelsignal unmittelbar vor dem Regelventil entnommen wird, zeigt die Regelstrecke in praktisch jedem Fall so günstige Eigenschaften, daß der reine I-Regler vorzüglich arbeiten kann. Aus verschiedenen Gründen werden allerdings nicht selten auch Regler mit P- oder PI-Verhalten eingesetzt.

c) **Druckregelung in Speichern und Mischvorwärmern.** Die Aufgabe der Druckregelung stellt sich oft auch in Verbindung mit Speichern, Mischvorwärmern und anderen dampfbeheizten Apparaten. Bei Gefällespeichern ist hierbei das Speichervermögen des angeschlossenen Netzes aber immer vergleichsweise sehr viel kleiner als das des Speichers selbst. Deshalb kann der Regelvorgang im Netz allein betrachtet werden, wenn nicht das Regelsignal am Speicher selber abgenommen wird. Schaltungen, wie in Abb. 12.15 gezeigt, lassen sich damit auf die bereits behandelten Fälle zurückführen.

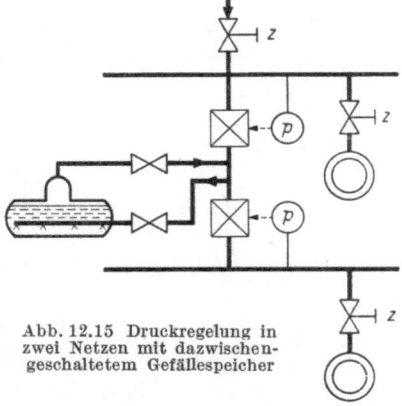

Abb. 12.15 Druckregelung in zwei Netzen mit dazwischengeschaltetem Gefällespeicher

Umgekehrt ist für den Fall der Signalabnahme am Speicher die Dynamik des Netzes meist von untergeordneter Bedeutung.

Bei Gleichdruckspeichern, Mischvorwärmern, Entgasern usw. wird oft die primär angestrebte *Temperaturregelung* auf eine bestimmte Siedetemperatur stellvertretend durch eine Druckregelung ausgeführt (vgl. Abb. 12.16a und b). Am Druckregler wird hierbei als Sollwert der mit der gewünschten Temperatur korrespondierende *Sattdampfdruck* eingestellt. Bekanntlich ist das Stellverhalten und damit das Regelverhalten bei diesem Verfahren meist wesentlich günstiger.

282   12. Regelung des Arbeitsmitteldruckes

Das Übertragungsverhalten der hier vorliegenden Regelstrecke ist im I. Teil des Buches nicht direkt behandelt worden; doch kann bei der Ableitung weitgehend auf die in Kap. 3 und 7 gemachten Überlegungen zurückgegriffen werden.

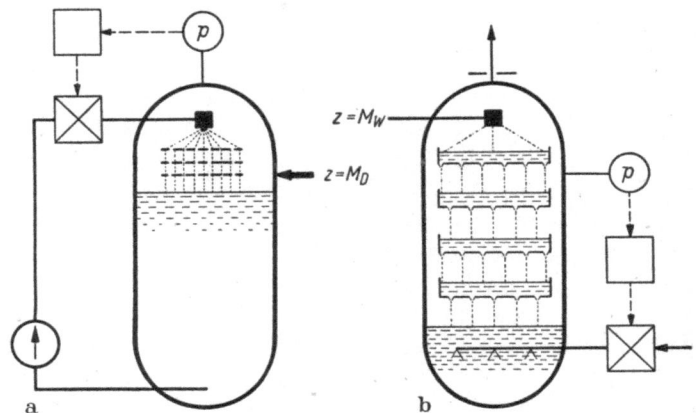

Abb. 12.16 a u. b Druckregelung in Systemen mit Mischkondensation
a) Druckregelung in einem Gleichdruckspeicher, mit Regeleingriff auf den Kaltwasserstrom;
b) Druckregelung in einem Entgaser, mit Regeleingriff auf den Heizdampfstrom

Die sich im Misch- und Kondensationsraum abspielenden Vorgänge können gedanklich in zwei Teilvorgänge zerlegt werden: Unter stationären Bedingungen tritt nur der eine davon, der *Kondensationsvorgang*, in Erscheinung. Bei Änderungen des Regimes, die Druckschwankungen zur Folge haben, macht sich außerdem die *speichernde Wirkung* des Dampfraumes bemerkbar.

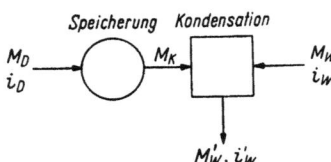

Abb. 12.17 Schema des Ersatzsystems bei Mischkondensation

Der Kondensationsvorgang kann als praktisch verzögerungsfrei betrachtet werden. Es gelten daher auch unter transitorischen Bedingungen die Beharrungsbeziehungen, die in Form der Wärme- und Stoffbilanz angeschrieben werden können (vgl. auch Abb. 12.17):

$$M_K i_D + M_W i_W = M_H i', \qquad (12.1)$$

$$M_K + M_W = M_H. \qquad (12.2)$$

Darin bedeuten:

M_W zugeführter Wasserstrom (unterkühlt),
M_K kondensierender Dampfstrom,
M_H Heißwasserstrom,
i_W Enthalpie des Kaltwassers,
i_D Enthalpie des Dampfes,
i' Enthalpie des Heißwassers (Siedezustand).

12.1 Regelung durch direkte Beeinflussung des Arbeitsmittelstromes

Für kleine Ausschläge findet man aus diesen Gleichungen durch Differentiation sofort, wenn i_W und i_D als unveränderlich angenommen werden

$$\Delta M_K i_D + \Delta M_W i_W = \bar{M}_H \Delta i' + \Delta M_H i', \qquad (12.3)$$

und

$$\Delta M_K + \Delta M_W = \Delta M_H. \qquad (12.4)$$

Durch Einsetzen von (12.4) in (12.3) folgt

$$\Delta M_K i_D + \Delta M_W i_W - (\Delta M_K + \Delta M_W) i' = \bar{M}_H \Delta i'$$

oder

$$\Delta M_K (i_D - i') - \Delta M_W (i' - i_W) = \bar{M}_H \Delta i'. \qquad (12.5)$$

Diese Gleichung gibt die Änderung der Enthalpie des Heißwassers, hervorgerufen durch Änderungen der *Kaltwasser-* oder der *Dampfzufuhr*, an. Nun weist das sich bildende Heißwasser, da es praktisch im thermodynamischen Gleichgewicht mit dem Heißdampf steht, Siedezustand auf, so daß mit der Enthalpieänderung $\Delta i'$ eine entsprechende Sattdampfdruckänderung Δp einhergeht. Zwischen diesen beiden Größen besteht der Zusammenhang

$$\Delta i' = \left(\frac{\partial i'}{\partial p}\right) \Delta p, \qquad (12.6)$$

wobei die Größe $\partial i'/\partial p$ aus der Dampftafel oder auch aus Abb. 4.5 entnommen werden kann. Damit läßt sich also für den *Kondensationsvorgang* schreiben

$$\Delta M_K (i_D - i') - \Delta M_W (i' - i_W) = \Delta p \left(\frac{\partial i'}{\partial p}\right) \bar{M}_H. \qquad (12.7)$$

Für den *Speichervorgang* gilt in Anlehnung an Gln. (3.40) und (3.53) (s. a. Abb. 12.17)

$$\Delta M_D - \Delta M_K = \frac{\bar{M}_D}{\bar{p}} T \Delta p', \qquad (12.8)$$

wobei sich die Zeitkonstante T nach Gl. (3.52) als „Füllzeit" des Dampfraumes berechnet. Eliminiert man aus (12.7) und (12.8) die nicht weiter interessierende Größe ΔM_K, so folgt

$$\Delta M_D (i_D - i') - \Delta M_W (i' - i_W) = \bar{M}_H \left(\frac{\partial i'}{\partial p}\right) \Delta p + \frac{\bar{M}_D}{\bar{p}} T (i_D - i') \Delta p'$$

oder

$$\Delta M_D - \Delta M_W \frac{i' - i_W}{i_D - i'} = \frac{\bar{M}_W}{(i_D - i')} \left(\frac{\partial i'}{\partial p}\right) \Delta p + \frac{\bar{M}_D}{\bar{p}} T \Delta p'. \qquad (12.9)$$

Diese Beziehung beschreibt das dynamische Verhalten der Regelstrecke, die sich als statisches System erster Ordnung erweist. Dabei kann je nach Fall der Dampfstrom M_D der Stellgröße, der Kaltwasserstrom M_W der Störgröße entsprechen (Abb. 12.16 b) oder umgekehrt (Abb. 12.16 a).

In Gl. (12.9) ist allerdings nicht berücksichtigt, daß bei *Druckabsenkung* der Heißwasservorrat als zusätzlicher Speicher wirken und die Zeitkonstante beträchtlich vergrößern kann. Diese Wirkung tritt um so stärker in Erscheinung, je größer die Druckabnahme ist, da so der Wasservorrat bis zu immer größerer Tiefe am Ausspeichervorgang teilnimmt. Kennzeichnend für diesen Vorgang ist, daß er nur bei Drucksenkung merklich wird, jedoch nicht bei Druckanstieg, da sich im letzteren Falle auf einen kälteren Wasserinhalt eine heißere Schicht stabil auflegt und der Temperaturausgleich in vertikaler Richtung dann — mindestens bei wenig bewegtem Inhalt — nur sehr langsam erfolgt.

Trotz dieses Einflusses hat die Regelstrecke meist ausgeprägt statischen Charakter, und es wird dementsprechend mit einem I-Regler günstiges Regelverhalten erzielt.

12.1.4 Druckminderung durch Drosselung

Der Regeleingriff bei Druckregelung erfolgt in der Mehrzahl der Fälle durch Drosselung des Arbeitsmittelstromes. Mit diesem Vorgang ist eine mehrfache Umsetzung von Energie verbunden, indem zunächst dem Arbeitsmittel im Drosselquerschnitt eine hohe Geschwindigkeit erteilt und die entsprechende kinetische Energie anschließend durch Verwirbelung in Wärme übergeführt wird. Bei großen Durchflußmengen und Druckdifferenzen kann dieser Energieumsatz erheblich sein, so etwa bei Speiseregelventilen von HD-Kesseln beim Anfahren und besonders bei Bypassventilen von Turbogruppen. Aber auch bei der Netzdruckregelung von Industrieanlagen liegen oft ähnliche Verhältnisse vor.

Insbesondere die mit dem Drosselvorgang verbundene ungeordnete Strömung kann nun zu unerträglich starken *Geräuschen* und nicht selten auch zu gefährlichen *Vibrationen* führen, wenn nicht beim Bau von Regelventil und Rohrleitungen entsprechende Vorkehren getroffen werden. Aus den Ergebnissen der an verschiedenen Stellen durchgeführten Untersuchungen [6, 9] lassen sich dafür die folgenden Hinweise entnehmen:

Die Energie der von der Drosselstelle ausgehenden Freistrahlen soll möglichst klein gehalten werden. Bei großen Ventilen ist dies durch Auflösen in mehrere Strahlen, z. B. durch gerillte Ventilkörper, zu erreichen. Dabei ist darauf zu achten, daß sich die Einzelstrahlen nicht wieder vereinigen. Der Ort beginnender Strahlablösung ist, etwa durch Anbringen von Abreißkanten, tunlichst zu fixieren. — Die Freistrahlen sollen resonanzfähige Bauelemente, wie Boden oder Wandung des Ventilgehäuses, nicht unmittelbar anblasen. Ferner scheinen sich Toträume vor dem Drosselquerschnitt sowie Raumkrümmer in der Zuleitung nachteilig auszuwirken.

12.2 Regelung des Dampfdruckes durch Beeinflussung der Beheizung

Günstige Auswirkungen sind durch der Drosselstelle nachgeschaltete Labyrinthe aus Lochscheiben, Kugelfüllungen u. ä. erzielt worden, die so ausgelegt wurden, daß sie bei Vollast etwa 75% des Druckgefälles aufnehmen. Neben der Gefälleverminderung am Ventil arbeiten solche Labyrinthe auch der Vereinigung von Freistrahlen entgegen.

Schließlich ist auch der Gestaltung speziell der Abflußleitungen Beachtung zu schenken. So sollte bei parallel arbeitenden Ventilen z. B. das Gegeneinanderblasen der austretenden Arbeitsmittelströme an der Stelle, wo die Leitungen zusammengeführt werden, vermieden werden.

Auf die besondere Ausbildung von Regelventilen im Fall der gleichzeitigen Druckreduktion und Einspritzkühlung wurde im vorangehenden Kapitel hingewiesen.

12.2 Regelung des Dampfdruckes durch Beeinflussung der Beheizung

Bei Dampfanlagen besteht neben den besprochenen Möglichkeiten der Druck- oder Durchflußregelung noch die des indirekten Regeleingriffes durch Beeinflussen der Beheizung. Da damit auf die *Dampferzeugung* eingewirkt wird, kann auch auf diese Weise die mit der Regelaufgabe gestellte Bedingung erfüllt werden, im betrachteten System immer wieder Gleichgewicht zwischen Dampfzustrom (Erzeugung) und Dampfabstrom (Verbrauch) herzustellen.

12.2.1 Grundsätzliche Arbeitsweise

Die grundsätzliche Arbeitsweise bei dieser Regelungsart geht aus den Schaltbildern der Abb. 12.18 hervor. Bei der in Schema 12.18a wiedergegebenen Schaltung stellt der *Kessel* die alleinige Quelle für den

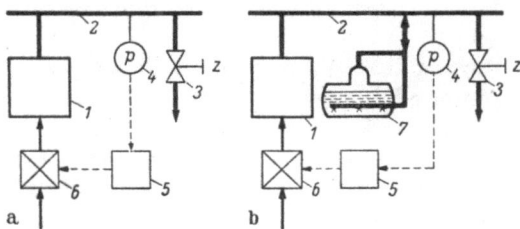

Abb. 12.18a u. b Prinzipschaltungen der Druckregelung durch Eingriff auf die Beheizung
a) Anlage ohne Speicher; b) Anlage mit Gefällespeicher
1 Kessel; *2* Frischdampfnetz; *3* Einlaßventil des Verbrauchers; *4* Druck-Meßorgan; *5* Regler; *6* Stellorgan; *7* Speicher

vom Verbraucher (Einstellventil *3*) angeforderten Dampf dar. Bei der Schaltung nach Schema 12.18b tritt bei Lastschwankungen noch der *Speicher 6* für die temporäre Dampfabgabe (oder Aufnahme) hinzu,

Abweichungen vom Gleichgewicht des Energiehaushaltes im System werden in beiden Fällen durch den an passender Stelle gemessenen Dampfdruck angezeigt. Dieser wirkt als Regelsignal auf die Feuerungseinrichtung in der Weise, daß bei fallender Dampfspannung die Feuerleistung vergrößert wird und umgekehrt.

Die Regelstrecke ist hier durch diejenigen Komponenten der Anlage gegeben, welche bei einem solchen Regeleingriff auf die Feuerleistung den zeitlichen Verlauf des Dampfdruckes wesentlich mitbestimmen. An der Bildung des Stellverhaltens sind vor allem die folgenden Vorgänge mitbeteiligt (vgl. Abb. 12.19):

Zunächst sind in Abhängigkeit des Stellsignals x_F *Luft-* und *Brennstoffstrom* durch die Einstellorgane der Feuerungseinrichtung in richtiger zeitlicher Abstimmung zuzumessen, wobei diese Vorgänge je nach der

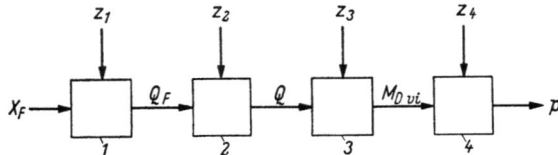

Abb. 12.19 Prinzip-Blockschema der Regelstrecke

1 **Luft- und Brennstoffzumessung, Verbrennung;** *2* **gasseitige Wärmeübertragung;** *3* **Lastabhängigkeit des Energieinhalts der Anlage;** *4* **Druckabhängigkeit des Energieinhalts der Anlage**

Feuerung sehr verschiedenartig sein und auch bezüglich des Zeitverhaltens sehr unterschiedlich ausfallen können. Hieran schließt sich der *Verbrennungsvorgang* an, der bei allen Brennerfeuerungen in so kurzer Zeit verläuft, daß er nicht berücksichtigt zu werden braucht. Dagegen sind die bei Rostfeuerungen auftretenden Verzögerungen keineswegs vernachlässigbar. — Die resultierende Wirkung im Sinne unseres Regelvorganges ist der in der Brennkammer freigesetzte Wärmestrom Q_F (Feuerleistung).

Die Übertragung dieser Wärme *auf die Heizflächen* des Kessels erfolgt in der Brennkammer fast augenblicklich, im anschließenden Berührungsteil jedoch bereits fühlbar verspätet, wobei natürlich die Anordnung der Heizflächen im Kessel die regeldynamischen Auswirkungen dieser Verspätung mitbestimmt. Die an die einzelnen Heizflächenteile übertragenen Wärmeströme seien mit Q bezeichnet.

Bei der anschließenden Übertragung dieser Wärme *durch die Rohrwandungen* an das Arbeitsmittel ist zu berücksichtigen, daß im transitorischen Regime nur ein Teil des Wärmestromes der unmittelbaren Dampferzeugung zugute kommt. Der Rest wird benötigt, um die insbesondere mit Lastschwankungen verbundenen Änderungen des Energiehaushaltes des Kessels (bei konstantem Regeldruck) zu bestreiten. Diese Vorgänge wirken sich im allgemeinen ebenfalls verzögernd aus und

12.2 Regelung des Dampfdruckes durch Beeinflussung der Beheizung

können, besonders bei schnell reagierenden Feuerungen, das Stellverhalten der hier betrachteten Regelstrecke in starkem Ausmaß beeinflussen. — Dem für die Dampferzeugung unmittelbar zur Verfügung stehenden Wärmestrom entspricht die *virtuelle Dampferzeugung* M_{Dvi} (vgl. Abschn. 7.4).

Bei fester Öffnung des Einstellventils *3* am Verbraucher (Abb. 12.18) oder bei konstant gehaltenem Dampfkonsum bewirkt die Änderung der virtuellen Dampfleistung Schwankungen des geregelten Druckes p. Wie groß diese ausfallen, hängt von den *Speichereigenschaften* des Kessels, des Verteilnetzes und allfälliger besonderer Speichereinrichtungen *6* ab.

Es ist kennzeichnend für die hier vorliegende Regelstrecke, daß sie besonders viele und meist meßtechnisch schwer erfaßbare *Störgrößen* aufweist (s. Abb. 12.19).

Zunächst unterliegt der in die Feuerung eingetragene Strom latenter Brennstoffwärme Q_B solchen Störungen (z_1), besonders ausgeprägt bei festem Brennstoff. Da dieser Strom durch das Produkt $Q_B = M_B H$ gegeben ist, wird er sowohl durch Schwankungen des Brennstoffstromes M_B (unregelmäßige Zuteilung, Speichervorgänge in der Feuerungseinrichtung) als auch durch solche des Heizwertes H (Änderung der Brennstoffart, des Asche- und Wassergehaltes) beeinflußt. — Dynamische Störungen von der gasseitigen Wärmeübertragung (z_2) her ergeben sich, wenn von den Auswirkungen schwankenden Luftüberschusses abgesehen wird, vor allem aus Verschiebungen der Flammenlage in der Brennkammer. Ferner können solche Störungen auch durch Abfallen von Schlackenbelägen, durch Rußblasen usw. verursacht sein. — Störungen (z_3), die eine Veränderung des Energiehaushaltes des Kessels bei konstantem Regeldruck bewirken, sind, abgesehen von Laständerungen, vor allem durch Verlagern der Wärmeaufnahmeverteilung und durch schwankende Speisewassertemperatur bedingt. Daneben können auch durch das Arbeiten der Speise- und Temperaturregelung Störwirkungen in diesem Sinne ausgelöst werden. — Schließlich sind noch die Störungen (z_4) zu nennen, die unmittelbar auf den Dampfdruck im System einwirken können. Die wichtigste Störursache ist natürlich durch Änderungen der Dampfentnahme seitens des Verbrauchers gegeben. Daneben können durch die Speise- und Temperaturregelung als Nebeneffekte auch hier Störwirkungen ausgelöst werden, die namentlich bei hohen Dampfdrücken fühlbar werden.

Als Regelgröße ist in Abb. 12.19 der Druck p angegeben worden, womit der Meßort allerdings noch nicht fixiert ist. Er kann unmittelbar vor dem Verbraucher liegen (p_T), was sich besonders dann aufdrängt, wenn konstanter Dampfdruck bei Beharrung an dieser Stelle angestrebt wird ($\bar{p}_T = k$). Mit solcher Betriebsweise ist allerdings wegen der Strömungsdruckabfälle im Kessel und im Dampfnetz verbunden, daß

288 12. Regelung des Arbeitsmitteldruckes

bei einer Zunahme der Dampfleistung zugleich auch der Kesseldruck $\bar{p}_K$ ansteigen muß und umgekehrt (vgl. Diagramm 12.20a). Das hat zur Folge, daß bei einer Laständerung neben der dieser zugeordneten stationären Änderung der Feuerleistung noch vorübergehend ein Mehr

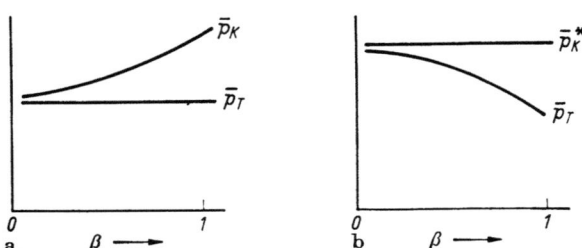

Abb. 12.20a u. b Verlauf der Beharrungswerte des Druckes im Kessel ($\bar{p}_K$) und vor Verbraucher ($\bar{p}_T$) abhängig vom Belastungsgrad β
a) Gleichdruckpunkt vor Verbraucher; b) Gleichdruckpunkt im Dampferzeuger

an Feuerleistungsänderung benötigt wird, um den Energieinhalt des Kessels an den neuen Lastzustand anzupassen.

Man kann dies mindestens teilweise vermeiden, wenn durch andere Plazierung des Meßortes oder durch geschickte Wahl des bleibenden Proportionalbereiches des Reglers der Punkt des Systems, an dem bei Laständerungen der Druck sich nicht ändert (Gleichdruckpunkt), ins Innere des Kessels verlegt wird. Allerdings ist dann ein veränderlicher Druck $\bar{p}_T$ vor Verbraucher in Kauf zu nehmen (vgl. Diagramm Abbildung 12.20b).

Bei Anlagen mit Dampf- oder Heißwasserspeichern treten im Zusammenhang mit der Wahl des Meßortes noch weitere Gesichtspunkte hinzu.

Auf eine Besonderheit dieses Regelkreises ist in allen Fällen zu achten: Die Regeleingriffe auf die Feuerung sind mit Rücksicht auf die feuerungstechnischen Auswirkungen *beschränkt*. Dies gilt vor allem auch für das Vermindern der Feuerleistung, speziell bei Brennerfeuerungen, da ein ungewolltes Auslöschen auch nur einzelner Brenner vermieden werden muß. Vielfach kann daher aus solchen Erwägungen heraus dem Regler nicht die dynamisch optimale Einstellung gegeben werden.

12.2.2 Einfluß der Feuerungseigenschaften

Bei der hier besprochenen Art der Druckregelung ist die Feuerungseinrichtung ein Glied des Regelkreises. Nun können sich, wie in Kap. 6 eingehend gezeigt worden ist, die dynamischen Eigenschaften der Feuerungen qualitativ und quantitativ in weitem Bereich unterscheiden (vgl. als Beispiel Abb. 12.21 sowie Tab. 12.22). Bei *Brennerfeuerungen*, bei denen praktisch keine Speichervorgänge im Zustrom von Brennstoff

12.2 Regelung des Dampfdruckes durch Beeinflussung der Beheizung

und Luft stattfinden — insbesondere bei Öl- oder Gasfeuerungen —, kann die Feuerleistung oft so schnell verstellt werden, daß die hier auftretenden Verzögerungen gegenüber den anderen im Regelkreis vernachlässigt werden können. Unter gewissen Voraussetzungen kann dies sogar auch für Rostfeuerungen gelten. Umgekehrt können z. B. *Staubfeuerungen mit Direkteinblasung* oder auch — besonders bei nachhaltigen Laständerungen — *Rostfeuerungen* die Feuerleistung derart stark verzögert dem entsprechenden Stellsignal folgen lassen, daß dadurch die dynamischen Eigenschaften der Druckregelung weitgehend bestimmt werden.

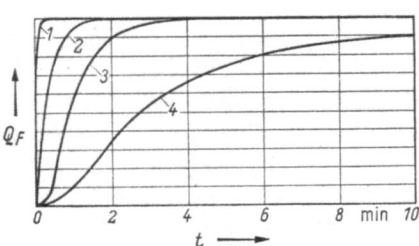

Abb. 12.21
Übergangsfunktionen verschiedener Feuerungsarten [4; weitere Quellenangaben a. a. O.]
1 Ölfeuerung; *2* Staubfeuerung mit Zwischenbunker; *3* Staubfeuerung mit Einblasemühle; *4* Martinrost

Dabei sind weniger die absoluten Werte der das Übertragungsverhalten der Feuerung kennzeichnenden Zeitkonstanten als vielmehr ihr Verhältnis zu den Zeitkenngrößen der übrigen Speicherelemente des Regelkreises von ausschlaggebender Bedeutung. Es ist evident, daß bei einem träge reagierenden Kessel durch Verbesserung der Übertragungseigenschaften der Feuerung wenig zu gewinnen sein mag, während umgekehrt bei einem auf Feuerleistungsänderungen schnell ansprechenden Dampferzeuger jede Verbesserung an der Feuerungsdynamik die Druckregelung fühlbar günstiger gestalten kann.

Tabelle 12.22 *Zeitkenngrößen der Übergangsfunktionen nach Abb. 12.21 als Beispiel für die Größenordnung der Werte*

Feuerungsart	T (s)	T_t (s)	Bemerkungen	Definition der Zeitkenngrößen
Öl- oder Gasfeuerung	2		1	
Kohlenstaubfeuerung mit Zwischenbunker	20	5	2	
Kohlenstaubfeuerung mit Einblasemühlen	50	20	3	
Rostfeuerung	200	40	4	

[1] T hängt namentlich von der Art des Stellorgans der Luftstromregelung ab und kann auch wesentlich größer ausfallen.

[2] Zeitkenngrößen namentlich von der Art der Staubzuteiler und Länge der Staubleitungen abhängig.

[3] Zeitkenngrößen namentlich von der Art des Rohkohlezuteilers sowie der Mühlenbauart abhängig.

[4] Gültig für verzögert nachgeführte Luftstromverstellung. Bei primärem Eingriff auf den Luftstrom sind wesentlich schnellere Leistungsänderungen erreichbar.

290   12. Regelung des Arbeitsmitteldruckes

Die Konstruktion der heutigen Feuerungen ist noch weitgehend von *statischen Überlegungen* her geprägt. Dies ist an sich verständlich, da schon unter stationären Bedingungen die Probleme, die sich bei manchen Feuerungen und namentlich bei manchen Brennstoffen stellen, schwierig genug sind. Trotzdem wird es notwendig werden, mehr und mehr auch die *dynamischen Fragen* schon beim Entwurf der Feuerungseinrichtung einzubeziehen. Dies wird um so wichtiger sein, als die Entwicklung des Kesselbaues allgemein in Richtung schneller ansprechender Dampferzeugersysteme geht und besonders auch von der Verbraucherseite her die Verbesserung des Manövrierverhaltens insbesondere bei Dampfkraftwerken gebieterisch gefordert wird (vgl. auch Kap. 14).

Über die Möglichkeiten, das Übertragungsverhalten bei einer gegebenen Feuerungsart im einzelnen zu verbessern, gibt die Untersuchung der Dynamik der Elemente der Feuerung Aufschluß. Es sei hierfür auf Kap. 2 und 6 sowie — bezüglich der Regelung der Luft- und Gasströme — auf Kap. 3 verwiesen. Hier sollen nur einige allgemeine Hinweise gegeben werden.

a) **Verstellen des Luft- und Rauchgasstromes.** Bei ausgesprochen schnell verstellbaren Feuerungen — speziell bei *Ölfeuerungen* — ist oft das Anpassen des Luft- bzw. Rauchgasstromes die langsamste Operation und bestimmt so das Übertragungsverhalten. Hier ist zu beachten, daß die Verstellgeschwindigkeit stark von der Art des *Stellorgans* abhängt. Während durch das Verstellen von Klappen und Gebläseleitschaufeln verhältnismäßig rasche Durchflußänderungen erzielt werden können, wirken Regeleingriffe auf die Drehzahl des Gebläses wesentlich langsamer, besonders bei fester Kupplung mit dem Antriebsmotor. Die in Abb. 12.23 wiedergegebenen Beispiele mögen dies illustrieren: Es sind die bei sprunghaftem Verstellen des Signals für den Luftbedarf (Sollwert der Durchflußregelung) erzielten Kurven des tatsächlichen Luftstromes bei optimaler Regelungseinstellung gezeigt, und zwar jeweils für Klappenregelung, für Drehzahlregelung mit Schleifringmotor und für Drehzahlregelung mit Kollektormotor. Das Verhalten bei Eingriff auf ein Verstellgetriebe[1] liegt zwischen den beiden

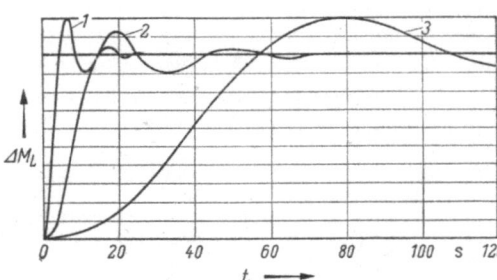

Abb. 12.23 Verhalten verschiedener Luftstromregelungen bei sprunghafter Sollwertverstellung
1 **Klappenregelung;** *2* **Drehzahlverstellung eines Schleifringmotors;** *3* **Drehzahlverstellung eines Kollektormotors**

---

[1] In Abb. 12.23 nicht dargestellt.

erstgenannten Fällen. — Die gezeigten Kurven[1] wurden an relativ kleinen Kesseln aufgenommen (etwa 40 t/h) und sind naturgemäß nur mit Vorbehalt auf solche großer Leistung zu übertragen. Doch ist der Hinweis daraus auf die Bedeutung der Art des Stellorgans im Prinzip auch bei großen Dampferzeugern durchaus gültig.

b) Verstellen des Brennstoffstromes. Bei *Gasfeuerungen* gelten für das Verstellen des Brennstoffstromes zu den im vorausgegangenen Abschnitt analoge Überlegungen.

Bei *Staubfeuerungen mit Zwischenbunker* treten neben der Drehzahlregelung der Zumeßvorrichtung vor allem Verzögerungen beim *Staubtransport* auf, die besonders wegen ihres Totzeitcharakters unangenehm sein können. Als wirksames Mittel zu ihrer Bekämpfung wurde (vgl. Kap. 2 und 6) die der Last proportionale Transportgeschwindigkeit genannt, was allerdings bei pneumatischer Staubförderung nur begrenzt verwirklichbar ist. Daneben sind natürlich möglichst kurze Staubleitungen anzustreben.

Bei *Staubfeuerungen mit Direkteinblasung* und konstantem Trägerluftstrom rührt die beträchtliche Trägheit hauptsächlich von der Speicherung der Kohle in der *Mühle* her (vgl. Kap. 6). Es sollte deshalb beim Entwurf von Einblasemühlen auf tunlichst kleinen Kohlenvorrat in der Mühle hin gearbeitet werden. Daneben kann, wie aus Abschn. 6.3.3 hervorgeht, mit Vorteil noch von einem Verschwindsignal auf den Mühlenluftstrom Gebrauch gemacht werden. Diesem Mittel sind allerdings praktisch Grenzen durch die damit beeinflußte Mahlfeinheit (Ausbrand) gesetzt.

Bei *Rostfeuerungen* sind schnelle Änderungen der Feuerleistung durch entsprechendes Verstellen des Unterwindstromes erzielbar; nachhaltige Laständerungen verlangen indes unbedingt ein zusätzliches Anpassen der Rostgeschwindigkeit und eventuell auch der Schichthöhe. Das Abstimmen dieser Stellbewegungen ist naturgemäß durch die Konstruktion der Feuerung beeinflußt, im übrigen aber vor allem eine regelungstechnische Aufgabe (vgl. Abschn. 6.4).

12.2.3 Einfluß des veränderlichen Energieinhaltes des Kessels

Es wurde bereits in Abschn. 12.2.1 darauf hingewiesen, daß der im Verbrennungsraum frei gemachte Wärmestrom Q_F (Feuerleistung) nicht unmittelbar in einen äquivalenten Dampfstrom umgesetzt wird. Zunächst ergeben sich zeitliche Verzögerungen schon bei der Übertragung dieser Wärme an die Heizflächen, wobei diese Verzögerungen in der Brennkammer zwar nur klein, im Berührungsteil dagegen merklich sind.

---

[1] Nach einem unveröffentlichten Forschungsbericht der Firma Gebr. Sulzer AG., Winterthur.

Sie sind u. a. durch die endliche Strömungsgeschwindigkeit der Rauchgase durch die Kesselzüge bedingt (Näheres hierüber s. Abschn. 7.1).

Von besonderer Bedeutung ist ferner der sowohl vom Belastungsgrad als auch vom Druck abhängige Energieinhalt E des Kesselsystems. In Kap. 7 wurde gezeigt, wie diese beiden Einflüsse getrennt rechnerisch erfaßt werden können. Hierbei ist davon ausgegangen worden, daß das Verhalten des Kessels als Ganzes in Frage steht. Diese Voraussetzung soll auch für die folgenden Überlegungen gelten.

a) Lastabhängige Speicherung. Die bei einer Laständerung in das Kesselsystem ein- bzw. aus demselben auszuspeichernde Wärmemenge ist vom Verlauf der Kennlinie des Energieinhaltes bei Beharrungswerten des Regeldruckes abhängig und durch

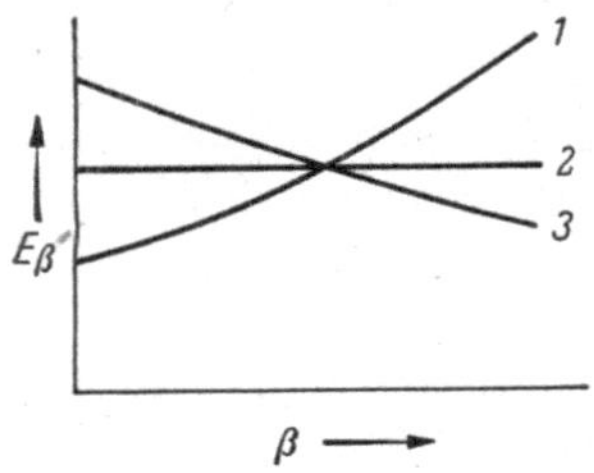

$$\Delta E = \left(\frac{\partial E}{\partial \beta}\right) \Delta \beta \qquad (12.10)$$

gegeben (vgl. Abschn. 7.1.3). Nun verläuft, wenn nicht besondere Vorkehren beim Entwurf des Kessels getroffen werden, die Kennlinie $E_\beta = E[\beta]$ im Prinzip nach Kurve *1* (Abb. 12.24), d. h., die Neigung $\partial E/\partial \beta$ ist positiv, und es muß bei Lastanstieg gleichzeitig noch Wärme ins System eingespeichert werden.

Abb. 12.24
Grundsätzlicher Verlauf des lastabhängigen Energieinhaltes E von Dampferzeugern
1 steigende, *2* horizontale, *3* fallende Kennlinie

Dieser Vorgang verzögert mithin, wie bereits erwähnt, den Übergang auf einen neuen Lastzustand und bedingt, daß die Feuerleistung vorübergehend über den neuen Beharrungswert hinaus verstellt werden muß, auch wenn die Feuerungseinrichtung selber trägheitslos arbeitet (vgl. Abb. 12.25). Kann dagegen die Lastabhängigkeit

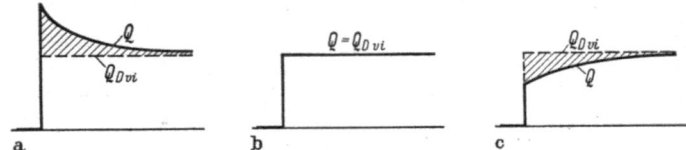

Abb. 12.25 a–c Theoretisch erforderlicher Verlauf des Wärmestromes Q an die Kesselheizfläche für sprunghafte Änderung der virtuellen Dampferzeugung (ΔQ_{Dvi})

a) $\dfrac{\partial E}{\partial \beta} > 0$; b) $\dfrac{\partial E}{\partial \beta} = 0$; c) $\dfrac{\partial E}{\partial \beta} < 0$

Die schraffierten Flächen entsprechen den ein- bzw. auszuspeichernden Energiemengen ΔE.

von E beseitigt werden ($E_\beta = k$ gemäß Kurve 2 in Abb. 12.24) oder sogar ihr Vorzeichen umgekehrt werden (Kurve 3 in Abb. 12.24), so verschwindet diese verzögernde Wirkung bzw. sie wandelt sich in eine Laständerungen unterstützende um.

Die Maßnahmen, durch welche $\partial E/\partial \beta = 0$ oder sogar negativ gehalten werden kann, sind teilweise von der Kesselbauart abhängig. Ein immer

12.2 Regelung des Dampfdruckes durch Beeinflussung der Beheizung

in dieser Richtung wirkendes Mittel ist das Verlegen des *Gleichdruckpunktes* in den Kessel hinein. Je weiter derselbe gegen den Ekonomiser hin verschoben wird, desto stärker die Wirkung, besonders bei Zwangsdurchlaufkesseln. Dabei ist es unwesentlich, ob diese Verschiebung durch Verlegen des Meßortes — bei Regelung auf konstanten Druck — oder durch einen bleibenden P-Bereich des Druckreglers erzielt wird. Der damit verbundene Nachteil des mit steigender Last sinkenden Druckes vor dem Verbraucher wurde bereits erwähnt.

Die Neigung $\partial E/\partial \beta$ wird daneben durch die *Anordnung der Heizflächen* bzw. die lastabhängige Beheizungsverteilung beeinflußt. In diesem Sinne können auch Maßnahmen wie *Rauchgasumwälzung* und *lastabhängiges Schieben der Flammenlage* (Schwenkbrenner, Brennerwechsel usw.) wirken. Schließlich können besondere Mittel, wie Zufuhr eines Teiles des Speisewassers in den Endverdampfer (Ekonomiser-Bypass) oder die lastabhängige Überhitzertemperatur-Regelung, angewendet werden [*13*].

Wieweit solche Maßnahmen getroffen bzw. ausgenützt werden können, ist im Einzelfall zu entscheiden. Es lohnt sich indes, diese Frage schon beim Entwurf zu prüfen, denn vielfach läßt sich die Regelbarkeit des Kessels allein durch geschicktes Abstimmen der verschiedenen Effekte ohne Mehraufwand merklich verbessern.

b) Druckabhängige Speicherung. In Abschn. 7.4 sind die Berechnung der druckabhängigen Speicherung und ihr Zusammenhang mit dem dynamischen Verhalten des Kessels bereits besprochen worden. Mit Rücksicht auf die hier behandelte Druckregelung ist allgemein ein möglichst großer Wert der *Speicherkenngröße* k und damit von T bzw. T_0 von Vorteil. Dabei sind allerdings die Auswirkungen auf die lastabhängige Speicherung zu beachten, die oft den vermeintlichen Gewinn mindestens teilweise wieder illusorisch machen. Werden also Maßnahmen zur Erhöhung des druckabhängigen Speichervermögens eines Kessels erwogen, so sollten jedenfalls die im vorigen Abschnitt angestellten Überlegungen mitbeachtet werden.

Weiter ist beim Vergleich der Speichereigenschaften verschiedener Kesseltypen zu beachten, daß bei Umlaufkesseln die Geschwindigkeit, mit der das Speichervermögen ausgeschöpft werden darf, d. h. die *Geschwindigkeit der Druckänderung* dp_K/dt, limitiert werden muß, wenn Störungen der Zirkulation und eventuell der Speiseregelung vermieden werden sollen. Der zulässige Grenzwert $\left(\frac{dp_K}{dt}\right)_{zul}$ ist von der Kesselkonstruktion, dem Druck und namentlich der Wassergeschwindigkeit in den Fallrohren abhängig und ist im Einzelfall zu ermitteln. Hierzu können die Untersuchungen von GEISSLER [*7*], von HAMMAR und JUNG [*3*] sowie von GRASME [*12*] von Nutzen sein. Meist liegen die als zulässig angesehenen Werte der Druckänderungsgeschwindigkeit für

Umlaufkessel bei 5 bis 10 bar/min. — Bei Zwangsdurchlaufkesseln können dagegen wesentlich höhere Geschwindigkeiten toleriert werden; es sind öfters Werte von 50 bar/min und mehr ohne Störungen im praktischen Betrieb erreicht worden.

12.2.4 Blockschema der Regelstrecke, Regelschaltungen

Nun läßt sich das in Abb. 12.19 voerst nur summarisch dargestellte Blockschema der Regelstrecke detaillierter zeichnen (vgl. Abb. 12.26). Das Übertragungsverhalten der Feuerungseinrichtung (Block *1*) und der rauchgasseitigen Wärmeübertragung (Block *2*) ist hierbei nur qualitativ eingesetzt; darüber ist nur im konkreten Fall Näheres auszusagen. Das Übertragungsverhalten im Zusammenhang mit der lastabhängigen

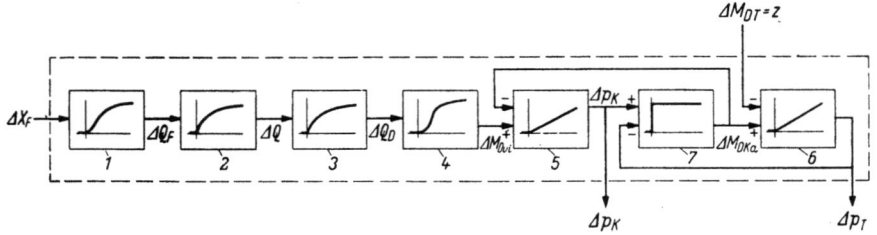

Abb. 12.26 Blockschema der Regelstrecke

1 Übertragungsverhalten der Feuerungseinrichtung; *2* gasseitige Wärmeübertragung; *3* Lastabhängigkeit des Energieinhalts der Anlage; *4* Dampferzeugungsvorgang; *5* Druckabhängigkeit des Energieinhalts des Kessels; *6* Dampfspeicherung im Frischdampfnetz; *7* Strömungsdruckabfall in Kessel und Frischdampfleitung

Speicherung (Block *3*) ist durch Gl. (7.42), Kap. 7, gegeben. Block *4* symbolisiert den Zusammenhang zwischen dem Wärmestrom Q_D und der virtuellen Dampferzeugung M_{Dvi}. Die Beziehungen zwischen M_{Dvi}, der Dampfabgabe des Kessels M_{DKa}, dem Dampfkonsum des Verbrauchers M_{DT} sowie den Drücken p_K (Kesseldruck) und p_T (vor Verbraucher) beschreiben die Gleichungen:

$$\Delta M_{Dvi} - \Delta M_{DKa} = k \Delta p'_K, \qquad (12.11)$$

druckabhängige Speicherung im Kessel, nach Gl. (7.162);

$$\Delta M_{DKa} - \Delta M_{DT} = \frac{\overline{M}}{\overline{p}} T \Delta p'_T, \qquad (12.12)$$

druckabhängige Speicherung im Dampfnetz, nach Gl. (3.53);

$$\Delta p_K - \Delta p_T = a_L \Delta M_{DKa}, \qquad (12.13)$$

Strömungsdruckabfall in Kessel und Frischdampfleitung, nach Gl. (7.171).

Ihnen entsprechen die Blöcke *4*, *5* und *6* in Abb. 12.26. Als wichtigste Störgröße ist hier nur $\Delta M_{DT} = z$ eingetragen worden.

12.2 Regelung des Dampfdruckes durch Beeinflussung der Beheizung

Der allgemeine Charakter des *Stell-* und *Störverhaltens* der Regelstrecke ist nun aus dieser Darstellung leicht zu entnehmen, wenn noch festgelegt wird, welcher der beiden Drücke als Regelgröße benützt werden soll. Es ergeben sich für Feuer- bzw. Konsumstörung die vier typischen Übergangsfunktionen nach Abb. 12.27a und b.

Das Blockschema der Regelstrecke läßt sich jetzt auch zu dem der Regelung ergänzen, wenn dazu noch Reglertyp und Meßort festgelegt werden. Auf Grund des astatischen Verhaltens der Regelstrecke scheidet der reine I-Regler aus. Dagegen sind P-, PI-, mit Einschränkung auch

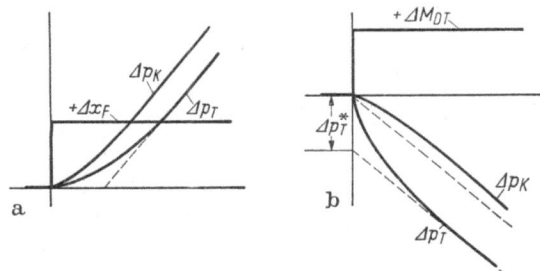

Abb. 12.27a u. b Typischer Verlauf der Übergangsfunktionen der Regelstrecke
a) Druckverlauf im Kessel bzw. vor Verbraucher nach schrittartiger Änderung des Feuerleistungssignals (Δx_F); b) Druckverlauf im Kessel bzw. vor Verbraucher nach schrittartiger Änderung des Dampfkonsums (ΔM_{DT})

PID-Regler brauchbar. PI-Regler werden bevorzugt eingesetzt, bei in den Kessel verlegtem Gleichdruckpunkt auch etwa PI-Regler mit zusätzlicher Statik (PI + P).

Als Regelsignal wird sowohl p_T als auch p_K herangezogen. Bei Verwendung eines PI-Reglers bedeutet das erstere die Fixierung des Gleichdruckpunktes am Kesselende bzw. vor dem Verbraucher (vgl. Schema Abb. 12.28a), während mit der anderen Lösung dieser Punkt in den Kessel hinein verlegt wird. Die daraus sich ergebenden Auswirkungen auf die lastabhängige Speicherung wurden bereits erörtert.

Die Benützung von Δp_T als Regelsignal ist dynamisch insofern günstig, als dieses bei Störungen von der Verbraucherseite her einen ΔM_{DT} direkt zugeordneten Signalanteil Δp_T^* enthält (vgl. Diagramm b der Abb. 12.27), während die Druckabweichung im übrigen als Zeitintegral der Störgröße gebildet wird. Allerdings geht dieser Anteil Δp_T^* mit abnehmender Last *quadratisch zurück*, so daß er bei Schwachlast kaum mehr spürbar, bei Vollast dagegen oft unangenehm stark sein kann. Deshalb wird mitunter noch der Dampfstrom M_{DT} mitgemessen und aufgeschaltet.

Der Kesseldruck p_K wird als alleiniges Regelsignal selten benutzt, da eine solche Regelung selbst mit PID-Regler meist unbefriedigend arbeitet. Dagegen wird dieses Signal oft nach der in Abb. 12.28b angedeuteten Schaltung verwendet, unter Hinzunahme des Signals des Dampfstromes M_{DT} im Sinne einer Störgrößenaufschaltung.

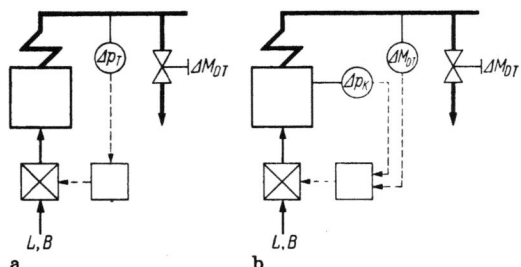

Abb. 12.28a u. b Typische Regelanordnungen:
a) Regelsignal = Druck vor Verbraucher; b) Regelsignal = Druck im Kesselinnern, Aufschalten des Frischdampfstroms

Im Prinzip ist auch das Aufschalten anderer *Störgrößen*, namentlich der Feuerleistung, erwünscht. Nur bietet deren Erfassung, wie bereits angedeutet, besonders bei festem Brennstoff, ziemliche Schwierigkeiten.[1] Bei sehr hohem Druck kann schließlich auch eine Signalverbindung mit der Speiseregelung nützlich sein. — Abb. 12.29 zeigt als

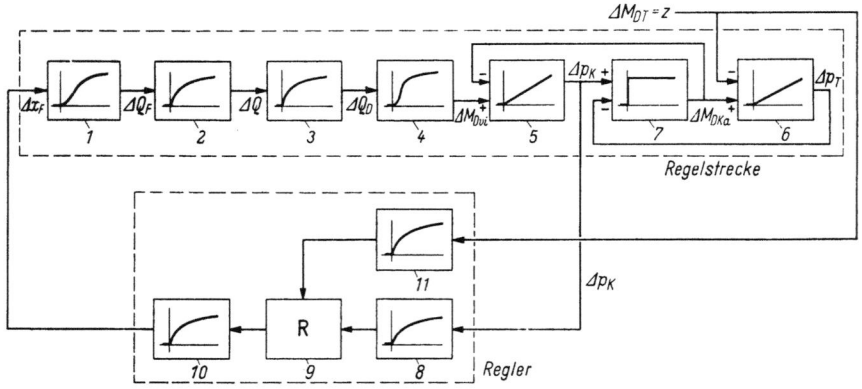

Abb. 12.29 Blockschema der Regelschaltung gemäß Abb. 12.28b
1 Feuerung; *2* gasseitige Wärmeübertragung; *3* lastabhängige Speicherung; *4* Dampferzeugungsvorgang; *5* druckabhängige Speicherung im Kessel; *6* Speicherung im Frischdampfnetz; *7* Strömungsdruckabfall; *8* Druck-Meßorgan; *9* Regler; *10* Geber des Feuerleistungssignals; *11* Meßorgan des Frischdampfstromes

Beispiel das Blockschema der Druckregelung eines Dampferzeugers entsprechend der in Abb. 12.28b dargestellten Regelschaltung. Es ist in dieser Form sowohl für Umlauf- wie für Durchlaufkessel gültig; natürlich sind hierbei die Übertragungseigenschaften der einzelnen Elemente mehr oder weniger verschieden.

---

[1] Auf diese Fragen wird in Kap. 13 näher eingegangen.

12.2.5 Regelschaltungen bei Anlagen mit Speichern

Bei Anlagen mit besonderen Speichern ist meist die Kapazität der letzteren wesentlich größer als das Speichervermögen der Kessel. Deshalb wird hier vielfach eine Kombination von direkter und indirekter Druckregelung angewendet, indem der *Netzdruck* durch Drosseln bzw. Überströmenlassen über eine Entspannungsmaschine geregelt, der *Speicherdruck* jedoch durch Eingriff auf die Feuerleistung innerhalb der gewünschten Grenzen gehalten wird. Das Speichervermögen der Dampferzeuger kann hierbei mit herangezogen (Statik der Netzdruckregler) oder auch ganz aus dem Spiele gelassen sein. In Abb. 12.30 sind zwei typische Regelschaltungen dieser Art gezeigt.

Die Netzdruckregler arbeiten infolge der viel kleineren Zeitkennwerte ihrer Regelstrecke immer wesentlich schneller als die Speicherdruckregelung, so daß bei der Untersuchung der letzteren die Netzdrücke als konstant angesehen werden dürfen. Netzdruck- und Speicherdruckregelung können damit getrennt voneinander betrachtet werden.

Hier interessiert nur die letztere.

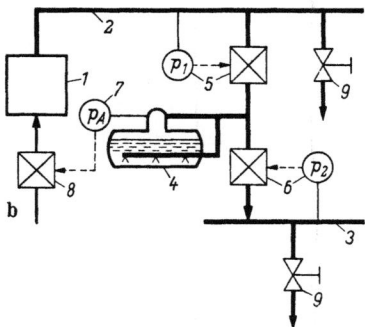

Abb. 12.30a u. b Typische Regelanordnungen bei Anlagen mit Gefällespeicher
a) Speicher am ND-Netz; b) Speicher zwischen HD- und ND-Netz

1 Kessel; *2* HD-Netz; *3* ND-Netz; *4* Speicher; *5* Druckregelung des HD-Netzes; *6* Druckregelung des ND-Netzes; *7* Druck-Meßorgan am Speicher; *8* Druckregler; *9* Einlaßventile der Verbraucher

Maßgebend für deren Verhalten ist neben den Übertragungseigenschaften des Kessels (s. Abschn. 12.2.4) das dynamische Verhalten des Speichers. Es sei nachfolgend für den Fall des *Gefällespeichers* untersucht.

Da angenommen werden darf, daß sich der Speicher praktisch jederzeit im thermodynamischen Gleichgewicht befindet, gilt in sinngemäßer Abwandlung von Gl. (7.162):

$$\underline{M_A = -k_A\, p'_A},\qquad(12.14)$$

wenn bedeuten:

M_A Speicherdampfstrom (positiv für Entladung),
p_A Speicherdruck,
k_A Speicherkenngröße (Kapazität).

12. Regelung des Arbeitsmitteldruckes

Die Speicherkenngröße ist mit Hilfe der nachstehenden Beziehung aus den Daten des Speichers zu berechnen (vgl. auch Abschn. 7.4).

$$k_A = \frac{1}{r}\left(m_W \frac{\partial i'}{\partial p_A} + m_E c_E \frac{\partial \vartheta'}{\partial p}\right), \quad (12.15)$$

wobei

m_W Wasserinhalt des Speichers,
m_E Eisenmasse des Speichers,
c_E spezifische Wärme des Eisens,
i' Enthalpie des Wasserinhaltes,
ϑ' Temperatur des Wasserinhaltes,
r Verdampfungswärme.

Die Zahlenwerte für die Ausdrücke $\partial i'/\partial p$ bzw. $\partial \vartheta'/\partial p$ können aus Abb. 4.5 abhängig vom Druck entnommen werden.

Bei Niederdruckspeichern ist oft die Speicherwärme im Eisen relativ klein und kann vernachlässigt werden; dann vereinfacht sich Gl. (12.15), indem der zweite Term in der Klammer entfällt.

Auf Grund dieser Überlegungen läßt sich nunmehr auch die Dynamik von Speicherdruckregelungen in der Form des Blockschemas beschreiben. So ergibt sich beispielsweise für die beiden Regelschaltungen der

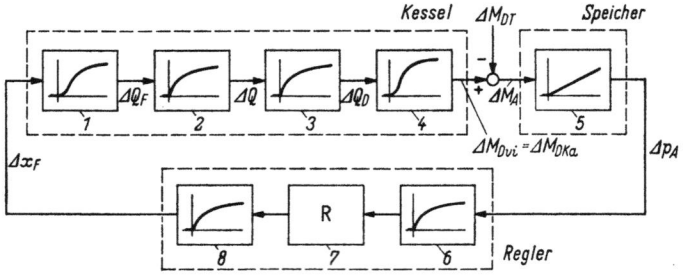

Abb. 12.31
Blockschema einer Speicherdruckregelung gemäß Abb. 12.29, mit astatischen Netzdruckreglern
1 Feuerungseinrichtung; *2* gasseitige Wärmeübertragung; *3* lastabhängige Speicherung; *4* Dampferzeugungsvorgang; *5* Gefällespeicher; *6* Speicherdruck-Meßorgan; *7* Regler; *8* Geber des Feuerleistungssignals

Abb. 12.30 das in Abb. 12.31 wiedergegebene Schaltbild, wenn astatische Netzdruckregler eingesetzt sind ($\bar{p}_1 =$ const., druckabhängige Speicherfähigkeit der Kessel kommt nicht zur Auswirkung). Im Falle ausgeprägter Statik der Netzdruckregler unterstützt die Speicherwirkung des Kessels diejenige des Speichers. Das Blockschaltbild fällt dann etwas komplizierter aus, ohne daß jedoch grundsätzlich neue Überlegungen anzustellen sind. Auf die besondere Behandlung dieses Falles wird deshalb verzichtet.

Literatur zu Kapitel 12

[1] STEIN, T.: Regelung und Ausgleich in Dampfanlagen, Berlin: Springer 1926.
[2] PROFOS, P.: Das dynamische Verhalten der Regelstrecke von Druckregulierungen. Schweizer Arch. angew. Wiss. Techn. 17 (1951) Nr. 4, S. 114—119.
[3] OETKER, R., u. G. SCHROEDER: Die Regelbarkeit des Druckes von Dampferzeugern. BWK 3 (1951) Nr. 11, S. 361—366.
[4] HAMMAR, O. G., u. R. JUNG: Das Verhalten des Naturumlaufes in Wasserrohrkesseln bei fallendem Kesseldruck. BWK 7 (1955) Nr. 1, S. 1—10.
[5] PROFOS, P.: Dynamik der Druck- und Feuerregelung von Dampferzeugern. Energie 7 (1955) Nr. 11, S. 408—414.
[6] PONTOW, W.: Wege zur Beherrschung von Geräuschen und Vibrationen bei der Dampfdruckminderung durch Reduzierventile. Mitt. Ver. Großkesselbes. (1956) Nr. 41, S. 83—93.
[7] GEISSLER, TH.: Salzablagerungen in Dampfturbinen und Kesselanlagen. Energie 8 (1956) Nr. 9, S. 360—365.
[8] SAMAL, E.: Grundsätzliches zur Regelung von Dampferzeugern. AEG-Mitt. 47 (1957) Nr. 9/10, S. 353—369.
[9] DÜSENBERG, W.: Aufbau und Betriebsverhalten einer Dampfumformstation neuer Bauart. Askania-Warte 17 (1959) Nr. 56, S. 21—30.
[10] ZWETZ, H.: Verbesserung der Druckregelung bei Dampferzeugern. BWK 12 (1960) Nr. 5, S. 206—208.
[11] GRÄB, H.: Zur Regelung des Trommeldruckes von Dampfkesseln mit Einblasemühlen. AEG-Mitt. 50 (1960) Nr. 6/7, S. 259—265.
[12] GRASME, P.: Das Ausfahren steiler Lastspitzen durch Dampfkraftwerke mit Zwischenüberhitzung. ETZ-A 81 (1960) Nr. 6, S. 193—203.
[13] DOLEŽAL, R.: Betriebsverhalten des Zwangsdurchlaufkessels mit unterkritischem Druck bei Laständerungen. Mitt. Ver. Großkesselbes. (1960) H. 69, S. 413—423.

13. Regelung der Verbrennung

Im vorangehenden Kapitel wurde auf die Möglichkeit eines Regeleingriffes in die Feuerung im Zusammenhang mit der Druckregelung in Dampfanlagen hingewiesen. Dabei ist jedoch über Einzelheiten dieses Regeleingriffes nichts ausgesagt, die Feuerungseinrichtung vielmehr summarisch als Glied des Regelkreises mit Eingangsgröße = Feuerleistungssignal x_F und Ausgangsgröße = Feuerleistung Q_F behandelt worden. In diesem Kapitel soll nun näher auf die Frage des regeltechnischen Einwirkens auf die Feuerung und im besonderen des Abstimmens von Luft- und Brennstoffstrom eingegangen werden.

13.1 Kriterien der Verbrennungsgüte

Durch einen Eingriff in die Feuerung wird im allgemeinen zweierlei zugleich angestrebt: Einmal das Einstellen der gewünschten *Feuerleistung* Q_F und zum anderen, daß diese Leistung bei *günstigster Feuerführung* erzielt wird (Abb. 13.1).

13. Regelung der Verbrennung

Der statische Zusammenhang zwischen dem Signalwert x_F und der zugehörigen Feuerleistung Q_F bedarf keiner besonderen Erläuterung. Bezüglich der dynamischen Verhältnisse sei auf Kap. 6 verwiesen.

Dagegen ist der Begriff der „günstigsten Feuerführung" noch zu definieren und zu untersuchen, in welcher Art die darin enthaltene Forderung regeltechnisch verwirklicht werden kann.

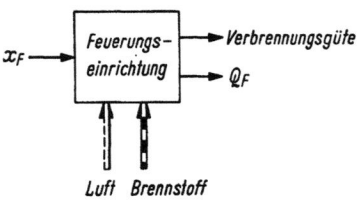

Abb. 13.1 Zur Definition der Aufgabe der Verbrennungsregelung

Weit gefaßt, kann als günstigste Feuerführung diejenige Einstellung von Brennstoff- und Luftstrom sowie der übrigen Eingriffsgrößen der Feuerung (Aufteilung auf Erst- und Zweitluft, Zonenklappenstellung und Schichthöhe bei Rostfeuerungen, Mahlfeinheit, Drallklappenstellung bei Brennerfeuerungen usw.) gelten, durch die bei gegebener Belastung der *höchste Kesselwirkungsgrad* erreicht wird. Diese Bedingung ist dann erfüllt, wenn die Summe der Verluste Q_V ein Minimum wird (vgl. Abb. 13.4). Sowohl die direkte Messung dieser Verluste als auch die regelungstechnische Verwirklichung der Minimumsbedingung sind indes kompliziert und vor allem aufwendig und kommen nur für sehr große Einheiten mit automatischer Überwachung überhaupt in Frage.

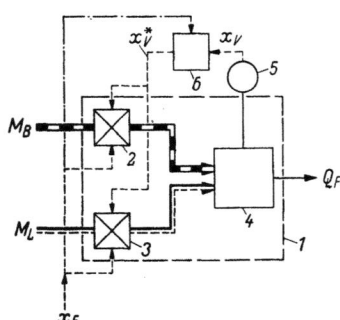

Abb. 13.2 Grundsätzliche Schaltung der Verbrennungsregelung
1 Regelstrecke der Verbrennungsregelung; *2* Zumessung des Brennstoffstromes; *3* Zumessung des Luftstromes; *4* Verbrennung; *5* Meßorgan der Verbrennungsgüte; *6* Verbrennungsregler

Um die Aufgabe nicht zu sehr zu komplizieren, ordnet man vielfach einzelne der erwähnten Eingriffsgrößen auf die Feuerung der Belastung und damit dem Signal x_F im Sinne einer Steuerung fest zu oder hält sie überhaupt konstant. Dagegen kann, sofern die Feuerleistung stetig verstellbar sein soll, auf das geregelte Abstimmen des Luft- und Brennstoffstromes zumindest bei größeren Kesseln im Interesse der Wirtschaftlichkeit nicht verzichtet werden. Anstelle der ursprünglichen Forderung $\eta_K = \max$ bleibt dann die Bedingung

$$\left(\frac{M_B}{M_L}\right)_\beta = v_\mathrm{opt} = k_\beta, \tag{13.1}$$

die grundsätzlich durch eine Regelschaltung nach Abb. 13.2 befriedigt werden kann. Danach wirkt das Lastsignal x_F als Führungsgröße auf Luft- oder Brennstoffstrom oder beide im Sinne einer Leistungseinstellung ein. Durch das Meßorgan *5* und den Regler *6* wird andererseits überprüft, ob die beiden Ströme im richtigen Verhältnis stehen. Gegebenenfalls wird durch das Signal x_V^* eine Korrektur eingeleitet. Unter Umständen ist es zweckmäßig, das Signal x_F noch auf den Regler *6* im Sinne einer Störgrößenaufschaltung oder zur Sollwertverstellung oder für beides zugleich einwirken zu lassen (strichpunktierte Signalverbindung).

Es ist nun noch festzulegen, wie das vom Meßorgan *5* abgegebene Signal x_V, das Ausdruck einer *Maßgröße* für die *Güte der Verbrennung* sein soll, praktisch gewonnen werden kann. Hierfür bestehen verschiedene Möglichkeiten, die zwei Gruppen zugeordnet werden können.

13.1.1 Indirekte Kontrolle der Verbrennung

Eine Reihe von Verfahren zur Bildung des Signals x_V gründet darauf, daß bei Kenntnis der Brennstoffeigenschaften der theoretische Luftbedarf berechnet und damit auf Grund erfahrungsgemäß festliegender Luftüberschußwerte der tatsächliche Luftbedarf zu einem gegebenen Brennstoffstrom leicht ermittelt werden kann. Sind dabei die Brennstoffeigenschaften praktisch *unveränderlich*, so bleibt auch, mindestens für gegebene Belastung, das Verhältnis $M_B/M_L = v_{\text{opt}} = k_\beta$ fest, und das Signal x_V kann aus einer Messung der beiden *Ströme* abgeleitet werden.

Nun kann der *Verbrennungsluftstrom*, wenn auch nicht ganz ohne Aufwand, praktisch immer mit ausreichender Genauigkeit gemessen werden. Dagegen ist dies beim *Brennstoffstrom* nur für gasförmige und flüssige Brennstoffe ohne Einschränkung der Fall. Deshalb, und auch mit Rücksicht auf die erforderliche Konstanz der Brennstoffeigenschaften, wird dieses Verfahren, das Regelsignal x_V aus der Messung von M_L und M_B abzuleiten, normalerweise nur bei Gas- oder Ölfeuerung angewendet.

Bei *schwankenden* Brennstoffeigenschaften, speziell veränderlichem Heizwert, ändert sich auch der spezifische Luftbedarf, wie aus der Formel von ROSIN und FEHLING [1] zu entnehmen ist.[1]

$$M_{L\,\text{theor}} = M_{Bb}\left(\frac{a}{1000}H_u + b\right). \tag{13.2}$$

$M_{L\,\text{theor}}$ theoretischer Luftbedarf (Nm³/s),
M_{Bb} verbrannter Brennstoffstrom (kg/s bzw. Nm³/s),
H_u unterer Heizwert (kcal/kg bzw. kcal/Nm³),
a, b von der Brennstoffart abhängige Konstanten (s. Tab. 13.3).

---

[1] Die empirische Formel (13.2) ist für gasförmige Brennstoffe nicht ohne Änderung ins MKSA-System übertragbar. Sie wurde deshalb in ihrer ursprünglichen Form (Technisches Maßsystem) belassen, was bei Benützung der Werte der Tabelle 13.3 zu beachten ist.

Tabelle 13.3 *Beiwerte zur Formel von* ROSIN *und* FEHLING *für den Luftbedarf*

Brennstoffart	a	b
Feste Brennstoffe...	1,01	0,5
Flüssige Brennstoffe.	0,85	2,0
Armgas........	0,875	0
Reichgas.......	1,09	−0,25

Aus dieser Formel ist zu entnehmen, daß der Einfluß von Heizwertschwankungen schon bei Betrieb mit gleichbleibender Brennstoffart so stark ist, daß er nicht vernachlässigt werden kann. Sind also solche Schwankungen, die sich auch aus einem Mischbetrieb ergeben können, zu erwarten, so muß der Einfluß des Heizwertes miterfaßt werden.

Nun kommt die laufende Bestimmung von H_u neben der Messung von M_L und M_B praktisch nicht in Frage. Eine andere Möglichkeit ergibt sich dagegen daraus, daß die ROSIN-FEHLINGsche Formel für unsere Zwecke oft befriedigend approximiert werden kann durch

$$M_{L\,\text{theor}} \approx M_{Bb}\, H_u\, \frac{a}{1000}. \tag{13.3}$$

Somit bleibt auch bei variablem Brennstoff[1] das optimale Verhältnis

$$\frac{M_{Bb}\, H_u}{M_L} = v_{\text{opt}}^* = k_\beta^* \tag{13.4}$$

mindestens für festen Belastungsgrad β weitgehend konstant. Nun ist das Produkt $M_{Bb} \cdot H_u$ praktisch der *Feuerleistung* Q_F proportional, so daß also $M_{Bb} \cdot H_u$ durch diese oder eine ihr entsprechende Hilfsgröße erfaßt werden kann. Die direkte Messung von Q_F ist allerdings schwierig und daher bislang noch kaum benützt worden.[2]

Vielfach wird als Ersatzgröße dafür der an den Verbraucher abgegebene *Dampfstrom* M_{DT} herangezogen. Dieses Verfahren ist allerdings nur mit Einschränkung zulässig. Insbesondere ist es an die Voraussetzung konstanten Kesselwirkungsgrades und unveränderlicher spezifischer Erzeugungswärme gebunden. Auch ist nur bei annähernd Beharrungszustand das Optimalverhältnis M_{DT}/M_L hinreichend konstant, also

$$\frac{M_{DT}}{M_L} = v_{\text{opt}}^{**} = k_\beta^{**}, \tag{13.5}$$

wogegen während Laständerungen merkliche Abweichungen infolge der Speichervorgänge im Kessel auftreten. — Im Hinblick auf diese das Einregeln optimaler Verbrennungsverhältnisse störenden Einflüsse sollte daher dieses Verfahren der Signalbildung bei Mischbetrieb, bei Kohle mit stark schwankendem Wassergehalt sowie bei rascher Heizflächenverschmutzung im allgemeinen nicht verwendet werden.

---

[1] Bei Mischbetrieb mit veränderlichem Brennstoffverhältnis ist dies, wie Tab. 13.3 (a-Werte) zeigt, nur bedingt gültig.

[2] Die heute verfügbaren Meßmethoden bzw. -geräte sind praktisch nur für die Abgabe von Verschwindsignalen (Störgrößenaufschaltung) brauchbar.

13.1 Kriterien der Verbrennungsgüte

Die durch die erwähnten Speichervorgänge im Kessel bedingten dynamischen Fehler im Signal x_V lassen sich weitgehend durch Zumischen eines aus der *Änderungsgeschwindigkeit des Kesseldruckes* dp_K/dt gebildeten Hilfssignals eliminieren. x_V wird dann aus dem Verhältnis

$$\frac{M_{DT} + k\frac{dp_K}{dt}}{M_L} = v^{***}_{\text{opt}} = k^{***}_\beta \tag{13.6}$$

abgeleitet.

13.1.2 Direkte Kontrolle der Verbrennung

Die der mittelbaren Kontrolle der Verbrennungsgüte anhaftenden Unzulänglichkeiten können weitgehend vermieden werden, wenn an deren Stelle die *Analyse der Rauchgase* zur Signalbildung herangezogen wird. Damit ist eine direkte Kontrollmöglichkeit gegeben. Eine erschöpfende Beurteilung der Verbrennungsgüte würde dabei theoretisch mindestens zwei verschiedene Konzentrationsmessungen notwendig machen, z. B. die Messung des CO_2- und des O_2-Gehaltes. Praktisch kann man sich indessen mit einer Meßgröße begnügen, da bei festen oder dem Luftfaktor eindeutig zugeordneten Einstellwerten der Feuerung sich in jedem gegebenen Fall Korrelationen mit geringer Streuung zwischen

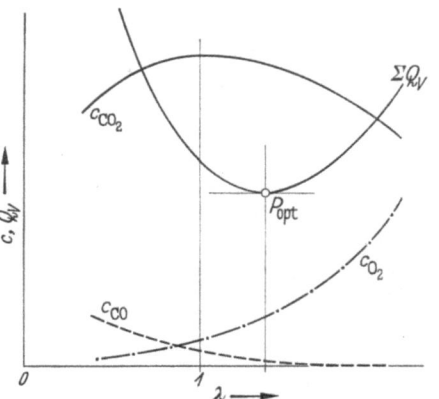

Abb. 13.4 Grundsätzlicher Verlauf der Konzentrationen von CO_2, O_2 und CO sowie der Summe der Feuerungs- und Abgasverluste abhängig vom Luftfaktor λ

den einzelnen Bestandteilen im Rauchgas (c_{CO_2}, c_{O_2}, c_{CO}) und dem Luftfaktor λ feststellen lassen (vgl. Abb. 13.4).

Damit ist man zunächst auch grundsätzlich frei in der Wahl der zu messenden Gaskomponente. Praktisch kommen heute jedoch nur CO_2- oder O_2-Gehalte dafür in Frage. Dabei spricht für die Wahl der O_2-*Messung* der Umstand, daß die Abhängigkeit zwischen O_2-Gehalt und λ von den Brennstoffeigenschaften weitgehend unbeeinflußt bleibt — was für CO_2 nicht zutrifft [*3*], und daß die relativen Meßwertänderungen bei O_2 wesentlich größer sind als bei CO_2. Heute steht daher die O_2-Messung im Vordergrund.

Natürlich ist der Luftüberschuß, bei dem optimale Bedingungen, d. h. ein Minimum der gasseitigen Verluste $\sum Q_V$, verwirklicht sind (vgl. Abb. 13.4), bei den verschiedenen Feuerungsarten nicht gleich. Für

Tabelle 13.5 *Anhaltszahlen über optimalen Luftfaktor λ_{opt} bzw. günstigsten Sauerstoffgehalt im Rauchgas für verschiedene Feuerungen (Austritt Brennkammer)*

Feuerungsart	λ_{opt}	$c_{O_2\,opt}$
Gas	~1,1	~2 %
Öl	~1,2	~3,5 %
Kohlenstaub	~1,3	~5 %
Wanderrost	~1,4	~6 %

die wichtigsten Feuerungen sind in Tab. 13.5 einige Anhaltszahlen zusammengestellt.

Leider sind die zur Zeit im praktischen Betrieb erprobten Sauerstoffmeßgeräte noch relativ träge (vgl. Kap. 9), und die Entwicklung schnellerer und zugleich noch betriebssicherer Meßorgane wäre wünschenswert. Dabei müßte auch dem Problem der Entnahme einer repräsentativen Rauchgasprobe noch besondere Beachtung geschenkt werden.

13.2 Grundschaltungen der Verbrennungsregelung

In der Praxis ist eine verwirrende Vielfalt von Regelschaltungen verwirklicht. Zur Erleichterung der Übersicht werden daher zunächst die wichtigsten Grundschaltungen besprochen. Sie sind hier nach der Art der Bildung des Signals x_V der Verbrennungsgüte geordnet worden.

13.2.1 Regelschaltungen mit indirekter Verbrennungskontrolle

a) Regelung auf konstantes Brennstoff-Luft-Verhältnis. Da diese Regelungsart ohnehin daran gebunden ist, daß Brennstoff- und Luftstrom zuverlässig erfaßt werden, besteht hier zunächst die Möglichkeit der *gemeinsam gesteuerten Zumessung* dieser Ströme. Das Feuerleistungssignal x_F wirkt hierbei als Führungsgröße parallel auf den Luftstromregler *6* und den Brennstoffregler *7* (Abb. 13.6a). Gegebenenfalls werden durch den Signalwandler *8* die Einzelsignale noch dem Übertragungsverhalten der beiden Regelungen derart angepaßt, daß der Gleichlauf der Ströme gesichert ist.

Die eben beschriebene Schaltung läßt sich im Sinne einer eigentlichen *Regelung des Verhältnisses* M_B/M_L ergänzen, wie in Schema 13.6b angedeutet. Im Feuerungsregler *9* wird das Verhältnis der von den Stellorganen *2* und *3* eingestellten Ströme von Luft und Brennstoff kontrolliert und wenn nötig ein korrigierendes Signal x_V^* auf einen der beiden Mengenregler — in unserem Beispiel auf den Brennstoffregler — gegeben.

Eine oft angewendete Schaltung ist in Abb. 13.6c und d dargestellt. Die beiden Varianten stellen dabei nur Abwandlungen desselben Grundgedankens dar. Bei dieser Lösung wirkt das Signal x_F beispielsweise bei Variante c nur auf den Luftstromregler *6*. Der Brennstoffregler *7* erhält sein Führungssignal vom Luftstrom-Meßorgan *4* her. Es wird also hier primär der Luftstrom verstellt und der Brennstoffstrom diesem nachgezogen. Bei Variante d sind die Wirkungen vertauscht.

13.2 Grundschaltungen der Verbrennungsregelung

b) Regelung auf konstantes Dampf-Luft-Verhältnis. Bei dieser Regelungsart kann zunächst wiederum das Feuerleistungssignal als Führungsgröße auf *beide* Regler 6 und 7 gegeben werden (Abb. 13.7a). Der Verbrennungsregler 9 erhält einerseits vom Meßorgan 4 das Signal des Luftstromes, andererseits von 10 dasjenige des Dampfstromes M_{DT}.

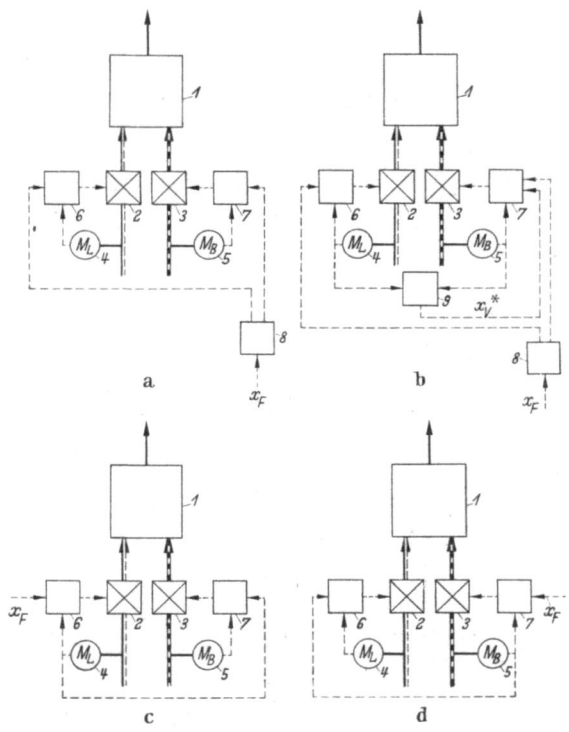

Abb. 13.6 a—d
Grundschaltungen der Verbrennungsregelung auf konstantes Brennstoff/Luft-Verhältnis
1 Kessel; *2* Stellorgan für Luftstrom; *3* Stellorgan für Brennstoffstrom; *4* Meßorgan für Luftstrom; *5* Meßorgan für Brennstoffstrom; *6* Regler für Luftstrom; *7* Regler für Brennstoffstrom; *8* Signalwandler; *9* Verbrennungsregler

Bei Abweichungen wird durch das Signal x_V^* eine entsprechende Korrektur des Brennstoffstromes herbeigeführt. Auch ein Korrektureingriff auf den Luftregler ist möglich.

Die in Abb. 13.7b und c gezeigten Lösungen stellen Grundschaltungen für den Fall dar, daß das Feuerleistungssignal nur auf *einen* der beiden Mengenregler 6 oder 7 direkt als Führungsgröße einwirkt. Der andere Mengenregler wird über eine Dampfstromänderung vom Signal x_V^* des Verbrennungsreglers 9 nachgezogen. Durch Störgrößenaufschaltung kann die dadurch bedingte Verzögerung noch verringert und der Gleichlauf der Ströme auch bei schnellen Laständerungen hinreichend verwirklicht werden. Die entsprechenden Signalverbindungen sind in den Abbildungen strichpunktiert gezeichnet.

c) **Regelung auf konstantes Wärmestrom-Luftstrom-Verhältnis.** Soll nicht nur bei Beharrung, sondern auch im transitorischen Regime das optimale Brennstoff-Luft-Verhältnis möglichst eingehalten werden, so ist, wie im vorangehenden Abschn. 13.1 erläutert, dem Dampfstromsignal noch ein aus der *zeitlichen Änderung* des *Kesseldruckes* abgeleiteter Signalanteil beizumischen. Man erhält dann bei paralleler Führung beider Mengenregler durch das Feuerleistungssignal eine Regelschaltung

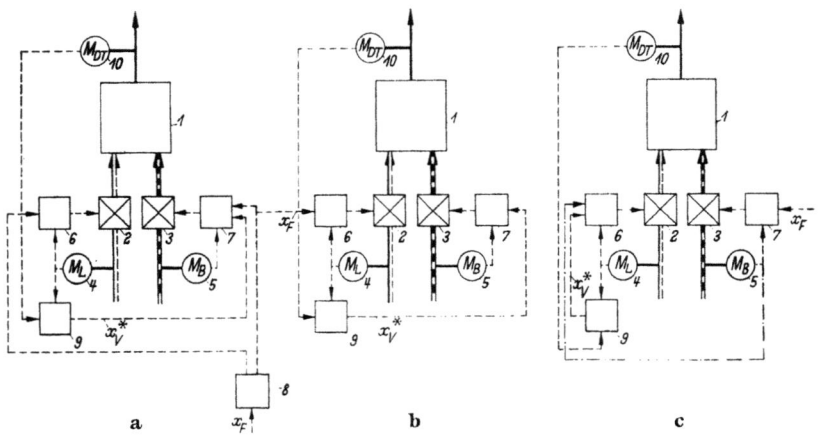

Abb. 13.7a—c
Grundschaltungen der Verbrennungsregelung auf konstantes Dampfstrom/Luftstrom-Verhältnis
10 Meßorgan für Dampfstrom zum Verbraucher; übrige Bezeichnungen wie für Abb. 13.6

nach Abb. 13.8a. Im Prinzip ist neben dem dargestellten Korrektureingriff auf den Brennstoffregler auch ein solcher auf den Luftregler denkbar.

Die Abb. 13.7b und c entsprechenden Schaltungen (Wirkung des Signals x_F nur auf einen Mengenregler) sind in Abb. 13.8b und c wiedergegeben. Auch hier sind strichpunktiert noch Signalverbindungen für eine Störgrößenaufschaltung eingezeichnet.

13.2.2 Regelschaltungen mit direkter Verbrennungskontrolle

Auch bei den Regelungen, bei denen eine direkte Kontrolle der Verbrennungsgüte durch die Rauchgasanalyse erfolgt, findet man einerseits die parallele, primäre Führung *beider* Mengenregler durch das Feuerleistungssignal und andererseits Lösungen, bei denen nur *einer* dieser Regler durch x_F direkt geführt wird.

13.2 Grundschaltungen der Verbrennungsregelung

Im ersteren Falle ergibt sich eine Grundschaltung nach Abb. 13.9a, wobei anstelle der gezeichneten Lösung das Signal des Verbrennungsreglers x_V^* auch auf den Brennstoffregler einwirken kann. — Dem zweiten Fall entsprechen die in Abb. 13.9b und c wiedergegebenen Schaltungen. Bei träge arbeitendem O_2-Meßorgan 12 sind dabei die

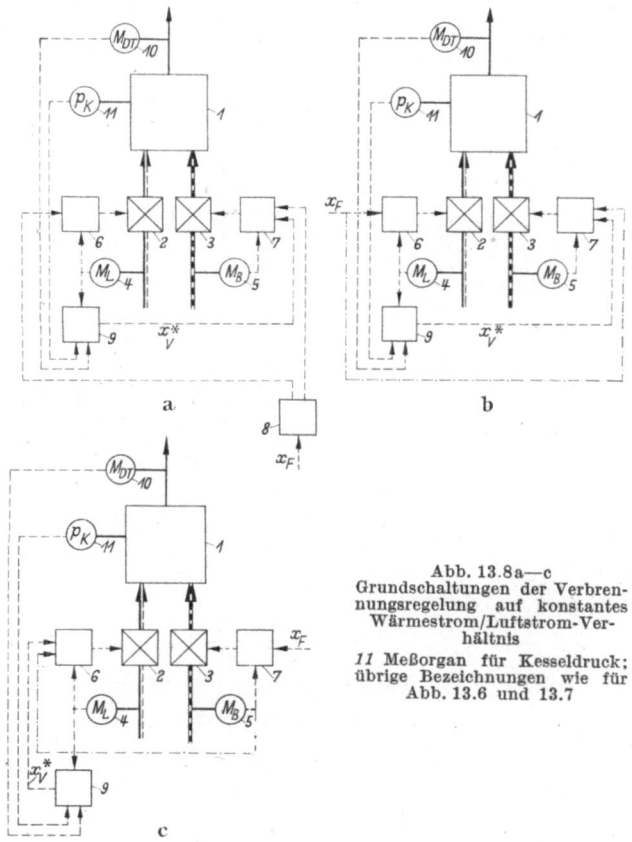

Abb. 13.8a—c
Grundschaltungen der Verbrennungsregelung auf konstantes Wärmestrom/Luftstrom-Verhältnis
11 Meßorgan für Kesseldruck; übrige Bezeichnungen wie für Abb. 13.6 und 13.7

strichpunktiert eingezeichneten Störgrößenaufschaltungen zweckmäßig, bei schnellem Arbeiten dieses Organs können sie entfallen. Auch die Rückführung vom Brennstoffstrom aus (Abb. 13.9b) bzw. vom Luftstrom aus (Abb. 13.9c) kann bei hinreichend schnell ansprechendem O_2-Meßorgan wegfallen und damit auch der korrespondierende Mengenregler.

Es sei noch bemerkt, daß die gezeigten Schaltungen auch kombiniert werden können. Insbesondere kann die direkte mit der indirekten Verbrennungskontrolle vereinigt werden.

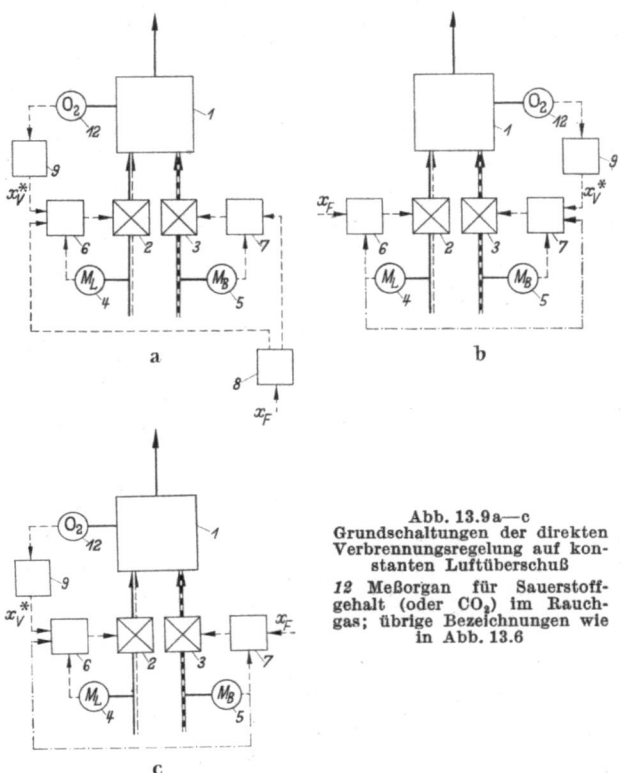

Abb. 13.9 a—c
Grundschaltungen der direkten Verbrennungsregelung auf konstanten Luftüberschuß
12 Meßorgan für Sauerstoffgehalt (oder CO_2) im Rauchgas; übrige Bezeichnungen wie in Abb. 13.6

13.3 Auswahl der Regelschaltung im Zusammenhang mit der Feuerungsart

Nach Abschn. 13.2 stehen beim Planen einer Verbrennungsregelung eine größere Zahl von Regelschaltungen zur Auswahl. Es wurde allerdings schon im ersten Teil dieses Kapitels auf verschiedene einschränkende Bedingungen hingewiesen, die mit einzelnen dieser Grundschaltungen verknüpft sind. Dazu kommt, daß auch die Art der Feuerung berücksichtigt werden muß, wobei neben dem Feuerungsprinzip auch Einzelheiten der Konstruktion maßgebend sein können. Schließlich ist auch die Kesselbauart in diesem Zusammenhang von Bedeutung.

Trotz dieser Beschränkungen bestehen aber fast in jedem Falle verschiedene Regelungsmöglichkeiten. Die für die wichtigsten Feuerungsarten nachfolgend besprochenen Schaltungen haben daher nur die Bedeutung von Beispielen.

13.3.1 Gas- und Ölfeuerungen

Es wurde bereits darauf hingewiesen, daß bei Gas- und Ölfeuerung meist die Brennstoffeigenschaften praktisch konstant sind und zugleich Luft- und Brennstoffstrom hinreichend genau gemessen werden können. Damit können hier die Schaltungen der Regelung auf konstantes *Brennstoff-Luft-Verhältnis* Verwendung finden und ergeben im allgemeinen befriedigende Resultate.

Sowohl für Gas wie für Öl wird häufig die Regelschaltung nach Abb. 13.6d benützt, bei der vom Feuerleistungssignal primär der Brennstoffstrom beeinflußt und der Luftstrom nachgezogen wird. Namentlich bei Ölfeuerung wird ferner die Schaltung nach Abb. 13.10a angewendet,

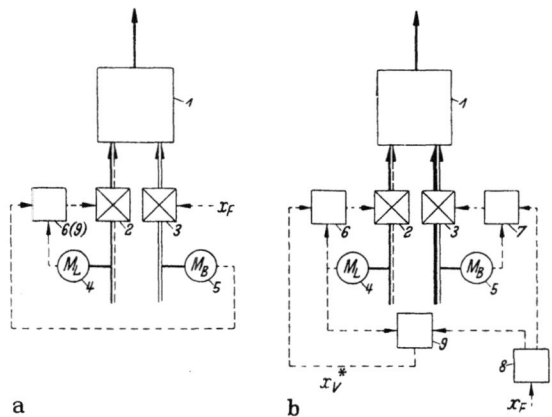

Abb. 13.10a u. b Schaltungsbeispiele der Verbrennungsregelung
a) Ölfeuerung; b) Gasfeuerung
Bezeichnungen wie in den vorangegangenen Abbildungen

bei welcher der Mengenregler für den Brennstoff fehlt. Das aus dem eingestellten Brennstoffstrom abgeleitete Signal führt den Luftmengenregler *6* nach. — Bei Gasfeuerung, wo oft die Verzögerungen beim Verstellen des Brennstoffstromes merklich sind, wird andererseits mitunter zu einer Regelschaltung nach Abb. 13.10b gegriffen. Hier wird zur Führung des Verbrennungsreglers *9* direkt das Feuerleistungssignal benützt. Auch Schaltungen nach Abb. 13.6b werden hier angewendet [*2* u. a.].

Im Hinblick auf die günstigen Übertragungseigenschaften der Regelstrecken kann den Mengenreglern meist I-Verhalten gegeben werden. Für den Verbrennungsregler ist I- oder öfter PI-Verhalten zweckmäßig.

13.3.2 Kohlenstaubfeuerungen mit Staubbunker

Bei dieser Feuerungsart sind infolge der ausgleichenden Wirkung des Staubbunkers die Eigenschaften des brennfertigen Staubes im Normalbetrieb kaum raschen und zugleich größeren Schwankungen unterworfen. Dies gilt insbesondere auch für den Wassergehalt. Dagegen können natürlich Änderungen über längere Zeit, schroffere auch bei Brennstoffwechsel vorkommen.

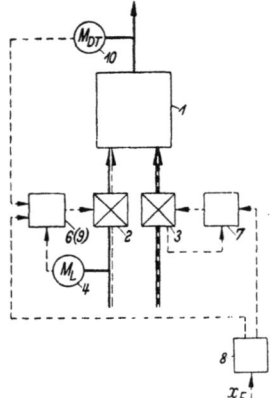

Abb. 13.11
Beispiel einer vereinfachten Regelschaltung bei Staubfeuerung mit Zwischenbunker. Bezeichnungen wie früher

Da die unmittelbare Messung des Brennstoffstromes hier schwierig ist und erheblich streut, scheidet eine Regelung auf konstantes Brennstoff-Luft-Verhältnis praktisch aus. Dagegen wird mit Erfolg das Verfahren $\frac{M_{DT}}{M_L} = k_\beta^{**}$ angewendet, namentlich in der Schaltung nach Abb. 13.7c. Dabei werden vielfach noch die beiden Regler 6 und 9 zusammengefaßt, womit die Regelschaltung nach Abb. 13.11 entsteht. Auch die anderen Formen dieser Regelungsart sind im allgemeinen brauchbar (Abb. 13.7). Mitunter werden auch die Regelschaltungen nach Abb. 13.8 angewendet (Wärmestrom-Luftstrom-Verhältnis). Nicht immer sind indes die Voraussetzungen für diese Regelungsarten gegeben (vgl. Abschn. 13.1). Es wird dann besser von der *direkten Verbrennungskontrolle* Gebrauch gemacht und eine der in Abb. 13.9 gezeigten Regelschaltungen benützt. Namentlich die Schaltung nach Abb. 13.9b wird hierbei öfters verwirklicht [7]. Auch Kombinationen der direkten und indirekten Regelverfahren kommen in Frage.

Dem Verbrennungsregler wird fast allgemein PI-Charakter gegeben.

13.3.3 Kohlenstaubfeuerungen mit Einblasemühlen

Da bei den Staubfeuerungen mit Direkteinblasung die ausgleichende Wirkung eines Zwischenbunkers fehlt, wirken sich Schwankungen in der Brennstoffqualität hier praktisch in vollem Umfange auf den Verbrennungsvorgang aus. Die Unvollkommenheiten der Regelverfahren mit indirekter Verbrennungskontrolle treten deshalb bei dieser Feuerungsart gegebenenfalls besonders stark in Erscheinung. Vor allem gilt dies für Betrieb mit *nassem Brennstoff*, wo z. B. bei Regelung nach dem Dampf-Luft-Prinzip ein starker Feuchteanstieg zum Zusammenbruch der Feuerleistung führen kann. Sind daher *schwankende* Brennstoffeigenschaften zu erwarten, so sind die Regelverfahren mit *direkter Verbrennungskontrolle* zu empfehlen. Bei gleichbleibender Kohlequalität sind indes auch die anderen Verfahren (Dampf-Luft bzw. Wärmestrom-Luftstrom) brauchbar.

Bei der Abstimmung auf Gleichlauf von Luft und Brennstoff ist bei Einblasemühlen das verzögerte Übertragungsverhalten infolge der

Speichervorgänge in Mühle und Sichter besonders zu beachten, neben den Verzögerungen durch den Staubtransport (vgl. Kap. 6). Eine merkliche Verbesserung kann oft durch Aufschalten eines aus dem Differentialquotienten des Feuerleistungssignals abgeleiteten *Verschwindimpulses* auf den Regler des *Trägerluftstromes* erzielt werden, wie dies in dem in Abbildung 13.12 dargestellten Beispiel angedeutet ist (strichpunktierte Signalverbindung). Dieser Maßnahme sind allerdings, wie schon früher angedeutet, Grenzen durch die Auswirkungen auf die Mahlfeinheit gesetzt.

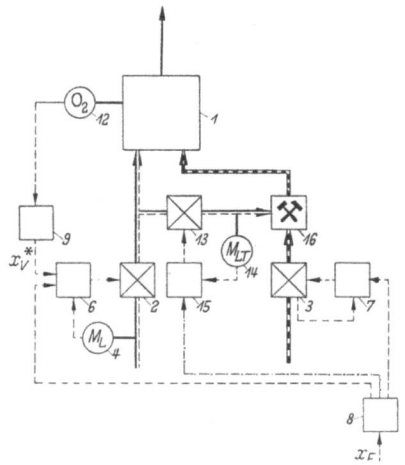

Abb. 13.12 Schaltungsbeispiel der Verbrennungsregelung bei Staubfeuerung mit Einblasemühlen
13 Stellorgan für Mühlen-Luftstrom; *14* Meßorgan für Mühlen-Luftstrom; *15* Mühlen-Luft-Regler; *16* Mühle
Übrige Bezeichnungen wie früher

Bezüglich der dynamischen Eigenschaften des Verbrennungsreglers gilt das im vorangehenden Abschnitt Gesagte.

13.3.4 Zyklonfeuerungen

Bei Zyklonfeuerungen liegen insofern besondere Verhältnisse vor, als sowohl der Verbrennungs- wie der Schmelzvorgang im Zyklon empfindlich auf Abweichungen von den richtigen Betriebsbedingungen reagieren. Es ist daher unerläßlich, den Luftstrom zum Zyklon individuell auf dessen Feuerleistung abzustimmen. Abb. 13.13 zeigt dazu zwei mögliche Lösungen.

Bei der Schaltung 13.13a wirkt das Feuerleistungssignal x_F auf den Brennstoffregler (Zuteiler), und Gesamtluftstrom und Zyklonluft werden nachgezogen. Die Gesamtluftmenge wird dabei, wenn nötig, durch den Verbrennungsregler korrigiert. — Bei der in Abb. 13.13b dargestellten Schaltung führt das Feuerleistungssignal den Regler *6* des Gesamtluftstromes, womit zugleich die den Zyklonen zuströmende Luftmenge lastabhängig verstellt wird. Die zugehörige Brennstoffmenge wird durch die individuellen Verbrennungsregler *24* der Zyklone nachgezogen, wobei zweckmäßigerweise eine Störgrößenaufschaltung vom Hauptluftregler her erfolgt (strichpunktierte Signalverbindung). Der Zweitluftstrom zur Nachbrennkammer wird durch einen besonderen Verbrennungsregler *22* in Abhängigkeit vom Sauerstoffgehalt im Gesamtrauchgasstrom eingestellt [9].

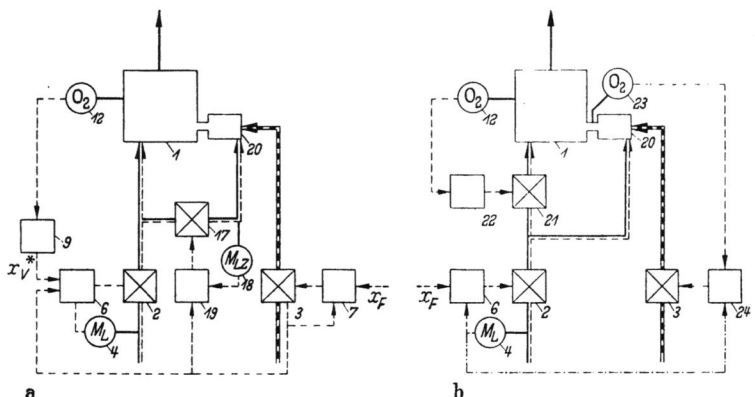

Abb. 13.13a u. b Schaltungsbeispiele der Verbrennungsregelung bei Zyklonfeuerung
a) Primäre Führung des Brennstoffreglers; b) Primäre Führung des Gesamtluftreglers
17, 18, 19 Stellorgan bzw. Meßorgan bzw. Regler für Zyklon-Luftstrom; *20* Zyklon; *21* Stellorgan für Sekundärluft zur Nachbrennkammer; *22* Hauptverbrennungsregler; *23* Meßorgan für O_2 am Zyklonaustritt; *24* Zyklonverbrennungsregler
Übrige Bezeichnungen wie früher

13.3.5 Rostfeuerungen

Bei Rostfeuerungen ist das dynamische Verhalten dieser Feuerungsart bestimmend dafür, daß das Feuerleistungssignal in jedem Fall *primär* den *Luftstrom* führen muß. Denn der Eingriff auf den Brennstoffstrom (Rostgeschwindigkeit) allein würde die tatsächliche Feuerleistung nur mit einer untragbaren Verzögerung der gewünschten folgen lassen (vgl. Kap. 6). Indessen kann natürlich ein *simultaner* Regelbefehl auf beide Größen bei geeigneter Abstimmung durchaus sinnvoll sein.

Eine häufig benützte einfache Regelschaltung ist diejenige nach Abb. 13.6 c. Für höhere Anforderungen wird oft vom Dampf-Luft-Verfahren Gebrauch gemacht, wobei dann besonders die Schaltung nach Abb. 13.7a herangezogen wird. Sehr gute Ergebnisse lassen sich auch mit der Regelschaltung nach Abb. 13.9b erzielen, die besonders am Platz ist, wenn die mit direkter Verbrennungskontrolle verbundenen Vorteile ins Gewicht fallen [*9*].

Auch bei Rostfeuerungen wird dem Verbrennungsregler, soweit vorhanden, bevorzugt PI-Verhalten gegeben.

13.4 Dynamik der Verbrennungsregelung

Entsprechend der Vielfalt in der Wirkungsweise und Bauart der Elemente der Verbrennungsregelung sowie der großen Zahl möglicher Regelschaltungen ist auch das dynamische Verhalten von Fall zu Fall verschieden. Daraus ergibt sich, daß allgemeingültige Angaben kaum gemacht werden können. Andererseits ist es für einen konkreten Fall im allgemeinen nicht schwierig, ausgehend von der Regelschaltung das

13.4 Dynamik der Verbrennungsregelung

Blockschaltbild zu entwerfen und die dynamischen Eigenschaften der Blockelemente zu ermitteln. Die Grundlagen zum letzteren sind insbesondere in den Kapiteln 2, 3, 5, 6 und 9 gegeben worden. Es wird deshalb darauf verzichtet, allgemein zu den in den Abschnitten 13.2 und 13.3 besprochenen Schaltungen auch die zugehörigen Blockschaltungen zu entwickeln. Die nachfolgend behandelten drei Fälle sind deshalb eher als Beispiele gemeint.

Beispiel 1. Es sei zunächst ein Fall der Regelung auf konstantes *Brennstoff-Luft-Verhältnis* untersucht, wobei die Regelschaltung nach

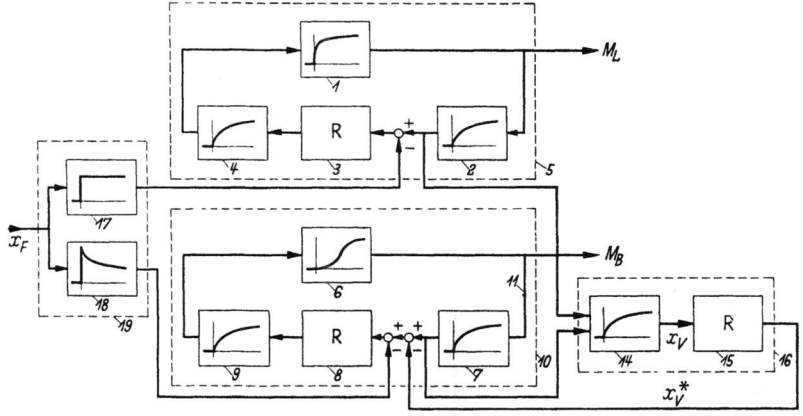

Abb. 13.14 Blockschema einer Verbrennungsregelung entsprechend der Regelschaltung nach Abb. 13.6b

1 Regelstrecke; *2* Meßorgan; *3* Regler; *4* Stellmotor der Luftstromregelung; *6* Regelstrecke; *7* Meßorgan; *8* Regler; *9* Stellmotor der Brennstoffregelung; *12* Meßorgan für Dampfstrom; *13* Meßorgan für O_2-Gehalt; *14* Verhältnisgeber; *15* Verbrennungsregler; *17* Signalwandler für Luftstromsignal; *18* Signalwandler für Brennstoffsignal; *20* Wärmeübertragung und Dampfbildung im Kessel; *21, 22* Abhängigkeit des O_2-Gehaltes von Luft- bzw. Rauchgasstrom; übrige Bezeichnungen s. Text

Abb. 13.6b zugrunde gelegt sein möge. Die Übertragung ins Blockschema führt zu einer Darstellung nach Abb. 13.14.

Hierin sind in den gestrichelt umrandeten Bezirken *5* und *10* zunächst die Blockschemata der Luftstromregelung bzw. der Brennstoffregelung wiedergegeben. Block *1* entspricht der Regelstrecke der Luftregelung, *2, 3* und *4* symbolisieren die zugehörige Regeleinrichtung. — Die Darstellung der Brennstoffregelung gilt für den Fall, wo der Strom M_B direkt *meßbar* ist, also für Gas- oder Ölfeuerung. Es bedeuten dabei *6* die Regelstrecke, *7, 8* und *9* Meßorgan, Regler und Stellmotor des Brennstoffregelventils. Das Signal *11* entspricht der Regelgröße.

Die beiden Regelungen erhalten nun je ihre Führungsgröße vom Signalwandler *19* aus, wobei hier eine proportionale Durchgabe des Feuerleistungssignals x_F auf den Luftregler angenommen wurde (Block *17*), während die Beeinflussung des Brennstoffreglers mit Vorhalt erfolgen soll (Block *18*).

Die Signale des Luft- und Brennstoffstromes werden nun auf den Verbrennungsregler (*16*) geleitet, wobei im Gerät entsprechend Block *14* zunächst das Verhältnis $\frac{M_B}{M_L} = V$ gebildet und dessen Wert als Signal x_V auf den Regler *15* übertragen wird. Von dort wirkt das Korrektursignal x_V^* auf die Brennstoffregelung.

Beispiel 2. Als zweiter Fall sei eine Regelung auf konstantes *Dampf-Luft-Verhältnis* entsprechend der Schaltung nach Abb. 13.7b betrachtet (s. Abb. 13.15).

Die Blockschaltung der Luftregelung entspricht der Darstellung in Abb. 13.14. Bei der Brennstoffregelung wurde hier der Fall einer Staub-

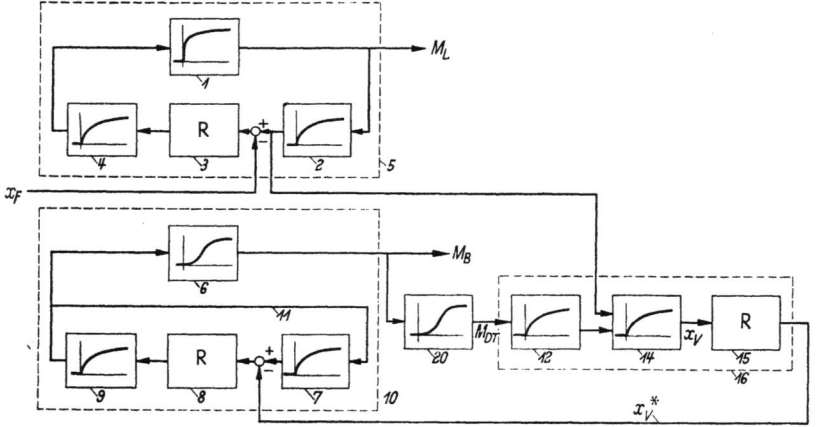

Abb. 13.15 Blockschema einer Verbrennungsregelung nach Abb. 13.7b (M_{DT}/M_L = const). Bezeichnungen wie Abb. 13.14

oder Rostfeuerung angenommen, wo der Brennstoffstrom *nicht direkt gemessen*, sondern das entsprechende Regelsignal (*11*) von der Stellung oder der Drehzahl der Zuteilvorrichtung abgeleitet wird.

Das Feuerleistungssignal wirkt unmittelbar nur als Führungsgröße des Luftreglers, während die Brennstoffregelung ihr Führungssignal in Form von x_V^* vom Verbrennungsregler erhält.

Da hier nicht der Brennstoffstrom, sondern der Dampfstrom M_{DT} als Verhältnisgröße in den Verbrennungsregler eingeht, wird in den entsprechenden Signalweg noch das Übertragungsverhalten des Kessels (Eingangsgröße: Brennstoffstrom; Ausgangsgröße: Dampfstrom) einbezogen. In der Abbildung ist dies durch Block *20* zum Ausdruck gebracht.

Die übrigen Teile des Schemas bedürfen keiner besonderen Erklärung.

13.4 Dynamik der Verbrennungsregelung

Beispiel 3. Es sei noch ein Beispiel der *direkten Verbrennungskontrolle* betrachtet, entsprechend Schema Abb. 13.9c (s. Abb. 13.16). Die Darstellung der Luft- und Brennstoffregelung ist unverändert von Abb. 13.15 übernommen worden. Das Feuerleistungssignal x_F führt hier jedoch den Brennstoffregler.

Der Sauerstoffgehalt im Rauchgas wird sowohl durch die Luft- wie auch die Brennstoffzufuhr beeinflußt. Die entsprechenden Übertragungsverhalten sind durch die Blöcke *21* bzw. *22* dargestellt. Der O_2-Gehalt

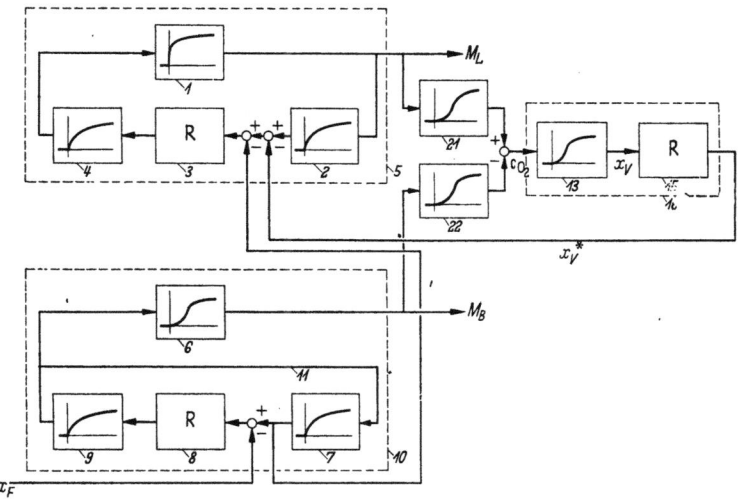

Abb. 13.16 Blockschema einer Verbrennungsregelung mit direkter Kontrolle der Verbrennungsgüte (O_2), entsprechend Abb. 13.9c. Bezeichnungen wie Abb. 13.14

wird durch das Meßorgan *13* erfaßt und als Signal x_V auf den Verbrennungsregler *15* übertragen. Von dort aus wirkt das Signal x_V^* im Sinne einer Korrektur auf die Luftregelung, die im übrigen vom Brennstoffsignal aus vorgesteuert wird.

In diesen Beispielen wurde das Übertragungsverhalten einzelner Elemente (Regelstrecken der Luft- und Brennstoffregelung, Auswirkungen veränderlichen Feuerungszustandes auf Dampferzeugung bzw. O_2-Gehalt usw.) nur summarisch behandelt. Eine detailliertere Darstellung ist indes unter Zuhilfenahme der einschlägigen Kapitel ohne Schwierigkeit durchzuführen.

Literatur zu Kapitel 13

[1] ROSIN, P., u. R. FEHLING: Das it-Diagramm der Verbrennung, Berlin: VDI-Verlag 1929.
[2] YOUNG, L.: Automatic Control of High Pressure Boilers, Engineering and Boiler House Review (Juli 1947) S. 204—207.

[3] AHNERT, B.: Die Überwachung der Verbrennung an Hochleistungsdampfkesseln. Energie 7 (1955) Nr. 1, S. 7—12, u. Nr. 2, S. 48—51.
[4] KINDERMANN, W.: Regler- und Überwachungsanlagen im Kraftwerk Ibbenbüren. CEG-Berichte 2 (1956) Nr. 3.
[5] SAMAL, E.: Grundsätzliches zur Regelung von Dampferzeugern. AEG-Mitt. 47 (1957) Nr. 9/10, S. 353—369.
[6] SAMAL, E.: Die AEG-Kesselregelung. AEG-Mitt. 47 (1957) Nr. 9/10, S. 369 bis 381.
[7] GRASME, P.: Zusammenwirken der Regelungen von Kessel und Turbine bei Blockkraftwerken mit Zwischenüberhitzung. BWK 9 (1957) Nr. 11, S. 555 bis 565.
[8] FISCHER, A.: Die Regelung von Hochdruckkesseln in Blockschaltung mit der Turbine. B. T. Ü. 4 (1959) Nr. 6, S. 158—162.
[9] MIRONOW, W. D.: Zur Automatisierung der Verbrennungsvorgänge. Archiv für Energiewirtschaft 13 (1959) Nr. 12, S. 461—481.
[10] ZWETZ, H.: Verbesserung der Druckregelung bei Dampferzeugern. BWK 12 (1960) Nr. 5, S. 206—211.
[11] GRÄB, H.: Zur Regelung des Trommeldruckes von Dampfkesseln mit Einblasemühlen. AEG-Mitt. 50 (1960) Nr. 6/7, S. 259—265.

14. Regelung der Leistung

14.1 Regelaufgabe

Die bisher im II. Teil des Buches behandelten Regelungen haben alle als Regelgröße eine den Betriebszustand des Kessels bzw. der Anlage kennzeichnende *thermodynamische Zustandsgröße* (Druck, Temperatur, Wärmeinhalt usw.), wenn diese auch oft nicht direkt, sondern über eine passende Ersatzmeßgröße erfaßt wird. Ihre Regelaufgabe besteht denn auch primär im Einstellen und Aufrechterhalten des jeweils gewünschten Arbeitsmittelzustandes, wobei die Belastung als wichtigste *Störgröße* anzusehen ist. In etwas abgewandeltem Sinne trifft dies auch auf die Verbrennungsregelung zu.

Bei der Leistungsregelung ist nun umgekehrt die *Belastung* selbst durch Regeleingriff zu beherrschen. Regelgröße ist mithin ein *Energiestrom*, der durch eine mechanische, elektrische oder auch kalorische Leistung gegeben sein kann, wobei die letztere oft stellvertretend als Dampfstrom gemessen wird. Als Regelaufgabe kann das dauernde Anpassen der Energieproduktion der Anlage an den wechselnden, von der Verbraucherseite her gegebenen Bedarf gelten.

Bei der Erfüllung dieser Aufgabe ist allerdings immer eine zusätzliche Bedingung gestellt, die die Leistungsregelung oft zu einem nicht leicht zu lösenden Problem macht: Die Leistungsregelung muß in ihrer Arbeitsweise so auf die übrigen Regelungen der Anlage — insbesondere des Kessels — abgestimmt sein, daß keine unzulässigen Druck- oder Temperaturschwankungen auftreten und daß, speziell in der Feuerung, möglichst kleine Verluste entstehen. Bei der Abgabe mechanischer und

14.1 Regelaufgabe

vor allem elektrischer Energie ist im allgemeinen noch das Einhalten der Drehzahl bzw. der Frequenz in gegebenen Grenzen gefordert.

Die einen Regeleingriff auslösende Regelabweichung ist allgemein gleich der Differenz zwischen der von der Anlage momentan *erzeugten* und der von der Verbraucherseite her *angeforderten* Leistung (vgl. Abb. 14.1). Dabei braucht die letztere nicht identisch mit dem augenblicklichen Energieverbrauch zu sein, sondern kann vorübergehend noch einen Anteil enthalten, der benötigt wird, um den im Verbrauchersystem gespeicherten Energievorrat auf den der jeweiligen Last zugeordneten Normalwert zu bringen. So kann z. B. der Wärmebedarf

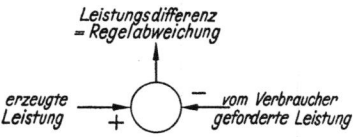

Abb. 14.1 Bildung der Regelgröße bei der Leistungsregelung

eines Zellstoffkochers bei gleichbleibendem Druck dem Dampfstrom $\bar{M}_{DK}$ entsprechen. Ist jedoch eine Abweichung vom Normalwert eingetreten, so wird zur Beseitigung derselben vorübergehend ein zusätzlicher Dampfstrom ΔM_{DK} benötigt, womit die zu fordernde Dampfleistung wird

$$M_{D\text{ soll}} = M_{DK} + \Delta M_{DK}. \tag{14.1}$$

ΔM_{DK} ist auf Grund einer Druckmessung zu ermitteln und wird in der Regel der Druckabweichung proportional gemacht. — Besonders wichtig ist der Fall des Verbrauchers elektrischer Energie (Netz). Für an der Frequenzhaltung beteiligte Anlagen setzt sich die geforderte Leistung (Sollwert) auch hier aus einem dem Energiekonsum entsprechenden Betrag $a N_K$ sowie einem der allfälligen Frequenzabweichung Δf proportionalen Betrag $b \Delta f$ zusammen; es ist mithin

$$N_\text{soll} = a N_K + b \Delta f. \tag{14.2}$$

Ähnliches gilt auch bei der unmittelbaren Abgabe von mechanischer Energie.

Aus der Bildung der Regelabweichung als Differenz zwischen erzeugter und verlangter Leistung ergibt sich, daß Regelwirkungen sowohl von der *Verbrauchs-* als auch der *Erzeugungsseite* her ausgelöst werden können.

Änderungen des Energiebedarfes auf der Verbraucherseite sind naturgemäß die primären und in der Regel auch ihrer Größe nach wichtigsten Störeinwirkungen auf die Leistungsregelung. Regeltechnisch gesehen, haben sie die Bedeutung von Änderungen der *Führungsgröße*. Ungewollte Änderungen der Energieerzeugung, namentlich durch schwankende Feuerleistung bedingt, die als eigentliche *Störungen* aufzufassen sind, sind indes, bis auf das Vorzeichen, regeltechnisch gleichwertig, indem sie gleichartige Regelwirkungen auslösen.

Von dem breiten Spektrum der praktisch vorkommenden *periodischen* Lastschwankungen ist für die Leistungsregelung nur ein Bereich mittlerer

14. Regelung der Leistung

Frequenz dynamisch von Bedeutung. Es sind dies Schwankungen mit einer in der Größenordnung Minuten liegenden Periode. Laständerungen wesentlich höherer Frequenz können praktisch aus dem Energievorrat rotierender Massen oder aus dem Inhalt der Dampfleitungen gedeckt werden, ohne daß die Leistungsregelung im Sinne einer Anpassung der Dampferzeugung einzugreifen braucht.

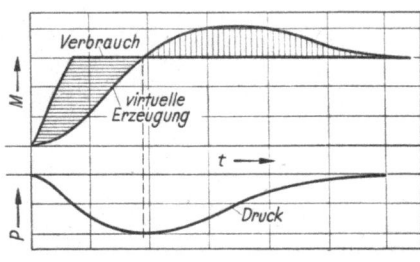

Abb. 14.2 Zeitlicher Verlauf von Dampfverbrauch, virtueller Dampferzeugung und Dampfdruck bei Laständerung

Auch im Zusammenhang mit ganz langsamen Laständerungen stellen sich kaum regeldynamische Probleme; die Dekkung dieser Schwankungen ist vorab eine wirtschaftliche Frage, die uns hier nicht beschäftigen soll.

Neben der Ausregelung periodischer Lastschwankungen des erwähnten mittleren Frequenzbereiches ist natürlich auch das Ausfahren von *bleibenden* Leistungsänderungen wichtig. Da diese nachhaltig sind, können sie grundsätzlich nur *anfangs* ganz oder teilweise aus Speicherenergie gedeckt werden; in der Folge muß jedoch die Dampferzeugung unbedingt dem neuen Bedarf angepaßt werden. Die Speicherwirkung in Maschinen, Leitungen, Kessel usw. ist indes auch in diesem Falle wichtig und unter gewissen Bedingungen geradezu unentbehrlich, weil das Verstellen der Dampferzeugung niemals verzögerungsfrei erfolgen kann. Durch die *Speicherwirkung* wird dann die bei einsetzender Laständerung zunächst entstehende Differenz zwischen (virtueller) Erzeugung und Verbrauch überbrückt (vgl. Abb. 14.2).

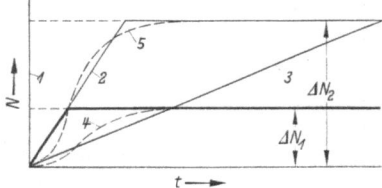

Abb. 14.3 Kleine (ΔN_1) und große (ΔN_2) Laständerungen mit verschiedener Geschwindigkeit (ausgezogene Linien). Zum Vergleich ist der Verlauf der virtuellen Dampferzeugung bei sprunghaftem Verstellen des Feuerleistungssignals x_F um den ΔN_1 bzw. ΔN_2 entsprechenden Wert eingetragen (gestrichelte Linien).

Es ist offensichtlich, daß das Ausmaß, in welchem die Speichereigenschaften der Anlage herangezogen werden müssen, unter sonst gegebenen Verhältnissen stark vom zeitlichen Verlauf der verlangten Last abhängt. Zunächst ist natürlich die *Größe* der Laständerung wichtig, daneben aber auch die *Geschwindigkeit*, mit der sie erfolgen soll. Abb. 14.3 macht dies wohl ohne weitere Erklärung deutlich.

In manchen Fällen ist der zeitliche Verlauf der Belastung im voraus bekannt, so etwa in manchen Kraftwerksbetrieben und mit gewissen

Einschränkungen auch in vielen Industrieanlagen. Dies bedeutet oft eine Erleichterung der Regelaufgabe, wenn entsprechende Vorbereitungen getroffen werden können und besonders wenn der Fahrplan den Regeleigenschaften der Anlage angepaßt werden kann. Der so erleichterten Regelaufgabe vermag dann vielfach auch eine entsprechend einfachere Regeleinrichtung zu genügen.

Sehr oft ist jedoch der zeitliche Lastverlauf nicht ständig oder überhaupt nicht im voraus gegeben, und es ist dann nicht möglich, insbesondere das Ausfahren nachhaltiger Laständerungen durch vorsorgliche Maßnahmen zu erleichtern. Dementsprechend müssen bei solcher Betriebsweise auch höhere Anforderungen an Regelung und Anlage gestellt werden.

Die vielfältigen Verhältnisse bei der Leistungsregelung von Wärmeversorgungs- oder Kraftwerksanlagen kann man drei charakteristischen Betriebsarten zuordnen.

Beim *Festlastbetrieb* ist die vom Leistungsregler eingestellte Energieerzeugung vom augenblicklichen, effektiven Energiebedarf des Verbrauchers völlig unabhängig. Eine solche Betriebsweise hat normalerweise zur Voraussetzung, daß neben der so geregelten Anlage noch andere an der Energielieferung beteiligt sind, die dann die laufenden Bedarfsschwankungen decken.

Beim *Grundlastbetrieb* wird zwar die erzeugte Leistung vom momentanen Verbrauch beeinflußt, jedoch nicht proportional zur Beteiligung an der Gesamtleistung, sondern in merklich geringerem Umfang. Eine Grundlast fahrende Anlage beteiligt sich somit nur in reduziertem Ausmaß an der Deckung der laufenden Lastschwankungen.

Beim *Regellastbetrieb* ist im Gegensatz dazu die Beteiligung an der Deckung von Energiebedarfsschwankungen proportional (Inselbetrieb) oder sogar überproportional (frequenzhaltender Betrieb), bezogen auf den Anteil an der Gesamtlast. Ein Regellast fahrendes Werk kann daher bei hinreichender Leistungsfähigkeit einen Verbraucher allein versorgen.

Auf die technischen Mittel zur Verwirklichung dieser Betriebsarten wird in den folgenden Abschnitten näher eingegangen.

14.2 Grundschaltungen der Leistungsregelung

Die soeben erwähnten Betriebsarten können jede, was die Schaltung der Leistungsregelung anbelangt, auf verschiedene Weise realisiert werden. Nun besteht zwar ein gewisser Zusammenhang zwischen Betriebsart und Regelschaltung, indes ist die erstere nicht eindeutig kennzeichnend für die letztere. Bei der nachfolgend gegebenen Übersicht über die Grundschaltungen der Leistungsregelung wird daher zunächst nach anderen Gesichtspunkten gruppiert.

14.2.1 Möglichkeiten der primären Leistungsregelung

Bei einer solchen Gruppierung wurde von einem sehr vereinfachten Schema der Anlage und des mit dieser in Verbindung stehenden Verbrauchers nach Abb. 14.4a ausgegangen, das für alle Anlagen gültig ist. Es zeigt neben dem *Dampferzeuger* und dem als außerhalb der Dampfanlage stehend betrachteten Verbraucher ein *Zwischenglied*, dem im Fall des Wärmeversorgungsbetriebes das Dampfverteilnetz 6 mit allfälligen Entspannungseinrichtungen (vgl. Abb. 14.4b), beim Kraftwerk die Turbogeneratorgruppe entspricht (s. Abb. 14.4c). Die primäre Regelung der Leistung kann nun in bezug auf die zwei Elemente der Dampfanlage auf verschiedene Weise durchgeführt werden, wie in Abb. 14.5 dargestellt ist.

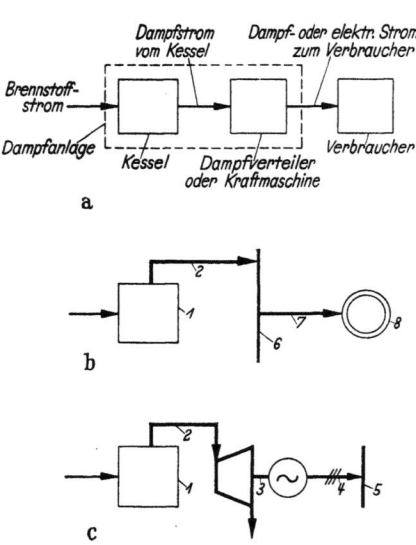

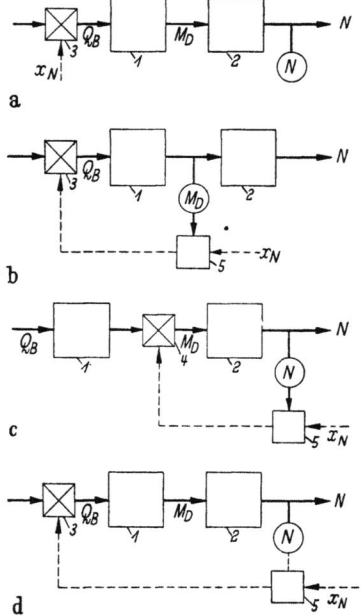

Abb. 14.4a—c Prinzipschema einer Dampfanlage mit zugehörigem Verbraucher
a) Blockschema; b) Schema eines Wärmeversorgungsbetriebes; c) Schema eines Kraftwerkbetriebes
1 Kessel; *2* Frischdampfleitung; *3* Turbogenerator; *4* elektr. Leitung; *5* elektr. Netz; *6* Dampfverteilnetz; *7* Anschlußleitung zum Verbraucher; *8* Heizdampfverbraucher

Abb. 14.5a—d Übersicht über die Grundarten der primären Leistungsregelung
a) Steuerung der Leistung; b) Primäre Regelung der Kesselleistung; c) Primäre Regelung der Leistung des Zwischengliedes; d) Primäre Regelung der Gesamtanlage
1 Kessel; *2* Zwischenglied; *3* Einstellorgan der Feuerleistung; *4* Einstellorgan für den Energiestrom durch das Zwischenglied; *5* Primär-Leistungsregler

Im Fall a) wird die erzeugte Leistung von Hand durch entsprechendes Einstellen des Brennstoffstromes fixiert. Es handelt sich hier um eine *Steuerung* oder, im Hinblick darauf, daß dieses Einstellen doch meist nach Maßgabe des Energiebedarfes des Verbrauchers erfolgt, um eine

14.2 Grundschaltungen der Leistungsregelung

Handregelung. Die Mehrzahl der kleinen und mittleren Dampfanlagen werden auf diese Art betrieben. In unserem Zusammenhang ist indes auf diesen Fall nicht weiter einzugehen.

Im Fall b) wird *primär die Leistung des Kessels* geregelt. Die Regelung des Zwischengliedes erfolgt hierbei meist so, daß der Frischdampfstrom stauungsfrei übernommen wird. Das bedeutet dann normalerweise zugleich, daß auch die an den Verbraucher abgegebene Leistung dadurch festgelegt ist, da die Speicherkapazität des Verteilnetzes bzw. der Turbogruppe sehr beschränkt ist. Nur in Fällen, wo dieses Zwischenglied mit einem besonderen Speicher in Verbindung steht, wird durch das Einstellen der Kesselleistung nicht auch notwendigerweise der Energiestrom zum Verbraucher mitbestimmt.

Im Fall c) wird der Energiefluß durch das *Zwischenglied primär* geregelt. Der der Leistungsbewegung entsprechende zeitliche Verlauf des Frischdampfstromes wird hierbei dem Kessel *eingeprägt*, und es ist in der Folge Aufgabe der (sekundären) Kesselregelung, das Leistungsgleichgewicht durch entsprechendes Anpassen der Beheizung laufend herzustellen.

Die letzte Möglichkeit zeigt Fall d), bei dem Dampferzeuger *und* Zwischenglied in den Kreis der primären Leistungsregelung einbezogen sind.

14.2.2 Grundschaltungen bei gesteuerter oder primär geregelter Dampferzeugerleistung

Bei der Betrachtung der den vier Fällen jeweils entsprechenden grundsätzlichen Regelschaltungen können die Varianten a) und b) zusammen untersucht werden, da hier ähnliche Lösungen vorliegen. Beim Kessel handelt es sich allerdings im Fall a) um eine reine *Steuerung.* Die von Hand am Lastgeber *2* (Abb. 14.6a) eingestellten Laständerungsbefehle werden von diesem in Form des Feuerleistungssignals x_F auf die Organe der Verbrennungsregelung weitergegeben und bewirken entsprechende Veränderungen der Feuerleistung bzw. der Dampferzeugung, die indes nicht automatisch kontrolliert werden. — Im Falle b) liegt eine *Regelung* vor (Durchflußregelung, vgl. Abb. 14.6b), indem im Kessellastregler *5* laufend der vom Dampferzeuger abgegebene Frischdampfstrom (Kesselleistung) mit dem durch *w* eingestellten Sollwert verglichen und gegebenenfalls durch das Feuerleistungssignal x_F eine Korrektur der Beheizung eingeleitet wird.

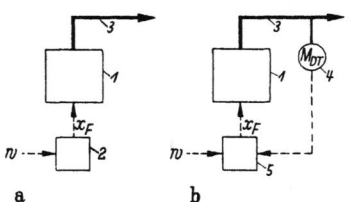

Abb. 14.6a u. b Schemata der primären Steuerung bzw. Regelung der Kesselleistung
a) Steuerung; b) Regelung
1 Kessel; *2* Lastgeber; *3* Frischdampfleitung; *4* Meßorgan für Frischdampfstrom; *5* Leistungsregler; *6* Sollwerteinsteller

14. Regelung der Leistung

Eine derartige Steuerung bzw. Regelung der Kesselleistung entspricht dem Festlastbetrieb, da ja vom Verbraucher aus keine Möglichkeit der *direkten* Beeinflussung der Feuerungsleistung (und damit der Kesselleistung) besteht. Dementsprechend muß das oben erwähnte Zwischenglied zwischen Kessel und Verbraucher, d. h. das Verteilnetz im Wärmeversorgungsbetrieb bzw. die Kraftmaschinengruppe im Kraftwerk, so geregelt sein, daß es den vom Kessel produzierten Dampf *stauungsfrei abnimmt*. Vom tatsächlichen Energiebedarf im Verbraucher kann das Zwischenglied andererseits nicht abhängig gemacht werden — oder höchstens im Sinne von Grenzsignalen — da es ja voraussetzungsgemäß nur eine geringe Speicherkapazität aufweisen soll und daher praktisch nicht als Puffer zwischen Erzeugung und Verbrauch arbeiten kann.

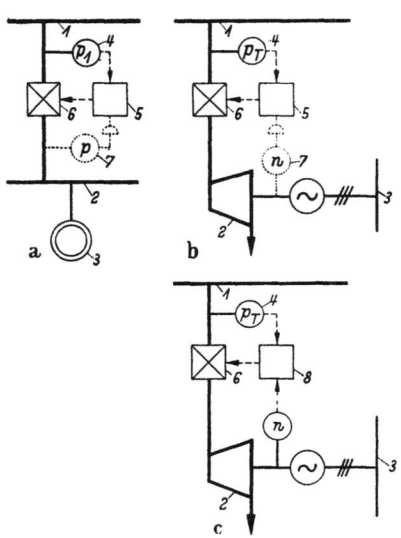

Abb. 14.7 a—c Grundschaltungen der sekundären Druck-Leistungs-Regelung des Zwischengliedes (Vordruckregelung)
a) Vordruckregelung im Wärmeversorgungsbetrieb; b) und c) Vordruckgeregelte Kraftmaschinen
1 Frischdampfleitung; *2* Dampfverteilnetz oder Kraftmaschine; *3* Verbraucher; *4* Meßorgan für Vordruck; *5* Vordruckregler; *6* Regelventil; *7* Meßorgan für Grenzsignal; *8* Drehzahlregler

Die Regelungsart, die diesen Anforderungen entspricht, ist die *Vordruckregelung*. Abb. 14.7 zeigt einige wichtige Prinzipschaltungen.

Im Schema Abb. 14.7a ist zunächst die dem Wärmeversorgungsbetrieb entsprechende Lösung gezeigt: Der Vordruckregler läßt bei konstantem Druck p_1 den im Kessel erzeugten Dampf ins Netz *2* überströmen. Der Druck p in diesem Netz hat auf diesen Vorgang keinen Einfluß, es sei denn als Grenzimpuls im Falle des Überschreitens einer oberen Druckgrenze. Das im Bild punktiert gezeichnete Grenzsignal *7* veranlaßt in diesem Fall das Regelventil *6* entgegen der normalen Wirkung des Druckreglers *5* zum Schließen.

Abb. 14.7b zeigt das Entsprechende für die Kraftmaschine als Zwischenglied. Das Einlaßventil *6* steht normalerweise unter dem Einfluß des Druckreglers *5* und die in jedem Fall aus Sicherheitsgründen erforderliche Drehzahlregelung ist hierbei nicht im Eingriff, da die Maschinendrehzahl vom Netz *3* her elektrisch gehalten wird. Der Drehzahlregler übernimmt nur die Steuerung des Einlaßventils bei unerwünschtem Drehzahlanstieg, z. B. veranlaßt durch das Abschalten des Generators.

14.2 Grundschaltungen der Leistungsregelung

Um zu vermeiden, daß der Drehzahlregler praktisch dauernd außer Eingriff ist, was die Sicherheit seines Funktionierens im Gefahrenfall erfahrungsgemäß beeinträchtigen kann, wird oft der Schaltung nach Abb. 14.7c der Vorzug gegeben. Hier steht das Einlaßventil *6* immer unter dem unmittelbaren Einfluß der Drehzahlregelung, die indes im Normalbetrieb als solche nicht arbeiten muß, da ja, wie bereits erwähnt, die Drehzahl der Maschine von außen gehalten wird. Dagegen arbeitet sie als Glied im Regelkreis der Vordruckregelung, indem der Druckregler *5* sein Ausgangssignal als Führungsgröße auf den Drehzahlregler *8*

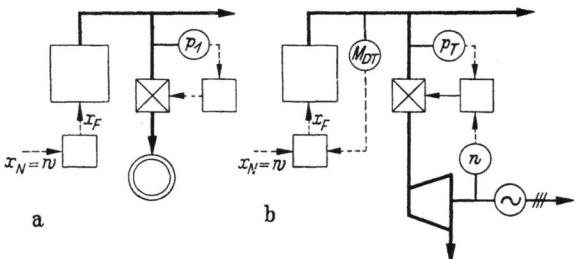

Abb. 14.8a u. b Beispiele von Regelschaltungen bei primär gesteuerter bzw. geregelter Kesselleistung und Vordruckregelung des Zwischengliedes
a) Wärmeversorgungsbetrieb; b) Kraftwerk

wirken läßt und so mittelbar das Regelventil beeinflußt. — Hinsichtlich des dynamischen Verhaltens sind die beiden Regelanordnungen praktisch kaum verschieden.

Die in Abb. 14.6 und 14.7 gezeigten Teilschaltungen können nun je nach Fall kombiniert werden. Abb. 14.8 zeigt zwei typische Beispiele solcher Regelanordnungen.

14.2.3 Grundschaltungen bei primär geregeltem Energiestrom durch das Zwischenglied

Bei einer wichtigen Gruppe von Schaltungen der Leistungsregelung wird *primär* der *Energiefluß durch das Zwischenglied* geregelt. Dabei kann dies sowohl nach Maßgabe eines vom momentanen Leistungsbedarf des Verbrauchers abhängigen als auch unabhängigen Sollwertes geschehen.

Beim *Wärmeversorgungsbetrieb* bedeutet dies, daß der Dampfstrom durch das Verteilnetz oder, da besondere Speicher hier nicht vorausgesetzt sein sollen, m. a. W. auch die Abgabe an den Verbraucher entsprechend seinem Dampfbedarf oder nach einem eingegebenen Programm durch den *Leistungsregler primär* eingestellt wird. Eine sekundäre *Druck-Leistungs-Regelung* hat dann dafür zu sorgen, daß die Dampferzeugung mit der dem Kessel auf solche Weise eingeprägten Dampfentnahme immer wieder in Einklang gebracht wird. — Beim Kraftwerksbetrieb wird entsprechend die Maschinenleistung primär geregelt, während für das sekundäre Anpassen der Kesselleistung das eben Gesagte gilt.

Es seien zunächst die wichtigsten Grundschaltungen der *Primärregelung* betrachtet. Sie sind in Abb. 14.9 zusammengestellt.

Die Schemata a und b gelten für den Fall eines *vom momentanen Verbrauch unabhängigen Sollwertes*, der im übrigen von Hand oder automatisch durch einen Programmgeber eingestellt werden kann. Schaltung a bezieht sich auf einen *Wärmeversorgungsbetrieb*. Hier ist der Dampfstrom M_{DT} die Regelgröße, die durch das Meßorgan *4* erfaßt und auf den Regler *5* übertragen wird. Es ist evident, daß bei dieser Anordnung sich Bedarfsänderungen, die sich als Bewegung des Druckes im Netz *2* äußern, praktisch nicht oder nur schwach auf die Leistungsregelung auswirken können. — Schaltung b gilt für den *Kraftwerksbetrieb*. Der Sollwert der Maschinenleistung wird dem Leistungsregler *10* eingegeben, wo der Vergleich mit dem Signal der durch das Meßorgan *9* erfaßten effektiven Leistung erfolgt. Das daraus gebildete Regelsignal wirkt als Führungsgröße auf den Drehzahlregler *12* der Turbine *7*. Da die Drehzahl vom elektrischen Netz *8* her gehalten wird, manifestieren sich Änderungen dieser Führungsgröße als Korrektur der Maschinenleistung, wodurch der Wirkungskreis der Leistungsregelung geschlossen wird. Frequenzänderungen, die bei Differenzen zwischen der ins Netz eingespeisten Leistung und dem Verbrauch auftreten (Wechselstromsystem), bleiben hier praktisch ohne Einfluß auf die vom Regler *10* eingestellte Maschinenleistung, da dieser dem Drehzahlregler übergeordnet ist und die Wirkung der Statik des letzteren weitgehend oder vollständig aufhebt.

Die Schaltungen nach Abb. 14.9 c, d und e gelten für den Fall, wo die eingeregelte Leistung *vom momentanen Bedarf abhängig* sein soll. — Schema c entspricht wieder dem *Wärmeversorgungsbetrieb*. Es gleicht seiner Struktur nach weitgehend der bereits besprochenen Schaltung a, nur ist hier anstelle der Durchflußregelung eine *Netzdruckregelung* getreten. Durch deren Wirkung wird der Dampffluß dem Dampfbedarf im vollen Umfange angepaßt, wenn nicht das Netz *2* noch aus anderen Quellen als der Frischdampfleitung *1* gespeist wird. — Schaltung d gibt die entsprechende Lösung für den *Kraftwerksbetrieb* wieder. Es zeigt den Fall der nur mit einem Drehzahlregler ausgerüsteten Turbine. Frequenzänderungen im Netz *8* werden vom Drehzahl-Meßorgan *11* erfaßt und bewirken über den Regler *12* und das Einlaßventil *6* eine Korrektur des Dampfdurchsatzes und damit der Maschinenleistung. Versorgt die Maschine einen isolierten Verbraucher (Inselbetrieb), so entspricht die durch den Regler bewirkte Leistungsänderung unabhängig von der eingestellten Statik der vollen Bedarfsänderung. Bei Parallelbetrieb mit anderen Maschinengruppen partizipiert der einzelne Maschinensatz an der Gesamtleistungsänderung nach Maßgabe der Statik

14.2 Grundschaltungen der Leistungsregelung

seines Drehzahlreglers proportional, überproportional (unterdurchschnittliche Statik) oder unterproportional (überdurchschnittliche Statik). Da praktisch nur Regler mit bleibender Statik vorkommen, beteiligt sich damit die Maschinengruppe nicht nur temporär, sondern *bleibend* an jeder Störung des Leistungsgleichgewichtes des Netzes.

Vielfach ist es erwünscht, die *Statik des Drehzahlreglers* unabhängig von der gewünschten Beteiligung an Lastschwankungen einstellen zu können, vor allem im Hinblick auf die Stabilität sowie das Abschaltverhalten. Dieser Wunsch führt, neben anderen Gründen, auf die in Schema e wiedergegebene Regelschaltung. Diese Regelschaltung ist zunächst gleich aufgebaut wie die unter b beschriebene, nur wird hier der Sollwert des Leistungsreglers *10* als frequenzabhängige Führungsgröße N_{soll} eingegeben, wobei das Mischgerät *16* den Momentanwert von N_{soll} nach der in Abschn. 14.1 gegebenen Beziehung (14.2) ermittelt:

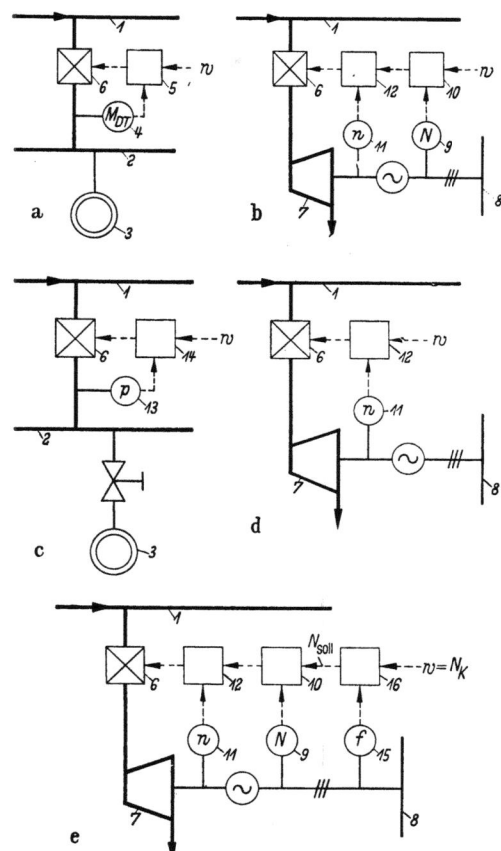

Abb. 14.9 a—e Grundschaltungen der primären Leistungs-Regelung des Zwischengliedes

a) und b) Sollwert unbeeinflußt vom Verbraucher; c), d) und e) Sollwert vom Verbraucher her beeinflußt

1 Frischdampfleitung; *2* Dampfverteilnetz; *3* Heizdampfverbraucher; *4* Meßorgan für Dampfstrom; *5* Leistungsregler (Dampfstrom); *6* Dampfstrom-Regelventil; *7* Turbogenerator; *8* elektr. Netz (Verbraucher); *9* Meßorgan für elektr. Leistung; *10* Leistungsregler (elektr. Leistung); *11* Drehzahl-Meßorgan; *12* Drehzahlregler; *13* Meßorgan für Netzdruck; *14* Netzdruckregler; *15* Meßorgan für Frequenz; *16* Signalmischgerät

$$N_{\text{soll}} = a\,N_K + b\,\Delta f. \tag{14.2}$$

Die für die Beteiligung an Lastschwankungen maßgebende *Statik* des dem Drehzahlregler *12* übergeordneten *Leistungsreglers* läßt sich nun durch entsprechendes Einstellen des Faktors b am Mischgerät wählen.

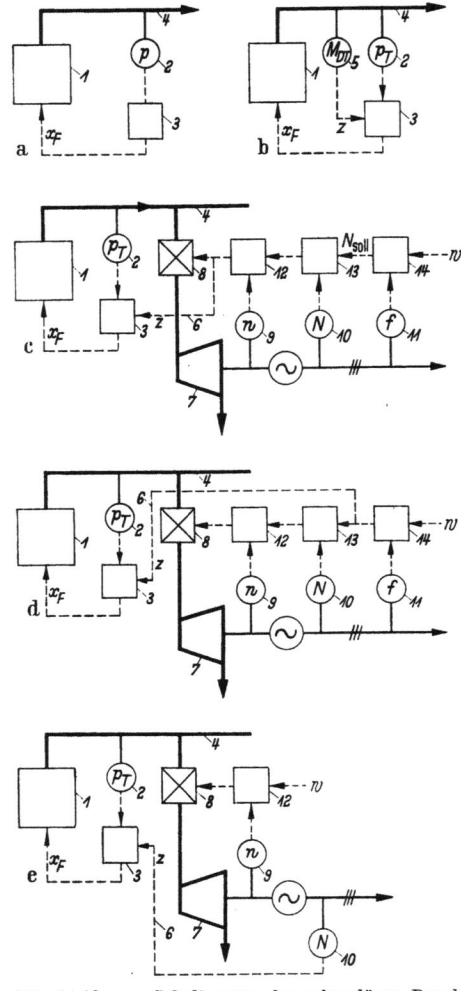

Abb. 14.10a—e Schaltungen der sekundären Druck-Leistungs-Regelung des Dampferzeugers
a) Grundschaltung; b) bis e) Schaltungsbeispiele verschiedenartiger Bildung des Signals der Störgrößenaufschaltung von der Verbraucherseite her
1 Kessel; *2* Meßorgan für Frischdampfdruck; *3* Druck-Leistungsregler (Kessellastregler); *4* Frischdampfleitung; *5* Meßorgan für Frischdampfstrom; *6* Signal der Störgröße; *7* Turbogenerator; *8* Einlaßventil; *9, 10, 11* Meßorgane für Drehzahl, Leistung, Frequenz; *12, 13* Drehzahl- bzw. Leistungsregler; *14* Signalmischgerät

Für den Leerlaufbetrieb bleibt andererseits die Statik des Drehzahlreglers maßgebend.

Das Anpassen der Dampferzeugung an den durch das Zwischenglied dem Kessel eingeprägten Dampfbedarf kann, wie bereits angedeutet, einer *Druck-Leistungs-Regelung* überbunden werden, deren Grundschaltung durch Abb. 14.10a gegeben ist. Der an geeigneter Stelle gemessene Dampfdruck p ist ein Maß für die Abweichung zwischen Dampferzeugung und Dampfbezug. Das entsprechende Signal wird vom Druck-Leistungs-Regler *3* verarbeitet und in Form des Feuerleistungssignals x_F als Führungsgröße an die Verbrennungsregelung abgegeben (im Schema nicht dargestellt). Über den Kessel wird der Regelkreis der Druckregelung geschlossen. (Auf Einzelheiten wird hier nicht eingegangen; es wird vielmehr auf die Kap. 12 und 13 verwiesen.)

Da das Dampfdrucksignal im wesentlichen eine dem *Zeitintegral* der Dampfleistungsabweichung entsprechende Größe darstellt, wird der Druck-Leistungs-Regelung sehr oft noch ein *Störsignal* aufgeschaltet. Dieses kann nun an verschiedenen Stellen entnommen werden. Naheliegend ist die Erfassung des *Frischdampfstromes*, da dieser im allgemeinen die wichtigste unmittelbar auf den Kessel einwirkende Störgröße darstellt. Die entsprechende Regelschaltung zeigt Abb. 14.10b (vgl. auch Abschn. 12.2).

Da es wesentlich ist, das Störsignal möglichst unverzögert zu gewinnen — namentlich Totzeiten wirken sich sehr nachteilig auf den Regelablauf aus — wird mitunter das der Dampfstrombewegung zeitlich vorangehende Regelsignal zum Einlaßventil der Turbine (Schema Abb. 14.10c) oder schließlich das noch etwas frühere Sollwertsignal des Maschinen-Leistungs-Reglers benützt (Abb. 14.10d). Bei Inselbetrieb wird mitunter auch die Generatorleistung als Störsignal herangezogen (Abb. 14.10e).

Bei allen diesen Schaltungen wird dem Kessel der Frischdampfstrom weitgehend *unbeeinflußt vom Betriebszustand* des Dampferzeugers entnommen. Da die primäre Leistungsregelung am Zwischenglied wohl immer wesentlich schneller arbeitet als die sekundäre Lastregelung am Kessel, kann daher unter ungünstigen Bedingungen der Dampferzeuger *überfordert* werden. Das führt zunächst zu größeren Abweichungen des Druckes und der Dampftemperatur, was im Hinblick auf die Wirtschaftlichkeit (Blasen der Sicherheitsventile usw.) sowie vor allem die Betriebssicherheit vermieden werden sollte. Das kann nun dadurch geschehen, daß Größe

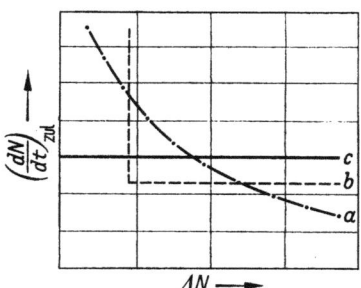

Abb. 14.11 Beispiele der Begrenzung der Laständerungsgeschwindigkeit abhängig vom Lastausschlag
Erläuterung siehe Text

bzw. Geschwindigkeit der Änderung des Last-Sollwertes *begrenzt* werden. Dabei sind grundsätzlich mit abnehmender Laständerung ΔN immer größere Gradienten dN/dt zulässig (vgl. Abb. 14.11, Kurve a). Zur Vereinfachung wird allerdings praktisch meist auf die volle Ausnützung dieser Spanne verzichtet und dN/dt nach Kurve c oder besser nach b (für kleine ΔN keine Begrenzung) limitiert. Ein Beispiel für die Einschaltung des Begrenzungsorgans *10* zeigt Schema Abb. 14.12.

Eine andere Möglichkeit, das Überfordern des Kessels zu vermeiden, ist durch einen vom Dampfdruck oder vom Dampfstrom abhängigen *Eingriff auf das Einlaßventil der Maschine* gegeben. Ein entsprechendes Beispiel ist ebenfalls in Abb. 14.12 gezeigt. Das vom Meßorgan *5* gelieferte Drucksignal wirkt über ein Begrenzungsorgan *11* auf den Vordruckregler *13* ein, der seinerseits den Drehzahlregler *7* beeinflußt. Fällt p_T unter den eingestellten Grenzwert, so übernimmt der Druckregler *13* die Regelung des Dampfstromes zur Turbine und reduziert diesen so, daß der Druck nicht mehr weiter absinkt. In dieser Wirkung ist der Grenzregler *13* der Leistungsregelung übergeordnet.

328   14. Regelung der Leistung

Diese Maßnahme ist allerdings nur bei *Lastanstieg* brauchbar; in umgekehrter Richtung ist sie nicht anzuwenden, da der Eingriff des Druckreglers die unter Umständen notwendige sehr schnelle Leistungsreduktion verunmöglichen würde. Es wird deshalb vielfach ein *Überströmventil 15* angeordnet, das Dampf aus der Frischdampfleitung in ein

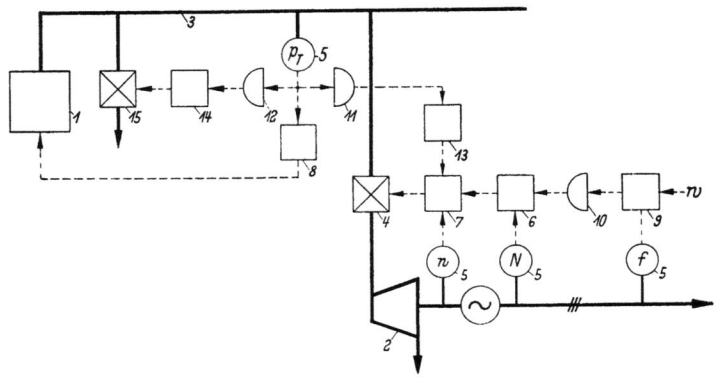

Abb. 14.12 Schaltschema einer Leistungsregelung mit Begrenzung der Änderungsgeschwindigkeit des Leistungs-Sollwertes sowie des Ausschlages des Frischdampfdruckes

1 Kessel; *2* Turbogenerator; *3* Frischdampfleitung; *4* Einlaßventil; *5* Meßorgane für Druck, Drehzahl, Leistung oder Frequenz; *6* Primär-Leistungsregler; *7* Drehzahlregler; *8* Druck-Leistungs-Regler des Kessels; *9* Signalmischgerät; *10, 11, 12* Signalbegrenzer; *13* Grenz-Vordruckregler; *14* Grenz-Überströmregler; *15* Überströmventil

Niederdrucknetz oder in den Turbinenkondensator abströmen läßt, wenn der Druck p_T über einen bestimmten Grenzwert steigt. In Abb. 14.12 ist auch diese Lösung im Schema dargestellt.

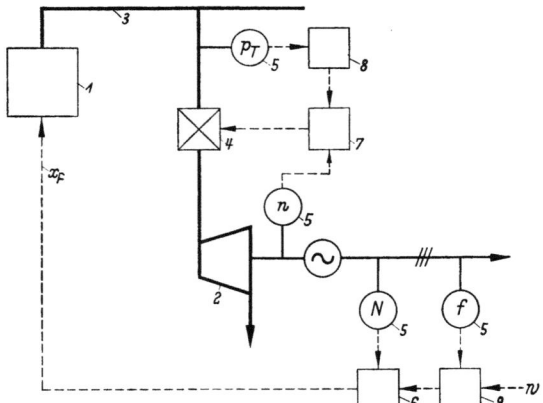

Abb. 14.13 Beispiel der Regelschaltung bei primärer Regelung der Anlageleistung

1 Kessel; *2* Turbogenerator; *3* Frischdampfleitung; *4* Einlaßventil; *5* Meßorgan für Druck, Drehzahl, Leistung oder Frequenz; *6* Leistungsregler; *7* Drehzahlregler; *8* Vordruckregler; *9* Signalmischgerät

14.2.4 Primäre Regelung der Anlageleistung

Entsprechend der Prinzipschaltung nach Abb. 14.5d besteht noch die Möglichkeit, in den Kreis der Leistungsregelung sowohl *Dampferzeuger* als auch *Zwischenglied* aufzunehmen und damit direkt die Leistung eines Blockes bzw. der Dampfanlage als Ganzes zu regeln. Auf diesem Prinzip basierende Regelungen arbeiten allerdings im allgemeinen schleppender als die vorher behandelten Lösungen und werden deshalb selten angewendet. Abb. 14.13 zeigt als Beispiel ein entsprechendes Regelschema. Die Leistungsregelung ist hier durch eine *Vordruckregelung* ergänzt, die im früher beschriebenen Sinne auf den Drehzahlregler der Turbogruppe einwirkt. Damit wird die Speicherfähigkeit des Dampferzeugers bei Lastschwankungen nicht beansprucht.

14.3 Gesichtspunkte bei der Wahl der Regelschaltung

Aus Abschn. 14.2 geht hervor, daß bei der Konzeption der Leistungsregelung einer Dampfanlage eine größere Anzahl Schaltmöglichkeiten zur Verfügung stehen. Es sollen nun noch die Faktoren, die bei dieser Auswahl besonders zu beachten sind — einzelne wurden andeutungsbereits erwähnt — etwas eingehender erörtert werden.

14.3.1 Zusammenhang zwischen Regelschaltung und Regeleigenschaften

Von steigender Bedeutung sind die dynamischen Eigenschaften der Leistungsregelung, d. h. insbesondere das *Manövrierverhalten* der geregelten Gruppe oder Anlage. Es ist klar, daß diese Dynamik von der Konzeption der Regelung stark beeinflußt wird.

Bei den Schaltungen mit *primär geregelter Kesselleistung* ergeben sich verhältnismäßig *ungünstige* Eigenschaften. Das Leistungssignal x_N vermag eine Änderung der Dampferzeugung auch bei Anwendung eines Vorhaltes nicht ohne deutliches Verschleppen herbeizuführen, da sich seine Wirkung über eine ganze Kette von Verzögerungsgliedern — Feuerung, Wärmeübertragung, lastabhängige Speicherung im Kessel usw. — übertragen muß. Die kennzeichnenden Zeitkonstanten dieser Verschleppung sind jedenfalls

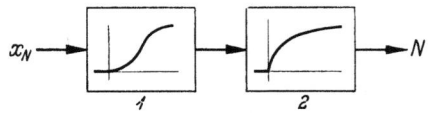

Abb. 14.14 Blockschema einer Anlage mit primärer Leistungsregelung des Kessels (stark vereinfacht)
1 Dampferzeuger; *2* Zwischenglied

von der Größenordnung Minuten. Die noch zusätzlich verzögernde Wirkung des Zwischengliedes (Netz, Kraftmaschine) ist daneben gering (vgl. Abb. 14.14).

Bei den Schaltungen mit *primärer Regelung des Energiestromes* durch das *Zwischenglied* ist das Verhalten des Primär-Regelkreises bedeutend rascher. Die Zeitkenngrößen der Regelstrecke sind hier, abgesehen vom Fall der Turbine mit Zwischenüberhitzer, von der Größenordnung Sekunden. Natürlich folgt auch hier die angekoppelte Regelung der Kesselleistung im Prinzip Laständerungen nicht schneller als in dem im vorstehenden Abschnitt besprochenen Fall. Nur ist bei nicht zu großen Lastsprüngen, bei denen das Speichervermögen des Kessels ausreicht, *keine Rückwirkung* auf den Primär-Regelkreis vorhanden, wie im Blockschema Abb. 14.15a angedeutet ist. Das heißt, daß unter diesen Bedingungen das Regelverhalten des Primärkreises *1* allein für die Dynamik der Leistungsregelung der Anlage bestimmend ist.

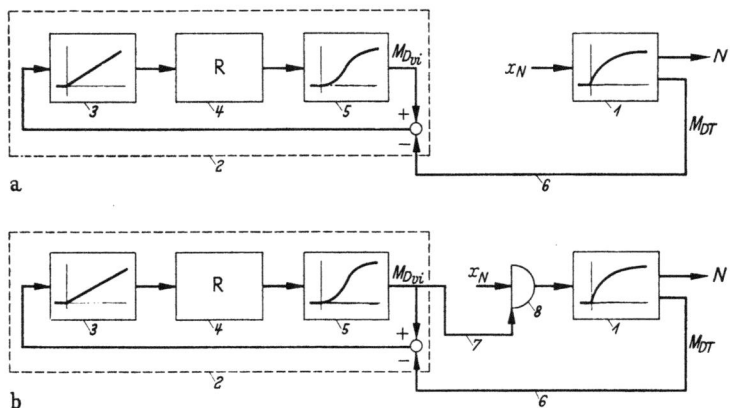

Abb. 14.15 a u. b Blockschema einer Anlage mit primärer Regelung des Energiestromes durch das Zwischenglied (vereinfacht)
a) einseitige Kopplung mit der Sekundär-Leistungs-Regelung des Kessels; b) zweiseitige Kopplung von Primär- und Sekundärregelung
1 Zwischenglied; *2* Kessel; *3* druckabhängige Speicherung *4* Druck-Leistungs-Regler des Kessels; *5* Verzögerungselemente des Kessels; *6* Kopplungssignal vom Zwischenglied zum Kessel (Dampfstrom); *7* Kopplungssignal vom Kessel zum Zwischenglied (Druck- bzw. Leistungs-Begrenzung)

Bei großen und schnellen Laständerungen kann es sein, daß die Speicherkapazität des Kessels nicht ausreicht oder daß deren Ausschöpfung zur Verhinderung von Störungen im Dampferzeuger gebremst werden muß. In diesem Fall kommt zu der bereits in Abb. 14.15a angegebenen Kopplung *6* vom Primär- zum Sekundär-Regelkreis eine solche in umgekehrter Richtung als Grenzsignal *7* auf die Leistungsregelung hinzu (vgl. Abb. 14.15b). Insbesondere bei schrittartigen Laständerungen wird dann der erste Teil des Verlaufes der abgegebenen Leistung durch die primäre Leistungsregelung allein, der anschließende Verlauf durch das Verhalten des nun *zweiseitig gekoppelten* Systems der Primär- *und* Sekundärregelung bestimmt.

Der noch erwähnte Fall der *primären Leistungsregelung* des Systems *Kessel plus Turbine* unterscheidet sich bezüglich der Regeleigenschaften kaum von dem der primär geregelten Kesselleistung; das das Stellverhalten im wesentlichen bestimmende Element der Regelstrecke ist beidemal der Dampferzeuger. Diese Lösung bietet demnach in regeldynamischer Hinsicht auch keinen Vorteil gegenüber der anderen.

14.3.2 Einfluß der dynamischen Eigenschaften der Regelstrecke

Es ist klar, daß das Verhalten der Leistungsregelung neben der Regelschaltung in hohem Maße durch die Übertragungseigenschaften ihrer Regelstrecke mitbestimmt wird. Im Falle der primären Regelung des Energiestromes durch das *Zwischenglied* sind diese Übertragungseigenschaften meist ausgesprochen *günstig* (vgl. auch Kap. 8 und 12). Im besonderen bei Turbinen erlauben sie vielfach schnellere Laständerungen durchzuführen, als mit Rücksicht auf die Beanspruchung

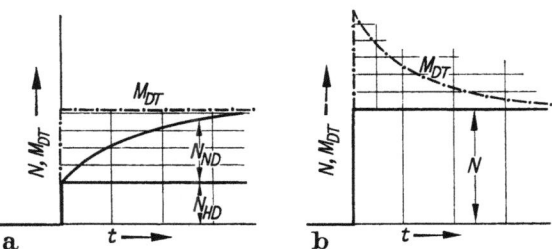

Abb. 14.16a u. b Übertragungsverhalten einer Turbine mit Zwischenüberhitzung
a) Verlauf der Maschinenleistung bei sprunghafter Änderung des Frischdampfstromes;
b) Verlauf des Frischdampfstromes bei sprunghafter Änderung der eingeprägten Maschinenleistung

der Maschine durch Wärmespannungen [s. z. B. *3, 4, 7*] zulässig ist. Eine Ausnahme machen allerdings Turbinen mit Zwischenüberhitzung, bei denen nur der Hochdruckteil praktisch augenblicklich eine dem Frischdampfstrom M_{DT} entsprechende Leistung N_{HD} abgibt. Die Leistung N_{ND} des Niederdruckteiles folgt dagegen der ausgeprägten Lastabhängigkeit des Druckpegels im Zwischenüberhitzer wegen merklich verzögert nach (s. Abb. 14.16a); die Zeitkonstante liegt meist zwischen 5 und 10 s (s. hierzu Abschn. 8.3). Wird nun eine steile oder gar sprunghafte Laständerung der Maschine aufgezwungen, so führt dies vorübergehend zu einer starken Überhöhung im Verlauf des Frischdampfstromes, wie Abb. 14.16b zeigt. Das bedeutet nicht nur eine vermehrte Beanspruchung der Maschine, sondern auch erschwerte Bedingungen für die sekundäre Leistungsregelung am Kessel. Durch die früher schon erwähnte *Begrenzung der Laständerungsgeschwindigkeit* können indes beide Auswirkungen auf ein tragbares Maß beschränkt werden. Mitunter wird auch von der Möglichkeit Gebrauch gemacht, durch entsprechende Regelung des *Einlasses* in den *Niederdruckteil* der Turbine die Druckänderungen im Zwischenüberhitzersystem temporär oder auch dauernd zu vermindern [*17*]. Der damit erzielten Verbesserung im Regelverhalten steht allerdings eine, wenn auch geringe Einbuße an Maschinenwirkungsgrad gegenüber.

Bei *primärer Regelung der Dampferzeugerleistung* wird das Übertragungsverhalten der Regelstrecke vor allem durch zwei Vorgänge bestimmt: Durch das Geschehen in der Feuerungseinrichtung und durch die lastabhängige Speicherung. (Die druckabhängige Speicherung ist hier im allgemeinen von untergeordneter Bedeutung.) Diese Vorgänge sind vor allem im I. Teil des Buches eingehend untersucht worden, wobei speziell auf die Kap. 6 und 7 verwiesen sei. Die folgenden Überlegungen sind daher nur mehr summarischer Art.

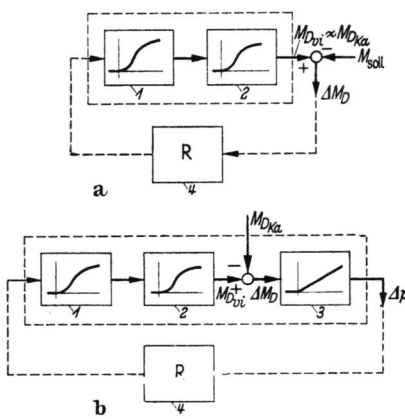

Abb. 14.17a u. b Blockschema der Regelstrecke bei primärer bzw. sekundärer Regelung der Kesselleistung
a) primäre Regelung der Kesselleistung, mit Vordruckregelung des Zwischengliedes;
b) sekundäre Regelung der Kesselleistung (Druck-Leistungsregelung)
1 Verzögerungselemente der Feuerungseinrichtung; *2* Verzögerungselemente der lastabhängigen Speicherung usw.; *3* druckabhängige Speicherung; *4* Druck-Leistungs-Regler

Der kennzeichnende Aufbau der Regelstrecke ist in diesem Fall durch die in Abb. 14.17a gezeigte Serienschaltung gegeben. Danach wird das Stellverhalten und damit die Regelbarkeit begünstigt, wenn sowohl in der *Feuerungseinrichtung* wie im Zusammenhang mit der *lastabhängigen Speicherung* alle Verzögerungen tunlichst klein gehalten bzw. ausgeschaltet werden (vgl. auch Abschn. 12.2.3).

Bei der *sekundären Leistungsregelung des Kessels*, die immer als Regelgröße den Dampfdruck benützt (Druck-Leistungs-Regelung), spielt neben den beiden eben erwähnten Vorgängen noch die *druckabhängige Speicherung* im Dampferzeuger eine maßgebende Rolle für das Stellverhalten. Die Regelstrecke hat nämlich hier den in Abb. 14.17b dargestellten charakteristischen Aufbau. Während nun wiederum die Verzögerungen in den Gliedern *1* und *2* mit Vorteil möglichst *klein* gehalten werden, ist jedoch im Unterschied dazu eine *große Speicherzeitkonstante* des Kessels günstig, da die Druckabweichungen im umgekehrten Verhältnis zur Speicherkapazität stehen. Reichliches Speichervermögen des Kessels hilft mithin z. B. die Auswirkungen einer trägen Feuerung zu kompensieren, während umgekehrt auch ein Kessel mit geringer Speicherkapazität durchaus brauchbare Regeleigenschaften aufweisen kann, wenn die durch die Feuerungseinrichtung und die lastabhängige Speicherung bedingten Verzögerungen entsprechend klein gehalten werden

14.3 Gesichtspunkte bei der Wahl der Regelschaltung

können. — Im einzelnen sind die Auswirkungen dieser Faktoren auf den Regelablauf je nach dem Störort noch etwas verschieden (s. im übrigen Kap. 12).

14.3.3 Einfluß besonderer Speicher

Zweckmäßig eingeschaltete Speicher können die Aufgabe der automatischen Leistungsregelung erheblich erleichtern und gegebenenfalls eine solche erst praktisch möglich machen. Dies gilt besonders für Fälle, wo große und schnelle Laständerungen durch eine Anlage mit Dampferzeugern mit träger Feuerung und kleiner Speicherfähigkeit bewältigt werden sollen.

Besonders in Industrieanlagen stellt vielfach der *Gefällespeicher* eine zweckmäßige Lösung dar. Durch seinen Einsatz kann oft anstelle der relativ unelastischen primären Regelung der Kesselleistung die bedeutend anpassungsfähigere Primärregelung des *Zwischengliedes* (meist ein MD- oder ND-Dampfnetz) verwirklicht werden. Dies trifft um so eher zu, als hier der Wirkungsgrad der Anlage auch bei in größerem Ausmaß eingesetzter Speicherwirkung kaum beeinträchtigt wird. Im Kraftwerksbetrieb liegen die Dinge diesbezüglich allerdings verschieden, und der Anwendung von Gefällespeichern sind hier zudem noch andere Grenzen gesetzt.

Auch im *Gleichdruckspeicher* steht ein Mittel zum Leistungsausgleich und damit zur Erleichterung der Aufgabe der Leistungsregelung zur Verfügung. Neben den verschiedenen Anwendungsformen im Industriebetrieb, die vielfach auch den Ausgleich von Belastungsänderungen sehr langer Periode (Stundenschwankungen) einbeziehen, ist in

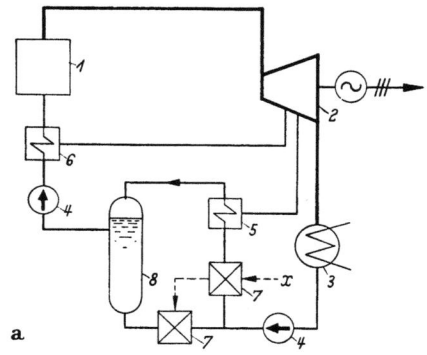

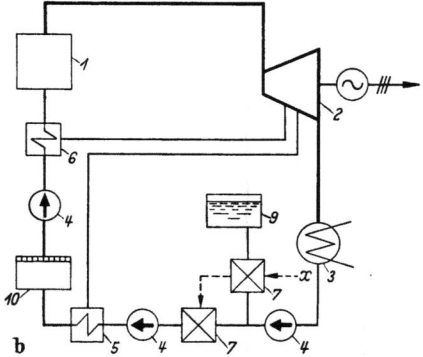

Abb. 14.18a u. b
Schaltbilder von Anlagen mit von der Leistungsregelung aus beeinflußtem Anzapfdampfstrom
a) Anordnung mit Schichtspeicher; b) Anordnung mit getrennten Kalt- und Warmwasserspeichern
1 Kessel; *2* Turbogenerator; *3* Kondenser; *4* Pumpen; *5*, *6* ND- bzw. HD-Vorwärmer; *7* von der Leistungsregelung aus gesteuerte Organe zur Einstellung des Wasserstromes durch die ND-Vorwärmer; *8* Schichtspeicher; *9*, *10* Kalt- bzw. Warmwasserspeicher

diesem Zusammenhang noch die Möglichkeit des Einsatzes von Gleichdruckspeichern im *Kraftwerk* zu erwähnen. Die letztere Anwendungsform ist besonders bei Anlagen mit Zwischenüberhitzung interessant, da sie einen gewissen Ausgleich für die relativ ungünstigen Regeleigenschaften der Maschinengruppe schafft. Es sind zwei Lösungsmöglichkeiten praktisch verwirklicht, die sich indes bezüglich ihrer regelungstechnischen Auswirkungen kaum unterscheiden. Sie sind in Abb. 14.18 angedeutet. Bei beiden Varianten bewirkt der Regeleingriff (Signal x), meist über die Beeinflussung des Wasserdurchsatzes durch die ND-Vorwärmer, eine Veränderung der Anzapfdampfmenge und damit eine entsprechende Leistungsänderung der Maschine. Auch bei sprunghaftem Verstellen des Wasserdurchsatzes ändert sich allerdings hierbei die Turbinenleistung nur mit merklicher Verzögerung (Größenordnung der Zeitkonstante 1 Minute), die Totzeit ist aber relativ klein (1 bis 2 s) [*6, 13*]. Die Größe der so erzielbaren Leistungsänderungen entspricht etwa der auf die ND-Vorwärmer abgegebenen Anzapfdampfmenge.

14.3.4 Zusammenhang zwischen Regelschaltung und Betriebsart

In Abschn. 14.1 wurde auf die verschiedenen Betriebsweisen von Dampfanlagen hingewiesen, die durch die unterschiedliche Kopplung zwischen dem Energieverbrauch und der Erzeugung gekennzeichnet sind. Während bei Festlastbetrieb eine solche Kopplung nicht besteht, ist sie bei Grundlastbetrieb beschränkt, bei Regellastbetrieb in vollem Ausmaß vorhanden. Daraus ergeben sich entsprechende Anforderungen an die Regelschaltung.

Festlastbetrieb hat zur Voraussetzung, daß im allgemeinen jeweils über längere Zeitabschnitte der Sollwert der Energieabgabe konstant bleibt. Unter diesen Verhältnissen werden dann meist auch keine hohen Anforderungen bezüglich der Geschwindigkeit des Überganges von einem Lastzustand auf den anderen gestellt. Wo diese Voraussetzungen gegeben sind, eignen sich die unter Abschn. 14.2.2 beschriebenen Regelschaltungen, die praktisch ohne Inanspruchnahme der Speicherkapazität des Kessels arbeiten. Andererseits kann natürlich auch mit Regelungen, die an sich für Grund- oder Regellastbetrieb konzipiert sind, Festlastbetrieb gefahren werden.

Bei Kesseln mit geringer Speicherfähigkeit werden die Schaltungen mit *primärer Leistungsregelung des Kessels* mitunter auch für *Grundlastbetrieb* herangezogen, wobei eine schwache Beteiligung an der Frequenzstützung im Netz dadurch erhalten wird, daß sowohl der Vordruckregler wie auch der durch diesen geführte Drehzahlregler P-Verhalten aufweisen. Hauptsächlich werden jedoch für diese Betriebsweise Regelschaltungen mit *primärer Regelung der Maschinenleistung* angewendet. Es stehen dabei Lösungen gemäß Abb. 14.9d und e im Vordergrund.

14.3 Gesichtspunkte bei der Wahl der Regelschaltung

Solche Leistungsregelungen sind dann, unter der Voraussetzung entsprechender Betriebseigenschaften der Anlagekomponenten, ohne Schaltungsänderung auch auf *Regellast-* bzw. *Inselbetrieb* umstellbar.

Neben den vorstehend genannten Gesichtspunkten können gegebenenfalls noch andere für die Konzeption der Leistungsregelung von Bedeutung sein. So sind z. B. besondere Überlegungen im Fall von Gleitdruckbetrieb, bei Anlagen mit überkritischem Druck usw. anzustellen. Es soll jedoch hier auf diese und andere spezielle Fragen nicht eingegangen werden.

Literatur zu Kapitel 14

[1] HALLE, K.: Der Kraftwerksblock als regelungstechnische Einheit. BWK 9 (1957) Nr. 11, S. 548—555.

[2] FRANKE, H., u. W. STOLLE: Zwangsdurchlaufkessel im Blockbetrieb — Dynamikstudien und Regelergebnisse bei Frequenz- und Leistungsregelung. Schoppe & Faeser: Techn. Mitt. (1957) Nr. 3, S. 78—88.

[3] PAHL, G.: Zulässige Last- und Temperaturänderungen bei Dampfturbinen. BWK 9 (1957) Nr. 11, S. 541—547.

[4] PILGRAM, W.: Der Einsatz von Dampfturbosätzen großer Leistung zur Spitzendeckung und Frequenzhaltung in Verbundnetzen. Siemens-Z. 31 (1957) Nr. 9, S. 435—450.

[5] SCHROEDER, G.: Frequenz-Leistungsregelung von Hochdruckdampferzeugern. BWK 9 (1957) Nr. 11, S. 528—530.

[6] SACK, M.: Regelungsuntersuchungen an Benson-Blockanlagen. ETZ-A 56 (1957) Nr. 20, S. 747—754 u. 819—823.

[7] ENDRES, W., u. M. SALM: Anfahren und Laständerungen von Dampfturbinen. BBC-Mitt. 45 (1958) Nr. 7/8, S. 339—347.

[8] KRÜSSMANN, A.: Blockregelung mit Frequenzstützung. Schoppe & Faeser: Techn. Mitt. (1958) Nr. 3, S. 93—98.

[9] DIEKERS, W., u. L. VALDER: Vergleichende Untersuchungen von Bensonkessel-Regelschaltungen. Schoppe & Faeser: Techn. Mitt. (1959) Nr. 4, S. 135 bis 146.

[10] FISCHER, A.: Der heutige Stand der Bensonkessel-Regelung. Siemens-Z. 33 (1959) Nr. 3, S. 109—115.

[11] HALLE, K.: Lastabhängige Regelung eines Kraftwerksblockes mit Benson-Kessel. Techn. Mitt. Essen 52 (1959) Nr. 5, S. 181—189.

[12] QUACK, R.: Die selbsttätige Regelung von Dampferzeugeranlagen. Mitt. Ver. Großkesselbes. (1959) H. 58, S. 1—11.

[13] SACK, M.: Über die Zusammenarbeit von Fernwirktechnik und Regeltechnik im Betrieb von Hochdruckdampfkraftwerken. Energie 11 (1959) Nr. 12, S. 566—573.

[14] SKROTZKI, B. G. A.: Supercritical pressure: A new control problem. Power 103 (1959) Nr. 4, S. 63—68.

[15] FLATT, F.: Regelprobleme an Dampfturbinen von Anlagen mit Zwischenüberhitzung. Sonderheft Technische Rundschau Bern (1960) Nr. 23, S. 39—49.

[16] FRIEDEWALD, W., P. MÖRK u. H. ZWETZ: Einsatz von Dampfkraftwerken im Netzbetrieb als regelungstechnische Aufgabe. ETZ-A 81 (1960) Nr. 6, S. 185 bis 193.

[17] GRASME, P.: Das Ausfahren steiler Lastspitzen durch Dampfkraftwerke mit Zwischenüberhitzung. ETZ-A 81 (1960) Nr. 6, S. 193—203.
[18] KRÜSSMANN, A.: Experimentelle Untersuchung der Regelfähigkeit von Zwangdurchlaufkesseln und daraus resultierende Forderungen an die Kesselkonstruktion. Schoppe & Faeser: Techn. Mitt. (1960) Nr. 3, S. 82—90.
[19] STÜHLEN, H.: Anforderungen der Netze bei der Frequenz- und Wirkleistungsregelung an die Regelung von Wärmekraftwerken. ETZ-A 81 (1960) Nr. 5, S. 162—168.

15. Die Regelung ganzer Dampfanlagen

Im ersten Kapitel dieses Buches ist in allgemeiner Form die Regelaufgabe umschrieben worden, die in jeder Dampfanlage von Hand oder durch eine Automatik unter normalen Betriebsbedingungen zu lösen ist. Es wurde dabei festgestellt, daß sich in jedem Falle diese Gesamtaufgabe aus mehreren Teilaufgaben zusammensetzt, die einer entsprechenden Anzahl von Einzelregelungen zu überbinden sind.

Die Dynamik dieser einzelnen, aber simultan arbeitenden Regelkreise ist in den Kap. 2 bis 14 eingehend behandelt worden. Dabei wurde allerdings im allgemeinen die Verknüpfung der einzelnen Regelungen mit dem gesamten System nur insofern berücksichtigt, als jeweils der Einfluß der verschiedenen systemseitigen Störgrößen auf das Regelverhalten untersucht worden ist.

Für die Gesamtkonzeption der Regelung einer Anlage ist jedoch das Regelsystem als ein Ganzes zu betrachten und kann nicht einfach als Nebeneinanderreihung der Einzel-Regelsysteme aufgefaßt werden. Denn zumindest die Regelstrecken der Anlage, oft aber auch die Regler, stehen ja untereinander in mehr oder weniger ausgeprägter *Wirkungsverbindung*. Strenggenommen können daher auch die erwähnten Teil-Regelaufgaben nicht isoliert, sondern nur mit dem Blick auf das ganze System optimal gelöst werden.

Die geschlossene *rechnerische* Untersuchung mehrerer gekoppelter Regelungen im Sinne einer Bestimmung der optimalen Regelschaltung ist außerordentlich verwickelt. Schon bei zwei Regelkreisen ergeben sich sehr unhandliche mathematische Formeln; für das wesentlich kompliziertere System einer ganzen Dampfanlage scheidet dieser Weg praktisch aus. Dagegen können mit Hilfe eines leistungsfähigen *Analogrechengerätes* solche Aufgaben mit vertretbarem Aufwand angegangen werden. Sorgfältige Überlegung und praktische Erfahrung sind aber auch dann sehr wichtig, wenn planloses Probieren und das unnütze Durchrechnen zahlloser unbrauchbarer Varianten vermieden werden sollen. — In einer großen Zahl von Fällen kann man sich andererseits auf bereits bewährte Gesamtregelschaltungen stützen.

15.1 Grundsätzliches zum Aufbau der Gesamtregelschaltung

Es wäre wenig sinnvoll, die möglichen oder auch nur die praktisch wichtigen Varianten von Gesamtregelschaltungen hier zu behandeln. Dagegen soll versucht werden, die Art der hier anzustellenden Überlegungen aufzuzeigen und — im folgenden Abschnitt — durch einige Beispiele zu illustrieren.

Diese Überlegungen haben von der Tatsache der gegenseitigen Beeinflussung der einzelnen Regelkreise auszugehen. Welcher Art sind nun diese Wirkungen?

Auf der Seite der *Regelstrecke* kann entweder eine von der Belastung unabhängige Größe — bei Festwertregelungen kann dies die Regelgröße sein — auf einen benachbarten Regelkreis wirken, oder es kann eine mit dem Belastungsgrad in Verbindung stehende Größe eine solche Wirkung ausüben. Im letzteren Fall kann dabei die Störwirkung immer von der Stellgröße, bei lastabhängigem Sollwert auch von der Regelgröße ausgehen. Die in Abb. 15.1 gezeigten beiden Beispiele mögen das verdeutlichen: Fall a) zeigt eine Serieschaltung von Überhitzertemperatur - Regelungen. Jede Änderung der Regelgröße ϑ_1 des ersten Kreises (Festwertregelung)

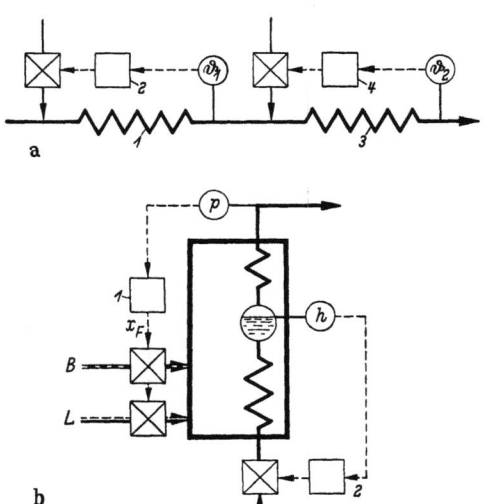

Abb. 15.1a u. b Beispiele regelstreckenseitiger Kopplung von Regelkreisen

a) Serieschaltung von Überhitzer-Temperatur-Regelungen. Regelabweichungen $\Delta\vartheta_1$ liefern Störgrößen für den nachgeschalteten Regelkreis 2
1 Überhitzer 1; *2* Temperaturregler 1; *3* Überhitzer 2; *4* Temperaturregler 2

b) Druck-Leistungs-Regelung und Speiseregelung. Feuerleistungsänderungen bedingen veränderte Dampferzeugung und wirken so als Störung für die Speiseregelung
1 Druck-Leistungs-Regelung; *2* Speiseregelung

wirkt hier unmittelbar als Störgröße auf den zweiten. Fall b) zeigt für einen Trommelkessel die Regelkreise der Druck-Leistungs-Regelung und der Speiseregelung. Hier geht eine wichtige Störwirkung von der Stellgröße der Druckregelung aus auf den anderen Regelkreis, indem die Feuerleistung auch den Speisewasserzustrom bestimmt.

Regeltechnisch von Bedeutung ist, daß diese beiden Kopplungen noch insofern verschieden sind, als es bei der ersten Art durch Verbessern der Regelung gelingt, die Kopplungswirkung theoretisch zum Verschwinden zu bringen; bei der zweiten, mit der Belastung zusammenhängenden Art ist dies grundsätzlich nicht möglich.

Auf der Seite der *Regeleinrichtung* können die zu Kopplungszwecken gebildeten Signale je nach Fall den einen oder anderen eben geschilderten Charakter aufweisen. Von besonderer Bedeutung sind aber hier die *belastungsabhängigen Kopplungssignale*, wie sie beispielsweise bei der Verbrennungsregelung (Anpassen von Luft- und Brennstoffstrom, vgl. Abb. 15.2a) häufig angewendet werden. Diese Signale können außerdem noch in verschiedener Art auf die Nachbarregelung einwirken: Als *Führungsgröße*, wenn Sollwertänderungen herbeizuführen sind, oder im Sinne einer *Störgrößenaufschaltung*, insbesondere bei Festwertregelungen. Der erste Fall entspricht dem in Abb. 15.2a gegebenen Beispiel, der zweite der Überhitzertemperatur-Regelung nach Abb. 15.2b.

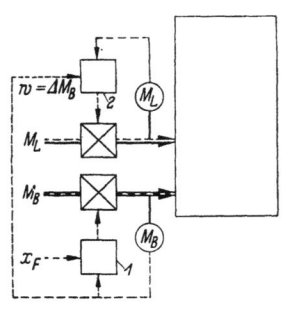

Abb. 15.2a u. b Beispiele reglerseitiger Kopplung (Vermaschung) von Regelkreisen
a) Kopplung der Regelungen des Brennstoff- und Luftstromes ($w = \Delta M_B$)
1 Brennstoffregelung; *2* Luftregelung
b) Kopplung von zwei in Serie liegenden Überhitzer-Temperatur-Regelungen durch Störgrößenaufschaltung ($z = \Delta \vartheta_1$)
Bezeichnungen wie in Abb. 15.1a

Diese einerseits durch das Anlagesystem *gegebenen*, andererseits *bei Bedarf zu verwirklichenden* Kopplungen spielen beim Entwurf der Gesamtregelschaltung eine wichtige Rolle. Das zeigen die folgenden *Gesichtspunkte*, nach denen das Vorgehen bei der Planung bzw. der Beurteilung von Gesamtregelschaltungen zu orientieren ist:

1. Möglichst günstige dynamische Eigenschaften der Einzel-Regelkreise anstreben.
2. Möglichst nur die notwendigen Kopplungen sollen wirksam sein; Vermeiden zweiseitiger starker Kopplungen.
3. Möglichst nur Kopplungen über belastungsabhängige Größen; Kopplungen über Regelgrößen von Festwertregelungen tunlichst vermeiden.
4. Richtige dynamische Abstimmung der Kopplungswirkung anstreben und damit Minimum der Regelabweichungen bei Laständerungen.

Zu diesen rein *dynamischen* Gesichtspunkten kommen natürlich noch

15.1 Grundsätzliches zum Aufbau der Gesamtregelschaltung

solche *gerätetechnischer* und *betrieblicher* Art, die indessen weitgehend auf den Einzelfall zugeschnitten sind und auf die hier nicht eingegangen werden soll.

Durch die verschiedenen Arten der Kopplung der Einzelregelungen sind nun mehrere Möglichkeiten für den grundsätzlichen Aufbau der Gesamtschaltung gegeben. Sie sind in den Abb. 15.3, 15.4 und 15.5 schematisch dargestellt.

Schema 15.3 versinnbildlicht zunächst den Fall der *unvermaschten Schaltung*, bei der die einzelnen Regelungen ausschließlich über die Regelstrecken gekoppelt sind. In dieser Darstellung sind bei den regelstreckenseitigen Kopplungen einfach alle *möglichen* Signalwege eingezeichnet worden, ohne Rücksicht darauf, welche davon kräftig und

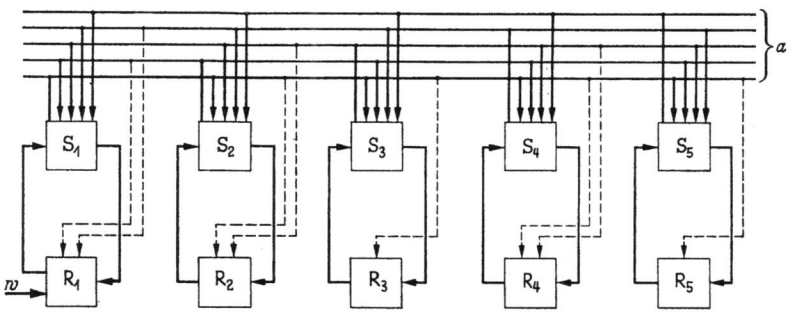

Abb. 15.3 Regelkreise mit ausschließlich regelstreckenseitigen Kopplungen
(ausgezogene Signalverbindungen *a*)
Gestrichelt eingezeichnet: Störgrößenaufschaltung

welche andererseits sehr schwach und damit vernachlässigbar sind. Dies deshalb, weil die Verhältnisse in jedem praktischen Fall wieder etwas anders liegen können.

Wo diese „natürlichen" Kopplungen nicht die gewünschten dynamischen Eigenschaften haben — das ist namentlich dort der Fall, wo die Regelgröße über eine Integralbeziehung mit den lastabhängigen Größen verknüpft ist, z. B. bei Druck- und Wasserstandsregelung —, wird vielfach zur Verbesserung von der *Störgrößenaufschaltung* Gebrauch gemacht. In Abb. 15.3 ist dies schematisch durch die gestrichelten Signalverbindungen dargestellt.

Das eine Laständerung einleitende Signal w wirkt hier als Führungsgröße auf den Leistungsregler R_1, beim Fehlen eines solchen als Störgröße auf die entsprechende Regelstrecke, und pflanzt sich dann über die regelstreckenseitigen Kopplungsverbindungen auf die übrigen Regelungen fort. Natürlich können daneben andere Störungen auftreten, z. B. verursacht durch Änderungen des Brennstoffes, durch Hilfsmaschinenausfall usw. Die Übertragung ihrer Auswirkungen auf die

22*

jeweils nicht direkt betroffenen Regelungen erfolgt aber prinzipiell in gleicher Weise, wie eben für die Laständerung beschrieben.

Das in Abb. 15.4 dargestellte Prinzipschema entspricht dem Fall, wo die ungenügenden bzw. dynamisch ungünstigen „natürlichen" Kopplungen durch *reglerseitige Signalverbindungen* ergänzt werden (Vermaschung). (Das gezeichnete Vermaschungsschaltbild entspricht nicht einer bestimmten Anlage und soll nur das Prinzip deutlich werden lassen.) Das Lastsignal wirkt auch hier primär nur auf den Regelkreis *1* und wird von dort einerseits über die systemseitigen, andererseits über die reglerseitigen Kopplungen auf die übrigen Kreise übertragen. Ähnliches gilt

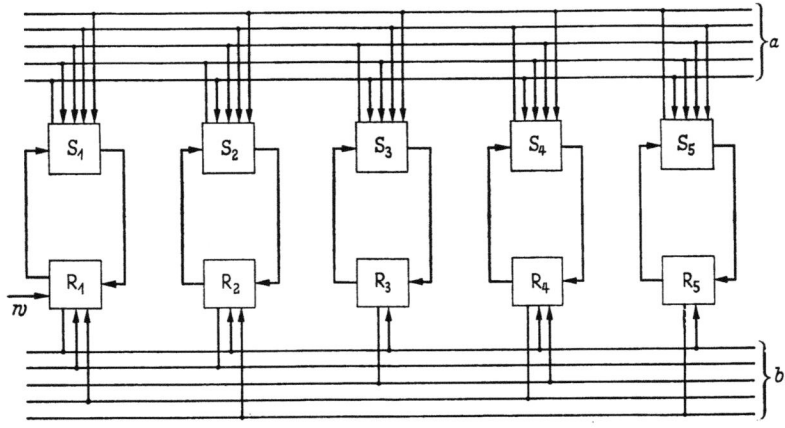

Abb. 15.4 Regelkreise mit regelstrecken- (*a*) und reglerseitigen (*b*) Kopplungen (vermaschte Regelung)

auch bei anderen Störungen. Natürlich kann auch hier zudem noch die Störgrößenaufschaltung benützt werden.

Eine dritte, praktisch bedeutungsvolle Lösung ist durch Abb. 15.5 gezeigt. Im Gegensatz zu den anderen beiden Varianten wirkt hier das *Lastsignal* nicht nur auf einen Regelkreis, sondern auf *mehrere oder alle* ein. Ein in den Signalweg eingeschaltetes Laststeuergerät erzeugt hierbei die an die Einzelregler abzugebenden Impulse. Dies kann nun in der Weise geschehen, daß alle Steuersignale *dynamisch gleichartig* verlaufen. Infolge der unterschiedlichen Übertragungseigenschaften der Einzelregelungen ist allerdings hierbei nur ein angenäherter Gleichlauf der Regelvorgänge zu erwarten, und die dadurch bedingten Unstimmigkeiten müssen über die regelstreckenseitigen Kopplungen abgeglichen werden. Wie groß solche Differenzen werden, hängt allerdings stark von den Bedingungen des jeweiligen Falles ab. Es lassen sich z. B. bei ölgefeuerten Anlagen durch diese Lösung oft ausgezeichnete Ergebnisse erzielen.

15.1 Grundsätzliches zum Aufbau der Gesamtregelschaltung

Eine bessere Abstimmung der Einzel-Regelvorgänge gelingt im allgemeinen dadurch, daß die Signale des Laststeuergerätes in ihrer *Dynamik* dem jeweiligen Regelkreis *angepaßt* werden. Dadurch lassen sich die regelstreckenseitigen Kopplungswirkungen weitgehend aufheben. Natürlich gilt das nicht für systemseitige Störungen (Brennstoff, Hilfsmaschinen usw.), die auch hier etwa in der Abb. 15.3 entsprechenden Art ausgeregelt werden müssen. Es ist daher wesentlich, daß ein solches Regelsystem auch bei festgehaltenem Laststeuergerät noch ein befriedigendes Verhalten aufweist.

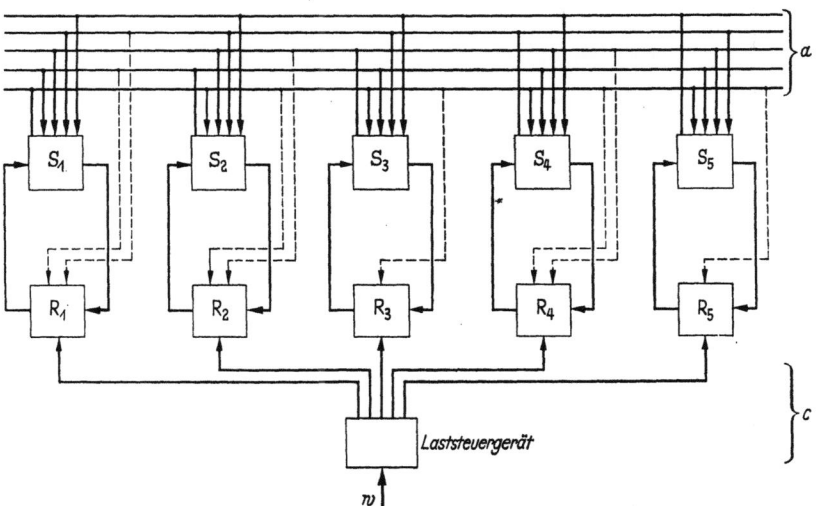

Abb. 15.5 Regelkreise mit unmittelbarer Führung (c) vom zentralen Laststeuergerät aus (a wie in Abb. 15.3)

Als Gegenstück zu dieser dritten Lösung ist schließlich eine Schaltung denkbar, bei der sämtliche Rechenoperationen einem *zentralen Regelwerk* überbunden werden. Alle Meßsignale (Regelgrößen, Störgrößen) werden diesem Regelwerk zugeleitet, alle Stellsignale von demselben ausgegeben. Funktionell bringt diese Lösung indessen keine über die bereits besprochenen hinausgehenden Möglichkeiten. Der Unterschied liegt nur in der örtlichen Konzentration der Rechenfunktionen der Regeleinrichtungen. Diese Variante ist daher nicht noch besonders aufgezeichnet worden.

Welche der drei Lösungsmöglichkeiten zum günstigsten Ergebnis führt, läßt sich nicht generell, sondern nur für den jeweiligen Einzelfall feststellen. Abgesehen von den immer wieder anderen Anforderungen wird die Wahl namentlich durch die Kesselbauart stark mitbeeinflußt. Im Hinblick auf den Betrieb — und namentlich auf Störungsfälle —

ist bei gleicher Regelgüte ein *möglichst von Vermaschungen freies System* zweifellos vorzuziehen.

In diese Betrachtungen sind bisher nur die Regelwirkungen konventioneller Art einbezogen worden, die auf *funktionellen Zusammenhängen* beruhen. Es ist indes klar, daß die Aufgabenstellung der Regelung einer Dampfanlage über diesen Bereich hinausgehend erweitert werden kann, indem ihr zusätzlich die Auslösung und Überwachung aller Maßnahmen im Betrieb übertragen wird, die im herkömmlichen Werk auf Grund *logischer Entscheidungen* des Betriebspersonals bzw. der Leitung durchgeführt werden (vgl. dazu Kap. 16).

15.2 Beispiele von Gesamtregelschaltungen

Es wurde schon wiederholt darauf hingewiesen, daß die Regelaufgaben in einer Dampfanlage nicht notwendigerweise durch automatische Geräte gelöst zu werden brauchen, sondern auch mehr oder weniger weitgehend dem Bedienungsmann überbunden sein können.

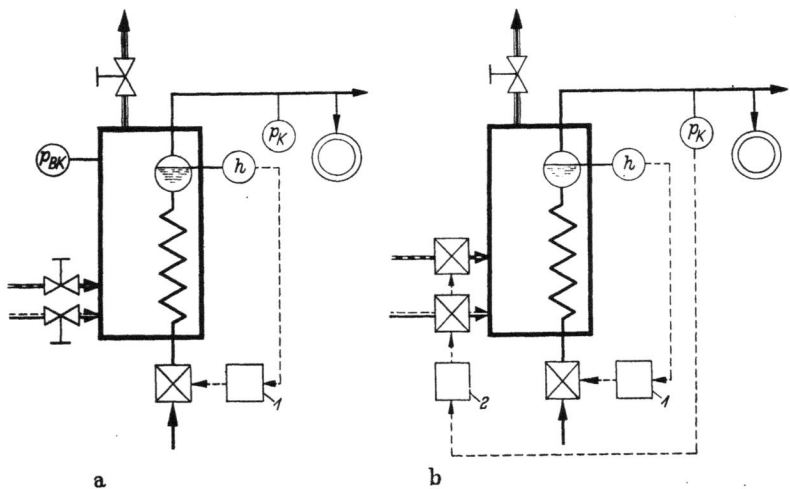

Abb. 15.6a u. b Regelschaltungen von Anlagen mit feuerbeheizten Kleinkesseln ohne Überhitzer a) nur **Wasserstandsregelung** (*1*); b) **Wasserstandsregelung** (*1*) und **Ein-Aus-Druck-Leistungs-Regelung** (*2*)

Teilweise Handregelung ist bei Anlagen kleiner und mittlerer Leistung üblich. Vielfach begnügt man sich hierbei für den Kessel mit der automatischen Regelung des Wasserstandes bzw. des Speisewasserstromes allein, besonders wenn der Dampf nicht überhitzt wird (vgl. Abb. 15.6a). *Ölgefeuerte Kleinkessel* werden unter dieser Bedingung zugleich auch oft mit einer automatischen Druck-Leistungs-Regelung versehen, die als Ein-Aus-Regelung besonders einfach gebaut sein kann (vgl. Abb. 15.6b).

15.2 Beispiele von Gesamtregelschaltungen 343

Mit geringem Regelaufwand kommt man auch bei *Elektrokesseln* aus, die im allgemeinen mit einem Wasserstandsregler und einem Druck-Leistungs-Regler ausgerüstet werden (s. Abb. 15.7a). Die Leistungsrege-

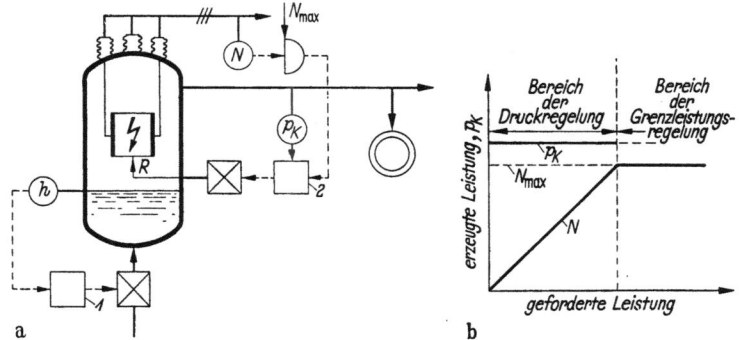

Abb. 15.7a u. b Regelung von Elektrokesselanlagen
a) Regelschaltung (Wasserstandsregelung (*1*) und Druck-Grenzleistungs-Regelung (*2*));
b) Arbeitsbereiche der Druck- bzw. Grenzleistungs-Regelung

lung wirkt hier im Sinne einer Begrenzung der aufgenommenen elektrischen Leistung auf einen einzustellenden Wert N_{max}. Ist der Dampfkonsum kleiner, als diesem Wert entspricht, so arbeitet die Regelung nur unter dem Einfluß des Dampfdruckes (vgl. Abb. 15.7b).

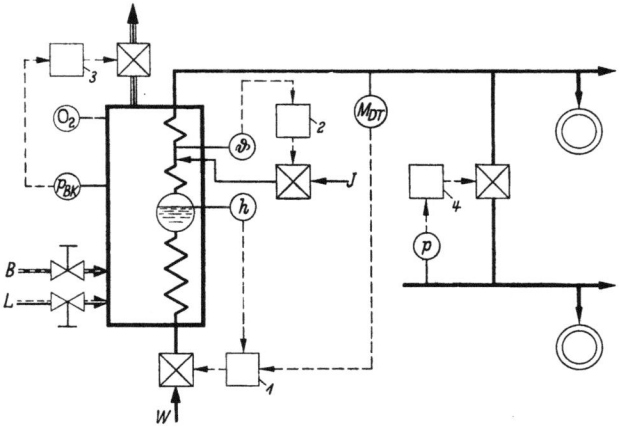

Abb. 15.8 Typische Regelschaltung in Trommelkesselanlagen mittlerer Leistung
(Industrieanlagen)
1 Speiseregelung; *2* Temperaturregelung; *3* Brennkammer-Druckregelung;
4 Netzdruckregelung

Anlagen mittlerer Leistung — es handelt sich hier noch vorwiegend um *Industrieanlagen* — arbeiten in der Regel mit überhitztem Dampf. Besonders bei höheren Dampftemperaturen wird hierbei immer seltener auf eine Überhitzertemperatur-Regelung verzichtet (s. Abb. 15.8). Da-

344   15. Die Regelung ganzer Dampfanlagen

neben ist auch bei von Hand eingestellter Feuerung in solchen Fällen die automatische Regelung des Brennkammerdruckes bzw. des Rauchgasstromes üblich geworden, und der wegen des meist schon relativ kleinen Trommelinhaltes wichtig gewordene Speiseregler fehlt nie. Dagegen wird hier noch oft auf eine Druck-Leistungs-Regelung am Kessel sowie auf die automatische Verbrennungsregelung verzichtet, besonders bei Betrieb mit Kohle. — Über die Regelung des Zwischengliedes, hier also in der Regel des Dampfverteilnetzes, läßt sich kaum Allgemeines aussagen. Der in Abb. 15.8 dargestellte Fall ist jedoch besonders häufig anzutreffen.

Bei *großen Industrie-* und *Kraftwerksanlagen* geht man heute immer mehr zur *vollständigen Regelung* über. Die Vielfalt der Gesamtregelschaltungen ist hier naturgemäß besonders groß. Zum Teil ist dies durch die in jeder Anlage wieder anderen Betriebsbedingungen begründet. Andererseits ergeben sich Unterschiede in der Konzeption der Regelschaltung auch aus der Verschiedenheit von Arbeitsprinzip und Konstruktion der Dampferzeuger. Dies mag Tab. 15.9 illustrieren, in der für die wichtigsten Großkesseltypen die üblichen Zuordnungen von Regelgröße und Stellstrom einander gegenübergestellt sind. Es ist dazu zu bemerken, daß natürlich in besonderen Fällen (z. B. überkritischer Druck usw.) von diesen Kombinationen mitunter abgegangen wird.

Tabelle 15.9 *Oft gewählte Zuordnungen von Regelgröße und Stellstrom bei Großkesseln*

Kesseltyp	Regelgröße	Zugeordneter Stellstrom	Bemerkungen
Trommelkessel	Wasserstand Dampftemperatur Dampfdruck Verbrennungsgüte	Speisewasser Einspritzwasser usw. Brennstoff Luft	bei Rost- feuerung meist vertauscht
Sulzer- Einrohrkessel	Leitstrangtemperatur oder Dampffeuchte am Verdampferaustritt Dampftemperatur Dampfdruck Verbrennungsgüte	Speisewasser Einspritzwasser usw. Brennstoff Luft	
Benson-Kessel	Nebenheizflächen- temperatur oder Ein- spritzwasser-/Speise- wasser-Verhältnis Dampftemperatur Dampfdruck Verbrennungsgüte	Brennstoff (ältere Lösung) Einspritzwasser Speisewasser Luft	Speisewasser (neuere Lösung) Einspritzwasser Brennstoff Luft

15.2 Beispiele von Gesamtregelschaltungen

Einige ausgewählte Schemas von Gesamtregelungen mögen im übrigen einen Überblick über die wichtigsten Schaltungstypen vermitteln.

Abb. 15.10 zeigt zunächst ein Beispiel der Gesamtregelung einer *Industrieanlage mit rostgefeuertem Kessel*. Die Anlageleistung wird durch den Dampfkonsum in den Verbrauchern *1* bestimmt, die Gegendruckturbine *2* wirkt als Entspannungsorgan für die Netzdruckregelung (Netzdruck p). Der Frischdampfdruck wird durch die Druck-Leistungs-Regelung des Kessels gehalten und wirkt über das entsprechende Regelgerät primär auf den Luftstrom ein. Vom letzteren aus wird die Rostgeschwindigkeit nachgezogen. Zur Erzielung optimaler Verbrennungsgüte

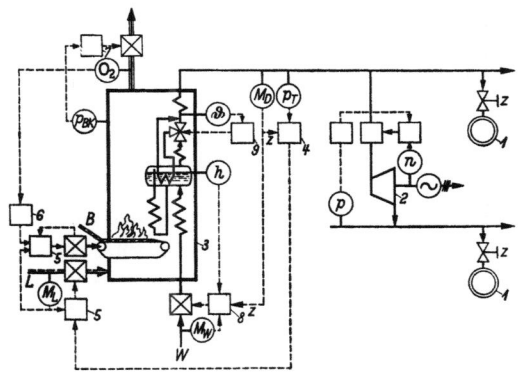

Abb. 15.10
Regelschaltung einer Industrieanlage größerer Leistung mit rostbefeuertem Trommelkessel
1 Verbraucher; *2* Gegendruckturbine mit Gegendruckregelung; *3* Kessel; *4* Druck-Leistungs-Regelung; *5* Luft und Brennstoff-Regelung; *6* Verbrennungsregelung; *7* Brennkammer-Druckregelung; *8* Speiseregelung (Wasserstand); *9* Überhitzer-Temperatur-Regelung

wird dabei, wenn nötig, in Abhängigkeit des Sauerstoffgehaltes im Rauchgasstrom das Luft-Brennstoff-Verhältnis korrigiert. Der durch das Saugzuggebläse abgeführte Rauchgasstrom wird vom Brennkammerdruck aus geregelt.

Auf der Wasser-Dampf-Seite des Kessels sind noch die Speisewasser- und Überhitzertemperatur-Regelung zu erwähnen. Die erstere ist in der üblichen Ausführungsweise als Dreikomponenten-Regelung dargestellt. Die Temperaturregelung, an die in derartigen Anlagen nicht höchste Ansprüche gestellt werden, arbeitet in unserem Beispiel mit einem in einen Nebenstrom geschalteten Dampfkühler. Die dem Dampf entzogene Wärme wird dabei an das Kesselwasser übertragen. Der Einfluß der statischen Kennlinie des Endüberhitzers auf die Frischdampftemperatur bleibt hier unkorrigiert.

Abb. 15.11 zeigt eine Regelschaltung für den Fall eines mit *Trommelkesseln ausgerüsteten Kraftwerksbetriebes*. Die primäre Leistungsregelung erfolgt an der Turbogeneratorgruppe, wobei im Prinzip sowohl Regellast-

346   15. Die Regelung ganzer Dampfanlagen

als Grundlastbetrieb möglich ist. Die sekundäre Druck-Leistungs-Regelung am Kessel arbeitet mit dem Frischdampfdruck als Regelgröße und

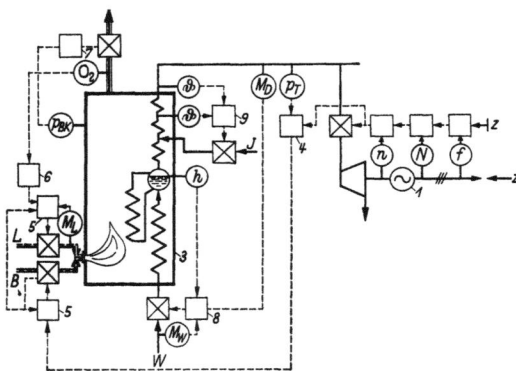

Abb. 15.11 Regelschaltung einer Kraftwerksanlage mit Trommelkessel mit Brennerfeuerung
1 Turbogenerator. Übrige Bezeichnungen wie in Abb. 15.10

einem von der Turbinenregelung abgenommenen Signal zur Störgrößenaufschaltung. Sie beeinflußt den Brennstoffstrom, wobei von der Brennstoff-Aufgabevorrichtung aus der Luftstrom nachgezogen wird. Die Regelung der Verbrennungsgüte und des Rauchgasstromes (Brennkammerdruck) erfolgt in ähnlicher Weise wie im vorangehenden Beispiel.

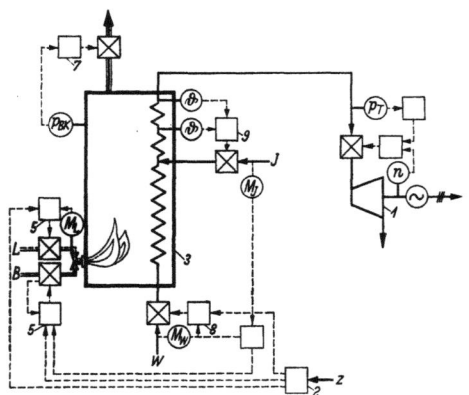

Abb. 15.12 Regelschaltung einer Kraftwerksanlage für
Festlast- oder Grundlastbetrieb (Benson-Kessel)
1 Turbogenerator mit Vordruckregelung; 2 Kessellastgeber. Übrige Bezeichnungen wie in Abb. 15.10

Bei dieser Betriebsart ist das möglichst genaue Einhalten der Frischdampftemperatur unerläßlich. Auf ihre unmittelbare Regelung kann daher nicht verzichtet werden, was im Bilde in Form einer Einspritz-Temperatur-Regelung des Endüberhitzers zum Ausdruck gebracht worden ist. Gegebenenfalls sind mehrere Regelkreise in Serieschaltung zweckmäßig. — Die Schaltung der Speiseregelung zeigt die übliche Struktur.

Die folgenden Beispiele von Regelschaltungen beziehen sich auf Anlagen mit *Zwangsdurchlaufkesseln*. Abb. 15.12 entspricht einer Anlage mit *Benson-Kessel für Festlast- oder Grundlastbetrieb*. Die Maschinengruppe ist mit Vordruckregelung ausgerüstet, die den Frischdampfdruck

15.2 Beispiele von Gesamtregelschaltungen

hält. Der Sollwert der Anlageleistung wird an einem Lastgeber eingestellt, von wo aus Führungssignale zur Speiseregelung, zur Luft- und Brennstoffregelung ausgehen. Als Maß für den Arbeitsmittelinhalt des Kessels

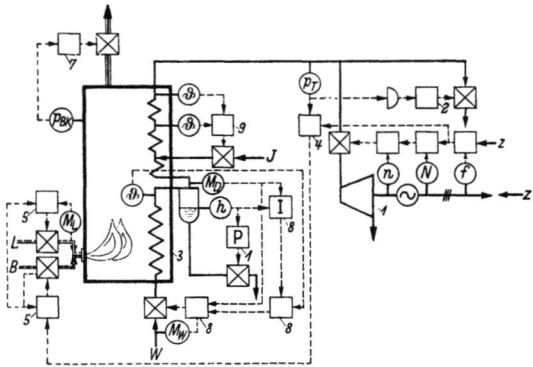

Abb. 15.13 Regelschaltung einer Kraftwerksanlage für Grundlast- oder Regellastbetrieb (Sulzer-Kessel)
1 Turbogenerator; *2* Überströmregelung (Grenzdruck); *10* Abschlämmregelung am Restwasserabscheider. Übrige Bezeichnungen wie in Abb. 15.10

dient hier das Verhältnis Speisewasserstrom/Einspritzwasserstrom, das bei Abweichungen vom gewünschten Wert eine Korrektur des Brennstoffstromes auslöst. Die einzelnen Regelungen sind im übrigen in der

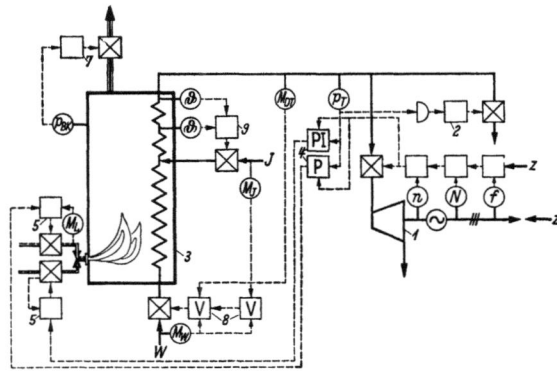

Abb. 15.14 Regelschaltung einer Kraftwerksanlage für Grundlast- oder Regellastbetrieb (Benson-Kessel)
1 Turbogenerator; *2* Überströmregelung. Übrige Bezeichnungen wie in Abb. 15.10

üblichen Weise aufgebaut. (Die Verbrennungsregelung ist hier und in den folgenden Beispielen zur Vereinfachung nicht mehr eingezeichnet worden.)

Die Abb. 15.13 und 15.14 zeigen Schaltungen von Kraftwerksanlagen für *Grundlast- oder Regellastbetrieb*. Die erstere bezieht sich auf einen

348   15. Die Regelung ganzer Dampfanlagen

Sulzer-Kessel und zeigt im besonderen eine auf konstante Restfeuchte vor Abscheider arbeitende Speiseregelung. Der Sollwert der Temperatur des Leitstranges wird hierbei über einen Integralregler *8* nach Maßgabe des Verhältnisses Abschlämmwasser/Dampfstrom korrigiert. Abgesehen von dieser Besonderheit, entspricht diese Regelschaltung weitgehend der in Abb. 15.11 für den Trommelkessel gezeigten. — Die in Abb. 15.14 wiedergegebene Regelschaltung einer Anlage mit *Benson-Kessel* zeigt, im Gegensatz zu der früher allgemein üblichen direkten Beeinflussung des Speisewasserstromes vom Druck-Leistungs-Regler aus, ebenfalls die primäre Signalgabe auf die Feuerleistung. Der Speisewasserstrom wird vom Dampfstrom als Führungsgröße der Wärmeaufnahme angepaßt,

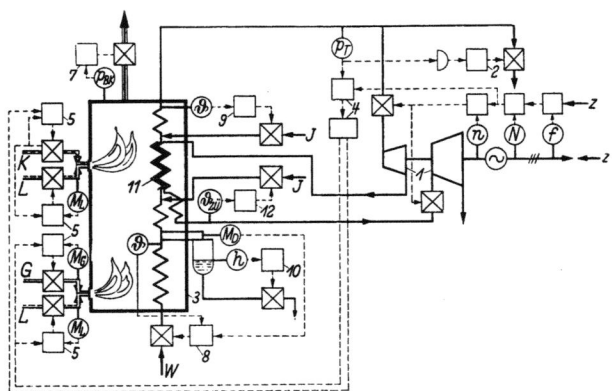

Abb. 15.15 Regelschaltung eines Kraftwerkes mit Zwischenüberhitzung, für Regellast- oder Grundlastbetrieb (Sulzer-Kessel)

1 Turbogenerator; *2* Überströmregelung; *10* Abschlämmregelung; *11* Triflux-Zwischenüberhitzer; *12* Zwischenüberhitzer-Temperaturregelung

wobei das Verhältnis Dampf/Speisewasser auf ein konstantes Verhältnis Einspritzwasser/Speisewasser hin nachträglich auskorrigiert wird. Im übrigen unterscheidet sich der Aufbau der Regelschaltung von der zuvor besprochenen nur in Einzelheiten.

In Abb. 15.15 ist schließlich noch das Prinzipschaltbild der Regelung einer Anlage mit *Zwischenüberhitzung* und *kombinierter Gas-Kohlenstaub-Feuerung* gezeigt. Die Maschinenregelung weist hier einen Regeleingriff auf die ND-Einlaßventile auf. Die Druck-Leistungs-Regelung beeinflußt, wie beim Sulzer-Kessel üblich, die Feuerleistung. Die Speisewasserregelung ist in der einfacheren Ausführung, d. h. ohne automatische Feuchtekorrektur, angenommen. Besonders ist hier die Temperaturregelung des Zwischenüberhitzers zu erwähnen, die in unserem Beispiel, im Zusammenhang mit einem Dreistrom-Wärmeaustauscher, durch Einspritzen ins HD-System erfolgt. Die Temperaturregelung der HD-Überhitzer geschieht im übrigen in üblicher Weise.

15.2 Beispiele von Gesamtregelschaltungen

Selbstverständlich handelt es sich bei den gezeigten Regelschaltungen durchweg um stark vereinfachte Darstellungen, die nur das Prinzipielle der jeweiligen Lösung zeigen sollen. Auch sind diese Schaltungen nicht unbedingt an die jeweils erwähnte Kesselbauart gebunden. Bezüglich detaillierterer Schemas wird auf die Fachliteratur bzw. auf die vorangehenden Kapitel verwiesen.

Literatur zu Kapitel 15

[1] FRENSCH, J.: Regelung eines 300 t/h-Benson-Kessels. Mitt. Ver. Großkesselbes. (1956) H. 43, S. 253—258.

[2] PROFOS, P.: Die Regelung des Sulzer-Einrohr-Dampferzeugers. Mitt. Ver. Großkesselbes. (1956) H. 43, S. 258—273.

[3] HEISUCK, J.: Regel- und Betriebsüberwachungsanlage für einen mit Kohlenstaub gefeuerten Dampferzeuger. AEG-Mitt. 47 (1957) Nr. 9/10, S. 381 bis 389.

[4] SAMAL, E.: Die AEG-Kesselregelung. AEG-Mitt. 47 (1957) Nr. 9/10, S. 369 bis 381.

[5] HALLE, K.: Der Kraftwerksblock als regelungstechnische Einheit. BWK 9 (1957) Nr. 11, S. 548—555.

[6] GRASME, P.: Zusammenwirken der Regelungen von Kessel und Turbine bei Blockkraftwerken mit Zwischenüberhitzung. BWK 9 (1957) Nr. 11, S. 555 bis 565.

[7] —: Regler- und Überwachungsanlagen im Dampfkraftwerk Voitsberg. Askania-Warte 15 (1957) Nr. 52, S. 3—12.

[8] WITTWER, W.: Vergleichende Untersuchungen an einem Benson- und einem Sulzer-Kessel. Mitt. Ver. Großkesselbes. (1957) H. 48, S. 186—193.

[9] FRANKE, H., u. W. STOLLE: Zwangsdurchlaufkessel im Blockbetrieb. — Dynamikstudien und Regelergebnisse bei Frequenz- und Leistungsregelung. Schoppe & Faeser: Techn. Mitt. (1957) Nr. 3, S. 78—88.

[10] DIETHELM, M.: Die Regelung von Sulzer-Einrohrdampferzeugern mit Zwischenüberhitzung. BWK 11 (1959) Nr. 1, S. 3—7.

[11] FISCHER, A.: Der heutige Stand der Bensonkessel-Regelung. Siemens-Z. 33 (1959) Nr. 3, S. 109—115.

[12] QUACK, R.: Die selbsttätige Regelung von Dampferzeugeranlagen. Mitt. Ver. Großkesselbes. (1959) H. 58, S. 1—11.

[13] FISCHER, A.: Regelung von Benson-Kesseln in Blockschaltung mit der Turbine. Mitt. Ver. Großkesselbes. (1959) H. 61, S. 294—302.

[14] DIEKERS, W., u. L. VALDER: Vergleichende Untersuchungen von Bensonkessel-Regelschaltungen. Schoppe & Faeser: Techn. Mitt. (1959) Nr. 4, S. 135 bis 146.

[15] FRIEDEWALD, W., P. MÖRK u. H. ZWETZ: Einsatz von Dampfkraftwerken im Netzbetrieb als regelungstechnische Aufgabe. ETZ-A 81 (1960) Nr. 6, S. 185 bis 192.

[16] KRÜSSMANN, A.: Experimentelle Untersuchung der Regelfähigkeit von Zwangsdurchlaufkesseln und daraus resultierende Forderungen an die Kesselkonstruktion. Schoppe & Faeser: Techn. Mitt. (1960) Nr. 3, S. 82—90.

[17] DIETHELM, M.: Die Regelung von Sulzer-Einrohrdampferzeugungsanlagen mit überkritischem Dampfdruck. Technische Rundschau Sulzer, Forschungsheft 1960, S. 23—29.

16. Allgemeine Gesichtspunkte bei der Planung der Regelung von Dampfanlagen

Das bei der Planung der Regelung von Dampfanlagen anzustrebende Ziel besteht in jedem Falle darin, die unter den jeweils gegebenen Bedingungen optimale Lösung zu finden. Beim Bestimmen dieses Optimums stehen zunächst technische und wirtschaftliche Faktoren im Vordergrund. Daneben sind aber auch die Beziehungen aktiver und passiver Art des Menschen zur Regelung bei diesem Optimierungsvorgang zu berücksichtigen.

16.1 Der menschliche Faktor

Die Rolle, die der Bedienungsmann als aktives Element in der Anlage spielt, ist natürlich davon abhängig, wieweit die Automatisierung getrieben ist. Wo sämtliche Grundregelaufgaben der Anlage durch automatische Regler gelöst werden, bleibt dem Bedienungsmann im allgemeinen die Aufgabe des Anpassens der Sollwerte an veränderte Betriebsbedingungen, des Eingreifens bei Störungen usw., ganz abgesehen vom Anfahren und Abstellen der Anlage, wo der größte Teil der Regeleinrichtungen meist ohnehin nicht im Eingriff ist. Bei teilweiser Handregelung ist der Bedienungsmann daneben noch als Glied in einzelne Regelkreise eingeschaltet.

Man muß sich, wenn man nun den Menschen dem Automaten gegenüberstellt, darüber im klaren sein, daß jedem Bedienungsmann infolge momentanen Nachlassens der Aufmerksamkeit, versagendem Gedächtnis, Ermüdung, Unwohlsein usw. gelegentlich *Fehler* unterlaufen. Die absolute Forderung nach dauernd fehlerfreiem Verhalten ist zweifellos unrealistisch, da sie über das menschliche Vermögen hinausgeht. Die Wahrscheinlichkeit, daß ein solches Versagen gerade auf einen kritischen Moment fällt und damit zu einer leichten Betriebsstörung oder gar zu einer schweren Havarie führt, ist zwar klein. Der bei weitem überwiegende Teil solcher Fehler bewirkt nur kleinere oder größere Abweichungen von der wirtschaftlichsten Betriebsweise und äußert sich vor allem in erhöhten Energieverlusten. Nun werden aber die Einheitsleistungen dauernd größer, und damit wiegt auch die einfach nicht völlig auszuschließende Möglichkeit schlimmer Folgen menschlichen Versagens immer schwerer.

Ein anderer Aspekt der Beziehungen des Menschen zu den in der Dampfanlage zu erfüllenden Regelungsfunktionen ist der der *Auswirkungen* der Automatisierung auf das Betriebspersonal. Diese Auswirkungen sind vorab psychologischer und arbeitsphysiologischer Art und demgemäß individuell stark verschieden. Im einen Fall wird der

Übergang von Handregelung auf automatische als erwünschte Entlastung von eintöniger und zugleich verantwortungsvoller Arbeit begrüßt. Andererseits wird dieselbe Maßnahme von den unmittelbar Beteiligten oft als ein Verdrängen von einer vertraut gewordenen Tätigkeit empfunden.

Jedenfalls ist mit fortschreitender Automatisierung ein *Verlagern der Aufgabe* vom aktiven Eingreifen in die Betriebsfunktionen zur Kontrolltätigkeit hin verbunden. Wenn diese Verlagerung nicht zugleich für das Bedienungspersonal den Beigeschmack der Zurücksetzung aufweisen soll, muß es auf die veränderte Aufgabenstellung richtig vorbereitet werden. Das bedeutet eine andere Ausbildung bzw. Umschulung. Verständnis für das Wesen der Automatik und wenigstens ungefähre Kenntnis des Baues und der Wirkungsweise der Regelgeräte sind wesentliche Voraussetzungen dafür, daß der qualifizierte Betriebsmann auch in der weitgehend automatisierten Anlage in seiner Tätigkeit Befriedigung findet. Das gilt auch dann, wenn die eigentliche Wartung der Automatik Spezialisten überbunden ist. — Bei einer solchen Ausbildung ist daneben zu berücksichtigen, daß das Personal mit fortschreitender Automatisierung immer seltener in die Lage kommt, auch nur Teile der Anlage von Hand zu fahren und diese dadurch in ihrem Aufbau und ihrem Verhalten eingehend kennenzulernen.[1] Dies ist von Bedeutung, solange überhaupt in Störungsfällen ein rasches und sicheres Eingreifen des Bedienungsmannes notwendig ist, um die Anlage vor Schaden zu bewahren.

16.2 Technische und wirtschaftliche Faktoren

Entscheidende Bedeutung bei der Suche nach der optimalen Lösung kommt naturgemäß technisch-wirtschaftlichen Überlegungen zu. Dabei stellt man bei näherer Betrachtung fest, daß es Faktoren gibt, die den Übergang zur automatischen Regelung und ihre immer weitergehende Verbesserung begünstigen, während andere im umgekehrten Sinne sprechen.

Welche technisch-wirtschaftlichen Gründe lassen nun die Anwendung immer vollkommenerer, also insbesondere mit immer höherer Regelgüte arbeitender Regelungen als wünschenswert erscheinen?

Zunächst kann ein solcher Wunsch einmal von rein *technischen Erfordernissen* ausgehen. So ist die sichere Beherrschung der Turbinendrehzahl in engem Bereich eine selbstverständliche Forderung von Seiten des Turbinen- und Generatorkonstrukteurs. Ähnliche Bedeutung hat etwa die Temperaturhaltung im Überhitzer für den Kessel- und Rohrleitungsbauer, indem größere Temperaturspitzen eine ernstliche

---

[1] In diesem Zusammenhang kommt der Möglichkeit der Schulung des Personals an Simuliergeräten besondere Bedeutung zu.

Gefährdung der Betriebssicherheit darstellen würden. In diesen beiden Fällen kommt es wesentlich auf den größten Regelausschlag an. — In anderen Fällen sind es eher die Änderungsgeschwindigkeiten der Regelabweichung, die wiederum im Hinblick auf die Betriebssicherheit begrenzt werden müssen. So sollen z. B. mit Rücksicht auf Wärmespannungen bestimmte Gradienten der Frischdampftemperatur nicht überschritten werden, oder die Änderungsgeschwindigkeit des Kesseldruckes soll zur Sicherstellung des Wasserumlaufes innerhalb gewisser zulässiger Grenzwerte verbleiben.

Derartig rein technische Anforderungen tragen gewissermaßen die Begründung in sich selbst, indem bei Nichterfüllung die Betriebssicherheit wichtiger Anlageteile in Frage gestellt wird. Ihre Auswirkungen liegen jedoch auch im Wirtschaftlichen, denn Vermeiden von Betriebsstörungen und Schäden bedeutet Reduktion der Verluste durch Reparaturen und Produktionsausfall.

In anderen Fällen steht unmittelbar der *wirtschaftliche Aspekt* im Vordergrund, wenn höhere Qualitäten der Regelung als wünschenswert erscheinen. Ein typisches Beispiel dafür liefert wiederum die Überhitzertemperatur-Regelung. Durch das Einhalten enger Temperaturgrenzen ist es bekanntlich möglich, unter voller Wahrung der Betriebssicherheit die eingesetzten Werkstoffe weitergehend auszulasten als bei größerem Schwankungsbereich. Das wirtschaftliche Ergebnis tritt hier, der erhöhten Lebensdauer bzw. eventuell des billigeren Werkstoffes halber, in verminderten Unterhalts- bzw. Anschaffungskosten des Überhitzers in Erscheinung. Unter Umständen kann auch ein Gewinn an Prozeßwirkungsgrad erzielt werden, der sich in reduzierten Brennstoffkosten oder gesteigerter Energieproduktion ausdrückt. — Ein anderes in diesem Zusammenhang oft zitiertes Beispiel ist das der automatischen Verbrennungsregelung. Es ist bekannt, daß durch eine richtig arbeitende Regelung des Luftüberschusses in vielen Fällen wesentliche Einsparungen in ▸den Brennstoffkosten gegenüber Handbedienung erzielt werden können. Hier zeigt sich die positive Wirkung guter Regelung vor allem in Form einer Senkung der Betriebskosten, wobei neben vermindertem Brennstoffaufwand mitunter auch noch weniger Betriebspersonal notwendig ist.

Betrachten wir nun andererseits die Gründe, welche eher gegen den Einsatz von automatischen Reglern und ihre immer weitergehende Verfeinerung sprechen.

Im Vordergrund steht die Tatsache, daß steigende Regelgüte im allgemeinen zugleich wachsenden *technischen Aufwand* bedeutet. Damit sind zunehmende Kosten für *Anschaffung* und *Betrieb* der Regeleinrichtung verbunden. In diesem Zusammenhang ist zu berücksichtigen, daß mit steigendem Regelaufwand die Störungsanfälligkeit der Regel-

16.2 Technische und wirtschaftliche Faktoren

einrichtung im Prinzip ebenfalls zunimmt, denn die Wahrscheinlichkeit eines Versagens bestimmter Bauelemente, wie beispielsweise Elektronenröhren oder Relais, wächst mit ihrer Anzahl. Es kann daher der Fall eintreten, daß der Vorteil einer dynamisch höherwertigen, aber komplizierteren Apparatur durch ihr häufigeres Ausfallen illusorisch gemacht wird. Will man also die technischen Vorzüge einer komplizierten Anlage auch voll zur Geltung kommen lassen, so muß von allen für die Betriebssicherheit maßgebenden Elementen eine entsprechend höhere Zuverlässigkeit verlangt werden. Kann oder will man das nicht verwirklichen, so besteht eine andere Lösung in der Anwendung von Mehrfachsystemen, die z. B. nach dem sogenannten Koinzidenzprinzip arbeiten. Damit ist es möglich, zu verhindern, daß das Versagen eines einzelnen Elementes den Ausfall der ganzen Regeleinrichtung nach sich zieht. Solche Lösungen werden heute etwa bei der Regelung von Kernreaktoren bereits angewendet, und es läßt sich damit die Wahrscheinlichkeit eines nicht mehr ordnungsgemäßen Funktionierens der Regelung sehr klein halten, dies trotz der mit solchen Maßnahmen unweigerlich verbundenen weiteren Komplizierung. Beide Maßnahmen bedeuten auf jeden Fall eine zusätzliche Steigerung der Anschaffungskosten für die Regeleinrichtung.

Aber auch die Aufwendungen für den *Unterhalt* der Regeleinrichtung werden mit wachsendem Regelaufwand steigen, einerseits weil mehr Wartung erforderlich ist, dann aber auch, weil hierzu mehr und mehr teure Spezialisten notwendig werden.

Es ist nun kennzeichnend für den Zusammenhang zwischen Regelgüte und Kosten, daß man im allgemeinen im Bereich geringeren Regelaufwandes verhältnismäßig leicht namhafte Verbesserungen erzielen kann, während sich solche bei bereits höherer Regelqualität nur um beträchtlichen Mehraufwand erkaufen lassen. Es ergibt sich deshalb für die Korrelation zwischen der Summe der Kosten für Anschaffung, Betrieb und Unterhalt der Regeleinrichtung (kurz „Regelungskosten") und dem jeweils erzielbaren Gütegrad der Regelwirkung der charakteristische Verlauf nach Abb. 16.1.

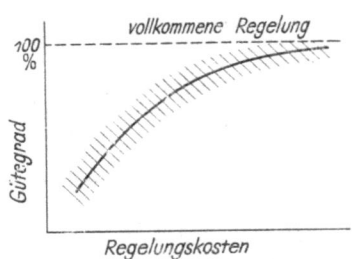

Abb. 16.1
Korrelation zwischen Regelgüte und Regelaufwand (grundsätzlicher Verlauf)

Ein konkretes Beispiel möge diese Feststellung belegen. Für eine Überhitzerregelung wurde der bei immer gleicher Störung erhaltene optimale Regelablauf für eine Reihe von immer weiter verfeinerten Regelschaltungen mit Hilfe eines Analogrechners ermittelt. Andererseits wurden die Anschaffungskosten der verschiedenen Regeleinrichtungen unter Zugrundelegung marktgängiger Geräte kalkuliert. Die Ergebnisse dieser Untersuchungen sind in Abb. 16.2 zusammengestellt. Über den bezogenen Anschaffungskosten sind für die verschiedenen Fälle die Größe der optimalen Regelfläche A_{min} sowie der jeweils günstigste

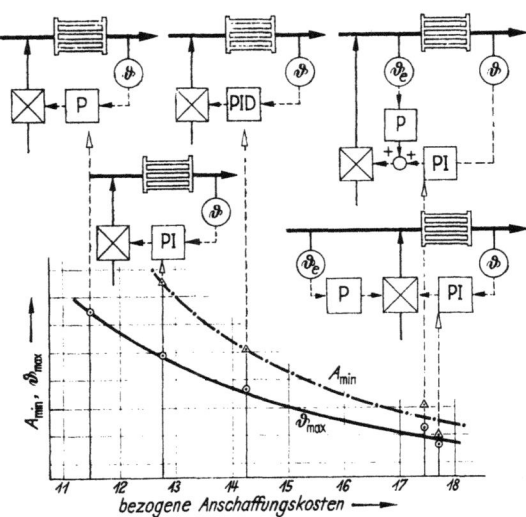

Abb. 16.2 Beispiel der Korrelation zwischen Regelgüte (A_{min}, ϑ_{max}) und Anschaffungskosten (Überhitzerregelung)

Maximalausschlag der Temperatur ϑ_{max} aufgezeichnet. Darüber sind noch, stark vereinfacht, die verschiedenen untersuchten Regelschaltungen gezeigt. — Aus dieser Darstellung geht deutlich hervor, daß zum Erreichen kleinerer Werte von A_{min} bzw. ϑ_{max}, d. h. höherer Regelgüte,

Tabelle 16.3 *Gegenüberstellung positiver und negativer Faktoren bei der Wahl der optimalen Regelung*

Positiv	Negativ
Abnehmende Anlagekosten in der Dampfanlage wegen besserer Materialausnützung usw.	Zunehmende Anlagekosten für die Regeleinrichtungen

Abnehmende Betriebskosten in der Dampfanlage wegen
  höherer Wirkungsgrade
  weniger Reparaturen
  Einsparung von Betriebspersonal
	Zunehmende Betriebs- und Unterhaltskosten für die Regeleinrichtungen wegen
	  vermehrter Wartung
	  (Ersatzteile usw.)
	  mehr Wartungspersonal, Spezialisten

Zunehmende Produktionseinnahmen wegen
  höherer Grenzleistung
  weniger Betriebsausfall infolge anormaler Betriebszustände und Schäden
	Umstellung der Ausbildung des Betriebspersonals

immer größere Kosten für die Regelung aufgewendet werden müssen, und es ergibt sich der im vorhergehenden Bild gezeigte Charakter für den Zusammenhang zwischen Gütegrad und Regelungsaufwand.

Faßt man die wichtigsten im Zusammenhang mit der Wahl der optimalen Regelung stehenden technischen und wirtschaftlichen Faktoren stichwortartig zusammen, so ergibt sich die in Tab. 16.3 gegebene Gegenüberstellung.

16.3 Die Bestimmung der wirtschaftlichsten Regelung

Wie Tab. 16.3 zeigt, sind die Auswirkungen sozusagen aller der erwähnten Faktoren letzten Endes wirtschaftlicher Art. Sie beeinflussen in Abhängigkeit vom technischen Aufwand für die Regelung Anlagekosten K_A, Betriebskosten K_B und Produktionseinnahmen E. Diese Beträge sind mit den entsprechenden für eine handgeregelte Anlage (oder Anlageteil) zu vergleichen, die mit K_{A0}, K_{B0} bzw. E_0 bezeichnet sein sollen. Insbesondere hat dann wohl als kostenmäßiger *Aufwand* für die *Erstellung der automatischen Regelung* die Differenz $K_R = K_A - K_{A0}$ zu gelten, wobei durch diese nicht nur die Anschaffungs- und Montagekosten der Regelgeräte, sondern auch die direkten kostenmäßigen Auswirkungen auf die übrigen Anlageteile erfaßt sein sollen. — Dieser Differenzbetrag entspricht dem *technischen Regelaufwand* und soll daher bei den folgenden Überlegungen als Maßgröße für diesen gelten.

Wie Anlagekosten, Betriebskosten und Produktionseinnahmen grundsätzlich durch den Regelaufwand beeinflußt sein können, zeigt schematisch Abb. 16.4. Daß die Installationskosten K_A mit steigendem Regelaufwand unausgesetzt wachsen, ist zumindest im Bereich höheren Regelaufwandes praktisch immer der Fall. Weniger einfach liegen die Dinge bezüglich der Betriebskosten K_B. Hier ist im allgemeinen zunächst durch den Einsatz der Automatik eine Senkung zu

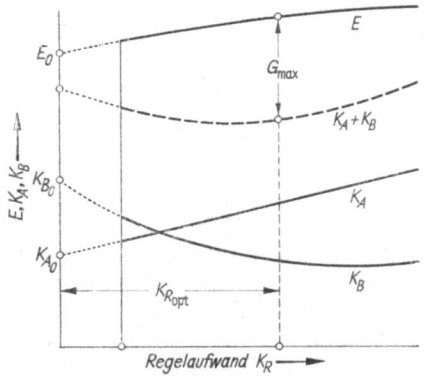

Abb. 16.4
Grundsätzlicher Verlauf der Anlagekosten K_A, der Betriebskosten K_B und der Produktionseinnahmen E abhängig vom Regelaufwand K_R

erwarten und erst bei sehr großem Regelaufwand ein Wiederanstieg der Gesamtbetriebskosten K_B. Der Produktionserlös E wird bei technisch richtig gewählter Automatik (vor allem bei dem dem jeweiligen Aufwand entsprechenden Grad der Betriebssicherheit derselben) mit steigendem K_R ebenfalls, wenn auch immer langsamer, anwachsen.

16. Allgemeine Gesichtspunkte bei der Planung

Die wirtschaftlichste Lösung liegt nun offenbar dann vor, wenn der Gewinn
$$G = E - K_A - K_B$$
zu einem Maximum wird (vgl. Abb. 16.4). Dieser Lösung entspricht der *optimale Regelaufwand* $K_{R\,\text{opt}}$, der im allgemeinen in einem mittleren Bereiche liegt und im übrigen eben in jedem Falle wieder anders sein wird. In Kleinanlagen ist das Optimum eher bei relativ niedrigem Regelaufwand zu suchen, mit wachsender Anlagegröße verschiebt es sich nicht nur dem absoluten, sondern auch dem relativen Betrage nach immer weiter nach rechts im Diagramm. In ausgesprochenen Großanlagen scheint heute u. U. sogar die Wirtschaftlichkeit bei Vollautomatisierung für alle Betriebszustände (Anfahren, Normalbetrieb, Abfahren) gegeben zu sein.

Bei den soeben angestellten Überlegungen war zu unterstellen, daß dem (variablen) Regelaufwand jeweils die *technisch günstigste Lösung* entspreche, die verfügbaren Mittel also immer bestmöglich ausgenützt sein sollen. Das bedeutet zunächst die richtige Wahl der *Regelschaltung*. Dafür ist die schon in einem frühen Stadium beginnende enge Zusammenarbeit, insbesondere zwischen dem Konstrukteur der Anlagekomponenten und dem Regelungsfachmann, besonders wichtig. — Das bedeutet ferner die richtige Wahl der *Regelgeräte*. Hierzu ist es wesentlich, daß mehr als bis anhin darauf geachtet wird, daß die *Betriebssicherheit der Regeleinrichtungen* derjenigen der zu regelnden Anlage entspricht. Nur so ist die Voraussetzung dafür gegeben, daß auch die wirtschaftlichen Erwartungen, die man an die Automatisierung der Dampfanlage knüpft, sich erfüllen werden. Und nur so kann vermieden werden — was man heute noch allzuoft trifft — daß das Betriebspersonal nach vielen fruchtlosen Bemühungen schließlich resigniert und die Instrumenten- und Reglergestelle zu Gerätefriedhöfen werden läßt. — Die Auswahl der Regeleinrichtung muß also auch im wirtschaftlichen Interesse nach der Rangordnung: 1. Betriebssicherheit, 2. Regelgüte, 3. Preis getroffen werden.

Bei der Wahl der Geräte stellt sich die Frage nach dem *System:* Elektrische, hydraulische oder pneumatische Regelung? Entscheidend muß auch hier zunächst die Betriebssicherheit sein. Daneben können Faktoren, wie lange Signalwege, der Wunsch nach räumlicher Konzentrierung der Überwachungs- und Eingriffsorgane zu Warten, die Plazierung der Stellorgane nach Maßgabe der allgemeinen Disposition der Anlage (insbesondere der Rohrleitungsführung) usw., bei der Wahl des Systems mit ausschlaggebend sein. Mit Vorteil wird jedenfalls ein System gewählt, das anpassungsfähig ist, und nicht selten bringt die Kombination von zwei verschiedenen Systemen überhaupt die beste Lösung. Ein Beispiel dafür ist die immer öfter zu findende Verbindung: Elektrische Signalübertragung und Signalverarbeitung — hydraulisches Stellen.

16.4 Grenzen der Regelgüte — Gewährleistungen

Im Zusammenhang mit der Festlegung des Regelaufwandes stellt sich, wie bereits angedeutet, auch die Frage nach der mit einer Regelung erzielten Wirkung. Diese kommt im *Regelablauf* zum Ausdruck, also im zeitlichen Verlauf der Regelgröße.

Nun sind bekanntlich die dynamischen Eigenschaften eines Regelkreises festgelegt, wenn das Übertragungsverhalten von Regler und Regelstrecke fixiert ist. Der Regelablauf ist aber damit noch nicht determiniert. Dieser hängt außer von den Systemeigenschaften bekanntlich noch davon ab, in welcher Weise der Regelkreis von außen gestört wird und in welchem Zustand er sich etwa beim Einsetzen dieser Störung befindet.

Dieser Sachverhalt ist wichtig im Zusammenhang mit der Formulierung und dem Nachweis von Gewährleistungen. *Garantieangaben* sind nur dann wirklich einwandfrei, wenn zugleich die Art des Gütekriteriums (z. B. maximale Regelabweichung, lineare Regelfläche usw.), die Art und Größe der Störwirkung (z. B. Schrittänderung einer gegebenen Störgröße oder der Führungsgröße) und die Anfangsbedingungen (meist Beharrungszustand) festgelegt werden. Wo die Eigenschaften der Regelstrecke mit der Last veränderlich sind, muß auch der Belastungsgrad fixiert werden, für den die Garantieangabe gültig sein soll. Und dementsprechend muß beim *Nachweis* dieser Gewährleistungen verfahren werden: Es genügt nicht, nur den Regelablauf zu messen, vielmehr muß auch der Verlauf der Einflußgrößen miterfaßt und bei der Auswertung berücksichtigt werden.

Nun stößt man aber mit diesen strengen Anforderungen in der Praxis vielfach auf erhebliche Schwierigkeiten. Das gilt vor allem für Garantien, die sich auf das Arbeiten einer Regelung im Verband mit der Anlage beziehen, also etwa auf das Verhalten der Überhitzertemperatur bei Lastwechsel. Auch bei einem unvermaschten Regelsystem liegt hierbei nicht mehr ein einzelner Kreis vor, der isoliert untersucht werden kann. Vielmehr ist die zu prüfende Regelwirkung das Ergebnis des Verhaltens eines mehr oder weniger weit über diesen Kreis hinausgreifenden Systems gekoppelter Regelungen. Trotzdem ist es zumindest theoretisch möglich, das Verhalten eines einzelnen Kreises zu untersuchen, selbst wenn er im Verband mit den übrigen arbeitet. Dann müssen aber die sämtlichen Störwirkungen auf diesen Regelkreis erfaßt werden und das Störverhalten der Regelstrecke für alle diese Größen bekannt sein. Diese Forderung ist in der Praxis aus betrieblichen und meßtechnischen Gründen nur selten zu erfüllen.

Eine weitere, besonders für den Kessel typische Schwierigkeit rührt davon her, daß dauernd ungewollte und unvorhersehbare Störwirkungen oft beträchtlichen Ausmaßes auftreten, die sich als „Geräusch" den mit

Absicht herbeigeführten Änderungen überlagern und den Regelvorgang nicht zur Ruhe kommen lassen. Solche ständige Fluktuationen werden vor allem durch die Feuerung verursacht und bewirken vielfach, daß es mit Einzelversuchen nicht mehr möglich ist, auch nur einigermaßen befriedigend reproduzierbare Ergebnisse zu erhalten.

Man ist daher angesichts dieser Schwierigkeiten zwar in der Lage, die Garantiebedingungen exakt zu formulieren, verhältnismäßig selten jedoch, sie auch einwandfrei zu *kontrollieren*. Wirklich zuverlässige Ergebnisse sind vielfach nur mit relativ großem Meßaufwand und unter Zuhilfenahme von statistischen Meß- und Auswertmethoden zu erzielen.

Es ist daher verständlich, wenn man in der Praxis diese Schwierigkeiten dadurch zu umgehen sucht, daß man Gewährleistungen für die *Anlage als Ganzes* oder zumindest für größere Teile derselben — z. B. den Kessel — verlangt bzw. abgibt. Ein solches Vorgehen ist jedoch nur dann als einwandfrei zu betrachten, wenn die garantierende Firma ausreichenden Einblick in alle für die Regelung wichtigen Einrichtungen bzw. Vorgänge hat und in der Lage ist, auf diese schon im Entwurfsstadium im Sinne der Schaffung günstiger Voraussetzungen für die Regelung einzuwirken. Ist dies nicht der Fall, so kann im Grunde genommen die Abgabe derartiger Globalgarantien technisch nicht verantwortet werden. Wenn dies trotzdem geschieht, so ist das nicht mehr mit technischen, sondern mit akquisitorischen Argumenten zu vertreten.

Im Zusammenhang mit den Gewährleistungen stellt sich natürlich die Frage nach der überhaupt erreichbaren Regelgüte bzw. nach den *Grenzen*, die der Regelung aus physikalischen Gründen gesetzt sind. Es ist wichtig, festzustellen, daß für eine gegebene Regelstrecke und festgelegten Reglertyp (z. B. PI-Regler) solche Limiten existieren, die nicht überschritten werden können. Es wäre mithin sinnlos, unter solchen Umständen über diese Grenzen hinausgehende Garantien zu verlangen bzw. zu gewähren.

Andererseits weist aber die Regelungstheorie, die diese Grenzen begründet, auch den Weg, um sie, wenn nicht zu überschreiten, so doch zu umgehen. Eine Möglichkeit besteht in der *Änderung der Eigenschaften der Regelstrecke* im Sinne besserer Regelbarkeit. Sie sollte, wenn immer tunlich, ausgeschöpft werden, da auf diese Weise in sehr vielen Fällen bessere Regelgüte erreicht werden kann, ohne daß dies durch höheren Regelaufwand erkauft werden muß. Die andere Möglichkeit ist durch den Übergang auf ein *höherwertiges Regelprinzip* — z. B. die Hinzunahme der Störgrößenaufschaltung, von Vorhalteelementen usw. — gegeben. Hier bestehen theoretisch keine Grenzen, womit also die erzielbare Regelgüte weitgehend nur eine Frage des Regelaufwandes ist. Es wurde im vorangehenden Abschnitt gezeigt, daß indessen *wirtschaftliche* Überlegungen diesen Aufwand limitieren.

16.5 Ausblick

Die bisherige und namentlich die jüngste Entwicklung hat gezeigt, daß die automatische Regelung in der Dampfanlage in immer weiteren Bereichen angewendet wird. Dies ist einerseits durch die ständig weiter anwachsenden Einheitsleistungen, insbesondere bei Kraftwerken, bedingt, andererseits durch die Fortschritte der Regelungstechnik selbst. Laufende gerätetechnische Verbesserung der Regler, wachsende Kenntnis der Eigenschaften der zu regelnden Anlagen und die immer enger werdende Zusammenarbeit zwischen Planer, Konstrukteur und Regelspezialist sind daran wesentlich beteiligt.

In vielen Großanlagen ist heute der Zustand der vollautomatischen Regelung bei normalen Betriebsbedingungen verwirklicht. Damit ist indessen die Entwicklung nicht zum Abschluß gekommen. Vielmehr besteht heute bereits die Möglichkeit, auch während der Perioden des Anfahrens und Abstellens zum automatischen Betrieb überzugehen. Hierbei handelt es sich um wesentlich weitergehende Regelaufgaben. Denn neben den Regelfunktionen im herkömmlichen Sinne sollen auch die bisherigen Obliegenheiten des Betriebspersonals während dieser Betriebsphasen weitgehend der Automatik überbunden werden. Eine leistungsfähige elektronische Rechenmaschine hat hierbei auf Grund der laufend eingehenden Signale über den Betriebszustand die jeweils zweckmäßigen Entscheide zu treffen, die sich daraus ableitenden Befehle für betriebliche Eingriffe auszugeben und deren Durchführung zu kontrollieren. Mit solchen Einrichtungen kann außerdem die allgemeine Überwachung des Anlagezustandes, die laufende Ermittlung des spezifischen Wärmeverbrauches, die automatische Ausfertigung von Betriebsrapporten, die Registrierung von Betriebsvorgängen, insbesondere während kritischer Phasen, die Alarmierung des Personals bei Gefahrenzuständen usw. durchgeführt werden.

Selbstverständlich ist eine Automatisierung in solchem Ausmaß nur mit sehr erheblichem technischem und damit auch finanziellem Aufwand möglich. Ob sich die wirtschaftlichen Erwartungen, die daran geknüpft werden — insbesondere geringerer spezifischer Wärmeverbrauch, höhere jährliche Benützungsdauer der Anlage, Verminderung von Schadenfällen — im praktischen Betrieb auch wirklich erfüllen, hängt weitgehend von der *Betriebssicherheit der Automatik* in allen ihren Teilen ab. Es muß bezweifelt werden, daß die heute erhältlichen Geräte den hohen dann zu stellenden Anforderungen bereits voll genügen. Vielmehr muß die entsprechende weitere Vervollkommnung nicht nur der elektronischen, sondern auch aller übrigen Komponenten als Voraussetzung dafür betrachtet werden, daß Rückschläge und Enttäuschungen vermieden werden können.

16. Allgemeine Gesichtspunkte bei der Planung

Im Augenblick lassen sich die Grenzen für die Zweckmäßigkeit einer solchen Vollautomatisierung nicht mit Bestimmtheit angeben. Die vorliegenden Erfahrungen sind indes ermutigend. Und so steht zweifellos die Technik der automatischen Regelung von Dampfanlagen vor großen Aufgaben und vor weittragenden neuen Entwicklungen.

Literatur zu Kapitel 16

[1] Quack, R.: Die selbsttätige Regelung von Dampferzeugeranlagen. Mitt. Ver. Großkesselbes. (1959) H. 58, S. 1—11.
[2] —: Control breakthrough at Little Gipsy. Power 103 (1959) Nr. 5, S. 64/65.
[3] Bechard, H. L.: What Control Computers Can — and Cannot — do. Power Engineering (Jan. 1960) S. 52—54.
[4] Kennedy, L. F.: Automatic Start — Stop — eliminating human error. Power Engineering (Jan. 1960) S. 64—66.
[5] Sperry, A. F.: Sophisticated Logging and Station Analysis: The next logical step. Power Engineering (Jan. 1960) S. 61—63.
[6] Summers, W. A.: Push-Button Operation — the ultimate control? Power Engineering (Jan. 1960) S. 67—69.
[7] Chadwick, W. L.: Computers to Automatic Huntington Beach Units. Electr. World N. Y., 155 (1960) Nr. 3, S. 50—54 u. 59—60.
[8] Profos, P.: Grenzen der Regelungsmöglichkeiten von Hochleistungskesseln. Mitt. Ver. Großkesselbes. (1960) H. 67, S. 1—11.
[9] Baker, R. A.: A Look at Generating Station Automation. Combustion 32 (1960) Nr. 3, S. 36—40.

Sachverzeichnis

Abflußregelung 274
Absalzen 81
Abschlämmung 81
Abstromregelung 274
Anlaufzeit von Kraftmaschinen 184
Automatisierung von Dampfanlagen 359

Beimischregelung bei Konzentrationsregelung 64
Beimischung bei Temperaturregelung 239
Belastung der Anlage 316
Belastungscharakteristik von elektrischen Netzen s. Verbraucherkennlinie
Belastungsgrad von Dampfturbinen 188
Betriebssicherheit von Regelanlagen 356, 359
Blockschaltbild bei Regelung
— des Arbeitsmittelinhalts 220, 226, 228, 232, 235
— des Druckes 276, 280, 294
— der Leistung 330, 332
— der Temperatur 250, 252, 258, 262
— der Verbrennung 213
Brennerfeuerung 86
Brennstoffbett bei Rostfeuerung 99
Bypass bei Druck- oder Durchflußregelung 22, 279

Dampf-abgabe, eingeprägte 173, 323
—-druck, eingeprägter 173
—-erzeugung, virtuelle 173, 175, 287, 330
— — bei Trommelkesseln 173
— — bei Zwangsdurchlaufkesseln 175
—-kühler 246, 252
—-turbinen-Regelung 183
Drehzahl-meßwerk 186
—-regelung von Kraftmaschinen 183
—-Verstellvorrichtung 187, 191
Dreikomponentenregelung 224

Druck-abfall, innerer, von Kesseln 180
—-änderungsgeschwindigkeit in Kesseln 293, 303
—-differenzregelung 224, 273
—-halteregelung 279
—-regelung 29, 268
Durchflußregelung 27, 269
Durchlauf-Verdampfer 124
Durchlaufzeit
— bei Konzentrationsregelung 69
— von Verdampfern 129
Dynamik s. Übertragungsverhalten
Dynamisches Verhalten s. Übertragungsverhalten

Einblasemühlen 92, 289
Einspritzkühlung 242
Einspritzventil 245
Einspritzwasser 245
Ekonomiser s. Vorwärmer
Energieinhalt des Dampferzeugers 121
Energiestrom 2
Entnahmeturbine 197
Entspannungsmaschine 277
Ersatzregelgröße 231, 281, 301
Ersatzsystem 41, 78, 270, 275, 282

Festlastbetrieb 319
Feuerleistung 83
Feuerungseigenschaften 288
Feuerungseinrichtungen 82
Feuerungsregelung s. Verbrennungsregelung
Flüssigkeitsstandregelung 48, 219
Förderband 11
Förderschnecke 11
Förderung, pneumatische 11
Formfunktion 167
Frequenzabweichung 317
Frequenzgang s. Übertragungsverhalten
Füllung
— bei Flüssigkeitsstandregelung 49

Füllung
— bei Zumeß- und Transporteinrichtungen 11
Füllzeit 50

Gasfeuerung 86, 309
Garantieangaben 357
Gefällespeicher 281, 285, 297, 333
Gegendruckturbine 196, 277
Gekoppelte Regelung von Entnahmeturbinen 197
Gerätetechnik, Regler 356
Geräuschbildung 284
Gewährleistungen 357
Gleichdruckpunkt 280, 288, 293
Gleichdruckspeicher 333
Grundlastbetrieb 319

Heizflächen 112
Hilfsregelgröße s. Ersatzregelgröße
Hydrazin 79

Inselbetrieb 319

Kaskade 57, 220
Kaskadenregelung bei Überhitzern 260
Kennlinie
—, lastabhängige, des Kesseldruckes 288
— von Gebläsen, Pumpen 23, 26, 225
— von Stellorganen 24, 210
— von Überhitzern 262
Kohlenstaubmühlen 91
Kohlenzeitkonstante 95
Konzentrationsregelung 63
Kopplung von Regelkreisen 337
—, lastabhängige 338
— bei Leistungsregelung 330
—, regelstreckenseitige 8, 330, 339
—, reglerseitige 9, 197, 340
Kosten der Regelung 353
Kreislaufsysteme bei Konzentrationsregelung 75
Kühlfläche von Dampfkühlern 263

Laständerungsgeschwindigkeit 327, 331
Lastschwankungen
—, Beteiligung an — 325
—, bleibende 318
—, periodische 317
Laststeuergerät 341
Laufzeit von Stellmotoren 208
Leistung der Anlage 316

Leistungsregelung 316
— des Dampferzeugers 321
— der Kraftmaschine 324
— des Zwischengliedes 223
— bei Zwischenüberhitzung 331
Luftfaktor 77, 83, 99, 108, 302
Luftstromregelung bei Feuerungen 85
Luftüberschuß s. Luftfaktor

Mahltrocknung 93
Manövrierverhalten der Anlage 329
Maschinenregelung 183
Massenträgheitsmoment von Kraftmaschinengruppen 184
Meßorgane 199
— für Drehzahl 186
— für Druck, Druckdifferenz, Flüssigkeitsstand 199
— für Konzentration 204
— für Temperatur 202
Meßort, bei Temperaturregelung 243
Mischkondensation 282
Mischvorgang, bei Temperaturregelung 239
Mischvorwärmer
— bei Druckregelung 281
— bei Temperaturregelung 242, 281
Mühlenluft 94, 311

Netzdruckregelung s. a. Druckregelung
— durch Drosselung 273
— durch Entspannungsmaschine 277
—, kombinierte 277

Oberflächenkühler 262
Oberflächenkühlung bei Temperaturregelung 246
Ölfeuerung 88, 309

Parallelsysteme, bei Konzentrationsregelung 74
p_H-**Wert** 79
Planung der Regelung 350
Pumpenkennlinien 23, 26, 225

Rauchgas-analyse 303
—-stromregelung 6, 47, 271
—-rückführung 247
—-umführung 249
Reaktionskinetik 64, 84
Rechenmaschinen für Regelzwecke 359

Sachverzeichnis

Redler 11
Regelablauf
— bei Luftstromregelung 290
— bei Überhitzertemperaturregelung 256
Regel-aufgabe 7
—-aufwand 353, 356
—-einrichtungen, Regelgeräte 198
—-güte 353
—-lastbetrieb 319
Regelschaltung
— bei Regelung des Arbeitsmittelinhalts 219
— bei Regelung des Druckes bzw. Durchflusses 270
— bei Regelung der Leistung 319
— bei Regelung der Temperatur 252
— bei Regelung der Verbrennung 300
— bei Regelung ganzer Anlagen 337
— bei Regelung von Maschinen 196
Regel-strecke Kap. 2 ... 8
—-ventil 187, 212
— —-kennlinien 212
—-werk, zentrales 341
Regelung
— des Arbeitsmittelinhalts 219
— der Drehzahl 183
— des Druckes 29, 268
— des Durchflusses 27, 269
— des Flüssigkeitsstandes 48, 219
— der Leistung 316
— der Temperatur 6, 152, 237
— der Verbrennung 299
— von ganzen Anlagen 336
Regler 198, 205
—-einstellung, optimale 353
— — bei Überhitzertemperaturregelung 255
Restfeuchte 230
Rohrleitungskennlinie 24
Rohrwandstärke, Einfluß auf Übertragungsverhalten von Wärmeaustauschern 171
Rostfeuerungen 99, 312
Rostgeschwindigkeit 99

Sättigungskühler 252
Schichthöhe bei Rostfeuerung 99
Schlupf 11, 15, 91
Schüttgut 10
Schwenkbrenner 248, 263
Serieregelung 261
Sichter 91

Speicher 281, 285, 297, 333
Speicherkenngröße, von Kesseln 293
Speicherung 3
— bei Druck- und Durchflußregelung 39
— bei Feuerungen 14, 83
— bei Leistungsregelung 318, 333
— bei Temperaturregelung 171
—. druckabhängige, von Kesseln 172, 293
—, lastabhängige, von Kesseln 293, 318
Speiseregelung 6, 223
Speisewasserventil 223
Statik
— von Drehzahlreglern 187, 325
— von Leistungsreglern 325
Staub-bunker 89, 309
—-feuerung 89, 309
—-transport 90
Stellarbeit 208
Stellmotor 205
Stellorgan 209
Stoffbilanz 3
Stoffstrom 2
Störgrößenaufschaltung 224, 257
Strömungsdruckabfall
— im Kessel 180, 280, 287
— in Rohrleitungen 36, 275

Teilverdampfung, im Wasservorwärmer 54
Temperatur-ausgleich, bei Vermischung 239
—-beeinflussung 239
Temperaturregelung 152, 237
— in Dampfnetzen 251
— in Gaskanälen 250
— in Warmwassernetzen 251
— von beheizten Systemen 152, 252
— von Überhitzern 6, 152, 252
— von unbeheizten Systemen 250
— von Zwischenüberhitzern 6, 152, 265
Totalentsalzung 245
Totzeit 14, 69, 163, 203, 257
Trägerluft 94, 311
Transport-volumen 11
—-vorrichtungen 11
—-zeit 14
Trennungsregelung bei Konzentrationsregelung 64
Tröpfchen, Aufwärmung, Verdampfen von — 243

Überhitzer 152, 252
——kennzahl 255
——temperaturregelung 152, 252
Überströmventil 328
Übertragungsfunktion s. Übertragungsverhalten
Übertragungsverhalten
— von Regelstrecken oder Teilen von solchen Kap. 2...8
— von Regeleinrichtungen oder Teilen von solchen Kap. 9
— von Regelungen Kap. 10...15
Unterkühlung des Speisewassers 54

Ventilkennlinie 24, 210
Verbraucherkennlinie 185
Verbrennung 1, 82, 301
Verbrennungs-güte 299
——regelung 299
Verdampfer 124
——durchlaufzeit 129
——kennzeit 126
Verdampfungs-vorgang 125
——vorwärmer 170
Vermaschung von Regelkreisen 9, 340
Vermischungsfaktor 68
Verschwindimpuls, Verschwindsignal 108, 311

Verunreinigung des Dampfes 245
Vibrationen bei Drosselung 284
Virtuelle Dampferzeugung 173, 175, 287, 330
Vollautomatisierung von Dampfanlagen 359
Vordruckregelung 5, 279, 322
Vorhaltwirkung 96
Vorwärmer 152

Wanderrost 99
Wärmeübertragung an Kesselheizflächen 111
Wasserstand im Kessel 52
Wasserstandsregelung 49, 51, 226
Wirtschaftlichkeit der Regelung 355

Zeitkenngröße
— von Regeleinrichtungen Kap. 9
— von Regelstrecken Kap. 2...8
Zellenrad 11
Zerstäubung bei Einspritzkühlung 244
Zuflußregelung, Zustromregelung 274
Zumeßvorrichtungen für Schüttgut 11
Zwischenglied bei Leistungsregelung 320
Zwischenüberhitzung
—, Einfluß auf Leistungsregelung 192, 331
—, Temperaturregelung 265

MIX
Papier aus verantwortungsvollen Quellen
Paper from responsible sources
FSC® C105338

If you have any concerns about our products,
you can contact us on
ProductSafety@springernature.com

In case Publisher is established outside the EU,
the EU authorized representative is:
**Springer Nature Customer Service Center GmbH
Europaplatz 3, 69115 Heidelberg, Germany**

Printed by Libri Plureos GmbH
in Hamburg, Germany